国外乡村设计

——建设有特色的小城镇

[美] 兰德尔·阿伦特　著

叶齐茂　倪晓晖　译

对此书有贡献的作者还有：E·A·布拉贝克，H·L·多德森，C·里德，R·D·亚罗
支持单位：林肯土地政策研究所，环境法基金和马萨诸塞乡村研究中心

中国建筑工业出版社

著作权合同登记图字：01-2006-3821号

图书在版编目（CIP）数据

国外乡村设计/（美）阿伦特著；叶齐茂，倪晓晖译. —北京：中国建筑工业出版社，2009
ISBN 978-7-112-11383-5

Ⅰ.国…　Ⅱ.①阿…②叶…③倪…　Ⅲ.乡村规划–设计–外国　Ⅳ.TU982

中国版本图书馆CIP数据核字（2009）第176363号

本书由美国规划协会授权翻译出版

责任编辑：姚丹宁　程素荣
责任设计：郑秋菊
责任校对：陈晶晶　赵　颖

国外乡村设计——建设有特色的小城镇
[美]兰德尔·阿伦特　著
叶齐茂　倪晓晖　译
*
中国建筑工业出版社出版、发行（北京海淀三里河路9号）
各地新华书店、建筑书店经销
北京嘉泰利德公司制版
北京京华铭诚工贸有限公司印刷
*
开本：850×1168毫米　1/16　印张：25　字数：725千字
2010年2月第一版　2018年2月第二次印刷
定价：**88.00**元
ISBN 978-7-112-11383-5
　　（31352）

目　录

第一部分　城镇特征

第三部分 实施方法

第四部分　案例

致 谢

在我长期准备这本著作的过程中，许多朋友和同事给予我帮助、建议、思路和鼓励。要想一一感谢他们是不可能的。毫无疑问，没有我妻子Linda、我的孩子Greig和Johnna的理解和支持，这个工作也不会成功。没有马萨诸塞乡村研究中心的主任Hugh Davis，马萨诸塞大学景观建筑和区域规划系主任John Mullin同意我进行这项写作工作和暂时放下我的日常工作，这本书同样也不能完成。

我在这里要特别感谢几个人。我原先的同事，马萨诸塞乡村中心的副主任Christine Reid，校正了本书手稿的每一页，提供了不计其数的非常有意义的意见和建议。还有一些人对本书某些章节提出了意见，我要对他们表示深深的谢意：马萨诸塞大学的Hugh Davis，John Mullin，约翰.姆林；亚利桑那大学的Frederick Steiner；拉特格斯大学的Mark Lapping；宾夕法尼亚大学的Robert Coughlin；马里兰州的Bryon Hanke，Chevy Chase；马萨诸塞乡村研究中心的Jeff Lacy；马里兰州首都公园和规划委员会的Patrick Hare；伊利诺伊州的兰肯蒂克公司的Lane Kendig；马萨诸塞州阿默斯特县住宅局的Nancy Schroeder；缅因州地方道路项目的Peter Coughlan；白山调查局的Chester（rick）Chellman；国家住宅建筑商协会的Joseph Molinaro；国家小额交易所的John Mori；美国环境保护局市政环境研究实验室的James Kreissl；弗吉尼亚州斯特林县清洁水工程的David Rigby；卫生工程缅因分部的Donald Hoxie；洛厄尔大学的William Moeller；伊利诺伊的John Sheafer Sheaffer & Roland，Wheaton；马里兰大学的Robert Scarfo；兰开斯特县农业保护委员会的To Daniels；农田保护报告的Deborah Bowers；美国农田信托的Bob Wagner；北卡罗来纳州环境、卫生和自然资源部的William Flournoy；保护基金的Charles E.Little；马里兰州自然资源部的Grant Dehart；国家公园局的Steve Elkinton；格雷夫绿道的Donald Belk；北卡罗来纳州规划部的Tim Brower；保护基金的Ed Mcmahon；自然土地信用社的Michael Clarke；布兰迪崴保护组织的William Sellers，John Snook和John Gaadt；马里兰州霍华德县Donna Mennitto；宾夕法尼亚州蒙哥马利县规划委员会的Suzanne Sutro；密歇根州列维斯通县规划部的Marlia Jenkins；马里兰州肯特县规划部的Gail Owings；马里兰州卡尔夫特县规划部的Randi Vogt.

除开注释过出处的那些图外，本书中的草图都是由马萨诸塞大学景观建筑课程最近毕业的学生Elizabeth Thompson绘制的。第五、六、七章中的鸟瞰图是由马萨诸塞州海蒂夫的Kevin Wilson绘制的，他在北汉普顿史密斯学院教授建筑制图，他是一个建筑设计师和插图画家。同时，我也希望感谢以下的机构对第二部分和附录编撰的支持：第五章，马萨诸塞乡村中心；第六章，黑石河国家历史遗产走廊委员会；第七章，纽约人杂志和阿尔弗雷德公司；第八章，Dodson设计事务所；附录D，Do Chung建筑事务所。

最后，我要感谢"国家艺术捐赠管理委员会"设计艺术项目，本研究项目和写作本书所需要的主要资金来源于这个独立联邦机构向马萨诸塞乡村中心的赞助。

撰稿人

兰德尔·阿伦特是宾夕法尼亚州美迪亚赫尔达斯农场自然土地信用社保护规划的主席。原先是马萨诸塞大学景观建筑和区域规划系马萨诸塞乡村研究中心主管规划和研究的主任。他是皇家规划研究所的选举成员。宾夕法尼亚"比塔卡帕"的成员。他获得了卫斯理大学的人文科学学士学位，苏格兰爱丁堡大学城市设计和区域规划专业的硕士学位，他曾经是苏格兰圣安德鲁学者。他曾经在美国33个州和加拿大的5个省举办过讲座，已经在10个州承担过开放空间居住区设计项目。

E·A·布拉贝克是"土地伦理"的合作创始人和负责人，这个土地使用咨询机构设在华盛顿特区。她是一个注册景观建筑师，她相继获得格勒夫大学景观建筑学位和马里兰大学法律学位。是多德森景观建筑事务所的项目参与者。

H·L·多德森是多德森景观建筑事务所的创始人和负责人，这个事务所曾经获得多项规划和景观建筑奖，它设在马萨诸塞州的阿西菲尔德，专门从事乡村土地使用设计和乡村变化视觉化研究。多德森是一个注册景观建筑师，他毕业于哈佛大学，获得了那里的本科和研究生学位。是马萨诸塞康韦景观设计学院的投资人之一。

C·里德是马萨诸塞大学景观建筑和区域规划系马萨诸塞乡村研究中心的副主任。她毕业于威廉学院和加利福尼亚大学伯克利分校，曾担任过"新英格兰景观"杂志的编辑。

R·D·亚罗是纽约市区域规划办会的执行主任。纽约市区域规划协会是一个私人的非营利组织，致力于用区域规划方式来解决纽约都市区的土地使用问题。他原先是马萨诸塞大学城市设计和区域规划系的副教授和马萨诸塞乡村研究中心的主任。他毕业于卫斯里大学和哈佛大学设计研究生院。

协作机构

美国规划协会（APA）是本书的出版者。它是国家非营利成员制组织，为美国28000名规划师服务，选举和任命官员，并致力于公民所关心的城市和乡村规划等问题。美国规划协会通过书籍、研究和技术报告、会议和工作小组、专门技术分支、7份期刊等形式，为所有致力于较好规划社区工作的人士提供专业的服务和信息。它的办公室设在华盛顿特区和芝加哥。

美国规划协会对本书出版进行协作的三个单位是：林肯土地政策研究所、环境法基金和马萨诸塞乡村研究中心。

"林肯土地政策研究所"是一个非营利的教育机构，它位于马萨诸塞州的剑桥。它的领导人致力于探索公共政策和土地政策之间的复杂关系，这种关系之间对主要社会问题的影响。这个研究所把土地作为一种资源看待，致力于研究如何有选择地使用土地资源和改善土地资源，如何制定比较好地使用土地所需要的法规和税收政策，以及创造执行土地政策的有效方法。

"环境法基金"是一个非营利的教育和研究机构，它位于纽约州的珀斯。它致力于帮助人们参与制定、执行和强制执行完整的环境法规和政策。通过法律和技术专业人员的网络，这个基金向社会组织、商务、个人和政府提供信息和帮助，使他们理解和关注地方环境问题。

马萨诸塞乡村研究中心指导对小社区的专门问题进行应用研究。它是马萨诸塞大学的一个分支，它致力于为城镇官员制定和执行有效管理发展提供实际训练课程。

前　言

增长正在改变着小城镇和县乡已经建立起来的社区特征，也在改变着那些社区周边的环境特征。正是那些涉及地方土地使用决策的人们给这本书带来了灵感。

在我围绕美国做有关创新型乡村规划方法巡回演讲的时候，无数次地被问及有关执行规划的细节和比较专业化的信息。

这些问题有一个统一的模式。基本问题都是极端具体的，它们集中在家庭污水的排放，减少与农民的冲突，卓有成效的管理那些不适合于使用公路标准的地方道路等方面。

通常出现的问题还有经济住宅、制定镇域和区域范围的土地保护战略（包括被保护土地的相互连接），阻止乡村公路的商业化。这些问题形成了第三部分"实施方法"中各章节的基础。

这本书所涉及的内容已经在若干重要方面超出了我们研究小组的第一本书，《管理康涅狄格河流域的发展》。首先，这本书提供给读者大量的实际资料，它们涉及乡村地区和郊区化的地区地方官员和居民们通常面临的多种问题。当然，在写作这些章节的时候，我们并没有把目标放在编辑一本定型的教科书。实际上，每一章都可以独立成为一本书。我们的目标是，为那些在小城镇和乡村规划领域工作的人们提供相关的和有效的信息，所以，我们把重点放在设计问题和那些目前非技术类出版物还没有涉及的问题上。

本书的另一个目标是，提高这些资料的可读性，以便更多的读者可以了解这些信息，包括职业城镇规划师、地方规划委员会自愿成员、房地产业主、开发商、土地信用社和所有关注目前正在改变和塑造乡村发展模式的居民。

除对一般问题提供答案之外，这本书还向读者提供了大量使用了创新型设计方法的居住和商业开发项目案例，我们在第四部分"案例"中使用照片、场地规划图和说明性文字来说明，不同于常规设计方法的其他方式的确存在，而且效果不错。

从具有独立特征的社区转变成为乏味的、形体不明的和郊区板块式的居住区和购物中心，许多人都亲历了这类变化，并表现出受挫和失望的情绪。因此，这本书专门拿出一部分的篇幅来讨论传统城镇的问题。我相信，如果传统城镇的居民和地方官员能够比较完整地理解传统城镇的形式和功能原则，他们一定能够保留下那些社区剩下的特征和"场所的意义"。他们所面临的挑战是，鼓励（或要求）以历史的城镇模式来实施新的开发。

这本书的大部分章节都具有独立性。换句话说，我们指望这本书能够成为规划师、开发商、保护主义者、地方官员和利益攸关居民们的基本参考书，他们可以翻开某一章，拿出某一个专题的细节，向居民和开发商介绍这些设计优良的例子。任何一个逐章逐节阅读这本书的人都会注意到某些章节的重叠性。在某种程度上讲，这是不可避免的，因为规划本身就是综合的和相互交叉的，它所涉及的许多问题都是相互联系的。

本书的最后一个目标是，各章各节的内容能够对生活在各式各样区域里和不同社区的人们有所裨益。康涅狄格河流域的"设计手册"（现在已经是第五次印刷了）已经在新英格兰地区，美国南部、山区和太平洋沿岸的美国西北部地区的一些州都得到了反响。这就证明，常规开发模式已经预示了乡村社区所面临的未来，而美国的小城镇的确需要解决常规开发模式所产生问题的案例和实践信息。

在整个职业生涯中，我始终试图遵循奥尔多·利奥波德的忠告，一个人要想成为有用的和有创造性的人，他必须"以正确的思维角度来考虑他的事业"。我从来没有在怀疑做事情的"标准"方式上遇到过太多的麻烦，也没有在挑战"这是做事情的惟一方式"这类权威性上碰到过太多的问题。我童年时生活在一个宅基地布局紧凑、沿街树木成荫、住宅与商店、学校和图书馆只有步行距离的传统街区里，而我最后的童年时代是在一个规划完善的乡村社区里度过的，小径、小溪、小水塘和一个沿岸禁止开发的大湖泊把那里连接成一个巨大的开放空间，这些无疑影响了我对常规郊区分区规划和居住区建设实践的态度。在英国度过的5年时光里，我在爱丁堡大学做研究生，在诺福克郡规划部做规划师，这些英国经历进一步强化了我童年对传统街区的朦胧印象。在那以后的几十年里，我实际经历了传统街区规划、乡村开放空间开发和要求实施紧凑型开发模式的土地使用政策来保护整个乡村地区避免郊区蔓延的实践，直到30岁，我几乎没有对美国人使用的常规"行业工具"有过好感。

我始终致力于彻底改造土地使用规划方法，期望它们能够产生出比常规分区规划和土地划分规则更好的结果。在这个过程中，我总是十分幸运地遇到了知己，他们与我相似，都在对现行的土地使用规划和开发制度的反思中觉悟起来。他们所做的许多工作我都收集到了这本书中，以便与读者分享这些有可能帮助他们处理他们自己社区问题的资料。

15年以前，我还是一个青年规划师，面临诸多来自都市区乡村部分的工作挑战，有人把这些地区称之为"贫困地区"（莱辛格，1991），当时我就有写作这样一本书的愿望。在这个个人电脑、网络和传真的时代，那些与小城镇和开放空间相伴的小乡村居民点很有可能在未来几十年里成为"第五移民"目的地，刘易斯·芒福德已经描述了前四次迁移潮，从东海岸向西迁移，1830~1840年代向工业城镇的迁移，独立战争之后向主要工业城市的迁移，和从城市中心向郊区的迁移（萨斯曼，1976）。

发生在处于过渡状态的郊区和乡村社区的每一次开发都充分体现出常规分区规划的无效性，因此，本书的所有作者都希望这本书能够成为那里居民、地方官员、规划工作人员的工作手册。这本书正是奉献给他们的。

兰德尔·阿伦特
宾夕法尼亚，莫尔文

中文版译者的话

十分有幸，我有机会直接与本书的作者兰德尔·阿伦特先生做过一次电话访谈，时间是2004年。正是在这次访谈中，兰德尔建议我们为这本书出一个中文版。当时中央正在酝酿在全国范围内开展社会主义新农村建设，这更促使我决定一定要把这本书翻译过来，献给工作在乡村建设第一线的同事们，特别是那些学习城市规划，现在却在从事乡村规划的同行们。

在本书的翻译过程中，也就是2007年，我有机会专门到美国去做了一次美国乡村实地考察。也正是这次考察使我比较直观地了解了兰德尔在本书中所谈到的许多问题。

为了便于大家理解本书，我把这一次访谈的记录以及我在美国做乡村考察时所得到的一些心得，作为中文版译者的话收集在这本中文版《乡村设计》中，奉献给读者。这两篇文章都分别在《国际城市规划》杂志上发表过，放在这里，使大家在开始阅读本书前就有些参考背景。

1.对英美著名小城镇规划先锋兰德尔·阿伦特先生的电话访谈

2004年4月26日早上9时，美国东部时间4月25日晚9时，我们在《国外城市规划》编辑部拨通了远在美国罗得岛的兰德尔·阿伦特先生的电话。

兰德尔·阿伦特先生在美国以专长于郊区小城镇规划、乡村居民点规划、乡村小城镇自然与文化保护规划而著名。他毕业于英国爱丁堡大学，长期在英格兰，特别是伦敦郊区，从事小城镇和乡村居民点的规划与设计工作，积累了英格兰"集镇"（Market Town）规划的丰富经验。1980年代以来，他在美国宾夕法尼亚州和新英格兰地区继续从事小城镇和乡村居民点的规划与设计工作，又积累了丰富的美国小城镇和乡村居民点自然与文化保护规划的经验。 90年代以来，兰德尔·阿伦特先生先后出版了四部著作，如《十字路口、乡村居民点、村庄与小镇——传统街坊的设计特征》（Crossroads, Hamlet, Village, Town——Design Characteristics of Traditional Neighborhoods, Old and New, 1999），《绿色满园——地方规划和详细控规中的保护》（Growing Greener——Putting Conservation into Local Plans and Ordinances, Island Press, 1999），《详细控规中的保护设计——开放空间创造指南》（Conservation Design for Subdivisions——A Practical Guide to Creating Open Space Networks, Island Press, 1996），《乡村设计——保持小城镇特征》（Rural by Design——Maintaining Small Town Character, APA Planners Press, 1994）。凭借丰富的实践经验，他在许多大学的规划学院从事小城镇和乡村居民点规划的教学工作，积极倡导小城镇和乡村居民点自然与文化保护规划与设计。他的《乡村设计——建设有特色的小城镇》已成为许多城市规划学院或环境规划学院研究生的必读书。

为了贯彻执行中央五个统筹以人为本的新发展观，为城乡规划编制和管理工作的调整做好足够的前期准备，我们决定对当前英美小城镇规划与设计的先锋兰德尔·阿伦特先生进行电话访谈。在这次访谈前，编辑部已经向他介绍了我们"新发展观"的内容和我们正在对城市与乡村规划的编制理念、内容、方法作调整的背景情况，并向他提出了一些访谈问题。兰德尔·阿伦特先生愉快地接受了编辑部的访问。

以下就是这次访谈的记录。

Q：晚上好，阿伦特先生。

R：早上好，齐茂。

Q：很抱歉，我来晚了。今天早晨下了雨，加上又是星期一，交通堵塞，我花了整整两个小时乘公交车到编辑部。

R：哎呀！这真是一个长途旅行。

Q：不是。我的整个旅行距离仅仅十公里，它算不上一个长途旅行。人口密集、交通堵塞是北京的城市问题。这就是为什么希望听听您的意见，如何通过发展北京郊区的小城镇，使其承担中心城区的部分功能，转移那里的部分人口，改善那里的环境，同时，发展郊区小城镇，加快北京郊区的城镇化的速度，统筹城乡发展。事实上，英美小城镇规划的经验与教训不仅对于北京，而且对于中国其他城镇的发展也是重要的。

R：是的。我想是这样。你是否看到了我的《十字路口、乡村居民点、村庄与小镇——传统街坊的设计特征》的简介？

Q：我看到了。

R：我希望这本书会给你们一些新的启发。正如你知道的，美国规划师协会拥有这本书的版权。中国有如此众多的人口，如果你们能够把它翻译成中文，那一定是很好的事情。

Q：我相信是这样。因为中国的城乡发展进入了一个关键时期，我们需要在城市规划中统筹兼顾乡村，统筹兼顾区域，统筹兼顾环境，统筹兼顾经济与社会发展；通过了解英美小城镇规划的经验与教训，对我们的城市与乡村规划的编制理念、内容、方法作科学的调整。我可以向您提出第一个问题吗？

R：请。

Q：在《乡村设计》这本书中，您详细地深入分析了美国21个州的38个成功开发与保护案例；通过360幅照片、总体规划图、鸟瞰图和图表，详细总结了美国大都市郊区的小城镇和居民点土地使用规划与设计的经验、教训、方法与法规。特别是，这本书对用城市规划方法去做郊区规划时所忽略的问题作了深入的分析，如在开发城市边缘地区时，如何处理排污、农田保护、绿带与开放空间规划，如何规划乡村住宅区与道路，如何在现代化的小城镇里继承传统小城镇的设计要素。请您告诉我们的读者，城市规划与小城镇、乡村居民点的规划究竟有什么不同。

R：我相信，在做小城镇和乡村居民点规划时，我们特别注意到了小城镇和乡村居民点周围的环境和资源。我们需要仔细地规划以便保存那些肥沃的农田，保存那些环境资源，如河流、湖泊、小溪、沼泽、山坡、林木，等等。在20世纪的30年代，城镇发展是土地扩展型的，几乎没有其他的选择。在城镇发展中，人们几乎把所有的东西都分离开来，他们把建筑建在平地上，他们占用了最好的农田。

我在英格兰的小城镇做过多年规划工作。相对周围的农田而言，那里的乡村居民点，小城镇或村庄，都是很小的。它们有可能向各个方向扩张它们的区域，东南西北。例如伦敦以北两小时车程的一个小城镇，那里是农业区，当我们给那里的小城镇或村庄做规划时，就特别考虑了它们扩张的可供选择的地理方向，确定我们的选择是否可以保护高质量的农田。同时，我们也要考虑哪一个小城镇或村庄有发展潜力，如水源、学校、公共交通，等等。小城镇和乡村规划师的确面对不同于城市规划师的问题：他们在小城镇和乡村扩张的方向上有更多的选择；他们更多地关注小城镇和乡村发展所引起的环境灾害；他们熟悉小城镇和乡村居民点各个规划要素的尺度、布局和功能。这是我对小城镇和乡村规划师与城市规划师的差异的总结。

Q：如果规划师为小城镇和乡村居民点保留更多的开放空间和农田，农民靠什么增加收入呢？

R：我理解你的问题。在英格兰的乡村也有同样的问题。农业所需要的劳动力越来越少，农民需要越来越大的农场以实现规模经营，才能得到殷实的收入。事实上，农民现在已经不再是英格兰乡村的人口主体了，只有很少的人从事农业活动。于是，我们几十年前面临与你们今天相同的问题。有时，我们需要就地为人们安排工作，有时，我们需要把他们带到其他的地方就业。在英格兰，我工作过的地方，直到现在都在推行一个称之为"集镇"（Market Town）的政策，它鼓励发展集镇，以便为离开土地的农民提供就业机会。每个集镇有2000到20000人不等。当我们选择一个村庄，把它规划为一个集镇时，它是不是一个"集"并不重要，我们考虑的是这个村庄是否具有支持乡村腹地的潜力。对于规划师来讲，真正核心的考虑是，它与乡村人口的关系，它是否能够成为地方服务中心，它是否能够推进就业增长。另一方面，它是否有水源，是否有适合于发展工业的土地，是否有更捷的公路，是否是它周围村庄的公共交通枢纽，在那里的人是否可以得到基本的社会服务，如商业、卫生、教育、污水处理工厂等。因此，在英格兰，这种可供开发成集镇的地方是有限的。今天的英格兰，大约有1030个这样的集镇。它们的共同特点是，工业成为集镇的重心，具有继续发展工业的潜力，不对周围环境具有潜在的威胁。

我们还在乡村地区规划了另外一种称之为"新城"（New Town）的小城镇，例如在伦敦郊区就有大约20个这样的小城镇。它们并不是完全新建的城镇，而是在经过挑选的旧城镇的基础上加以扩大的工业发展中心，公共交通枢纽和就业中心。政府鼓励人们迁入这类新城。如果人们得到工作，他们便会搬到那里去。

Q：当政府鼓励人们迁入集镇或新城时，是否给予搬迁的人们以经济支持？

R：人们可以得到住宅贷款。

Q：很明显，这些集镇或新城都是建立在乡村地区。你们怎样重新训练城市规划师在乡村地区规划小城镇呢？或者说，城市规划师在乡村地区规划小城镇时，应该更多地关注什么？

R：城市规划师应当加强在小城镇街坊邻里参与下做规划的训练。在城市设计中，城市规划师常常与高层建筑打交道，但是，在小城镇，人们乐于居住在单层建筑里。于是，邻里与邻里间的空间关系，住宅与周围环境的空间关系就十分重要了。让我以英联邦成员之一的牙买加的一个邻里规划为例。因为洪水冲毁了一个村庄，政府从伦敦雇佣规划师作为咨询者，以重建现存的社区。这些居民要求相同的设施，这对他们是极为重要的。但是，这些被雇佣规划师并不清楚地方居民的需求，不知道什么设施应该包括在这个规划中，他们担心做出错误的规划，于是他们邀请相关的居民参与这个新邻居的规划设计。事实上，只有当地居民才知道他们需要什么，知道他们应当怎样生活。把他们的愿望与规划师的知识相结合，如怎样处理泄洪、布置下水道、安排公共交通是十分重要的。一般来说，规划师并没有受过怎样组织邻里参与规划的训练，而居民参与邻里的规划设计又是最好的方式。因为小城镇的布局、地理环境、历史、经济、文化和功能变化多端，所以没有一种规划与设计原理可以保证小城镇的新发展一定就适合于小城镇原有的形体布局。居民参与小城镇的规划设计已经成为英国和美国乡村地区小城镇规划的基本模式。我们在英国和美国乡村地区规划小城镇时，总是要花大量的时间与那里的居民进行讨论，让他们充分表达他们的愿望和需求。

Q：您是否可以谈谈二战后美国和英国的小城镇规划？

R：与英国相比，美国二战后的城镇规划并非明智或令人难忘的。1947年7月，英国议会通过了《城乡规划法》（Town and Country Planning Act）。这个法律给每个城镇和村庄划了线。这个法律的主要目标是建立一个适合于当时情况的规划体制；对土地占用的补偿和争斗形成一个综合的解决办法，从而给合理的规划提供可能；为地方政府执行规划而购置土地提供财政补贴。尽管这个法律没有使土地国有化，但是，它使土地开发的价值国有化。也就是说，从那时起，土地拥有者只有按现有目的使用土地的权利，而没有开发或改变它的使用目的的权利。于是，没有任何一个人可以在线外建筑住宅、工厂、商业设施，所有的地方都关闭了，农田也被保护起来。发展规划（Development Plan）替代了战前的规划条款（Planning Scheme）。发展规划必须包括这个地区的土地使用现状和未来发展可能产生的其他要求。

美国几乎采取了完全相反的规划政策。它没有给城镇划线，除非接近或遇到了其他的城镇，否则可以随意发展。新城镇的开发常常是冒险的和隐蔽的。美国城镇没有在布局上和基础设施方面给后续发展留下余地。直到现在，美国城镇仍然被随意发展所产生的问题而困扰。我从事环境保护工作，但是，美国没有控制发展位置的相关法规，所以，工作常常遇到困难。我编辑了一个手册，请科学家谈论怎样在没有相应法规的情况下处理开发问题，怎样在开发中不影响事物间的相互联系，如树、动物的活动途径。这些对于小城镇的规划设计都是十分重要的。

Q：谢谢您对二战后美国和英国的小城镇规划的介绍。现在，我们面临两种选择，英国模式或美国模式。正如您在前边提到的，英格兰的集镇通常有很好的公共交通。那么，您们是怎样处理公路与小城镇的关系呢？

R：在英格兰，我们通常让公路绕过集镇和村庄，车辆利用旁道进入集镇或村庄。在美国，封闭的高速公路常常是穿镇而过。封闭的高速公路是十分昂贵的，因为它必须照顾到整个公路系统。在英格兰，当设计进入集镇或村庄的旁道时，我们考虑的是怎样减少道路对环境的影响、对良田的占用和对植被的破坏。我们也通过设计一定数目的转盘，使得车辆减低速度，进入村镇。通常情况下，我们设计三点

式：旁道、转盘、旁道、转盘、旁道，再回到公路。

在英格兰，道路两侧的商业设施是受到严格控制的，不允许随意开设商店。

Q：在《乡村设计》这本书中，您详细讨论了小城镇和村庄污水处理的规划设计问题。这是小城镇和村庄规划不同于城市规划的另一点吗？

R：是的。无论在美国、英国、加拿大还是在澳大利亚，小城镇和村庄的污水处理是一个十分重要的问题。在英格兰，小城镇和村庄的污水处理设施由地方政府和中央政府负担。在美国，政府不再负担这笔费用，政府要求开发商承担这笔费用。我们离不开饮用水，饮用水一定要避开污染源，以保护人的健康；我们也需要保护土壤的卫生，小城镇的人口在增长，生活用水的需求越来越大，如果不能很好地处理污水，小城镇周围的土壤就会被破坏。如何处理小城镇和村庄的污水是一个最为根本的规划问题，因为，我们必须在小城镇或村庄里选择在什么位置上安置化粪池，在什么位置上构筑湿地，把经过化粪池处理过的污水自然排放到那里，使污水得到第二次处理。这些位置决定了小城镇或居民点的布局，如开放空间的位置、住宅区的安排、绿色缓冲地带的方位。

Q：对，您是否把开放空间看成是小城镇规划的特别问题？

R：是的。当我在设计小城镇或村庄时，我总是从设计开放空间入手。我们必须设计一个相互联系的开放空间网络，在确定了开放空间网络之后，才能以创造性的方式开发土地。小城镇房地产的价值就在于它的周围是否有一个相互联系的开放空间网络。

Q：谢谢您回答了小城镇规划的三个特殊问题：开放空间，污水处理和道路。请您谈谈在美国的规划学院里是如何开展小城镇规划教育的。

R：依我看，美国的城市规划教育存在一

些问题。一个问题是城市规划教育很少注意设计，设计社区、设计街坊、设计开放空间。设计不是城市规划教育的一个部分。另一个问题是城市规划教育注意环境不够。改变城市规划学院的教学大纲需要很长的时间。因此，我们以缓慢的方式逐步教育我们的青年规划师。我想，我们有两种方式去改变现状。一是从上至下的方式。学生在他们的大学课程中接受小城镇规划教育。很不幸，目前训练规划师的课程主要关注社会学、人口倾向分析、土地使用法、公共政策、定量分析方法、工程基础，而很少涉及小城镇规划的细节，如小城镇规划要素的尺度和布局。另一个是从下至上的方式。人们阅读我们写的有关小城镇规划与设计的书，认识到它们的价值，然后把它们引进课堂，成为大学课程的教材。许多人已经这样做了。过去十四年以来，我出版了五本书、两集录像和两个光盘，在美国举办无数的讲演。看来，我的这些不知疲倦的工作已经对小城镇规划和设计产生了重要影响。

Q：最后，您希望对中国的规划师说点什么吗？

R：我想，对中国规划师说的与我对美国规划师说的一样，第一，不停顿的学习；第二，在规划工作中，紧密地与你规划的地方的人们相联系，了解他们的需要，他们的愿望；第三，在规划设计中，非常仔细地关照自然环境和人文环境。

Q：非常感激您对我们编辑部工作的支持。希望很快在北京见到您。

2.美国乡村建设实地调查

继去年的欧洲乡村建设实地调查之后，2007年的2月至3月，我们终于完成了计划中的美国乡村建设实地调查。尽管我们考察了加利福尼亚中心峡谷区富饶的乡村；从旧金山出发，花了一周时间，经盐湖城横跨落基山脉到达丹佛，然后进入科罗拉多州、堪萨斯州和艾奥瓦州的中部平原，渡过密西西比河到达芝加哥，再沿五大湖经底特律、克利夫兰、布法罗，到达波士顿；从波士顿出发，经纽约、费城、巴尔的摩，到华盛顿，考察了美国东海岸大都市带的郊区乡村，但是，美国乡村的幅员实在太辽阔了，它大约占据了美国国土面积的95%。我们绝对不认为我们的观察是完整的。当然，这并不妨碍对我们见到的美国乡村做一些判断，对已经被美国人自己总结的经验做一些验证。

相比较去年在欧洲乡村调查时的兴奋和震撼而言，我们对美国乡村建设的初始印象是，有些失望，有些沮丧。我们原以为美国人的乡村建设会比欧洲人做得好，而事实上，我们见到的情况比起美国人书上所讲的那些规划建设案例还有很大的差距。也许"9·11"后的战争拖累了美国的乡村建设？也许因为美国人口的4/5毕竟生活在城市，农业产值仅占美国GDP的1%，以致农业地区的税收不足以对散布在辽阔土地上的村庄基础设施和公共服务设施，特别是那些人口不足10000人的乡村居民点的基础设施和公共服务设施，实施更新改造？也许美国的乡村一贯如此？

但是，当我们冷静地透过一张张看似不起眼的照片来分析美国的乡村建设时，我们惊讶地发现，美国人在乡村发展中留下了巨大的可持续发展潜力，值得我们在社会主义新农村建设中甚为关注。

美国乡村概况

美国乡村居民点在哪里？

美国的乡村居民点地处美国国土面积95%的广袤空间中。尽管美国的城市郊区化了，但是，美国有些非官方的机构统计说，美国仅有5%的土地被用于城市开发，今天美国用来种植谷物的土地面积与50年前没有两样，每15年才能开发美国土地的1%。从我们的观察，这可能是部分真的。事实上，在离开大城市半小时车行距离后，所见到的就是乡村，在美国几乎没有我们在我国苏南地区和广深地区见到的那种城镇高度密集绵延的状态。尽管美国规划界已经认定他们的国家为"郊区的国家"，称他们的城市是"无边的城市"，但是，相比较而言，我们的城镇蔓延要比他们严重得多，我们的城市才是"无边的"。

这不能不引起我们的战略关注：一旦小型核战争爆发，美国城市人口和工业有广袤的乡村回旋，他们可以立即在那里的乡村居民点里生活起来，而我们集中了全部人口1/3的东部和沿海地带却难以在100～200公里范围内迅速容纳巨大的城市人口和工业转移，如饮用水和基本能源的供应。无论是加利福尼亚州的600公里平川，还是浩瀚的五大湖地区，我们都没有感到美国乡村会对此自惭行秽，那里有水有粮，有当初为战争而兴建起来的高速公路。美国乡村的地理位置决定了它在国家安全上的战略地位。

美国乡村居民点有多大规模？

美国乡村居民点的人口规模大约在6000万人左右。到2006年10月17日美国东部时间早上7:46，美国人口总数达到3亿，不包括1200万非法移民。美国国家统计局对"城市地区"的定义是，每平方公里人口密度达到386人的一个区域，它的周边地区的人口密度为每平方公里193人，其余地区为乡村地区。在美国统计中"城市地区"包括两类："城市化地区"（urbanized area），人口为50000以上，这个指标从1950年沿用至今；"城市组团"（urban clusters），50000人以下，这个指标从2000年开始使用。美国10000人以上的"城市化地区"和"城市组团"共有1371个。这样，生活在美国乡村的人口约为6600万。按联合国2005年的统计，美国的城镇化率为78%。与老欧盟国家一样，美国的注册农户一般也是住在他们的农场里的，这样的农业人口约为600万，另外的6000万人居住在乡村居民点里。

也许没有人统计过美国乡村居民点的用地，但是，据我们的观察，如果按照户均2英亩

（约0.8公顷）计算，美国乡村居民点的用地面积大约为1.2亿英亩，即48.58万平方公里，为美国国土面积的5%。这样，城市与乡村建成区一起，使用了美国国土面积的10%。当美国人开始大声疾呼，保护土地资源，保护开放空间，特别是人口稠密地区的开放空间时，他们可能不完全是基于粮食安全的考虑，而是为了维护环境安全和可持续发展。

与美国城市与乡村居民点共使用了它国土面积的10%这个数字相比，我国城市用地面积为城市建设用地占国土面积的0.3%，乡村居民点占国土面积的1%（国土资源部2006年度全国土地利用变更调查结果报告，2007年4月）。虽然我国的国土面积有960万平方公里，但是真正可以生活的国土面积只有320万平方公里，这样，我国城市和乡村居民点实际使用了可以居住的国土面积的4%；美国的耕地面积为几乎接近30亿亩，而我们只有18亿亩，比美国少了40%。这同样不能不引起我们对土地使用的战略关注。

美国乡村居民点有边界吗？

映入我们眼帘的美国乡村居民点，在空间布局上总是那么随意，向着可能开发的任一方向上展开，几乎难以找到它们确定的边界。长期以来，我们都认为，美国式的市场经济体制决定了美国人在土地利用上采取自由化的方式，把政府的规划干预减至最低水平。从我们的观察，这可能也是部分真的。

事实上，乡村居民点的公用基础设施，如给水排水系统和供电系统，会在某种程度上约束了那里居民对土地的使用。在这个低税收低福利的国家里，地方市政当局难以承担类似高税收高福利欧洲乡村居民点那样的开支，更不可能达到我国一些发达地区乡村已经实现了的基础设施水平，如道路密度和道路等级。但是，从人居安全的角度看，那里的乡村基础设施综合水平远远高于我们的发达地区，例如每一个乡村居民点都有由地方政府委托的污水处理公司运行管理的小型污水处理设施，都有由

市政当局委托的私人代理公司定期收集处理垃圾，一定有消火栓，原则上都有消防站。

做到这些不一定取决于资金，而取决于有没有这样的考虑和政府有没有这类职责和义务。这样，如果一个乡村居民不受约束地任意盖房，必然会增加公共基础设施建设和运行的成本，这是市政当局不可能接受的。从市场的角度讲，公共基础设施使用的集中程度越高，成本才会越低。因此，基础设施和公共服务仅仅只提供到边界内为止，不再向边界外延伸。不能进入这个基础设施服务系统的住宅是不合法的。如没有消火栓覆盖的住宅，不能认为是适合于居住的住宅。美国乡村居民点的道路看似等级低下，但是，消火栓却是随处可见。

从这个意义上讲，美国乡村居民点的更新和开发建设是由那里的基础设施承载能力控制着的。所以，我们与其使用行政的手段来控制乡村居民点土地的使用，还不如使用基础设施来约束宅基地的不当使用。这也是欧洲人的经验。

乡村居民点内的道路是个例外，它似乎不仅没有约束性，反倒成为了乡村居民点任意发展的动力，因为，美国人热衷于使用私家车，只要有路，可以使用汽车，道路质地如何无关紧要；市政当局所负责建设和维护的只是居民点中的很少几条主要道路，其余均由用户自己负责，乡村居民因此可以不受道路约束而扩大自己的宅基地。因此，那里乡村居民点的道路硬化率和与交通相关的设施铺装率都相当低，例如，我们几乎没有看到乡村居民点中使用太阳能路灯，即使是普通路灯，其间隔也大于35～50米，倒是看到了许多没有用水泥铺装的砂石道路。现在看来，美国人可能"因祸得福"。欧洲乡村不正在流行砂石化道路吗？只有我们提倡"硬化"。这也许是个历史的错误。

美国乡村居民点的发展管理

美国乡村居民点长期受到《分区规划》、《宅基地规范》、《清洁空气法》、《清洁水法》、《濒危物种法》等法规的影响，因为，它们从区位和形体上把乡村居民点的建设限制

在生态环境可以允许的范围内，美国乡村居民点的发展并非"无政府"。尽管美国的土地私有制从根本上决定了乡村居民点的土地开发。土地怎样开发，在什么地方开发，开发后干什么用，基本上是由房地产市场决定的，甚至于开发密度和形式也在一定程度上由市场决定，但是，"分区规划"和"宅基地规范"的作用不容忽视。

美国的乡村居民点的土地使用都由分区规划控制着，以减少组团中每一块宅基地的规模和退红，而住宅建设受到住宅区规划的控制，以减少村庄道路的宽度，降低道路等级，选择更为适当的布局方式。分区规划是一些约束性条款，例如，它规定了每一英亩土地上的建筑单元数目、建筑面积和建筑的退红。分区规划能够管理乡村居民在他们的土地上建设什么，也能够明确预期邻近土地的开发方式，同时，还要考虑到对建筑物的一系列要求：高度，面积，距离宅基地边界的尺寸，以及建筑物的使用规定。一旦市场建立起来，分区规划最终决定开发的内容和开发的形式。早期在乡村地区建设起来的住宅区并没有分区规划。当社区发展了，新制定的分区规划一般都要得到原有居民的同意，而原有居民必然考虑到如何保护他们的房地产，这样，就有我们见到的似乎没有章法的村落。

如果没有对一个特定乡村居民点内土地开发的管理，那里的每一个居民都有可能威胁到他的邻居的利益。假定一个家庭投资修缮或建造一个住宅，但是他们不知道附近将会建设起一个奶牛场或纸浆厂，那么，他们的生活将会受到长期的影响。这就是为什么要有规划控制的理由：给一块土地提供一个合理的开发预期，以便使这块土地的价值能够稳定，进而形成一个相对稳定的土地市场。这些规划法规也同时保护着公众利益。在一个社区的中心建设起一个皮革加工厂或纸浆厂这将严重危害公众的健康和福利。木质结构的住宅过分靠近，又没有适当的紧急出口，可能会引起严重的火

灾事故和卫生事故。这样，分区规划、住宅建设规范和相关的设计标准必须保留，以便保护公众的健康和福利。如果说构建和谐社会是人类的共同理想的话，那么，美国人使用分区规划、住宅建设规范和相关的设计标准来控制乡村居民点的发展，的确在一定意义上推动了乡村社区的和谐。

美国的传统乡村分区规划对土地使用功能进行严格的分区，道路通常作为不同功能区的分界线。在乡村居民点，土地使用功能的分离远远大于城市核心区。老城市里，相关的土地使用常常混合在一起。但是，在乡村，主干道和高速公路走廊常常用来划分居住区或农田，道路、景观、开放空间通常成为农业生产区和居住区之间的缓冲地带，而商业功能区本身也与附近的居住区隔离开来，隔离带通常是道路和景观区。有些人可能对这种功能分区进行批判，但是，我们应当注意到，许多乡下人仍然喜欢安静的居住区街道，除了住宅，什么也没有。对于这些人来讲，在居住区进行功能混合式的开发将会破坏街区的特征，威胁那里房地产的价值。当然，这样一些规范并非只是关于功能分区的，它们通常也把同一种功能但具有多样性的土地使用分割开来。例如，有时把住宅区分成为公寓楼区、独门独院的住宅区，甚至于还把独门独院的住宅区再细分为不同种类的住宅区，划分的基础是宅基地的大小（如每单元2英亩、1英亩、0.5英亩）。因此，有人提出这种划分会从经济阶层上把人们分开，在那些大块宅基地的地区就可能成为富裕人家居住区了。从许多方面讲，平面分区规划从私人的角度和公众的角度似乎都是合理。因为它保护了公众的健康、福利和房地产价值，直到今天，我们见到的乡村都是按分区规划执行的。当然，新城市主义规划和新传统规划的倡导者在他们的实验中，力主打破居民点的功能分区，主张功能混合。

在美国，保护开放空间是一个长期的传统。在美国的乡村建设考察中，我们随处可以深切感受到这一点。《清洁水法》第404条款规定了向美国全境水体和湿地排放污水和倾倒垃圾的管理办法。因此，即使在深山老林的居民点边，我们也没有见到污水横流垃圾遍地的现象。除开农田，我们见得最多的莫过于大规模的湿地。

降低容积率是许多地方政府所采用的一种分区规划方式。按照这种方式，逐步减少一定英亩土地上可用于建筑的英亩数量（或者相反，增加一定英亩土地上可用于开发的英亩数量）。例如建造一个独门独院的住宅可以使用0.5英亩到3英亩土地，这样，住宅与住宅之间的距离可能发生变化，在它们之间可能有更多的开放空间和树木。如果规定"最少退红"，或规定建筑之间的"景观缓冲区"和"宅基地分界线"，那么，可以进一步减少每一块宅基地上的建筑用地总量，在建筑与建筑间保留更多的开放空间。

降低容积率的方式在美国十分流行，许多社区正是通过这种方式保护了他们的社区特征。这种方式可以保证那个社区的人口密度不增加，开放空间的总量不减少，因此，它特别受到一个社区已有居民的支持。一些拥有大块宅基地的业主希望最大程度地开发他们的土地，以便充分发挥他们所拥有的土地的潜力，但是，当他们在一块大的宅基地上划分出更多的宅基地时，土地或住宅的价值会相应减少。当然，无论一块开发场地被划分为若干块0.5英亩大小的宅基地，还是3英亩大小的宅基地，整个开发场地都将被一个个业主所拥有，而每一个业主都必须服从降低容积率的分区规划。这样，我们就可以理解，为什么乡村住宅间的距离如此之大。事实上，降低容积率本身并不意味着存在任何可以分享的开放空间。这样，减少每一块宅基地上用于建筑的土地并不能够从根本上创造开放空间，它也不是一个保护濒危动植物的成功方式，也不能创造任何公众可以接近的开放空间。降低容积率不一定可以有效地保护社区特征。如果把一块场地，假定25英亩，划分成为3英亩一块的宅基地。实际上还是增加了整个场地上的住宅单元数目。由于这些住宅蔓延式地平分了这块场地，因此，这里的居民将基本上依靠私家车出行，于是，这里的交通量也将增加，原先的田园式的风光也将消失。即使这样，这种方式仍然在广泛使用。

组团式布局模式（或称开放空间开发设计）是保护开放空间的另一个方式。它可以与规定土地使用比例的方式同时使用，也可以单独使用。简单地规定土地使用比例可能会导致均衡使用开发场地，有留下公共的开放空间。组团方式则不同，它可以在开发一个场地的时候，保护那块土地上部分已有的土地使用功能（例如农田或森林），以供公众使用，或者保护那里的动植物。这样，组团方式可以用来保护社区特征，创造公共开放空间，保护动植物或保护水资源。从本质上讲，组团把住宅开发集中到开发场地的一个特定部分，还把剩余部份留作开放空间。从容纳的住宅单元总数来讲，可能与均衡布局相同，但是组团式的布局创造了更多成片的开放空间，而规定土地使用比例可能产生的是被打碎了的私人开放空间。组团式布局创造的开放空间可能属于私人所有，不过，它们成为整个住宅区所有居民的共同空间，有时这些土地的属性是私人的，但是其上建有公共建筑，成为公共场所。同时它有效地保护了动植物，或维持一些开放空间的自然状态。例如，在一些情况下，通过开放空间的设计，业主协会或土地信用社拥有这些开放空间，并且把它出租给农民，用作农田。

美国人在实施组团式布局时，常常把分区规划和住宅区规划结合起来。例如，在每块宅基地3英亩的区划内，分区规划可能决定减少每块宅基地的实际规模和退红，以便在特定区域内安排相同的或类似数目的住宅单元，而留下更多的共同的开放空间。分区规划和住宅区规划相结合能够设计出最大规模的开放空间。当然，即使一块宅基地的50%留作开放空间，组团规划模式仍然意味着只有部分土地用于开发

了。如果采用其他方式，即使每块宅基地上留下了50%的土地，也不意味着整个开放空间被合理地保护下来。无论如何，组团或开放空间设计能够明显地改善标准住宅区的规划，可以认为，组团或开放空间设计很好地协调了开放空间的保护和发展的需求。

美国乡村居民点从形体上几乎谈不上民族的或地方的风格。正如美国人所自誉的那样，他们那里是个"大熔炉"，什么文化都可以，谁也不支配谁，混杂在一起即可。我们在东部地区老一些的乡村居民点里还能见到欧洲乡村居民点的氛围，而对西部地区和那些新兴的乡村居民点而言，则只剩下乏味的工业化了的建筑风格了。没有历史，也没有多少文化，只是功能有效，合乎规范。布局上的"乱七八糟"，建筑风格的工业化，这也许是美国人实用主义意识形态的形体表现。其实纽约第七大街百老汇路段杂七杂八的商业街景最极端地表现了美国乡村居民点的风格。

应当注意的是，在这个"乱七八糟"的风格背后，其实有一支"无形的手"控制着美国乡村居民点的建筑风格和布局特征，那就是联邦政府的"贷款担保"、"区位首选"和"建设标准"。住宅贷款担保制度不单是一个金融制度，同时也是一个政府贯彻它的发展导向的机制。政府的住宅贷款担保事实上成为政府贯彻它的意志的手段。

美国乡村居民点的建设资金

如同我们在欧洲所见一样，美国乡村居民点的基础设施还是相当完善的。实际上，据1954年的统计，当时，71%的农户有小汽车，49%的农户有电话，93%的农户使用了电。这样，美国当时的乡村基础设施水平已经高于战后欧洲。但是，我们发现，经过50年的岁月，这些战后初期建设起来的基础设施已经相当陈旧和老化了，几乎处在运行维艰的状态。其实，与美国的大城市一样，老一点的美国乡村居民点不说是满目疮痍，也可以说是千疮百孔了。

这是一个可持续发展的问题。原先拥有

的，不等于永远拥有。如果不考虑乡村基础设施的合理折旧战略，那么，美国一些老乡村的今天也许就是我们一些村庄的明天。

正因为如此，美国联邦农业部的乡村发展办公室在2000年公布了乡村建设的一系列政策。在有关财政援助的政策中，它许诺通过财政资助的办法来帮助所有美国乡村社区改善经济和生活质量，同时设立了乡村社区公共工程设施、乡村住宅和社区、乡村企业和合作3大类，19个子项目的乡村发展财政资助计划。

在乡村社区公共工程设施建设和管理计划中包括四类项目，乡村供水、污水处理和垃圾处理等项目、乡村供电设施和能源设施、乡村通信设施、乡村电子医疗网络和远距离教育网络设施。

乡村供水、污水处理和垃圾处理等项目的拨款和贷款包括在"水和环境计划"中。贷款的对象是在乡村地区从事供水、污水处理和垃圾处理的企业，目标是改善和建设这些企业所运行的设施。拨款的接受者是，非营利的乡村组织，目标是提供技术援助和训练。有资格接受这一拨款和贷款的乡村地区的人口不超过20000人（2000年规定，为10000人）。如果一个社区越是边远，人口越稀少，收入越低下，那么它可能得到的资助越高。

乡村供电的政府援助是以贷款为主的方式出现的。这些款项的接受者为公司、州、区域、地方政府、非营利组织和合作协会、公共事务机构和其他一些相关机构。作为一种贷款需要抵押，使用于发电、配电和输送到户的相关设施的建设上。

乡村通信援助采用拨款和贷款两种形式来实施。其目标是通过资金援助的方式使政府与私人公司在通信建设方面形成一种合作关系，共同建设通信基础设施。这个项目旨在帮助乡村地区居民获得最先进的通信技术服务和更多的就业机会。

远程教育和网络工程设施计划同样以拨款和贷款的形式实施，其目标是通过计算机网络和相关的技术设施来改善乡村地区的教育和医疗服务。

从以上这些介绍，我们可以得出这样一些结论：

● 美国联邦政府乡村发展部对乡村公用设施的资助是引导性的，而非援助全部建设资金；

● 尽管政府投入的资金规模非常小，但是，援助的都是当地乡村社区紧急需要的项目；

● 非营利组织事实上成为美国乡村发展部的代理机构，他们直接与商业机构进行协商；

● 由于项目直接来自乡村社区，所以，可以比较准确地反映乡村社区对此项目的实际需要；

● 乡村公共设施的建设资金完全按照金融市场运行规则来执行，没有事实上的社会福利；

● 整个申请过程完全依照法律程序办理，人为干预的可能性非常小，这样保证资金使用的公正性和合理性。

这些方式对于社会主义新农村建设的政府投资管理具有重要的参考价值。

第一部分

城 镇 特 征

第一章

传统城镇的一般品质

规划的起点

美国有着按照一组核心原则建立几乎各类规模新居民点的长期历史，这种状况一直延续至20世纪。不仅保存至今的大量绘画原作（J.雷普斯的《制造城市的美国》中就有许多这些绘画的复制件）可以证明有意识的规划当时就成为了规范，而且小镇里笔直的街道模式和我们在任何一个19世纪的县地图上都可以找到的大道，也是证明规划意识存在的例子（参见K·依斯特林《美国城镇规划：历史的比较》，1993）。

在以不规则街道布局著称的新英格兰地区，许多村庄也是围绕一个中心公共空间和绿地来布局的，有时甚至只是主街中被加宽的一段而已。这种特征完全不是偶然的。

按照棋盘布局的这些居民点在它们建立和初期发展阶段之后，都倾向于在随后的几十年里继续遵循同样的布局模式增长。这可能是因为这种布局模式容易实施、经济可行，又符合已经建立起来的习惯。但是，在分区规划替代了大部分社区的形体规划和汽车郊区出现之后，这种特征才在许多地区逐步消失。

共同建筑语汇中的使用多样性

随之而来的是，把具有不同使用功能的土地分开替代了传统的街道和街区规划。许多人把创造分离的和内部协调的"分区"看得比继承已有的城镇发展传统还要重要，即使那种传统曾经产生了人们如此眷念的和适合于居住的社区。居住区、购物中心、办公园区相互之间没有联系，完全依靠汽车把它们连接起来，实际上，当时几乎没有谁批判地考察过这些新发展所产生出来的形体形式对美国的未来究竟意味着什么。

从空间角度看，虽然19世纪建立的这些城镇更为有序，规则的街道模式，较为协调的建筑物（因为有限的建筑语汇，简单的建筑技术和不多几种可供选择的建筑材料），其实，较之于以后几十年发展出来的城镇空间形式，它们的另一类特征是，它们在土地混合使用方面所呈现出来的多样性，在社区结构上表现出来的完整性。

在没有规范和规则的条件下，变化或多或少是本能的，是对时务的一种反应，如地方工作岗位的增加，改善公共卫生。

特别考虑到这些分区规划出现前的城镇是在没人监督或专门规则控制下自己成长起来的，它们的一些部分远不尽人意，但是，它们的大部分地区的功能是合理的。

明显的特征

传统小城镇的基本特征如下：
● 紧凑和较为严密的形式
● 中密度（在城市和二战后蔓延式郊区之间）
● 在"镇中心"，建筑物骑着街道边缘，土地混合使用，有聚会场所，有公共建筑，有公园和其他开放空间
● 商店可以满足日常需要（食品店、杂货

店、药店、五金日杂店等）

- 居住街区靠近镇中心，有时住宅与商业设施相邻
- 城镇中间有公共开放空间，城镇边缘即是乡村开放空间
- 步行便利却也可以通车
- 街道尺度适宜一般使用（而不是大尺度和过分工程化以面对"最糟糕的情形"）
- 从核心区向外逐步增长

当然，传统城镇并非没有问题。由于有些住宅与非居住用地相邻，所以，那里可能会发生程度不等的干扰，如修车场的老板把旧轮胎存在他的建筑物背后。或者街头的比萨店或便民店深更半夜还引来汽车。住宅地块通常适度，但是，有时只有很小的前院或边院。街道通常狭窄，会车时或有车停在路边时，车速必须降下来。

社区意义

当然，大部分居民与城镇公用设施如学校、商店、教堂和游乐场之间只有步行距离。他们常常感觉到他们与街区具有真正的联系，由于鸡犬相闻，相互来往，他们的街道具有了场所的意义。如果询问他们喜欢他们居住的传统城镇中的哪些事务，答案都是相同的：丰富多彩、方便、邻里街坊。

在与小镇上的居民们交谈和通信，我确信他们乐于混合，大宅旁边有个小宅，家居和独居相邻，如一对青年夫妻与一个老鳏夫为邻。宅基地地块规模和宽度变化不一，街道在街区、商店和公共设施连接起来。新泽西州克然贝雷的一个居民这样总结了他的小镇的特征："小镇是（这样）令人愉悦的和有益地混合着……，鼓励步行式的生活方式，而步行给了居民们强烈的社区感受"（胡斯敦，1988）。

马里兰州哥伦比亚的一位富有创新精神的开发商 J·劳斯（布雷克菲尔德，1971）曾经说，生活在小镇上有三大好处：

- 比较有可能处于一个比较广泛的社会关系和朋友关系的氛围中
- 邻里间相互的责任和互相支持的感觉日益增强
- 通过非正式的户外休闲娱乐机会与自然界靠得更近了

罗杰斯大学的一项有关人们最喜欢的社区的研究表明，"小镇"在五种生活场所中排在第一，大约50%的被调查者做了这样的选择，而22%的人选择了"新郊区"（伊格尔顿研究所，1987）。这个结果毫不令人意外。

从这项研究和无数的证据来看，许多美国人显而易见地向往传统小镇所具有的特质，渴望小镇周边的开放空间。虽然人们一般并非乐于生活在蔓延而生的板块里，但是，现在美国几乎每一个行政单元里所沿用的规划体制（在那些不加思考地就接受了标准郊区开发方式的工程师、开发商、土地使用方面的律师、房地产经纪人的帮助下）最终只能把购物中心和办公园区提供给他们和他们孩子。

社会交往的机会

R·奥尔登伯格在他的《人间天堂》一书中强调了小镇聚会场所（如咖啡馆、百货店、邮局、酒馆和其他一些商业性场所）在帮助人们"消磨时光"上的重要性。美国郊区所失去的一个关键因素是奥尔登伯格所称的"第三场所"，即除了家和工作场所之外的另一个非正式的公共生活场所。在郊区，很难找到"第三场所"。人们在那里建起了家的房间，"让他们的孩子们有个地点与他们的小朋友们度过他们的时光"，可是，在按土地划分规则划分好的地块里，"没有给孩子们什么"（奥尔登伯格，1989）。分区规划把一些这样的场所排除在外，而开发商和市政当局又没有去建设另外一些场所（如地方公园或开放空间）。所以，从喷泉到酒馆，从街区公园到咖啡馆，这些聚会场所在大部分现代郊区荡然无存。

内部的和周围的开放空间

传统小镇，特别是那些坐落在乡村地区的小镇的另外一个特征是它们的开放空间，这些开放空间常常存在于小镇的边缘，社区里的那些没有开发的土地偶尔也成了开放空间。虽然人们在上下班时很少注意到这些地方，但是，只要这些地方竖起一栋建筑和成为停车场时，人们会强烈感受到它们的影响。没有什么事情会比开发这些自然区域更能改变小镇的特征了。无论这些地方适合于观赏、娱乐还是运动，它们对于长期生活在那里的人们都具有深刻的意义。

似乎没有什么奇怪，对于在那里度过童年的人们来讲，那些地方对他们的影响最深。当加利福尼亚大学伯克利分校的C.G-马库斯要求他的学生们写一份"环境自传"来描述他们孩提时代的地方，80%~90%的学生写道，"野生的或边边角角的没有什么特殊设计的地方。如果他们是在正在发展的郊区长大的，那么，他们记得街顶端的一块没有使用的地块，他们在那里搭过棚子，挖过地道，点过篝火"（马库斯，1986）。马库斯在批判那些没有真正理解这些自然区域的重要性的规划师时写道，"正在把这些野生的边边角角或没有指定的空间被排除在规划之外。"

紧凑的形式和渐进的生长

自从建立殖民地的第一天起，城镇就在生长和发展，但是，直到20世纪中叶，它们那种渐进的变化方式和传统的城镇布局模式才开始发生激变。就地块尺度和街道的几何形状而言，现存街区的扩张通常没有严重背离城镇设计的那些长期沿用的原则。如果说还有什么不同的话，那就是较新的建筑风格。换句话说，后来的开发设计者还是（也许是无意识的）尊重了那些城镇的遗风。

坐落在查姆普兰湖西岸的纽约的埃塞克斯就是这种城镇的一个例子。埃塞克斯曾经是一个繁忙的港口和区域贸易中心，但是，在1850年之后，许多小农户搬到西海岸，它开始萧条。由于它地处边远的北部地区和地方经济衰退，城镇结构几乎没有发生什么变化，那里留下了学习19世纪城镇景观所需要的东西。图1-1是它的现状平面图。我们可以清晰地看到住宅

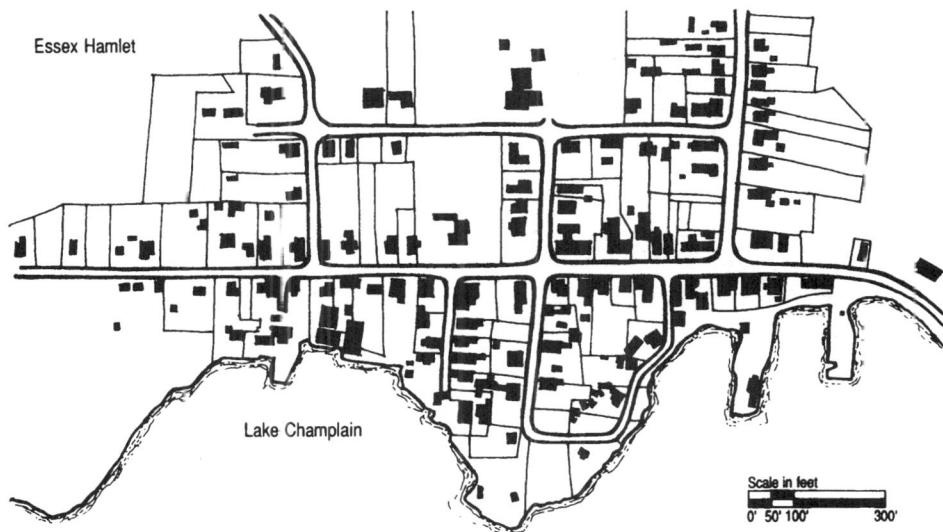

图1-1 这是19世纪纽约小村埃塞克斯的平面图，它展示了当时传统小居民点对建筑、退红、地块规模多样性和相互连接的直线型街道等元素的典型的安排。当时许多人都居住在这样的地方，而现在新的开发的居民点很少在设计上表现出这种传统小镇的感觉和功能。具有讽刺意味的是，现在，即使传统城镇的土地划分可能使土地使用更有效，可以留出更多开放空间，给社区成员间提供更多的社会交往机会，但大部分乡村行政区如果在地块划分上还采取这种方式，那将是非法的。

地块的规模和模式，商业和居住之间的关系，相互连接的街道布局。这只是成千种这类城镇之一，传统城镇的价值产生了适合于居住和可以步行的氛围（第四章图4-14就是埃塞克斯街道景观的一张照片）。

图1-2是另一个典型的紧凑型街区的一张特写。地方建筑师S.穆尔为它（缅因州的不伦瑞克，大约在1870～1910年期间）画了这个草图，并做了这样的说明"这条街具有令人感到非常温馨的氛围和和谐的尺度。住宅一般是2～3层的木结构建筑，大约有一半分隔出若干个单元或公寓供租赁者使用，居住密度约为每英亩20～25人。"

尽管这个密度比在许多小镇所感受到的舒适密度高了一些，但是，它们这种具有吸收如此之多的居民却没有显现拥挤的能力值得注意。当然，还有一点需要说明的是，步行距离内正式的或非正式的开放空间是适合于生活的紧凑型街区的基本要素。没有公园、广场、绿地和公共设施，或附近那些受到保护的自然地区，这类街区不会满足最基本的"生活质量"标准。

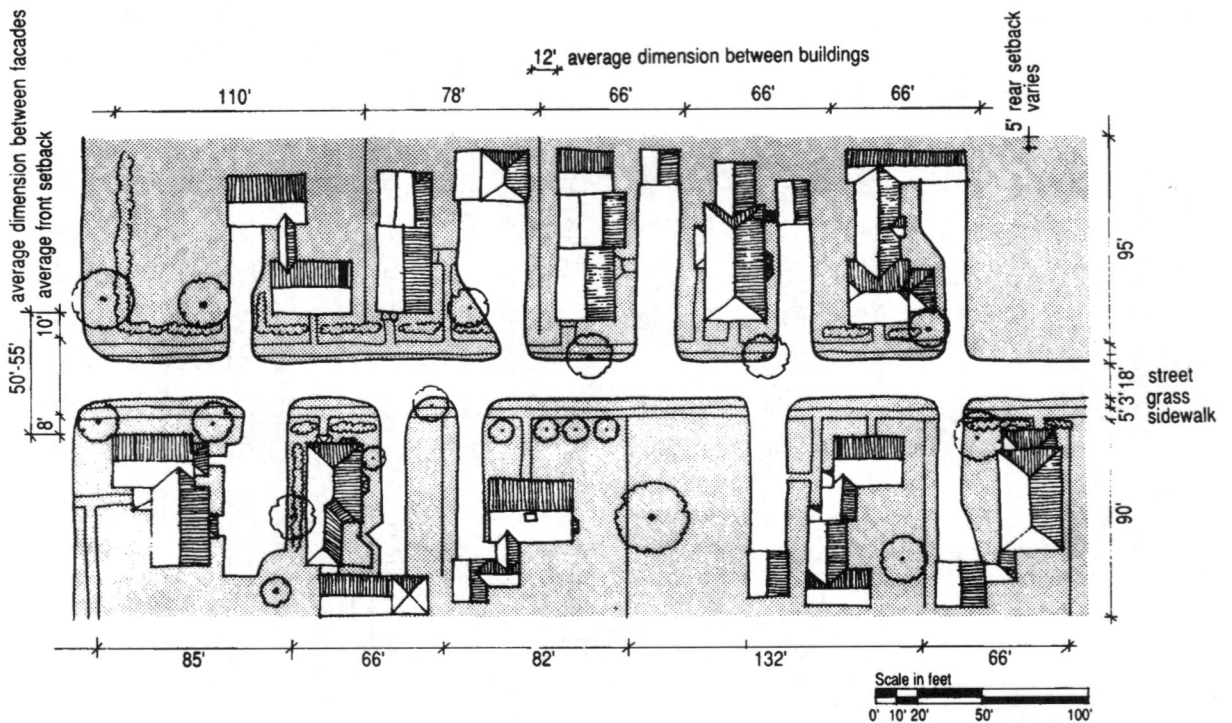

图1-2 这是19世纪后期一个叫做缅因州不伦瑞克的小村的一个街区平面图。它以传统方式实现了每英亩20～25人的居住密度。（资料来源：建筑师S.穆尔的原版草图）

第二章

传统城镇模式的变化

与规划分割的分区

在第二次世界大战结束之后的几十年间，应用土地使用规则来控制增长的城镇越来越多。虽然许多小城镇已经采用一些正式的管理规则，但是大量的地方政府转向使用分区规划和土地划分规范作为阻止不相容的土地使用的方法。

按照大部分实行分区规划的人所理解，"不相容性"涉及土地使用的外部特征相互冲突的问题，如工厂的气味刮进了附近的居住区。不幸的是，使用这种狭隘定义已经导致了另外一种类型的不相容性：常规的分区规划和适合于生活和可以步行的社区。不加批判地使用常规的分区规划和土地划分规则所产生出来的是标准化的和蔓延式的发展与传统城镇同样重要的方面不相容：传统城镇的氛围、特征和活力。这些特征与城镇布局、城镇设计、城镇结构、土地的混合使用和较高建筑密度不可分离的，而按照现代土地使用规则、产生传统城镇特征的那些因素都是不符合法规的。

不幸的是，非常少的社区认识到规划在这个过程中的重要作用，他们也没有把完全执行分区规划后所产生的后果与他们希望实现的远景联系起来。即使在那些制定了综合规划（总体规划或一般规划）的城镇，综合规划也常常被看作只具有纯粹咨询的性质，没有经常地得到更新。更不幸的是，他们没有提出这些城镇今天所面临的最严重的问题之一：如何实现与社区传统城镇特征相协调的发展，以便把新的开发和谐地与传统城镇结构统一在一起，从而强化一个地方所特有的意义。

规划教育

遗憾的是，在对规划师的训练中很少包括对传统城镇的详细研究，一般也没有要求学习规划的学生去分析传统城镇的规模和布局如何产生适于生活和可以步行的功能。一般来讲，规划学院把注意力集中在人口倾向分析、社会学、工程基础、土地使用法规、公共政策制定、定量分析方法、环境体系和绘图等主题上。所有这些主题当然是十分重要的，但是，城镇这个城镇规划的中心主题之一却很少涉及。这就如同在训练物理学家的时候，把化学和生物学排除在必修课程之外，在训练医生的时候，不要求这些学生花一些时间来研究人体本身（或者把人体只是作为一个讲座或作为一个部分放在其他课程中）。

直到那些决定规划学院课程设置标准的委员会开始把城镇设计纳入这些学院的课程之后，规划课程设置才开始有了比较大的变化，改变了那种以非设计性课程为主的职业教育状况。

毫不奇怪，在这样一种背景下，许多年来的规划教育使学生知道怎样生产城镇的各个部件（商店、办公室、住宅、道路、公用设施等），但是，事实证明，学生们没有理解如何确定这些元素的尺度，如何把它们混合在一起，连接起来而形成一个过去几个世纪以来所产生的那种城镇。这就如同汽车制造公司制造了很好的部件，发动机、方向盘，刹车、变速箱和车体，但是却没有把它们组合成为一辆安全和舒适车辆的技术。

重新发现传统城镇景观的元素

处于这种状况，有兴趣的专业人士、地方官员和居民可以通过他们自己的调查和分析来了解城镇结构和设计。例如以下这些工作可以在一个小城镇或者城镇的那些传统的部分来进行：

1. 在三个街区大小的地区列举出所有不同的土地使用（包括不一致的使用），特别关注那些使生活便利的土地使用方式，或者对邻居有些麻烦的使用。

2. 描述居住建筑的规模和类型，如果可能，通过计算电表的方式来计算住户的数目。

3. 测量住宅的前院和人行道之间的距离，人行道和街道之间的距离，街道铺装的宽度，与马路对面的住宅或前院的距离，与隔壁住宅的距离（在商业街上也可以同样这样做）。

纽约霍尼亚夫村的居民认为，在他们小镇边所进行的郊区布局和设计式的居民区并不适当。于是他们做了以上三件事。通过调查出来的数字，他们决定以上项目的最大、最小和平均距离。结果是新开发会完全违背这个19世纪村庄在规模和布局模式上的特征（表2-1）。

当他们把这些数字与官方的土地划分规则和分区规划有关地块、建筑退红和街道建设的基本标准相对比，他们发现为什么最近发生在他们村庄边缘的那些开发看上去和长岛没有两样：制定这些标准规划咨询人员采用的是郊区蔓延式开发原则。

这项自愿行动的结果是，暂时放弃这个新的土地划分设计标准，面对这个有争议的土地划分标准，开发商重新提出了一套土地划分规则，包括比较窄的街道，地块和建筑规模大小不一，一个正式的娱乐区，沿着主要道路的开放空间。在组织得非常好的市民代表委员会的帮助下，这个村庄的官员修改了原先的综合规划和分区规划法令，满足地方居民保留传统城镇模式的愿望。这项工作的领导也被邀请到邻近的几个社区去作指导，还在州里的相关会议上与其他乡村小镇的规划师分享他们的经验和方法。

规模问题

B·格林比在他的《空间：人类景观的尺度》一书中书面说明了微妙地影响我们感觉街道景观的一些形体关系。格林比对旧居住街区和新居住街区的街道步行经验做比较后提出，最关键因素之一是街道"宽度"（街道两边建筑的墙根）和街道两边建筑物的"高度"（从地基到屋顶）之间的比例。他指出，"最好的比例是街道宽度是两边建筑物高度的2～3倍。如果宽度超出高度的4倍，那么我们就失去了闭合的感觉"（格林比，1981）。当我们把街道看作是"户外的房间"，这个概念就具有了更明显意义，而且，建立若干参数的原则也变得十分明确了，如"最小退红"。图2-1（格林比的草图）和相关的街道照片（图2-2和图2-3，按照现代土地划分规则所建设的典型街区与传统街区之间的对比）说明了这种关系。

许多年以来，建筑师、规划师和景观建筑师都赞成这样一种观点，居住在同一个地块中的各个家庭之间的社会关系在一定程度上是由他们住宅与其他家庭住宅之间的位置和与街道

在纽约州"哈尼耶瀑布村"所发现的尺寸规模以及与分区规划要求的比较				表2-1
	村庄现状			分区规划规范要求
	最小	最大	平均	
住宅到人行道（英尺）	20	33	24.8	70
住宅前立面到前立面（英尺）	86	132	101.2	180

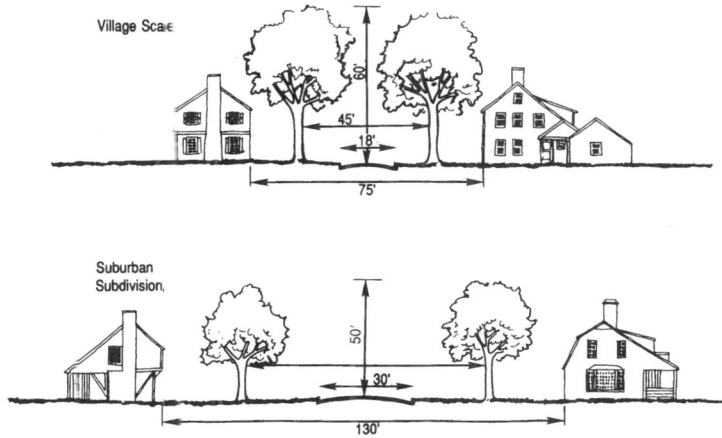

图2-1 两种街道的草图显示了传统村庄或小镇街道和现代土地划分规则下街道的宽度和高度比之间的差别。按照现代土地划分标准所创造的建筑形式完全超出了老居住区历史性发展模式的尺度，街道两边住宅之间距离是传统街区的二倍（资料来源：格林比，1981）。

图2-2 这是佛蒙特州米德布雷一个常规设计下的典型乡村土地划分，它具有宽阔的街道和退红。居住的马路对面的人几乎不了解他们对面的邻居，由于这样的距离，他们需要扩音器来互致问候。

图2-3 这是马萨诸塞州卡明顿的传统街景，适当宽度的铺装道路，人行道、街道边的树木和适度的前院或"前花园"。

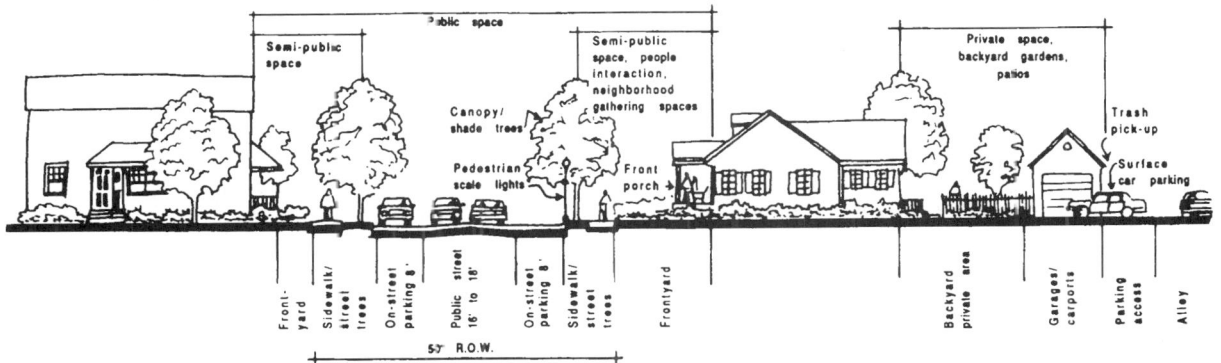

图2-4 按照传统街区的设计原则以及创造步行友好氛围而设计的新开发区的街道，包括紧凑的地块、前廊、前花园、人行道、行道树、路边停车位、后背停车库。地点：马里兰州伊斯顿的里昂农场（资料来源：雷德曼约翰斯通设计事务所）

之间的位置所决定的。虽然陪审员们并不在乎这个问题，但是，事实上，住宅之间的距离，住宅退红到人行道的距离，步行到最近公园的距离（进一步讲，还有公共场所），都在某种程度上影响着社区的社会动力。

由雷德曼约翰斯通设计事务所为马里兰州伊斯顿里昂农场所做的设计说明，对传统尺度的理解能够为新开发的设计提供一种可供选择的思路。正如纽约建筑师A·穆尔和J·苏利万所说，"场地设计和建筑定位的正确结合能够在有关人们生存的开发和有关家庭和睦的街区间产生不同的效果（穆尔和苏利万，1991）。"他们做出这样的结论，"在一个健康的街区，私人空间和公共空间之间存在着明确的界限，""公共空间按照邻里之间可以自然地进行社会交往的方式来安排，以便允许居民从'视觉上控制'他们周围所发生的事情"。过分强调私人空间可能导致孤独、隔断联系和产生一种防范的态度。穆尔和苏利万倡导在私人空间和"允许人们进行正常社会交往的公共空间"之间建立起一种和谐的关系。

在伊斯顿里昂农场的这个设计中，公共空间包括草坪、人行道和街道本身。这种街道景观的设计原则包括：

1. 人行道是一个基本的街道设计要素。它使人们可以休闲式的围绕着街区散步。在人行道上，他们可以方便地与坐在前廊里的人们进行交谈，还不需要提高声音。人行道像一根线似的把所有家庭联系在一起。

2. 前院的进深不要大于20英尺，以便可以与路过者进行交谈，同时，使后院的尺寸大一些（假定那里可以容纳户外用餐，打打羽毛球等活动）。

3. 在人行道边缘安装篱笆或树桩，在前院这种半公共空间和完全的开放空间之间划定界线。

4. 在街道和人行道之间的行道树把街封闭起来，把步行者和停在路边的汽车分开，形成一堵树"墙"。街宽大约在40～45英尺，把视线聚集在可能包括多种风格建筑物的街道上，影响驾驶者的视觉外沿，从而降低驾驶速度，即使路面本身已经足够宽敞了（特别是在白天车不多的时候）。

5. 由于宅基地地块尺寸不大，不能完全满足家庭停车的需要，所以，街道上需要有停车位置。当汽车停在住宅前面时，人们要跨过住宅前的草坪和人行道，这样，又在他们出门和回家时产生了一个社会交往的机会。

6. 在清静的下午或傍晚，坐在前廊下的人们有可能与路过的街坊交谈。

随着汽车时代的到来，大部分这类特征也保留下来了。图2-5是美国住宅集团在1919年发表的经济住宅手册中的一张图。这个只存在于第一次世界大战期间的短命机构制定这个手册的目的是，帮助满足在军舰生产基地就业者的住宅需求（当时生产压力巨大）。这个报告以及由紧急舰队集团编制的附件都是新传统主义建筑立面和平面规划的绝佳之作，它所设计的住宅规模和价格适当，可供独立家庭，一宅两

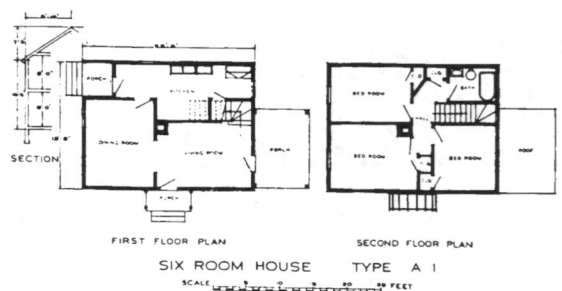

图2-5　这是在第一次世界大战期间，美国住宅集团为造船厂职工家庭建设的传统街区住宅透视图（这是联邦住宅机构当时所理解的街区设计原则）。

户或多个家庭居住。这个项目的优秀范例至今尚存于若干个地方，也许最值得一提的是新泽西州卡姆登的费尔维尤，康涅狄格州的布里奇波特，加利福尼亚州的马雷岛。国会认为这个计划太野心勃勃了，而且长期为工人建造这样昂贵的住宅国力难以承受，于是决定终止这项计划，这是国家的一大憾事（紧急舰队集团，1920）。

也许是人们都知道由D.杜利设计事务所在佛罗里达建设的"海边"项目，它是新传统主义与这些原则兼容并收的一个设计案例。这类设计并非一成不变的，它可能包括也可能不包括车库的空间，这些车库可以建在地块的后背。进出住宅可能使用沿着地块边缘而建的入户车道，在住宅前或住宅后，一般设计宽度为10~12英尺，单向车道。

与格林比有关建筑规模与建筑对街道比例的观察一致，里昂农场项目所采用的高宽比为1：3（道路两边住宅房基之间的距离为75英尺，而房顶的最大高度大约为10~12英尺）。有趣的是，这种比例在新奥尔良一个叫做"湖景"的1939年的居住区项目中也出现了，不过它是沿着后院界限之间扩宽的"绿色步行道"而建设的，这些后院加上步行道成为了邻里间进行社会交往的非正式场所。由于建设了后院人行道，所以，它就没有后院的胡同了，而各家的车库建在前院，面对街道。

我们也可以在美国许多地方的"大街"上发现这样的高宽比，如宾夕法尼亚州的"新城"，佛罗里达州的"马杜纳"，那里的高宽比都没有超过4：1（见图2-6）。

许多没有做过这类分析的城镇，自然缺少了对采用郊区土地使用规则（和"最小"尺度）和延续那个城镇独特性之间联系的理解。许多使用分区规划来管理增长的城镇，只是一味地建设宽阔的街道，大规模单一土地使用功能的分区，如居住小区、工业园区或商业区，而没有有意识地去规划未来的发展模式。

当然，即使规定一个分区的功能，也不

图2-6 许多老城镇市中心主要街道所采用的比例产生了一个令人愉快和人的尺度的"户外房间"，那里有人行道、行道树、沿路肩的停车位，道路两边商店间的距离通常在60英尺左右（新城，宾夕法尼亚州）。

一定是惬意或功能有效的。拿弗吉尼亚州北部一个叫"泰森角"的地方为例，那里20年前曾经是一个交通要道，现在是一个拥有6万人的环状远郊区。那里缺少与它所在区域的任何联系或关系，是一个无场所的开发。弗吉尼亚大学E.D.琼斯教授在她的论文中写道："没有历史，没有场所"，"那里没有人行道；那是一个驱车而过的地方。不仅没有步行设施，没有公共场所（除开停车场外），除开两个室内的购物中心之外，也没有社区意识或场所的意义。这些够称作公共空间吗？与其他任何一个市中心相比，'泰森角'可以是任何一个地方，没有人拥有它，也没有人认为它属于他们或他们属于它。从来就没有人把那里设计成场所、社区和个人的结合物。它不是为市民建设的，而是为消费者建设的。当它逐渐的老化并伴随着功能的衰退后，又有谁会在乎它呢？"（琼斯，1990）

精神联系和有意识的选择

那种认为有了分区规划规则就可以保证城镇避免出现不希望的增长和变化。这种观点是对分区规划功能的极大的误解。也许有人曾经在他们所理解的狭义的场所意义与管理社区增长的土地规则在精神上建立起一种联系。但是，几乎没有几个人认识到，那种建立带状商业性道路和把农田和树林整个转换成为宅基地和街道的扭曲的方式并非不可改变。

现在，小城镇规划师所面临的最大挑战之一是，告诉他们的地方议会、规划委员会和公众，分区规划不能预先确定社区的未来：社区的未来真正是一个可以选择的东西。

州或联邦法律并没有要求城镇官员去执行蔓延式的发展模式，而是郊区导向的设计标准在推动着他们那样做。从某种程度上，任何一个州层次的开发指南都不提倡蔓延式的发展模式。例如，在俄勒冈、新泽西、佛罗里达和缅因州，大量的新开发都被约束在城市增长区内，控制蔓延式的居民区继续扩展。

马克吐温的观察是正确的，"在一个民主社会，人们通常得到他们应当得到的东西。"这个判断也许不太严谨，因为那些被选举出来的官员（城镇议员）所提供的信息通常是不全面的。规划师有责任对这些信息作补充，引导市民认识到一个特殊土地使用政策可能导致的长期后果。

那些感觉到批判已经建立起来的郊区蔓延式发展规范有些勉强的规划师可以利用州里的新法律来帮助他们。这些新的法律要求，对分区规划作调整的时候，需要提交有关社会和视觉效果的一般"影响评估报告"。由于现在许多大型开发项目受到特殊影响评估的约束，所以，对于分区法令也应该做出类似的影响评估，这是合乎逻辑的要求。至少应当在总体上对评估长期执行一种分区法令的积累效应。事实上，如果对现有的所有分区规划都做一次评论，按照影响评估的要求把所有的分区规划所产生的结果都摆在桌面上来，重新对它们投一次票，比如5年一次，可能效果更好。如果我们采用这样一种方式，究竟还有多少现行的分区规划可以延续下去，这是一个很有趣的问题。

使用视觉方法来增加对规划的了解

通过图示的方式比用文字的方式能够更有效地表达规划概念，所以，图示的价值不能低估。计算机的许多种格式（录像、激光印刷和35毫米的彩色幻灯片）都能很好地表达规划概念，特别是用在那些特殊场合上时，效果更好。当然，视觉技术的最新进展已经大大地增强了它的价值，通过视觉技术我们可以综合和完整地了解整个街区。

使用这种方法的一个很好的例证是佛罗里达州布劳沃德县的戴维居民区。规划师使用计算机形象说明传统街区和城镇中心的设计原则怎样能够改变沿高速公路的商业带和小镇中利用不充分的那些地区（见第九章"镇中心和沿公路的开发"）。有关这种视觉技术的进一步信息，读者可以阅读美国规划协会的规划咨询服务报告"规划和设计图像加工"（格东，1988）。

分区规划政策对大块土地的影响也可以通过手画的鸟瞰图来加以评论，如我们这本书和"CT河峡谷的变化"（亚罗，阿伦特，1988）中的那些鸟瞰图。虽然这种比较老的技术费时费工，但是它有独特的优势。因为人们有时对那些现实手绘图的反映比对高技术计算机模拟图的反映更好一些。从另外一方面讲，当这种计算机模拟图相当完美的时候，人们的注意力都集中到了模拟图本身，而忽视了模拟图内在包含的规划概念。

还有一些人使用马粪纸和木料来构制沙盘说明不同发展模式所产生的视觉的和形体的效果。例如，佛蒙特大学的视觉实验室的历史保护项目就通过模拟自然景观和现状城镇景观来帮助社区了解新开发项目，扩宽道路和再开发的效果。为了增加精确性和实景氛围，他们把现状建筑立面彩色照片贴到模型上，然后把这些模型精确地安置在模板上，模板上有街道、人行道、草坪、水塘和其他物件（李布斯，1989）。

佛蒙特设计学院在佛蒙特设计委员会的支持下，为来自这个绿色山区的小城镇规划师开办了一个两天学习班，要求学员在沙盘上做视觉模拟练习，他们要在包括一个村庄在内的40英亩大小的地区布置住宅、商店、一所学校、一个工厂和一个加油站。在没有任何传统城镇原则导向的条件下，规划委员会的成员按照他们认为开发应当如何进行的方式来布置：商店沿着道路一字形排开，住宅向农田发展，他们一般都是按照他们通常使用的规范来进行布局的。当他们完成这个作业之后，仔细观察他们的作品，他们开始批判自己的成果（一个没有吸引力的郊区蔓延的典型案例），这个练习说明，只要全面贯彻执行分区规划规则，大部分人都很难想象出他们社区的远景（汉斯通，1992）。接下来，这些学员们开始分析他们的布局模式，决定他们喜欢什么和如何改进。在这个课程中，学员们听取了有关的讲座，访问了一些村庄，了解形成这些村庄氛围的特征。

新泽西州的A·尼尔森因为使用木制的模型，按照他所在地区的传统建筑风貌，来建造整个新的乡村居民点和村庄而获奖。这种方式的价值在于帮助市镇官员、居民，甚至于开发商，在视觉上直观地了解他们计划开发项目的效果。实际上，以文字的方式很难表达这些效果。尼尔森所开办的训练班包括了地方政府的成员和小镇上的市民，他们以1英寸=20英尺的比例的模型来代表住宅、车库、商店、教堂、市政厅，等等，建设包括40个建筑物的整个乡村居民点（见图2-7）。

为了帮助参与者了解传统城镇的特征（他们喜欢的和他们所不喜欢的那些当代发展特征），尼尔森指导他们做了一个视觉选择调查。调查之后，尼尔森安排了一个讲座，使用幻灯的方式解释如何创造一个社区场所的原则（我们在第三章中进一步讨论这个问题）。在这个学习班的最后阶段，要求学员按照尼尔森的设计原则，重新创造一个居民点模型。经过这样一个学习，大部分人都倾向于建设比较短的街道，常常在道路的终端建设一个体量比较大一点的"终点景观"。住宅相对紧凑，留下一些娱乐空间，住宅有一个适当规模的前院，车库建在后院，狭窄的道路两旁种上了行道树，还有人行道。然后，参与者在纸上画出一个二维的设计图来，他们一般沿建筑物种植更多的树木，增加一些辅助性道路。

这种视觉选择调查、幻灯讲座和动手制作模型的系列性方法可能是职业规划师帮助市民了解推进设计过程的变量和关系的最好方式。这种参与式的工作小组也都能够帮助参与者批判地思考和分析新的土地划分规则，商业综合体和土地混合使用项目。在对美国不同地区推广这种方式之后，尼尔森写道。他没有看到任何小组做出"死胡同"或没有某种类型的中心开放空间的设计。开发商应当注意到这一点（实际上许多开发商的项目也在尼尔森的样板单中间）。

对长期和城镇范围内执行现存的或计划中的分区规划做评估，几乎没有那种方式会比马萨诸塞乡村中心（CRM）发明的"建筑图"更有效和更便宜了。这些图说明了在一个空闲但可以建设的大区域典型的街道和建筑模式，所有的绘制都按照现行的分区规划和土地划分规则来进行。我们在第十五章中进一步描述和说明这种绘图方式。

在马萨诸塞乡村中心的工作推动下，特拉华州的规划师把"建筑图"的概念用到苏塞克

图2-7　这是在尼尔森学习班上，由地方居民参与设计的一个新村庄模型。当把社区问题感性化之后，没有受过技术训练的人们也能够很好地按照他们所认为合适的方式安排不同类型的发展，这种方式不同于仅仅依靠分区规划和土地划分规则对开发的指导。（资料来源：尼尔森设计事务所）

斯县东部的多镇的地区。在建议这个项目的时候，州里的官员写道："在综合规划所概括的发展模式中，常常没有完全预计到新增开发对基础设施的需要和它所产生的形体结果。这种情况通常发生在沿海地区，为地方娱乐需要而保护的开放空间，要求服务于允许居住密度地区的现存的或规划的基础设施"（胡拉，1990）。这种绘图技术正在被用来提高县里官员和居民认识围绕海湾地区所做的开发可能产生的影响。实际上，按照现行的分区规划，新的开发不会产生开放空间，而且将进一步导致野生动植物的衰退，导致水质的下降和娱乐机会的减少，同时还将损害这个地区的美学效果。

"规划蔓延"的分区规划

图2-8和图2-9说明了在乡村地区有意识地执行现行郊区分区规划和土地划分标准实际产生的长期效果。图2-8揭示了宾夕法尼亚州蒙哥马利县上都柏林镇区自1937年以来已经发生的变化。大约在1980年代末，它实际上已经变成了一个蔓延的板块。

实际上，整个美国有无数相同的郊区化的例子。在纽约州达奇斯县一个叫做红橡树场的乡村地区，执行分区规划30年后，留下的开放空间只剩中学背后的一个运动场和沿着小溪的湿地。这对所有人来讲都是一个相当不好的消息。

第三个例子说明了康涅狄格州一个镇在执行较大地块的分区规划标准20年后所产生的相似模式。尽管采用2英亩最小地块标准的动机是保护乡村特征和开放空间，但是，实际效果正相反。在仔细遵循这些规则几十年后，这个镇上的人们奇怪地发现，惟一一块尚存的开放空间属于乡村和狩猎俱乐部，它没有进入土地划分系列，也没有出售（见图2-10）。

那些不能承担成员费的和那些被迫进入等待队伍的人们只能绕着他们的二亩地徘徊，或围着他们的地区转悠，而不能得到新的连接

图2-8 从1937年到1990年，曾经的乡村社区转换成了一个没有多少开放空间和相对稀少的新的连接性道路的标准郊区：这就是几十年来执行规范分区规划的结果。（宾夕法尼亚州蒙哥马利县上都柏林镇区）

性道路。这种情形说明分区规划替代了规划。实际上，那里没有整体规划，没有在城镇范围内对未来居住模式、道路交通、开放空间、野生动物走廊和步行道做设计。由此产生了一系列不便利，如校车、邮递、垃圾收集、回收车辆。如果这个镇子通过地方规则坚持每一条新道路都必须与另一条道路连接起来的话，这种不便是可以避免的。当然应当允许例外，如

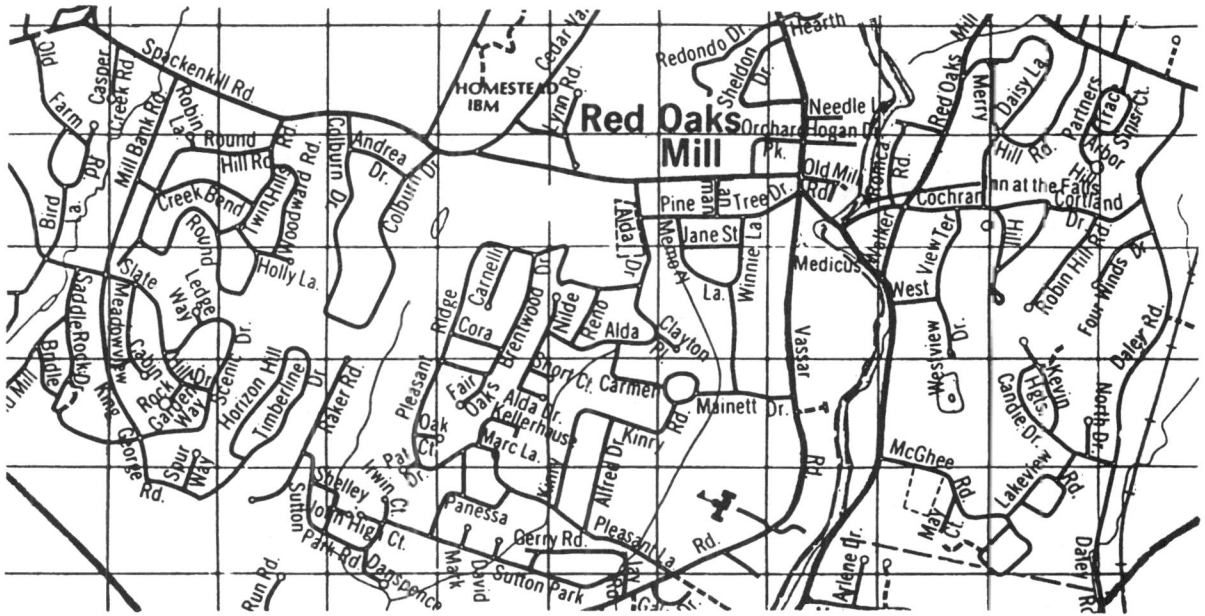

图2-9 纽约州达奇斯县"满铺装的宅基地",30年前这里还是农田和树林,它说明"分区规划战胜了规划"。

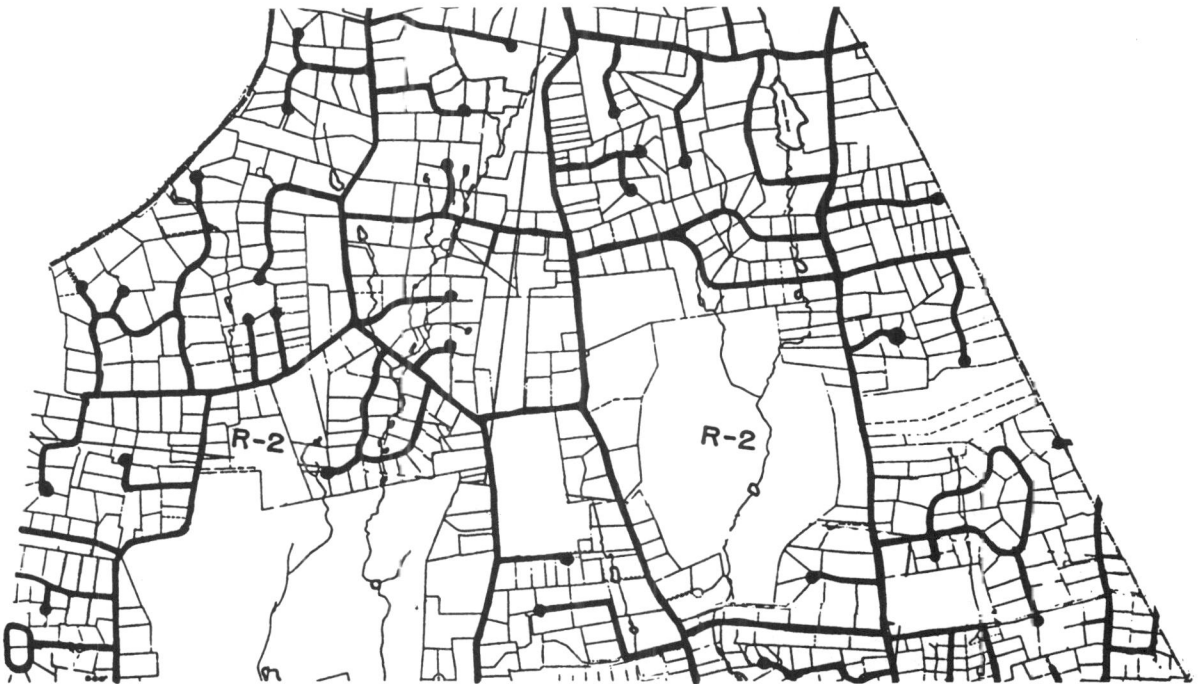

图2-10 康涅狄格州达里恩镇从1960~1980年间执行较大(2英亩)地块的分区规划标准导致了地毯式宅基地划分,完全侵蚀了这个镇北部的全部开放空间,仅仅留下狩猎俱乐部或乡村俱乐部的土地没有转换为宅基地。

地形过于陡峭或土壤太湿，因为修建新的道路而引起过大的交通流量（除非这种汇集性道路成为城镇道路管理项目的一个部分）。但是，一旦出现这种情况，还是至少也应该建设步行小径和自行车道。我们将在第三部分"实施方法"中来讨论街道和道路的设计标准。

这三个典型案例说明了我为什么说分区规划正在"规划蔓延"。许多地方已经记录了几十年来依靠规范的郊区分区规划方式所留下的遗产。在佛罗里达州，州长的城市增长模式工作小组得到的数据表明，从1974年到1984年的10年间，土地增长（80%）是人口增长（38%）的两倍。而这种情况在围绕皮吉特海峡的四个都市化县更为糟糕。华盛顿国家公共政策研究所的计算结果是，从1970年到1990年的20年间，被开发的土地增长幅度（87%）比起人口增长幅度（36%）要大2.5倍（见图2-11）。

马萨诸塞乡村中心在研究西马萨诸塞的土地变化时考察了沿康涅狄格河的三个农业县。他们发现，在1950~1970年期间，三个县的人均土地消费为每个新居民0.51英亩，而在1970~1985期间，这个数字增长为1.83英亩。教训是明显的：可以用于开发的土地越多，作为一个社会，我们浪费的越多。我们已经明显地把低密度的郊区蔓延制度化了。如果美国的决策者们有意采用这种浪费最大、最无效和土地消耗性的发展模式，那么，成功几乎是不可能的。

由于低密度遮掩了它的长期效果，另一种更为险恶的蔓延形式正在大都市边缘目前还是乡村的地区发生。产生这种状况的原因很多，大地块分区规划，州里那些减少大地块审批手续的法律。例如，按照纽约州公共卫生法的第1115款，在5英亩以下地块上包含5个以上宅基地时，才需要得到卫生部的批准，因此，如果开发商采用每个地块大于5.1英亩的方式开发，他们就可以得到极大的优惠。实施这类浪费型的大地块居住区实际上排除了把这些非建设用地转换为农业用地、林业用地甚至非正式的娱乐用地（如步行或骑车的小径）的可能。在一项对凯斯科斯地区这种大地块居住区的抽样调查中，县规划机构发现这种开发中有2/3都包含了一个以上没有建设的地块，平均11%的地块没有建设（兰姆，1989）（见图2-12），处理这种状况一般不是以兼顾自然的方式去重新设计居住区，而是把

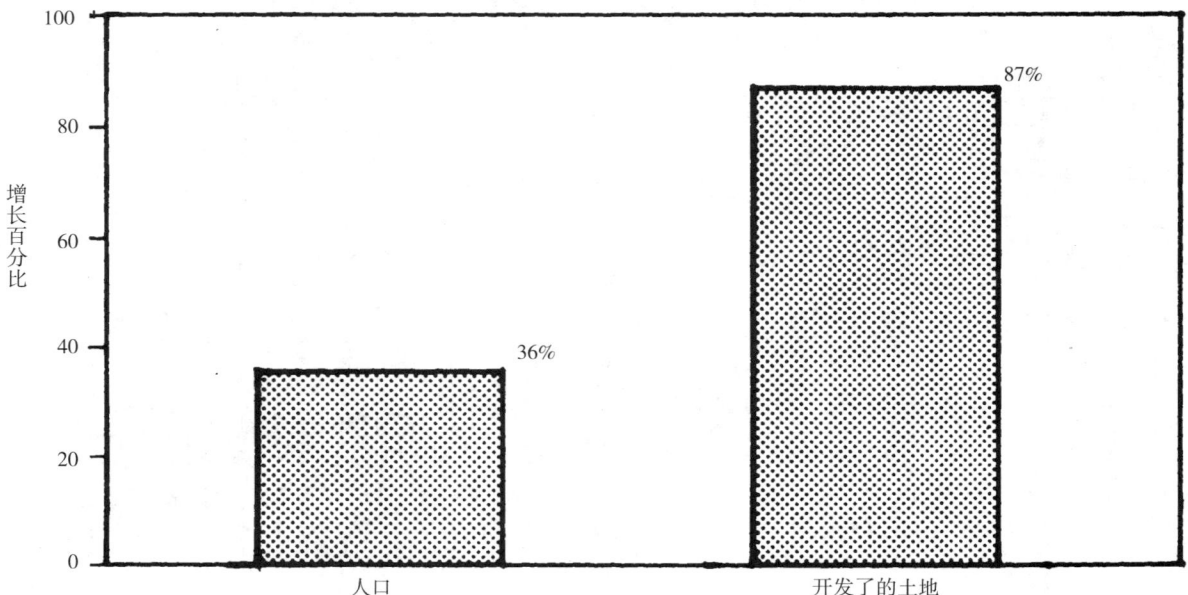

图2-11　皮吉特海峡地区人均土地消费，1970~1990。这张图说明导致郊区以蔓延方式发展的分区规划政策能够以快于人口增长2.5倍的速度消费可以开发的土地。

········ 匤形成的石头墙，灌木篱墙
────── 地块划分线
·:·:·:· 匣先存在的乡村道路

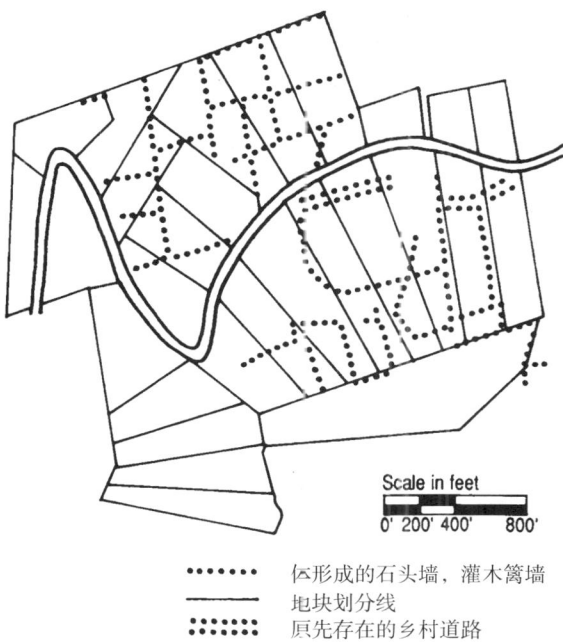

图2-12　乡村居民点模式一般不与自然的或文化的景观相关，如图所示，纽约州凯斯科斯地区的这些居民区。（资料来源：兰姆，1989）

那些没有建设的相邻土地合并起来。这样，这些"聪明的用餐者"的布局梦想成为了现实，在不考虑自然特征或文化特征的条件下，如不顾山体形成的石头墙，灌木篱墙或老的林间小道的存在，随意分割乡村资源。

在缅因州，相似的环境法律免除了5英亩以上地块的审批程序，事实上，等于不鼓励开发商使用"组团式"方式来把大部分住宅布置在可以用于建设的那一部分土地上，因为，如果他们把地块划分到小于5英亩，就需要得到州里的审批。大部分开发商倒是不在乎审批本身，他们担心的是12～18个月的等待期，在这个期间，他们几乎不能进行什么开发活动。

幸运的是，考虑到开放空间的保护，缅因州环境保护部修正了这些规定，免除了那些平均住宅密度在5英亩以上的乡村地区的土地划分审批要求，那些地区要求至少有50%以上的可建设用地规定为永久性自然保护区，禁止开发（见图2-13）。这些地块仍然要求满足污水处理系统对土壤的要求，但是，实现这个要求可以延缓到出售之后。

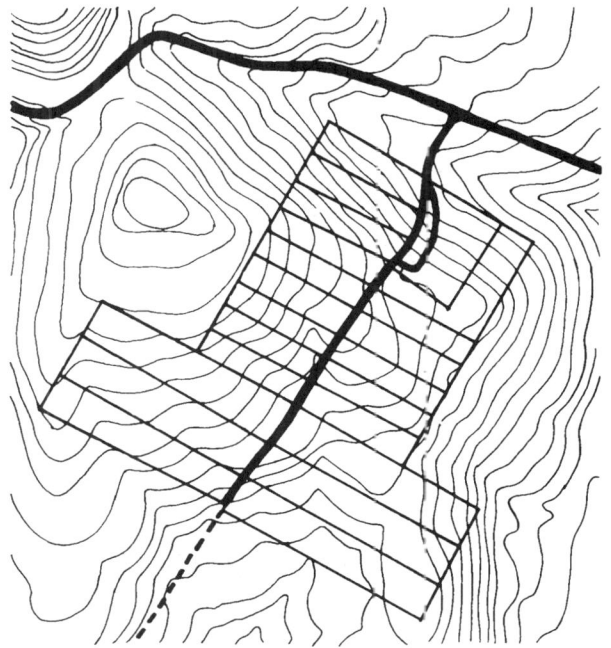

其他一些州也对居住区规划进行了类似调整，如纽约州，以便帮助改善低密度乡村居民点的质量，通过把宅基地布置在最适当的土层和坡度上，避开生态敏感区域，如小溪、湿地，鹿猫冬的场地，以提高环境保护水平，实现可持续发展的目标。

对开放空间实施性能分区规划

我们已经有了一些实际的和经过证明的其他大地块居民点设计方式。20年以前，宾夕法尼亚州伯克县的规划委员会曾经建议，应当以性能为基础的弹性居住区来替代死板的居住区。《性能分区规划》（肯迪格，1980）一书完整地说明了这种规划方法。匣到1970年代，伯克县的规划师发现，建筑师早已懂得：没有必要去禁止新材料和新方法，只要这些新材料和新方法可以像旧的一样使用。这种认识一直反映在建筑规范中（BOCA，建筑办公室和建筑规范管理办公室），当然，只有少数执行了BOCA的镇也在规划部门实行了忹能分区规划。

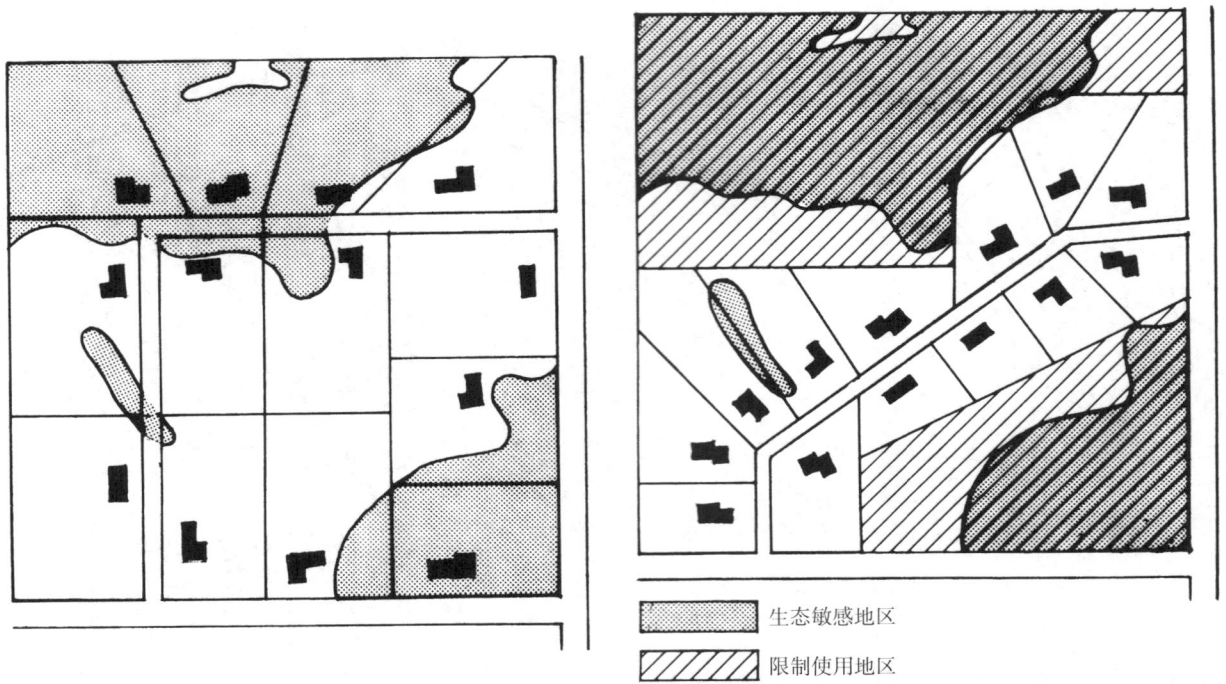

生态敏感地区

限制使用地区

图2-13　规范的2英亩地块划分，左图为住宅布置在生态敏感但可以建设的用地上，右图是为了保护自然资源而做了调整后的布局方式，缅因州环境保护部采用了新的法规来鼓励这类兼顾自然的居住区。

在以上提到的缅因州和纽约州的例子中，如果实施性能分区规划，那么意味着那里80%的地区必须保持不分隔的状态，永久性保留为农业、林业、水资源、野生动植物、非正式的娱乐或以上各项的某种结合。开发商同样可以得到他们一般可以得到的地块数目，当然，不允许他们采用蔓延方式把宅基地占满整个地区。我们在第十五章"要求开放空间设计"中讨论这种性能分区规划。实际上，性能分区规划已经超出了通常的设计方式，而考虑到开放空间的性质、数量和布局方式。

我们需要知道，创新的乡村土地规划能够提供一组实践的方法，在每一个新建居住区设计中，都能够保证那些重要的和还没有被开发的开放空间得到保护。那种依靠政府（付全费购买回来或购买开发权）的"买回来"项目未必比这种创新的乡村土地规划方式好，特别是在公共资金短缺的时候。这个观点已经被马萨诸塞人的工作证明了。那里有一个100年历史的私人保护组织和州里的机构一起保护正在萎缩的土地资源，尽管经过他们30年的工作，每一

年大约只保护了18000英亩土地，但是，他们每一年保护的土地面积相当于这个州整个历史上平均每年开发的土地面积。

尽管我们成功地执行了"买回来"的项目，也鼓励了实现保护目标的土地捐献，但是，土地还在稳定地减少是不容质疑的事实。我们需要重复说的是，其实存在许多理智的增长方式。需要继续实施购买开放空间和基本农田的项目是没有问题的，同时，迅速改革现在执行的蔓延式分区规划的制度也是必要的。

功能分区还是传统的功能混合？

标准欧几米德分区规划在管理方面是比较容易的，它按照活动类型（而不是这些活动实际的贡献）来对土地做功能分区。这样，它在本质上是一种书记员式的工作，比起按性能为基础的标准审批时所需要的评估和判断要少得多。当然，历史已经证明，这种简单的土地使用管理产生的是单功能的分区。除非访问者（正确地）猜出这个镇的分区规划禁止CBD除

商业之外的其他使用，否则，他们可能迷惑不解为什么马萨诸塞州阿克斯布里奇商业街商店的楼上竟然还有空宅。因为楼上空间对大部分零售商没有吸引力，所以，它们只有空闲起来。如果用以性能为基础的分区方式来替代严格的欧几米德分区规划，那么，建筑物的所有者、商店老板和寻找合理价格的公寓的租赁人都会得到好处。按照以性能为基础的分区方式，只要能够在步行距离内为租赁者提供适当的停车位，那么把商店变成公寓没有什么不好。

新英格兰地区有许多这样的镇都像阿克斯布里奇一样，但是，旗斯纳特山房地产信用社的哲学与它们相反。这个非营利的私人组织在1950年代建立，它所在社区的人口为18000人，地处宾夕法尼亚州西北。这个组织购买和维修了若干建筑物，把底层出租给为街区服务的家庭经营店，而把二层以上留作居住使用。社区领导承认有人住在"镇中心"的价值，特别是激活了镇上的夜生活，提供了防止夜间犯罪的"耳目"。

许多当代分区规划法令的起草者可能根本不知道美国大部分成功的规划的社区都采取了楼下售货，楼上住人的模式。在俄亥俄州的马内蒙特，戴尔公园中心的居住和零售已经成功地结合在一起了。这个中心面对村庄绿地，那里有教堂和学校（见图2-14）。它原先只距去辛辛那提的有轨电车一个街区，距辛辛那提市中心10英里，它由景观建筑师和规划师J·诺伦在1920年代早期设计。马内蒙特曾经是一个"国家样板镇"，实际体现了当时城镇规划改革的基本原则（马内蒙特公司，1925）。当时，学生和实际工作者通过访问那些社区而学到了许多实际的东西。如伊利诺伊州的弗洛斯莫尔中心，就是使用了1920年代流行的新都铎王朝式的风格把商店和公寓结合在一起而建设起来的（芝加哥20世纪初的一个铁路通达的郊区），见图2-15。

马萨诸塞州马什皮的马西比广场也是把住宅、商店和办公混合在一起而建设的城镇中心（我们在第四部分"案例"中说明它）。这项开发的目的是替换一个1960年代的购物中心，采用了相当大胆的思想，把若干条交叉路延伸到一个超规模的停车场，在那里建设人行道和商店，商店楼上用于办公和居住。在公共建筑和教堂旁边的若干个场地也做了同样的处理。

虽然这些开发的建筑风格并非历史性的，但是它们都显现出19世纪的氛围，没有现代布局的痕迹。当然，他们认可了传统街道尺度的美学的和功能的优越性，赏识由混合使用而产

图2-14 戴尔公园中心，在一组建筑中混合设计了居住和零售，它位于J·诺伦在1920年代早期规划的新城俄亥俄州的马内蒙特，距离辛辛那提不远，这种混合使用至今还是这个村庄的亮点。

图2-15　伊利诺伊州的弗洛斯莫尔的村庄中心，楼下商店，楼上公寓。这是20世纪早期小镇建设的典型模式，它们一般都出现在分区规划禁止混合使用以前。

图2-16　马萨诸塞州洛厄尔19世纪的老市政厅。它的设计是，一层是商店，依靠租赁收入偿还这个多种使用的混合建筑的费用（市政府利用二楼办公）。

生的社会和经济效益。大部分新购物中心都是单层和单一功能的，它们失去了许多重要的机会。由于这些开发的底层使用实际上偿付了土地费用，所以，楼上的租金几乎不包括土地费用。这样，它们产生了为一个社区提供更多经济用房的机会。

依靠租赁底层以上楼层来偿还剩下的建筑这是一个历史上建立起来的原则，甚至可以追溯到中世纪的欧洲。马萨诸塞州洛厄尔的老市政厅就是一个很好的例子。它建于1836年，当时的设计就是把楼上用于市政官员办公，而把一层用于零售，租金用于偿还建筑借款（见图2-16）。这对那些寻找创新的方式来发展公用设施的社区不是没有借鉴意义的经验。

希望熟悉传统城镇规划原则的读者，包括紧凑型街区、混合使用、把道路连接成为一个道路网络，等等，应当阅读A·杜利和E·兹伯克的著作（我们在第三章中要谈到他们的两个案例）。他们在1992年的一篇文章"土地开发"中表达了他们的原则。这篇文章包括了一个两页纸的（表格形式的）小结，"传统街区开发（TND）条例"。他们倡导的步行友好的方式包含了"全方位"阻止低密度郊区开发形式，这些原则都体现在他们的设计项目中。其他一些值得注意的经验是，充分利用小巷（避免车库成为街道的支配性景观），多样性的住宅形式（包括楼下商店楼上居住的形式），实质性的公共开放空间（常常以正式的形式出现，如广场和购物市场式的广场），以及在显著的地方建设市政和社会机构建筑，如市政厅、图书馆、教堂等（A·杜利和E·兹伯克，1992）。

第三章

远景：选择不同的模式

当然不仅仅只有一种规划或设计方案可以保证小城镇的开发与它们周边环境相协调。每一个城镇都有它独特的布局、地形、历史、经济、文化和功能，这样，不存在任何一种标准答案。然而，大部分社区不加批判地遵循既定的设计方式，把它们作为城镇标准模式，不再去考虑每个城镇本身的特征或特色，实际上，大部分社区所遵循的设计方式已经导致了郊区式的居住区和商业带。

公众对常规分区规划的不满

几乎全国的规划师都开始感觉到市民的力量，这些市民越来越了解到他们小镇的特殊品质正在被常规的蔓延式开发所侵蚀掉，他们在这个基础上形成了他们自己的目标。公众对发生在他们小镇里那种典型郊区式开发的不满正像潮水一样地上涨，这种不满有别于纯粹反对增长的态度和对环境的特殊关注。

1960年代末，W·H·怀特通过他的观察发现，开发商似乎总是把他们已经摧毁的有吸引力的特征放在他们开发项目名称前，接下来才是住宅项目本身（如"果园峡谷小区"，"山胡桃林庄园"）。这类住宅项目地名上的东西其实早已不存在了，甚至于可以追溯到1920年代。S·刘易斯在那个年代曾经这样描述房地产开发的一般方式："当乔治.巴比特开发黄莺峡谷时，他烫平葱绿的树林，吸干湿润的草地，把那里变成没有峡谷也没有黄莺的晒焦了的平地，然后，埋设完整的下水系统。"

市民规划

纽约州红叶瀑布村的居民搞了一个500人的联合签名来抵制一项开发计划，这个计划打算在通往这个小镇路上，按照常规居住区规则把农田改变成为一个大型居住区。这些居民组织了一个正式的"市民顾问委员会"来研究那些规划委员会还来不及研究的多方面问题，包括住宅、公共服务、商务、商业和开放空间，然后形成了一个推荐意见，后来这些意见被写进了新的分区规划和居住区规则中。他们的建议包括以下重点：

商业区

● 建筑物与人行道相邻，没有退红，建筑物背后建停车场

● 步行道路和连续的人行道系统

● 建筑尺度和设计与村庄的结构相协调

● 在扩大的市中心和向居住区过渡的地带建设新的"传统混合使用区"

● 建设新的"门户商业区"，那里采用传统的尺度和建筑组团，内花园和建筑物背后建停车场

居住区

● 允许把大型住宅改变为公寓，在较小的宅基地上建设公寓，以鼓励多种住宅类型

● 开发包括多种规模的地块和住宅

● 住宅设计标准中包括一些重要建筑特征，如屋顶形状和斜度，山墙朝向和前部退红

● 相互连接的直线型街道

开放空间和小径

● 村庄范围的小径和人行道把每个街区、

学校、商店、自然区域和其他开放空间都连接起来，形成一个系统

● 通过在每一个地块上实施紧凑型建筑组团的设计，使新开发不再占用重要开放空间

市民这项工作的最大特点之一是，它是一个完全的自愿行动。由于这个城镇没有能力雇佣外部咨询公司，所以，他们只是得到了很少一点外部咨询者的帮助。也许这就是为什么委员会的成员主要依靠简单地观察和使用常识来进行工作。J·迈克内尔是一个很有能力的组织者，他领导居民们"重新观察"村庄里的每一件事情，写下他们喜欢的和不喜欢的东西。然后，他们考察分区法令，了解这个分区法令与最近几十年以来非传统式开发的联系。他们自然地发现了它们之间的因果联系：分区规划的确是一种塑造所有新增长的基本规范。可是他们遇到的问题是，那些分区规划法令缺少需要保留的那些"家庭"与村庄核心区以及街区相似的特征。换句话说，这个分区规划法令包含的所有郊区共性的东西多于这个村庄个性的东西，所以，这个村庄正在失去它自己的特征。

特拉华州萨塞克斯县的一个名叫"刘易斯"的沿海小镇，也有一个市民委员会，不过它是由市长在1988年任命的，其目标是准备一份长期规划来指导那个社区的增长。那个社区具有19世纪的街区和传统的市中心建筑的特征。那里的居民目击了25年来建设无特征居住区所带来的变化之后，开始关注刘易斯正在丧失掉的城镇特征。这个委员会认识到他们面临许多方面的挑战。于是，他们列举了5个"核心价值"，认为这些核心价值是小镇刘易斯不可替代特质，正是这样一些特殊的品质使它成为人们希望居住、工作和旅游的地方（刘易斯长期规划会，1988）。这些核心价值观念反映了市民们认识到的社区优势和需要保留的特征：

1. 第一个需要认识的核心价值是，这个镇与大海特殊的和历史的关系，大海的视野和刘易斯及雷胡巴士运河。在历史上，只开发两条道路靠陆地一边，保持对着大海一面的线形开放空间视线不被破坏。新的开发没有尊重这个传统，而是拥挤在水面附近，阻碍了公众面对大海的视线。

2. 第二个核心价值是这个镇在历史上形成的多样性，如年龄、收入、建筑风格、商店、工作和环境（从自然环境到人工环境）。当越来越多的度假者和退休的老人发现了刘易斯时，它的多样性可能正在消失。地方住宅模式和商业建筑反映了这种倾向，住宅的使用通常只是季节性的，旅游商店替代了典型的"商业街"的商店。

3. 第三个核心价值是，这个城镇所具有的人的尺度和"面对面地亲近的感觉"。产生这种效果的因素有许多，包括紧凑型的街区，许多家庭都有前廊，人们容易通过人行道网络步行到达市中心、学校和公园。树荫下的退红、五彩缤纷的花园和成熟的行道树使街景具有了多样性和结构性。

4. 这个城镇形成了自己特有的生活风格，白天游人聚集，喧闹无比，那里没有夜总会、歌舞厅和其他一些夜间商业性设施，所以，晚上游人离去后，社区就清静下来。这一点不同于其他沿岸旅游胜地，它提高到小镇的宜居性。

5. 这个镇里有多种职业和社会组织，它们也是这个社区的重要资源。没有医院、学校、教堂和各式各样的服务组织，这个城镇的生活就不会如此丰富多彩。

面对设计问题

纽约州的另外一个叫做"杰纳西奥"的村庄官员受到了来自县政治领导和经济开发部门的巨大压力，县里决定在这个村庄建设一个大型的购物中心，面积达16万平方英尺，包括沃尔玛、一个大型食品店和10个小商店。这项开发的设计建议，在1200英尺长的建筑物前建设

12英亩大小的停车场，从一条两车道的公路退红500英尺，这条公路是这个历史性村庄的主要入口。

在讨论中，开发商强调了他们的弹性，但是，人们很快发现这个场地设计并不具有弹性，所谓弹性仅仅涉及到一些小的项目，如色彩和景观建筑材料。地方政府对这个场地设计提出的要求是，"停车场布置在建筑物的两边或后边，从公共道路上看不到这个停车场。"开发商认为这个设计标准与当时接受的所有零售场地设计相抵触。然而，在一个巨大的沥青铺装的场地边缘，建设一个接近1/4英里长的大型建筑物，毫无疑问地影响了那些以他们村庄历史性特征为骄傲的居民。

由于这个开发场地在杰纳西奥镇中和这个村庄边界之外，这个村庄管理的供水和排水系统没有到达这个场地，所以，必须合并少量土地和延伸基础设施。如此巨大的商业开发必然会影响到村庄中心和附近的商业活动，同时，开发商有关场地设计的所谓弹性态度，都引起了村庄官员的格外关注。这个村庄委员会的成员指出，在开发科罗拉多春天的汽船场地时，沃尔玛特别关注了地方居民的看法，那里的开

发类似于这个开发。在那里，停车场被置于建筑物群之中，从附近的道路上看不到它。图3-1展示了两种设计的差异。

当杰纳西奥村拒绝向沃尔玛的场地提供上下水设施之后，沃尔玛开始了大规模的公共宣传活动，沃尔玛的建立可以提高这个地区的税收水平.许多市民感觉到他们的社区正在受到这个巨型公司的围攻。以后，这个村庄对它的管理委员会重新做了选举，两个支持沃尔玛的候选人成为了管理委员会的成员，沃尔玛的宣传发生了效应。在选举后举行的第一次会议上，在没有对交通、现存的村庄商业的影响、环境影响和美学因素进行研究的前提下，多数成员通过了把上下水设施向沃尔玛场地延伸的决定。当然，沃尔玛许诺在建筑色彩上做一些调整：现在，这个大型建筑物采用了褐色而不是灰色的色彩模式。

我们从杰纳西奥村的例子中可以得到这样的结论，大公司按照他们的利益所作的宣传广告能够影响到市区的政策。沃尔玛在那里所作的宣传对一个小乡镇来讲是其极端不平常的事件。比较一般的情形是，当开发商的要求被地方官员拒绝之后，他们通常回到办公室，重新

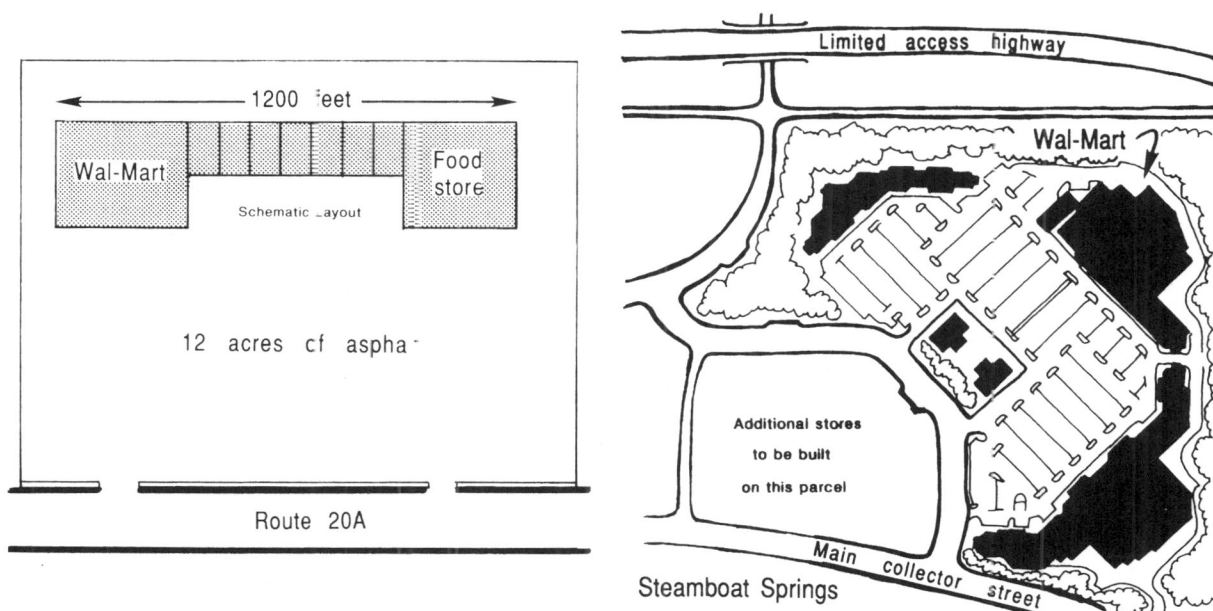

图3-1 左图是由沃尔玛提交的场地规划图，它地处杰纳西奥这个历史性村庄的入口处；右图是地处科罗拉多春天的汽船的沃尔玛场地规划图。沃尔玛公司声称它从不改变它的标准规划，事实上，在春天的汽船场地，沃尔玛也接受了市民的意见。

考虑他们的退路。城镇需要准备面对开发商提出这类命题，"以创造性的方式来安排建筑物和停车场是不可能"。地方场地设计标准常常成为开发商不能接受地方政府要求的托辞（当然，这些标准本身并非不合理）。那些没有留下弹性的开发商可能面临申请失败和失去市场竞争，因为其他的开发商可能吸收了社区本身的标准。当然，偶然也会出现金钱能使鬼推磨的现象。

公正地讲，繁忙的地方官员不可能单独承担所有的责任，他们需要市民的支持。市民们必须组织起来，帮助社区确定一个具有积极意义的增长远景。他们必须决定什么是他们社区的特征，他们的社区应当是什么样子，只有这样，他们脆弱的"场所的意义"才不至于被商业带和土地划分规则所摧毁。

弗吉尼亚大学的J·邓纳姆已经提出了这样一个问题："新开发是可以交换的。尽管购物中心的建筑风格和市场会有一些差异，但是，无论从形体设计、空气温度上讲，或从销售的产品上讲，佛蒙特州的购物中心与阿拉巴马州的购物中心并没有多少差别。当一个开发商通过市场调查来决定地方消费者的特殊习惯时，有可能改变场地规划来适应标准规划。在对新市场做持续性研究中，他们会得到一些他们认定规则，如新市场可以统一其他的市场，任何场所的意义都可以消除了（邓纳姆，1990）。

我们在第四章"案例"中会涉及到一些商业开发的例子，经过多方努力，地方的或区域的建筑语汇也被用于了商业开发之中，特别是佛蒙特州的韦茨菲尔德和马萨诸塞州的贝尔彻敦。

社区视觉选择调查

许多年来，规划师通过调查来理解地方居民乐于看到什么样的变化，假定一定数量的变化是不可避免的。这种调查通常采取问卷的方式寄送到登记选民的手里。有时也通过"开放社区论坛"或"委员会全会"等方式，邀请居民一起讨论他们对这个城镇未来的希望和担心。这两种方式都能产生比较好的效果，特别是在互动的条件下效果更好。

虽然调查可以获得通过其他方式难以获得的信息，但是这些信息不足以单独作为评估新开发的形体表现，它是现状城镇景观和周围景观的关系的全部依据。

为了弥补调查信息的缺陷，拉特格斯大学的A.尼尔勒森教授采用一种称作视觉选择的调查。这个调查方法要求市民参与决定现在和未来社区发展的空间和视觉特征（尼尔勒森，1989）。相类似的方式也曾经用来记录人们如何感受和评价多种自然景观，R.迈克肯兹的有关新泽西国家公园的报告（迈肯齐，1980）值得注意。但是，尼尔勒森细化了这种方法，并且把它用于了城镇景观。尼尔勒森曾经在新泽西的切斯特菲尔德镇邀请了264名参与者，他把240张彩色幻灯片投引到大屏幕上，要求参与者以打分的方式记录下他们对每一张照片的反应，分数从+10到-10。

这些结果被制成表格，然后进行分析，并被公布出来，以指导制定未来土地使用规则。当时采取这种做法的目标是为了执行市政府一个开发权转移（TDR）的项目，这些项目指定一些区域为"送出区"（即保留不开发），而另外一些区域被指定为"接受区"（即可以执行新开发和建设的地区）。除此之外，还包括混合使用、紧凑型独门独院住宅和用地、附加住宅、建筑和开发布局设计标准。

在这个调查中所发现的最低选择是，经典的"饼干块似的"居住区、公寓或公寓大楼综合体、公路带状发展和有大型停车场在前的购物中心，而获得最高选择的形象是当时那里存在着的乡村景观：农田、狭窄的乡村道路、树林、小水塘和小溪。所有这些选择的结果表明了市民保护开放空间和避免郊区蔓延的选择。当然，还包括对建筑环境的选择，如步行导向

图3-2 这是新泽西的切斯特菲尔德镇克罗斯维克斯村的街景，在尼尔勒森视觉选择调查中，这个街景获得了参与者的一致高分。

和具有人的尺度的市中心，村庄风格的住宅、狭小的地块以及合适的退红，前廊和传统的屋顶形式（见图3-2）。

切斯特菲尔德调查还包括问卷调查，以补充视觉选择的调查结果。在问卷调查中反应最强烈的是，拒绝鼓励公路带状商业发展的政策（约占87%），同意采取紧凑型开发方式来建设新乡村居民点和村庄，以保护开放农田（约占78%）。这个咨询项目的最后一个部分是创造两种发展模式，为未来分区规划规则提供一个社区设计原则一览。我们会在以后章节中讨论这些原则。作为一种规划方法，视觉选择调查越来越广泛地得到应用。例如，在乡村乔治亚，奥科尼河流资源保护和发展议会已经发表了一本附有地方土地使用排序的彩色照片的《发展初级读本》，这个排序是根据在麦迪逊县的乡村小镇进行的视觉选择调查结果做出的。该调查使用了354张照片（克罗恩，1992）。这项调查的目的是帮助地方规划师修订地方分区规划法令时参考，以便使修订后的分区规划法令更精确地反映社区的选择。

自切斯特菲尔德调查以来，尼尔勒森在宾夕法尼亚南开斯特县的曼海姆镇制定了一组居住开发规则，这可能是全美国附有最多图片的居住开发规则集。这个读本是可靠的：因为分区规划的结果在视觉上如此明确，所以，决策者和可能的使用者的确需要理解这些规则可能产生的后果。通过大量图示，它的目标不只是对公众，而且对所有方都是明确的。所以，曼海姆镇的分区法令代表了分区规划的一大进步，对其他地区具有样板作用（当然，以他们自己的建筑语汇设计传统和城镇模式为基础）。我们在这一章会再讨论到这个规范，包括摘自这个规范的样本图示。

密西根的利文斯顿县规划部采用了一种不太成熟却也可以转换的方法来决定社区的选择。这个方法要求准备一份短小的问卷，其中包括了说明可供选择的发展类型的图示。镇规划委员会的自愿人员完成这个问卷，他们被要求指出那种方式看上去更具有乡村特色，哪一种最好。

使用简单的草图（见图3-3）来回答书面问题被证明是具有价值的。它不仅仅让参与者视觉化了抽象的视觉概念，而且帮助县里的规划人员发现和记录他们社区市民对关键土地使用问题的共同意见，实际上，许多镇子也面临相同的土地使用问题。人们一般对图示的反应要比简单地谈论或回答标准的书面问卷要清晰的多。

这个图示性问卷给了规划办公室所需要的支持，以便他们制定出新的分区规划和土地划分规则，要求开发商通过比较紧凑型的宅基地设计来保护开放空间，通过建立在"市中心"建筑布局和停车安排等原则基础上的设计标准来强化新商业项目的形体形式。通过简单和容易理解的方式表达不同的开发设计方案以及不太昂贵草图以及相关的问卷，规划人员能够决定地方委员会的成员希望看到一个什么样的未来社区。简言之，在涉及到新开发可能对小社区产生的影响时，没有更好的方法可以替代视觉帮助了（第九章"市镇中心和公路沿线的开发"中包括了里芬斯通县规划部使用的商业区草图）。

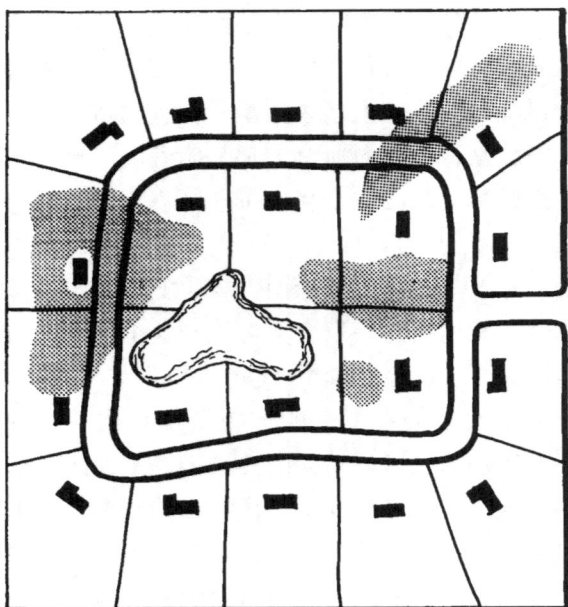

图A：25%为乡村

44英亩地块
20块宅基地（2英亩一个）
没有开放空间
除开四块宅基地，其余宅基地无法接近小水塘

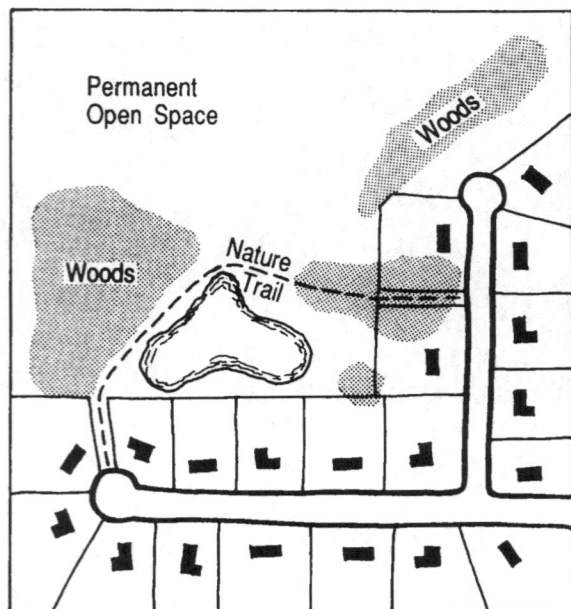

图B：75%为乡村

44英亩地块
20块宅基地（3/4英亩一个）
25英亩开放空间
所有的宅基地均可接近小水塘

图3-3　这两张图来自密西根的利文斯顿县所做的选择调查。规划部希望知道地方居民乐于选则哪一种乡村宅基地布局方式。

识别"心中的地方"

尽管有了很好的愿望，但是传统的规划研究还是常常忽略了使社区成为一个特殊场合的最重要的方面。正是出于这种考虑，马萨诸塞文德尔小镇地方官员和居民努力寻找一种具有创新的方式来识别他们需要特别保护的社区特征。他们认为，存在太明显或者太不明显以致被忽视掉的那些元素，当这些元素真的消失时，人们便发现了它们。温德乡村设计协助委员会的通告上说，"无论有还是没有我们的指导，变化总会继续发生。"他们与咨询专家W·库努霍夫斯基和M.巴比兹一道创造一种参与过程来决定这个镇的什么方面最有价值，或居民们最珍爱是什么。

这个过程的第一阶段是一项调查，这个调查要求被调查人在他们镇子的地图上标记他们"心中的地方"，列举"标志性事物，常常前去或值得留念的地方，代表这个镇子的品质，

具有'家的'感觉的方面，表达社区的感觉，受到的威胁或机会"（库努霍夫斯基和巴比兹，1990）。

调查者都是自愿人员，他们把问卷送到答卷者手中，并告诉他们把答卷完整地返回调查者，这样，他们会自动进入抽奖系列。在所有文件返回后的两周后，市民们组成一个"远景工作小组"，来描述他们对这个镇未来的看法，大约涉及到未来10~30年。描述可以是文字的，也可以使用草图。也鼓励儿童参与特别准备的练习和绘画，儿童们的想法与成人有些不同，可能出现一些重要的视角。

排除掉把人们提及少于5次的那些地点后，139个答卷人共提出了39处场地，这些场地包括自然的和人工的特征，从公共道路上都可以看见（水塘、山顶、田野、农场、市政建筑等）。

"最通常提及的'使用'的地方都是建筑物而不是自然场地，这些建筑物都是城镇支配性建筑物。人们一般没有从使用频率上考虑他

们的选择，实际上，人们日常生活所涉及的场地主要还是个人事务和商业交换场地。无论这些建筑物和场所是公共的还是私人的，都必须在设计中注意到它们的方便、安全和具有吸引力"（库努霍夫斯基和巴比兹，1990）。

在调查中提出的39个场地中，有21个场地的特征没有受到保护（特别是那些私人拥有的建筑物，并没有对它们的未来变化做出约束）。它们包括沿城镇背后道路的乡村景观，若干水塘、小溪和湿地的边缘地带。

这个委员会的结论是，文德尔的主体仍然处于不情愿或不得已的变化状态。所以，他们提出，有12个地区需要增长管理，管理以法令和非法令相结合的方式进行。他们有两项关键建议，一是与有关房地产业主联系，告诉他们，他们的具有特征的物业正在受到来自常规开发的威胁，二是鼓励土地保护措施或"开放空间开发设计。"

另外，他们还提出在新"村庄中心区"推行紧凑型开发（包括较小地块上建设经济住宅），允许在开发地块之外建设污水处理设施，以便与其他人分享适宜于做污水处理的土壤（见第十三章，我们在那里比较全面地讨论乡村居民点污水处理设施的布局可能方案）。使用法令进行管理的方式可以用于保护道路沿线的视觉特征，如在道路两旁建立比较深的退红缓冲区，限制植被变化，鼓励分享共同入宅路的小型住宅组团。这个项目资助来自马萨诸塞人文与艺术议会。1990年，美国规划协会新英格兰分会授予这个项目"乡村地区综合规划优秀奖"。

新开发的文脉标准

新开发如何能够顺利地与现存的城镇中心、街区和周边景观协调起来？面对公众对此日益增长的关注，马萨诸塞乡村研究中心的研究者制定了一个实用手册《这是我们的地方：城镇特征评估和规划手册》来帮助人们重新发现那些使他们的镇子传统部分具有特征和令人神往的元素、结构和关系，这个手册包括草图和照片，读者可以在手册上写下他们要写的东西，这样他们就可以按照程序一步一步的识别构造这个城镇特殊性的空间和尺度关系（法伯，1992）。

这本书分析了马萨诸塞韦尔弗利特、哈维奇和莱弗里特三个城镇的特征。在克里斯托弗.亚利山大和他的同事的工作影响下，"模式中的模式"成为这三个城镇的特征分析的基础。"模式中的模式"的思维方法从空间规模上考虑相关特征，从区域到城镇、街区、建筑和建筑特征（亚利山大，1977）。"例如，不仅仅考虑住宅怎样与另外的住宅和道路相关联，而且从一个更大的尺度上来考虑一组住宅怎样成为景观要素。从相反的方向，当我们缩小我们的视野，直到一个住宅，我们同样会发现多样性的元素，如门窗"（费伯尔，1992），见图3-4。

我们把费伯尔在这三个城镇考察的一些因素（按尺度顺序）列举如下，以便我们至少可以得到如何看待我们城镇的一般概念，把这种方式应用到我们自己的城镇：

区域尺度

● 独立城镇或村庄之间的距离

● 城镇"边缘"的性质和清晰度

图3-4 这是马萨诸塞韦尔费利特的一个有机的住宅组团，它沿着弯曲的街道展开，处于老教堂的阴影之下。它包含了法伯在《这是我们的地方》中提出的许多特征和模式。

村庄尺度

● 道路网络（主要道路、连接道路、狭窄的胡同和人行道）

● 土地使用多样性（居住、商业、服务和社会机构）

● 形式上的层次［当我们逐步接近村庄中心的时候，建筑物的尺度逐渐增大，建筑物形式逐渐正式（教堂、市政厅和学校等等）］

● 步行范围

场地尺度

● 立面的方向（公共建筑面对街道）

● 建筑的前部退红（适当的尺度，大体一致）

● 立面宽度（最小、最大、一般）

● 建筑物之间的空间距离（节奏因素）

● 街道比例和闭合性（"室外房间"从"墙"到"墙"之间的距离）

地块规模和比例

● 村庄里商店和住宅的地块规模

● 地块长度和宽度的一般尺寸

● 建筑物在一块中的一般位置

公共空间、半公共空间和私人空间之间的关系

● 边界物（篱笆、灌木篱、行道树）

● 人行道（宽度、延续性、出现频率、相对于街道边缘的位置）

● 廊道（在建筑上的位置、开放/封闭、宽度）

● 建筑类型（建筑材料，屋顶形状）

体积、比例和尺度

● 屋脊高度

● 立面比例（高：宽比）

● 传统建筑物的尺度和体积

质量

● 基本建筑形式

● 附加建筑（相连接的建筑物）

屋顶

● 形状、坡度、屋檐、天窗、烟囱

窗户

● 类型、尺寸、比例、窗格规模/数目、在立面上的位置、百叶窗

其他细节

● 门、廊道、装饰因素

表面材料

● 覆层、屋顶作法、色彩、纹路

以上所描述的这些工作的价值并不在于从任何一个特殊镇详细研究所获得的特殊结果，而在于理解那里一般的建筑语汇和共同原则，这些建筑语汇和共同原则可以用于新的开发。老镇中原始的建筑物可能并不具有固定的规则，使用一个城镇共同的"模式语言"来表达新街区和新商业区的形式是至关重要的。这种"模式语言"允许以多种方式来组合，但是，它们始终处于可以理解的范围之内，以便与现存的传统文脉相协调。

我们可以做一个类比，我们可以以不同的语言方式表达相同的事情，但是有些规范和关系是必须遵循的。亚历山大曾经说到，创造城镇的过程"基本上是一个遗传过程，……，只有那些控制这个过程的语言得到广泛使用和分享，这个过程才会处于良好的秩序之中"（亚历山大，1977）。地方居民可以理解和使用这样的手册，如果他们愿意，他们可以帮助城镇重新回到原来的方向上。

我们着力向读者推荐《科德角可持续发展设计指南》。这本书提出了两大目标和61条指南。两大目标是，保护乡村景观和土地使用模式，保护现存的村庄中心。61条指所涉及的问题包括，开发场地选择，场地开发，开放空间规划，街道景观和道路，建筑，适当的再利用，填充建设，景观建设，步行和自行车道网络，可通行性，停车，基础设施，标志，社区参与。这本书还包括四个案例研究，案例场地规划，村庄中心、带状商业再开发、紧凑型居住开发、大规模商业开发等一系列专题的鸟瞰图（社区前景，1992）。

社区设计论坛

宾夕法尼亚兰开斯特县的规划师充分调动市民参加规划过程，他们在1990年开展了一个叫做"宜居社区论坛"的活动，邀请市民讨论未来规划的可能选择。这个县是一个农业大县，但是，正处在高度发展的时期。在这个二天的大会上，他们邀请了六位国家级的开发设计专家到会，分组讨论这个县五个不同开发场地的村庄和城镇景观问题。这个县工作人员经过仔细地挑选确定了五个开发场地，讨论的内容涉及到城市填充、城市扩张、新郊区社区、村庄扩张、村庄之外的乡村组团式居民点。

地方专业人员领导每一个工作小组，每个工作小组都得到了一份由县观划委员会"创新设计工作组"所制定的《社区设计指南》草案。这个社区设计指南涉及到四个基本问题：社区特征（设计，规模），社区多样性（混合使用），通达性和可承受性，"严格保护"（特殊特征和功能性生态系统）。在以上这四个基本问题（特征、多样性、通达性和可承受性、保护）的基础上，分别列举了五个场地的详细目标。

由于许多问题在五个场地具有共性，所以它们各自的目标发生了一些重复，例如，"避免过宽的街道和退红"，"在城区、郊区和村庄之间建立相互联系的绿色通道"。当然，每个场地都有它们的个性。由于这个指南的目标是建立思维的一般方向，所以，鼓励工作小组成员提出他们所涉及场地的各自目标。

四个月之后，县里的规划师重新召集这个论坛讨论由五个场地市民提出来的发展规划。讨论的结果不仅仅对每一个场地有用，而且还被用到全县类似的场地开发上。这个论坛有助于激发更多的人群（建筑商、开发商、工程师和律师）合作提出更多的土地开发可能性（包括保护开放空间的潜力）。以后，这个现在制定综合规划的时候也采用了市民参与的方式，特别强调了市民的全过程参与。同时，论坛所产生的结果也被用到了综合规划的制定之中。

这个县的新规划寻求"在适当的地方发展"（即现存居民点的连续扩张），建立新的村庄和乡村居住组团。当然，大型的乡村地区新开发受到进一步的限制，特别是排除了在基本农田地区进行开发的可能。

为了帮助执行这些政策，这个县制定了县域范围的《增长管理规划（GMP）》。按照这个规划，全县土地被划分为"增长区"和"限制增长区"。划分标准包含在综合规划的目标之中。增长管理规划从实际情况出发提出土地使用的推荐意见，这些被推荐的地区都"处于有适当的基础设施供应的地区"（兰开斯特县，1988）除开把开发与分区规划法令和基础设施容量联系起来之外，增长管理规划还包括了一个"交叉接受"的程序，这个程序现在用于新泽西州规划中。在这个过程中，审查地方规划与县里的政策有那些一致或不一致的地方。通过协商的方式，把这种不一致减到最小程度。当然，这种协商和妥协都是自愿的，因为宾夕法尼亚的县政府并不具有权利去推行它的政策。

村庄和乡村居民点规划

另一项引人注目的工作是，1988年北弗吉尼亚劳迪昂县管理委员会发起的"乡村远景规划"活动。在劳迪昂地区脆弱和极具风景价值的景观区内，当时正在执行大块（3英亩一块）宅基地居住区规划。这种规划方式产生了严重的负面效应，引起了公众极大的关注。于是，最终导致了劳迪昂县管理委员会发起的"乡村远景规划"活动。劳迪昂县管理委员会要求规划师开展了六个月研究，而他们自己使用两周休假时间集中思考解决这个问题的方案。降低宅基地规模（受到了土地所有者的强烈反对）的方案对于解决所存在的问题十分勉强，而继续把乡村分割成为3～5英亩的地块严重威胁了地下水资源，对农业造成了长期的不利影响，产生了比较高的公共服务费用，于是，这个管理委员会提出了5种增长模式。其中两种（大规模扩张现有的城镇，建立五个新镇）最终被否定了，而另外两个最终得以通过（建设20个新的村庄和建立一定数目的新的乡村居民点）。

这个委员会对劳迪昂"远景"的核心作了如下说明：

委员会计划延续劳迪昂传统的乡村土地使用模式，实施低密度开发。为了实现这个远景，委员会将鼓励新的混合型村庄的开发，每一个村庄由几百个住宅组成，按照人的尺度布局，由永久性开放空间包围。每个村庄有它自己的给排水设施。在村庄边界之外地区，委员会的政策是鼓励低密度开发。

乡村景观基本上由新的和传统的农业使用、低强度的娱乐使用、自然和历史特征的保护构成。

在对所有可能保护乡村劳迪昂特点的方案进行研究的基础上，委员会确信，由开放空间包围着的传统村庄与低密度开发的结合是最适当的选择，因为这种方式已经在劳迪昂延续

图3-6　弗吉尼亚的沃特福德通常成为说明传统街道景观的一个例子。劳登县正是以沃特福德的街道景观为基础编制了他们的乡村居民点和村庄分区设计标准。资料来源：理查德.考尔德伦拍摄

了近二百年（劳迪昂县，1988）。

在举行了有大量公众参加的会议之后，劳迪昂县通过了乡村居民点和村庄分区规划法令修正案。这个修正案鼓励"住宅的紧凑式组团，以便与现存的景观相协调，如起伏的地形、灌木区和树林区。同时，这种紧凑式组团的布局方式也在很大程度上发挥对农业、林业和景观视觉特征进行保护的功能"（考尔德伦，1990）。

以这个县传统居民点模式为基础，规划师开始制定新的分区规划法令，为此，他们开展了对历史性村庄的建筑物和街道模式进行了专门研究。在这些调查基础之上，产生了新的乡村居民点形式，它由四种类型的地块组成：紧凑型住宅地块（以及指定的建筑形式）、外围的共同公共空间、内部的绿地或广场，大型的保护性地块。新的村庄具有类似土地分类。有关这些分类的详细说明可以参见附录。

新的小规模乡村居民点的规划方式不同于大规模开发区如新城镇的规划方式，后者随处可见。当然，无论是新村庄规划还是新城镇规划都应当理解在那些地区内已经存在着城镇和村庄模式。比较老一些的城镇一般都采用了棋盘状的道路体系，道路的节点处通常具有标志性建筑，如街道顶头的教堂，通常包括了不多

图3-5　这是一张航拍的郊区化了的乡村地区规划居住区住宅地块和道路的照片。这些住宅地块和道路的蔓延式开发最终会消耗掉每一块没有得到立法保护却可以用于建设的土地。

但正式的（市政和公共的）开放空间。另一方面，村庄道路系统倾向于不规则，遵循自然的地形地貌，随遇而安；大部分开放空间是由私人的没有开发的土地构成（通常以草坪、果园和菜园的形式存在），另外还有一些小绿地、公共场所或者小水塘。

在劳迪昂县，迈阿密的杜尼/兹伯克建筑和规划事务所承担了贝尔蒙特新镇规划，这个规划以里斯伯格镇的详细研究为基础，里斯伯格镇是县政府所在地，这项研究的内容包括街道、住宅地块、市政建筑和公共空间的规模和模式。在这个基础上形成的规划相当规范，整个规划区土地的25%用于开放空间和市政公用，如图3-7所示。

在完成这个新镇的规划之后，1990年1月，杜尼/兹伯克建筑和规划事务所又开始

Belmont Street Pattern

Civic Buildings and Spaces

图3-7　上图为贝尔蒙特新镇规划，下图为这个规划中的市政建筑和公共空间位置。（资料来源：杜尼/兹伯克建筑和规划事务所）

了马里兰蒙哥马利县小乡村居民点的规划设计。这次规划包括两个传统村庄概念，都是在300英亩场地上设计一个传统村庄，这个新村庄与现存村庄相邻。两个规划方案都确定3/4的土地面积为开放空间，以适应连续的农业景观和户外娱乐（但不是高尔夫球场）。通过沿着街道、道路和胡同紧凑地布置住宅用地，整个设计的重点在于人的尺度、步行导向、从美学角度整合村庄功能和开放空间的乡村景观。

两个传统村庄的设计方案在形式和感觉上有所差异。第一个设计方案叫做乡村小居民点，它包括人数不多的居民，宅基地规模一般在10000～80000平方英尺，大部分在1/4英亩到1英亩之间。共设计5个小街区，25家至40家不等。每一个街区都有适当的活动或被动型娱乐的场所，所有的街区到达村庄中心的距离都在10分钟以内，村庄中心包括商业和市政建筑。第二个设计方案叫做健康（Heath）居民点，它包括较多的宅基地，小宅基地面积在7000平方英尺到9000平方英尺之间，较大宅基地面积在2～3英亩之间。那里的道路系统比较规范且具有几何形状，许多地块的前院比较狭小，所以，道路网络相对短小。为了说明这两个村庄的传统设计方式与这个县通常使用的R-2分区规划规则之间的差别，他们又按照R-2分区规划规则设计了第三个规划方案，每块宅基地规模为2英亩。图3-8就是这三个设计方案。

随着开发商和职业规划师日益增长的兴趣，美国的许多小设计企业都开始做类似的工作。这里有一个典型的"饼干块"似的土地划分布局和新传统布局之间对比的例子。在宾夕法尼亚亚当斯县"联合镇"一个叫做"小城"的村庄附近195英亩的场地上，1989年曾经按照镇里现存的分区规划规则对"科斯莫斯庄园"做了一个设计，192个一英亩宅基地覆盖了整个地块，没有任何公共开放空间，没有人行道和公用设施。

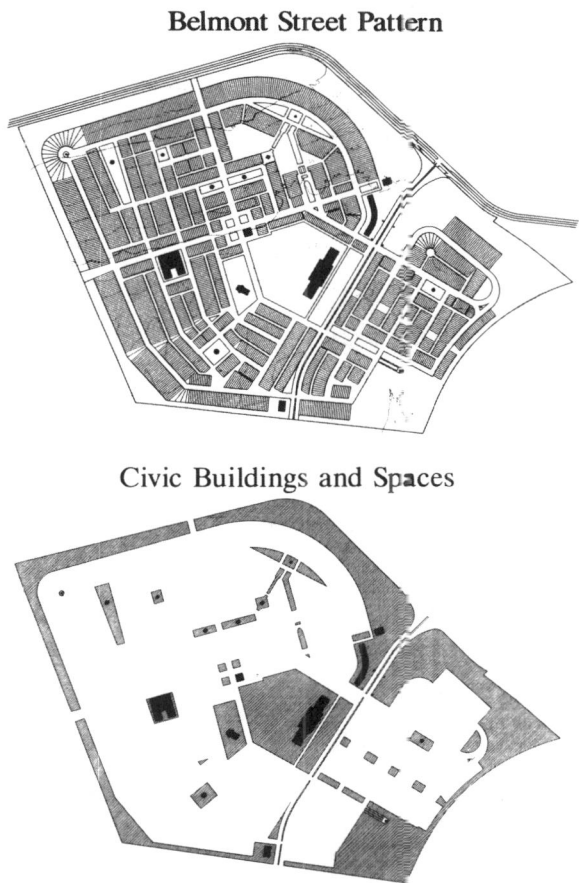

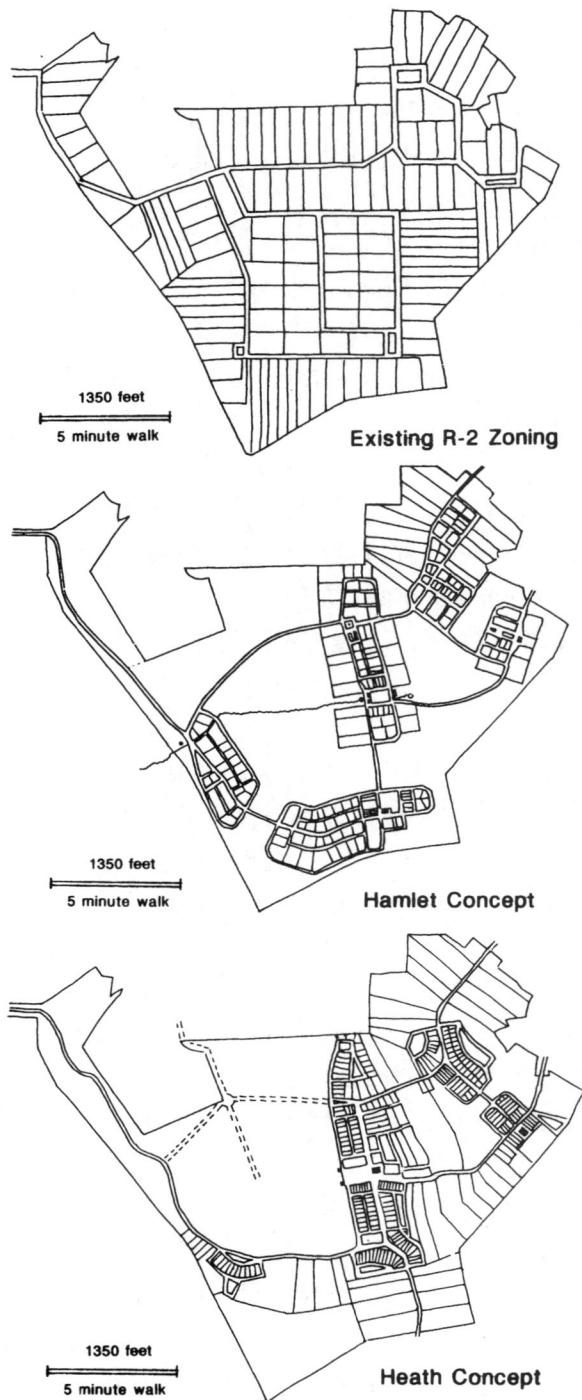

图3-8 第一张图是按照现存的分区规划规则设计的，另外两张图表达了在同一个场地上的两个不同的设计概念，后两个设计都包括农业绿带区。（资料来源：杜尼/兹伯克建筑和规划事务所）

两年后，开发商为这个新村庄提出了另外一个规划方案。住宅总数不变，但是住宅规模不等：54联体住宅，平均每个住宅宅基地2330

平方英尺，99个独门独院住宅，宅基地面积4800~11000平方英尺，20个一英亩宅基地，19个宅基地大约在4英亩左右的住宅。所有住宅都有前院退红，但是，宅基地在4英亩的住宅退红6~8英尺（现行土地划分规则要求50英尺退红）。公用设施包括在有行道树的街道上设置人行道，76英亩开放空间和公园，一个村庄中心，包括4~6个商店以及一个杂货店，90个沿街停车位，两个捐献的场地布置幼儿园和会议室或教堂。

两个方案的另一个明显差异是，后一个方案包括了相互连接的道路网络，它们都从不同方向与村庄中心连接在一起。按照这个方案的设计师，宾夕法尼亚建筑师R.博诺的话讲，"没有任何一个点能够允许高速进或出这个社区。驾车人在他离开这个村庄前，必须停下来，转弯，减速或做其他的适当的事情。"虽然这个规划方案完全不能与镇上执行的分区规划和土地划分法令同日而语，但是，由这个设计师修改后的新的法令最终在县里的建议下得以通过（见图3-9）。

那些对新开发的形体特征实施影响的社区，希望确认开发商和他们的设计师"理解了这个远景效果"的社区，都应当考虑学习宾州兰开斯特县曼海姆镇的经验。有尼尔森规划事务所为曼海姆镇分区规划法令修正案起草的"规划的居住开发（PRD）"。新标准可能是最有力地一组图示性土地使用规则，它包括了84个图像，101页文字说明。十分简单，他们的目的就是更有效地向开发商传达这个法令，以至他们提交审批的规划方案尽可能的与社区的要求一致。

这种图示方式应该大量减少开发审批的时间，产生与镇上目标更为接近的发展结果。84个图示中有27张是照片，许多照片来自尼尔森所进行的视觉选择调查。其他类型的图示还有航空透视图（16张），建筑主视图（13张），街道景观（13张），场地规划（8张）以及十字路口（见图3-10）。

图3-9　左图是按照镇里现存的分区规划规则做的设计，右图则是由宾夕法尼亚建筑师R.博诺设计的，它容纳了相同数目的住宅（具有多样性），同时还有小商业核心区和相当数量的绿色开放空间。

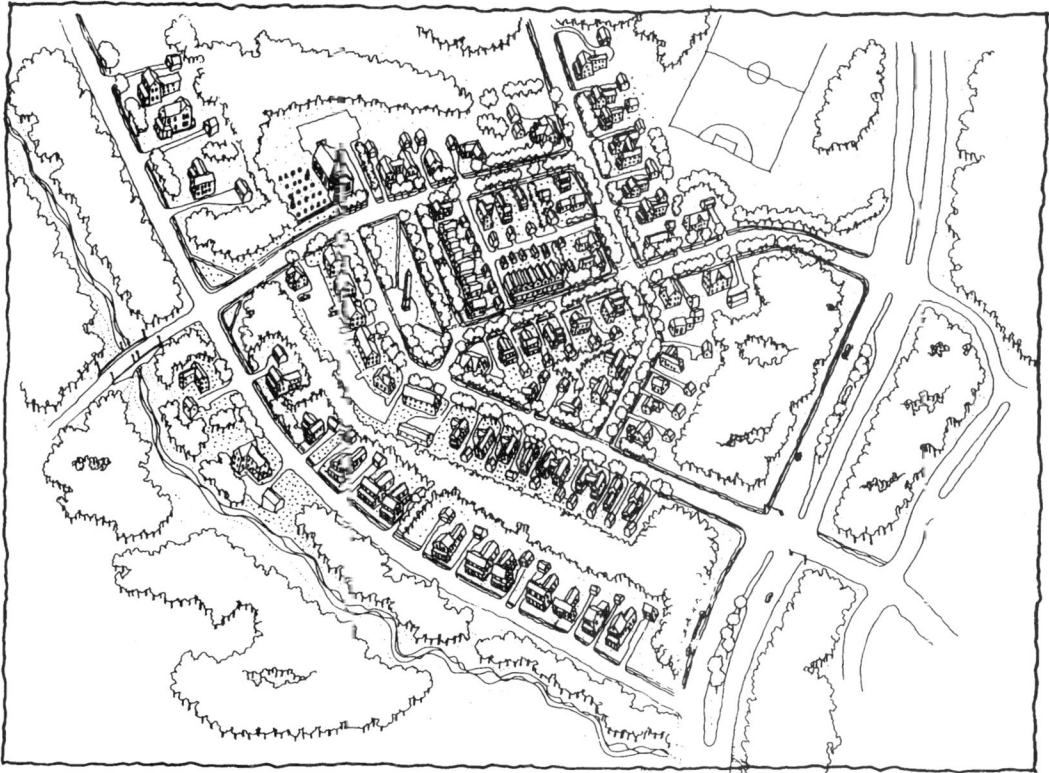

图3-10　"规划的居住开发（PRD）"对曼海姆镇分区规划法令做了修订，它包括了84个图像，101页文字说明。它的目的是希望开发商理解社区希望实现的增长结果。这些图示代表了规划规则在表达上的一个飞跃，证明了建筑师和规划师在帮助城镇规划他们未来发展方面的所具有的潜力。（资料来源：尼尔森事务所）

反对规划的社区

最近几年提出的许多新传统式的村庄和镇，由于它们的区位和常常包括成百上千新住宅的规模，而备受争议。在大部分乡村县，修正现存的分区规划和综合规划必然要涉及到低密度的单一使用分区，所以，这类修订过程通常是一个具有很大政治色彩的过程。弗吉尼亚加罗林县就有一例。1992年，开发商要求县里管理委员会修改现行的土地使用政策和规则，以便他的大型混合使用项目可以得到批准。由于它的规模和密度的增加，杜尼/兹伯克建筑和规划事务所（DPZ）设计了一个4000户的新镇，零售、办公和批发用地为750000平方英尺，是通往华盛顿特区一条新火车线的中点。这个设计分化了这个县的居民。

不用讨论这个案例的内容本身，注意到这一点是十分重要的，乡村和郊区化的县一般对于大规模开发是没有准备的，它们的规划和分区规划只适合于低密度郊区蔓延式模式、不相连接的单一土地使用划分、购物中心、办公园区等等。所以，紧凑型街区，环抱混合使用的中心和遵循历史的模式，特别是提高居住密度，都极大地违背了现行的规划和分区法令。

地方政府应该预计到这种规划方案，以合理的方式来应对它们，甚至鼓励它们不失为一种有希望的选择（以承载能力为基础合理的限制密度）。应当在正式的规划和法律文件中确定适当的开发地区，以引导开发商从基础设施供应和服务，自然资源管理的角度，考虑开发项目。这类规划文件应当时常更新，以适应基础设施的变化，如新的道路或铁路线，上下水供应能力的增加或衰减，公共上下水的技术选择等等。

当然，土地使用规划包括了许多政治上的考虑。不考虑如何建立起合理的政策，大型开发项目的决策总是备受争议的。具有讽刺性的是，弗吉尼亚加罗林县新村建设项目最终得以批准的理由是错误的：县长在投票时说，他之所以支持这个项目是因为它可以创造建筑业的就业岗位。许多设计不好的项目也能很容易地满足这个标准。

甚至在土地使用立法过程高度专业化和制度化的英国，最近一个县在鼓励规划的新村时也同样发生了误解。剑桥郡官方的长期规划正式承认，它需要和希望规划的村庄吸纳2500新的居民。地方标准已经制定出来了，过去10年中已经有了10个规划方案。这些方案都能满足地方标准，而且设计也不错。当然，相邻房地产的业主和邻里对每一个方案都持有强烈反对意见，伦敦的相关部审查了这10个方案，但是最终拒绝了全部方案（在英国的体制下，大规模开发项目由中央政府审批，美国的制度不一样，例如，缅因州和佛蒙特州对相似规模的项目只要州层次审批即可以了）。邻近诺福克县的规划和交通部主任M·肖认为这种极端的反对已经超出了正常范围，他们"在靠近任何人的任何地方绝对不允许建设任何项目"，即BANANA（Build Absolutely Nothing Anywhere Near Anybody）。

一方面，大型项目有可能产生优秀的场地设计（如紧凑型街区、传统的混合使用中心、附近有大量的开放空间），另一方面，大型项目最有可能形成有组织的反对派。这是一个不幸的事实。所有层次的规划师（包括在地方规划委员会或管理委员会工作的规划师）应当成为规划的增长和规划的保护的倡导者。倒退，继续沿用常规的低密度、单一使用的土地划分、购物中心、办公园区的规范，结果是无尽的蔓延，开发的阻力减小了，但是消耗掉平方英里到平方英里的农田。今天，我们实际上具有了更多的方式来吸收这个不可逆转的增长。

那些自称"新传统的规划开发"有时包括了严重的问题，读者注意到这一点十分重要。最近在北卡罗莱纳州欧然基县就发生了这样的案例。房地产商要求把居住密度提高67%，以开发一个高尔夫球场。高密度的核心区采用直线型街道布局。除开开发区之间的一些零星草地和树林外，超出60%的开放空间由湿地、大量的排水滞留洼地、斜坡、主要公路的退红、

18洞的高尔夫球场、俱乐部的停车场（按照地方规则，在这个停车场的边缘地带留下5%的绿地）。一些地方居民不满意居住密度的提高，他们提醒地方官员，这种给开发商的优惠一般是针对保护那些可能会变成建成区的自然区域（我们将在第十五章中讨论，除不能使用的自然区域外，地方政府如何要求比较紧凑型开发的使用技术）。

推进较好的设计办法

北弗吉尼亚劳迪昂县规划机构把R·考尔德伦的有关传统的设计开发选择方案编入"乡村居民点和村庄分区规划法令修正案"的附录，以帮助开发商改进建筑与街道的布局方案，实现新近通过的村庄和乡村小居民点的设计标准。这个编入的传统的开发选择方案放弃了死胡同的道路形式，而把具有一定弯曲程度的道路并入棋盘式道路体系中，以便形成一些历史建筑或山地的景观视点，也产生了比例适当和设计尚佳的"绿地"或"公共空间"。

虽然县或镇里规划人员没有得到鼓励或允许提出特殊的设计方案，但是，对于许多小社区来讲，如果那些打破惯例的开发设计可以实质性地改善社区的未来，应当促进官方规划人员的实际参与。公共部门的适当功能应当只是限制在审批开发商所提出的规划方案，这是目前通常的一种观点。实际上，开发商还是乐于在开发规划设计的早期阶段得到特殊的指导，如在申请前的总图规划阶段。公共部门的代表可以在这个阶段清晰地表达他们对道路连接、开放空间和其他关键因素的愿望。

实际上，公共部门的历史先驱们曾经在美国无数地方建设项目中发挥了比今天规划师要大得多的作用，对发展模式产生过重要影响。考虑这一点，可能对思考今天地方政府的角色有所裨益。蒙塔纳的博兹曼是19世纪市政当局影响地方未来发展的一个绝佳例证。当时那里的地方政府所提出的发展思路要比今天许多城镇提出的发展思路清晰得多。1898年提出的这张博兹曼鸟瞰图（见图3-11）预先规定了以后几十年道路发展的基本模式，以及一个大型

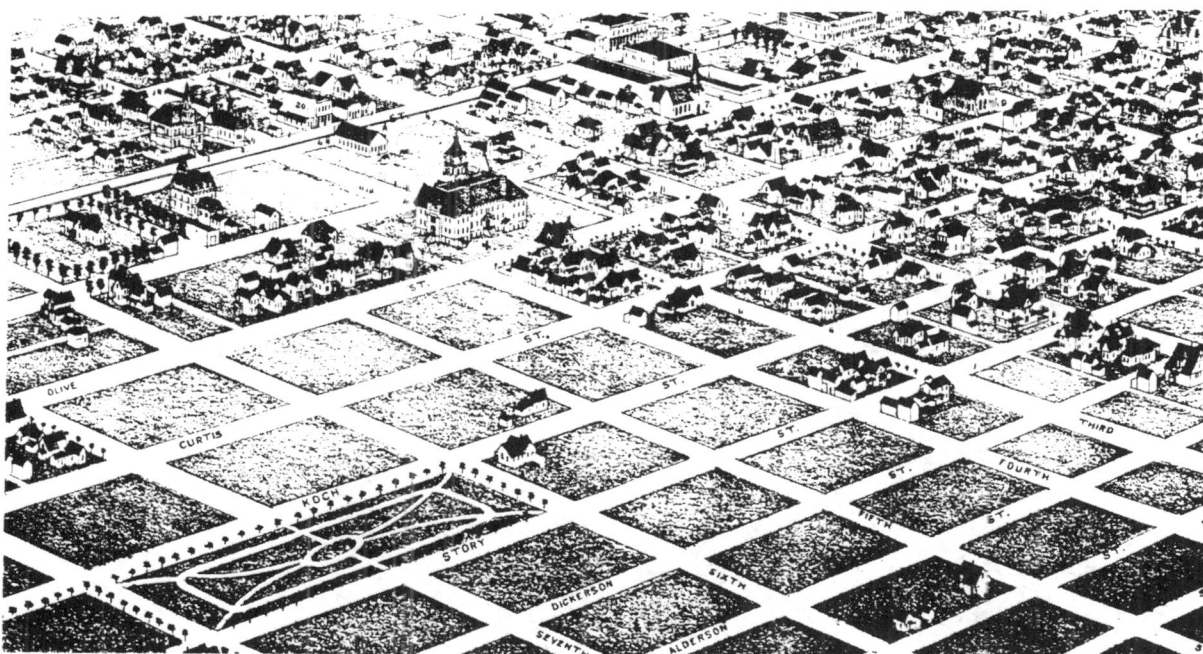

图3-11 1898年博兹曼鸟瞰透视图。这张图展示了这座城市发展先驱们有关街道和公园区位的设想，他们的后继者按照这个思路建成了这座城市。这张早期的鸟瞰图实际上包含了对今天类似小城镇的领导和规划师的挑战：如何把他们的预测和希望与传统规模的街区的开放空间配合起来。

公园的场地，当时公园附近完全是非建成区。直到60年以前，城镇规划通常包括一张"官方的规划图"，在这张图上，至少包括了主要的新连接性道路。这种前瞻性的思考应该得以恢复，同时还要增加一张包括所有作为开放空间保护的自然区域的规划图，这张图上还有小径和绿色通道。按照传统的紧凑型设计，把节约出来的土地连接起来，形成一个自然区域和正式或非正式公园的网络，这样规划开放空间应当是不困难和便宜的。有关这些问题我们在第三章中作详细讨论，那里将涉及到街道标准、开放空间和绿色通道的开发设计。

在村庄层次，我们可以更多地鼓励规划更具有传统尺度的街道、宅基地布局以及开放空间。图3-12对马萨诸塞萨顿19世纪工业小镇的扩张两个总体规划方案作了比较。这两个规划方案均由"乡村马萨诸塞中心黑石河峡谷国家历史遗产走廊委员会"制定。"黑石河峡谷国家历史遗产走廊委员会"是国家公园局的一个分支。国家公园局积极推行适合于地方历史模式的开发设计标准。左图是一张常规的郊区布局图，右图与之相反，是一张更具想象力的布局图，这张图上几乎所有的住宅或面对公共空

间，或背靠游戏场。

最近完成的新泽西克林顿镇安墩代尔村的扩张规划设计说明了把新开发与历史性街区协调起来的可能性。"安墩代尔北村"有160英亩土地，由J·马顿规划设计（他还编制了相关的建筑图，要求开发商采用一致的新传统建筑形式）。这个规划不是去创造若干个分离的发展点，常规居住区、购物中心和办公园区，而是把这样一些使用功能综合在一起，形成一个相互连接和对称的棋盘式道路网络，许多住宅与具有商业和市政功能的城镇中心（包括一个新的社区中心）只有步行距离，规范的绿地、欧尔马斯特风格的小型公共公园和火车站。新的街道系统一直延伸到安墩代尔村的边缘，其布局形式与那里的历史布局模式非常小心地配合起来，而且反映了村庄的尺度和开放密度。居住密度依据土地使用强度而变化，规划设计了40个联体住宅，在靠近城镇中心的部分安排了141个独门独院的住宅，63个具有较大宅基地的郊区型住宅，在小镇边缘地带安排了6个大宅基地的乡村型住宅。在新的城镇中心规划了35000平方英尺的零售和办公空间（见图3-13）。

对村庄设计问题有兴趣的读者应当阅读《村

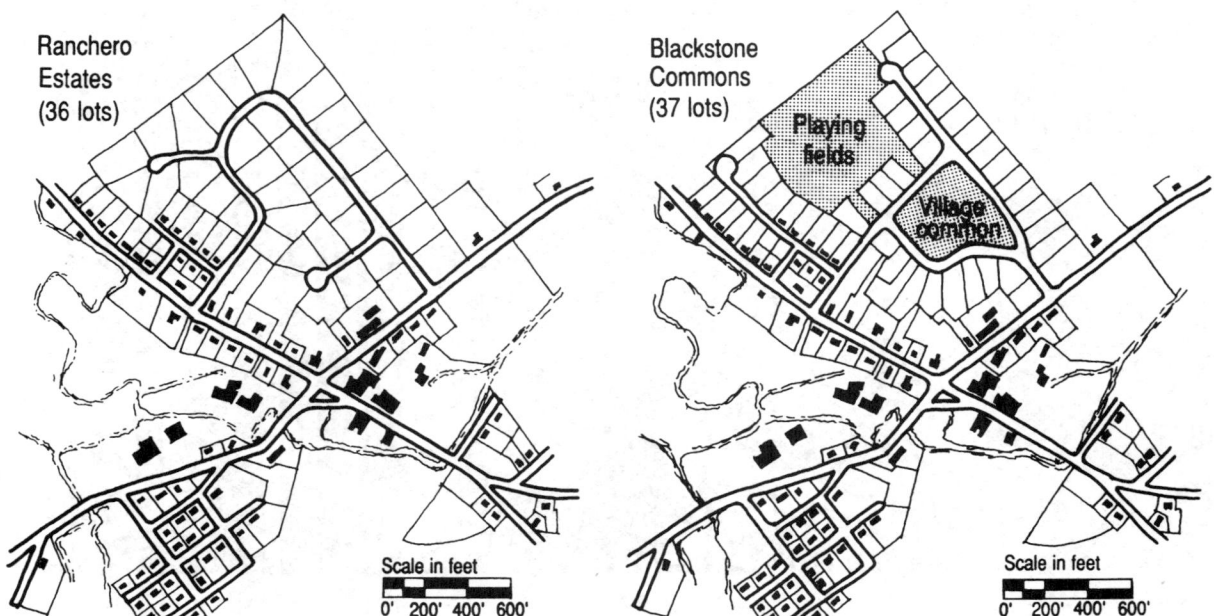

图3-12　马萨诸塞萨顿19世纪工业小镇的两个总体规划方案，这个地区地处黑石河峡谷国家历史遗产走廊地区。右图既有绿地也有球场，这个场地对开发商是有利的，它的朝向更能保持与原来街区的协调关系。（资料来源：国家公园局）

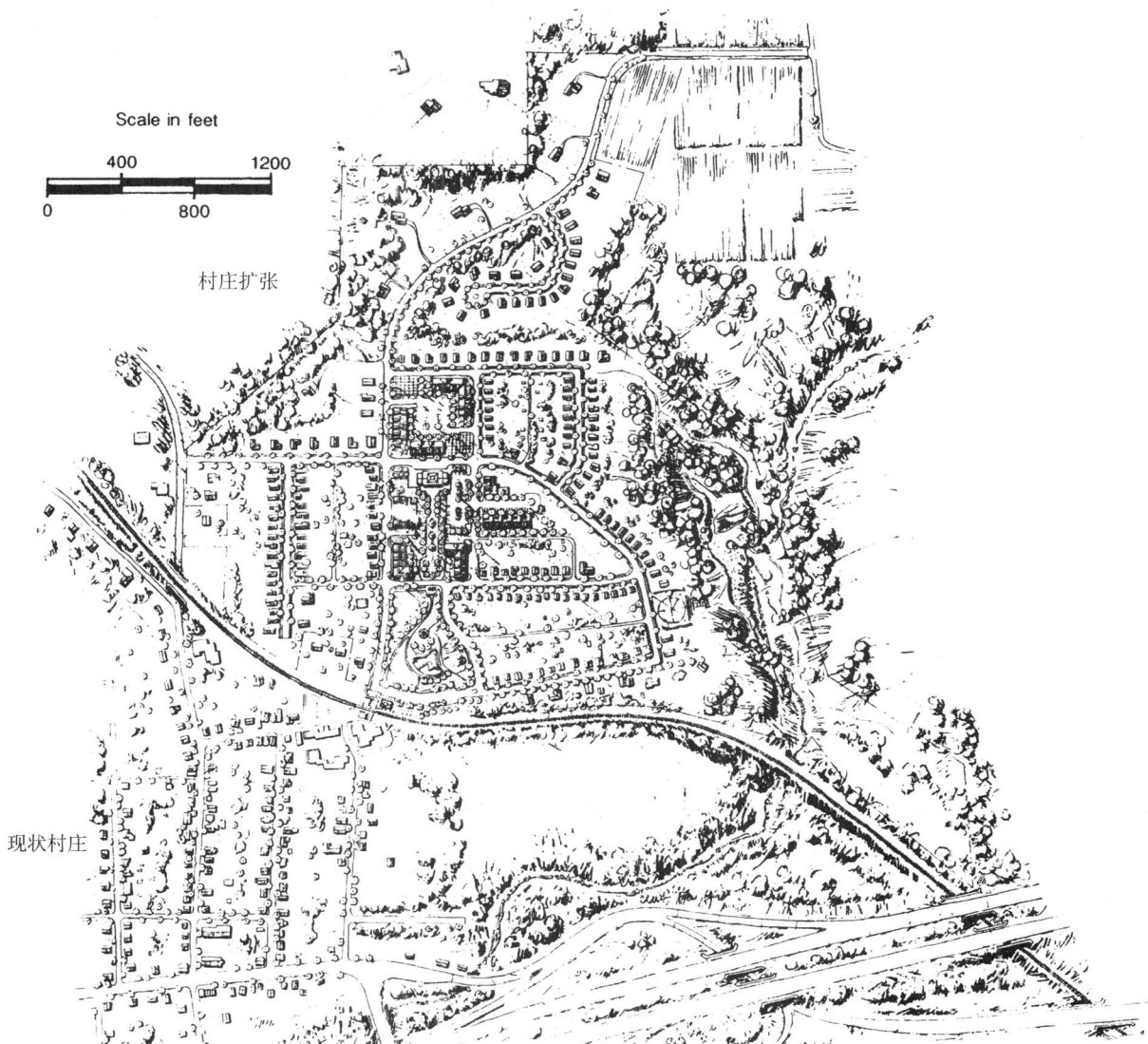

Scale in feet

400　　　　1200
0　　　800

村庄扩张

现状村庄

图3-13　新泽西克林顿镇安墩代尔村的扩张规划，这个规划尊重地方的传统形式和已经建立起来的街区模式、街道和开放空间。
（资料来源：马登和库默尔设计事务所，弗来明顿，新泽西）

庄规划手册》（宾夕法尼亚巴克县规划委员会，1989）和美国规划协会，PAS第430号报告《重新发明村庄》（苏特罗，1991）。另外，也可以参考附录中的马里兰肯特县的《村庄设计标准》。

开始行动

如果你感觉到你的城镇在过去的10～15年里已经发生了一些变化，这些变化已经被处理得比较好，这并非孤独的案例。事实上，在许多情况下，地方土地使用规则都是在没有清晰

的未来前景预测的前提下得以执行的。

为了帮助市民和官员们更好地了解现存的分区规划和土地使用规则法令如何能够更好地考虑社区特征，"国家历史保护信托"已经发表了一本指南——《拯救场所》。这本手册提供了有关地方规划和开发管理实践的问题一览，鼓励使用者回答这些问题，以便评价规划方式和机制的效率（赫尔，1991）。6个新英格兰地区的州也同样制定了类似的问题一览，纽约州的问题一览是由国家历史保护信托发表的。

规划咨询专家P·赫尔设计了一个自问自

答的练习，练习由三个问题开始，要求市民或官员回答：

1. 列举与他们的城镇生活质量相关的十件最重要的事情；

2. 新开发可能破坏这十件事情的方式；

3. 新开发可能改善这十件事情的方式。

这个练习的重点之一是挑战参与者既思考增长的正面的影响，也考虑增长的负面影响。这两方面常常在讨论小城镇发展时形成两种极端的社会群体或个人，他们或者把新发展看成有益的，或看成是有害的。如果设计是敏感的和注重地方性的，那么，开发总能使小城镇的特征有所提高和完善。同样，也总能提高那些19世纪小村庄的生活质量。因为过去几十年对传统城镇特征的严重损害，所以才导致了人们常常从负面角度看待增长，但是，在大多数情况下，这种状况并非开发的动机所致，而是由开发的规模、模式、区位和设计、地方所采用的规范和规则不适当所致。

这类情况通常是，大部分地方规则所允许的开发类型和位置绝对没有与那些人们生活、工作和购物的老的部分协调起来。这是因为乡村地区的地方政府常常处于捉襟见肘的财政状况之下，所以，他们使用的规则来自别的地方，加之他们没有时间或资源来研究他们使用的规则将会产生什么样的后果，没有考虑这些结果是否与社区的愿望一致。在乡村小社区所使用的分区规划可能根本就没有反映当地居民10～15年的远景设想。做出这样的猜测并非没有道理的。现实使大部分地方政府采用了非常通行的规则，而且标准要求很低，以致蔓延式的土地划分和带状开发都具有合法性（当然，在一些情况下，开发标准定得太"高"，以致在新开发的居住区建设了宽阔平整的大型街道。我们在第十三章中讨论这个问题）。

赫尔从问题出发的"苏格拉底"方式对富有主动性的市民和官员开始改善他们城镇的发展方式可能十分有效。这些问题可能非常尖锐，其目的是刺激回答问题的人思维。若干问题如下：

1. 村庄中心的规则允许小地块、小退红、高密度，允许紧凑和环绕型的道路，如果原先的道路有些陡峭，现在还可以效仿吗？

2. 公共停车场和分区规划的停车场要求的结合是否允许放弃对那些村庄中心的紧凑型商务机构的停车场要求，或者用收费的办法在附近建设一个新的市政府停车区？

3. 土地划分规则是否可以通过因地制宜的标准来避免要求不分场地特征的一致性开发，如村庄、农田和树林？

4. 城镇是否通过一定的公共开发来引导全城镇的开发，如城镇办公机构、老年住宅、邮局、娱乐设施，把不适于城镇中心的土地使用机构搬出城镇中心，如公共工程机构使用的安装维修场地？

5. 在城镇边缘地区，城镇是否严格限制了商务分区沿着公路发展，实施严格的边缘和景观控制？

6. 在新城镇发展中，是否有效地鼓励或要求经济住宅的开发，以致这类住宅在多个地区存在？

7. 在历史区域是否具有建筑设计管理，或者在别的地方有建筑立面规范？

8. 城镇的场地审批程序是否建立在特殊场地设计和开发标准基础上？

9. 是否有对景观道路的管理，以保护道路两旁的树木和石墙，严格管理路边和在商业场地上的广告牌，而且这些管理超出了几个条文的限度，关注设计品质？

10. 城镇是否采用了组团式或类似的管理规则，以便通过紧凑型住宅建设保护开放空间，这些规则是否有可能帮助城镇决定何时何地使用组团式开发？

11. 城镇是否有足够的基金来购买房地产或购买房地产权利保护自然的或文化的资源？

12. 城镇是否创造了一种机制（如一个社区开发公司）来鼓励与保护社区特征一致的经济开发？

第四章

城镇规划中的形式美学：向过去学习

今天，美学问题的讨论不像20世纪初那样自由了。那时，"城市美化运动"正在开始形成气候，美学问题的讨论正处在"美的艺术"时期。

C·M·鲁宾森的《改善城镇，或市民美学的实践基础》第四版在1901年出版，他说，"我们正沿着创造丑陋，不顾过去，也不考虑未来的改革之路步履维艰。"虽然这本书的许多部分已经过时了，但是，这个命题几乎没有时代的限制：它所说的事情正发生在我们今天的小城镇里。

如果一个人希望得到过去优秀遗产的指引，又与今天有用的或不可回避的特征相协调，那么，分析我们区域传统城镇的多重元素，以决定究竟什么使它们具有了它们自己的特征，是有意义的。

在城镇规划运动早期，建筑师和景观建筑师就开始关注建筑形式和布局的问题。尽管它已经不再是我们今天大多数规范或标准规划课程的主题，但是，这个领域中的文献还是可以给我们提供一些经验教训。

昂温学派

R·昂温在1909年出版的《城镇规划实践：设计城市和郊区的艺术导论》一书可能是有关这个主题的一本著名经典，至少是广为流传。昂温是从艺术家的视角涉及这个主题的，所以，这个书名应当是经过斟酌的。这种角度在今天的职业实践中几乎丧失殆尽。昂温在比通常使用要宽泛得多的意义上使用"艺术"这个词汇："比需要做的还做得好"（昂温，1909）。"这个镇子需要一个市场，我们的规则会告诉我们如何建造一个最好的、最方便的和我们能够设计出来的市场，而不是拿铁皮搭个棚子而已⋯⋯。"（铁皮搭个棚子只会使市民灰溜溜的，而不会充满自豪）他的视线正是建立在这样一定的高度上。他再一次提醒我们，"只有我们知道如何艺术地规划城镇，我们才会得到美好的城镇和村庄。"

数数我们今天的城镇里有多少低俗的建筑，从消防站、图书馆到商店和路边的快餐店？就算那些地方没有实际失去它们的自豪，在审查那些视线之内的新建设规划时，许多小城镇似乎完全忽视了优秀设计的重要性，如中心区内和道路沿线。为了矫正这种情形，县和州应该在它们提供给地方规划官员的教育和训练资料中，更多地强调设计审查的价值。P.格拉斯的《小社区的容貌规范》（APA PAS 第379号报告）是一个很好的资料，尽管它主要集中在建筑立面、标志和景观标准。

不同于今天多数规划师，昂温和他那一代人强调建筑的区位和道路的安排，它们对于产生视觉优美的城镇设计具有极其重要的作用（见图4-1）。现代交通工程师批判了昂温所设计的不规则道路和引起交通混乱的道路网络，但是，有可能使用他的多种交叉路口设计来消除交通问题。图4-2是几幅更新了的昂温草图，说明了交叉路口如何在使道路交通有规则的前提下还保留"封闭的"视觉效果（箭头指视线）。

Illus. 182.—Sketch of a road junction similar to 181 D.

图4-1　昂温画的城镇景观草图，它说明了弯曲的道路和终端街景建筑焦点的重要性。（资料来源：昂温，1909）

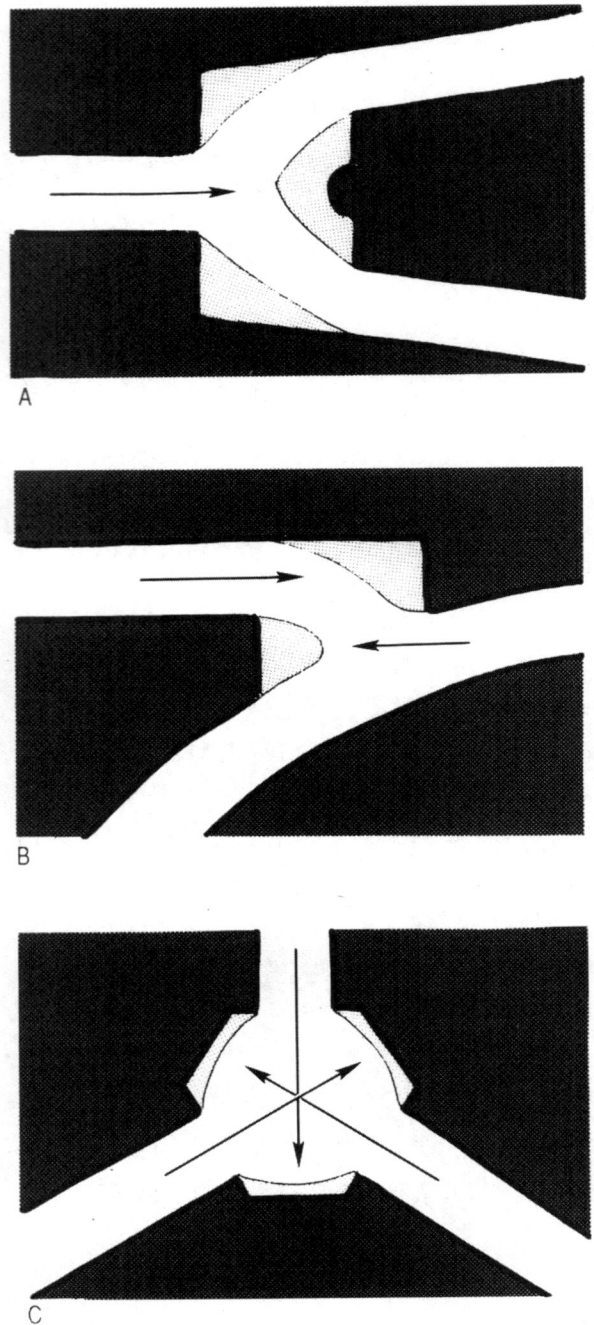

图4-2　更新的昂温设计的三种交叉路口，说明建筑物前的公共开放空间对于靠近的车辆所起到的"封闭视角的"效果。

借鉴昂温

虽然昂温的工作已经有些陈旧了，而且主要是为解决欧洲和英国问题的，但是对于美国的规划师和开发设计师还是具有潜在的价值和借鉴意义。例如杜利和齐贝克的新传统设计的来源就是昂温学派。佛罗里达州的"海边"，马里兰州的"康特兰"，马萨诸塞州的"马什皮"，佛罗里达州的"阿瓦朗"都有昂温精神嵌入其中，城镇边缘和到达城镇的道路、城镇中心和闭包的场所、道路和交叉路口的安排、建筑和围墙的空间和位置，建筑的协调设计，等等，都是昂温曾经强调的问题。

这些观念在80年前的美国要比今天盛行得多。《英国和美国的郊区》（斯特恩和马森伽尔，1981）也许是了解这个早期规划运动的最好的参考著作。这本书通过原创的草图、当代和当前的照片，描述和说明了从1850年到1940年期间规划发展的50个不同的郊区，包括工业村、火车的郊区、有轨车的郊区、地铁的郊区和小汽车的郊区，以及休养地的开发。在这本书的引言中，斯特恩赞扬了步行尺度和紧凑型

图4-3　对于探索传统城镇景观的设计师和开发商来讲，宾夕法尼亚州怀俄米森和其他一些那个时代规划的社区是不可多得的室外实验场。无论是职业的还是培训性质的课程应该包括现场调查研究的内容，如实地考察当时的规划成就。因为许多这类规划设计不能满足现行的分区规划法令（每一个人都应该对这些标准提出疑问）的要求，它们已经在许多地方被废止了。

开发的功效，建议铁路型的郊区应当成为萎缩和衰退城市地区再开发的模式，以及应当成为新的"绿色"场地开发的模式。正是基于这种考虑，参与兰开斯特县"宜居社区论坛"的人员选择了到宾夕法尼亚州怀俄米森的规划的社区参观和学习，其目的就是研究这些古典城镇规划的基本原理。怀俄米森建于1896～1928年间，它包括了工业、商业、居住和社会机构等各类土地使用。另外，在它紧凑型的居住区里包括了高中低各档住宅。在设计上，考虑到了多个家庭共用的住宅楼与周围建筑物的协调，许多住宅（所有价格水平的）都采用了车辆从背街进入住宅院落的模式，所以车库在后院。《英国和美国的郊区》一书强调了怀俄米森与当代建设的低密度郊区建设的可比性（见图4-3）。

村庄形式和城镇景观

　　夏普的《剖析村庄》是另一本影响新传统主义乡村规划师的力著。夏普在1946年所说的对于今天在乡村地区所做的小型开发还是没有过时。不同于城市街道布局，夏普注意到，村庄街道通常并非很直。正是那些仔细使用缓缓弯曲和尖锐拐角等手法形成了闭合型空间："一进一出，而不只是道路上的一个不得已而为之的事件"。我们许多新的居住区和商业中心似乎与之相反。

　　夏普注意的另一重要因素是，街景焦点。建筑物或一组建筑物组成这些焦点，它们所在的位置使它们能够形成一个"中止符"（鲁宾森在他的《改善城镇，或市民美学的实践基础》（1901）中指出"除非在道路的终端可以有一个显眼之物，一个建筑或一尊雕像，否则这段路走起来就会乏味无比"）。

　　夏普推荐了供公众使用的广场、绿地和公共空间（甚至一块铺装了的"场所"），因为"那里有引起人们兴奋的事物"，所以避免了过路者视线直接穿透这个地区。同样，向外的视线受到了一定的限制，至少被建筑物或树约束在一定范围内，"而不是让向外的视线消失在笔直道路的末端。"但是，他也警告说，如果绿地范围太大，周围建筑物就没有影响视线的意义了，因此，他强调这些地区并非简单的"空间"，而是一个"闭合的空间"。同时，他也反对过分美化或形式化这些地方，而是强调它们"无意识的和单纯简单的"基本性质。为了保留这些属性，他不鼓励为中心绿地构筑边缘墙体，不提倡构筑"花坛和假山"，而推崇不拘泥于形式的植树。如果夏普活到今天，他一定会提倡使用遮荫的和木本的地方树种，四季的野生花卉，同时不拘泥于形式的布置它们。在他看来，较大的聚居区（如城和镇）适合于建设比较正式的和规则的公共空间。

　　库赖的《城镇景观》采取了有别于夏普的角度。尽管在这里全面地介绍这本综合的和广泛的著作是不可能的，但是，指出库赖工作的重点还是可以的，我们要使用一些美国的照片来说明库赖的《城镇景观》的观点（这可能比使用他在书中使用的英国和欧洲的例子更有用）。

　　库赖《城镇景观》的核心观点是，"存

在一种关系的艺术，这就如同存在一种建筑艺术一样。关系的艺术旨在使用所有的元素来创造人工的环境：建筑的、树、自然、水、交通、广告等等，把它们按照梦想的方式编织在一起"（库赖，1961）。在今天的职业划分来讲，"关系的艺术"处在规划师和建筑师职业范围的分界面上。显而易见，无论是建筑师还是规划师都没有太大的兴趣跨过这条边界，致力于解决摆在它们之间的一系列重要问题。建筑师设计建筑或"建筑综合体"，规划师一般关注土地使用和相关于排水、交通、公园和其他一些问题的规划法规。景观建筑师有时扮演一些介乎于它们之间的角色。

库赖明确提出了我们对传统城镇的三种经验：系列景观、人与周围事物的关系，内容和结构。系列景观的概念涉及一个步行者或缓慢驱车经过街道的驱车者所见到的"一系列新奇点"。这里需要注意的关键是，"已经存在的景观"和"正在出现的景观"。一个漫长笔直的道路几乎不会引起路人的视觉兴奋："开始的景观很快就消失了，剩下的只有乏味单调了。"人们通常只对具有对比性的因素做出反应，这些并列在一起的对比的因素使城镇显得生龙活虎。图4-4是宾夕法尼亚州吉姆索普镇的街道景观，它说明了系列景观的概念。

库赖的第二个概念涉及一个人的感觉，他首先感觉到在外面，然后，他又感觉到进入或处于一个闭合的空间内部，这个空间或者在地上或者在地下，实际上，这个概念是关于一个人在他的环境中的位置，或者他在一个"场所"中的位置。"这里"和"那里"是形成这种感觉的基础。简单地讲，"典型的城镇模式并非街道模式而是由建筑所创造的一系列空间的模式"（见第二十一章，马萨诸塞州南哈德里村庄公共空间，它可以说明这个观点）。

库赖的第三个概念涉及城镇景观的结构，这个概念也许是最明确的：色彩、纹理、

图4-4 从吉姆索普镇弯曲道路经过的步行者和驱车人通常都能够感受到的那里的系列景观。这三张照片是系列景观的一个部分，它说明了库赖"系列景观"的原理。这条道路东西走向，平缓弯曲，长度达2500英尺（约753米），大约有6个景观点。大型公共建筑和社会机构建筑，如教堂和县政府，都被布置在突出的视觉位置上，形成若干视觉终点街景。

尺度和细节因素（如围墙、围栏、树木、台阶，等等）。这些因素长期得到建筑师和景观建筑师的关注，而职业规划师并非如此。这种情况有望得到改善。因为许多项目的成功与否

常常受到这些细节的影响，例如，在人行道和停车位之间建一个简单的围栏和一排树木，一堵蜿蜒的墙壁，或者厚实的树篱，都可以产生完全不同的效果，所以，越来越多的规划师坚持认为，需要更多地关注这些问题。完成这些项目当然需要增加适当的费用，但是从长期效果来讲，这些投资是值得的，它将改善城镇的面貌。

1954年美国高等法院的法官道格拉斯曾经在判决"伯曼对帕克"的案件时说过这样一句话，"立法机构在它的权力范围内决定一个社区应当是美丽的和健康的"（348.U.S.26）。所有的市镇政府的入口处都应该刻上这句话。多数人都同意这样一个观点，"公共福利的概念内容广泛，包罗万象……它代表的价值可能是精神的和形体的，美学的和金钱的。"这个规则决不会因为一项决策而被推翻甚至被改变。十分重要的是，美国高等法院的这个案例并非涉及一个需要保护的历史区域或一个特殊的地方，实际上，它涉及的是一个相当一般的城镇，地处华盛顿特区，当时那里正在执行综合的城市再开发活动。虽然许多州的案例法可能限制使用美学的考虑来评判有关建筑物布局和外观的规范，但是这种方式的合法性正在被越来越多的地方所接受。在未来城镇规划工作中，美学潜在功能不能被忽视或者被低估（见图4-5）。

如果我们把库赖的方式用一句话来总结的话，这句话可能是"在一个共司接受的框架内相互影响。"库赖承认需要在一些基本问题上达成整体的一致，但是，"调动细节因素，规模和风格上的细节，纹理和色彩上的细节，特征和个性的细节，把它们组织在一起，以便产生一个综合的效益，也是至关重要的。"当然，也有出现两种极端的危险：刻板产生一致，无政府导致混乱。当然，目前在地方层次几乎完全不存在城镇面貌的规范，这就导致了绝大多数城镇"在设计上处于无政府的状态"。地方政府一般不希望对新开发的外观承担集体的责任，所以，许多小城镇的地方政府已经提出了许多产生视觉混乱的指令，这些指令损害了这些社区的面貌，甚至于剥夺了这些城镇大量的传统风貌（见图4-6）。

要想纠正这种不平衡，最有效的方式还是来自地方居民的支持。地方居民应当告诉地方官员，他们关心新开发是否能够与他们的城镇景观相协调。（见图4-7和图4-8）正如我们常说的，"群众是英雄，领导紧相随。"

图4-5 佛蒙特州的武德斯多克，市民们对那里的历史文化遗产充满了自豪，对那里美丽景观所带来的效益一致认同，所以，他们在保护公共城镇景观历史遗产方面达成了广泛的一致意见。

图4-6 这是一张拍摄于马萨诸塞州贝尔彻敦的照片。许多地方居民把这个地方看做是他们城镇的公共景观，但是，当这个广告牌（"迷你购物中心，很快就要建设起来了"）插到这里之后，城镇的公共景观就完全改变了，这座历史性建筑和那些高大的枫树以后被标准的麦当劳餐馆所替代。市政府希望吸引开发商重新使用这个历史性建筑来满足当代商务需求的努力失败了，当然，也有类似情况的成功案例。

图4-7 当纽约州红叶瀑布村的居民向银行反映，他们不喜欢银行提议在他们村庄历史的核心区里建设一个盒子状"二流购物中心"，于是，另外一个建筑师以当地建筑风格为基础，设计了这个银行分支的建筑。

图4-8 甚至于大公司也有能力来满足地方建筑外貌规范的美学要求。这是佛罗里达州三里贝尔的7-11方便店，这个建筑物是按照佛罗里达风格设计的，它有标准接缝式屋顶和长长的屋檐。另外，所有的景观绿化都是按照三里贝尔有关地方物种法令的要求选择的。

永恒的原则

这里特别推荐的最后一本参考书《英国的远景》，这本书起源于不满于典型现代填充式开发对传统城镇的影响。1984年，查尔斯王子把伦敦国家美术馆的扩建描述为"深爱和文雅的朋友脸上的毒疮。"他的评论引起了来自建筑界的强烈攻击，当然，他的坦率直言却得到了来自公众自发的流露出来的喝彩。以后几年里，查尔斯王子收集了许多材料，制作了一个电视片，出版了《英国的远景》一书，以许多近年出现的优秀开发设计为例，说明现代填充式开发对传统城镇的影响，同时，提出了一组原则，帮助未来开发项目能够更好的与周围环境相协调。地方官员和房地产开发商感觉到了公众的情绪，对《英国的远景》中所提出的观点做出了积极的反应。

虽然查尔斯王子的重心是建筑和建筑师，但是，他的大量思考也与城镇规划相关。以下是他的对有关布局和职业规划师的一些观点：

关于"场所"："我们必须尊重场所。……景观是场所的安排。……新建筑可能打乱了那里原有的布局，我们也可以通过设计和布局使这些新建筑适宜于原来的布局。……使用规划的方式来实现这一点还远远不够。……大型建筑物常常与那些具有人的尺度的因素混合在一起。……如果新的建筑避开四处张扬的布局方式，而采取组团式布局，那么，更多的景观就可以得到保护。"

关于"尺度"："建筑必须首先与人的比例相联系，然后，考虑到周围建筑物的尺度。……几乎所有的城镇都受到了规模过大建筑物的干扰，这些规模过大的建筑物并没有承担起世俗的意义。"

关于"协调"："协调是把所有的部分融合在一起。……所有的参与者需要理解这个基本的规则和传统。"

关于"闭合"：闭合"是一种千变万化的观点，我们可以在每一个建筑层次上来欣赏它。……凝聚、延续和闭合都能产生一种神奇的感觉。……应用这些观念来创造一个独特的场所。……一个广场或庭院就可以产生一种社区精神，它们比起开发商刻意经营的场所要简单得多。"

关于"社区"："人们不是在那里等待被规划；他们是与规划工作同在的。……规划和建筑如此重要以致不能把它们看做是专业人士的独立工作。"

在结束这一小节的时候，我们最后从书中引出三个命题：

　　"观察过去一定可以启发未来。"

　　"关注细节和人的尺度能够创造出使人流连忘返的特征来。"

　　"使用我们熟悉的语言来表达协调和比例。"

重新认识城镇的景观设计

虽然在美国还没有谁能在这样高的层次上提出设计问题，但是，鼓励来自专业社团的新目标已经开始集中在城镇景观上了。美国规划协会马萨诸塞分会（亦即波士顿建筑师协会）制作了一套旅行幻灯，这套幻灯片把新传统主义与开放空间发展概念联系起来，起名叫"面对康涅狄格河峡谷区的变化"，并于1988年由马萨诸塞乡村中心出版（雅鲁、阿伦特、多德森和布拉克，1988）。这项工作在传统的政府设计奖项中得以延续，在1980年代，5个海湾区域共颁发了57个奖，另外还有在州范围内承认的14个奖。

在马萨诸塞州的预算削减之前，州人文艺术议会一直在管理着"乡村设计资助项目"，这个项目资助人口在15000以下的小镇开展城镇规划或与设计相关的项目实施。这些项目包括修改相关街道宽度、建筑退红和创造新的混合使用中心设计的现存规范，以及支持我们在第三章中提到的"我们心中的地方"项目。这个协会已经资助了《设计初级读本》的出版。缅因州南缅因大学的新英格兰研究项目也编辑了类似的手册，州人文艺术议会也在出版上给予了资助（克雷赫德，1991）。

一般城镇景观

对传统城镇做了比较综合性研究的有《佛蒙特城镇景观》（威廉、科鲁格、拉斐格，1987）。在他们对30个镇的调查中，作者寻找在决定社区特征中反复出现的那些因素。他们把注意力集中在城镇中心，城镇中心既提供了标志性意义，也是相互作用的中心点，所以，他们找到了10个大多数被研究城镇所分享的共同特征。这十个特征再一次证明，协调的特征对城镇标志和场所的感觉具有本质的意义。

1. 社会机构的建筑围绕着城镇绿地。30个城镇中有23个城镇拥有中心绿地，住宅和教堂环绕着所有这些中心绿地。除此之外，大约有12个城镇的中心广场周围有少量的旅馆或轻型商务企业，有少数几个城镇的中心广场周围有学校、图书馆、邮局或市政厅。这种对土地的混合使用一般十分协调，使这些中心具有活力。这些中心广场的规模从1英亩到7.5英亩不等，但是大部分都在1～2英亩的规模。图4-9展示了14个城镇多种规模和形状的绿地，也为新的居住、办公或商业开发项目提供了参考模式。

2. 人的尺度。大部分建筑（除开大型社会机构的建筑之外）都是在1.5～2.5层高，宽度不超过大型住宅的尺寸。

3. 高质量的建筑。这些建筑物代表了多种19世纪的风格，它们在建造上都是相当精致、传统，其建筑规格属平民水平。大部分都具有"个人特征"。

4. 交通流量不大。区位偏僻、设置旁道和其他一些道路安排使得大部分中心避免了大型交通流量。

5. 限制商业设施。这些乡村小镇一般都很小，只有几家零售店，与之规模不相称的是额外加进来的加油站。其他商务一般没有前院停车场，客户的车辆沿街停靠或停靠在建筑背后。

6. 景观。这些镇中心成熟的遮荫树木使那里格外宜人，尽管人们常常对此不经意。为了保持这种特征，需要系统地种植各类树龄不等的树木，以便在老树死亡后新的树木可以替代它们。

7. 没有不相称的建筑。由于那里的建筑物的尺度、屋顶形状、山墙朝向和立面用材（一

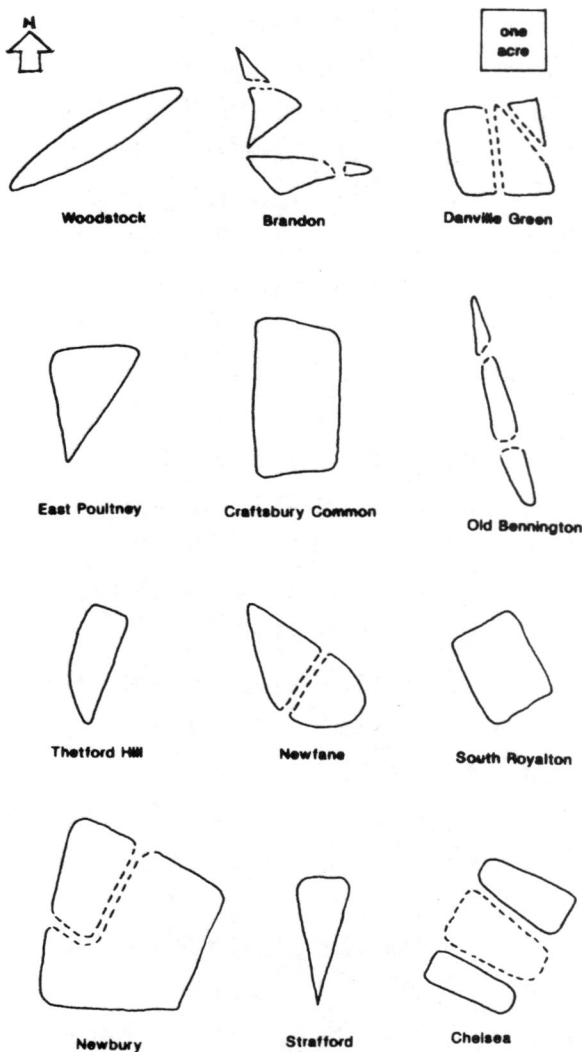

图4-9　在新英格兰地区，城镇绿地的形状和规模变化多样，但是，它们的一般规模大致在2英亩，形状不规则。开发设计者应当注意这些事实。（资料来源：威廉等，1987）

般是木质或砖头）大体相似，所以不同历史风格的建筑可以融合在一起。

8. 闭合的感觉。建筑物、沿街和中心绿地边缘种植的遮荫树木使得大部分城镇的空间边界清晰。

9. 有序。除开架空线和交通标志，这些城镇见不到大居民点的那些超出树木的高大商业广告。

10. 特殊风貌。这一类主要是谷仓、畜舍、车站、前廊、阳台、纪念性建筑物、室外舞台、眺望台、公园长椅，偶尔还有小水塘或喷泉。

传统佛蒙特城镇的最后一个特征是，它们都有明确的城镇边界，这是一个重要的因素，常规的分区规划法令常常把这些地区指定为带状商业发展的场地，因此，城镇边界又总是十分脆弱，其功能通常被低估（第九章将详细讨论如何面对零售业的发展压力）。

乡村小居民点的设计标准

尼尔森在他所指导进行的视觉选择调查（我们在第二章中介绍过这个在新泽西州进行的调查）的基础上，为新开发提供了若干组"偏爱特征"的建议。这些结果形成了若干乡村小居民点和村庄开发三维模式。当开发商与市政官员之间就常规分区规划的设计模式发生冲突的时候，它们也可以用来作为填充式开发的选择方案。

以上我们曾经提到过新泽西州丹佛镇的一个案例，它所要重新设计的场地只有5.7英亩，却包括了斜坡和湿地。虽然它地处传统独门独院住宅区，但是它在分区规划上被划分为多个家庭共享住宅的居住区。开发商提交了一个与这个分区规则一致的开发计划，而与当地已有居民的愿望完全不一致。市镇当局决定对这个地方重新做分区规划，尼尔森成为了这个项目的咨询者。正如图4-10所示，常规规划方式和新传统规划方式之间的差别极为明显。新传统规划方式提供了开发商可以接受的整体密度，整个设计考虑到公众的要求，减小建筑物尺度、增加适当的街道景观，避免独栋大型公寓楼以及面对大块楼前空场的设计方式，从而使这个填充式开发项目实现与周围街区的协调。

这个案例中的开发商接受了尼尔森的设计方案，这一方面是因为开发商急于削减他的法律费用，另一方面是他急于推进这个项目。与他不同的是，地方官员接受这个方案是因为新的开发方案能够保证与这个城镇的特征相协调，满足了传统城镇设计原则的要求。

这里所提出的问题并非修改标准与否，实

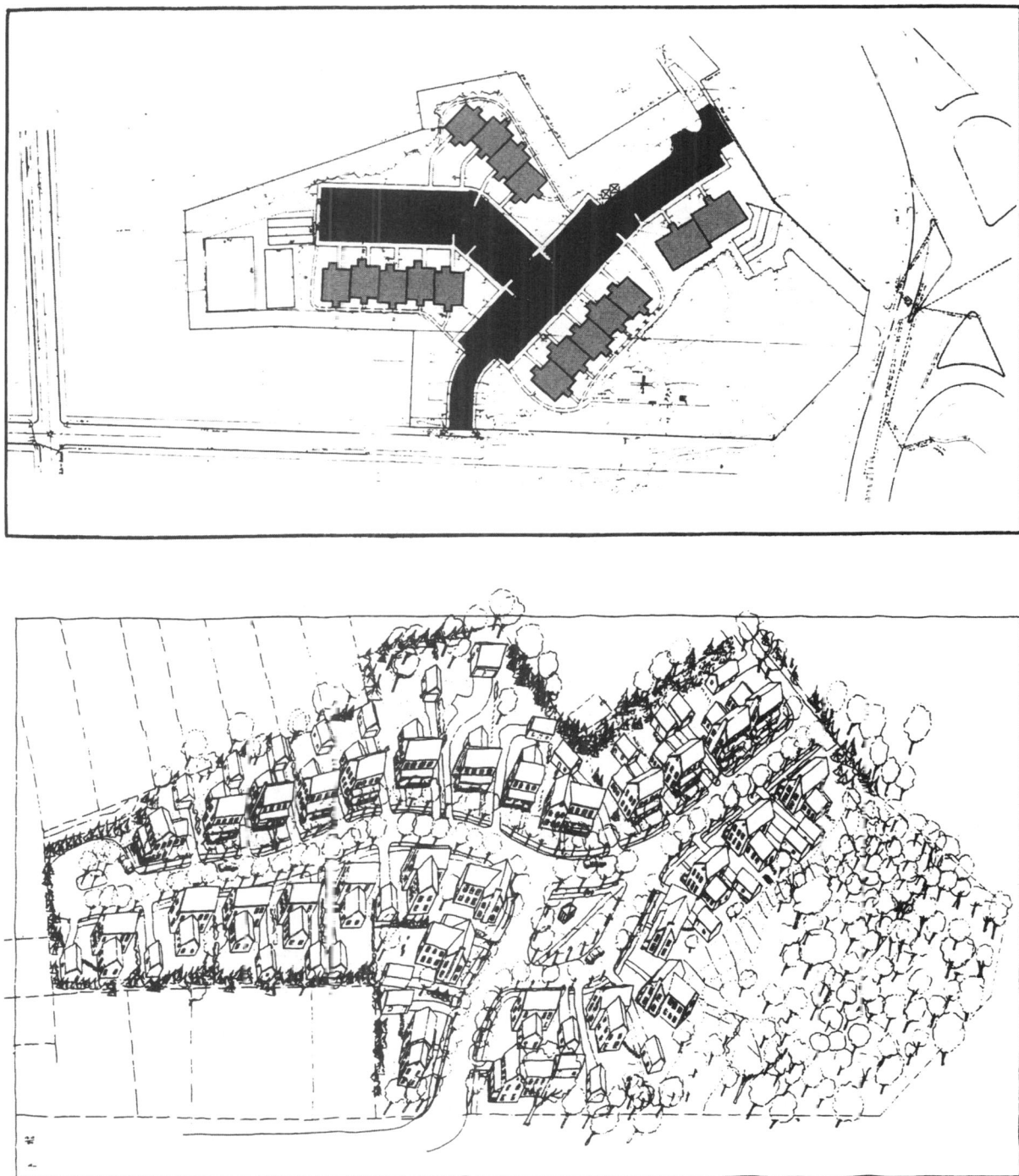

图4-10　上图是新泽西州丹佛镇中密度高住区开发的常规规划方案，在这个方案中，居住单元围绕一个巨大的停车场展开；下图采取了具有传统特征的规划方式，住宅单元与常规规划方案所能提供的住宅单元数目一样，但是，住宅模式和密度与19世纪街区相似，如图1-2所示。（资料采源：尼尔森设计事务所）

际上，许多市政当局已经修改了他们的标准，但是，经过修改的许多设计标准在土地划分、公寓综合体、购物中心和新的街道方面都倾向于郊区型。所以，真正问题首先是这些标准是否能够与城镇特征相协调。

以上案例的一个有趣的地方是，市政工程师拒绝了尼尔森的规划方案，他们要求对这个方案做出一定的修改。他们之所以提出这样的要求是因为新传统设计方案不同于标准的郊区土地划分规则，与工程规范不一致。结果，在最终方案上，去掉了那里主要交叉路口的中心绿地，去掉了死胡同里的街心绿岛，街道弯曲半径延长以便使道路弯曲程度减缓。

所有这些变更都是为了适应工程的需要。市政工程师并不关心他们的工程标准是否只适用于大交通流量和高速行驶的主要街道。在这种情况下，进行争论是没有用的。尼尔森的工作人员对此早有经验，在比较老的郊区工作的那些工程师一般比新开发城镇的工程师更具有包容性和灵活性。也许这是因为在那些老区工作的工程师已经认识到，许多现在执行的街道设计标准太过分和没有必要，他们的这些看法来自于他们第一手的设计经验，如比较窄的街道，比较小的弯曲半径，适度的死胡同，等等。在这个案例中，市政工程标准本身显然是不适合于实际情况的，需要对它们做一些修正（我们在第十一章中将要讨论不适当的街道设计标准问题，这些不适当的街道设计标准是由美国市政工程协会提出的）。

尼尔森在他的调查基础上形成了一套有关村庄街道、居住区、零售商业区域和小型乡村居民点标准。我们把它们总结如下：

村庄街道

- 两道，每道10英尺宽
- 迂回的交通路径可以减缓车速
- 为到访者设置路边停车位
- 行道树间距离以20英尺为宜
- 较短和较窄的街道来确定"空间和场所"
- 小交通量（日平均交通量在250~500辆之间）
- 低速（每小时25英里）

居住区

- 适当的前院退红（15~20英尺）
- 前院院墙或绿篱高度为2.5~3.5英尺，以便在前院和人行道之间做一个分隔
- 在人行道和边沟之间种植行道树
- 屋顶最小坡度为8∶12，最好有天窗
- 廊道大约占据前立面的10%~50%
- 传统的建筑立面装饰色彩和装饰材料
- 高和窄的窗户比例
- 车库或停车位布置在后院
- 住宅前门面对街道
- 住宅主要的地平面不低于街道平面

零售区

- 适当规模的商店
- 店前人行道宽度在10~14英尺，人行道具有地面纹路或图案（砖头、石块，等等）
- 居住和商业混合使用，楼下零售，楼上居住或办公
- 店前有遮阳篷或雨篷
- 设计新颖的路灯，尺寸按步行标准设置
- 精心设计的招牌，最大不超过店面的8%
- 街道两旁种植遮荫树
- 路旁设置平行的停车位，店后设置停车场
- 商店建筑使用砖头、石头或墙板装饰
- 建筑体积以产生较小和不连续的视觉效果为宜

从设计的目的考虑，尼尔森把乡村小居民点界定为最多40个建筑单元，以传统方式布局。他提出的"乡村小居民点设计原则"如下：

- 每英亩2个住宅单元
- 开放空间占据小居民点面积的50%，开放空间包括小绿地和环绕整个居住区的绿带，80%的住宅在这个绿带之中
- 一定数目的商业、社会机构或混合使用的建筑物面对中心绿地
- 独门独院住宅与一定数目的一宅多门式住宅混合安排
- 10~20英尺的前院退红
- 地块宽度、面积、形状不要求一致
- 后院布置车库或停车位
- 使用一般建筑语言来控制建筑体积、形状、形式、材料、窗户安排，"在每个组团单位创造连续性"

新泽西州的"土地使用论坛"

新泽西州的另外一个规划师，K·科德，也产生了类似的设计结果。他的工作由新泽西州环境委员会（ANJEC）资助，以组织"土地使用论坛"。科德主要强调市民的参与：这个论坛对于引导参与者和产生最终结果方面都是同样重要的。换句话说，讨论和寻找解决冲突的办法都是参与过程的重要方面。参加这个论坛的有市民、地方官员和开发商，他们积极地设计街道、建筑和开放空间布局，既要满足开发商需要，也要满足社区的需要。这种方式通常用于特殊的场地开发计划。当然，科德也开始把这种方式用于整个镇区范围。像尼尔森一样，科德把参与者设计的小模型放到一张大的航片上。从新泽西州环境委员会可以获得这个论坛编辑的一个手册。这个手册说明了如何推进这个论坛，授予这个论坛制定分区规划法令权力的过程，在开放空间、娱乐设施、住宅类型和其他土地使用布局上的灵活性等等。（史密斯和科德，1991）。

未来的居住区

"居住区"这个用语对于我们似乎具有十分明确的意义，以致我们很少停下来思考它的使用：居住区强调的是土地的划分，而不是强调创造一个包括住宅和住宅之间关系的适当街区。现在人们渴望不是再一次的"房地产开发潮"，而是有机会生活在一个真正适合于人居住的场所里，那里的场所具有意义，居住在那里的人们具有归属感。建立在传统街道模式、非正式户外娱乐场所、开放空间保护和美国古典城镇所具有的步行尺度等一系列原则基础上的开发常常会受到来自常规开发商的批判，他们认为这种设计方式只具有怀旧的价值，很少能在市场上占有份额。

这种批判假定，人们不希望过多地支付紧凑型住宅，因为宅基地不大（相类似的思维方式也发生在1970年代，当时底特律忽视了正在出现的对小车的需要，他们认为减少价格就会降低收益）。不幸的是，这种常规的思维模式忽略了一个基本点：较高质量的设计和较多的社会设施的供应能够抵消住宅用地和规模在数量上的减少，进一步讲，争论宅基地规模的数量问题实际上忽略了保护开放空间的价值和收益，这些开放空间没有被住宅和街道消耗掉。我们在第十四章"鼓励开放空间设计"中要介绍在马萨诸塞州阿赫雷斯特所做的一个调查。这个调查的结论是，在保护开放空间的前提下所设计的组团式独门独院住宅要比标准住宅受欢迎。有些消费者有时宁愿为较小的却精细制造的汽车多支付一些，这种情况同样发生在房地产市场战略的选择上。生活在那些对重要开放空间进行保护和基本娱乐设施得到供应的设计良好的住宅区里，人们可以得到看得见和看不见的好处。

尽管常规的思维模式仍然存在，但是，按照新传统模式规划和建设的开发项目越来越多。"这些规划都是建立在两个清晰和相关联的假定上：1）用地的布局与住宅的布局一样重要，2）生活的社会需求与物质需求一样重要"（威廉，1991）。除开其他，街区不仅仅只是住宅和街道组成的。不幸的是，二战后郊区的发展恰恰采用了这种方式，把商业中心和办公园区从街区中分离出去。很久以来，规划师一直是按照这种模式来批准居住区建设的，他们仅仅考虑下水道、土壤适宜性、交通和紧急救护车辆的通行性。考虑到绝大部分小城镇规划委员会所使用的那些标准，我们只能得到这样一个结论，现行的体制在本质上把新开发看做是"一个由道路、管道和电线连接起来的孤立系统"（威廉，1991）。我们已经按照常理注意到了物质的需要，但是，除建筑物、街道和下水道之外，人类是否还需要别的什么东西呢？人们正在考虑作为一个职业的城镇规划是否已经丧失掉了它的灵魂、以往先驱者们所关注的价值和精神。

值得注意的是，步行尺度的设计，重要开

放空间的保护和连接，最小密度、公共设施供应，甚至于住宅类型和相关土地使用的适当混合，这些关键要素在大部分地方规划委员会所发布规范中并不存在。建设无差别的蔓延式郊区的40年的历史遗产最容易影响创造性规划方式，但是，具有讽刺意味的是，日益增加的购房者的（并非总是十分清晰的）希望正在给具有革新精神的开发商一些特别的机会。这些购房者的需要不能在常规的市场上得到满足，而有远见的企业家们将会为此而有所收获。

伦塞勒尔福研究所的H·威廉为"那些认为居住区不只是土地划分的人"提供了九条规划原则。如果把这些规划原则再细化一些，它们就可以成为职业规划师、志愿者、场地设计师和开发商的一种信念。

"有目的的清晰地划出公共空间。"公共空间，无论它是开发了的（如广场和游戏场），还是基本处于自然状态的（小径系统），都应当安排成为从街上或建筑物上可以看到的视觉焦点。这些开放空间不是残羹剩菜式的零星土地，实际上，在规划的开始就能够有意识规划出这样的开放空间来，它们具有超出它们本身的价值。保护景观视线，把这些开放空间与街区和正式的中心联系起来的机会恰恰是在规划的开始阶段（见图4-11）。

图4-11　像这张拍摄于佛蒙特州罗杰斯特的绿地一样，公共开放空间的供应是那些先辈规划师在规划老居民点时遵循的一个重要原则。如果把现在的规范加以修正，要求规划出这样的城镇景观来，那么，先辈规划师还会影响我们的土地划分和购物中心的建设。

图4-12　基本的开放空间，加上一些简单的、不需要太多维修的设施，如草和树，可以给居民提供一个交往、娱乐和安排特殊事件的场地，如年度社区聚餐会等。这张照片拍摄于马萨诸塞州南阿默斯特。

"集中在核心区而不是集中在边界上。"核心地区的重要性在于它能够把人们吸引在一起，如公园、水体、街区商业，无论怎样讲核心区的重要性都不过分。没有这样的核心区，居民们相互交往的机会就会大幅度减少（见图4-12）。

"使用有序而不是使用相互冲突。"有序地安排城镇景观元素，让那些不易发现的个别因素，能够在一起产生一个整体的感觉。线形的街道以及遮荫树，白色的小围栏都是典型的景观元素（见图4-13）。

"使用人的比例。"无论是从人行道到门廊的距离，步行者的庭院，还是购物区的步行道，都需要按照人类舒适的尺度来设计。如果人行道到门廊的距离适当，那么人们就不需要提高嗓门来对话了。这一点在设计时是极端重要的（见图4-14）。

"鼓励步行而不鼓励开车。"无论是在他们自己的街区，还是活动和使用的中心地区，人行道和连接性街道都可以使人们方便地步行（见图4-15）。

"鼓励多种类型的居民居住在一起，而不鼓励单一类型的居民居住在一起。"多种多样的住宅和宅基地可以使那些因为家庭规模的扩大或者减小而需要调整住宅的居民继续留在这个社区，"尔克"住宅和公寓（我们在第十章

图4-13　纽约州红叶瀑布的沿着老街道排开的树木为这些狭长的"户外房间"提供了一个有序的边缘，同时也在步行者、住宅和汽车交通通道之间建立了一个缓冲区。

图4-15　这个步行小道把宾夕法尼州亚特雷日镇的两个居民点联系在一起，这条小道通过一座小桥跨过了一个小溪。没有这样的开放空间和非正式的连接，那就可能大大减少社区居民之间的交流和精神联系（这里我们看到的开放空间土地是由土地划分者捐献给一个叫做"开放土地保护"的非营利组织的）。

图4-14　这是纽约州爱塞克斯的一条清静的街道，住宅从铺装部分向后作适当的退红，这些退红部分成为了门前花园，有些家庭安装了篱笆。这种氛围是自由的，尺度也是亲切的，在这样一个环境中，不需要提高嗓门，步行者和主人就可以进行谈话了。

图4-16　虽然这个住宅的体积足以容纳三个住宅单元，但是，这个住宅的规模并没有干扰这个地方的景观，它也没有表现出与村庄特征不相容的地方。

中讨论）就给年轻夫妻和独立居住的老人提供有一种住宅机会，同时也给房主提供了收入机会（见图4-16）。

"使用适合于小城镇的住宅形状和风格，而不是蔓延式郊区的住宅形状和风格。"住宅的山墙一般应当面对街道，或者建造成方形立面加上屋脊状。比较窄的地块前沿（50~60英尺）容易和10~15家邻居进行交流。与街道平行的长屋脊的建筑比较昂贵，同时也消耗土地，需要比较宽的宅基地。车库常常设置在后院（见图4-17）。

"鼓励在居住区里混合多种活动，而不只是纯粹居住。"管理方法，如"优秀街区表现标准"可以减少附近小商业区的潜在影响。小

图4-17　这是北卡罗来纳州的查珀尔希尔的乡村居民点。这些新的住宅山墙对着街道，这种安排特别适合于比较窄的宅基地，这些宅基地比起20年以前的宅基地要窄许多。

图4-18　这是新泽西州费尔维尤的一个街角，这里有具有吸引力的混合使用建筑，它紧靠贯穿性主要道路。在这个街角的背后是供多家使用的公寓楼，还有独门独院住宅和联排住宅。所有家庭到达这个中心地点都只有步行距离。

图4-19　如果我们注视这张照片，就可以发现，这些新的住宅并没有干扰原先就存在的大片草地，草地仍然支配在这个地区的景观。只要我们沿着缅因州北伯维克的乡村道路行进，我们就能看到同样的乡村居民点景观。

托儿所、教堂、娱乐设施通常能够增加居住区的色彩，打破单一居住的模式（见图4-18）。

"楔入环境而不是建造在环境之上。" 新的开发可以通过设计被楔入自然环境之中，而不干扰自然环境。如果场地规划师被要求满足这个标准，那么，从一处宅基地上可以看到的景观就需要得到保护，以便在开发之后仍然可以看到这样的景观（见图 4-19）。

在结束这一节时，我们可以说，土地划分是用来设计供人们生活和相互交流的居民点，所以，我们需要观察传统的城镇的尺度、布局和模式。这样做是适当的："建筑物之间的比例，建筑物对自然的比例，对人类感觉性活动的比例"（威廉，1991）。幸运地是，规划师、开发商和地方官员已经长期忽视或遗忘了的那些东西很容易重新被发现，事实上，它们就在我们脚下。

第二部分

选择不同的保护和开发方案

第五章

康涅狄格河沿岸的居住开发模式

哈里·多德森

现状

拜河是康涅狄格河的一个支流，它流经西马萨诸塞的一个农业峡谷区。自1880年代修建铁路之后的建筑热潮以来，拜河峡谷区只有一些零星的开发，所以，那里因富庶的农业土壤、历史性的村庄和没有被搅乱的自然景观而著名。但是，计划中建设的州际公路出口会使那里发生显著变化。

拜河桥把黑尔斯福特镇和对岸的凯米斯菲尔德镇连接起来。这座石头桥建于20世纪早期。它因为使用了包含罕见的更新世时期淤泥的石头而在当地小有名气。凯米斯菲尔德村庄中心和教堂处于整个景观区的中部，紧靠州际公路，这条公路与康涅狄格河平行，流到佛蒙特州（见图5-1）。

两个城镇都有常规的分区规划规则，2英亩宅基地地块，每个地块有200英尺邻路。也有住宅区建设规则，要求建设重型道路和设施。这些规则是20年以前由一家工程公司帮助拟定的，由于使用极少，所以地方居民从未严肃地对它提出问题。甚至在遭受了若干次洪水之后，那里仍然没有泄洪分区、地下水保护区、离开水体的最小距离等规定。地方官员认为这些规定可能侵犯了"物业权"。

这个区域的土地基本上由三家人拥有，M·拜女士，M·拜女士的儿子拉内和切克伯德房地产信托。M·拜女士是一个农民的遗孀，也是这个地区最早定居家庭之一，她拥有道路以北的土地；她的儿子拉内是一个地方商人，拥有路南40英亩沿河的土地；切克伯德房地产信托拥有远离河岸的那些没有开发的土地，这些土地出租给一个地方农民哈雷。

常规的开发方案

M·拜女士因为需要现金，把沿河的土地出售给了开发商，在没有多少思考的情况下，为四个孩子每人留下一块沿着道路的宅基地。这些孩子每家都建了很好的住宅。但是，都把住宅建在2英亩地块的中间，各家之间使用灌木和土墩作为分界线。开发商把从M·拜女士那里购得的沿河岸土地尽可能多地划分为一块块宅基地，以便收回满足镇里居民点开发规则要求而投入的费用，如扩宽和铺装道路、人行道、边沟和雨洪滞留盆地。开发商提出，如果按照镇上土地划分规则的要求，铺装道路宽度是一般交通通畅的镇区非主干道的两倍，而镇规划委员会认为，这些道路的性质是供各家通行所用，不在土地划分规则要求之列。

道路以南，M·拜女士的儿子决定建设一个码头，包括停车场、船库区和滨河建筑物。由于这个镇从未有过审批场地规划的标准，所以，停车场和建筑物都被布置在最方便的位置上，当然，它们也是最有损于景观和环境的位置。

跨过河流属凯米斯菲尔德镇，切克伯德房地产信托对整个岸前部分的地产进行了划分，其方式为统一的矩形形式宅基地地块。

图5-1   现状鸟瞰图

这样划分的结果是，完全没有开放空间，甚至连一条沿河的小径也没有。切克伯德完全遵守凯米斯菲尔德镇土地划分规则，建设了一条住宅区性质的道路。这条道路穿过田野，宽度为35英尺。他们清除了岸边的树林，以便让住户获得一个开放的视野，当然，这种做法损害了河流生态。因为住宅建设而引起的雨水走失和侵蚀，由于沿河岸种植的草坪，引起了富营养化污染，这些都开始降低水质。实际上，联邦政府已经花费了百万资金来改善这条河流的水质。同时，这项开放也永久性地损害了历史性村庄中心的景观特征，降低了那里居民的生活质量，影响了这个地区正在发展起来的旅游业和第二住宅产业。

创新的开发方案

M·拜女士没有同意她的孩子们提出来的宅基地布局建议。这个建议把住宅布置在地块的中央，那里都是她丈夫开垦的最肥沃的田野（县土地保护社团把那里划为"基本农田"）。M·拜女士要求她的测量员重新安排这些宅基地，以便这些住宅能够隐蔽在树林中，同时，使它们面对没有开发的农田，获得一个开阔的视野。M·拜女士与镇里的规划委员会一齐制定了新的场地规划审批法令。这个法令鼓励在设计场地规划时要小心避免对敏感资源产生不必要的影响。她的孩子们十分喜欢这些新的布局设计，实际上，这种新的布局设计增加了他们住宅的价值。

按照镇里新颁布的"开放空间分区规则"（即乡村组团）和泄洪区法令，购买了M.拜女士岸前土地的开发商不能够沿着河岸布置住宅和草坪。执行这种法令并没有减少允许建设住宅数目，但是要求住宅场地要远离泄洪区，居住组团要离开河流，形成一个横跨滨河区域的大视野（参见第十五章"开放空间设计"，那里详细说明了这个问题）。于是，开发商把住宅安排在靠近乡村

道路的地方，这条道路是按照乡村小居民点传统方式建设的，十分清静，直通他要开发的那些场地。这样的做法保护了田野和河岸，新宅居民可以通过"绿道"小径到达河岸边和一个共享的码头。

规划委员会已经发现，M·拜女士的儿子拉内的桥南部分的设计方案不能满足镇里新近颁布的场地规划审批法令的要求，于是，M·拜女士的儿子拉内请了一位景观建筑师，重新修改了由地方测量员所设计的码头区。实际上，规划委员会在评审那个旧方案时，专门雇佣了咨询专家，对这个场地设计所产生的环境影响进行了评估。从生态、景观品质、历史的桥梁等角度出发，这个专家发现，原先设计的码头区属敏感区，所以，他建议要以有效和吸引人的方式重新布置码头区的开发，以避免对环境和景观的影响。

镇里的规划委员会发现，切实可行的区位选择是有可能减少对视觉和环境的干扰。镇里使用申请费雇请了咨询专家。按照镇里的法令，镇里可以在评审费不够时直接向拉内收取技术支持费，已完成对不能接受的场地规划的修正。

河流那边的凯米斯菲尔德镇规划委员会同样拒绝了切克伯德房地产信托的土地划分方案。他们认为这个方案大规模地影响了农田、滨河地区的环境以及这个镇所具有的历史和景观的品质。当然，镇里的官员积极地鼓励切克伯德房地产信托采纳镇里"开放空间土地划分"规则，允许改变原先重型工程式的标准。新的开放空间土地划分规则允许切克伯德房地产信托减少道路宽度和设施，不再考虑边沟和雨洪滞留盆地，交换条件是，按照传统村庄布局模式保护这个场地80%的土地，包括所有环境敏感的土地。由于节约了场地开发费，就使得公司能够向土地购买者提供特殊的公共设施，包括沿河岸的步行小径，一个用于非正式或有组织游戏（沙地篮球场、橄榄球场等）的场所。与原先宽度为35英尺还有边沟的道路

图5-2 常规开发方案鸟瞰图

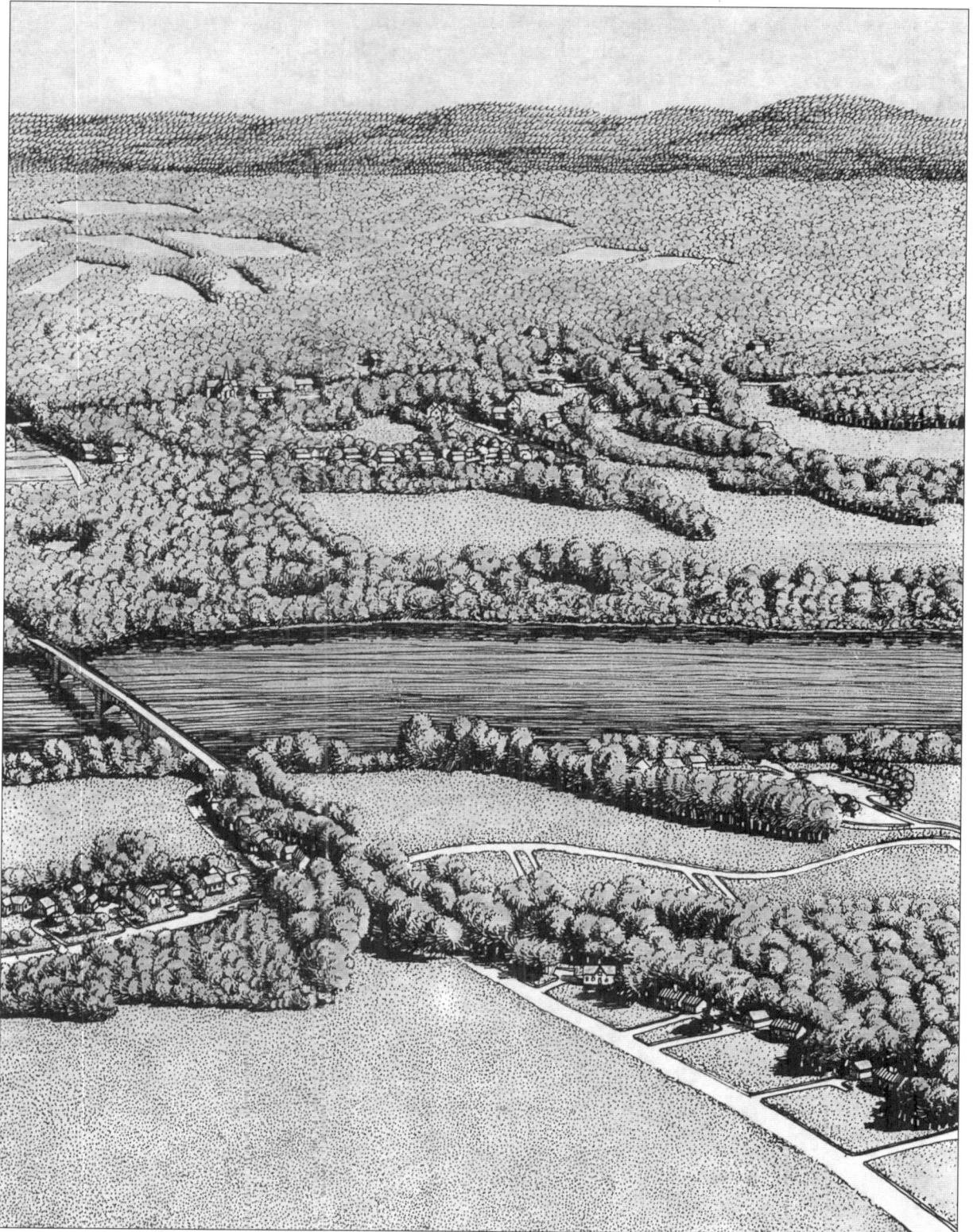

图5-3 创新的开发方案鸟瞰图

设计不同，他们建设了一条宽度为20英尺的道路，同时包括一条远离排水沼泽的铺装的人行道。这样的道路宽度与横跨全镇的主要乡村道路宽度基本一致。因为这条道路的宽度比镇里传统的非主干道要宽一点，乡村非主干道只是承载零星交通，甚至于自愿消防站的领导人也同意了这个方案。他承认，即使火场在镇子里狭窄的道路上或背街上，他的车辆和设备从来都可以使用这样宽度的道路到达火场。市政工程部门的领导提醒规划委员会，宽阔的新居住区道路通常要花费比镇上道路多一倍的费用来做7～10年一次的重新铺装，而且大量的雨水会从此流失。他同时还提醒到，20英尺道路容易在冬季清理积雪，要求较少的肩宽用地来堆雪。对于他来讲，原先的道路标准宽度好像是从州里公路设计手册上复制而来的，这是一个明显的错误（见第十一章，那里会讨论适当街道设计标准的细节）。

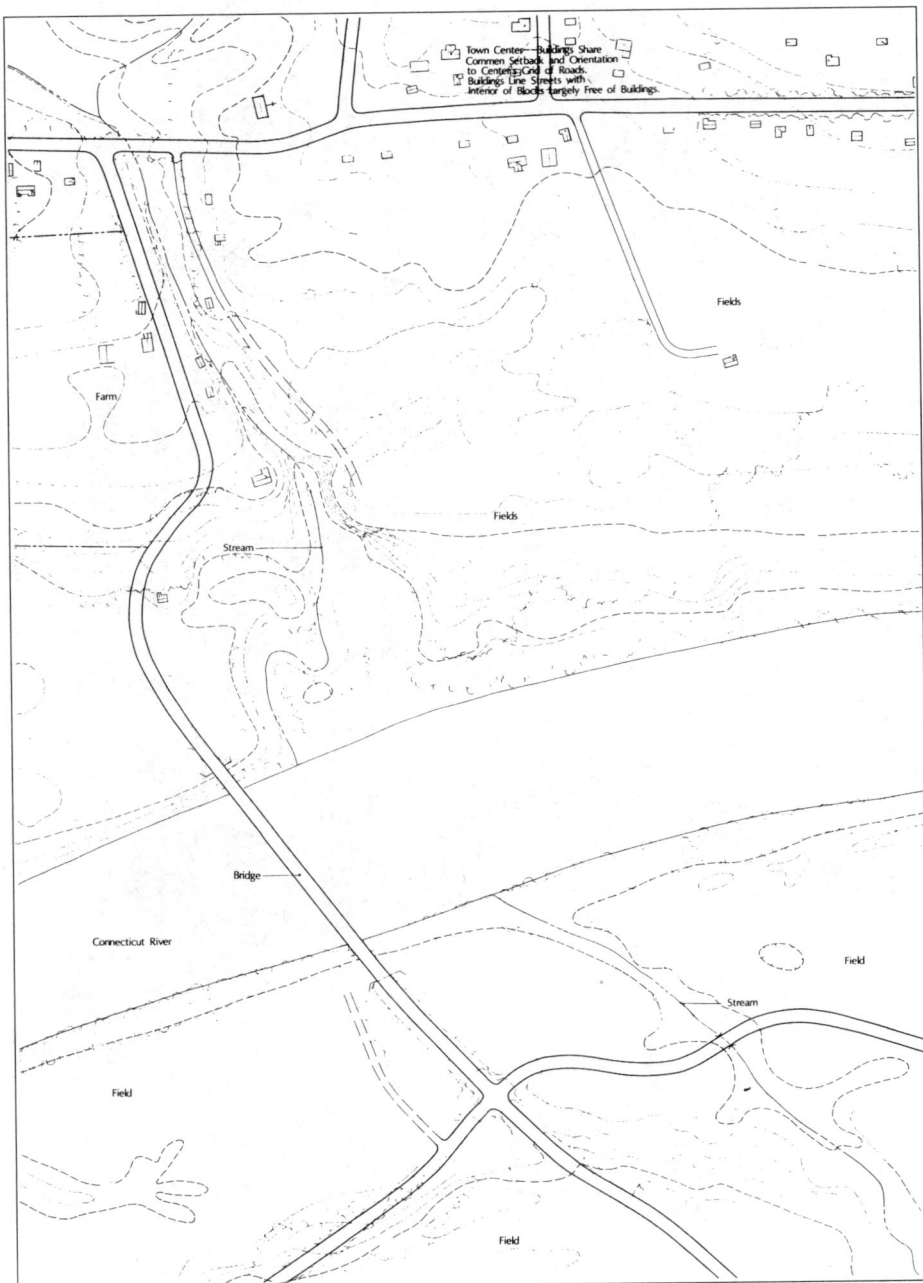

图5-4　场地现状平面图

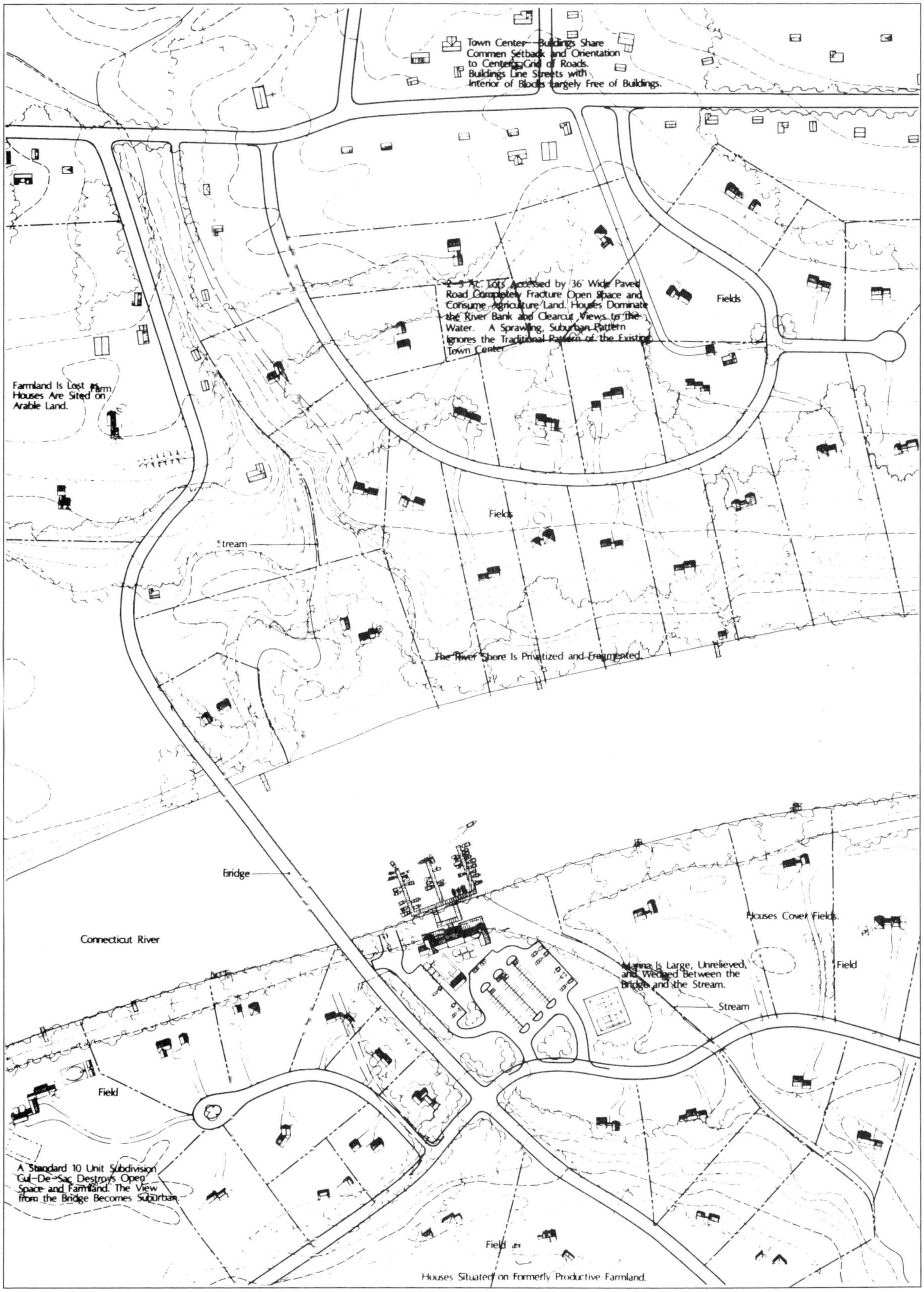

图5-5 常规开发方案的场地平面图

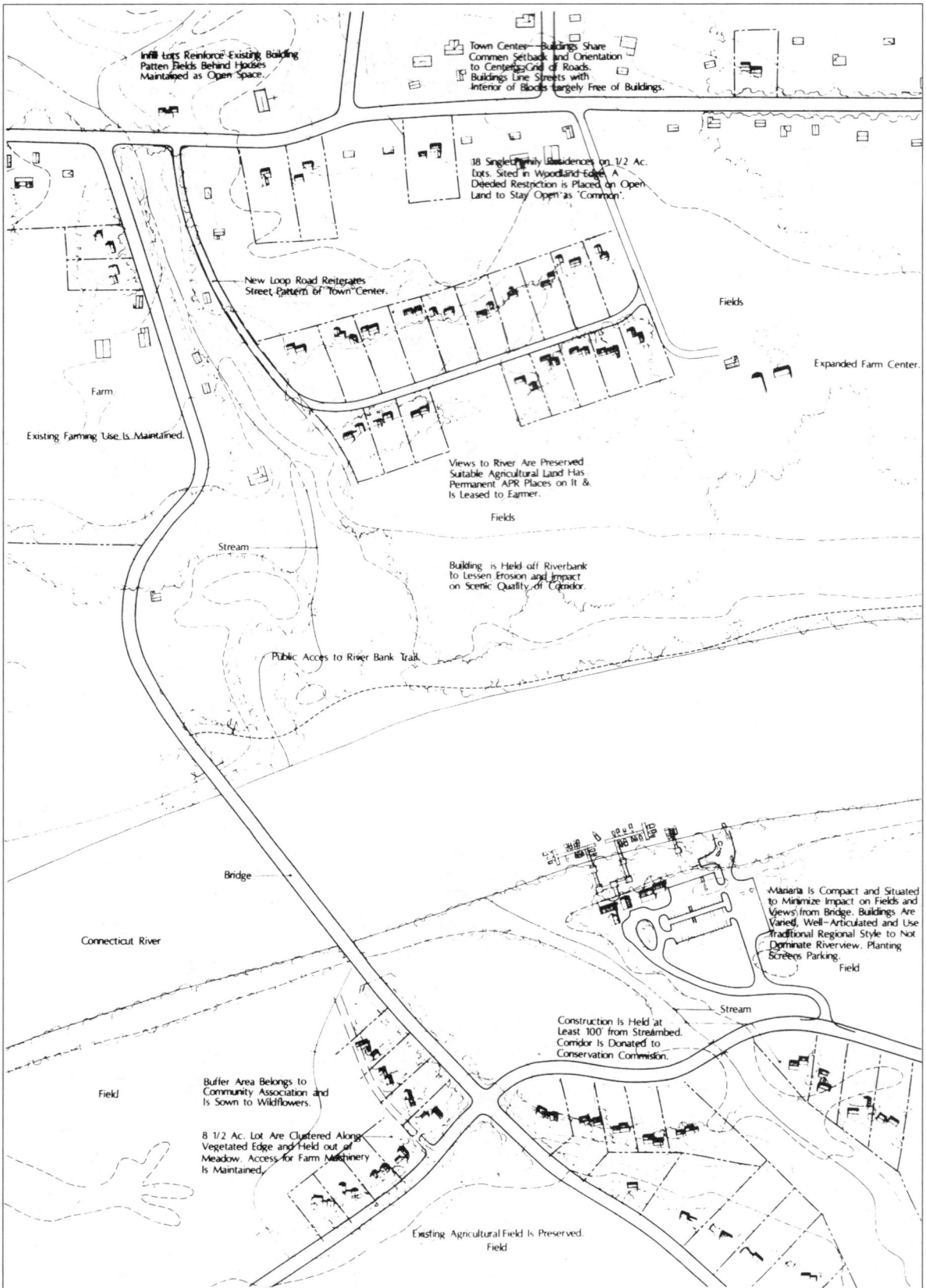

Infill Lots Reinforce Existing Building
Patten Fields Behind Houses
Maintained as Open Space.

Town Center—Buildings Share
Commen Setback and Orientation
to Center Grid of Roads.
Buildings Line Streets with
Interior of Blocks Largely Free of Buildings.

18 Single-Family Residences on 1/2 Ac.
Lots. Sited in Woodland Edge. A
Deeded Restriction is Placed on Open
Land to Stay Open as "Common".

New Loop Road Reiterates
Street Pattern of Town Center.

Fields

Expanded Farm Center.

Farm

Existing Farming Use Is Maintained.

Views to River Are Preserved
Suitable Agricultural Land Has
Permanent APR Places on It &
Is Leased to Farmer.

Fields

Stream

Building is Held off Riverbank
to Lessen Erosion and Impact
on Scenic Quality of Corridor.

Public Access to River Bank Trail.

Bridge

Mariana Is Compact and Situated
to Minimize Impact on Fields and
Views from Bridge. Buildings Are
Varied, Well-Articulated and Use
Traditional Regional Style to Not
Dominate Riverview. Planting
Screens Parking.

Field

Connecticut River

Stream

Construction Is Held at
Least 100' from Streambed.
Corridor Is Donated to
Conservation Commision.

Field

Buffer Area Belongs to
Community Association and
Is Sown to Wildflowers.

8 1/2 Ac. Lot Are Clustered Along
Vegetated Edge and Held out of
Meadow. Access for Farm Machinery
Is Maintained.

Existing Agricultural Field Is Preserved.
Field

图5-6　创新的开发方案的场地平面图

第六章

泰勒河边的住宅、工作和农业

克里斯蒂娜·里德

现状

S·菲尔普斯在他14岁生日那天离开了他家苦斗的山区农田，到泰勒河上最大的一家工厂去工作。泰勒河是布拉克斯通河的一条分支。在1808年，泰勒河流域就因为使用水动力来推动编织机而著名。甚至早在殖民时期，农民就已经利用河流的水动力来推动他们的锯木机和磨子。1794年，在泰勒河流域的下游，建立起了美国第一座水动力棉花纺织厂。随后，沿着泰勒河建起了各式各样的工厂，以利用它丰富的水资源和落差。与这条河流平行的"联合渠"和铁路的建设极大地推动了这个流域的经济增长。大量繁荣的工厂像磁铁一样吸引了那个地区的居民和新近到来的移民，于是，在那些工厂周围形成了大量工人居住的村庄。结果是继续改变那里的农业景观，满足工业发展。

在泰勒河的北端，有一个叫做克拉通的镇子，那里没有经历过大规模的制造业风潮，它的农业根基保留至今，特别是河流和渠道的东部和北部地区，开阔的农田和山边的树林交织在那片地形起伏的原野上，形成了独特的农业景观。在这个流域工业发展的高峰时期，克拉通是重要的羊毛和木材资源中心，那里为工厂和工业村庄生产他们所需要的原料。有一个棉花加工厂在那里运行了20年，但是，当铁路绕过克拉通以后，这个工厂失去竞争性。在它关闭以后的第8年，一把火烧毁了这个工厂的建筑物。但是，对于泰勒河下游的许多城镇来讲，通过渠道所产生的交通和贸易使制造业在就业岗位上很快超过了农业。

今天到克拉通访问的人应该会发现，克拉通既具有传统农业社区的特征，也具有新兴工业中心的特征（见图6-1）。泰勒河从东向西流经这个城镇，泰勒河仍然保留着工业历史遗产的痕迹，包括一个巨大的水坝和水坝上游的大片湿地。除开原先"统一渠"中一些没有被人干扰的段落外，那里另外一个明显的特征就是旱地了。河流和渠道把这个镇子划分成为南北两个部分。南边有一个大型的采石场，那里有一片分散和低矮的工业建筑群，而北边完全是新英格兰地区的乡村景色，起伏不平的田野，白色的农民住宅，数英里长的石头墙。东北角是拉兹山，那是克拉通镇的致高点。多少年来，那里始终是这个镇子每年7月4日举行徒步跋涉和野餐的地点。虽然那里树木繁茂，但是在制高点上仍然可以看到泰勒河流域360度的全景和整个地区土地的混合使用状态。

1950年代，辛普森开采公司就在克拉通建立了工厂。开始只是一个小工厂，给地方道路和建设项目提供砂石，后来逐步扩大到向整个区域，包括向扩建的公路和飞机场扩建工程提供砂石。过去辛普森开采公司并非这个镇的主要企业，只是一个地方企业。当新的开采场地开始运行，旧的开采场地就被抛弃了。如果一些老的场地原先没有什么特征的话，经过多年的逐步发展，这些地方在地形上逐步形成了起伏波动甚至还有若干个"深潭"式湖泊的特征。

这个镇的官员们常常提出他们需要一个规划来面对矿产资源开采完毕和辛普森公司关闭之后的情形。但是，他们并不希望对商业企业提出过高的要求，他们担心这样会减少地方税收、财政收入和就业机会。事实上，镇里的领导希望把与辛普森相邻的土地卖掉，那里现在比挖出来的那个"深潭"要高出50～60英尺。过去这个镇子曾经考虑过，把这个场地变成一个小公园，但是，若干年以前曾经发生过一起事故，一个小孩掉进了这个深坑，所以，镇里希望辛普森公司把这块地买去扩大它的生产。

最近这些年，环境保护主义者开始出现了。虽然河流南边的大部分土地都在分区规划中被规定为工业使用，但是，采石一般发生在优质地下水源之上。另外，克拉通镇和苏伏特镇共用一口饮用水井，这口水井处在两个最大的"深潭"之间。"克拉通和苏伏特供水区"向克拉通中心区和邻镇苏伏特供水。由于苏伏特的居住和商业开发，那里已经感觉到了供水压力。环境保护主义者认为，镇里不适当的工业分区规则给这个采掘业公司提供了保护伞，这些规则使多种与水质保护相悖的土地使用方式得以生存。

走进采石场，围绕这个采石深坑的是若干个一层楼的工业建筑。其中一个原先是用来扩大家庭式蜡烛作坊，现在成为一个仓库。平常仓库周围是一个停车场，而到了周末，那里就变成了一个跳蚤市场。辛普森公司也在那里搭起了一些临时性建筑，用来停放卡车和维护采掘设备。按照这个镇子的分区规则，这些建筑都不受任何设计标准或者相关要求的约束。对于访问者来讲，这里的情景与它隔壁的果园或河对岸的田野形成了鲜明的对比。

这条河流北部的景观可以略见泰勒河流域过去曾经存在过的农业经济一斑。在1960年代早期，这个镇子第一次采用分区规划，以上我们提到的所有土地当时都规划为居住用地：每块宅基地规定为最少一英亩，还有200英尺的临街长度。这是那个区域大部分城镇所采用的标准郊区住宅区模式。实际上，并没有多少住宅真正建设起来，它们大部分都是沿着现存的道路而建。当时没有人认识到这些要求对未来的影响。居民知道他们已经有了分区规划，而且感觉得到了某种保护，使他们的地区不至于受到都市沙特克蔓延的影响。沙特克在这个镇以东25英里的地方，是这个地区的都市。怀特农场在大坝以北，大约有500英亩以上土地，它成为乡村克拉通的核心。这个社区导向的怀特家族与这个地区有着不解之缘，他们每年都在他们家的草地上举行这个镇里的收获节和五月节。老怀特去世时，许多老人和年轻人都来悼念他，他们感觉到克拉通可能失去了镇子里的一个宝贝。考虑到土地开发的潜力，如果这个家庭不想法卖掉大部分地产，他们不可能支付他们的遗产税。他们看到了这一点，但是，他们惟一的希望是在卖掉这些土地后，不要在这些土地上做蔓延式开发，继续维持那里的农业生产和其他适合于土壤性质的开发，维护整个地区的乡村景观。

人们不一定要想很远就可以知道这个变化的可能结果。尽管克拉通地处都市边缘地区，但是那里已经看到了一些老果园变成了无特征的宅基地。那里平坦和开放的土地既容易开发又具有开发的吸引力。人们只要到相邻的苏伏特镇看一看那些低密度棋盘式的居民区就知道这种开发方式的结果是什么：仅仅只用5年时间，那个曾经在自然景观上是克拉通的对手的镇，300栋新建的住宅单元摧毁了起伏的山林和开放的田野。苏伏特镇的官员错误地把多个家庭共用一个住宅建筑的形式等同于"组团"，以致他们对多个家庭共用一个住宅建筑的担心使他们禁止了组团式的布局设计方法。结果是饼干块地毯式地铺满了所有的地区，除开湿地外，没有留下开放空间保护区。克拉通仍然觉得他们可以避免"那些郊区城镇"经历的蔓延式增长，但是，公路向苏伏特镇的延伸很快会产生"牵一发而动全身"的效果，它为成百上班族居住在这个原先孤立的乡村地区铺平了道路。

图6-1　现状鸟瞰图

常规式开发方案

辛普森公司宣布它计划关闭在克拉通的采石运营毫不足怪。过去若干年以来，它已经削减了在那里的采石运营，最近它还拒绝了镇里购买这个公司还没有开采的场地。虽然镇里一直在讨论辛普森公司关闭对这个镇和镇里税收的影响，可是，镇里没有采取协调的行动来鼓励或要求这家公司做一些努力，或也没有计划什么类型的商务适合于使用这些地方。有几个人甚至过多地关注辛普森与怀特家族的土地交易。老怀特的一个侄子斯伊是"辛普森房地产信托"的老板，这家信托是一家地方房地产企业的分支，当地人都知道它有对这些土地做商业和工业开发的潜力，也知道这家公司把公路延伸的机会给了苏伏特镇。辛普森公司的员工在他们改善废弃场地时几乎没有关注景观或保护地下水资源，他们填平采石留下的小型坑塘，清除所有采石时堆积起来的土石堆。斯伊为了回避政府机构的大规模干预，甚至鼓励两个地方保护组织去寻找美国工程兵对恢复采掘场地的意见。

斯伊认为，在泰勒河流域北端有低端制造业和仓储空间的需求，找到几家企业使用这个新近恢复的场地没有困难。那里地形平坦，又没有树，有足够的空间容纳重型卡车，按照镇里的分区规划法令，进入这里的企业可以相对自由地开发这个场地。公共给排水管道可以使用，当然镇里这套老的给排水系统已经超负荷运行了。斯伊用来出卖他的场地时使用了两个词，经济和功能。很快这里就出现了大量方盒状一层楼的临时建筑，周围由大量停车位包围，有时还出现了小块草坪、树木或灌木丛。那里没有对广告、色彩或景观有任何限制，建筑物和各类土地使用无规则地混合在一起，与当地大多数居民所期望的景观大相径庭（见图6-2）。最后，那里的土地使用者和邻近的几家住户也对一家新的公司不满：这是一家海鲜批发企业，它自然产生了难闻的气味，特别是在炎热的夏季。特别是那些显现生意兴隆的高大钠灯和比较明亮的水银保险灯，严重影响了许多老居民的征程生活。钠灯所发出的金黄色的光线改变了整个街区的自然氛围，明亮的水银保险灯的光线照进了附近居民的庭院和卧室。

斯伊有时把这个地方称之为"商务园区"，最开始的那六家企业的经营范围就是五花八门，有卡车修理的，也有塑料回收的。斯伊的一个老朋友把这种大杂烩园区形容为动物园或马戏场，比他以前看到过的所有类似园区都要混乱。很不幸，由于缺少对这个场地上的企业建筑类型的规定，所以，产生的后果不只是视觉上的不和谐，还包括了严重污染地下水源的可能性。当然，若干年以后的泄漏事故使人们真正看到了这个问题，开始认识到它的严重程度。当时，卡车修理厂的老板发现他们地下油库之一泄漏了，很有可能正在污染地下水，于是，他们为了避免这笔巨额的清理费用而宣布公司破产。

的确，这些企业为镇里提供了可观的税收，以致镇里可以有钱供应学校和修路，但是，当更多的企业落户这个场地后，其他的问题开始浮出水面。由于这个场地在整理过程中，只是填满整平而已，没有在改造或场地稳定方面做什么工作，所以，严重的扬尘和侵蚀问题出现了，以致业主、银行和辛普森房地产信托陷入了无限的麻烦之中。向这个供水地区提供饮用水的地下水源井就在这个地区，遗憾的是人们继续忽视了这个事实。大型停车场和铺装的堆货场地都增加了这个地区雨水的流失，对于地下水质产生不可估量的影响。

在河流的南边，辛普森房地产信托采取了不同的操作方式，它出售了靠近镇里所有的一大块土地。镇里所有的那块土地计划用于建设办公室。这块场地曾经是苹果园，清场用于建设多层办公大楼后，周围就变成了大型停车场，从通过克拉通镇的主干道上可以看到这个全景。很遗憾，这位开发商没有开发这类地区的经验，他很快发现他所建设的楼房几乎空

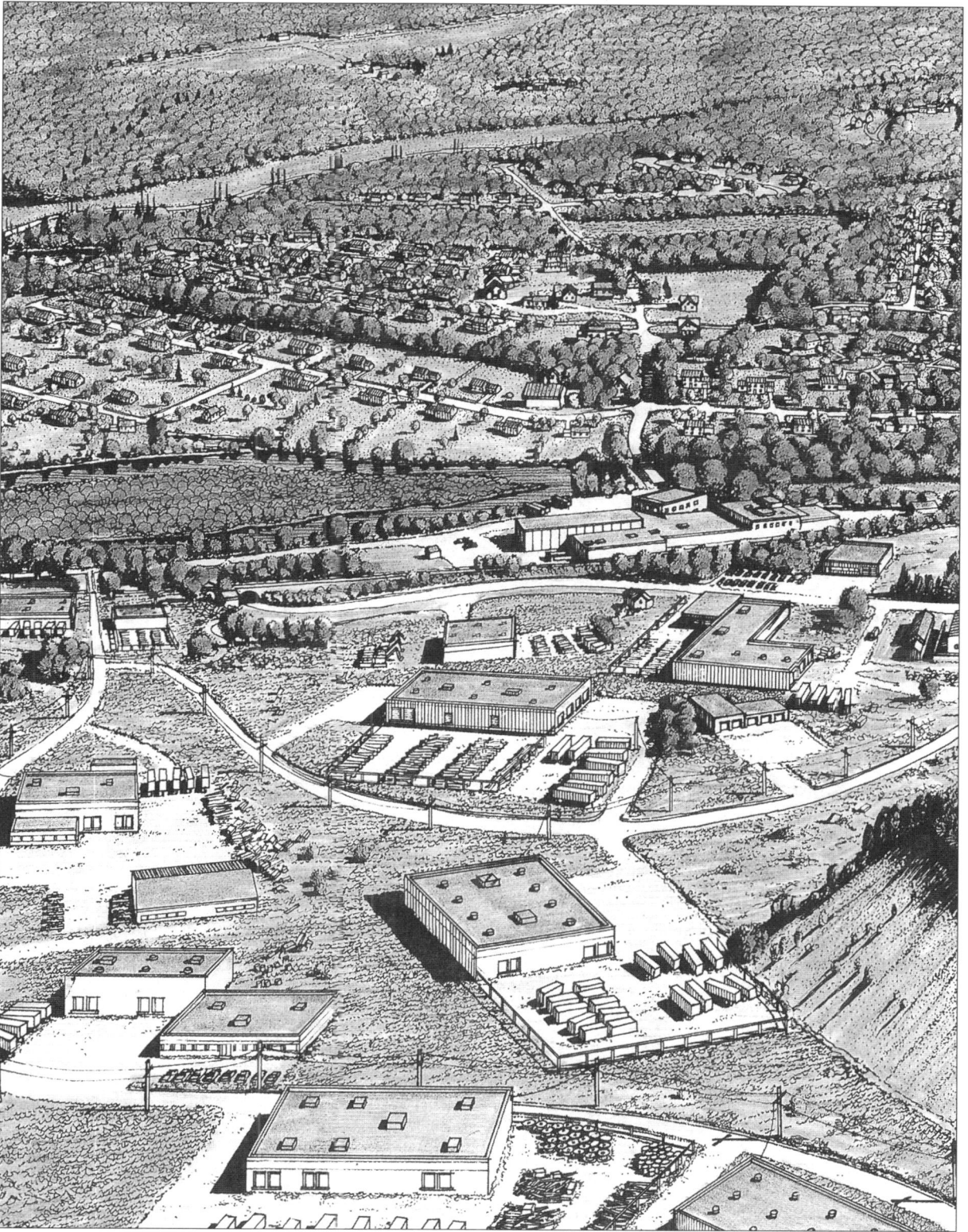

图6-2　常规开发的鸟瞰图

闲了一半以上的建筑空间。这样，他既没有兴趣，也没有资金来完成他曾经在批准时承诺建设的景观和其他具有视觉效果的公用设施。

河流那边没有规划的住宅正按它自己的方式增长。尽管州里的历史委员会反对这类开发，并通过律师做了最后的协商，开发商还是填埋了那条历史悠久的老渠道，砍倒了大量的树木，以便开发这个场地。接下来，那里建设了"高级经理"的大住宅，仅从河岸退红50英尺，这是州里的规定。由于没有阻止清场的标准，也没有提供沿河景观的标准，所以，大部分房主把他们的草坪一直延伸到了河边，从而惊扰了重要的野生动植物的栖息场地，忽略了曾经由地方植被所承担的雨洪过滤功能，摧毁了在河流里划舟人所能看到的景观。

离开河岸地区向里，怀特农场的土地按照蔓延式的方式被划分统一的2英亩一块的宅基地，通过30英尺宽的道路进入住宅，清除了那里所有的历史痕迹。地方卫生委员会坚持每个住宅周围必须有二英亩土地，即使那些地块2英亩全是普通土壤时，也必须满足这个最低要求。卫生委员会的成员感觉到，甚至在灵活的宅基地设计能够使每一个住宅都能得到的比较好的土壤，而用地又比较少的时候，2英亩宅基地还是比1英亩宅基地要好。当关心这种土地划分方式的居民知道这种丑陋和消耗土地的发展模式实际上是由镇里的分区规划和化粪池系统规则所规定时，有些居民就开始组织起来，倡导紧凑型的发展模式。当然，那些反对这种模式的居民也出现了，他们认为组团式的分区规划意味着多个家庭共用一个住宅建筑物的模式。有一个居民来镇里举行的一个会议上提出，"这种模式不能与克拉通镇的价值和特征相一致。"虽然镇里最终采用了比较具有弹性的标准，允许一部分具有大量开放空间相邻的地方采用比较小的宅基地，但是这种方式是从相邻的苏伏特镇复制而来的。苏伏特镇规定具有公共给排水道的地方才可以采用这种小宅基地的土地划分方式。所以，克拉通镇实际上拒绝了在那些没有这类公共设施的地方采用这种创新式的发展模式。

随着经济的发展，城市居民对乡村生活的向往，克拉通镇规划委员会面临大量新的建筑申请。开发商为了获得最大的利润，总是试图见缝插针，后院占用湿地，阻断野生生物走廊，扩宽克拉通镇几代人用来钓鱼的小溪旁道。在靠近拉兹山的地方，3~5英亩一块的宅基地楔进了树林中，所以，他们使用了长而宽的入户车道。这样就进一步打碎了整个地区的整体性，减少地方狩猎的可能性。在那里最后建立起一个富裕的退休老人居住区之后，许多人最终承认克拉通已经变了。在过去曾经用来徒步行走的一个小径入口处挂起了"免进"牌和建立了锁链式大门之后，人们真正认识到他们失去了这个社区的心和灵魂。

创新式开发方案

当汉克·辛普森第一次从他父亲手里接管这个采石产业的时候，汉克就设想到，他的儿子有一天会像他一样。但是，在随后的日子里，他们都在追逐其他不同的利益。当汉克的妻子去世之后，汉克认为是出售自己这个产业，搬到佛罗里达去的时候了。他知道，这里的资源已经快被采掘殆尽了，但是土地还是非常值钱的，特别是看到苏伏特镇的发展。在一个下午，汉克与一个地方景观建筑师进行了交谈。他提出了有关这块土地的市场开发方向，而且他很惊讶地发现这个景观规划师对这个场地产生了浓厚的兴趣。若干天以后，汉克会见了沃森景观建筑公司老板沃森和一个叫做布朗的建筑商和开发商。沃森和布朗告诉他，他们正在寻找一大块土地来建设高质量的办公室和研究园区，他的这块土地在许多方面都满足了他们的要求。在他们会面之前，布朗已经与美国工程兵进行了联系，希望知道美国工程兵能够为这个原先的采石场提供什么样改造工程。

在沃森的建议下，汉克会见了"泰勒河流

域土地信托"的经理，希望探讨捐出他的一部分土地来用于保护目的。土地信托的工作人员到现场作了勘测，做了一个一揽子计划。这个计划提出，把那块场地中没有破坏的部分永久性地保护起来。土地信托了解到，开发商放弃的一部分可以建设的土地所得到的税收优惠不足以弥补他们的损失，所以，土地信托调整了他们的计划，仅仅要求他们保护这块场地中间的湿地和泄洪部分。这一部分土地的确是这个信托真正希望用来保护野生动植物和建立绿色通道网络的那一部分土地。沃森和布朗在考虑了这个信托的建议，又与规划委员会进行讨论之后，与这个信托签订了一个协议，他们认识到，他们所放弃的那一部分土地的确不具有开发潜力，但是那一部分土地可以帮助地方获得声誉和新的市场机会。于是他们重新命名了他们的项目，"泰勒绿道办公园区"，开始致力于营造一个具有公园特征的场地，设计了步行和慢跑系统，并且把这个系统与镇上的新的绿色小径网络联系起来（见第十六章，在那里我们要进一步讨论绿色通道和小径的设计问题）。

沃森和布朗在完成了第一轮场地概念设计之后，他们与镇里的官员和规划委员会的成员非正式地讨论了整理和改造那些采石场地的问题，也讨论了如何保护地下水源的措施。当时出现的一个问题是，镇里的工业分区规划规则是否与长期的保护水源供应的目标一致。高端办公室和研究设施可能吸引那些需要高质量水源的企业入驻，所以，保护地下水源是所有利益攸关方的最终利益。当沃森和布朗认识到保护敏感环境的好处之后，镇里通过了工业分区内的比较严格的执行标准。这些标准控制了原材料、加工过程、制造业所产生的副产品，同时，禁止了一定的高风险产业入驻这个地区。镇里的官员为了寻求支持这些更改的标准，他们宣传这样的观点，一个精心规划和环境安全的工业园区能够在不对地下水质产生负面影响的前提下获得经济收益。为了完成整个规划过程，这个镇子投票重新对这块土地进行了分区，名称是"办公和轻工业园区"，允许增加建筑密度以弥补对其中一些部分开发限制所引起的损失。

在开始执行原辛普森土地规划之后，镇里与土地信托所组成的联合工作小组在辛普森捐献的那些土地上，建设公共娱乐设施。他们使用来自这个镇的原居民、私人捐献者和州里提供的开放空间资助，在干燥和平坦的地方建设了一个网球场、一个足球场和一个篮球场。沃森对这个场地提供的免费的景观设计服务，以确保所有的建设都远离镇里的这口饮用水井，他还指定了多种当地的树种、灌木和野生花草，使用它们遮挡停车场，避免从道路上直视停车场。这个项目很快成为这个镇统一的象征，所有年龄段的居民都自愿地参加运动场地的建设，植树和种花种草，通过各种形式募集建设资金。土地信托也组织了镇里的热心居民，共同编制全镇的绿色小径网络的规划，把所有已经有的和可能有的小径与开放空间联系起来。随着州里新的绿色通道项目资金的到位，土地信托协调完成了第一阶段2英里的小径建设，把娱乐场所与河流和渠道连接起来了。

另一方面，多年以前就已经有的一个规划也开始进行了。汉克在签订协议之前，与沃森和布朗一起查看了现场，与他们分享他多年以前梦想。他指着一个湖泊说，他已经从低于地下水位的地方开采了片石，所以，他希望有一天能够给这个镇子创造一个小喷泉和自然的美景。沃森和布朗把这个想法融入了他们的规划，重新用当地的自然物种来恢复植被，吸引野生生物。计划中的"辛普森池塘"很快就开始进入较大规模的修复，包括建设坡岸、护坡和改善土壤，然后种植各种当地的树木，许多特殊的地方物种来自美国土壤保护局。在这个镇子开始展开绿色通道系统建设的时候，这个称之为"辛普森池塘"的场地也被并入了整个绿色通道系统。

沃森和布朗在完成市场调查和详细的场地

分析之后，一起编制了这个办公和研究园区的规划。从这个区域悠久的工业历史遗产出发，提出了建设2～3层楼的办公建筑，在设计上与原先的工厂和工业村建筑风格具有某种联系。建筑以紧凑、节能和校园形式布局，强调步行和公用设施（见图6-3）。停车场布置在建筑物的背后，由树木遮掩。这些树木把整个建筑群围合起来，形成一个由当地物种构成的连续园林景观。按照镇里有关"办公和轻工业园区"的设计要求，开发集中在这个场地的一个部分，以便保护地下水，减少对汽车的依赖，保护开放空间。沃森和布朗把因减少基础设施投资和开发投资而节约的一部分资金投入到镇里，以更新镇里的污水处理厂。同时，他们向镇里的"挑战基金"提供种子费用，以开发一个综合的植被恢复项目。这个项目包括，若干野生生物栖息地，休闲场地以及护坡改善土壤。在这个项目下，所有合伙人同意应基金要求配套私人资金，保证项目的完成。

克拉通镇在开发上的开放思维和希望改变土地使用规则的创新精神吸引了一个高质量零售开发商布里士公司的兴趣。布里士公司一直在关注沃森和布朗的工作，发现在那个镇建设一个小型购物中心，可以为地方就业者和居民提供服务。在与沃森和布朗的商议下，这家公司提出，紧靠这个办公园区，建设一个商业综合体，包括食品杂货店、药店、录像出租、理发店和五金杂货店。他们的建筑设计与办公园区所强调的建筑特征一致，包括一个中心步行区，这个中心步行区再与去商业综合体背后和边上停车场的绿色通道连通。这个设计通过在商业综合体的楼上有供专业性服务公司办公使用的空间，还有一些经济住宅单元。这样，一石三鸟，既减少了土地消费，节约了建设资金，也保护了开放空间。

尽管这些新的商业企业为这个镇带来了一些福利意义的建设项目，但是，这个镇子同时也面临建设更多经济住宅的需求。这个镇子不知道如何处理这个问题，镇里雇佣了从州立大学学习区域规划课程的毕业生，研究这里的住宅问题和制定全镇的总体规划。在预测未来30年的人口增长和住宅需求的基础上，研究报告提出，如果镇里不能早日行动起来的话，这个镇将经历严重的住房危机。于是，镇里成立了一个住宅委员会，按照这个委员会的建议，对"辛普森池塘"以西的土地重新做了分区规划，计划按照紧凑型村庄模式，允许1/4英亩宅基地，建设24套一宅两门和34套独门独院住宅，住宅建筑按传统风格设计。为了筹集到土地补贴资金，以便产生经济住宅，镇里与土地信托合作。土地信托同意购买20英亩开发场地，条件是镇里对那里重新做一个分区规划。按当时的分区规划要求，这个场地只能建设15个住宅单元。这样，镇里对那里做了新的分区规划。按照新的分区规划，那里可以开发58套经济住宅。信托在出售这些宅基地之后，只收回它原来的购买资金，余下的收益转交给镇里的社区开发公司。社区开发公司使用这笔"横财"做了一流的建筑设计，高质量的基础设施建设，封闭式停车场，大量景观设施，同时还建设了包括街区娱乐设施在内的公用设施。所有住宅的价格都在青年家庭和有固定收入的老居民所能够承受的范围内。设计良好的开放空间通过镇里建设的步行小径系统与办公园区和镇娱乐场地连接起来（见第十章，在那里我们要详细讨论经济住宅和开放空间的问题）。

镇规划委员会关注的另一个问题是，保护河流和提高它的景观和休闲价值。镇规划委员会的一个成员在缅因州有一所夏季住宅，他从那里复制了一份缅因州河岸分区规划规则，以此作为范本加以参考。在考察了缅因州的规则之后，镇规划委员会提出了一个河岸重叠分区，要求所有的新建筑和附属建筑物向里退红100～150英尺，限制对那里自然植被的清理，包括从水边向里75英尺范围内完全禁止清理自然植被的要求。保护委员会的成员和地方花园俱乐部一起建立了一个工作小组，同河岸地区的土地所有者一道执行一个种植地方物种建立

图6-3　创新式开发后的鸟瞰图

植物缓冲区的项目。这个项目的目标恢复野生生物栖息地，改善水质和提高河岸景观特征。"泰勒河流域历史协会"和"鲑鱼至上"支持了这种恢复自然河岸历史模式的方式。在历史上，对植被的清理只是发生在工厂和工厂村庄的场地上。他们同时资助了若干导游式的项目，包括划船和沿渠旅行，沿着河岸建立起一个地方保护河流和渠道资源的社会网络（见第十六章，我们在那里会讨论绿色通道和沿河缓冲区的问题）。

河流以北，即泰勒河流域土地信托认定的怀特农场的土地和拉兹山，是实施保护的首要地区。这个土地信托与怀特家族商议了一个一揽子综合保护计划。这个计划允许这个家族继续使用他们的住宅和田地，但是在一部分场地上实行"有限开发"，而绝大部分土地，包括山顶，处于保护状态。按照这个计划，宅基地数目要减少，由于这些地方所具有的景观优势，每块宅基地可以高价出售。这种方式有利于永久性地保护这个镇子的历史和自然的景观。同时，如果按照这个方式保护这个地区，这个家庭所需要偿付的遗产税可以得到一定的减少。这个家族没有试图追求最大化他们家土地合法开发的潜力，而是减少了需要上缴房地产税的价值。成功完成这个计划的关键是利用州里的农业保护项目。这个项目是，政府购买农业土地的开发权，农田的所有者仍然是这块农田的所有者，但是无权在那里做任何开发，这样，让那些农田继续留作农业使用。

尽管做出了这些安排，但是镇里对这个地区的分区规划仍然是号召蔓延式开发，一英亩一块宅基地。规划委员会知道邻镇的饼干式土地开发的后果，于是，它组织了有关开放空间设计的增长管理论坛。几个月之后，这个论坛的工作导致形成了一个开放空间分区规划修正案。按照这个法令，规划委员会有权要求开发商提交两份概念性规划，一个规划说明在给定场地限制条件下（湿地、斜坡等）的最大宅基地数目。另一个规划是，按照镇里的设计指南，把同样数目的宅基地布置在较小的宅基地上。这个设计指南的目的是减少对农田、野生生物栖息地和其他开放空间的侵占。按照这个法令，规划委员会有权挑选两个规划，这依赖于他们认为哪一个方案能最好实现镇里的这项分区规划规则，对于克拉通镇来讲，还包括维护乡村特征。

克拉通镇通过这个分区规划修正案的时间恰到好处：越来越多的建筑商都盯着这个社区，希望投资这个高质量地区。哈雷斯兄弟公司是尝试这个法令的第一个地方政府的合同公司，它曾经在这个流域的其他地方建设了许多标准居民区。按照规定，他们首先向规划委员会提交了两份规划。当他们通过计算发现缩短道路和减少基础设施建设费用意味着相当程度的节约以后，他们对创新规划模式的疑惑逐步消失。更重要的是，他们开始认识到这种设计方式所产生的市场潜力。他们甚至可以在广告上说，"永久性保护乡村景观"，与郁郁葱葱的绿色小径网络相连。他们集中使用怀特农场场地上一半土地作宅基地，这一半土地最适用于建筑开发，有些住宅可以延伸至树林边。在景观建筑师和规划师的帮助下，他们划分出96块大小不一的宅基地，再把开放空间与这些宅基地结合起来，有些宅基地环绕着公共绿地，有些通过社区的绿色小径和野生生物走廊与开放空间相连。许多宅基地不足2英亩，而2英亩宅基地曾经是当地地方卫生部门的要求。卫生委员会的新主席在上任后曾经参加了那里举行的一个创新性土地划分和宅基地布局讲座，讲座的主讲人许诺，每一块宅基地都有最适合于建设化粪池系统的土壤。这个主席也看到了具有弹性的布局安排有许多优越性（即有些宅基地地块实际上紧靠公共开放空间），见第十三章，我们在那里进一步讨论这个问题。他们制定的包括道路退红、植被缓冲、绿色景观在内的计划草案很快就得到了规划委员会的批准。15个月之后，镇里的官员和规划委员会的主席领到了州社区办公室为这个项目颁发的

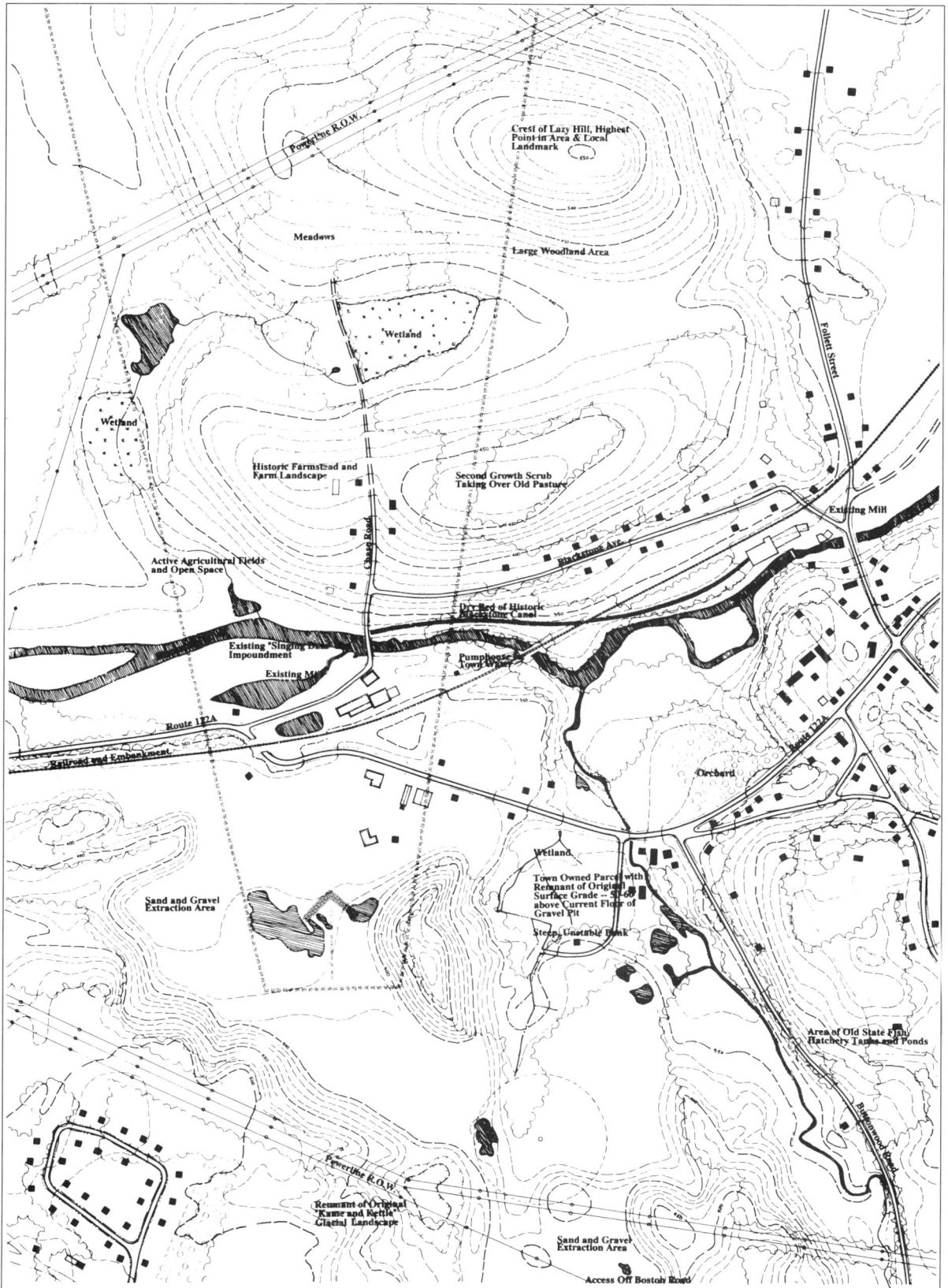

图6-4　现状场地平面图

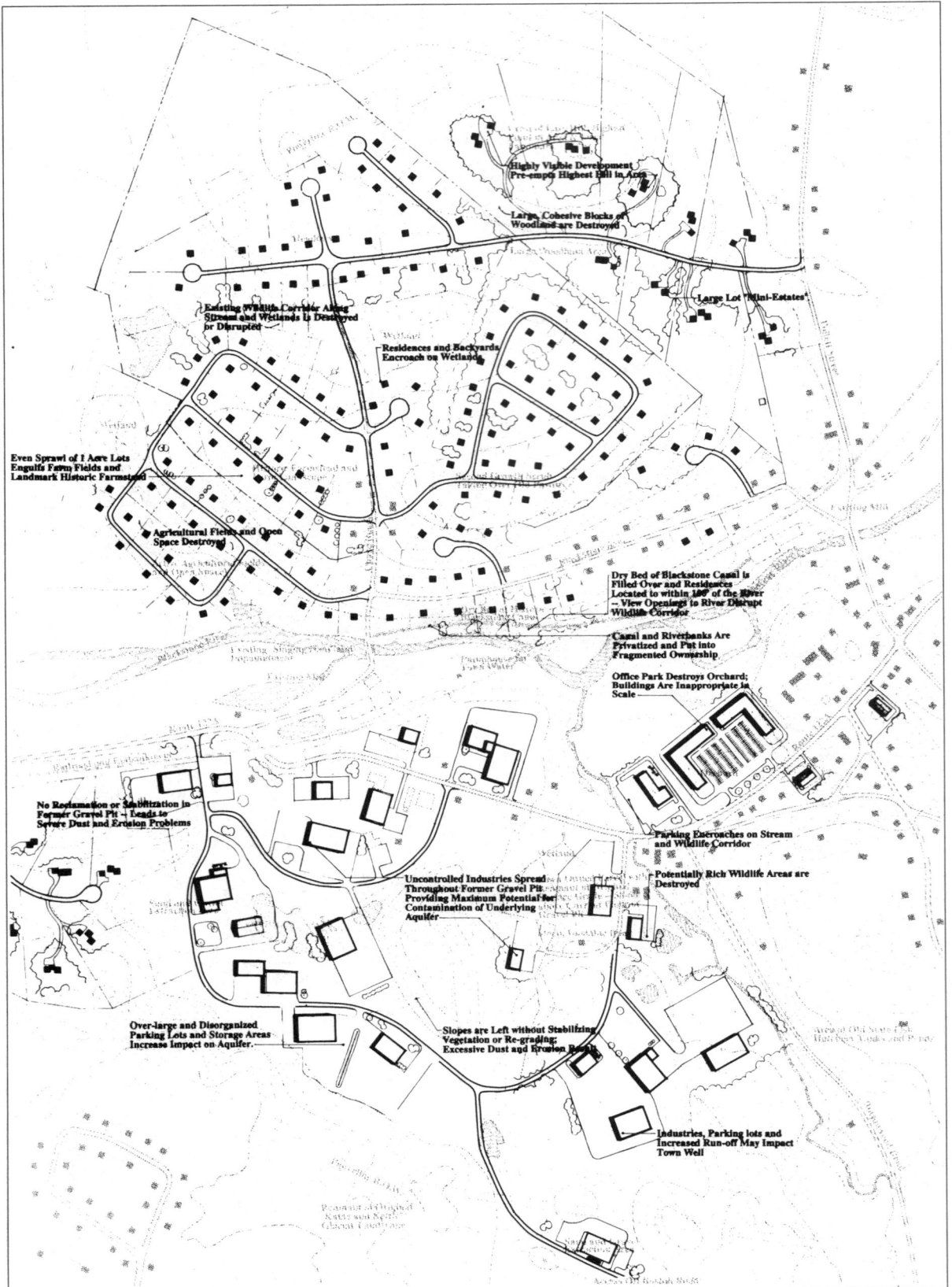

图6-5 常规式开发平面图

Crest of Lazy Hill Is Not Developed

Large Areas of Woodland Are Left Intact

Cluster of 10 Duplex Units, 46 Cluster Units on 10-12,000 s.f. Lots and 30 Units on 1/2 Acre Lots Grouped Around A 600' X 400' Common. 86 Units Total.

Open Space/ Wildlife Conservation Corridor

Open Space/ Wildlife Conservation Corridor

Residences Set Back 150' Minimum from Wetlands

Central Common

Public Access Is Created Through Trail System

Agricultural Fields and Historic Farmstead Landscape Are Preserved and Strengthened

Nodes of Cluster Development Match Historic Pattern and Preserve Alternation of Developed and Open Space

Historic Blackstone Canal Restored, Public Accesses Provided and Interpretive Trail System Created.

Industrial Area with New Performance Standards Avoids Contamination of Aquifer, Capitalizes on Position between Railroad and Highway

'No Build/ No Clearing' Zone within 150' of Each of Blackstone Canal and of Blackstone River Creates Opportunity for Uninterrupted Open Space/ Wildlife Corridor and Public Access Trail System

Area of High Landscaping Investment and Maintenance -- Specimen and Ornamental Trees Used

Millrace

Underpass

Access to Open Space/ Conservation Corridor

Orchard Preserved

Screened Public Parking Field Retained

Meadow

Commercial Cluster with Screened parking and Central Shopping Street

Pedestrian Connection

Area Rezoned for Use as Compact Office Complex

Development Is Held to One Part of the Aquifer

Office Buildings and Millrace Echo Appearance of Traditional Blackstone Valley Mills

Millpond

Glacial 'Kettle' Ponds Re-Created as Wildlife & Passive Recreation Area

Slope Stabilized with Permaculture Plantings

Affordable Housing Development on Rezoned Gravel Pit and Marginal Woodlands. 24 Duplex Units and 32 Single Family on 1/4 Acre Lots.

Permaculture Restoration of Former Gravel Pit Using Successional Plantings of Native Plants

Meadow

Glacial Esker Forms Recreated to Add Vantage Points and Topographic Variety, Pathways along Eskers.

New Wildlife Pond Created -- Specialist Plantings to Attract Wildlife; No Swimming Allowed

Buildings Held Away From Area of Town Well

Banks Re-Graded to More Stable Slope, Soil Amended and Stabilizing Cover of Native Plants Encouraged

Active Recreation Facilities Added: 2 Soccer Fields, 1 Baseball Diamond and Parking

Regional Composting Area for Leaf and Wood Waste Is Used in Long Term Program to Re-Create Soil in Reclaimed Gravel Pits

Open Space/ Wildlife Conservation Corridor

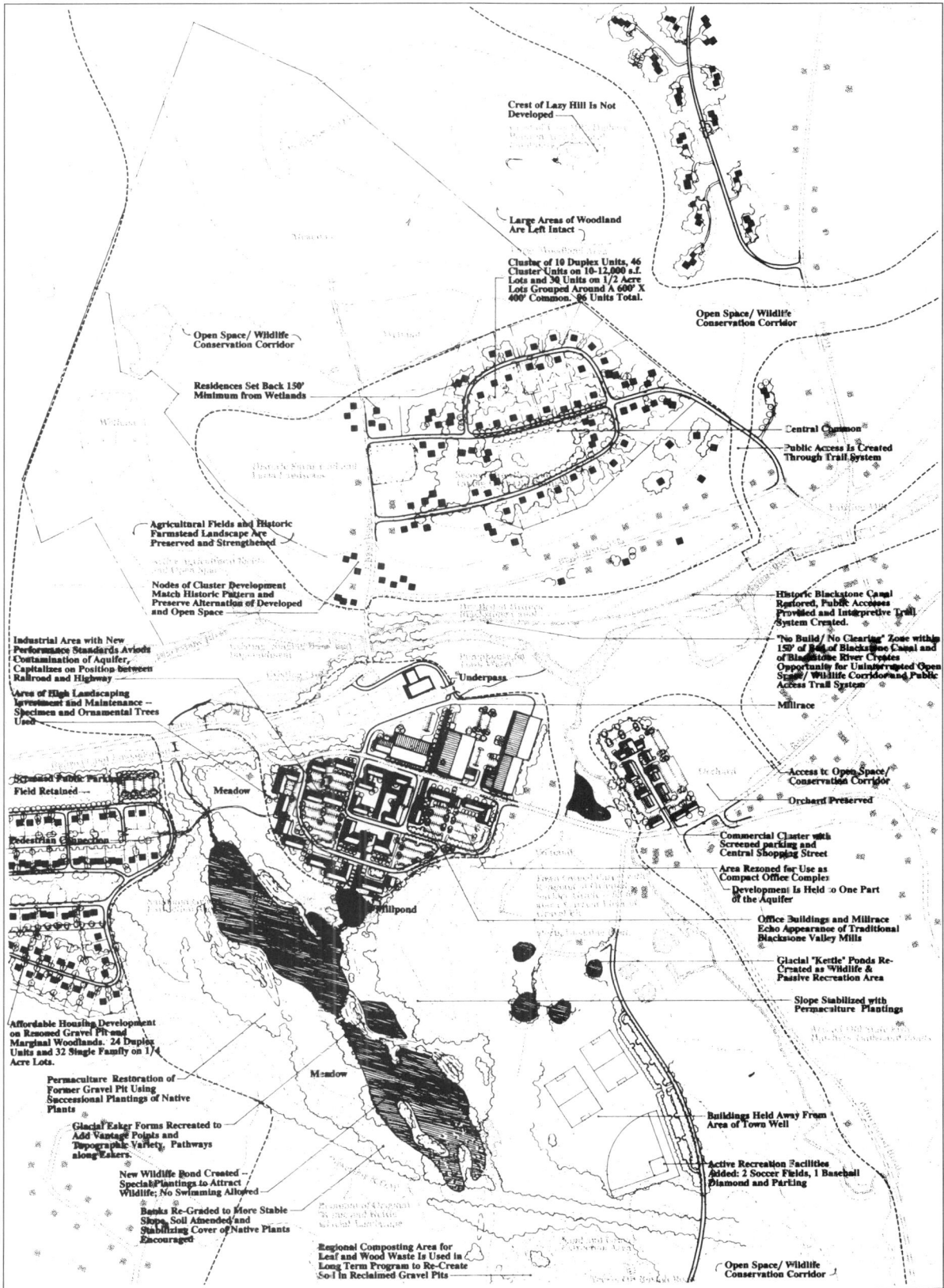

图6-6　创新式开发平面图

"市政规划奖"。州社区办公室还把这个镇采用创新型分区规划和土地划分规则作为一个范例，说明社区如何能够管理它们自己的未来，如何管理开发与保护并重的增长模式。当其他开发商看到哈雷斯兄弟公司的销售记录后，也承认了这种方式的成功，并提出了许多类似的设计方案。

拉兹山东北坡面是这个镇最后要开发的地方之一。虽然土地信托已经把这个山顶部分规划为保护区，但是它东边山脚下还有一部分土地用于居住开发。当土地所有者宣布他要卖掉这块土地时，镇里决定必须保护这个资源。规划委员会认为，应当在拉兹山脚下设计出一条景观道路，所以，宅基地应当采取较深的退红，从道路向里退红长度的1/2～2/3应当成为一个整体的景观缓冲区。为了减少分隔道路的入宅道路数目，规划委员会还增加了有关批准分享入宅道路的条款。这些保险措施旨在使大部分道路和树林保持完整性。最后，规划委员会允许这块土地的所有者开发12个住宅单元（见第十二章，我们在那里将详细讨论景观道路和保护方法）。

第七章

典型内陆场地从村到镇的发展历程

克里斯蒂娜·里德

现状

　　凯瑟琳.哈里斯女士是享廷顿高地杰瑟普镇最老家族的直系后代，那里有开阔的田野和起伏的山林（见图7-1），她对那里景观的自然感觉显而易见。于是，她用"一小片瑞士"来描述她钟爱的镇子。

　　1750年，爱里亚和哈里斯第一个在享廷顿高地定居下来。对于这些早期的定居者，贫瘠的土壤和严寒的冬天考验了他们的忍受力，好在大量的木材和野味使他们度过了漫长的冬季。当越来越多的家庭来到这里定居之后，一个社区就围绕着山丘逐步形成了。他们慢慢地蚕食掉森林，把那里变成了农田和草场。

　　在土地便宜，交换有限的时期，农业还能够在这个丘陵小镇维系下来。但是，随着交通的改善和市场的扩大，许多农业户依靠有限的田地很难运行下去。于是，大部分农业户开始向西部的肥田沃土迁移。1820年 杰瑟普已经丧失掉了一半以上的人口，而在1850年代，当牧羊兴起之后，有一些人又回到这个镇子。逐步兴起的羊毛业开始影响这个地区的农业景观，那里出现了越来越多的牧场。

　　哈里斯家族从来不畏风险，他们当时购买了大量的土地，并把这些土地改造成草场，向当地的羊毛加工厂提供优质羊毛。但是，随着几十年的经营，地方羊毛业还是逐步衰落了。于是那些养羊大户重新步两代以前的小农户之后尘向西边的沃土地区转移。当农业基础逐步

向西转移，围绕哈里斯家族土地周围的贫瘠的农业土地成为再生林，当然，随着牧羊业衰退而出现的农田和树林交织的状态保留至今。

　　哈里斯农场继续依赖于多种经营而生存下来.这个家族拥有一定规模的木材和燃烧用材的生意，一群奶牛，一小块欣赏性农田和自采果园。他们还有若干块林地和一间季节性餐馆。凯瑟琳还利用他们家族的老房子做民俗旅游接待，主要游客集中在夏季和秋季，特别是秋季到这里观赏树叶的游客。剩下的一些田野仍然用来作牧场和草场。除开作为经济资源之外，林场提供了休闲娱乐机会，随处可见的石墙和丁香草丛继续保留在那里。

常规的开发方案

　　州立大学距离这个镇子有20英里，但是他们决定把这个镇子中间原来的一所卫星校园改造成为大型研究中心。这个决定对这个镇和它的环境产生了巨大的影响。首先，与大学校园相邻的社区开始看到住宅和商业的增长。镇子本身由于距离和乡村道路的原因，基本保持不变。但是随着州里的乡村公路改善计划的推进，大学里的就业者开始追求"乡村生活"，导致了那里迅速发展的趋势。特别是道路的拓宽就像"开了闸的水"，住宅开始四处蔓延.地方上的人希望因此而获得更多的就业和更多的税收，而新到的居民希望保护更多的开放空间。没有谁比凯瑟琳更了解这个矛盾，这是她

图7-1 现状鸟瞰图。

有生以来处于不知所措的状态。

凯瑟琳的丈夫刚刚去世，他是这个家族的智囊和主心骨。他的突然去世给这个家族留下了没有预料到的两难境地：出卖这个农场还是继续向这个经济上不再可能振兴的农场投资。凯瑟琳最大的儿子最近决定搬到南边更加农业化的地区去，因为这个地区的农业规模很难支持他的兽医生意。凯瑟琳的女儿已经与一个大学生结了婚，搬到城里去了。凯瑟琳最小的儿子在军队里服役，已经去了海外。

凯瑟琳这样维持整个农场的运行一年之后，她意识到这个农场工作对于她来讲太多了。她希望尽快卖掉这个农场。地方上的房地产经纪人很快与她进行了联系。这个房地产经纪人在她丈夫去世的时候曾经送过花和名片。现在，这个房地产经纪人代表另外一个州的开发商来与她洽谈。他告诉凯瑟琳，这个镇子已经拟定了新的分区规划规则，旨在"保护这个镇的资源和特征"。他甚至于与凯瑟琳讨论了组团式开发的方式，以便保护凯瑟琳最喜爱的牧场。在了解到这些情况之后，除开他们家的老房子和儿子们沿着主要道路的住宅之外，凯瑟琳决定卖掉他们家族的全部农场。

凯瑟琳感觉到需要保持她自己与农场一定的距离，于是她去大女儿那居住了半年。当她再回来的时候，她完全被惊呆了：她曾经视作家园的农田和山林都发生了什么？她惊讶地看到，按照镇里的分区规划规则，每块宅基地的规模为1英亩，200英尺的沿街边界，蔓延式的住宅已经布满了她原来的农场。以乡村公路为模式的30英尺铺装的道路把这些宅基地连接起来。新住宅的密度和退红与传统的乡村小居民点和村庄模式大相径庭。虽然这个房地产经纪人的确言中了这个镇子具有分区规划，但是这个分区规划的规则是典型的土地消耗型蔓延模式，它与几英里之外郊区社区的蔓延模式没有两样.他们也把不同性质的土地使用分开来，土地使用密度也实现了最大化，但是他们没有保护开放空间，或者说他们没有保护这个镇子的

乡村特征（见图7-2）。这个房地产经纪人低估了建设组团式居住区以保护那些牧场的阻力。规划委员会缺少弹性和镇里的规则都是导致按照常规土地划分方式来设计整块土地的原因。所有的灌木丛、石墙和苹果园都被清除掉了。

哈里斯农场的开发并非一个偶然的事故。规划委员会很快接受到大量新居住区建设的申请，以及要求扩宽和铺装原先那些为镇里认定为镇级道路的林间小道和乡间小路的申请。许多郊区社区所使用的死胡同道路设计也被用到了许多新的住宅区之中。规划委员会考虑到安全性和通达性，要求死胡同顶端的弯道直径为130英尺，类似一个飞碟着陆场的大小。杰瑟普镇蔓延式开发不仅仅是荡平了原先那种小乡村居民点的特征，而且也消耗掉了大部分可以种植和育林的土壤。剩下来本想继续种植他们的土地的少数农民也因为新居民缺乏对农业的理解和欣赏，而决定放弃他们的农场，搬到其他州去。

在那些比较容易开发的田野和草场被用于住宅建设之后，开发商又开始盯住山边的林地。这个镇子的西边被认为是非常优秀的野生生物栖息地，很多年以来，一直种植树木。现在开发商把那里划分为10～15英亩一块的宅基地，彻底杜绝了任何生产性的土地使用。许多住宅建设在很高的山崖上，因此需要很长的道路才能到达，从主要道路上可以清晰地看到它们，明显表现出规划水平低下。大量"私人宅邸"和"非狩猎"等字样实际上禁止了许多老居民继续进入原先他们看作是半公共资源的地方。

满足新居民的商业服务很快就跟进了。一个大的开发企业提出建设一个中等规模的购物中心，包括超级市场、百货店、快餐店。镇里的官员拒绝了这个提议，他们声称，他们绝不会允许这些"商业链"主宰了他们的社区。由于他们没有事先周到考虑商业发展的问题，所以，他们最终引进的是无边的较小零售商业连锁店，它们排满了这个镇的主要通道，每

图7-2 常规式开发后的鸟瞰图

个商店都有它自己与公路相连的出入口，停车场之间没有相互联系，镇子里甚至于也没有提出这个要求。甚至于在这个镇子最具吸引力的交叉路口，也出现了小型超市兼录像出租店和加油站综合点，那里曾经是由枞丛簇拥的老式农房。拥有和管理这两个连锁店的区域链对于他们连锁店的招牌和招摇的停车场都有固定的要求，而对建筑布局和设计没有太多要求，这样，那个建筑物四四方方，悬挂着高大的铝合金招牌，再由沥青铺装的停车场包围起来，景观建设也只有星星点点的树丛而已，形成了一个没有任何特征的地方。其他一些新的商业建筑也具有类似的特征，深退红，大规模前院停车场，完全失去了创造任何传统小城镇"商业街"零售核心区特征的机会。

创新的开发方案

当州立大学决定对它的小卫星校园进行更新的时候，一组利益攸关的市民组成了一个长期的规划委员会，关注镇里如何鼓励与乡村特征相关的增长。这个委员会在对镇里的资源和地方工作岗位需要进行研究之后，提出了打大学和自然优势的牌，集中吸引教育中心或研究园区的基本设想。有几个与预科学校有联系的新居民帮助整理准备了一份介绍这个镇子及其资源的宣传品，为地方官员会见教育行政领导打开了路径。除开地方和乡村特征之外，这个镇强调它有若干大块的可开发用地（包括将来继续扩大的用地），并且许诺它将修改分区规划规则和土地划分规则，以保证这个镇的资源不受损失.它也表达了寻求资金来更新和扩大基础设施网络的愿望，同时表达它希望为所有收入层次的社会阶层提供住宅的兴趣。镇里向前看和寻求创新的战略取得了一定的成果：在一年中，"丹尼森预备学校"选择在这个镇开办一所新学校，这个决定满足了大部分居民的愿望。许多居民已经看到了大学扩张所引起的一些无序发展影响，所以要求"丹尼森预备学

校"保证给他们带来更多的值得骄傲的社区感觉，保护他们的镇子。

作为第一阶段，这个群众性规划委员会重新组织了若干个工作小组。一个工作小组制定了一组镇子的资源图，用以说明现在的土地使用状态，多种发展约束（斜坡、湿地等）。这些图成为"镇域范围保护和开发图"的基础。"镇域范围保护和开发图"是一个法规性的图，它确定哪些地区需要继续保持开放状态，哪些地区应该鼓励增长。这张图帮助镇里找出了新学校最好的区位，同时也明确地形成了一个布局结构，要求新的居住开发进入适合于开发的地区，并且通过组团的方式避开计划中的开放空间。镇里与学校官员一起划定了教学区和生活区，这个区和生活区的距离都在步行范围内。

第二个工作小组对镇里的分区规划规则进行了评估，他们得到了州立大学乡村研究中心的帮助。他们提出了未来增长的选择方案，为镇里准备了一份总体规划和未来全镇的发展蓝图。这张蓝图帮助地方居民决定镇里要鼓励哪些类型的开发。从这项研究中所得到的战略思考包括，避开带状公路商业开发，需要为填充式开发提供优惠条件和法律法规，创造紧凑型社区而不是蔓延式的居住开发，保持大量农业用地和林业用地，注重城镇入口处和山体的美学效果，创造混合住宅类型以便老人和青年人可以继续居住在这个城镇里。

从这些指南出发，这个镇要求县规划部门帮助制定适合于这些目标的分区规划和土地划分规则。对分区规划所做的关键修正条款是强制性"开放空间开发"。这个条款要求，在所有新建成区，开发地块和道路覆盖率不能超过整个地区面积的50%，在这50%的开放空间中至少有50%用于主动性娱乐或农业（见第十五章，在那里，我们将详细讨论分区规划方法的细节）。他们首先在接近西边镇入口，由主干道围合的50英亩土地上试行这种分区规划概念。开发商按照乡村研究中心的建议，沿

树林边缘地区修建了一条新的道路，紧凑式地组团布置了住宅。居住区布局反映了这个地区现存的居住区模式和建筑语言，从居住区向外是一片草场景观。当这个居住区向树林里延伸之后，逐步形成了一个小村庄，调整后的分区规划允许地块规模和退红与现存村庄相似，这样，就进一步提高了这个地区的乡村氛围。

在规划过程中，这个镇同时接受一些季节性生活在这个地区的居民的建议，引进了"开发权转移"（TDR）政策。这些居民既住在这个镇，也在萨姆纳有房地产，那里已经实施开发权转移政策多年了。这个政策十分简单：在镇子里最适合于开发的地区实施较高的开发密度，即"接受分区"，而把整块的开放农田和林地以"送出分区"保留下来，即"送出分区"的开发权已经"出售"了。这个政策的关键是，允许在镇子里最适合于开发的地区实施填充式开发，在镇子边缘地区或指定的增长区内实施组团式开发。县规划部门把开发权转移政策看成实现镇里长期目标的好办法。分区规划工作小组使用镇里的资源分布图寻找哪些地方最适于作为开放空间，哪些地方最适合于紧凑型开发。最后，他们认定围绕新学校的地区比较适合于做紧凑和商业居住混合型开发（见图7-3）。通过在这个地区推行填充式开发，镇里把学校与市镇厅、两个教堂、若干零售商店和专业性服务企业连接在一起，产生了一个比较完整的中心。新的增长沿着一条步行友好的林荫道展开，新开发的开放空间和学校仅在步行距离之内。使用增加密度的奖励政策立即使那些出售了开发权的青年农民得益，这些农民的亲戚在镇子里最适合于开发的地区拥有土地，他们购买了保留为开放农田和林地的土地开发权。这样，他们就可以在最适合于开发的地区做填充式开发，增加那里的建筑密度，而出售了开发权的农民可以从"出售开发权"中得到一笔现金，如果他们决定留在那里继续从事农业，那么，他们可以使用这笔资金来改善农业设施。

凯瑟琳在看到开放空间分区规划和开发权转移政策的实际好处之后，接受了地方土地信托把土地保护与向地方家庭提供经济用房相结合的建议。自她丈夫去世以后，她一直希望至少保存一部分农场来维系他们家族的历史遗产。这个项目包括若干目标，其中之一是对基本农田的使用加以限制。按照土地信托的安排，爱都协会购买了90英亩，用作自然区域，计划将来建设自然小径或农业教育中心。凯瑟琳又以低于市场的价格把50英亩土地以及农房卖给了一个青年农民，她原本计划回到她自己的家乡去的，因为有了这块土地，她放弃了这个计划。林地里的土地划分成10个地块（面积为2～15英亩不等），要求它们与周围环境协调，严格限制退红、入宅车道宽度、植树的道路缓冲区，等等。凯瑟琳自己买回一块，用于建设一栋新房子，另外两块宅基地卖给了社区开发公司，用于建设地方居民的经济住房。

在"丹尼森预备学校"建设后的十几年中，镇里逐步发现它自己真正希望的是借助这所学校的声誉筹集资金，因为这个镇子可能面临借贷状态。一个大学景观建筑学院的原教授罗杰·菲利浦开始提出他的看法。这个教授曾经是宾夕法尼亚大学的学生，听过麦克哈格的课程。从那时起，他就认为增长需要控制，需要制定生态规划。当他制定了在这个地区建立一个四季休养胜地的计划之后，他与他的儿子联合起来。他的儿子肯特是"土地所有者紧凑开发"或房地产辛迪加概念的创始人之一（见第十四章，我们在那里详细讨论这个概念）。这项工作从罗杰、罗杰的儿子以及杰瑟普镇和周边地区的大地产主的会议开始。罗杰使用了若干张简单的透视图说明，他们能够既作为开发商，又作为土地保护者，集中900英亩土地，一种比较好的方式协调一致的进行开发。土地所有者紧凑型开发在很大程度上类似于"组团式开发"，它包括多种地理区域和多个土地所有者：他们自己之间的地界不再存在，在不同区位上采取不同的开发密度，特别是考虑

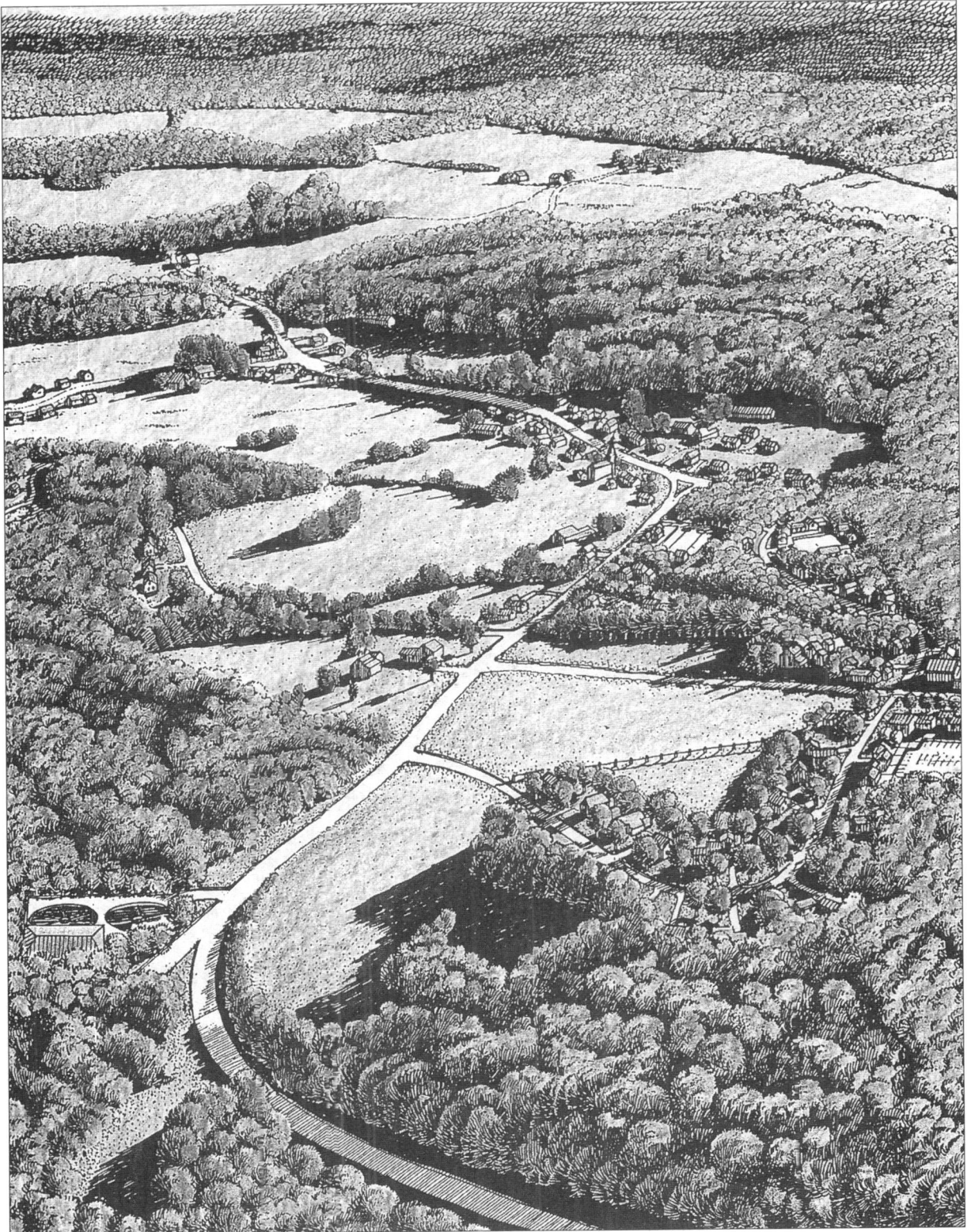

图7-3　创新式开发后的鸟瞰图

到基础设施的供应能力，以此指导开发密度。他同时把这种方式与大规模的"开发权转移"（TDR）结合起来，把所有参与者的土地结合起来，以多个土地所有者共同管理方式来控制增长，按比例赔偿相关的业主。这种紧凑型统一开发的模式给镇里、土地所有者、开发商和土地保护人士提供了一条船，共同合作，以指导不同区位的开发密度，来保护重要的农田和开放空间。

当两个土地所有者提出在他们的土地上做居住开发以后，房地产辛迪加概念开始实施，这两个建议的开发场地地处这个区域的农业核心区。实际上，这两个建议开发场地所属的镇子都没有强制性开放空间分区规划法令，与这两个建议开发场地相邻的地块已经表现出郊区蔓延式开发综合症，土地划分都在2～5英亩一块。罗杰邀请对房地产和市场有经验的朋友来加以帮助，并以这两个开发计划说明，房地产辛迪加这样可以在考虑到地产主投资利益的基础上阻止没有规划的增长。使用这两个案例，罗杰找到了更多的知音，包括更多的农民和那些不宜开发土地的大土地所有者。

在这个过程中，罗杰和肯特与区域的土地信托进行了联系，并希望他们以杰瑟普镇作为推行这种土地管理方法等的试点。区域的土地信托把语言变成了行动。12年以后，肯特终于组织了第一个杰瑟普镇，包括3000英亩土地，3个镇和8个土地所有者。土地信托对所有参与者提供了房地产、市场、法律和资金方面的训练，以便协调所有参与者的利益，包括开发商、土地所有者和镇政府。显然，一些地块的开发受到限制，另外一些地块可以做强度较高的开发，在这种情况下，土地信托以中间商的身份提供服务。

当所有的参与镇里这种新型的区域合作还有些怀疑的时候，他们看到了房地产辛迪加的优越性。房地产辛迪加可以帮助镇政府更好地执行增长中心的政策，保护那里的优秀农场和林业资源。有些人也看到了房地产辛迪加的概念可以通过对土地开发的限制来控制建设用地的形体设计标准，因此，他们也支持房地产辛迪加。注意保护镇里的"场所意义"和建筑特征绕了很大一个弯子才消除一些居民对"一宅多门"型住宅的担心。开发商也看到，这种方式可以避免不必要的开发审批或法律纠纷，因此可以减少他们的投入，把投资主要放在基础设施已经存在或容易延伸的地区里。这样一些节约可以使开发商把资金投入到更新地方污水处理厂上。参与这个项目合作的地产有着共同的远景，他们都能认识到永久保护镇里资源的好处。对于那些地处不易开发地区的居民来讲，这种方式具有特别的重要性，因为他们可以登记参加这个项目，这样，在他们的地产可以得到一定程度开发之前，他们就能获得一定的利益。

杰瑟普镇的居民按照镇里通过的新的分区规划规则，从州立大学雇佣了一组区域规划的学生，要求他们对通过镇里的若干条道路进行道路缓冲区分析，因为，这些道路正经历着越来越严重的交通问题和日益增长的商业开发兴趣。按照他们研究报告中的推荐意见，镇里向州里提出了把两条道路规定为"景观道路"的申请，其中一条道路通往养牛场。虽然这个农场没有参与房地产辛迪加，但是这条通往养牛场的道路的设计补充了增长管理的一个漏洞。建设景观道路同样强调了镇里把新的商业开发集中到某些点上的目标，这些点是由现状发展所决定的（或者这些商业开发点处于开发区之内）。这个报告还建议，镇里需要考虑制定实施场地设计标准，如新商业建筑的最大退红，停车场的设置，建筑背后的装卸设施（见第九章，我们在那里详细讨论这些规则）。

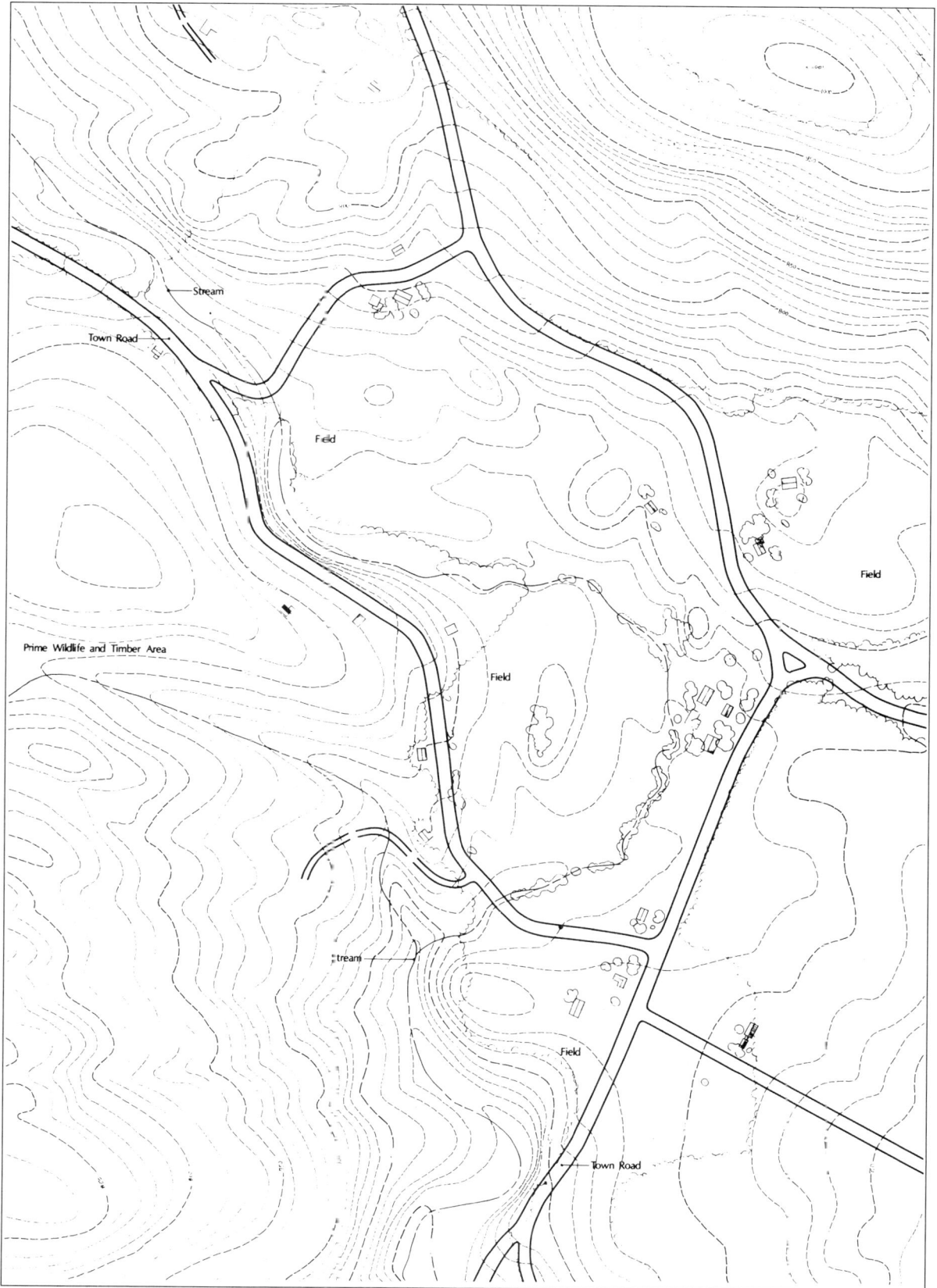

Stream

Town Road

Field

Prime Wildlife and Timber Area

Field

Field

Field

tream

Field

Town Road

图7-4 现状场地平面图

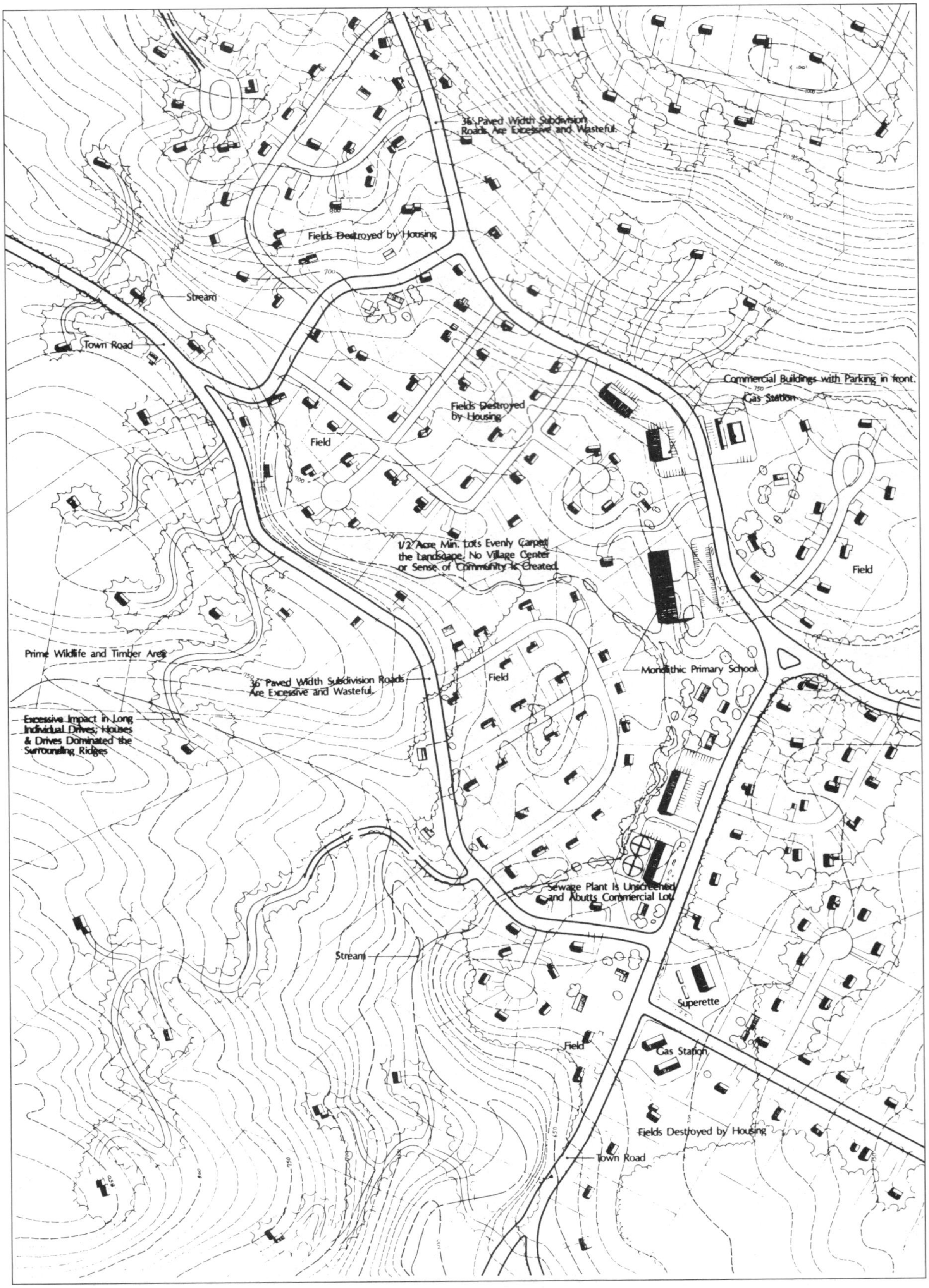

图7-5 常规式开发平面图

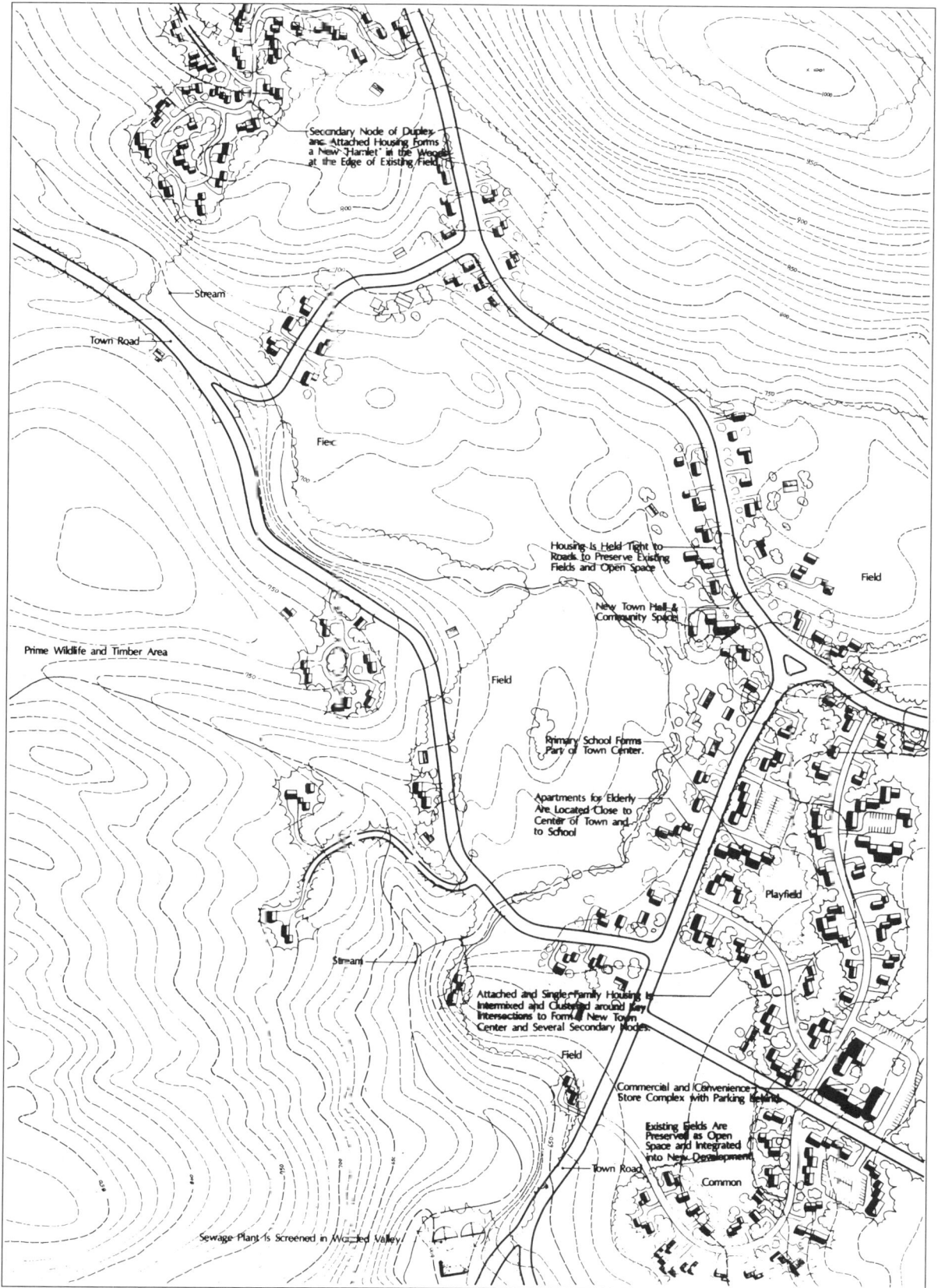

Secondary Node of Duplex and Attached Housing Forms a New "Hamlet" in the Woods at the Edge of Existing Fields.

Stream

Town Road

Field

Housing Is Held Tight to Roads to Preserve Existing Fields and Open Space

Field

New Town Hall & Community Space

Prime Wildlife and Timber Area

Field

Primary School Forms Part of Town Center.

Field

Apartments for Elderly Are Located Close to Center of Town and to School

Playfield

Stream

Attached and Single-Family Housing Is Intermixed and Clustered around Key Intersections to Form a New Town Center and Several Secondary Nodes.

Field

Commercial and Convenience Store Complex with Parking Island.

Existing Fields Are Preserved as Open Space and Integrated into New Development.

Town Road

Common

Sewage Plant Is Screened in Wooded Valley.

图7-6 创新式开发平面图

第八章

沿主街填充式商业开发

这一章不同于这一部分的前三章，它描述发生在玛撒葡萄园岛上一个小镇的故事。玛撒葡萄园就在科德角海岸之外。描述未来情形的那些草图都是这个镇子总体规划过程的一个部分，为了得到镇上投票人的批准，用这种方法来说明规划委员会的选择，非常有效。

引言

1988年春天，爱伽特镇（马萨诸塞）规划委员会接受了马萨诸塞人文与艺术委员会的资助，编制爱伽特镇沿上主街的B-2商业区规划。这项工作也受到了玛撒葡萄园委员会的支持。规划委员会雇佣了多德森景观建筑设计事务所来帮助制定这个商业区的未来发展前景，以及实现这个前景的实施方案。马克博布任斯基法律事务所帮助把场地规划和设计意见转换成为一个法律文件，以便并入镇里的分区规划。1989年春，在镇里的会议上，向选举人公布了这些设计意见，最终得到多数人支持而得以通过。

过去5年，上主街的发展强度相当大，爱伽特镇的居民和官员们非常忧虑这条主街的发展模式，担心它会变成为一个典型的商业带。虽然那里的建设质量比起其他商业带的建设质量要高，然而，这条大街上的发展已经严重影响了视觉效果、交通管理和环境问题。每一个新的建筑物在设计上都无可挑剔，但是，这个地区发展所采取的形式是蔓延式的、汽车导向的道路蔓延，美国许多传统的城镇都有类似情形发生。爱伽特镇具有丰富的设计传统，那些塑造这座城镇过去的"永恒建筑物"依然闪光，所以。他们感到，场地规划和未来开发设计应当满足协调和功能有效的新标准。

简史与现状

爱伽特镇B-2商业区在这个历史小镇的西部边缘，沿上主街两边展开。这个商业区的东段包括大量20世纪初的住宅，许多住宅已经用作商业或办公。这个商业区的西端原先是农场和树林，在过去15年中，那里的商业开发相当迅速。

上主街迅速从乡村边缘向新的商业走廊发展（见图8-1）。在19世纪，上主街是开放农田扩宽而来的一条乡间小道。那个时代的几间农舍依然存在，这条道路一直延伸到这个区域的开放空间里，这些开放空间应当作为这个地区农业历史而被保护起来。站在上主街上，我们能够想象出它一百年以前的形象来：星星点点的农舍沿着有行道树的道路一直延伸到开放的田野，田野越过了山岗，走向远方。

大约在1900年，那里的农业开始衰退，商业活动开始沿着这条道路向西延伸。随着道路条件的改善和交通量的增加，上主街变的越来越重要，开始吸引新的住宅和小生意。在这个区的东端，住宅可以回溯到居住膨胀的时代，那里构成了这个岛上的早期郊区之一。若干个路边的商业企业主要包括车站和小商店，它们也产生于居住大发展时期。直到1960年代，后路两边仍然是住宅、草场和树林兼有的状态。这些相对比较近期的发展很好地说明了乡村边

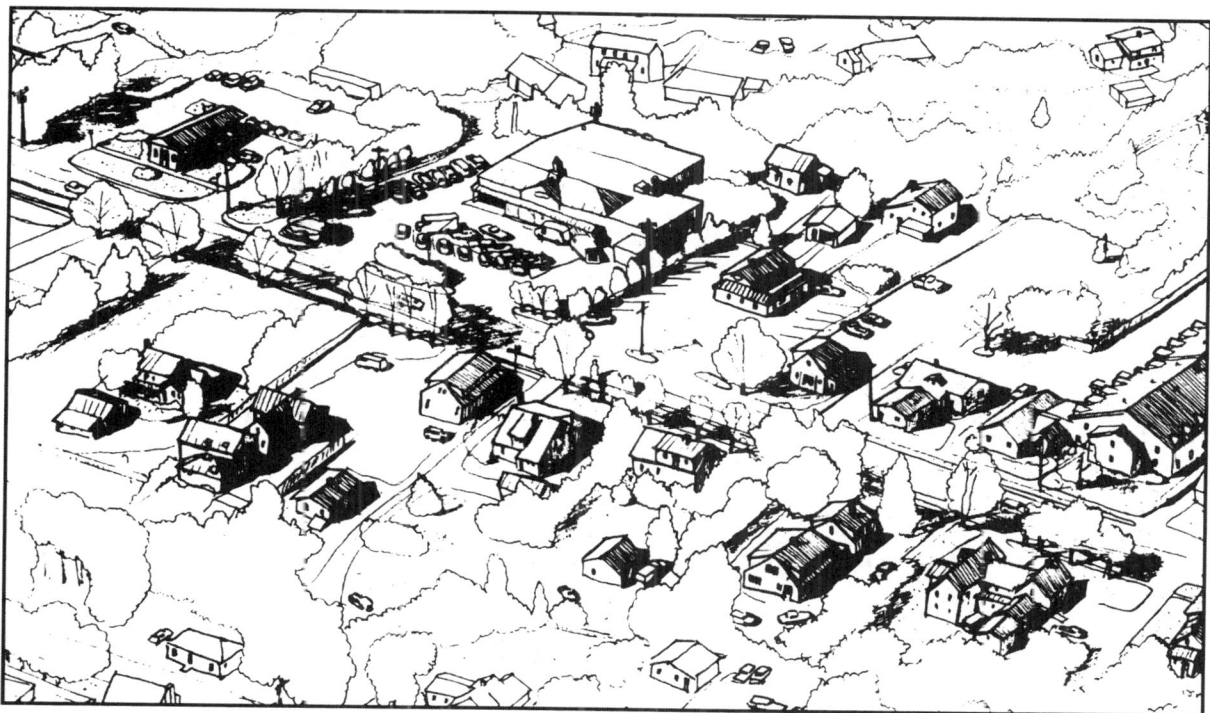

图8-1 现状场地鸟瞰图

图8-2 常规式开发和再开发鸟瞰图

缘怎样在常规分区规划规则下通过公路商业而改变道路特征。

这个区的过去意味着它有什么样未来来呢？首先，变化总是从这个区开始，变化也并非总是负面的。第二，过去五十年，变化是由汽车发展而导向的，除非采取比较强硬的手段，否则汽车还将决定那里的发展方向。第三，变化有时发生的非常迅速，如果听其自然，它便会沿着商业走廊的方向一直走下去（见图8-2）。第四，最近的发展倾向表明，这个交通走廊正在变成这个镇子的主要购物区，那里提供了许多日常商品和服务，通常这些商品和服务只是在历史的商业中心才会有的。这种倾向可能令人失望，但是，它是一个客观事实，我们不能回避。

这个镇子应当把握住这种倾向的正面效果，保证把这个区域变成一个繁荣的、步行导向的商务区，而不是又一条沿着交通拥堵道路的商业带。爱伽特镇非常重视它的历史和它的历史资源，这些特征并非像旧城镇中心那样凸现在主街上，这个区域特征存在于对那里过去的恢复之中，包括若干个开放的田野，一些树林和保留至今的那些住宅。这些特征都与这个地区的历史紧紧相连，它们在上主街和历史核心区之间形成一个和缓的过渡。

总体规划和它的推荐意见

镇里制定的总体规划和分区规划规则作出了这样一个假定，建立在城镇景观原则上的场地规划和设计将导致这个区域按照反映这个社区特征的方式增长，这个规划没有提出固定空间布局要求，而是提出了一些基本的新标准，以此作为设计指南，也是对未来开发计划进行评审的标准。大量设计和规划方式可以有效地帮助房地产所有者满足总体规划目标的要求。以下就是规划中提出的推荐意见和提议的规则。

一般原则

● 使用精心规划和设计的增长来把沿路带状商业区转变成为步行导向的商业区。

● 通过创造性的场地规划和设计来解决开发和保护的冲突和管理沿上主街的增长。以总体规划和改善了的法规为基础来制定所有新的规划和设计，以总体规划和改善了的法规作为包括所有利益攸关者在内的解决问题的基础。

景观建筑和场地规划

● 把新的建筑物或附属建筑物靠近上主街布置，而把停车和服务区置于建筑物背后。这种方式产生一个传统的立面"街道线"，建筑物对道路形成一个有吸引力边缘，而不允许大规模停车场支配视觉。

● 在建筑选址和设计上，鼓励多样性、不规则性和独特性，努力反映爱伽特镇传统模式的整体风貌。

● 使用篱笆、灌木丛和其他一些传统的方式来划定地产与街道"正式但友好"的关系。

● 通过沿上主街组团式布局建筑物以便产生有一定规模的、有意义的和步行导向的开放空间，这些被保护的开放空间沿着道路的其他段落和成排建筑的背后布置。

● 通过执行商业开发权转移政策和对房地产业主进行赔偿的办法，来保护这个地区至今尚存的一些开放空间（见第九章）。

● 鼓励沿着道路种植规模较大的行道树，以便遮荫和形成闭合的感觉，创造一种"户外房间"的氛围。

● 以变化的、组团的方式来安排建筑物，相对靠近街道。

● 鼓励沿上主街和购物区形成步行导向的环境。允许这个区变成一个目的的，而不是停车场的汇集。

建筑

● 这个区的新建筑设计不应当复制爱伽特镇的传统建筑，而应当在尺度、体积、屋顶形状、山墙方位、窗户规模、形状和间隔、外装饰材料上传承历史建筑风貌。

● 鼓励创造性地采用传统爱伽特镇的建筑形式和风格，特别注意与传统建筑的衔接。

● 房地产业主应当重新使用和更新改造老建筑物，而不是简单的推倒它们。

● 新的建筑物单体不应当规模过大，还应当把它分解为若干个较小规模的建筑物，衔接起来，形成一个群。

停车和交通

● 要求把停车场建在商业建筑物的的背后，沿上主街产生一个固定的建筑边缘，减少交通量。

● 鼓励设计有效和有吸引力的停车场。要求形成多样性的景观以便产生荫影，在车辆和邻近住宅间形成一个缓冲区。

● 鼓励合并和分享停车位。使目前相邻店铺之间那些随意分布且不相连接的停车位合理化。

● 在现存临街建筑物背后建设新的道路和相互连接的停车位，以减少交通拥堵。

● 把大量零星的和缺乏组织的"切割边沟"的入户车道合并成为少量明确的入户车道和四个方向的交叉路口，以便在交通高峰期可以由警察来管理。

● 在上主街以北的林地里建设一个可以容纳450辆汽车和公交车的停车场。扩大和鼓励最大规模地使用公交系统，以减少爱伽特镇街头的交通流量。

公用设施

● 下水系统的延伸为改架空线为地埋线提供了最佳时机。架空线影响了上主街的视觉特征。

分区规划

计划调整的分区规划把总体规划的意见转化为专门的法律术语，强调使用设计和执行标准来实现总体规划的目标。分区规划的表达与总体规划和规划图所表达的内容一致，分区规划鼓励创造性地使开发计划满足总体规划的要求。分区规划中所要调整的内容包括：

● 赋予这个地区的大部分商业使用具有可撤销的和有条件的许可证，以便改善规划强制执行的能力。

● 要求所有计划项目在退红、体积、入户车道和停车场位置、景观与缓冲区、建筑尺度和容积率服从总体规划标准，以此作为特殊的项目批准条件。

● 通过特殊的审批过程，要求新开发与爱伽特镇的传统结构特征和尺度一致，推进步行和交通安全，合并现存的"切割边沟"的入户车道，阻止扰民性的商业活动向居住区延伸，保护从公共场所可见的景观视线。

● 允许大部分商店和办公的楼上可以用于居住，鼓励混合使用，以反映传统城镇中心的功能，提供多种住宅类型，增加步行活动水平。

设计指南

以下指南是对总体规划和一般推荐意见的补充。设计指南不具有法律效率，但是，它向任何有建设、扩张和更新计划的人表达一种愿望。这个镇在未来可能会把指南的内容并入官方的设计审批程序之中。

建筑品质

按照爱伽特镇的传统，建筑物一般紧靠街道，形成一个固定的建筑边缘。虽然它们的前庭退红未必一致，但是这些建筑物对街道的关系大体一致。建筑类型和品质的多样性，在退红、草坪或开放空间面积和场地特征上的细微不同，在沿街建筑的整体一致性基础上，表现出多样性。

应当从这里提到的建筑品质来看待爱伽特镇中心的特征。例如，建筑物应当沿街边缘布置，最大和最小退红在15～30英尺之间，允许安排新建筑或填充新的建筑，遮掩建筑物背后的停车场和空地，这样形成一个统一协调的建筑边缘。新建筑物的单体应当缩小到类似居住建筑的尺度，分解为若干个尺度不等朝向各异的单体建筑，再组合成团，以创造较小的闭合步行空间、封闭入口和入户车道（在第二十一章中，我们将通过"村庄公共绿地"和"肯特镇中心"两个案例来说明这种方式）。这是老爱伽特镇的一种典型建筑方式，可以在商业建筑中采用这种方式，允许把大体积单体建筑分解为相互连接的小体积单体建筑组团。

建筑高度

应当鼓励沿上主街的建筑物按2层或2.5层的高度建设。典型的一层新商业建筑在高度上难以形成沿街闭合的效果（我们在第九章中进一步讨论这个问题）。单层商店实际上排除了在此之上形成多样性使用的可能性。

如果采取较高的建筑高度，底层一般用于零售，二层以上用于办公、居住和不需要在底层进行的所有服务（复制中心，理发店、牙医和旅游服务等）。

屋顶

爱伽特镇的屋顶标准斜度一般在8：12到12：12。应当避免平屋顶或低斜度的屋顶，以及过陡的屋顶。新建筑物多样性的屋顶高度、山墙方向和体积能够帮助强化爱伽特镇的传统特征。

建筑设计

建筑设计应该反映但非仿制传统建筑的尺度、比例和街道关系。在不超出周围建筑物的尺度、不打乱传统前庭退红模式、不破坏已有建筑立面所形成的历史的"街道边缘"的基础上，实现建筑的多样性和个性。建筑的前立面应当在高度上与上主街的传统高度适当相联系。在以协调的方式利用相关的传统建筑因素和避免模仿基础上产生的后现代建筑，可能适合于这个商业区。创造村庄式的建筑组团，避免用沥青铺装的停车场或草坪把建筑物孤立起来，这一点也是同样重要的。

建筑元素，如天窗，应当与整个建筑成比例，也应当与周围的建筑氛围一致，应当避免夸张建筑元素。适当使用传统的和当代的建筑细节能够使新建筑产生多样性、趣味性和传承文脉。

建筑材料

传统的建筑材料能够使新建筑产生传统的建筑效果。但是，不能单独依赖它们来创造建筑特征。如果建筑物在尺度、比例和布局上与传统原则不一致的话，历史的建筑材料是不适用的。

橱窗作法

橱窗在所有主立面上的比例和位置对于包装新建筑是至关重要的。爱伽特镇典型的橱窗是矩形、竖向和由白色的窗框承托的。新的橱窗制作方式可以从多样性的传统窗户中吸取一些特征因素。应当避免窗体的过分规则或不规则，当然，可以使用大型的橱窗和玻璃墙式的橱窗。如果不能完全禁止圆形、八角形和分格式橱窗，至少应当大大限制它们的使用。橱窗的位置应当反映这条街上立面的传统"节奏"，提供建筑上的协调。虽然爱伽特镇的立面中有时也包括了一些古怪的橱窗，但是，整体和谐是十分重要的。新建筑的设计师应当研究和采用地方橱窗的模式。

标志

适当的标志能够帮助这个地区在驱车和步行之间做一个转换。用公交车连接的新停车场、重新组织交通和使用共同入户车道等，都需要相互协调的标志系统，以引导驱车者到达目的地，鼓励使用公交车。为了实现这一点，有些标志可能要超出目前规定的12平方英尺的面积。16～22平方英尺的面积一般可能更适合于B-2分区，因为那里的行车速度和行车距离都要比市中心区大。精心设计的木制或金属制的标志，容易实现这个尺寸要求。一个设计良好的标志系统能够帮助形成这个区的统一性，使这条街产生比较正面的形象。

照明

这个地区夜晚的特征十分重要，因为晚上利用这个地区还是很平凡的，特别是在冬季。典型的商业带通常使用高亮度的钠灯，它桔黄色的灯光照耀着街道和停车场。为了避免这种情况，这个地区的户外灯调整灯光色彩，同时还要做一些灯光屏蔽，不要影响相邻的居民。使用大量的小路灯来减少个别灯具的照明强度，小路灯的间距大约在12～18英尺一盏。在那些较小的步行区，特别是在那些灯光发挥重要作用的地区。应当使用白炽灯。

实施过程

为了能够在利益冲突、解释歧义和记忆含混的现实世界中执行总体规划，总体规划必须足够专门地说明现实的和可见的未来，同时还要具有一定的弹性，以便可以处理发展中出现的特殊情况。通过描述一个清晰和有针对性"远景"，一个优秀的总体规划能够保证，在保护城镇和抵制无管理的增长时，房地产所有者的权利会得到尊重，他们也能够开发（或再开发）他们的房地产。实施通常包括若干个阶段。

交流

当房地产所有者和开发商理解了他们能能指望什么时，他们更有可能提交一个与镇里的目标和标准一致的计划。因此，上主街的总体规划包括鸟瞰图和其他一些规划图，这些图清晰地展示了所希望的有关这个地区的形式和设计，而没有规定太多的特殊因素（见图8-3）。自1989年通过这个总体规划以来，房地产所有者和开发商已经开始提交与这个总体规划政策和规划图非常合拍的计划，因为他们知道镇里究竟要求什么。清晰和准确的公共目标能够帮助改善开发规划的质量，因为申请人希望避免审批过程的推迟。另外，说明这个地区按照常规"道路商业"带状分区规划可能出现的未来的鸟瞰图告诉申请人，爱伽特镇特别反对的开发类型（大体积建筑物，深度退红，周围由沥青铺装的停车场所环绕等等）。

协商

一旦提交了开发计划，对话和协商过程应当开始，它要求所有的利益攸关者按照总体规划和相关的规则共同创造性地解决他们的问题。地方官员、支持者、邻里和其他有关人士应该尽量不要以对手的身份而以解决问题者的身份来参与评估过程。所有可能产生冲突的各方都应当鼓励坐下来，使用场地规划和总体规划推荐的设计方式，来解决他们的困难。尽早对目标进行评估可以在规划进行的太深入之前避免后继的冲突和开展讨论。

结论

上主街正在变成爱伽特镇最繁忙的地区，那里提供了许多原先在历史中心才有的商品和服务，而历史中心的商店开始向旅游导向的服务转移。即使上主街已经发展成为一个线性的和公路模式的商业街，当它还在发展时，仍然可以通过一些步骤扭转这种倾向。如果精心设计和规划，未来的发展能够成为重新按照传统的方式塑造这个地区。

总体规划为这个发展过程概括了一个远景。需要使用房地产所有者的权利来管理增长。这个规划使用了足够的专门的形体和程序性细节来说明这个远景，为这个地区的发展提供了清晰的过程。这个规划可以相当灵活地反映形势变化。

在这个意义上讲，这个规划是两个时期规划的混合产物，一类规划产生于20世纪的前半叶，它们是有关形体的老式总体规划，一类是比较松散的政策和程序导向的规划和土地使用规则，它们在过去40年中得到了广泛的应用。由于纯粹形体的总体规划太不具有弹性以致不能对变化做出反应，所以这类规划常常失去了实际的工作意义。它们如此难以实现，又过于详细，所以，地方官员受到法律、资金和法规的限制，几乎不可能实施它们。另一方面，仅仅以文字表达的政策，数据和土地使用规则式的规划常常忽略了重要的形体规划和设计问题，而这些问题决定了规划的结果在公众看上去和感觉上如何。

上主街的总体规划允许在清晰和有针对性的形体规划基础上做一些调整。开发需要以尊重这个镇特征的方式进行。按照总体规划，在敏感的开发交易中，给土地所有者和开发商比

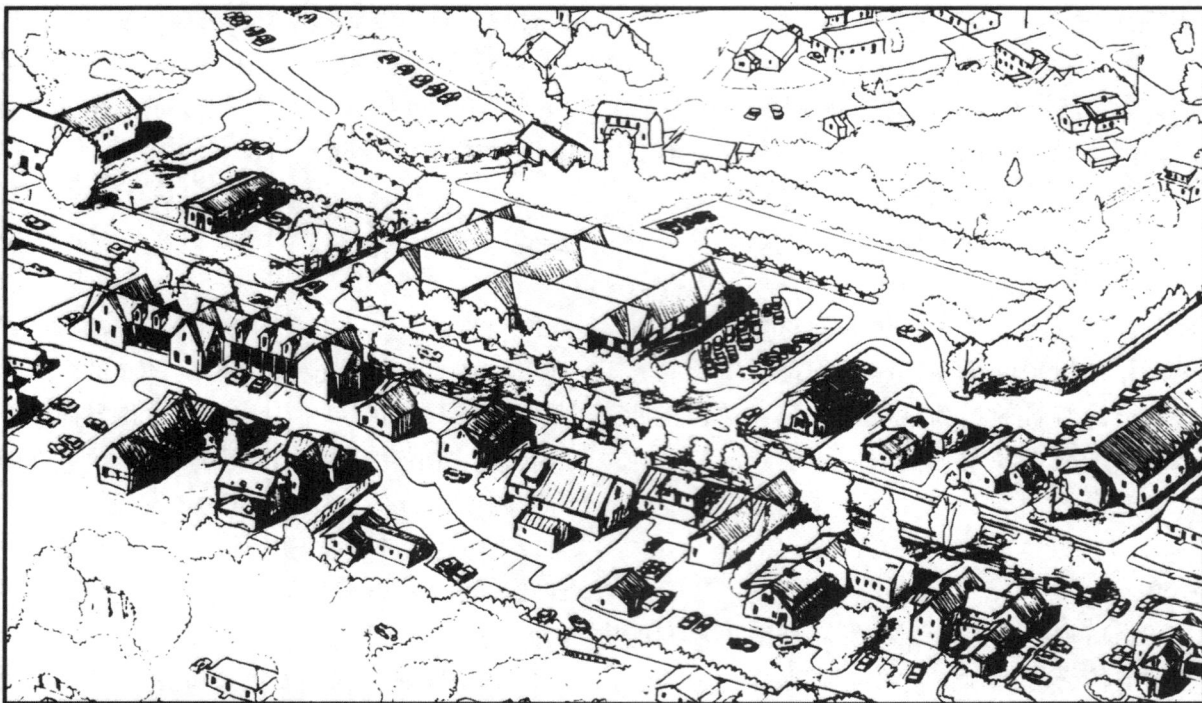

图8-3　创新式开发和再开发鸟瞰图

较合理的机会了解如何快速地批准了他们的项目。保护和历史保护倡导者能够获得保证，未来的增长会按照最近改善这个地区特征和环境的那些案例所采取的方式发生。

建立在这个地区历史传统基础上的设计能够把过去最好的因素转换到新的塑造未来增长的方式之中。即使这意味着现在处理的是停车场和现代基础设施而不再是马车道和码头了，爱伽特镇过去三个世纪所留下的优秀设计也应当在第四个世纪中得到延续。

第三部分

实施方法

第九章

镇中心和沿公路的开发

由于这一章的目标不是要求，只是鼓励，混合使用镇中心和公路沿线适当位置上的土地，所以，这一章在题目有意避开使用"商业开发"这个术语。不幸的是，几十年来，许多小社区沿用了常规分区规划，以致把居住、办公和商业活动分解到它们各自的"区"里。这些好的愿望和不好的规则终究常常导致这样的结果：城镇中心19世纪商业街区的房地产所有者，计划在中心地区做填充式建设的企业家或者在城镇边缘或高速公路交叉路口做开发的开发商，都没有在混合使用土地上得到鼓励。这一章考察开发（再开发）的问题，首先考察城镇中心的开发问题，然后考察沿着基本道路网络的那些土地的开发问题。正如我们会清楚地看到的那样，许多城中心的开发教训也是沿道路开发的教训。

镇中心：维持它们至关重要的功能

由于小城镇的中心区域传统上包括了城镇的基本购物设施，所以，可以理解为什么城镇中心几乎成了零售功能的代名词。人们这种有限的感觉使那里通常在分区规划上被划分为只有商业功能的分区。

虽然那里通常也有市政办公和社会机构，但是，直到人们感觉到市镇中心的活力所剩无几的时候，他们才会认识到保持市镇中心活力的极端重要性。事实上，为了使市镇中心获得成功，那里必须既具有良好的零售业，还要具有足够的市民生活基础存在（市镇厅、公共绿地、邮局和教堂等等）。其中一个发生问题，

另一个也会发生问题。

随着强大的离心力（交通流量巨大的公路旁的大型停车场）对购物者和销售者所产生的影响，理性的官员们会持续受到维持市镇中心活力的挑战。他们会逐步发现，他们总是疲于奔命地试图维持市镇中心的关键设施（如邮局），囊中羞涩地寻找税源来建设或扩大那里的公共建筑。

随着与马萨诸塞阿默斯特市行政辖区相邻的一条公路商业带对这个市中心所产生的严重挑战，阿密雷斯特的市中心开始逐步丧失掉它的关键商务发展机会。当然，那里优秀的官员也在努力提高市中心的竞争性，例如，市镇中心的分区规划不仅允许混合使用那里的土地，而且也鼓励那里的商务机构分享停车场。当各类使用者的停车时间具有互补性时，购物者白天使用那里的沿街停车场，而居民夜晚使用，周日还提供到教堂去的人们便用，这样，那里的沿街停车场发挥着多重功能。

另外，在主要成排商店、镇办公建筑和两个私人商店的背后，都建立了沿街停车区。在那些没有紧靠私人房地产的地方，私人和镇政府签署协议，允许安排一些停车位和掉头车道。当一个大型邮局坐落在城镇中心地区以外之后，镇政府和商会经过12年的斗争，最终迫使美国邮政局镇中心原先的老邮局建筑里保留一个邮政分支，继续在对外营业。

相类似，根据比较早期的一项决定，这个镇在中心地区建设了一个老年公寓，从那里去邮局和镇中心的商业街都很便利。警察局与市政厅和公共绿地仅几步之遥，当然，购买这块

马萨诸塞阿默斯特

North

停车场
建筑

图9-1 在马萨诸塞阿默斯特的中心区为地方性商店和服务机构顾客提供了停车位，当然，它们都布置在这些建筑物的背后，以便不要打乱了传统的成排商店的城镇景观。许多社区都要类似于阿默斯特镇的供顾客使用的停车位，这些停车位功能尚好，只是在街上看不到它们。（这种方式证明，除非驱车者在商店前看到停车位，否则商店红火不起来的看法是不正确的）

土地颇费周折。因为那里曾经有一个大型历史性建筑，必须把它搬走。镇里雇佣了建设警察局和扩大公共图书馆的建筑企业，他们强调新建筑一定要在设计上实现与周围历史的文脉相和谐。

图9-1是阿默斯特市镇中心图，在主街两边，按照传统方式布置着小型和中型建筑物，在这些商业和混合使用的建筑物背后，建设了一定数目的沿街停车位。

我们在这里并非特别引导读者关注阿默斯特，而是强调究竟有多少决策和行动可以使一个新英格兰城镇避免摧毁它们的城镇中心。另外，镇里官员面对种种困难时的工作应当是主动的，而不能是被动的。这一点极端重要，因为如果没有市镇当局的前瞻性和目标，许多事情不可能完成。

尽管阿默斯特的市镇当局做了多方面的努力，但是，总有一些变化会超出它的控制或影响。最明显的案例是，几年前，市镇中心的惟一一家食品店搬到半英里之外的一个较大的场地上去了，最近，又有一家在那里颇具地位（这家店与以上所说的食品店一样）的妇女服装店计划搬到邻近的一个镇子的大型购物中心去。近年来，类似事件偶有发生，如这个镇子惟一的一家药店和五金店，也离开中心建新店。

这个镇中心面临的另一个困难是，如何维系市镇中心的功能。1991年，镇中心的一家加油兼顾汽车维修的店铺计划关闭汽车维修服务，把那里变成一个24小时的加油站和杂货店，不再维修汽车了。一些人给地方周报的编辑多次写信表达了他们的义愤，认为这样一类极端方便和有益的商业服务退出市镇中心，必将严重影响市镇中心的活力。这是惟一一家距马萨诸塞大学阿默斯特校区只有步行距离的加油兼顾汽车维修的店铺，大学的工作人员、学生以及镇中心的购物者和商店经营者曾经都在那里维修汽车。

如同许多小城镇分区规划法令一样，阿默斯特的分区规划法令没有预计到用销售口香糖、瓶装水和小点心的杂货店替代汽车维修站会怎样影响市镇中心的活力。社区居民支持维持该店现状的要求增加了"分区规划调节委员会"和"设计审批委员会"与商业服务提供机构进行交易的筹码。这家大型连锁店不希望引起民愤，最终决定在加油站增加加油设施和较大的地下油罐，然而，它们始终没有因为公众意见而改变它们的决定。当然，公众的观点在一定程度上使市镇官员（在分区规划中没有明确标准的条件下）采取比较强硬地立场来反对这个加油兼顾汽车维修店的变更计划。

在小城镇所面临的诸种威胁中，正如阿默斯特市的例子，加油兼顾汽车维修店的变更也许是最令人担忧的。它代表了一个大型商业集团为了它自己公司的利益而推行一种缩减商业服务范围的方针，而忽略这个方针对一般公众社会福利的影响。

阿默斯特市规划委员会的主席仔细思考了未来如何对中心区的商业混合施加更大影响，以便把五金店和食品杂货店重新引回中心商业区，然后，他给地方周报的一个编辑写信，鼓动公众购买一个大型的商业建筑，然后，通过租金补贴的形式吸引特殊的零售商。但是，镇政府变成一个商业房地产主并非一个好主意，尽管历史的新英格兰小镇的确存在这种情形（例如，我们在第二章中介绍的那个例子，马萨诸塞洛厄尔的老市政厅的一层是商店，市政府利用二楼办公）。

为了保证镇中心有一定比例的居民居住在那里，可以对分区规划规则作一些修正，不只是允许，而且包括一些特定条款，如新建或扩建的商业空间应当在商店的楼上或背后包括一定的居住空间。商业区可以重新定义为"混合使用区"，批准建设新的商业建筑或办公建筑的条件是，提供一定量的居住单元（除开场地条件不允许）。没有这样一种强硬的措施，

在下午5、6点之后，这些小城镇的中心可能变成"沙漠"。这里有两个把零售、办公和居住结合起来的例子，一个是加尼福利亚拉琼拉的"画廊村"，一个是华盛顿州班布里奇岛的"绿色的温斯洛"（我们在第二十一章中将说明这个两个案例）。在拉琼拉，由6个零售店和一个银行营业处组成的一排店铺的背后，建设了一个停车场，其中一部分的楼上部分包括了5个居住单元。在班布里奇岛，2000平方英尺的底层商业的楼上建有34个住宅单元（地处市中心交叉路口，背后为半英亩的"公共绿地"）。

在地方政府建立分区规划把各类空间使用分割开来之前的那个时代，这类混合使用十分正常。现在学习过去并非太晚。虽然要把楼上用于居住，的确需要花费一些投资来改造老的建筑，但是，对于新建筑就没有这个问题，花费不应当成为避免改造建筑用于居住的托辞。

当然，那些在土地使用上的确会发生冲突的地方，混合使用的要求应该具有弹性。例如在炸鱼或炸鸡店的楼上，住人总是不适当的。这类商业建筑应当完全排除用于居住或严格受到"邻里友好"执行标准（如通过适当的楼板处理或适当的通风设施）约束的条件下用于居住。

简单地把所有的居住与所有的商业使用分开是有害的。现实的世界总有一些例外，但是，只要我们使用一些保险措施，大部分令人烦恼的问题可以依靠智慧得到解决。在《处理变更》（阿伦特，1988）的场地审查规则中就有这类执行标准的例子。

强化城镇中心零售功能的措施总是需要的。罗德岛的维斯特里从提高镇中心商业档次，吸引新型商业的方式，把商业和服务混合起来吸引更大范围和更大数目有规律的顾客。1985年的"市镇中心开发规划"曾提出过需要投资巨大的改造，所以，没有完全执行起来。于是，维斯特里镇把工作重点从旧城的形体改造（历史建筑维修、新的路灯、增加停车场、较好的交通安排）转移到协调市场上来。

1991年，"维斯特里（罗德岛）/帕卡图卡（康涅狄格）联合开发工作小组"雇佣了一个咨询公司开发一个市场战略，补充一些特殊商业企业，包括大型连锁店到其他新英格兰城镇的商店，它们可能希望在维斯特里再开一家店（利伯曼，1991）。这种方式的核心是承认，面对商业街的市场开发者的挑战，城镇中心也需要雇佣一个经理专门制定一个适当的零售计划，把计划中的商业企业吸引到商业区。

维斯特里在处理多个房地产业主，有时还有令人厌烦的市政管理规则时，维斯特里提出建立一个由零售商、房地产业主和地方官员组成的协会，合作寻求顾客（投资者或店主）。城镇中心的一个房地产业主通过豪华装修来吸引隔壁建筑里的零售商常常会适得其反。简言之，为了生存，许多社区市镇中心的各界人士正在打算更好地组织起来，共同应对市场的挑战。维斯特里所提出的许多方式类似于国家历史保护信用社所提出的"商业街项目"。读者可以进一步了解有关它的信息。

宾西法尼亚切斯纳特赫镇在城镇中心房地产业主和商人之间的合作的确具有意义。琦斯那特赫镇是一个19世纪的郊区，有人口18000人。那里的商会协调开展每月的特殊销售日，以"平面百货店"的广告词把所有参与商店集合在一个旗帜下。更为特殊的是，切斯纳特赫镇给顾客提供方便的停车场。过去40年，一个私人非盈利的停车场基金建立了8个停车场（379个停车位），它们均在成排老店的背后，使用的是多个地产主所有的土地。这个基金以每年1美元一个停车位的价格再出租给地产主所有者和店主，同时，从他们那里收取现金以维护这些停车场（如铺装、打扫卫生、扫雪等）。这些地产主所有者和店主都认可联合起来在他们店铺附近建立规划得当停车场的好处。他们在他们的店铺里向顾客出售停车票，30分钟1美元（此费为这个地区的停车收费标准），同时，当顾客从这些商店购买停车票时，再获得30分钟免费停车，合计1美元1小时的停车费。这样，8个停车场完全自负盈亏，不需要地方政府的资金支持。

镇中心：维持它们的传统形式

城镇中心随着岁月的流逝总要发生变化，但是，这些变化并非一定要以摧毁社区的特征为代价。我们可以很容易地想到那些空地空房或使用率不高的建筑物需要做一些改变。火灾和再开发是使城镇中心处于风险之中的两个重要因素。火灾无法预测，而房地产价值的逐步上升也会使大部分居民和地方官员惊讶不已。房地产价值的上升会引起建筑物的更新和重建。最谨慎的政策是听之任之，所有的建筑和土地使用总是无一例外的要变化的。

第八章"沿主街填充式商业开发"的图8-2说明，按照常规开发模式可能产生的结果。这里没有夸大其词，而是在对新建筑物的规模和模式做出分析，对停车场的可能需要做出计算之后，假定按照目前使用的分区规划，马萨诸塞爱伽特镇可能出现的城镇景观。不幸的是，大部分土地使用规则很少涉及到新建筑物的规模、模式、设计和位置。实际上，这些变量决定着一项新开发是否与社区相协调，或者是否打乱了城镇景观的传统节奏。

这些因素并非只是细节，也不只是产生一些不重要的结果。如果用一个单层石结构建筑物及其可以停放8辆汽车的前庭来替换一个具有树荫遮避的山屋顶木结构两层楼的建筑物及其场地，变化就具有了根本的性质，它将深刻地影响到那里的街道特征。

对于沿城镇主要街道所展开的新开发的规模、模式、设计和退红，大部分市镇当局采取的都是听其自然的态度。这就意味着说，市民和地方官员不用关注未来的变化会怎样地影响社区的视觉特征。甚至可以这样讲，"在广告满天飞的社会里，街道景观也是任意改变的"。

当然，更有可能的是，没有鼓励人们去思考现行分区规划可能带来的重大负面影响。在

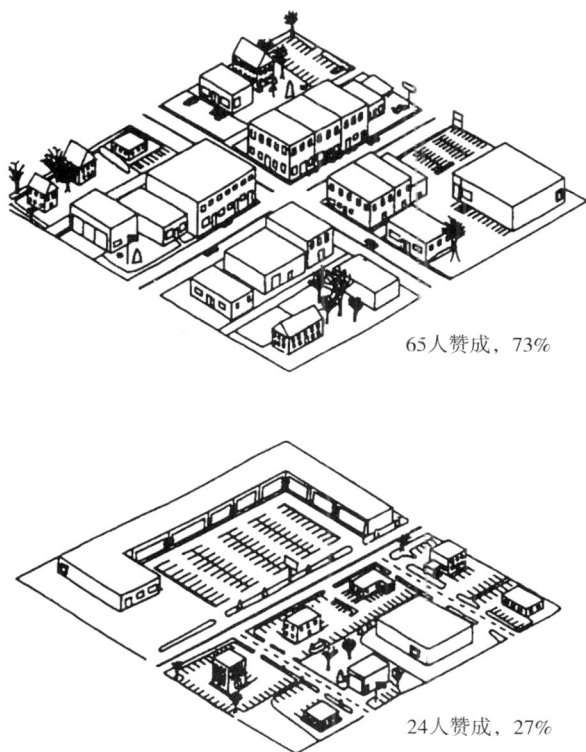

65人赞成，73%

24人赞成，27%

图9-2 来自密歇根利文斯顿县规划部的图示问卷，了解地方居民和官员们比较青睐的建筑形式和停车场安排。73%的人指认A图，可是，A图所示模式与这个地区的分区规则不一致。为了建立起传统的街道景观，仅仅依靠不执行分区规划规则是不够的，有必要执行最小前庭退红和后院停车。

密歇根的利文斯顿县，县里的规划师给地方委员会的成员每人发了一份图示的问卷，了解他们对商业开发的形体特征的看法。图9-2就是这个问卷中的一张图，相配合的问题是，"对你来讲，那一张图看上去更像乡村小镇？"89个人对此作了回答，73%的人指认A图，24%指认B图。根据这个调查结果和多次的讨论，利文斯顿通县的规划师着手帮助县规划委员会的委员们重新评估他们的地方分区规划规则，鼓励如图A所示的传统类型的开发。

乡村居民和官员已经在一定程度上了解到，他们城镇中心和其他一些类型的商业分区规则有可能使他们的城镇中心丧失掉特征，逐步变得没有吸引力。从这个角度出发，他们担心，保护城镇景观会与房地产所有者的宪法的权力发生冲突。但是，建立"最小退红"和要求把停车场建在商店背后这类分区规划规则不

会得不到批准。

对建筑物的高度（或楼层数）加以限制也是合法的，而对建筑设计的限制一般要求建立专门法令。市镇当局（在规定的历史保护地区之外）在规定建筑设计方面的权力各州规则有所不同，但是，在把建筑设计与允许的土地使用强度联系起来的方式却是一样的，使用这种方法，社区可以确定一定强度的商业使用（如理发店、礼品店、书店、花店和古董店）是"正确的使用"，它们仅仅受到一定标准的约束（最小退红、最小停车场等等）。

其他所有使用受设计审批标准约束，也许在批准时附加"有条件使用"或"例外"等条款。建立或扩张这类使用应当是"授权"的，而不是绝对权力。如果开发商要求增加一个地方的商业使用强度，那么，他们必须满足一定的填充式开发的要求，以便实现与城镇特征的协调。

笼统地从地理上定义"传统特征"是不适当的，因为，区域不同，传统特征也不同。基于这个理由，应当从一个特定的地方出发，通过对建筑材料、建筑风格、前庭退红、十字路口、景观元素（包括篱笆、树篱和墙）、正式或非正式的、建筑间和建筑与街道之间的那些开放空间的考察，最后来界定构成"传统特征"的属性。

在本书的附录里，我们收录了一个建筑设计标准，它是有关在传统街道景观地区做填充式开发时所采用的建筑设计标准。虽然这些标准与19世纪的新英格兰小镇关系密切，那些地方的屋顶形式或建筑材料有些特别，但是，它所涉及的建筑要素还是具有普遍意义的，关键部分是协调"连续性"和"当代方式"。这个标准反对把一个建筑当作一个独立客体来设计，不考虑它与周围建筑的关系。这个标准鼓励当代设计，只要这个设计尊重和反映了相邻历史建筑的尺度、比例、节奏和状态。"这些传统建筑价值应当在当代建筑设计中得到诠释，而不是直接使用历史建筑的细节和装饰。

建筑设计也必须具有内在的一致性，禁止把不相关的风格混合在一起。"

我们在第四部分将要讨论一些当代建筑与周边环境相适应的范例。马萨诸塞伯奇堂的"历史遗产广场"就是一个优秀填充开发案例。他们通过尺度和形状上的设计，把一个现代银行和办公建筑物嵌入与它相邻的19世纪的建筑中（一座教堂和一座居住建筑），不仅如此，这个现代建筑采用了与建筑同样的退红，以致保持了原有街道景观的整体性，停车场布置在建筑物的背后，那里还有一个新的邮局。

不幸的是，这类敏感的设计在这个镇子里只是一个偶然，这一点与大多数城镇一样：若干年以后，同样在这条街上，在道路的同一边，又一组办公建筑拔地而起，但是，这些建筑都建在地块的中间，在它们的前庭和左右两边都留下了大块的停车场。尽管这些建筑的风格还是照顾到了这条街上的主导氛围，但是，建筑在场地中的布局和停车场安排在视觉效果上破坏了这条传统主街的连续性。以后他们又失去了一次使用景观来纠正这个错误的机会。当时，镇里批准了一个种植树木、建设花坛和用树皮铺装地面的景观规划。但是，镇里没有坚持按照这条街道的传统风格，使用草坪和适当遮荫树来做景观。如果镇子里使用传统的植树方式，本可以创造出一条"街道边缘线"，增强这一段因建筑而削弱了的街道边缘。图9-3说明了这个观点。

如果一个传统城镇希望维持它核心地区的优秀风格，同时要求新的开发尽可能服从原有的核心区模式，那么，传统市镇中心的设计原则应当载入每一个镇的总体规划和分区规划之中。纽约州奥林奇县一个叫做"斯特林森林"的地方，制定了一个《斯特林森林综合规划》，计划建设一个混合使用中心。在这个规划"社区设计和镇貌"部分中就有关于市镇中心的设计原则的条款（斯特林森林开发公司，1991）（见图9-4）那里所提出的指南，包括要求如下：

建筑距离街道的退红太深

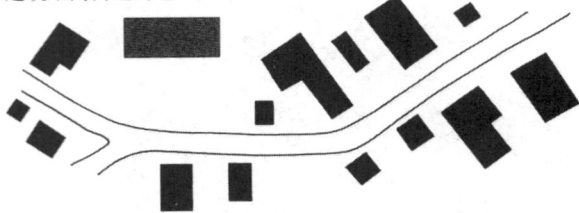

建筑维持了与街道的紧密关系

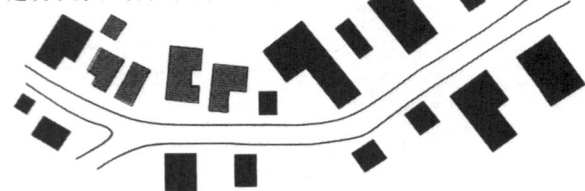

图9-3 类似这样的简单的草图能够用来（在分区规划规则中）说明一个观点，大量较小的建筑物靠近街道布置比起较大体例深度退红的建筑物更能产生城镇中心地区的和谐氛围，而较大体例深度退红的建筑物可能打乱那里传统的尺度和节奏。（资料来源：多德森设计事务所）

图9-4 多层建筑物形成了一个传统的"街道边缘线"，辅以遮荫树，建筑物背后的停车场和一块小"绿地"（图的左下方处），这张"斯特林森林"的鸟瞰图说明了十分敏感的镇中心设计原则。这是计划建于斯特林森林的步行导向的新镇中心。（资料来源：瑟德维库克设计事务所）

● 建筑正面必须维持一个一致的街道边缘，除开那些供行人进入建筑背后停车场的人行道部分；

● 建筑低层保留为步行导向的零售和服务空间，楼上用于办公和居住；

● 建筑高度应该限制在最少2层，最大5层，3～5层应当缩进，以保证街道在秋、冬和早春时节的采光；

● 鼓励建筑设计对早期建筑风格做当代的诠释，使用当地的石材，坡屋顶，开天窗，尖顶屋两端使用山形墙；

● 与主要社区建筑相关的三个大型公共空间包括中心广场（规模可以容纳临时的音乐会和市集），一个成排树木和草坪兼有的新英格兰式绿色小型广场（周边为一个旅馆、包括图书馆在内的多功能厅，托儿所、老人院和若干诊所），一个社区公园（紧靠一个综合关照设施）。

当然，对于非常小的村庄或乡村小居民点来讲，需要考虑不同的因素，一个新建筑物的规模一般都会超出周围建筑。在康涅狄格就有这样一个案例，一个叫做西曼的小镇，10年前建设了一个IGA超市。这个案列的创造性在于，他们把这个建筑物建在一片自然的树林背后，而在通往它的道路入口处矗立了明显的标志。从道路上，人们看不见这个超市和它的附属停车场。实际上，这种设计并没有影响到它的生意，因为这里的每一个人都知道它在那里，它是这里惟一的大型杂货店。分享这个场地的还有一个银行。正如图9-5所示，这些建筑

按照村庄模式布置，包括了消防站、市镇厅、老学校、教堂以及许多住宅。

提高城镇布局水平的填充式开发

填充方式可以用来提高城镇布局水平，特别用来提高那些无序增长，实质上无规划增长的地区的布局水平。许多社区都要这类地区，如果处理得当，附加的开发有助于形成规范的、具有凝聚力的和有次序的城镇布局模式，在传统城镇做类似的细微调整，可以起到同样的作用（这种细微末节的变化时常发生，除非有人指出它们，否则人们很难意识到它们的重要性）。我们已经在第四章中讨论过一些因素，有关这个主题的最好的参考书是《让填充式项目运行起来》（斯马特，1985）虽然这本书主要是关于城市的，但是，它包含许多说明和谐设计原则的案例。

佛罗里达布劳沃德县最近为戴维镇制定的一个在开发规划提供了使用设计原则创造一个布局良好传统城镇的案例。那里在过去几十年里逐步发展成为一个低密度蔓延式的郊区型社区。在戴维路和奥林奇路交叉处有42英亩场地，"戴维再开发代理"制定了一个远景规

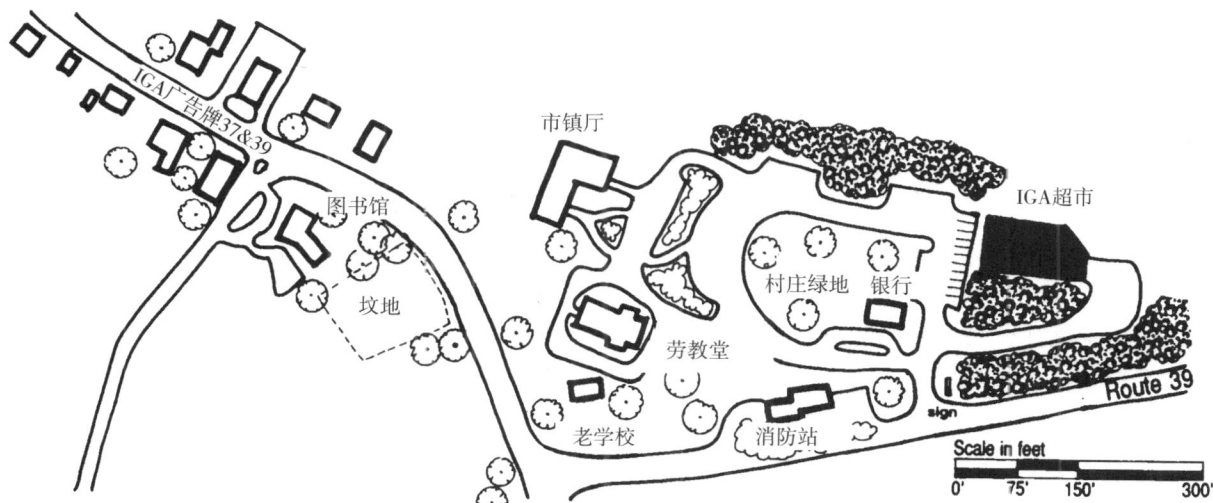

图9-5 尺度非常大或者与小乡村的整体风格相冲突的功能复杂的建筑物，可以布置在一片树林背后，以便减少对那里传统氛围的干扰，正像康涅狄格的小镇西曼那样（在那些没有树林的地方，或在一个大居民区，另一种有效的方式是，把大型建筑物分解为若干小型建筑物，把停车场和食品店布置在这些店铺的背后）。

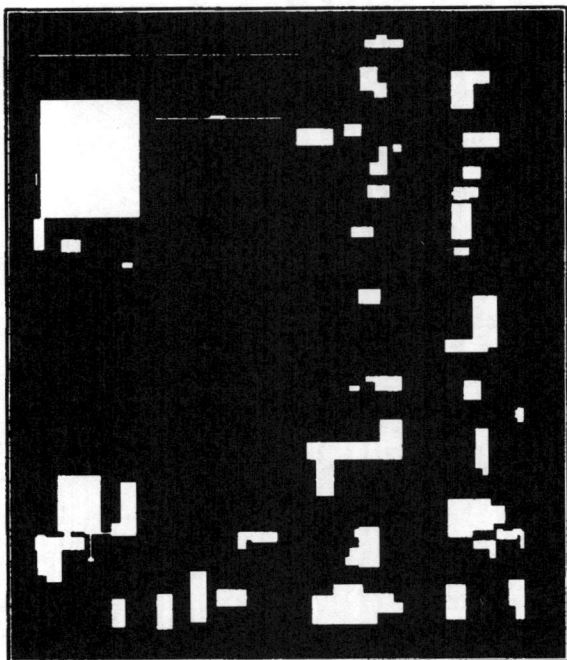

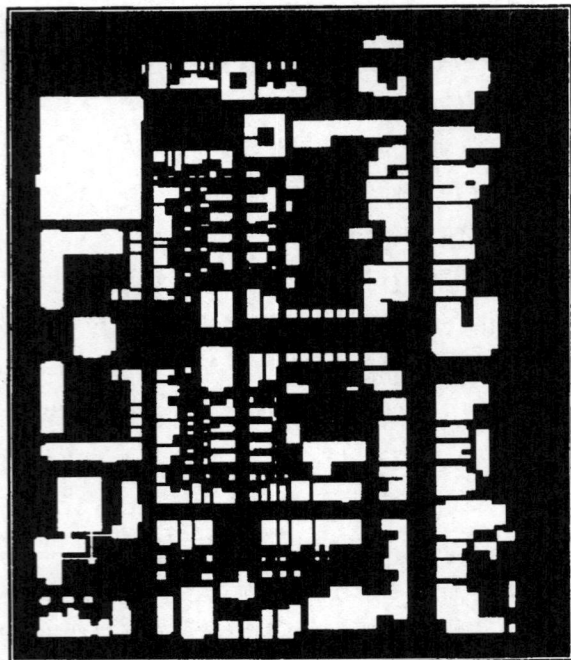

图9-6   这是佛罗里布劳沃德县戴维镇混乱的道路"带状"现状（左图）和未来规划布局（右图）的对比图。按照这个镇最近制定的综合形体总体规划，有可能沿着街道以填充和再开发的方式，重新安排建筑物、人行道、街巷后背停车场。（资料来源：戴维，1990）

划，试图引入一个经过调整的街道模式，有序地重新安排那里的建设用地。由迈阿密杜甫城市设计事务所制定了一个用地布局规划，如图9-6所示，包括建筑位置、结构模式、人行道和建筑物背后的停车场，公共开放空间。

街道除开用于车辆交通外，需要通过设计变成"重要的公共空间"，它在功能上与公园和广场一样重要（邓格普，1991）。建筑物之间的空间将在20年中逐步填满，这样，不同类型建筑物最终划出街道，当然，这些建筑物是按照一定的空间比例和位置参数设计出来的，而这类设计必须是建立在对佛罗里达老城镇的建筑形式和建筑物和街道关系的理解基础上，如文特公园和马杜阿。同时，建筑物还要受到一定使用标准的约束，即使居住、商业和公共服务不在统一的建筑物中。也要比较恰当地把它们结合在一起。

读者可以把戴维的"填充"规划与这一章开始时提到的阿默斯特镇中心规划做一个比较，它们在建筑和公园的规模和布局上都具有相似性。希望保持城镇特征的那些镇子应当坚

持要求，规划咨询者和希望参与开发的开发商熟悉它们将要开展工作的城镇的模式、规模和结构。否则，蔓延式的郊区开发非常有可能出现在那些镇子里。

有趣的是，在地方选举中，这个再开发规划成为了热点争论问题。所有反对这个规划的候选人都落选了，而支持这个规划的候选人则当选了。在地方议会审议这个规划的时候，这个规划毫无争议地得到了批准。通过咨询规划师的草图，决策者比较容易的达成了一致意见，比较顺利地通过了整个规划。咨询规划师的草图包括了若干张鸟瞰图。这些鸟瞰图假定，如果执行新传统设计标准和混合使用分区规划规则，在主要街道和相关地区所做的填充式再开发的最终结果如图所示。

图9-7、图9-8和图9-9说明了再开发场地的现状和未来，在规划上，主要道路变成了一条景观化的商业大道，在这条商业大道的背后将是紧凑型居住区，间隔掺插一些公共和社会机构的建筑物，还有小公园。地方官员很快就发现这个再开发战略得到了社区的广泛支持。

图9-7 左图为佛罗里达州布劳沃德县戴维镇现状的航拍图，右图为经计算机加工的再开发后的远景，包括了商业和居住在内的传统的建筑布局模式，以此作为对比。（资料来源：戴维，1990）

图9-8 佛罗里达州布劳沃德县戴维镇规划的商店和住宅的立面。（资料V来源：戴维，1990）

这个再开发战略旨在建设一条混合使用的"主街"和居住区，这种布局模式在1940年以前流行于大部分美国城镇。在街上和商业建筑的背后都有停车位；通过住宅院落背后的胡同和小路到达居民的车库。

　　沿主要街道的商业建筑建设分享的停车场是这个规划的创意之一（见图9-10）。使用"城市土地研究所"开发的计算公式，计算一周七天从早上8点至晚上10点每个小时的停车数量。由于这些场地采用了混合使用模式（商店、办公、公寓、市镇公共服务、一个电影院和一个表演场），所以，许多停车空间都有不同的人在不同的时间里使用。这个再开发规划对停车数量的计算结果是，停车空间在大部分

时间里是空闲的，而在周末下午表演场开放时可能会有10%的停车空间不足。当然，这个问题是在91%的规划建筑全部完成和对使用起来之后才会发生。如果7个看表演的人中有1个人搭乘朋友的汽车来，就不会有这种问题发生，或者有9%看表演的人乘坐公共交通，也不会发生这个问题。

　　虽然这个规划是野心勃勃的，但是它所采用的规划设计原则都可以用到较小的城镇和小规模场地上。对于那些只有几英亩大小的场地来讲，当它地处关键区位上时，与道路的连接方式十分重要。所以，街道布局应当是社区总体规划（或镇中心规划）的一个部分。戴维镇规划的设计师说："现在，不应该再批准那些

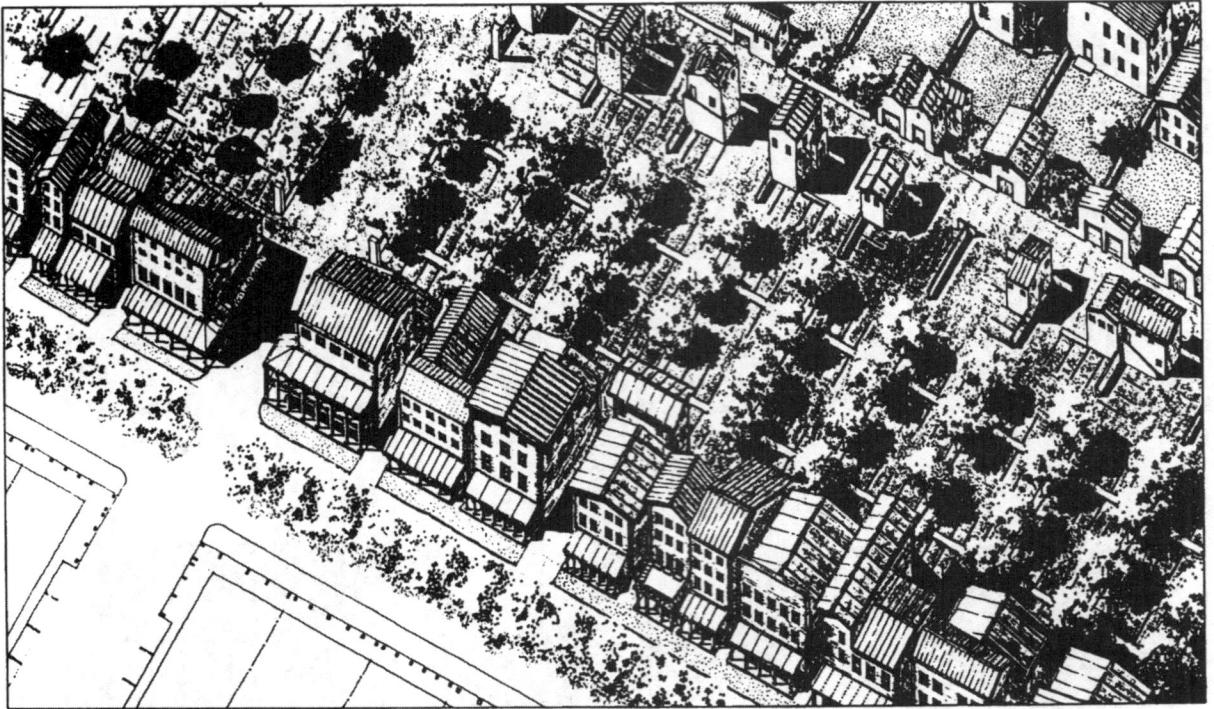

图9-9　这张鸟瞰图展示了佛罗里达布劳沃德县戴维镇新的"街道边缘"和建筑物背后的公园。（资料来源：戴维，1990）

图9-10　佛罗里达州布劳沃德县戴维镇建筑、停车场和连通的不同布局方式。（资料来源：戴维，1990）

只有数据和推论图表的规划了。……城市和县政府必须坚持在总体规划上用图示的方法说明真正的街道、建筑物的位置和使用。否则，不可能验证一个项目是否使用了综合的方式……仅仅依靠抽象的土地使用图不足以表达社区的远景。"（戴维，1991）

作为"室外房间"的商业街

如果要让新开发地区的商业街具有传统的氛围，那么，必须让它们具有"室外房间"的特征。正如我们在第二章谈论居住区街道那样，关键是确定街道宽度与建筑高度的比率。最宜人的宽/高比（从这个商店到街对面的商店，从人行道到屋脊线）为2：1和3：1。

在老城镇，3：1的比例比较常见，那里的街道大约宽60～80英尺，建筑立面的高度大约在24～36英尺（2~3层楼高）。在新英格兰地区一些小的沿海城镇，甚至还有更大的比例（如康涅狄格斯托宁顿的沃特街，其比例为1.5：1；马萨诸塞普罗旺斯的商业街，其比例为1.2：1）。除开美学的愉悦的感受外，3：1的比例（弗吉尼亚沃伦顿的主街，马萨诸塞韦尔费利特主街）允许在商业街道路两旁建立与大路平行的停车位。这一点可能是商业地区开发商所欢迎的特征。在设计马萨诸塞马西什的购物广场时，设计师在一个场所采用了不同的宽度/高度比，2.3：1～2.9：1，如图9–11断面图所示（尼格里，1990）。

也许在许多购物中旦，这种令人愉悦

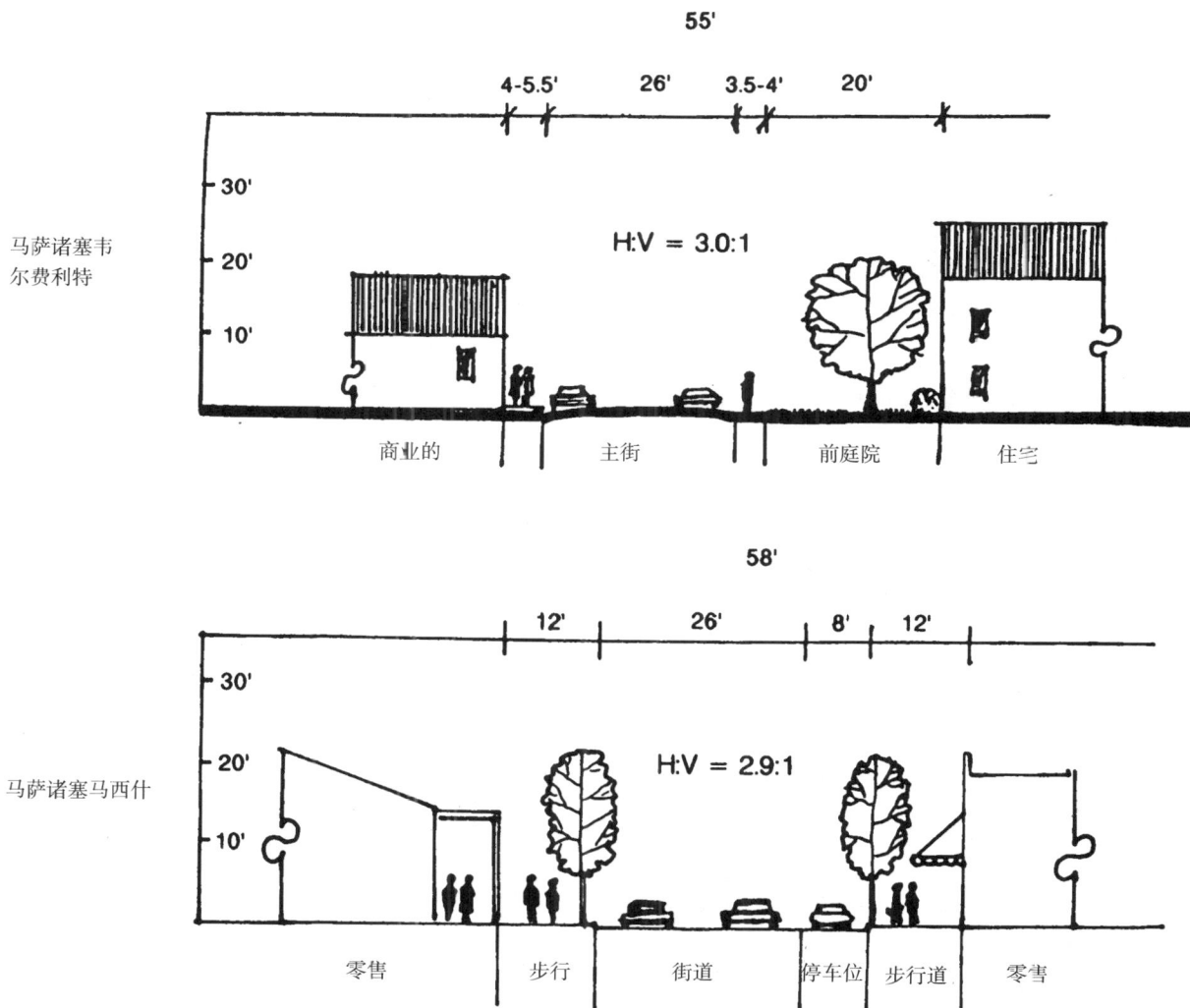

图9–11 街道景观断面比较，上图为历史性传统镇中心商业街的宽/高比，下图为新传统混合使用开发商业街的宽/高比。在新开发中创作"室外房间"的比例将成为这些地区特征的基础，而在商业和混合使用开发设计中，这一比例关系还缺少法规制约。（资料来源：尼格里，1990）

的空间比例关系很难得以实现。例如，马萨诸塞哈德里半球购物中心，内部的商店立面高度大约在15英尺，相当于"街"的步行道宽度大约在35英尺。在迪斯尼乐园，与模拟"城镇广场"相连的那些街道上，商店立面有几层楼高，但是商店之间的宽度如同一个广场，设置了花坛、树木和喷泉。设计这些户外空间的设计师应当了解这个比例关系。地方政府需要对此提出设计标准和指南。

镇中心公共开放空间的价值

无论是设计一个新的混合使用的地区，还是更新改造现存的镇中心，都应当认真考虑创造一个舒适的公共空间的机会。这些公共空间可能具有商业价值，同时又产生美感，这些也是我们在镇中心建设公共空间的理由。

对在国家历史保护信用社注册"主街项目"的21个乔治亚乡村小镇进行研究的结果发现，这些中心（以人口聚集高峰期时的步行人数计量）的活力在一定程度上与这个中心商业区的公共空间模式有关。在（市政厅前广场，多街区，十字形和主干道）四个公共空间模式中，具有市政厅前广场的那些镇子步行最活跃（见图9-12）。

佐治亚大学研究人员在解释这些步行活动上的差异时指出，"市政厅前广场是人类活动的最佳形式"（凯尼恩，1989）。在这些小镇中，"商业区是围绕非商业使用的中心地块而展开的。——这些具有市政厅前广场的镇子是紧凑的，并非特别集中在一个交叉路口，所以，最容易形成一个社会中心。"

换句话说，中心商业区在经济上的成功与它能够同时担当起"中心社会区"的功能分不开。这些"中心社会区"具有"令人愉悦的人类尺度"，有步行者可以在那里稍作休息的小公园，以及餐饮，社会交往和娱乐设施。市政厅前广场的布局和形式可能诱导出多种多样不同的商业活动，它可能是繁忙的镇中心里一块清静的开放空间。

建立适当模式的官方规划图

"官方规划图"是用来保留未来街道、停车场和开放空间的一种规划方法。官方规划图使一些具有特征的地方，如戴维镇和乔治亚的市政厅前广场，作为一个设计要素与其他市政设施结合在一起。1896年绘制的蒙塔那博兹曼的鸟瞰图（见第三章）展示了一个先锋社区未来街道和公园的区位。它说明我们的先辈们有足够的能力来安排街道和公共空间，尽管当时所具有的技术和资源都不能与我们同日而语。准确地讲，这就是所谓"官方规划图"。地方政府规划机构使用"官方规划图"来通知房地产所有者、潜在的开发商和那些公共空间和街道上的公众，市政当局或县行政当局已经承诺

多街区 阿梅库斯	十字形 托马斯夫	主干道 罗马	市政厅前广场 华盛顿

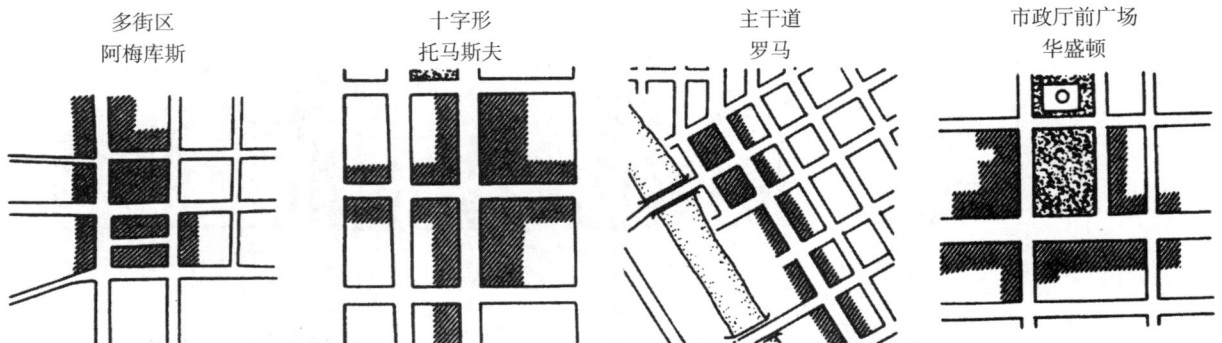

图9-12 佐治亚州乡村小镇中的四种公共空间模式，在对那里人行道上的步行人数进行统计之后得出，那些具有中心开放空间的城镇一般具有最高程度的步行活动。（资料来源：凯尼恩，1989）

将要获得的那些土地（布劳尔，1984）。

在这些土地被购买或易手之前，它们的所有权不变。买卖这些土地不受限制，但是，在这些未来用做道路的土地上进行任何非经许可的改造都不会得到赔偿。除开那些在官方规划图上被标志为未开发的土地之外，法庭掌握对所有土地进行解释的权利。有时由于地块太小，在绘制官方规划图的时候又没有留意它们的现状界限，在这种情况下，就由法庭来处理争议。当然，在大多数情况下，官方规划图改善了土地开发能力，因为官方规划图表明了地方政府的承诺，它将按照官方规划图上所示，在未来建设规划了的道路以及有关的设施，提高那个地方的土地使用强度。

如果土地标记上为公共开放空间，那么，赔偿就成了一个问题，当然，这种问题可以通过允许开发商获得居住开发密度（或商业使用强度）上的优惠而得到解决，开发商通过这样一种优惠，可以建设同样数目的住宅单元或同样数目的商业空间。

乡村公路：维护它们的功能

制定乡村公路沿线的土地使用规划似乎常常与增加地方税收和土地价值的目标联系更为紧密一些，而把确保现存道路网络的适当功能放到了较次要的地位。当然，这种方式可能达不到在未来整合整个交通系统的目的，但是，这种导向是可以理解的，因为地方政府是土地使用决策者，而他们在本质上需要追逐他们自己的短期利益。

地方政府的运转主要依靠地方房地产税收，所以，在道路沿线做商业开发当然具有经济意义，那里可以收取比住宅高许多的房地产税，而对那里的公共支出比其他地方都少。最近对马萨诸塞以西康涅狄格流域乡村地区分区规划所做的一项研究揭示，汉普郡汉普登和弗兰克林县57%的州公路沿线土地都被分区为商业使用（流域未来，1988）。实际上，这些土

地中只有小部分已经开发了，乡村道路商业使用分区常常没有什么限制，这样，就使得商业开发商不考虑地点，也不考虑时间，沿着那个区域的道路网络随意建设商店。

按照这种"开放道路政策"发展下去，其结果可以从马萨诸塞依斯特姆的经验略见一斑。30年以来，那个镇子一直拒绝地方规划和区域规划中有关控制公路沿线土地使用的各项建议。图9-13和图9-14说明了那里的情形。两张图说明了公路沿线土地开发强度与交通事故发生地点和频率之间的关系。公路沿线高强度土地使用项目包括快餐店、加油站、纪念品商店和其他旅游导向的商店。这类研究应当成为所有州对地方规划委员会成员进行训练标准课程的一个部分。现在，依斯特姆的六号公路在整个联邦道路交通死亡率中居于首位，甚至高于马萨诸塞靠近奥尔良的那个声名狼籍的"自杀路"（谢弗，1989）。

许多文献已经记录了不适当的土地使用政策所产生的交通拥堵、危险和丑陋无比的景观。例如，1930年代一项对新泽西州特伦顿至纽阿克47英里公路的调查揭示，那里大约有300个加油站，472广告牌，440个其他类商业设施（图纳德和普萨卡法，1963）。"在整个大萧条时期，道路商业带奇迹般地延伸从未停止过，以致闹税收荒的地方官员把这些商业带称作是'神路'，这个名字在一些地方延续至今。"（阿伦特，1989）乡村地区同样出现了这样的现象。规划师和评论家B·迈克卡耶在1928年写了一篇名为"莫霍克路的教训"的文章（莫霍克路属马萨诸塞州2号公路波士顿至波克夏一段），他在文章中写到：

"我们需要游客。游客被自然界的美景所吸引；游客要来参观我们历史的圣地，享受我们这令人神往的夏季气候。可是，谁关心正在消失或被抛弃的巴克山纪念碑或普利茅斯石？在马萨诸塞州最好的这块景观区域里，许多人为了他自己的经济利益被

沿6号公路马萨诸塞依斯泽姆段商业土地使用强度
1989年状况

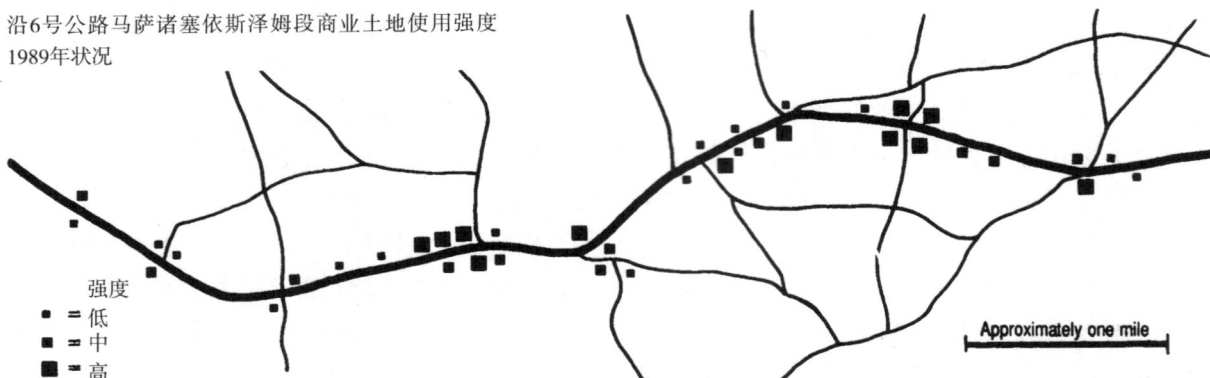

图9-13 沿6号公路的商业土地使用强度，这条主干道通过马萨诸塞依斯特姆。那里，带状商业开发沿着这条繁忙的道路展开。（资料来源：谢弗，1989）

1984~1988年，沿6号公路马萨诸塞依斯特
姆段交通事故状况

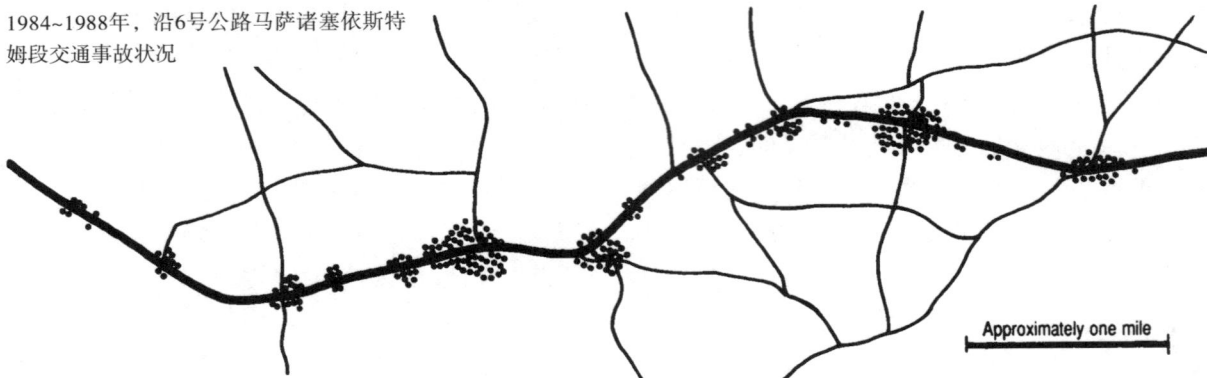

图9-14 沿6号公路马萨诸塞依斯特姆段1984~1988年道路交通事故发生地点说明，交通事故与土地使用强度之间的关系，以及把主干道沿线土地划分为商业使用所产生的恶劣后果。（资料来源：谢弗，1989）

允许竖立起丑陋无比的简易建筑物，再用石膏粉把它们糊起来，画上出售热狗的广告。……道路两旁的广告和买卖玷污了整个自然美景，以致旅游者几乎很难把他们的视线留驻在远方的山顶、峡谷或其他的自然景观上。他花了许多钱希望逃出喧闹的叫卖声，可是，休假的游客仍然成了商人们的猎物。"

同一时期，麦凯在波士顿一家报纸上撰文，描述了"都市发展对新英格兰地区道路的影响：混乱的加油站、出卖热狗的小摊、路边旅馆、纪念品店、广告牌和娱乐公园。这并非一个次序良好的城镇，而是一个贫民窟，不是穷人住的那种贫民窟，而是商业的贫民窟。"（麦凯，1928）

麦凯是一个创造经典语言的大师。他把这类商业称之为"恶性增长"和"路边的蘑菇"。当时的，也是今天的问题是，如何最好地处理这种日趋恶化的形式。1930年，麦凯提出了一个概念，"无城的公路"体制。麦凯在"新共和"上对此提出了异议，"用来行车的道路，清除了所有的障碍，却为了方便允许加油站和餐馆在那里运营。"即使这样，它们也应该布置在规定的"服务区"里。在一篇没有发表的文章中，麦凯以简单类比的方式解释了他建议的逻辑：

这是一个有关离婚的故事，不是男人与女人的离婚的故事，而是城镇和公路离婚的故事。原因是不合，住宅与道路之间的冲突，安逸的家与骚动的道路之间的冲突。家是我们居

住、工作、玩耍和歇息的地方，而道路是我们用于旅行的场所。家和公路相互补充，但是，如果它们太靠近了，就会相互干扰。住宅与道路应当各行其是，各行其是的简单办法是：分离。

住宅与道路在旧的马车时代并非冲突。铁路出现时，我们远离它的烟尘，没有人沿着铁路盖房子。现在，我们有了新型的"火车"和新型的"铁轨"，它不是用铁而是用水泥造出来的。泥路变成了水泥路。然而，我们却不顾一切地沿着这种新型的轨道盖起了我们的住宅。我们毫无顾忌地允许这种轨道通过城镇，于是，正像任何一个居民都会告诉你的那样，这种轨道搅乱了城镇。同样，城镇搅乱了这种轨道，正像任何一个驱车者都会向你诉说的那样。一个侵犯了另一个（麦凯，1930）。

麦凯的解决方案甚为简单。"城镇"功能（居住、购物、办公和生产）应当在形体上与"公路"的功能（货运、上下班、旅行）分开，其办法是建设围绕现存城镇的旁道，在临街开发与贯穿性道路隔离开来。简言之，汽车公路应当沿着铁路建设（见图9-15）。

由此而产生的城镇形式并非全新。事实上，这种规划方式无非是重新强调了由乡村土地包围的传统紧凑型居住模式而已。

麦凯说，"一个城镇的价值恰恰是它的个性，我们新英格兰地区的城镇正是具有它自己的个性。当然，为了产生个性，一个镇子首先必须成为一个地理上的独立单元。它的周边必须有开放空间。"这一点与公路商业带形成鲜明对比，公路商业带所产生的是一个"路状的城镇"，而不是一个无起点也无终点的中心，一组围绕公共中心的建筑群。公路商业带与真正的城镇或社会单元的观念不一致，公路商业带并非一座城镇，它只是人类社会的线型展开。（麦凯，1930）

乡村公路：适当的形式

60年以后，我们还是很难挑战麦凯的命题：商业区应当在形体上与交通走廊分开。现代公路规划（包括州际公路系统）以新的有限连通方式承认了这个命题。另一种方式是建设"平行通道"（或"临街道路"）来容纳那些希望与主要公路分开又在一些点上与主要公路相通的商业企业。当然，考虑到400万美元1英

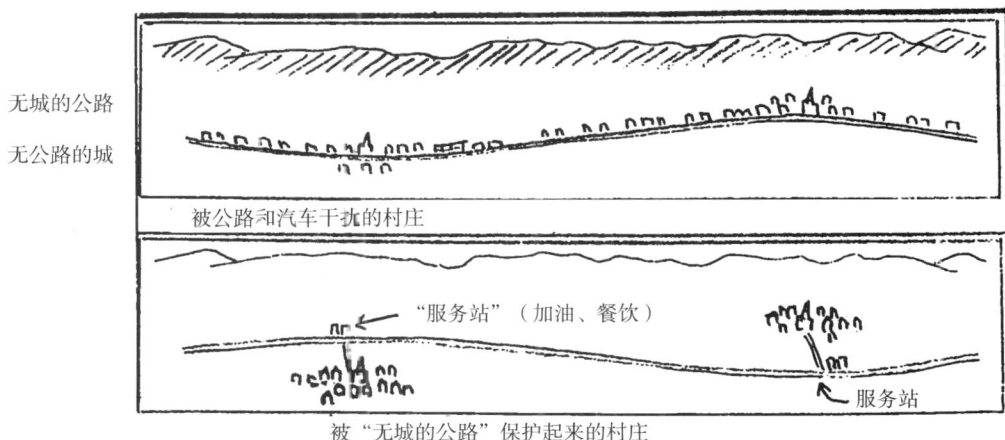

无城的公路和无公路的城，纪念美国三百年的一个机会

无城的公路
无公路的城

被公路和汽车干扰的村庄

"服务站"（加油、餐饮）
服务站

被"无城的公路"保护起来的村庄

图9-15　麦凯1929年画的"无城的公路"和"无公路的城"。这是最早的规划说明，它提出把主要交通走廊与道路沿线的商业设施分离开来。（资料来源：达特茅斯学院档案馆）

里2道公路的建设费用，这种方案并非可行（流域未来，1988）。

假定建设一条与公路平行的道路系统太贵和太浪费的话，那么，一个明显的问题就产生了：保存现存道路结构在政策上是否可行？换句话说，不是简单地讲不要继续导致这个几乎不可替换的公共资产退化，而是说，我们否以有充分的政策支持这个行动？几乎没有哪个市政当局会拒绝改变允许沿着州级公路做商业开发的分区规划。纽约州劳登维尔的9号公路，马萨诸塞州朗梅多的5号公路，罗德岛纽波特的114号公路是三个例外，几十年以来，那里一直成功地抵制了把已经建立起来的沿路居住模式重新划分为沿路商业开发的压力。

对那些已经划分为零售使用的空地做"降低使用强度的分区规划"甚至更为困难，实际上，这样做是适当的，可以使那里的土地使用强度降下来。但是，缅因州的约克（沿1号公路）和康涅狄格州的肯特（沿7号公路）恰恰实现了这一点。在两个案例中，他们修改了分区规划，以适应地方综合规划。这些综合规划比起土地使用规则要更具有超前意识。在约克，他们把公路走廊从"一般目的"分区重新划分为一系列使用强度不同的区，依据一组特殊执行标准和景观标准来确定不同区的使用强度。这种做法受到了一些商人和房地产所有者的极力反对。最后，不仅投票批准了这些限制，而且授权举行全镇居民的公决。

在肯特，规划和分区委员会修正了这个镇分区规划，对沿着它的门户走廊的7号公路的商业扩张做了新的严格限制，特别是限制了到达这个村庄中心那段道路沿线的商业开发。现在，沿着这条公路的商业开发限制在从事专门服务的办公室、路边农场、野营地、高尔夫球场、私人俱乐部、兽医诊所、医院、护理机构、殡仪馆、旅馆、托儿所和室内餐馆，等等。当然，为了避免快餐连锁店在未来挤进道路沿线，他们使用专门条款加以注明。

由于这些道路由州政府拥有和维护，所以，在逻辑上讲，州里的立法者应当修正他们的分区规划实施法规，收回一部分他们多年以前下放给地方政府的分区规划权利。1987年，缅因州规划办公室就提出了这类建议。R·巴林杰主任提出，州政府制定与公路相邻土地的最少分区规划要求，以便控制与公路的道路连接，管理它们的使用强度。这个建议在概念上与缅因州1973年的《滨水土地分区规划法》相似，按照这个法律，州里成功地执行了退红、树木、沿河、湖和海地区土地的使用强度等方面的管理。1987年的这个建议推荐了一个类似的线型分区规划的地区层次，不同层次的地区执行不同的土地使用强度规定。同时，包括一组开发执行标准。

这个方式虽然在立法者之间做过正式的争论，但是，缅因州以及其他州的地方政府都可以使用这个方式。应用得当的话，这种方式引导开发集中到若干个公路节点上，进行组团式布局，从而使邻近公路的绝大部分土地免予商业开发。这些土地在未来可以用于"开放空间居住使用"（见第十四章和第十五章），同时，沿公路形成一个绿色缓冲区，住宅或公寓布置在那些地块中远离道路的位置上。

图9-16是如何把这种政策用于乡村地区的一个例子。它源自于杜森规划设计事务所为缅因州斯托林顿同准备的1989年综合规划。共有5个商业建筑需要建设：或沿着主要道路松散布置，或以传统村庄模式紧凑地将组团布置在一个交叉路口。同样重要的是建筑退红和停车位置：或者做深度退红，建立前庭停车场，或者做浅度退红，把停车场建在建筑物的背后，不至于障眼。

提议的缅因州公路分区规划政策寿命不长，但是，包含其中的原则已经在另一种TDR（开发权转让）规划方式中得以应用：指定一定的公路节点为"接受区"，以吸纳从"输出区"的开发权。"输出区"即是公路沿线的其他段落。其他一些州使用TDR方法来保护农田和自然资源。实际上，它也可以用来保护公路

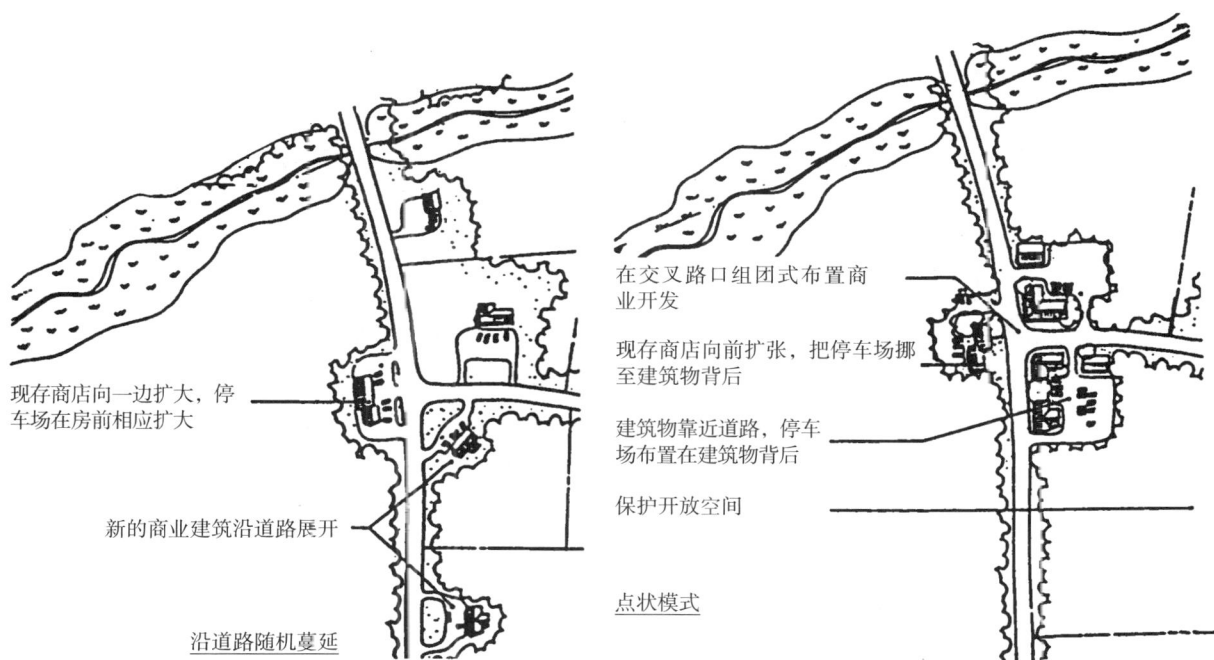

左图标注：
现存商店向一边扩大，停
车场在房前相应扩大

新的商业建筑沿道路展开

沿道路随机蔓延

右图标注：
在交叉路口组团式布置商
业开发

现存商店向前扩张，把停车场挪
至建筑物背后

建筑物靠近道路，停车
场布置在建筑物背后

保护开放空间

点状模式

图9-16 沿着乡村公路安排商业开发的两个方案：带状和点状。在点状布局情况下，商店靠近他们地块的前部，后背停车场相互连接起来。（资料来源，多德森规划设计事务所）

网络。

马萨诸塞的韦尔费利特也提出过使用自愿的TDR方式来把沿州公路的大部分邻路开发权转移到两个"接受区"的设想。这样的场地至少有20英亩空地或使用效率不充分的土地，紧靠现存的商业开发，没有严重的环境制约，其景观不具有多少美学价值，具有容纳新的转弯运动的公路能力。满足这些标准的地块包括一个驶进区和私人的野营地（谢弗，1989）。当然，如要这个提议得以实施，接受区首先要被划分为相对低使用强度区，以便在未来可以容纳更多的来自"输出区"的开发要求。

1990年，马萨诸塞的阿克顿第一次在新英格兰地区使用TDR方式，以解决因限制公路沿线土地开发强度而引起的土地贬值问题。为了避免因执行镇里现存分区规划（把格雷特路规划为"一般商务区"）所引起的交通拥堵和需要大量投资的基础设施扩容，阿克顿的选民投票批准了减少道路沿线商业活动数目和商业使用强度的分区规划修正案，把那里重新规划为"有限商业"和居住区（博布罗夫斯基，

1990）。

当州里提出"通过集中多种土地使用，以创造社区意义，发展具有活力的村庄中心以提供方便和有吸引力的商业和个人服务"的目标后，那里的分区法令授权市政当局官员增加居住密度或增加"接受区"的商业建筑面积。镇里规划指定的"接受区"都是19世纪的村庄，那里的基础设施均已完备。

作为使用这种方法的一个优惠，这个TDR法令对新建停车场数目做了相对严格的限制。允许新的停车场沿格雷特路建设（每使用3000平方英尺场地，要求建设一个停车位），这个要求比起通常分区规划的要求要低许多。换句话说，这两个法令鼓励道路沿线采取低强度商业使用，把较高强度商业使用设施从道路沿线转移到规划的村庄里。

为了帮助企业家了解采取这种制度的结果，镇里拿维尔夫利镇接受区所采用的较高使用强度的开发与临近的马西琵镇中心广场的开发作比较。我们将在第四部分详述马西琵镇中心广场的开发。它说明了采用这种形式的开发

如何可以在一个原先不成功的常规郊区购物中心场地上创造出传统城镇景观来。马西琵镇中心广场场地是通过建设新的街道模式而重新建立起来的.那些街道原先横跨一个老的停车场,现在,这些街道两旁布置了成排的商店,建立了人行道。把零售、办公和居住使用混合起来也是那里的另一个特征;若干具有标志性的场地用于市镇管理和社会机构办公使用;把路边的平行停车与建筑物背后的大型停车场结合起来。

多弗等人的迈阿密的城市设计事务所把以传统形式开发新型道路节点的观点又推进了几步。多弗等人在为一个用于区域购物中心的场地做设计时,采取了不同于常规郊区购物中心的方式。的确,常规购物中心可以满足商业节点开发的要求(也可以通过TDR体制接受新增的商业使用强度),但是,常规的购物中心设计不会产生一个真正意义上的城镇或村庄。当然,如果这类节点采用一定传统居民点特征的设计标准,那么,结果就会不一样:街道模式,街道和建筑的宽/高比,建筑规模,公共空间,建在“主街”建筑物背后的大量相对小的停车场等等(见图9-17)。

在这个传统城镇中心式的设计方案中,铺

装的停车场面积要比常规设计少许多,因为土地的混合使用,不同使用功能和不同的使用时间允许大家分享许多停车空间。例如,电影院在周末晚上需要338个停车位,而在周末之外,每天下午只需要189个停车位,这就意味着,办公室的工作人员可以在周末之外的日子里每天使用150个停车位。类似,当地居民在晚间需要139个停车位,周末之外的白天只需要101个停车位,可以腾出38个停车空间供购物者使用(多弗等,1990)。这些计算都是按城市土地研究所推荐的计算公式计算的,此公式发表于1985年,《分享停车场的方法》。

无论什么时候设计公路节点上的大型开发项目,如果不抓住机会按照商店、办公和住宅(包括“经济”住宅)的混合模式去设计那些场地,通过内部街道把这些不同的土地使用连接起来,用公共建筑和公共空间在整个场地中形成若干关键点,那都会是一个重大损失。规划师、利益攸关的居民和地方官员都应该通过“为什么社会应当少占用土地?”这个问题,来讨论这个论题。公路节点开发的基本步骤是,选择一个基本模式,合理地把不同功能用地混合起来,在过去经验基础上建立一组建筑和停车

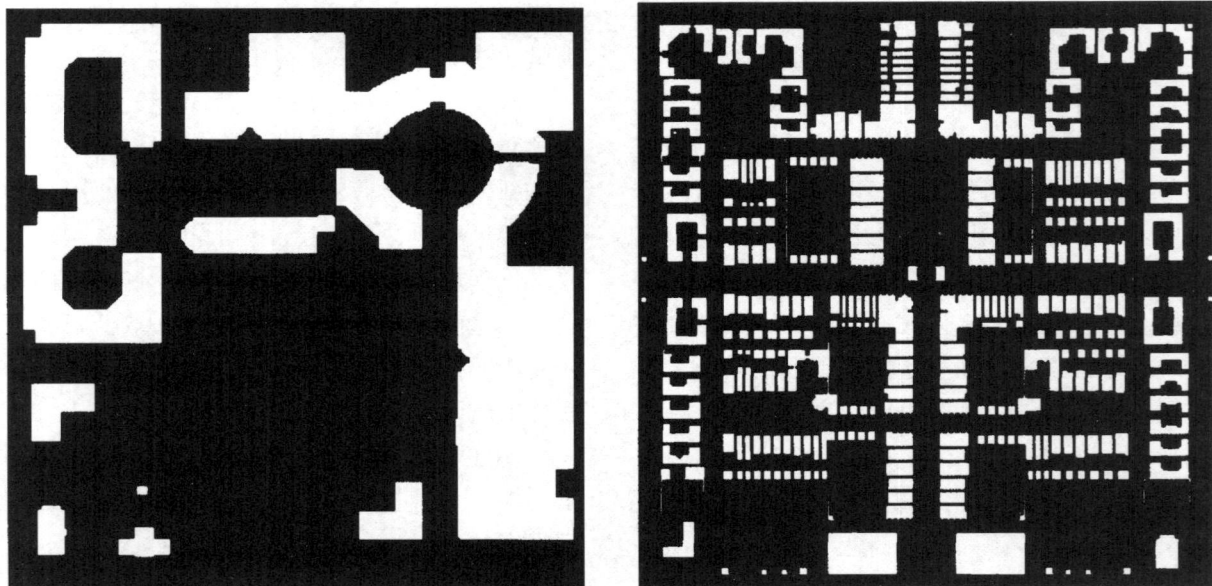

图9-17　左图是按照常规方式设计的购物中心和公寓综合体,它包括了大规模建筑和昂贵的停车场。右图,按照传统城镇中心设计原则所做的布局规划,设计要素在规模、类型和特征上变化多样,住宅分布在整个场地之中。(资料来源:多弗等,1990)

标准。在一个真正建立起来了的城镇里，这些节点都已定型，而对于这些公路节点的开发来讲，没有必要在一次开发中完成全部建设工程，或把整个场地归属一个房地产所有者或交给一个管理者。事实上，按照"传统方式"来开发，允许多方参与整个项目，（按照共同建立的设计标准）各自独立完成自己的部分，的确存在许多优越性。

"传统方式"的优越性之一是，商业实力随着地方人口的增加逐步增强，而不是跳跃式的建设以致留下太多即时的剩余零售空间。剩余零售空间常常使商人面临两难决策，要么继续留在原来的地方，在经济上蒙受损失，要么挪到新的购物中心去，但是需要偿付较高的租金，获得较大的潜在市场。渐进增长的另一个优越性是，随着开发时间的拉长，更多的开发商有可能进入，因此，多样性的建筑设计便有可能出现。由于所有建设必须服从一个整体设计标准，所以，尽管开发分阶段进行，但是这并不妨碍在一些层次上实现协调和达到一致。

以上提到的"官方规划图"就是一个理想的工具，用以创造一个公路节点零售、办公和居住混合开发的相互联系的街道系统。许多州的分区规划实施办法都允许制定这样一个"官方规划图"。有些新的道路，也许恰恰与公路处在正交关系上，可能设计主要用于车辆交通，但是，它们一般不宜与其他类型车辆有关的土地使用（加油站、车辆修理、洗车、部件零售店）混合在一起。

另外一些与公路处在正交位置上的道路可能用于重型交通，它们一般不能与其他土地使用混合，如快餐连锁店。当然，可以在其他位置上建立快餐店，但是，需要"特殊许可"，充分考虑它们的场地规划和建筑要求，保证与城镇特征相协调。我们这里所描绘的过程是一种由多个独立企业参与的渐进发展过程。紧急需要建立的是，便利的小街和内部道路的系统，再考虑哪些使用可以既安全又适当地布置在这个道路系统之中。

马里兰卡罗尔县（巴尔的摩西北）是在乡村地区实行"官方道路"方式的成功案例。这个县的规划部在开发之前就设计好了道路、主要道路和旁道的位置，并把它们保留下来。县政府一般要求包括大型开发商建设在他们地块中的那一段道路。在一些情况下，县里购买和储备这些规划中的道路用地（卡罗尔县总体规划，1987）。尽管卡罗尔县还没有（在商业用地地区与公路衔接的道路上）使用以上我们推荐的这种特殊方法，但是，他们已经证明，这种在乡村地区很少使用一般方法事实上是一种行得通的方法。他们已经在县政府所在地开始使用这种方法，同时还在许多周边城镇的地方综合规划中把这些街道通过官方规划图划定出来。

我们在这一章结束时还要提出一个使用官方规划图的例子。新泽西的瓦楞镇曾经提出重新规划一个公路交叉口，那里的建筑随意堆砌以致完全没有特色。镇政府拿出优惠条件帮助开发商创造一个适当的镇中心，在那里建立起合理的道路模式，按照地方通过的建筑标准建设传统的街道景观。

按照传统的街道模式和土地混合使用方式建设交通节点，在那里创造新的商业、办公、联排住宅或公寓。当我们接受这样一个观点时，实际上，我们还面临另外一个重要问题：如何处理那些区位不在城镇中心的"超级节点"，如果按照以上方式来建设它们，现存的城镇中心可能会受到严重威胁。

妥善处理购物中心：研究它们的影响

在维护城镇中心功能方面所面临的最大威胁可能来自那些计划建设有吸引力的和方便的购物中心的大型开发公司。

无论开发商何时提出建设购物中心的计划，他们总是强调购物中心的好处。但是，当小城镇的地方官员和规划师研究所有的资料和比较全面考虑这些项目时，他们总会感到困难重重。开发商所提交的资料通常是由开发商所雇佣的咨询人员完成的，而这些咨询人员自然要从最好的方面来考虑这个项目，他们一般强调新项目所能产生的房地产税收收入和工作岗位。大部分小社区由于缺少进行综合影响分析的技术，所以，在对项目进行评估的过程中，地方政府明显具有劣势。马萨诸塞大学的研究人员从他们的经验出发，提出了有关在小城镇建设购物中心的负面影响的报告。他们的发现如下（马林等，1990）。

首先，原来的镇中心一般都会衰退。特别容易受到影响的是镇中心那些核心商店，如大型百货公司（尤其是由家庭独立经营的），他们一般倾向于关门或者搬家（有时搬到新的购物中心去）。随着顾客进出镇中心的交通量的减少，更多的店铺也将倒闭，特别是那些比较小的零售商。承租人离去了，房产主必然在建筑维护方面面临困难（取暖、房地产税、用电和偿还贷款，等等）。

空闲的店铺橱窗和店老板的留言都会给顾客留下负面的印象，这种印象一旦产生是很难扭转的。这种负面影响同时还会进一步影响到其他的商人，他们很难避免从众心理，通常感到"跟着头羊走"不会有错。"购物中心的经营者完全明白这一点，他们总是希望把这些商人吸引到他们的购物中心来。一旦他们吸引了这些城镇中心的商人，他们即可得到三个好处：a）他们可以出租购物中心的商业空间，b）他们削弱了镇里的其他的市场，c）他们能够证明他们是社区的一个部分，因为他们可以吸引地方上的商人来到购物中心"（马林等，1990）。

有一些社区在一定程度上避免了市镇中心大规模的空房，但是，这并不能够改变中心商业区功能的变化。例如，马萨诸塞筮明斯特的城镇中心就从原先的区域购物中心变成了一个行政办公和服务中心。那里原先的许多商店都变成了政府办公室。实际上，正是在地方政府和州政府的帮助下，那里才避免了较高的空房率。可是那个中心30年以来所建立起来的混合使用特征荡涤殆尽。

"帕若米德镇霍利奥克购物中心是研究购物中心对新英格兰地区影响的一流案例。霍利奥克购物中心拥有60万平方英尺的零售空间，建立在一个几乎没有增长的区域里，以后10年里，霍利奥克、斯普林菲尔德和维斯特菲尔德的商业区虽然继续经营，镇地方政府还使用公共资金来致力于改善那些镇中心的美学品质，但是，最终的结果是，哈里的镇中心完全被抛弃了，维斯特菲尔德镇中心的商业基础几乎丧失了60%，而斯普林菲尔德的镇中心正处在风雨飘摇中（马林等，1990）。

也许阿拉巴马州享茨维尔是最好说明"带状化和购物中心化"影响的案例。紧接着第二次世界大战的结束，美国政府雇佣的一批德国火箭专家就居住在阿拉巴马州的享茨维尔，那里很快就变成了美国的"空间中心"。由于享茨维尔镇中心的交通十分拥挤，这时科学家就提出建设一条德国式的高速公路。德国人实际上在1930年代就开始建造这类高速公路，它们应当是美国后来所建造的州际公路的前生。40年以后，享茨维尔的镇中心的最后一个零售店也搬到地处镇边缘的巨大郊区商业带和购物中心去了。那里，所有的商店沿着公路一字形排开。这种商业向外搬迁也在很大程度上受到享茨维尔城市更新项目的影响（有时人们把城市更新项目叫做搬家项目），这个项目彻底推平了许多居住街区，而这些街区的居民恰恰是紧靠原先城镇中心商业区的顾客。现在，享茨维尔镇中心充斥了被抛弃的商店，许多商店的橱窗上已经用木板封闭起来，若干个遭受了火灾的建筑腾骨飘摇，一些原先的商店被拆除之后留下空地成了到商业带上去购物的顾客的停车场。

新汉普郡的沃尔波尔是一个比较小却也

少不了麻烦的小镇，那里只有3100人。那里曾经繁荣的商业中心正在被3英里之外地处12号公路上的新购物中心逐步吸干。IGA食品杂货店曾经是那里的支撑零售店，由于担心它留在镇中心不再可能与公路边建起的新食品店竞争而搬出了这个镇子。在许多当地居民的眼中，那里的药店很快也会搬走，这家药店隔壁就是IGA，而购物中心里又建起了一个新的药品连锁店，所以，这家老药店的搬迁只是一个时间问题了。

沃尔波尔的镇中心曾经是那里居民每天到访的村庄。他们在店前遮阳篷下从这一头走到那一头，沿路购买他们所需要的东西、邮寄信件，交款和会会朋友。但是，他们生活中的这一幕已经不存在了（茹克，1991）。那里关闭的还有加油站、服装店和消防站。原先很难找到停车位的那个中心停车场现在大部分时间都是空闲的。产生这幕凄凉街景的元凶不是开发商，开发商只是在法律允许前提下寻求所存在的经济发展机会，他们看到的是经济发展的优越性，而是常规分区规划法令。正是分区规划把公路沿线划分为高强度商业开发区。

正如我们可以在小镇波戈看到的那样，"我们已经遇到了敌人，它就是我们"（见图9-18）在这个案例中（其他地方一样），波戈镇土地使用规划鼓励沿公路的"带状分区"，鼓励形成带状的零售走廊，它容易从公路上接近，也容易找到停车场。现存城镇很难做到这一点，如果真要在那里做到这点，还需要做很多工作（正如我们已经在前面对马萨诸塞阿默斯特所作的描述）。

不幸的是，如上所述的那种沿乡村公路使用土地的倾向常常受到地方政府的鼓励，或者因地方政府无所作为所致。地方政府通常按照郊区的分区规划法规来管理乡村公路沿线的土地（要求大规模停车场，建筑物的深度退红，单一功能分区），这样就使得企业容易沿公路在开放空间里开发新的零售场地，相比较而言，在小城镇的中心地区做扩张式开发或再开

图9-18　这两张照片分别拍摄于1964年和1989年，采用了同一个角度，沿马萨诸塞哈德里9号公路向西看。这就证明了"波戈规则"："我们已经遇到了敌人，它就是我们"。（我们对我们的公路做分区规划，好像它们是可以任意摆布的，只有当它们变得太拥挤以致不能安全有效地承担它们的功能时，我们才会发现，这种看法是不正确的）。

发要达到地方政府的上述要求就要困难得多。地方政府另外一些行动，包括在沿公路地带划分非常大的地块供零售和办公使用，实际上鼓励了沿公路的带状开发。地方政府的无所作为表现在他们缺少规划和相应法令，以致不能给商人提供扩大或更新现存城镇中心建筑的机会，也不能让他们把城镇中心的建筑物的二层以上空间用于居住，以便增加他们的收入。

的确存在这样一种可能，那就是在不摧毁具有重要意义的商店临街立面，不损坏建筑整体结构的情况下，扩大历史性建筑。许多州的地方政府已经被授权组建再开发行政局管理机构，来解决建筑使用变更、选择需要拆除的建筑物，以

便创造较好的停车场（最后能够设置了成排商店的背后）。这些政府的再开发机构有权为新建筑或扩大旧建筑制定建筑设计标准。

那些没有主动采取行动保持老的城镇中心具有吸引力的地方政府实际上是放弃了他们所需要承担的一项最重要的功能。正如一句老话所说，"没有规划就是正在规划失败。"地方官员通常是被动的，而不是主动的。地方官员对零售商业的发展所做的不过是对道路沿线地区做分区规划，把那里确定为商业使用。而这样一种行动恰恰导致不能实现保护现存城镇中心商业区的预期目标。

地方政府需要做的是，对"公路带"采取更严格地限制，对改善中心商业区的吸引力和竞争力制定更为主动的政策引导。一些比较有远见的社区正在开始着手研究城镇中心缺少哪些类型的功能，必须保护哪些类型的功能，以便在城镇中心地区实现更大程度的功能混合，使那里的零售业得以繁荣。有些社区雇用了专家来研究如何把新的商务活动引入他们的城镇中心（这就如同一些地方政府雇用专家来研究购物中心和工业园区的开发一样）。

除开允许开发商开发城镇中心二层以上楼层空间，或用于办公，或用于居住，地方政府也正在修改过时的停车场要求，允许分享停车场，有些地方的地方政府甚至于寻找适当的场地建设新的停车场。简言之，为了与购物中心开发商竞争，地方官员必须向一个竞争对手那样思考和行动，尽可能使城镇中心获得更多的竞争优势。

在一些大学城和郊区型城镇，购物中心已经改变了旧城镇中心的商业景观，那里的城镇中心在零售业上更多地集中到餐饮、图书、音像制品、办公服务中心、酒吧、特殊商店和古董店方面。在城镇中心商业区，买不到面包、药品或钉子，没有什么奇怪，因为食品店、药店和建材商店都已经离开了城镇中心，而把他们的零售点建在购物中心里，或者（更有可能）建在小型的公路"带状中心"，这种小型的带状中心通常紧随购物中心的建设。

它们重新选择的场地通常还有其他类型的商业服务，如快餐链式商店、小食品店、加油站和工厂自设的外卖店。城镇中心所希望建立起来的高强度商业必须要进行精心的安排，而不能随心所欲。就这一点而论，我们必须记住（以马萨诸塞大学规划教授J.马林的名字命名）"马林法则"："面包和黄油就是购物中心的性质。"购物中心通常以"线性狂欢节"的方式随意使用土地，如果它周边的土地被划分为商业使用的话，要想控制住购物中心的蔓延几乎是不可能的。常规分区规划正是这些地区和公路经过地区退化的关键因素。这就是我们要从中汲取的教训。

购物中心的开发商通常在他们的计划中已经预计到所要发生的问题，但是，他们通常并不强调购物中心在未来的扩张。许多社区的分区规划通常对购物中心场地开发强度的要求比开发商所申请的开发强度要大，如果这是事实，那么，购物中心的扩张通常是可以预计到的。在那些土地价格相对低廉的地区（在购物中心建成之前），聪明的开发商通常购买超出他们计划需要的土地，以便将来扩大零售空间和建设停车场。

地方居民和官员一般都是第一次接触购物中心的计划，所以，他们很难了解到购物中心最终影响。"即使存在拒绝或减少进一步扩张的规定，购物中心的所有者也将在未来的某一个时间把协议带到法庭去，寻求废除这些限制。出于这样的理由，把所有的规划评估都建立在最大建设容量上是十分重要的"（马林，1990）。许多地方规划当局以同样的方式要求土地划分申请者说明，他们所要划分的这块土地究竟具有多大的开发潜力。所以，地方政府也可以要求购物中心的开发商做同样的事情。

购物中心能够增加地方公路的交通量，所以通常必须拓宽地方公路以容纳新增的车流量，同时便于汽车调头。在这种情况下，设置更多的交通标志必不可少，以减缓在这个区段的通行流量（即减少这条道路原先的设计流量）。购物中心的开发商通常能够出资解决道路扩展，但是，实际上还存在其他一些新增费用。社区"入口"处的特征在外观、功能和感觉上都会迅速变化。容纳在没有购物中心状况下的两道乡村公路常常因为左转弯车辆和停车让道而引起交通拥堵，从而使整个道路状况在扩宽后的5～10年内逐渐恶化。一旦为购物中心提供服务的给排水管线沿道路布置，那么，与购物中心相邻公路沿线的土地具有了潜在的开发价值，因此，那里面临日益增加的开发压力。最后，这类公路演变为地方商业街。不考虑那里是否有严格的景观、标志和建筑管理，形成人们称之为"设计师的道路"，或者也不考虑沥青水泥是否成为那里支配性景观，这些门帘性道路的（以驾驶容易程度计量）"服务水平"一般会衰退下来，而事故率会明显上升（如图9-13和图9-14所示，马萨诸塞伊斯特姆6号公路沿线的高强度土地使用和交通事故分布之间的相关性）。

虽然购物中心的经营者乐于宣称他们自己是地方商业社区的友好成员，但是，他们的表现并非如此。作为一种私人的企业，他们的基本目标还是希望为他们的投资者创造最高的回报。为了实现这一点，竞争不可必免，他们一般总会尽其所能把他们商业服务区域内的所有竞争对手的生意吸引到他们那里去。至于这些竞争对手是市镇中心的还是公路沿线的并不重要。

有一位评论家曾经这样地描绘购物中心的基本功能，"分配那些本来在各处都容易获得的商品。建设一个购物中心并非因为需要它或者它可以为企业带来利润，而是因为购物中心的建设可以帮助开发商迅速跃进到另一个开发档次"（巴纳德，1988）。为了说明这一点，巴纳德回顾了马萨诸塞9号公路哈德里段3个大型购物中心的开发神化：

"建在接近阿默斯特-哈德镇附近的第一个购物中心可能在一定程度上满足了地方需求，却给镇中心的商业带来竞争，同时，缓解了镇中心的交通拥堵。但是，当另一个开发商建设了第二个更大的购物中心之后，尽管他们的初衷是吸引城镇之外的顾客，第一个购物中心的一些企业却因此而很快就倒闭了。接下来，在第二个购物中心附近又出现了第三个购物中心，其规模比第二个购物中心还要大，它致命地打击了第二个购物中心，以致第二个购物中心现在几乎空闲起来。这正是自由市场经济的结果。在这个特殊案例中，三个购物中心所使用的都是基本农田，其土壤相当肥沃，平均黏土层达到10英尺深。这是三个购物中心产生的重大负面结果。"

这样，这些购物中心究竟产生了什么样的正面效果呢？开发商一般会说增加了就业岗位。的确，人们会认为创造工作岗位是购物中心建设的正面效果，但是，这些工作岗位中的多数是低工资的，许多是部分时间的工作岗位。在东北地区，购物中心全日制工作岗位的年平均工资大约在13000美元，而工业部门的全日制工作岗位的年平均工资大约在18000美元。（马林等，1990）

妥善处理购物中心：战略

大部分乡村社区对采取不同方式建设零售空间缺乏经验。进行市场研究以决定是否社区需要建设一个购物中心总是第一步，这一点对开发商是不言而喻的，却未必对其他人十分明了。购物中心的开发商通常要考察的因素是社区市场的泄漏量（地方居民到别的地方购物），零售商现在或潜在的市场区域（考虑公路现状和计划状况），购物水平的增加程度，与可达性程度、零售多样性程度、购物场所的面貌和停车场相关的购物条件现状。地方官员也同样要对这些因素加以考察。"社区市场调查"的价值无论怎样估计都不会过分。职业零售开发商十分重视这类调查，市镇当局也不会希望他们社区的零售业在明显的劣势中经营。

最安全的方式是确认，在用于商业使用分区中，可开发土地十分有限，以致购物中心开发商难以插脚于此地。当一个可能的购物中心场地处于一个镇的行政边界之外，并且由邻镇管理，那么，最好使用区域的方式来认识自己的零售形势。在县政府介入时，这个目标有可能达到，当然，县政府的官员必须能够看到或承认公路商务扩张的负面效果。在土地由另一个行政当局管理的情况下，区域合作的机会相当有限，因为，谁都希望获得房地产税收。

如果州里的意见在一定程度上介入商业开发的批准过程，那么，地方政府就有机会提出环境或交通相关的问题。但是，那些商业开发规模达到需要州里批准的情况时，有两个最重要相关因素常常被忽略了：新增商业面积的需求量，它对周围社区商业中心的影响。

佛蒙特州是少数几个在审批州级项目时考虑这类因素的州之一。但是，甚至在那些地方，申请人还是希望购买因购物中心运营而不能再生存下去的那些商业企业的建筑物。这样，如果开发商果真获得这类权利，法律也没有要求他们维护传统零售功能，至于他们把这些建筑租用于办公或居住，这是他们的自由，这类使用变更可能不会增加或维持镇中心商业区的活力。

定义"需要"的标准比较困难。佛蒙特州的法律也没有精确定义它。在佛蒙特州，如果发现购物中心潜在的绝大部分入驻商户是这个购物地区已经存在的商户时，如果发现购物中心的规模可能影响现存市镇商业中心的生存时，它可以拒绝这类申请。事实上，佛蒙特州最近就有这样一个案例。开发商计划在伯林通镇外开发建设一个大型购物中心，估计70%将要入驻这个购物中心的商户其实都是这个商业服务区内的现存商户，（它们可能会离开现在驻地，而入驻这个购物中心），但是，按照这个州的法律，这些证据还不足以拒绝这个申请。除非对这类法律进行修订，否则，阻止这类大型购物中心的斗争还将持续下去。

修订这些法律必须避免对竞争的不合法的限制，同时，必须小心翼翼地把政策调整建立在保护镇中心地区巨大基础设施（街道、人行道、停车场和公用设施）投资的确是合法的公共利益的基础上，同时考虑到在那些基础设施尚未建设的边缘地区开发大型购物中心可能给镇政府财政带来的严重后果。对这些边缘地区的开发可能会给建成区造成负面影响，引起现存基础设施不能充分发挥效率，而当商业带继续向远离市镇中心商业区扩张时，市镇当局还必须向那些边缘地区建设必要的基础设施（见图9-19）。

另外一种处理购物中心和其他类型商业带状发展所产生影响的方式是，收取这些使用者的影响费。田纳西的一个名叫科利维尔的镇子（人口18000人）深感孟菲斯增长的压力，1992年，这个镇政府发布法令，对在镇中心之外的办公和商业开发空间增收每平方英尺25美分的地方税。镇边缘地带大量的开发项目预计可以增加50万美元的税收。这些税收用于改善城镇中心的一个广场，这个广场已经注册为国家历史保护场所。整个费用大约为120万。各个州在收取影响费方面的法律有所不同。在那些允许收取这项费用的地方，收费标准是按预测影响的比率来收取的，收取后的资金用于改善由于新开发所产生的问题。

规划公路沿线土地使用：康涅狄格小镇吉尔福德

在提前规划公路沿线新商业开发的区位、规模和特征方面，康涅狄格小镇吉尔福德是一个很好的例子。40年以来，1号公路沿线相对不协调的开发产生了多种多样的零售和办公用地，那些土地使用具有常规分区规划、郊区式和汽车导向的特征。吉尔福德的现行规划方式的核心是，经济发展机会不应当对这个城镇的

图9-19　这是马萨诸塞9号公路维斯特堡路段的一个蒙太奇式的想象。左图为现状，右图为现行分区规划允许的开发方式。地方土地信用社希望使用这张图让公众知道执行现存分区规划法令可能产生的后果。（资料来源：多德森设计事务所）

乡村特征产生重大影响（肯迪格等，1990）。这个城镇雇佣了包括规划和经济发展专家对1号公路沿线土地的经济发展潜力进行了评估，在评估之后的推荐意见中，专家指出使用分区规划来控制对那里的开发，保证新的建设项目将与现存的社区特征一致。

这些推荐意见提出，重新对两个道路段落进行分区（"上游"地段用于较大强度的商业开发，而"下游"地段尽可能与周边居住状况相一致）；鼓励在一定区间采取混合使用方式（包括经济住宅）；下水道延伸至特殊场地；通过新的法规，其内容包括建筑规模、建筑风格、标志、场地规划、停车场区位和景观。

这项研究还提出了一项很重要的意见，就是扩大镇政府一些工作人员的市场开发能力，以便为指定增长区的土地做市场开发。这些工作人员应当理解保持高福德地区特征的重要性，在此基础上，鼓励新的非居住用地开发，以便增加地方就业和提高地方税收。（肯迪格等，1990）。

分析1号公路走廊是这个研究报告的核心。按照当时土地使用模式、规模、可达性和自然特征，他们把那里的土地"按机会进行分类"。分类的结果产生了3个"主要机会地区"（总面积达545英亩），7个"次要机会地区"（每个地区面积5~25英亩不等），"小地块区"和"填充区"。同时还有2个环境敏感区（山边林区和岩层裸露区），规定那里为低密度居住使用区。

所有这些机会区都制作成图。在对所选择的3个地区作出详细考察的基础上，制定了两个战略规划：第一个战略规划说明了发展指南，第二个战略规划提出了可能的场地布局方案。所有3个地区的设计都考虑到了对那里乡村特征的保护。其中一个场地的设计基本上是按照常规商业开发模式制定的，当然，整个场地由一片树林遮蔽起来。另外两个场地则采用了较小尺度建筑物围绕中央开放空间组团式布局。这些场地的规模从140英亩到220英亩。制定这些用地布局的目的不仅仅是设计三个特殊场地，而且也是为公路沿线其他地方的开发使用提供一个方向。

虽然制定这个指南或标准已经超出了这项规划研究的范围，但是，这个指南说明了评估潜在开发方案的形体规模。其中之一是把新建筑结构的体积与相关场地联系起来，与景观建筑材料联系起来。这样提出问题旨在说明，当一个建筑物因为它的绝对规模或它的建筑风格在本质上与社区不一致时，可以通过大量种植乔木和灌木来减缓这种不协调。

当然，这种方式仅仅是使用绿色来掩盖建筑和建筑布局与周边环境的不协调。另外一种与此不同方式是，使用人的尺度来确定建筑尺度，以便形成"规模单元"。这种方式特别适合于像吉尔福德这样的小城镇，因为那里大部分建筑物都是以居住为尺度的。"许多这样的建筑都具有与居住建筑相似的规模和尺度。甚至于绿地周围的商业区，建筑物的尺度也便于步行者。最大的建筑物就是教堂了。教堂对于社区来说是十分重要的，所以它的设计不同于其他建筑物。除开商业建筑之间可能没有庭院之外，商业建筑在尺度上与居住建筑没有太大区别。现代购物中心、办公楼和工业建筑创造了新的建筑尺度。在对分区规划争议进行听证的时候，发生的问题常常是关于建筑物与社区特征之间的冲突"（肯迪格等，1990）。

第八章的那张"沿主街填充式商业开发"的鸟瞰图清楚地说明了这个问题。设计评审规则必须小心谨慎地使用词汇，既要避免千篇一律，也要排除不和谐。偶尔发生一些鲜明的比对也是可以的。但是，应当限制在建筑使用功能完全不同时候，如市政厅、教堂、邮局和学校。

现存"商业带"的重新开发

一旦沿道路线状商业开发已经开始，即使有充分的政治愿望来解决这个问题，实际上，我们不可能彻底根除这种土地使用模式（所以通常用"商业野葛"这个术语来描绘这种现象），当然可以对它进行某种遏制，对它的整体面貌做一些改善，扩大它的功能。所有这些都要求时间，耐性和政治支持。如果地方商会能够积极参与有关公路和公路相邻土地的适当功能的讨论，在政策制定过程中主动扮演角色，那么，可能会产生积极的效果。

我们已经提到过遏制这种带状商业发展最有效地方式。最直接的方式就是在适当的地方降低商业开发强度或提高商业开发强度。尽管10年前在缅因州的约克镇就已经成功地使用这种方式来遏制沿公路的带状商业发展，但是，这种方式在政策上可能还不时兴。

为了避免给土地所有者带来"扫地出门/风卷残云"的结果，可以使用我们在韦尔费利特和阿克顿这些案例中提到的TRD方式。当然，如果要采用这种方式，必须具有相当的经济优惠条件（如允许在接受区采取非常高的土地使用强度）或实行强制。为了做到后者，必须修正根据规划，要求高密度开发地区的土地开发商购买其他公路地区的土地开发权。开发权已售的土地或者永久性限制开发，或者允许以非常低的使用强度来开发，究竟采取哪种方式，依赖于分区规划法令。一旦涉及到"形式"或"线性延伸"这类问题，下一个需要提出的问题就是功能。我们在前面已经提到过佛罗里达创造性开发的两个案例，土地的混合使用可能产生一定比例的分享停车场，减少地面的铺装面积，增加一定数量的地方顾客和就业岗位（有些人所居住的新的街区可能步行就可以到达商店或办公室）。当然，我们很容易就会夸大传统混合式土地使用能够减少车辆出行距离的程度，因此，当一项开发（或再开发）计划以此为由的时候，我们需要对此作深入的研究。但是，当居住、商店和工作都在十分钟步行范围内，从理论上我们的确可以预期到汽车使用量的减少。

简单地放弃分区规划对土地混合使用的限制应当是在正确方向上迈出的第一步，但是，有些类型的功能混合是需要批准的。如果采用这种简单的方式，那么必须要引入一些弹性，以便避免每一块土地都采用混合的方式。例如，在相邻地块上，商业开发和居住开发可以进行一些置换（允许在区范围内进行置换可能会产生不希望的后果，那就是有些地方完全是零售，而另外一些地方完全是居住）。不太详尽的方式可以要求新的开发采用2~3层楼的建筑，楼上指定为居住使用。开发商可以在方便购物和获得社会服务的地方，改造建筑物的地下部分和顶层，既给房地产主增加一些房屋出租收入，同时也有可能地满足地方居民的居住需求，特别是满足老人和年轻夫妻经济用房的需求。

现存商业带的形体面貌也能够做一些改善。最重要的步骤之一是逐步取消高大的广告牌，在道路两旁种植适当的大型遮荫树木以便替换它们。这些树木不会与土地的商业使用发生冲突，如图9-20是沿西雅图郊区900号公路伦顿和伊萨路段的照片，商业走廊上的成排树木。值得注意的是，20年前，那里是便运行的

图9-20 900号公路是华盛顿州伦顿镇和伊萨镇之间商业走廊，沿街的行道树并没有与商业发生冲突，这些树木可以完全改变这个地区的面貌，否则，这个商业走廊不会有什么特征。这样大规模的改善商业走廊的面貌并非需要多少咨询人员的帮助，也不需要高尖端的技术或地方精英人物的卷入，需要若干敬业的社区官员就够了。他们从市政开支中拿出很少的一个部分来，沿着社区的门户，种植树木。（资料来源：D·埃里克森，AICP）

商业公路，没有任何高层建筑，也没有任何吸引人的特征。当地具有远见地方政府通过简单的植树项目，在过去15年里，逐步改变了这条商业公路的面貌。

大部分行道树的树干不会遮蔽驱车者和店面或一定高度广告（最高6英尺）之间的视线，而它们的树顶可以建立起"道线"的感觉，或一种公路走廊规范边界的感觉。

分散交通标志的方式不太流行，因为公路所有者可能会反对这种增加他们支出的做法，尽管许多州在法律上允许这样做。当然，如果地方政府答应出资一部分来替换交通标志，这样的做法也未尝不可，有些州政府交通部（DOT）就提供免费的树来绿化商业走廊。商业走廊的绿化方式必须与交通部门景观建筑师紧密协调，以便避免不适当选择树种的错误（如使用花类植物不可能产生橡树、枫树、菩提树、小无花果树、山胡桃树的遮荫的效果）。花类植物花季短，寿命也短，不能产生由50~70英尺高的树木所产生的稳定线状效果。

虽然改善广告标志和种植行道树对改变商业走廊的整体视觉效果十分重要，但是，从改善某些道路节点的视觉效果入手可能更容易引起商业市区的正面反应。这种方式需要邀请那些具有大规模店前停车场的商业中心老板参与，请他们提交在一些小型建筑里增加可租赁商业空间的计划，这些小型建筑沿着停车场临近道路的边缘地带布置。大部分这样停车场在开始阶段其容量一般都是过盛的，而且以后也不会完全被使用。在这些建筑前面的巨大的铺装场地导致公路走廊不可能形成城镇景观，如果通过沿着停车场临近道路的边缘地带建设一组小型建筑，这种状况可以得到改变。这些场地有时可以从道路边公用设施用地线再向里退红若干英尺。如果将来道路扩宽的可能性十分明确，那么在退红时还要考虑道路边公用设施用地的增加（州政府交通部的工程师能够提供有关这些方面的信息，如不同车道的道路边公用设施用地的宽度，他们也能根据交通发展倾

向，对道路扩宽的可能性做出预测）。

在第八章中，我们曾经留下了一张透视图，说明现存的常规带状商业走廊如何可以转换为具有传统城镇风貌的商业街，即使用填充式开发方式，沿大型停车场道路边建设用于商务的小型传统建筑。有关这一方法还可以参考《科德角可持续发展设计指南》（社区未来，1992）。

应该强调的是，不一定要通过沿着公路边缘连续布置商店而实现所希望的视觉效果。实际上，购物中心的老板或店主可能既关心停车场是否看得见，还注意新建筑背后的老店是否看得见。所以，可以对此做一个妥协，允许新一排建筑物之间留下空隙，以便顾客可以透过它们看到停车场和老的商店（见图9-21）。可能还需要允许在这个场地的入口处建立一个导向牌，把所有商务机构的名字写在上面，当然，他们可能已经在一些地方设置了他们的广告。

是否可以在公路上看到每个和任何一个商店其实并不十分重要，许多围绕停车场建设商业建筑的案例都证明了这一点（我们会在第四部分"案例"中进一步说明）。当然，遮蔽停车场或建立其他类型的视觉障碍还是有争议的，例如，纽约州北湾奥奈达湖康斯坦丁镇对此就有多种反应。大多数居民认为店前停车场没有什么吸引力，但是店主却认为店前停车的多少恰恰显示了这个店的生意兴旺与否，如同一个广告，所以，他们认为看得见的停车场是正面因素。当然，在与图格山规划委员会的规划师进行深入讨论后，"大部分人似乎同意，商人们支持地方居民的观点，真正具有影响的因素是商业本身的声誉和服务水平，而不是店前停车的多寡"（多布尔，1992）。也就是说，对零售业来讲，真正需要考虑的是方便，免费停车，商品的范围，具有竞争性的价格，周到的销售服务，商业服务。

对于那些非购物中心的独立店铺而言，如果他们有店前停车场，当他们重建或扩大店铺时，可以要求他们把店铺移至地块的临街边缘，而把停车场布置在店铺的左右边或背后。图9-23说明了改造前后的情况，其店铺和停车场的布局如同我们这里所说。

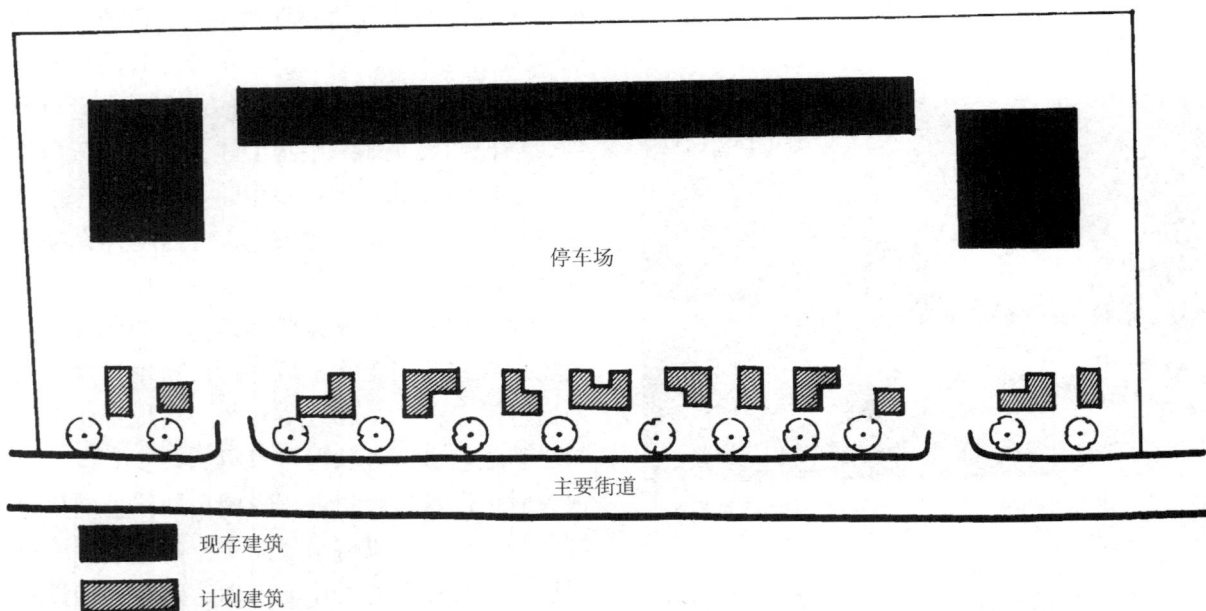

停车场

主要街道

■ 现存建筑

▨ 计划建筑

图9-21 在老购物中心前面的大型停车场通常总有剩余空间，这就给地方官员提供了一个绝好的机会，邀请开发商提交一个计划。增加一部分供出租的商业空间，其建筑采取小尺度，成排布置，传统建筑风格，对巨大水泥铺装的停车场形成一个视觉缓冲区，有助于再造城镇街道景观。新建筑物之间的空隙可以种植遮荫树木和低矮的栏杆或篱笆（大约为小汽车的高度），步行者可以自由出入。

把店铺背后的停车场连接起来也是一种改造方案,这种方式最终可以减少进出公路的车辆数目,因为,沿公路运动的车辆不需要在一个店铺前停下,再上公路去下一个相邻店铺。图9-22说明了这种模式如何可以把沿公路某个路段上的相邻商店连接起来。如果顾客可以走下公路一次而不是多次就可以进入许多商店,那么交通事故便会减少,同时,顾客感到更为便利,不至于因为频繁进出公路而产生烦恼。

商人们最终从这些结果和改善了的便利通达性中获益。这类改造可以逐步进行。第一步,在商店和商务办公空间、商店和办公室背后的停车场间建立相互连接的通路,在若干年间,逐步减少店前停车场的规模,只要遇到商业建筑改造或扩大,要求它们向道路边缘靠近。或者,沿着道路建设新的较小的成排建筑,供租赁使用,如图9-21所示。

第二步或第三步,减少在商业带上的公路进出口数目,顾客使用商业建筑背后的停车场,并通过人行道进入商店,当顾客熟悉了这类方式之后,他们会把停车场的立面看作为"真正的"商店前庭。这个过程可以通过对那些建筑的背面做一些简单的建筑处理而加速实现,包括设置一个正规的店门。《宜居的场所》(科比特,1981)提出了更为野心勃勃的计划,如何把"带状购物中心"转换成为城镇中心,那里有小的广场、户外咖啡馆、树荫遮蔽的停车场,商店楼上办公或居住,甚至还有农副产品市场。应当

有更多的人来阅读这本书。

蒙大纳州伯泽曼市通过的《门户道路设计目标规划》包括了许多类似的观点。由M.英萨编制的这个规划得到了包括地方官员、商人和居民的广泛认可,原因是这个规划清晰、意义明确,加之广泛的公众参与。这个规划包括了7个目标和15个设计指南,它适用于通往这个历史性县城的所有门户道路。那里共有6条门户道路和90号州际公路,这个规划对它们都做了评估,然后为它们分别制定了发展目标和指南。

这些指南希望在执行过程中具有一定程度的弹性,避免压抑了创造性,同时,又维护整个地区在发展方向上的一致性,以实现整个计划的远景。它的重点放在建筑设计(鼓励多种规模、多种屋顶形状和明确的入口),场地设计(减少停车场对景观和建筑布局的视觉影响),标志(较低和较小的独立标志牌),步行可达和公用设施。

"几乎没有哪个开发商认识到,当人们停下车时,他们立即成为步行者,他们产生完全不同的需要……。场地开发必须包括如下特征,四季变化的景观,可以坐下的设施、各行其道,面向步行道路的窗户……。公共开放空间可以布置在主要入口处,以便在它们周边布置商店和咖啡馆"(欣肖,1992)。

用于这些门户走廊的法规按照这些观念作了调整。例如,店前停车场必须景观化,以致"无论哪条路上的景观都表现为加勒廷峡谷景

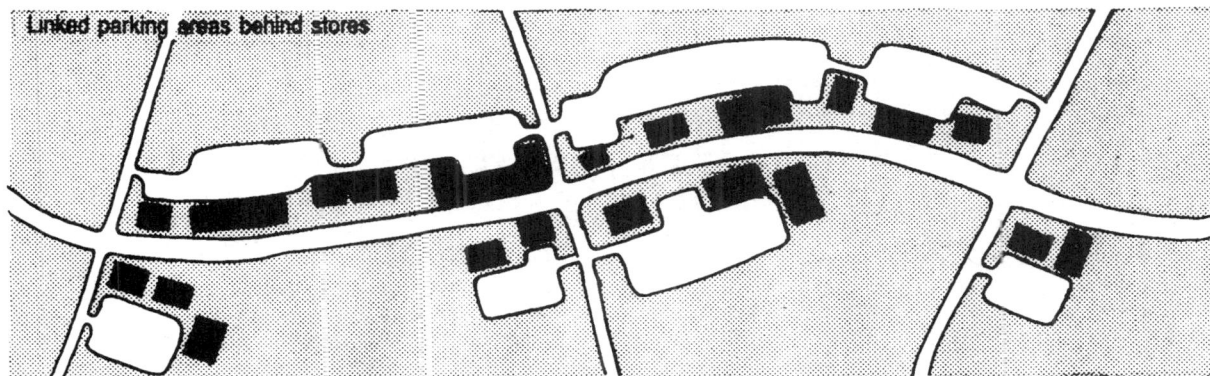

图9-22 相互连接的店后停车场便顾客可以造访多个商店,而不需要再入公路,干扰整个公路的交通流。对新的商业开发、扩大现存商业建筑或再开发时,可以提出这样的要求。

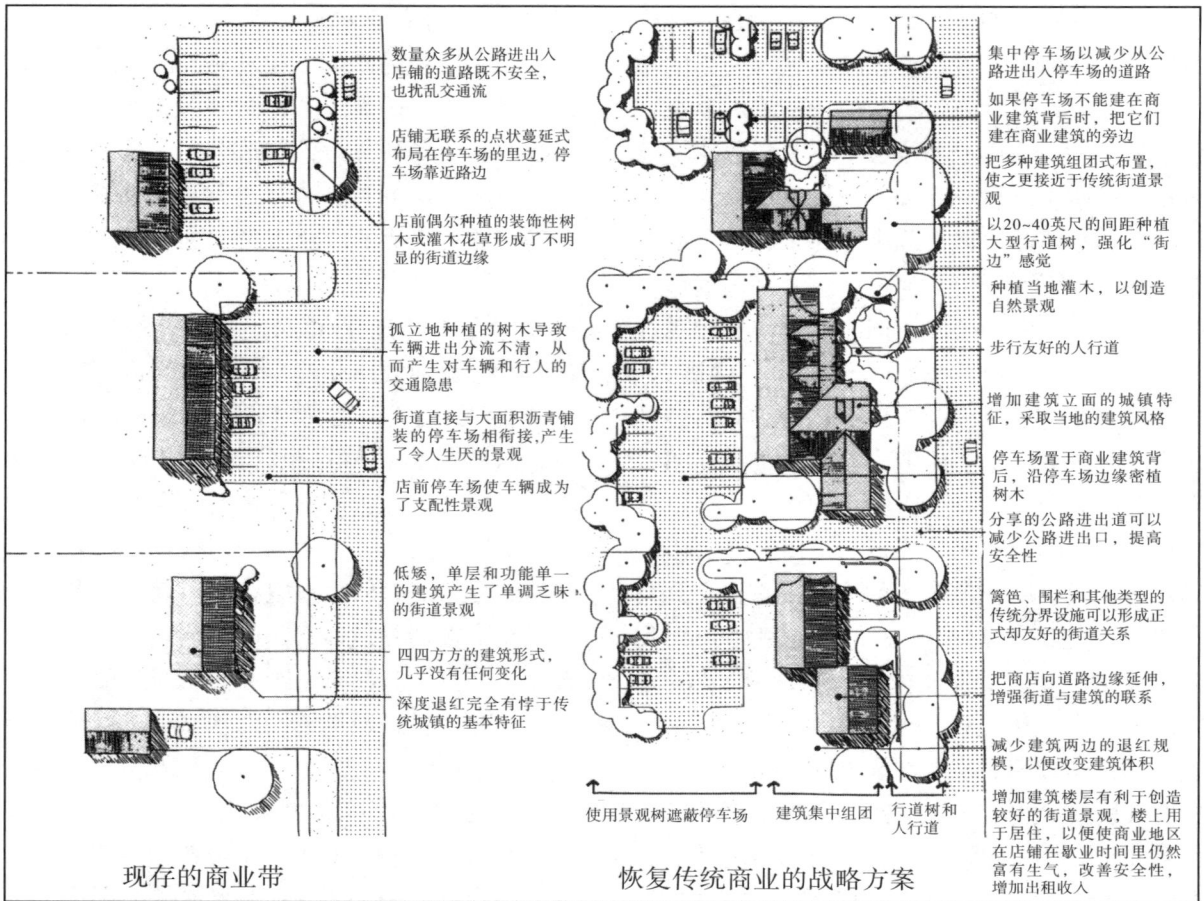

图9-23 扩大沿商业街或公路的现存商业建筑为把停车场移至建筑背后提供了一个好机会，建筑物沿道路扩展，创造一个比较传统的"街边"。在一个比较长的时期里，按照这种设计方法，加之种植树木和替换标志，有助于社区把丑陋的"门户"走廊改造成为一个商业中心。（资料来源：多德森设计事务所）

观的自然衍生，"在门户道路与商业建筑之间建设狭道，遮蔽的停车场，树种，等等。在州际公路和两条标号州里的公路上，采取大约为50英尺的最小退红，而其他道路的退红为25英尺。开发或再开发申请必须得到市里设计审批委员会的"适当证书"。市里的设计审批委员会原来是这个历史地区惟一具有行政权力的机构。因为种种原因，这些门户走廊的审批标准不同于那座城市里建筑重点保护区的标准。

我们用最后一个例子来结束这一章。新泽西的沃伦镇地处曼哈顿以西30英里的地方，一个郊区化了的乡村社区，人口11000人，正如我们已经提到的那样，这个镇中心不过是乏味停车场的集锦，围绕两条区域道路展开的商业带（罗德里格斯，1992）。他们所面临的挑战是，需要采取一个整体增长战略，包括制定一个创造适当"中心"的必要设计标准，鼓励开发商做一些特殊工作的经济优惠条件。

于是，他们采用了"城镇中心城市设计计划"，作为整个解决方案的核心，它包括1个商业核心区、3个相邻的混合使用分区和合理安排道路相互链接。为了实现这个目标，镇里给开发商提供了许多优惠条件：商业建筑的容积率提高了60%，建筑高度提高为3.5层楼，降低了停车场要求（比较现实的），建立功能混合分区，对每个建筑物的使用功能给与一定弹性。另外，住宅地块面积减至10000平方英尺一块，甚至允许两家分享一块宅基地。

镇里则对开发商提出了一系列要求，要求开发商提供新道路建设用地（包括一条新的主路），改善城镇景观（人行道、路灯、景观、街道设备，等等），建设一定比例的经济住宅，执行严格的建筑和场地设计标准。按照鼓励建筑多样性的标准，特别要求那些可能支配视觉的新建筑物必须与镇里的传统特征相协调，如建筑体积、屋顶形状、建筑面积（2000~15000平方英尺不等），产生中等规模的"结果"。同时，街道和建筑场地都应当按照"步行区的方式加以布置，

产生一个连续的、安全和令人愉悦的道路、人行道、桥梁和人行横道的网络，提供街头休息设施（长椅、可以坐下的地方）和社会交往的场所（广场、小园林和庭院）"（罗杰伽斯，1992）。

批准后的规划包括一个场地规划（说明最好的道路和建筑位置）和一张鸟瞰图（见图9-24）。当然，这个规划有一个缺点，需要对原先的分区规划法令做一些修订，以便大部分建设有法可依，而不是依靠镇里以免除和公共听证的方式来推进开发。

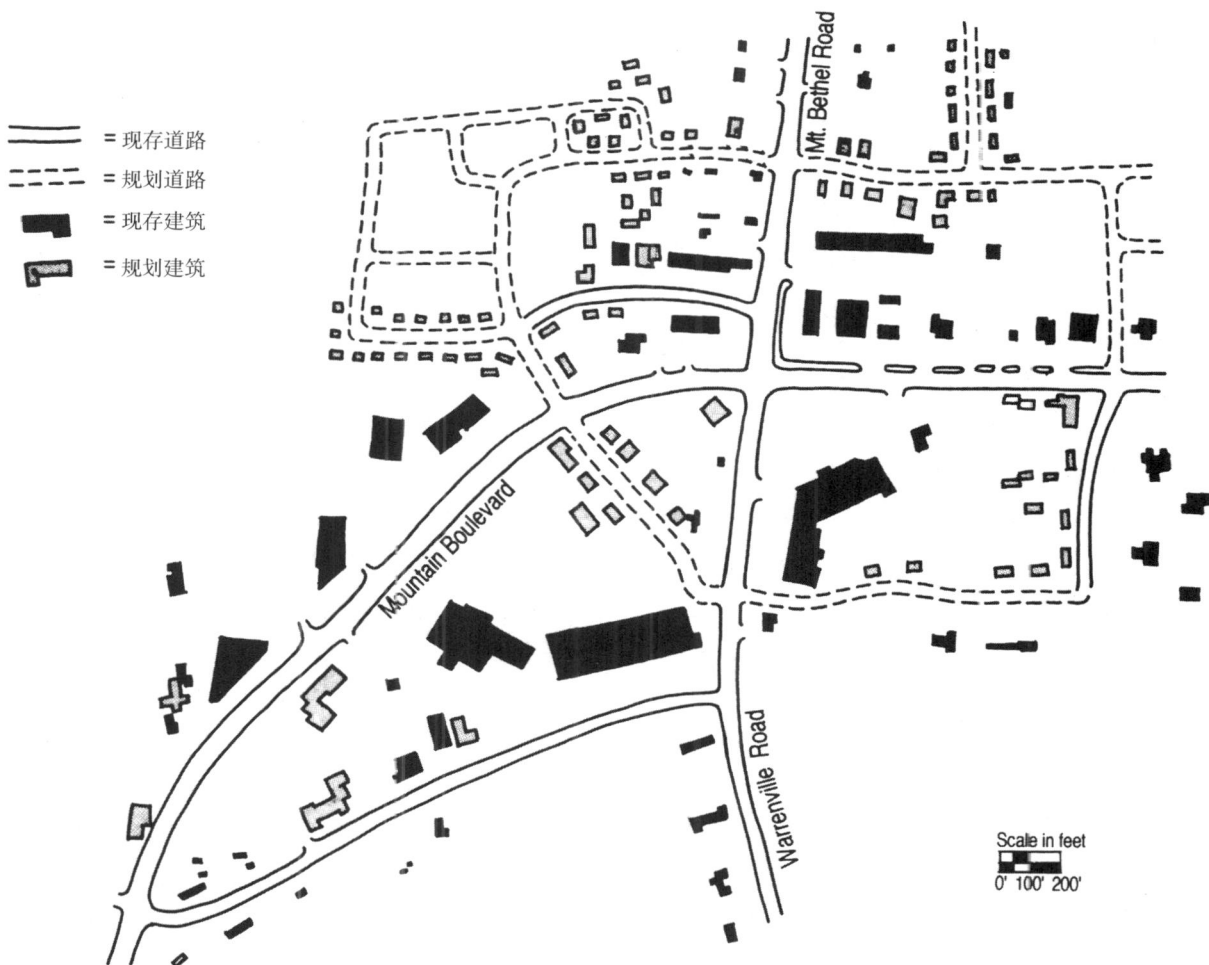

图9-24 这张图说明了计划建设的链接性道路的位置，新建筑的位置，它们的区位和尺度应当有利于瓦然镇在它的公路交叉口上创造一个适当的"镇中心"。实际上，那里只有分散和随意布置的建筑物，数量有限。

第十章

经济住宅

概况

有关经济住宅的论题相当宽泛，所以，我们没有打算在这一章里综合地讨论这个问题，而是有选择地集中讨论与小城镇相关的经济住宅问题。实际上，标准的"经济住宅项目"在那里并不流行。幸运地是，地方官员和居民还可以应用其他许多方式来鼓励创造住宅开发机会，特别是为日益增长的青年家庭提供住宅，他们在经济上还难以购买他们自己的住宅。

我们可以从两个问题开始思考这个问题。第一个问题，现在有多少高中毕业生在他们毕业后的第十年聚会时可以在镇子里买一所住宅？第二个问题，你知道有多少青年夫妇因为缺少住宅而回到父母那里去抚养孩子？中产阶级很少考虑他们的家庭成员需要"经济住宅"，但是，所有的人现在都相信，住宅正在迅速变化。问题不再是"他们相对于我们"，而是"他们和我们"，或者恰如其分讲"我们"。

当一个人不能用他无私的命题打动人们的时候，他就会使用人们的"自我利益"来打动他们。社区的未来从根本上是受到那里住宅状况的影响的，这些住宅可能提供给小学老师、消防员、警察和依靠工资收入的一般劳动者。简言之，最终落脚在工作岗位和商业房地产税收上。若干年以前，在马萨诸塞乡村地区迪尔费尔德，有一个成功的出版企业建立了它的第二个工厂，但是，它选择了在中西部地区，因为它的工资水平赶不上新英格兰地区的住宅增长幅度。

严酷的现实是，许多人不再可以承受那里的住宅价格了，除非他们已经拥有了自己的住宅，以致他们可以与别人交换。没有住宅做抵押，家庭信用基金或两份非常好的年度工资。现在，大部分人不能有资格获得住宅贷款。在美国的许多地方，住宅价格的上涨幅度已经超出了工资的增长幅度，过去这些年来，住宅可承受性的空白每一年都在扩大。

马萨诸塞西部的康涅狄格河流域已经记录了日益增长的住宅可承受性的空白，从1960年至1980年，那里偿还中档住宅贷款的额度始终与收入协调（流域未来，1988）。然而，1987年，平均家庭收入的30%（550美元）只够偿还中档住宅贷款（1000美元）的一半。在汉普县，要求一个年度收入44000美元的家庭购买中档住宅，实际上，那里中等收入水平家庭的年度收入只有27000美元。在典型的乡村社区，如阿什费尔德，只有13%的现存居民可以承担的起中档住宅的价格。换句话说，大部分房产所有者不再可以承担得起以现在的价格购买他们自己的住宅了。按照1991年美国国家统计局的调查结果，从全国范围来讲，只有9%的租赁者可以买得起住宅（杜威，1991）。

尽管1990年代早期的萧条期间，住宅出售价格曾经疲软，但是，实际的这种空白依然存在。跨越这个空白必须架设一座桥梁来，这一章就是要讨论这样一些"桥梁"，如街区的紧凑型布局，两家人共同使用的住宅设计，多个家庭共同使用的住宅，社区协助设计，附属住宅，保存可承受性，"可承受的有限开发"（包括土地保护成分），混合使用和候冬住宅设计。

街区的紧凑型布局

"住宅问题始终缠绕着我们的原因是，我们不断提高我们的生活标准"（萨林斯，引自奈克，1988）。在这个论断出台前，的确不清楚为什么我们不能摆脱住宅问题。享特学院的这位教授所说的标准并非那些涉及公共卫生的、安全和福利的因素，而是随着社区发展而出现的住宅规模和富裕方面的那些因素。第二次世界大战结束后所产生的那些经济住宅的类型，当时没错，现在也不错。就绝大多数这类住宅而言，它们的规模是适度的（1000平方英尺住宅，9000平方英尺宅基地），建设也可以，拥有所有的必要的基础设施：适当的铺装街道，公共供水和排水，人行道，有时还有社区公园。

这可能正是本书读者的父母们购买的住宅。但是，试图在今天还提供这类产品的建筑商就很可怜了：在大部分郊区和乡村社区，分区规划要求的标准是1800（或更大）平方英尺住宅，同时包括可停两辆车的车库。合法的最小宅基地一般增加了两倍（从9000平方英尺到1.5英亩不等），拥有全套公共工程设施供应；而那些有自备井和自备化粪池的宅基地面积则在1.5～2英亩。允许没有得到公共工程设施服务的宅基地增加规模是基于环境上的考虑，而那些有集中给排水的地区则没有控制宅基地规模的扩大。在两种情况下，都有会地减少宅基地面积和前庭的面积。例如，如果把宅基地的宽度从125英尺减至75英尺，那么相应的道路建设和公共工程设施建设的费用可以降低40%。图10-3的三个宅基地划分方案说明了建设费用上的差别。每个布局方式都容纳了39块宅基地，但是道路和公共工程设施的长度从2500英尺减至1650英尺。

建筑商的杂志开始发表了一些具有吸引力的"第一次购房者"的新住宅模式，它们采用了一些传统建筑的特征。图10-1所示住宅的面积为1100平方英尺，三个睡房，宅基地宽度仅

为50英尺。有足够的空间容纳宅道，车库设在住宅背后，这在1920年代十分流行。图10-2上的照片是一所比较具有当代特征的住宅，地块宽为60英尺，有一所相连的车库。

纽约州波灵在提出建设一个"开放空间住宅区"时，设计了若干种非常紧凑但可以扩大的独立住宅方案，这些住宅基本上都有6间房（可以选择一间用于客厅，前廊、车库）。这些方案收集在附录里。

在小宅基地开发条件下，为了增加可以使用的庭院空间，有创意场地设计师开始把住宅从宅基地的中心移至前部的一个角落。当住宅处于最小退红和紧靠一边地界（宅基地0线）时，效果最佳。按照这种方式，两块宅基地的

图10-1 一所新维多利亚式的小型住宅，1100平方英尺，宅基地宽50英尺，1940年代以前的街区，宅基地宽度50～70英尺属正常，车库布置在地块的背后，或者通过一个较长的宅前道进入车库，或者通过宅基地背后的胡同进入。（资料来源：经济住宅规划，卡纳斯，1991）

图10-2　马萨诸塞北安普敦适度的独立住宅，设计上比较靠近现代风格，车库与住宅相连。

庭院部分可以合并，形成一个合理比例的户外空间。为了保护私密性，紧靠地界的住宅边墙不开窗户，这样就不会看到邻居的庭院。

当宅基地比较窄时，车库门占住宅立面的部分就会变大。例如，当地块宽度为45英尺时，住宅宽度为35英尺，这样，车库占据了前立面的一半以上。从街头看，这样布局所产生的视觉效果令人生厌，而且没有生气。越来越多的开发设计师乐于采用的方法之一是，把停车和车库移至这些地块的背后，车辆经地块背后的胡同到达车库（一般胡同宽度为12英尺，一道）。巴尔的摩和费城周边的许多老郊区在20世纪初的几十年中大体都是按照这种方式安排的。他们当时采用这种方式的部分原因是，希望实现从街头看"都是住宅"的效果。

西雅图有一位建筑师特别善于使用非常紧凑型方式布置新传统住宅地块。按照他的经验，这类住宅主要是针对特殊类型的住宅需求群体："乐于享受生活，却不愿意维护庭院的人，懒于除草的一族，没有孩子的家庭，不需要过大的庭院"（克里格，1992）。成功执行这类方案的关键是，特别关注建筑和场地设计，创造有价值的住宅产品。

同时，还需要注意，当宅基地面积降低以后，提供适当的庭院空间就更为重要了。靠近宅基地前部边缘布置住宅的确可以增加庭院空间（创造"门庭花园"，从路边人行道向里

15英尺），但是，这种方式不能替代特殊区域的设计，如遛狗、打打球、做点小游戏，或比较有组织的运动项目。图10-3"开放空间住宅区"中所示绿色空间是通过分享20%~40%标准宅基地面积而产生的。那里的宅基地面积从17000平方英尺（110英尺×165英尺）减至12000平方英尺（80英尺×150英尺）。

稍许减少较大宅基地的面积同样可以产生开放空间。例如，按照这些尺度来建设住宅不能很好地与社区的结构、模式和尺度相协调，那么，也可以把25000平方英尺（125英尺×200英尺）的地块减至15000平方英尺（100英尺×150英尺）。

注意，这些数据并没有什么特别的意义。在许多案例中，缩减宅基地面积没有什么困难，不会改变生活风格，所以，关键是看减至什么程度不会影响到整体的传统城镇景观（我们已经在第一部分中讨论了城镇景观的要素）。例如，在紧凑型宅基地的背后建立起社区的中心开放空间，既不会直接打断任何道路，又可以实际减少街道和公共工程设施的建设费用。图10-3清楚地说明了这一点。三种宅基地规模和布局方式都可以安排39块宅基地（110英尺×165英尺对80英尺×150英尺）。

第一种方案要求建设2500英尺长的街道和给排水管线，没有街区开放空间。第二种方案减少了10%的基础设施建设费用，在中心地区留有一个公共绿地，在另一排住宅的背后留下一块游戏空间。当然，第三种方案节约最大，它只需要建设1650英尺长的街道和给排水管线，同时还有2个街区公园。第二方案和第三方案的差别在于，前者把公共绿地置于支配性视线之中，而后者强调有效的安排道路，节约建设费用。

马萨诸塞阿雷斯特奥特村三块村庄绿地的开发说明了这类规划的基本概念，那里有25个独立住宅和5个较大的住宅，这五个住宅每个包括两户人家，这样，整个村庄为35户。住宅设计采用了与周边社区一致的传统风格。这个项

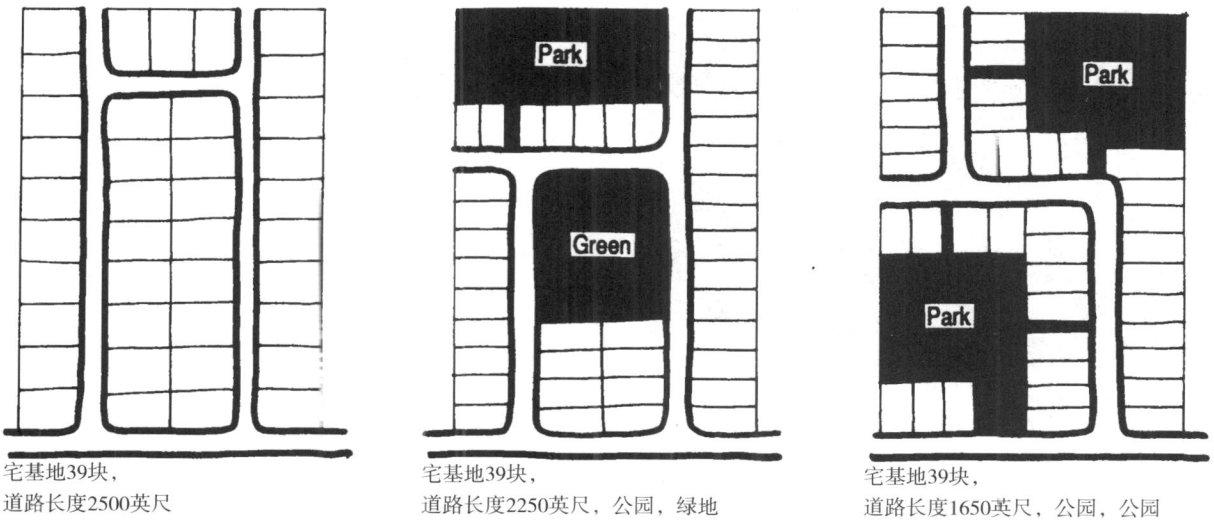

宅基地39块，
道路长度2500英尺

宅基地39块，
道路长度2250英尺，公园，绿地

宅基地39块，
道路长度1650英尺，公园，公园

图10-3　三种不同的布局方案，每个方案都包括39块宅基地，它试图说明，通过减少街道和给排水管线长度，减少建设费用，同时，还能创造街区公园。

目十分注意了村庄的整体布局结构，整个建成区50%为开放空间（包括通过一个季节性湿地性树林的小径），所以，地方官员、居民、经济住宅推行者和土地保护者都认可了这个项目（见图10-4和图10-5）。

国家住宅建筑商协会出版的《费用有效的

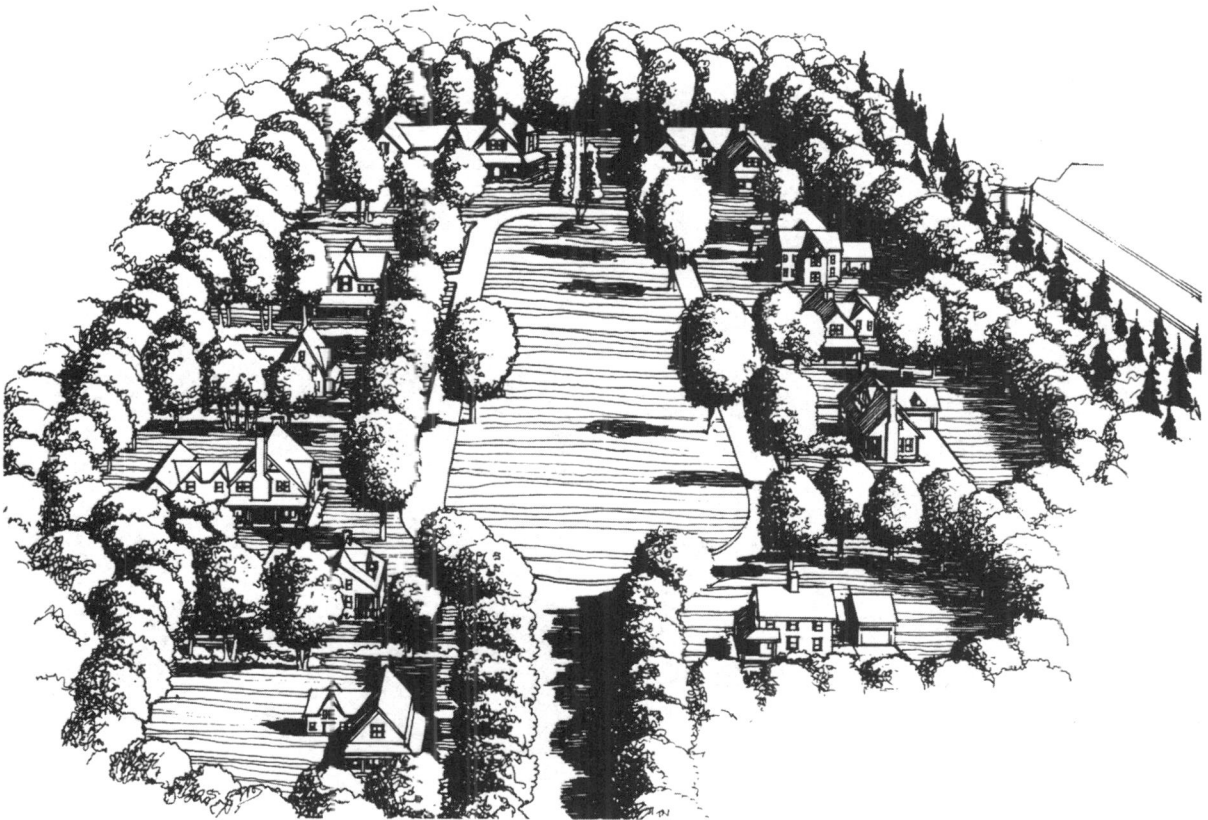

图10-4　这张鸟瞰图上的住宅围绕马萨诸塞阿默斯特的奥特村三块村庄绿地之一布置，整个住宅区面积为28英亩，共计35个住宅单元，其中5座2家共用建筑包括了10套经济住宅。这5座住宅看上去与大型独户传统住宅没有两样，成为每一块绿地中的支配性景观。整个村庄还包括了通过8英亩树林的小径。（资料来源：多德森设计事务所）

图10-5   这是奥特尔三块村庄绿地之一，儿童在这里玩耍。
（资料来源：多德森设计事务所）

场地规划：独立家庭住宅开发》记录了通过紧
凑型居住开发可能节约的费用预算（NAHB，
1988）。例如，在俄亥俄坎顿附近的166英亩场
地上，以紧凑型方式开发，每个住宅的开发费
用为8512美元，而按常规开发方式开发，每个
住宅的开发费用为12856美元，紧凑型方式开
发比常规开发方式开发节约开发费用30%。同
时，以紧凑型方式开发，整个场地的20%用于
开放空间，而以常规开发方式开发，整个场地
只有6%的面积用于开放空间。两种方案的住宅
开发总数均为472。

　　《经济型独立家庭住宅》（桑达斯等，
1984）一书详细说明了圣安东尼奥"小宅基地
区"的居住区布局、建筑规划和分区规划标
准，当然，这个规划缺乏街区开放空间。

　　图10-3中的每种方案都需要私人的围墙或
篱笆以遮掩后院的家庭生活。居民在比较三种
方案时，对噪音水平都做了类似的考虑，实际
上，哪种方案都不可能迅速消除噪音。除非密
植树木，否则不可能愉悦地享受庭院空间的私
密性。图10-6和图10-7的照片说明了新泽西克
兰福特如何安排它们的11000平方英尺宅基地。
那里是一个1920年代的紧凑型街区，（不幸的
是）那里没有地方公园，附近也没有自然的开
放空间。

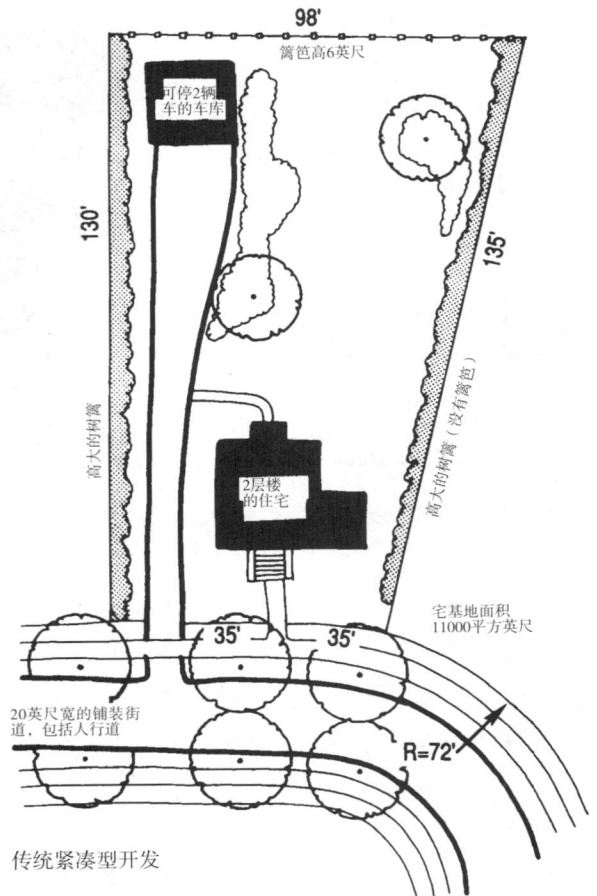

传统紧凑型开发

图10-6   这个场地规划说明了1920年代新泽西克兰福特如何
在小宅基地上实现后院的私密性。他们把住宅布置在靠近街道
的地方，沿着宅基地边界种植树木。同时，我们可以注意到，
那里已经有了人行道和行道树，72英尺半径的弯道（行车速度
大约在每小时15英里），所有这些方式使得那里步行友好。

图10-7   图10-6场地上的那所住宅的照片。（资料来源：阿
伦特摄）

图10-8 美国各地都可以找到1920~1930年代建设在相对紧凑的宅基地上的住宅，它们有吸引力，住宅规模却也适当。这些住宅给我们提供了很好的例子，如何为那些第一次进入住宅市场的个人和家庭提供经济型住宅。十分重要的是，要求开发商提供人行道，种植行道树，这些树木可以高达50英尺，间距40英尺，如果这样，日久天长，新建街区一定会变得与照片上一样。

两家一栋房：未必总是"丑小鸭"

很难再想像出一个比"一宅两门"更差的术语来定义两家人分享的一栋住宅了。在历史上，人们常常认为它们是"连体双住宅"，或"一对住宅"。在英国，人们把它们叫做"半独立"住宅。如同这种建筑形式的现代设计不堪入目一样，用于这种建筑形式的现代术语也不堪入耳。诚恳地讲，许多20世纪一宅两门住宅的外观的确是二流的。除非我们对这类建筑的设计做出总体改进，否则，毫无疑问，人们还会继续把它们看作"二等的"住宅，而不是"第二个"家庭住宅。

住宅设计的重要性无论怎样估计都不过分。对于横跨东北部和中部那些大西洋沿岸的小城镇来讲，它们城镇景观的一部分恰恰是那些经典希腊复兴时期风格的一宅两门式住宅。但是，现在出现在街区里的却是用"T-111"甲板制作墙体的农场式或箱子般四四方方的双门一宅。社区对此的喧闹声不绝于耳。

这一章后边"社区帮助的设计"一节讨论了社区居民参与填充新住宅设计决策的价值。从作者的经验和观察来看，社区居民对新的一宅两门计划的一般反应主要集中在那些住宅从街头看上去的形体特征（见第四章，安童尼尔森对重新设计新泽西丹弗填充项目的讨论）。

设计良好的一宅两门式住宅能够成为社区经济住宅发展战略的重要组成部分。它们的规模使它们在填充时类似于独立住宅的情形，可以融入一个街区。从尺度上考虑，除非多家庭共享的住宅的每一个单元的规模适当，而且周围的住宅规模比较大，否则，多家庭共享的住宅就不一定能够融入一个街区。

住宅所有者有时就住在一宅两门式住宅中的一个单元中，而把另一个单元用于出租，这样，一宅两门式住宅帮助了住宅所有者偿还贷款和房地产税。对于青年夫妻来讲，买一栋一宅两门式住宅，把其中一部分用于生财，便于他们很快涉足住宅市场，积累财富。许多人通过首先购买一所一宅两门式住宅，在提高自己的支付能力之后，再买独立住宅。

一宅两门式住宅也使租赁者居住在传统街区中，成为社区主流人群的一部分。住宅公寓楼通常处于城镇边缘地区，或与铁路线或工业园区相邻，所以，许多人宁愿生活在传统社区环境中，而不愿意住在由大型停车场所环抱的住宅公寓楼里。

使一宅两门式住宅能够融入一个街区的手段是，把这些住宅设计得像一个大型独立住宅一样。临街的两扇大门也许最易漏出一宅两门式住宅身份。可以把大门向里凹进，然后再分成两扇门，或者把两扇门分别设置在住宅的左右两边，也许最好的处理办法是，在正面设置一扇大门，而在住宅的任意一边设置第二扇大门。缅因州维斯卡西特的建筑师B.汤姆森就是这样设计的，图10-9是他设计的一栋"乔治亚式的一宅两门式住宅"（包括建筑平面图）。这栋一宅两门式住宅看似乔治亚时期的独立住宅，它的左半部分为一个两睡房的单元，建筑面积为1164平方英尺，而它的右半部分是一个三睡房的单元，建筑面积为1356平方英尺，每个单元都有楼上楼下，都有1.5个卫生间。

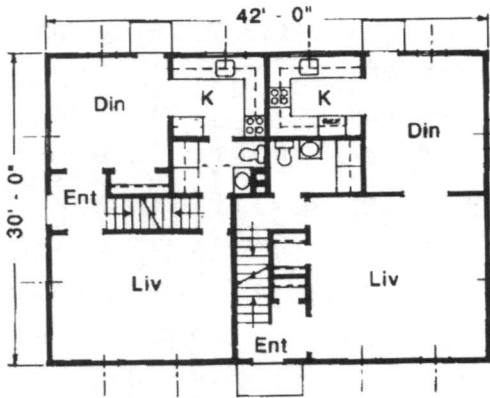

第一层面积：582+678 = 1260平方英尺　　　第二层面积：582+678 = 1260平方英尺

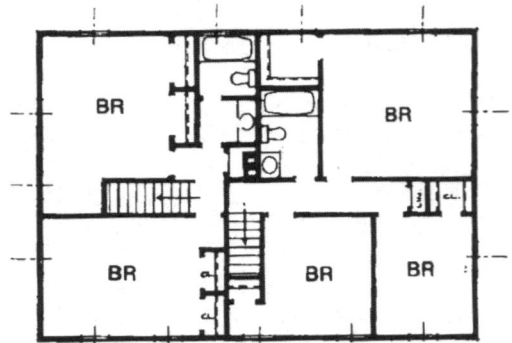

图10-9　一宅两门式住宅既是经济的，也具有吸引力，正如该图所示的新乔治亚式的一宅两门式住宅（缅因州维斯卡西特的建筑师B.汤姆森设计）。这块宅基地的面积为2500平方英尺，与较大独立住宅的宅基地一样大小，在住宅的边墙布置了第二扇门，左边单元的住户由此出入（过去新英格兰地区的住宅也有过这类设置）。

在美国小城镇大量历史性一宅两门式住宅中还有许多其他的经验可以考虑。在新英格兰地区，有些一宅两门式住宅采用了希腊式、哥特式和意大利式的风格，但是，多数还是19世纪的地方风格的建筑。地方建筑商、设计师和开发商常常没有注意到这种历史的关系。有兴趣推行这类一宅两门式住宅的人士可以在他所在地区通过拍照、复制和收集图书馆收藏的各类张贴画来获得所有风格的这类住宅。也许获得这类资料的最佳地点是地方建筑督察办公室，建筑商和开发商每天都去那里。实际上，地方社会服务团体和房地产经纪人能支持这种观点，当然，还可以从一些出版物中找到支持的论据。

除开对大门的特殊（避免"一对"门）处理外，地方的建筑指南应当涉及一些基本问题，如屋顶形状、屋顶斜度、建筑体积、宽度和高度，窗户规模、比例和空间，外部装饰材料，停车。如果希望保留传统特征，标准中还应当有这个地区历史性一宅两门式住宅的照片。

第四部分将要介绍把独立住宅和一宅两门式住宅开发结合起来的成功经验（新泽西费尔劳恩的"拉德本"，马萨诸塞康科德"梅里亚姆的克洛斯"，分别代表了不同收入群体）。

分区规划规则常常需要重新规定可以获得批准的一宅两门式住宅宅基地的合理规模（有些社区采用了不适当的标准，有些要求不许增加宅基地规模，有些则要求两倍的宅基地面积）。最合理的规模可能正好居于两者之间。为了避免投资者囤积土地，分区法令应当明确提出附加条件，在独立住宅为主的地区，新的一宅两门式住宅必须有房产主使用其中一个单元。当房主与租赁者同时住在一所一宅两门式住宅中时，建筑维护和景观建设通常更为到位。

在大部分州，可能没有对历史地区之外的建筑提出美学要求。当然，可以对地方土地使用法规作一些修正，通过给与提高建筑密度的优惠条件，要求他们按照特殊的分区法令和执行标准来设计他们的一宅两门式住宅。当这种要求与提高建筑密度的优惠条件相关时，开发商似乎与此无关，所以，在这种情况下，需要开发商自愿合作，获得共同的利益。

实际上，没有什么理由不以这种方式来批准一宅两门式住宅的建设，除非建筑满足了一定的设计标准，否则建筑不能开工。当然，申请人必须具有在标准密度和没有"一宅两门式住宅优惠"条件下建设独立住宅的合法权利。换句话说，如果一个人拥有建设四座独立住宅的土地，那么，应当允许他建设三座一宅两门式住宅（共计6个居住单元）。在这种情况下，每个一宅两门式住宅的宅基地面积应当是一块独立住宅宅基地的1.3倍，而一宅两门式住宅宅基地的宽度仍然维持一块独立住宅宅基地的宽度，以便容纳新增的车位和两个家庭所需要的庭院空间。

增加密度优惠条件的规模应当用于鼓励与当地特征相协调的建筑设计，不同的地区的场地规划应当因地制宜。虽然每单位宅基地6000平方英尺的居住密度可能是个例外，但是，已经被许多社区证明了的方式一定可以实现这个密度。华盛顿州的温斯洛是一个以独立住宅为主的地区，他们在35000平方英尺的场地上建设了3座一宅两门式住宅，而这个开发并没有干扰街道景观（见图10-10、图10-11）。这项开发沿用的仍然是现存的分区规划参数，也没有以经济住宅的名义建设这些住宅，但是，在那些要求增加密度优惠的地区，同样可以把可承受性、建筑设计和场地布局标准联系在一起执行。

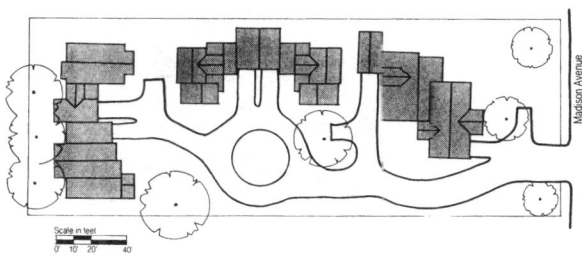

图10-10 提高建筑密度的优惠条件不仅可以用来鼓励建设经济用房，也可以用来鼓励实现特殊的建筑指南，确保建筑形式能够与街区的周围环境相协调。在华盛顿州的温斯洛，在35000平方英尺的场地上建设了3座一宅两门式住宅，共6个单元。他们精心的设计，使这个开发实现了与独立住宅区的协调，正如我们可以从街头看到的那样。在那些只允许开发商建设两个单元的许多地方，把住宅密度提高2倍或3倍，可以有效地减少为单元的土地消耗，使这些单元能够以比较低廉的价格出租，而对投资者来讲，同样可以得到很好的回报。建筑密度对于开发商来讲十分重要，但是地方居民和官员最关心的还是新建住宅在建筑设计上是否与整个社区相协调。幸运的是，开发商的目标和地方居民的目标之间并不相互排斥。（设计者：汤姆森，AIA）

图10-11　图10-10上一宅两门式住宅的照片。

为了确认非第一次购房者的可承受能力（当这些人出售经济用房的时候，可以得到相当丰厚的收入），有些州（例如加利福尼亚）要求开发商提出30年或更长时间禁止出售的限制，限制转手出售的价格。在新英格兰地区，缅因州和罗得岛州已经授权地方政府和非营利组织通过签订合同的方式控制经济用房转手出售的价格（怀特，1993）。我们在这一章有关社区土地信用社的部分还要进一步讨论这个问题。

多家一栋房

有关两家一栋房所讨论的内容也同样可以用到多家一栋房上。当然，两者的差异在于规模。由于多家一栋的住宅其规模比较大，所以，比较容易实现和谐的地方通常是，那些现存住宅体量本身就很大的社区，或者独处，周围没有可以相比较的住宅。波士顿的一位获奖建筑师，W·拉瓦提供了把多家共用住宅包装成为大型传统住宅的一种方法。他认识到新英格兰地区"相互连接的农舍"在设计上的潜力，因为这种相互连接的农舍可以分解为若干个居住单元。这种建筑形式是从19世纪中叶逐步发展起来，它的狭长松散的结构附着于一个基本住宅上，童谣上把它们称作"大房、小房、后房，畜舍"（胡布卡，1984）。

在马萨诸塞林肯镇"战斗路农场"项目中，为了避免公寓建筑或联排建筑的形式，威廉决定遵循新英格兰地区乡村建筑的传统形式，特别是包括一个优雅的前廊（见图10-12）。在计划阶段，他的计划引起了很大争

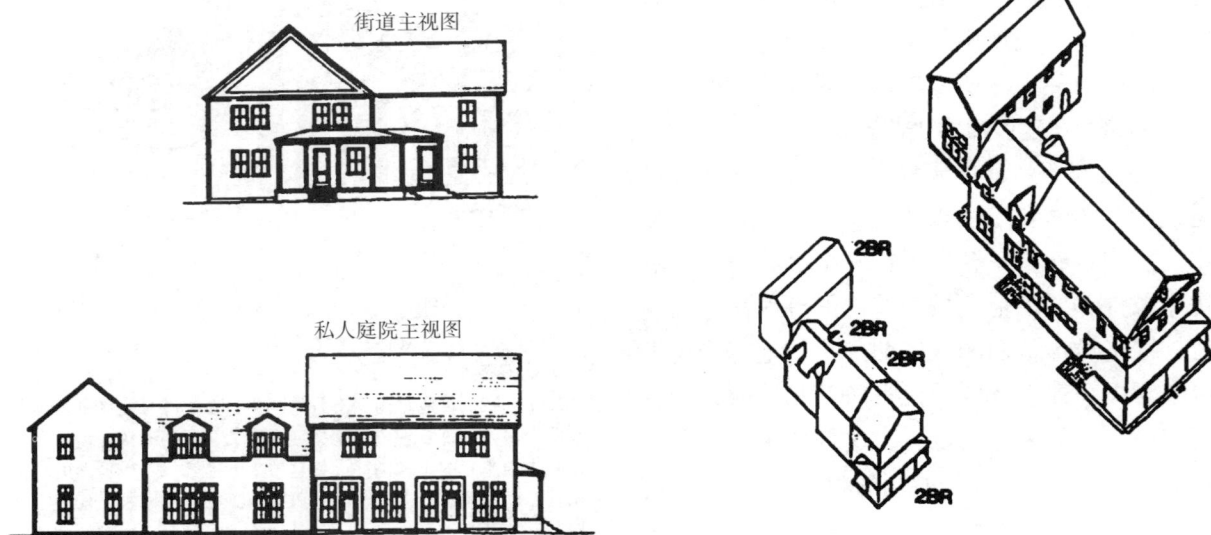

图10-12　这是四个建筑单元之一的立面图和轴测图，它的设计类似于新英格兰地区连接性农宅，是马萨诸塞林肯镇"战斗路农场"项目的一部分。（资料来源：W·拉瓦建筑设计事务所）

论，但是最终以10：1的投票比例得以通过。按照拉瓦的说法，"这个规划并蓄兼容了两方的意见，以致没有人可以再说它丑陋了"（莱切塞，1990）。也许最使人惊讶的是，在1980年代波士顿的郊区，拉瓦所设计的这类建筑，每平方英尺建筑费仅为54美元。

这个项目最值得提到的特征之一是它的目标，即这个镇应当主动推进经济住宅，这一点已经由地方官员证明了。这个项目的第一步就是选择适当的场地开发经济住宅，而林肯的确有最适当的场地来进行这种类型的开发，林肯本身也影响开发设计，不需要等待其他的开发商在不合适的地方提出一个不合适场地规划（我们在第二十章"居住案例"中讨论这个项目的布局）。

这个镇子花费了200万美元购买了"战斗路农场"的这块场地，在此之后，镇里在"波士顿全球"上公布了"寻求方案"的广告，邀请有资格的职业人士提交总体规划设想，进行竞争。镇里提供有关场地的信息和一组开发原则（即这个项目在设计上必须实现与这个镇传统乡村特征相谐调）。

在战斗路的120个住宅单元中，有72个单元的的价格低于市场价格50%，实际上，这些住宅单元与另外48个住宅单元在价格上没有什么不同，它们之所以低于市场价格，是因为"马萨诸塞住宅伙伴组织"的"拥有住宅机会项目"对它们提供了补贴。这种补贴消除了那种认为帮助获得住宅不过是"渴望不可及"的印象。另外，"社区发展行动资助'提供了基础设施建设费用（马萨诸塞住宅伙伴组织，1989）。

这个项目另外一个有趣的特征是，在31英亩开发场地上保留了7英亩土地作为永久性开放空间，包括围绕树林的步行小径网络，并与镇范围的步行小径系统相连接。

在第二十章佛蒙特州普兰费尔德"马丁草地"和康涅狄格古夫德的"浪赫尔农场"两个案例中，我们要介绍他们如何把多家住宅与独立住宅结合起来开发。在这两个案例中，多家住宅的单元吸收了老谷仓建筑物或类似谷仓建筑的特征。

那些希望对新经济住宅项目的区位和设计进行某些控制的城镇应当很好地研究林肯镇的经验。地方官员在推进经济住宅开发时，应当了解敏感性设计，市场价格住宅单元与补贴价格住宅单元如何混合。当然，引证有关房地产价值影响分析的结论更有用，例如，缅因州所做的全州调查，由加利福尼亚州领导进行的全国性研究。在这两个研究中，研究者"发现，把经济住宅的价格定在接近市场价格的水平没有太大的负面效果"（比德森，1990）。

蒙大纳的卡科斯贝尔镇把市场价格的住宅与低于市场价格的经济住宅混合起来开发，不仅没有对市场价格住宅的租赁发生影响，而且用市场价格住宅的销售收益补贴了经济住宅。1985年，萨马里塔由教堂改造而成的多家住宅，包括23套市场价格的一间厅室混合型公寓和一室一厅公寓，从1990年起，有一半的单元转换为补贴性住宅。值得注意的是，这个多家型住宅在经济上是自我平衡的，没有外来补贴，它不仅为这个经济落后县份需要居所的人提供了一个屋檐，而且也给美国其他乡村社区提供了一个效仿案例。

马萨诸塞的法尔茅斯镇使用联邦政府社区和发展办公室提供的战略规划资助款，对150个场地进行了研究，最后确定了4个场地用于经济住宅开发。在此之后，布克景观建筑和规划设计事务所为这4个场地分别编制了开发规划。以后，邦克景观建筑和规划设计事务所又把它们改编成为一组用于指导经济住宅项目开发的规划指南，适用于其他地方（邦克，1988）。

"马莎"是4个被选为经济住宅开发的场地之一，如图10-13所示。那里包括了90个住宅单元，独立住宅和多家共用住宅柜结合。图10-14提供了这个场地的一张透视图。这个场地90英亩，其中40%的土地过于潮湿，不能用于开发。所以，剩下的54英亩土地中仅有30英亩可

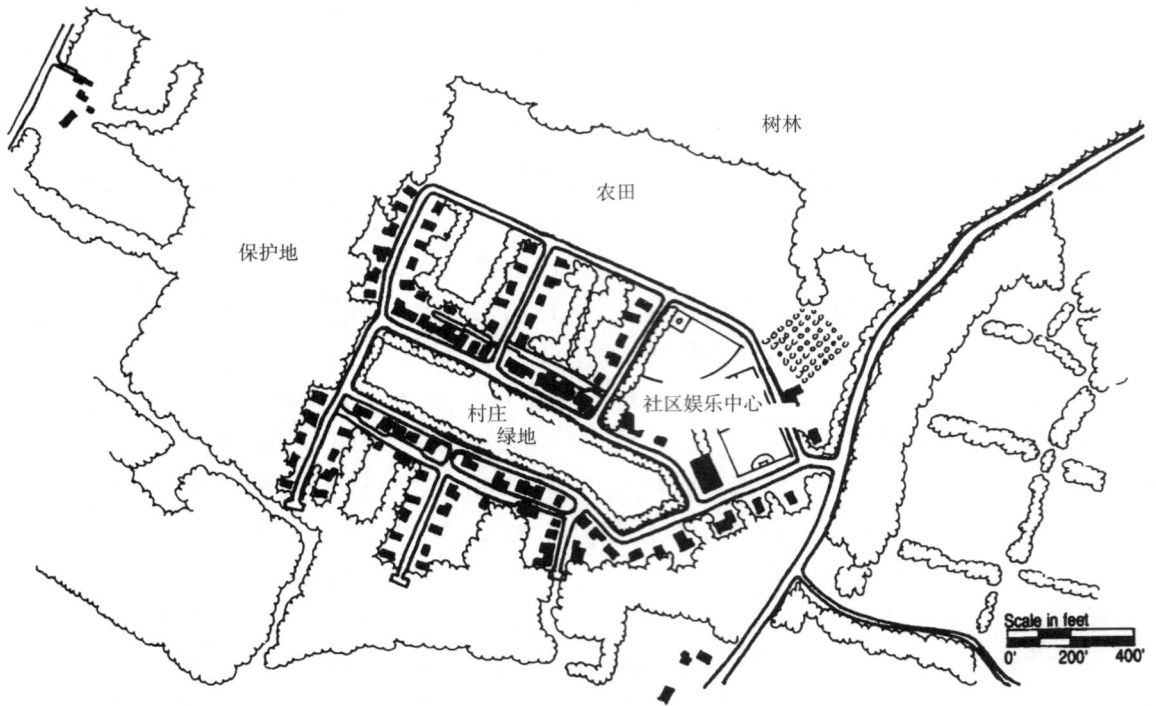

图10-13   "马莎"的规划布局，在马萨诸塞的法尔茅斯镇拥有的土地上开发90套经济住宅单元，包括一个村庄绿地，一个农业、果园和树林带，湿地开放空间。（资料来源：邦克景观建筑和规划设计事务所）

图10-14   马萨诸塞的法尔茅斯镇"马莎"的透视图，以及村庄绿地的断面图。规模适宜的住宅环绕着在村庄绿地周围。（资料来源：邦克景观建筑和规划设计事务所）

以用于住宅建设。这样，既节约了建设费用，也保护了相当比例的平坦和干燥的土地，它们用于保护和娱乐目的（如村庄绿地、社区娱乐区、野生动物栖息地或社区花园）。由于镇里已经拥有了这个场地的产权，所以，镇里可以以低于市场的价格向开发商供地，回报是开发商同意实现场地规划的设想，包括提供设计精良的经济住宅和永久性保护开放空间。

多户住房的设计师总要面对如何处理停车场的挑战。在那些有坡度的场地上，车库可以置于住宅的低层，匹茨堡附近的蒙特华盛顿卡泽门村就是一例（见第二十章"居住案例）。对于平地而言，可以在独立车库（通常对住宅前立面产生影响）、集体车库、沿街停车、单立的停车场之间做选择。无论如何，大规模铺装停车场的视觉效果相当丑陋。

比较令人愉悦的结果可以通过传统的城镇街道，沿街平行设置停车位和适当的前庭退

红等设计来实现。在图10-15中，这是新泽西克兰福特镇1942年建设的公寓综合体布局图，它是当时处理停车问题的一种典型方式。153个停车位中有一半（70个）沿街面对住宅单元设置。行道树、人行道和小型的草坪构成了传统尺度的街道景观，人们享受着住宅背后的草地和装饰甚佳的内部庭院，如图10-16所示。在这个4英亩场地上，因为建设2层楼的住宅，以致居住密度甚高（每英亩20个住宅建筑），但是，住宅单元本身则是紧凑的和可以承受的（48套一室一厅住宅单元，面积在507～560平方英尺之间；32套两个睡房的住宅单元，面积在630～690平方英尺之间）。在街道两边，重复使用S形建筑保持了这一地区建筑设计的一致性。在这个场地的中部建设沿街的停车位可以实际减少停车面积，这种规划方式值得考虑。（虽然采用90°沿街停车位可能会进一步减少停车位的面积，但是，这种方式是郊区型的和非

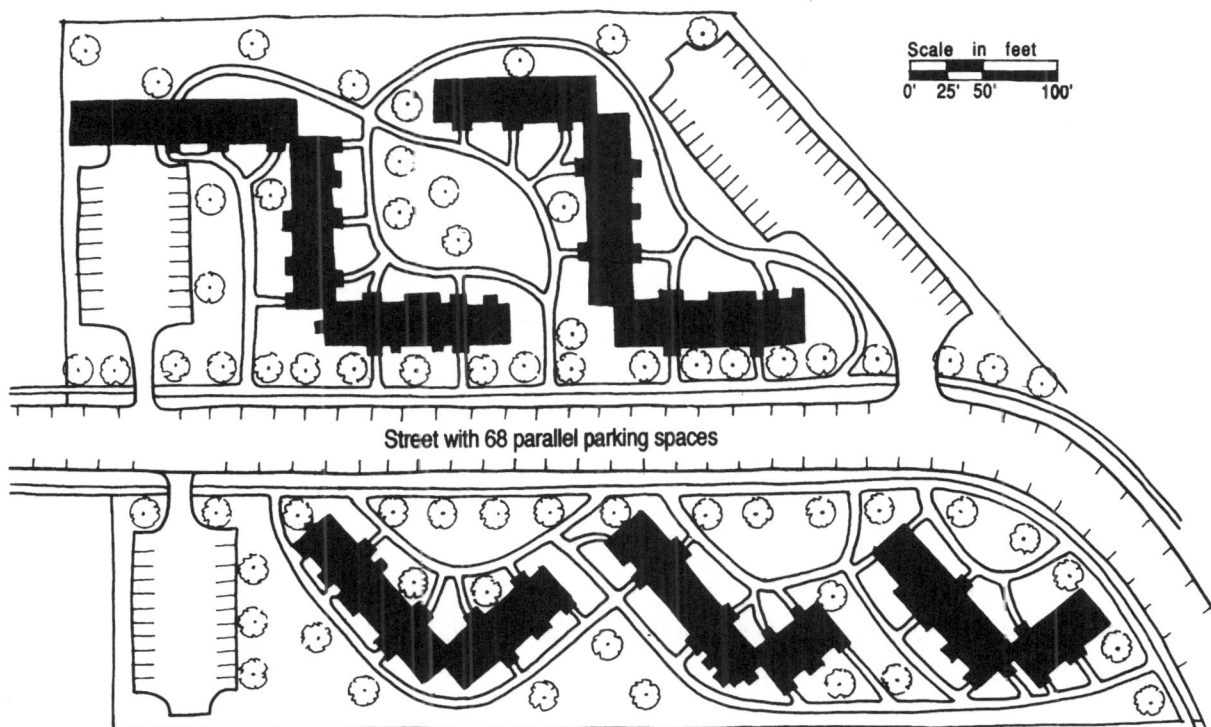

Scale in feet
0' 25' 50' 100'

Street with 68 parallel parking spaces

图10-15 价格适当的公寓楼的场地规划，沿街平行停车减少了建设大型停车场的需要。这个街区的街道景观是非常传统的，那里有人行道、行道树和非常小的退红。与现在多家住宅的开发方式不同，新泽西克兰福特镇1942年建设的多家住宅区没有围绕中央停车场来安排住宅单元，也没有围绕公寓楼建设停车场。

图10-16　这张照片摄制于图10-15上那个园林式公寓开发区，那里的街道呈现了传统的街道景观。

传统的模式，需要增加街道整体宽度，所以，不值得提倡）。

社区协助设计

在这个由专业人员支配设计问题的时代，我们必须重新认识老百姓参与建筑和场地规划的必要性，特别是在那些设计基本目标需要得到他们同意的时候。马萨诸塞北阿默斯特的库什曼村就提供了这样的案例，当第一次提出在这个村庄的中部建设6个经济住宅单元，就遇到了矛盾。那里的居民对建设3个"牧场风格的"一宅两门式住宅的计划的反应是负面的。库什曼是一个19世纪的新英格兰工业村。所以，居民们提出了另一种设计方案，希望能够保留那里小乡村居民点的特征，他们直接把他们的意见交给了地方政府住宅管理部门的手里。这个住宅管理部门负责这个项目。

在地方政府住房部门和建筑师没有充分的与地方居民进行协商时，通常容易出现问题。这个项目的建筑师以他在建设公共住宅方面的经验出发，而没有充分考虑如何使建筑设计与当地的历史背景相协调。虽然地方政府官员一开始就鼓励公众参与，但是，反应不大，因为在项目开始的设计阶段，人们感到无的放矢。当然，当建筑师拿出他的设计方案之后，地方居民的兴趣大增，市民代表委员会很快提出，

这个设计方案没有把新建筑与这个地区的传统乡村特征联系起来。

这个项目的建筑师在第一次会议上遭到居民代表的质疑之后说，他的非同一般的建筑形式只不过是一个想象。而在第二次会议上，他拿出的详细设计草图与原先的那张图别无二致。这样，许多居民代表认为，这个建筑师正在追求自己的设计目标：这就导致了居民们需要讨论他们究竟希望这个建筑采取什么样的形式。市民代表要求建筑师减少这个"牧场风格的"一宅两门式住宅的屋檐宽度，增加屋顶的坡度，加长窗户，把对开的窗户分开成二，并且给建筑师提供了他们的改变了的设计方案。

在接下来的会议上，这个建筑师拿出了他最初设计方案的三维模型，而没有按照居民的意见做出任何改变。许多居民代表感到十分沮丧，他们推荐一个代表制作一个反映他们自己意见的模型来。在这个时期，住宅管理部门受到了来自双方的攻击。这些工作人员没有为这个设计提出自己的意见，它们的基本目标是推进这个项目，加快批准和执行。他们说面临的一个困难是，这个住宅设计方案还要用到另外两个街区，那里的情形与这个场地很不相同，而且也没有什么历史特征和建筑传统。（另外两个地方填充式项目也在规划中）

最后，这个住宅管理部门要求这个建筑师认真关注居民代表提出的意见，建筑师同意这样做。所以，最终方案反映了当地居民的意见。实际上，只有恰当地反映地方居民意见，这个设计方案才可以被当地居民认可。值得注意的是，市民所提出的设计意见一般都是有关建筑外观的调整（屋顶坡度和屋檐、窗户比例和开扇）。这些建议一般都没有涉及到房间的安排和尺寸，以及大部分材料的费用。图10-17就是这个设计师最初提出的方案和市民参与之后所提出的方案。

住宅设计存在争议的同时，这个设计师所提出的建筑布局也有问题。最初的场地规划方案试图用短曲线式死胡同道路把三个一宅两门

建筑师的当代建筑设计

市民传统选择

图10-17 马萨诸塞州阿默斯特库什曼村独立双户住宅的当代设计方案与具有传统外观设计方案的比较。这个具有传统外观的设计方案是在社区居民对建筑师最初设计方案提出意见之后修改而成。当代设计方案没有很好地与这个街区19世纪的建筑风格相协调。调整后的设计方案得到了当地居民的广泛赞同。

式住宅连接起来。有些市民代表认为这是一种不适当的郊区道路模式。库什曼村的传统模式是，住宅合理地靠近老式的、直线形的和棋盘式街道和贯穿性道路。

市民关心的另外一个问题是，如何挽救政府拥有的在这个场地上的那座废弃了却具有视觉和历史意义的大型住宅（这座住宅最初是由这个村庄的奠基人和工厂老板建造的）。镇里的官员放弃原先的拆除计划，决定重新维护这个建筑。并提出以一美元的价格出售给希望对它进行维护的人。若干个月之后，镇里收到和通过了一个很好的维修计划。

提出建设死胡同式道路的原始方案是以拆除这个老建筑为基础的，现在要保留建筑，那么整个道路设计方案就需要修改。市民代表表示他们希望按照传统方式来安排这些建筑，又不打乱现存的道路体系。图10-18就是这个村庄的历史模式（左图），以及安排新开发的两方案（中图）和（右图）。图10-19上的两张图分

别是最初的死胡同方案和最终批准的方案。

每一个参与者都感到压力很大。除开要满足地方政府的目标外，地方政府住宅管理部门还必须满足州里的要求（有关住宅内部布局和每平方英尺的建造费用）。这些要求使选择变得复杂起来，常常限制了可行的方案。回顾整个开发进程，最重要的教训是，在任何建筑设计项目中，建筑师的选择绝对是一个关键因素。如果在这个建筑师开始工作之前，镇有关部门与他进行交谈，对他过去工作做一些了解，那么，镇里就会发现这个人主要是从事现代建筑设计的，所以他不是这个项目的合适人选。

"社区设计"并非总是有种无收的，特别是当大家都有共同基础时（如与周围的建筑语言一致）。认识到这一点是有用的。类似这样的项目，我们可以在"社区协助设计"和"社区阻碍设计"之间做出选择。地方官员应当考虑帮助街区居民产生对开发项目的主人公的意识，鼓励他们投入他们的建设性的思考，对设

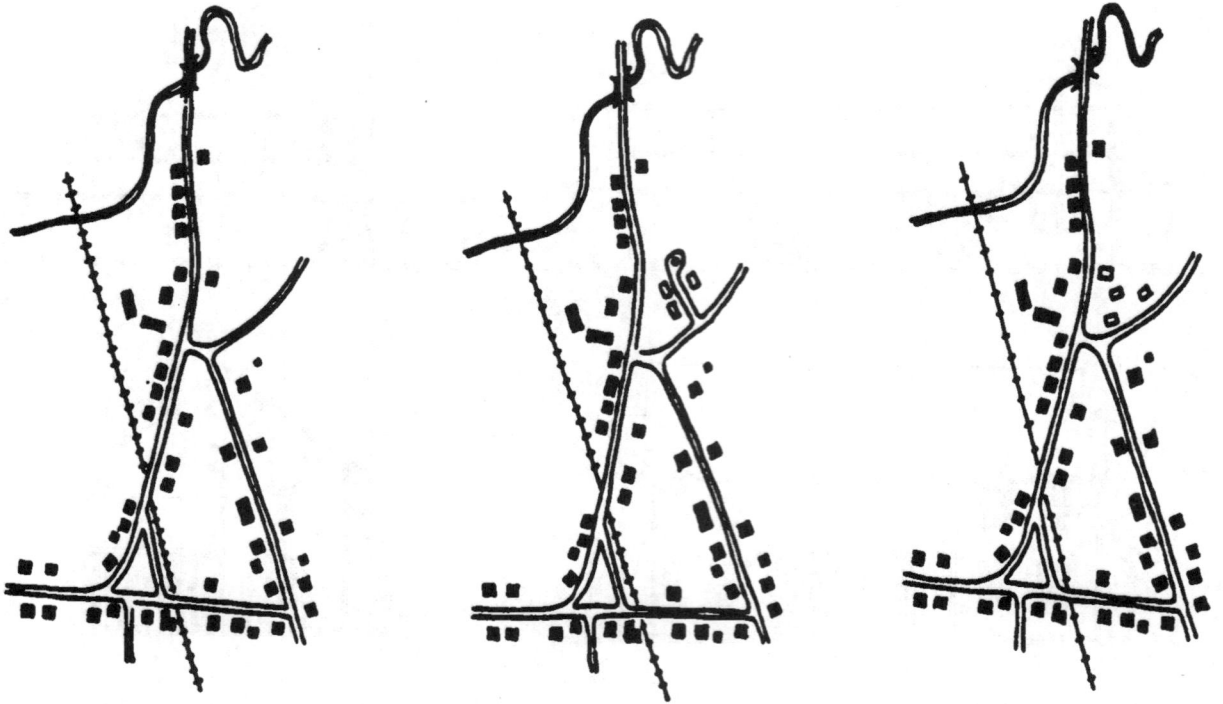

图10-18　（左图）库什曼村的平面布置图显示建筑与彼此以及街道之间关系的历史模式。（中图）是建筑师最初提出的3个一宅两门式住宅的布局和死胡同式道路的方案，（右图）是最后批准的3个独立双户住宅的布局和分离式入宅道路的方案。

死胡同式设计方案   街道设计方案

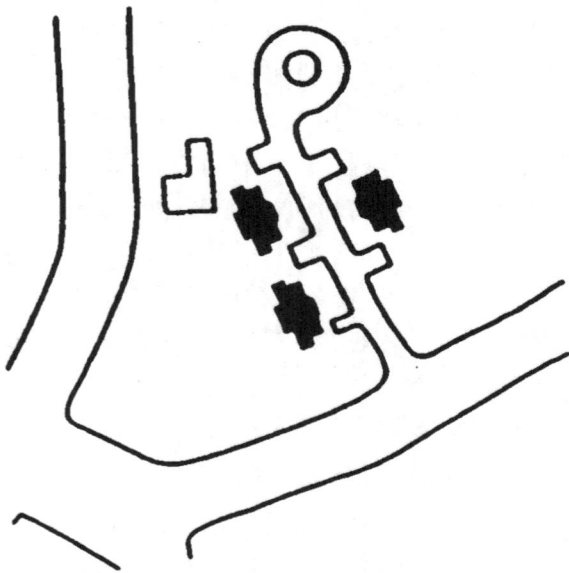

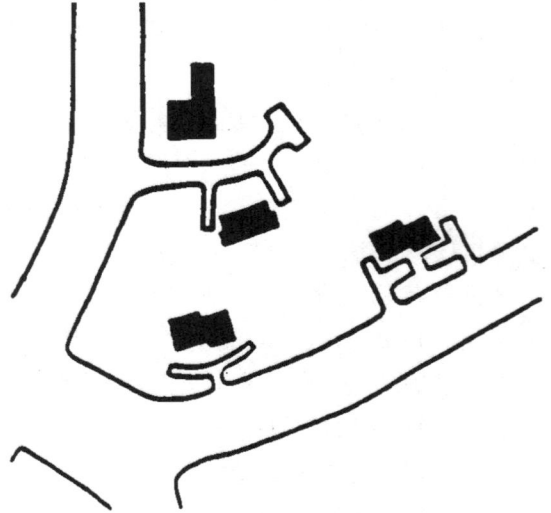

图10-19　是两个不同的场地布局及道路设计方案，以及它们的差别。一个方案把新的经济住宅与它们历史的村庄背景分割开来，把它们用郊区式的死胡同道路连接起。在另一个方案中，两个新住宅以传统方式面对原先就有的道路，而第三个住宅与第四个住宅分享一个入宅道路。第四个住宅即是原先的老宅，它具有希腊复兴时期的建筑风格，原先打算把它拆除掉，在第三个方案中，它被保留下来，并通过改造，在里边设置4个住宅单元。超出的住宅单元即是地方政府给与开发商的密度优惠，以便开发商可以使用这笔额外的收入来改造这所老宅子。

计过程采取积极的态度。一旦这些成立，他们的意见就可以被听到，而他们本身就会成为项目开发强有力的支持者和促进者。

这里还要说一个好消息，这个被增加进来的第四个住宅可以产生更"可承受"的租赁单元，所以，村庄居民也认可了这个场地在人口方面的增加。实际上，这是一个十分敏感的设计。

附属住宅单元：隐藏的资源

小城镇吸纳新增长的最具有潜力的机会之一是附属住宅单元，而这一点常常被忽视了。这种传统类型的住宅并不要求消耗新的开放空间，通常对现存的城镇景观不产生过大的影响。过去几十年来，平均家庭规模的日趋减少已经产生了这种可能性。有两条理由可以支持这个观点：许多住宅拥有者实际上拥有过剩的房间，寻求比较小公寓空间的人正在明显增加。

P·阿尔曾经撰文论了附属单元的多方面的好处，阿尔是以这种方式研究住宅供应的倡导者：

附属住宅是完整的和独立的住宅单元，独立住宅中的剩余空间或这些独立住宅所在宅基地上的剩余空间通常可以用来产生附属住宅。可以通过现存住宅中那些没有充分利用了空间的改造而产生内部的公寓，也可以在这些住宅的宅基地上增加小型的村舍式住宅单元。通常把它们布置在宅基地的后部。对于住宅所有者来讲，可以增加租赁收入，同时还包括增加安全性，社会交往，甚至于还有可能通过租赁者提供服务来进行交换，也可以提供给亲戚居住。

这样的住宅可以帮助独居的老人，单亲父母，也可以帮助青年住宅购买者，他们也许难以承受购买一个独宅，但是他们可以通过这种方式成为住宅拥有者。我们还应当注意到，附属住宅一般都可以用于租赁，而其租赁价格较之于其他类型住宅要低，把它们并入社区的住宅市场，而不需要政府提供补贴。……调查表明，拥有附属住宅的住宅拥有者一般都赞成这种做法（阿尔，1991）。

这种说法的确很好，但是令人难以置信，这是因为它是一个梦想，实际上，在大多数社区都没有实现这一点。问题不在于费用、技术和行政管理。重要问题出在我们的规范上（一般来讲，分区规划和建筑规则）。这些规范禁止或者制造了极大的困难，使住宅所有者难在他们的住宅里或者在他们的宅基地上创造一个附属住宅单元或"耳房"（"耳房"这个术语涉及到小型的村舍，它们独立于宅基地上主体建筑）。有兴趣鼓励创造附属建筑的城镇应当首先带着批判性的眼光审视自己城镇的规范。同时也有必要向现存住宅所有者，住宅改造建筑商，房地产经纪人提供这类变化的信息，他们可能还没有创造一个新住宅单元经验。

阿尔说明了对附属用房日益增长的需求，特别是在持续老年化的时代。或后出生的一代人在三十年后都会变成"空巢老人"，大部分空巢老人和许多老年人所居住的住宅都超出了他们的实际需要。附属住宅给他们一次机会，通过剩余空间获得一份额外的收入。这部分收入可以用来填补日益增长的房地产税，或者用于维护住宅（住宅维护、庭院建设、更换屋顶或粉刷墙壁等等）。

开启使用不充分的住宅这扇大门，意义重大。1987年，美国住宅调查估计，美国有4800万业主自用的独立住宅，这些住宅通常有五间以上的房间，而这些住宅的33%只有1~2个人居住。阿尔估计，只要把这种住宅的7%转换成为附属住宅的话，那么，能够产生100万个附属住宅单元，既不需要蔓延式的开发，也不需要建设新的公寓综合体。

据观察，有一些青年夫妻居住在一套可以产生一定收入的住宅里，那么他们是有能力购买住宅的。这一部分人就是执行附属住宅方案最大社会群体（盖伦，1985）。当然，阿尔认为，对附属住宅的兴趣的住宅推进者和房地产经纪人应该在申请许可、建筑商的选择、住宅的分隔等事宜上给以协调（肯尼迪，1992）。

因为创造一个附属住宅单元的费用大约在16500～25000美元之间，而这笔费用大约是建设一个常规的供出租使用的住宅单元费用（50000～75000美元）的33%，所以，附属住宅单元的租金一定比较低廉。假定15年的贷款利率为12%，那么月租金200～300美元可以囊括所有费用（阿尔，1991）。这个层次的租金能够使家庭帮助刚刚结婚的孩子们存钱买他们自己的房子，或者帮助老人独立生活，这种租金水平非常接近交易价格。甚至于当他们把附属住宅出租给非家庭成员，互助住宅单元的租金也要低于市场一般的住房价格。因为住宅所有者可能并不在乎租金的多少，而主要是希望有一个好的租赁人，特别是当主要建筑物没有人居住的情况下，租赁人可以帮助防止盗窃。在美国不同的地方使用不同的术语来描述这种附属住宅：例如在夏威夷把它称之为"大家庭"单元，而在落基山脉，把它称之为"关照单元"。

与附属住宅相关的一个实际困难是停车场问题，当然，这个问题通常发生在宅基地已经非常小或者街区已经缺少沿街停车位的情况下。实际上，大部分战后在小城镇和乡村地区建设起来的居民区都有相当宽敞的空间，那里的道路一般都比实际交通量和停车量要宽。在这种情况下，或者在其他一些情形下，的确存在容纳这些新增单元的空间，如图10-20和图10-21所示。

创造附属住宅需要克服两个障碍，首先，需要消除地方官员和居民的担心，修正分区规划，允许建设这样的住宅，可能会改变这个街区。第二，需要克服制度上的障碍，因为房地

图10-20　1990年，这个19世纪的住宅进行了扩建，包括了一个相连接的公寓和车库。这个扩建并没有影响到这个住宅的历史风格。这个扩建费用来自银行15年的贷款，而来自这个附属住宅的收入将用于偿付这个15年的贷款。附属住宅更为有效的使用了那些已经开发的土地，为学生、青年人、单亲父母、鳏寡老人提供了居住在他们自己社区的机会。

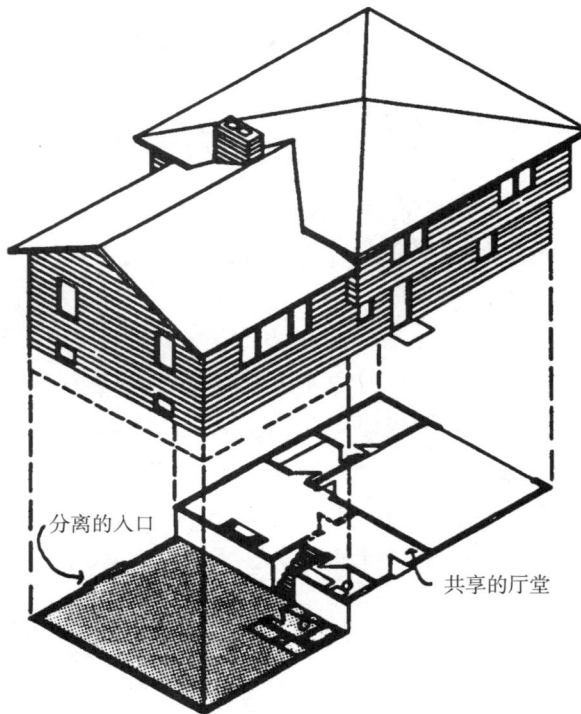

分离的入口

共享的厅堂

图10-21　这张图说明了一所等高不同的住宅如何可以转换成包括一个附属单元的住宅。这些住宅的较低部分本身就适合于分开使用，很容易与主要建筑物分割开来，这些部分通常已经具有它自己的洗手间。（资料来源：阿尔，1991）

产所有者希望这样做，而且提交了申请，但是，由于制度的原因，这种申请十分勉强，以至最终得不到地方政府的鼓励和帮助。所以，哈尔提出了6点战略来解决这些问题。

公众参与

为公众提供充分的机会来表达他们的意见是十分重要的。当然，要求所有公众参与所有案例的听证可能会延迟评审时间，同时给那些老年申请人带来不便，他们常常十分勉强地出现在市政当局面前。力促整个审批过程顺利进行，可以采用代表制的方式来推进这个过程，除非邻里的要求举行听证（市政当局通过邮件通知利益攸关者他们有权要求听证）。通常情况下，在收到完整申请之后两周应当做出决策。

可以更新和可以废除的许可证

许可证应当是可以更新和可以废除的，这些许可应当是授予房地产业主的，而不是授予房地产本身。应当要求房地产业主生活在这个住宅里。许可撤销条款应当在分区规划标准上提供实质性的优惠，批准一项许可的条件应当忠实地得到贯彻。同时，房地产业主应当得到保证，当他们满足了这些要求，他们的许可证可以得到更新。

外观

应当尽可能减少批准对住宅外观做出变更，一定不能允许改变独立住宅街区的视觉特征（这个概念特别是针对入宅道路和停车场问题）。

变更的最高限度

变更的最高限度应当按照给定地区参与住宅变更的住宅的百分比而设置。当公众熟悉了他们城镇建设附属住宅单元的样板后，他们接受附属住宅单元的可能性会增加。经过10年的试验期，开始对附属住宅单元的限制（假定宅基地的10%，300英尺以内）可能逐渐放开。

重新审查分区规划

修订分区规划以允许建设附属住宅的过程应当制度化，以致这个条款可以更新，或在执行若干年后，正式进行重新审查。如果维持既有的修订条款，那么，按照这个条款合法建设的附属住宅单元就应当成为"样板"，它所需要满足的初始要求和批准条件维持不变。

街区评估

在许可得到更新之前，（通过邮寄意见卡的方式）请求街区利益攸关者对此项许可更新做出评论，保证可以听取到居民的抱怨。

由于需要时间和能力来解决房地产业主所担心的问题，如邻居扩建了附属住宅单元会导致与它相邻住宅的价值下降，阿尔建议推进这一方式的人们最好把修改分区规划的工作放到那些愿意接受这种方式的城镇，那里会比较容易执行这类方式，同时，还要记录下这些住宅价值的实际变化轨迹。如果附近城镇已经允许建设附属住宅了，那么他们的经验应当得到关注。阿尔还强调，缩短申请批准时间十分重要，否则只有极少数的申请可以得到批准（因为申请人都是百姓，对分区规划和房地产事务没有经验）。例如，在弗吉尼亚的费尔法克斯县，分区规划修订之后的18月内，仅批准了2个扩建附属住宅单元的申请。"一旦一些社区成功了，那么，其他社区在修订分区规划方面就会容易得多。康奈提格州的西南部就是这样，韦斯顿和维斯特波特的成功经验为那个地区其他镇修改分区规划提供了样板（阿尔，1991）。

通过"社区土地信托"保留可承受性

"社区土地信托"（CLTs）是一种特殊类型的土地信托，它的基本目标就是创造经济住宅和长期维持那个地区住宅的可承受性。它们一般通过免除（或减少）土地费用来降低住宅的租赁价格和出售价格。通常，它们使用它们自己的基金（有时接受公共资金），购买土地，然后使有资格的购买者以低价或无价的方式获得宅基地。也可以通过与地方政府协商，增加建筑密度，按照规定，建设一定数目的补贴的住宅单元。

有些地方政府和州政府也同样使用这种做法，它们补贴市场价格住宅中土地的费用，以便使更多的人可以获得经济住宅。例如，如果土地部分的价值是整个住宅价值的25%，在完全补贴的情况下，购房者只需偿付市场价格的75%即可。当然，要保持这个住宅单元经济住宅的身份，以便下一个购买者仍然可以以经济住宅的价格获得这套住宅单元。所以，第一个经济住宅单元的购买者当他出售这个经济住宅时，只能收取当时市场价格的75%。

这是一个很好的机制，以阻止第一个经济住宅单元购买者把补贴的钱装进腰包里，而把这个经济住宅变成了市场价格的住宅。然而，这种方式不是没有疵点的。最明显的不足是，当这个项目的参与者在出售这个经济住宅单元，搬到另一个社区去时，仍然面临同样的"可承受性空档"，没有相似的补贴住宅。换句话说，这种方式不会允许使人们完全达到中产阶级的身份。对于那些始终居住在同一所经济住宅里，直到他变成"空巢老人"的人来讲，这不是一个问题，因为，到那时，他们可以以此住宅交换一所较小的经济住宅。而对于那些居住在经济住宅期间收入增加了的家庭来讲，这也不是一个问题。当然，如果情况不是这样，他们要在别的社区或州找到另一所房子可能相当困难。

显而易见，不可能同时实现两者：或者经济住宅单元继续维持其经济上可承受的水平，出售者仅仅得到他们最初购买时所支付的那一部分比例（这是公平的），或者这个经济住宅再出售时依照市场价格，以致把潜在的经济住宅购买者拒之门外，因为他们不可能以优惠价格再次购买这所原先的经济住宅单元了。

认识到这种矛盾，有些项目已经开始调整它们的方式。最简单的方法就是允许经济住宅的所有者可以在10~20年后以市场价格再出售他们的经济住宅，如果在此之前他们要出售经济住宅，那么他们应该按比例调整

售价价格。另外一个比较复杂，但是比较公正的方式是，把他们再出售经济住宅时刻的收入水平与他们在当时市场价格中应当占有的份额联系起来。

保护经济住宅可承受性的一个比较好的例子是，马萨诸塞阿默斯特的"雾滴草坪"项目，如图10-22所示。这个项目街区包括多种住宅类型，12所一宅两门式住宅，17所独宅，补贴的住宅和市场价格的住宅混合在一起，大体比例为40%的补贴性住宅，60%的市场价格住宅。补贴性住宅出售给自己使用的业主，他们找不到租赁者来增加一些收入（马萨诸塞住宅合作，1989）。阿默斯特选择了以组团式方式做场地设计，使用一半场地面积来安排这些住宅单元，实际上，在通常情况下，整个场地都将用于住宅。他们把场地中心的7英亩土地用于开发空间，由所有业主共同拥有。大部分住宅都与这个开放空间相邻。另外，镇里参与购买了原先的97英亩农田，作为开放空间，包括15英亩可以耕作的农田，40英亩湿地，12英亩休闲场所，15英亩未来的学校场地。镇里为这块土地偿付了325000美元（其中80%来自州政府开放空间个人基金）。

图10-22 马萨诸塞阿默斯特"雾滴草坪"的这些一宅两门式住宅都是工业化拼装的住宅单元，每个一宅两门式住宅都有四个部分。这些住宅围绕中心开放空间布置，其价格为市场价格的75%。在出售这些住宅的时候，与业主签有协议，如果他们要搬走，他们只能得到售价的75%。这种方式允许业主住宅的价格随行就市，同时为后继的经济住房拥有者提供了相同的经济可承受性水平。

通过土地保护信托，保留经济住宅用地

土地信托运动的另外一个分支叫做"土地保护信托"（通常叫"土地信托"），他的基本目标是保护自然土地和土地开发以后的景观。过去10年以来，越来越多的土地信托发现他们有能力扩大活动范围，包括为经济住宅提供土地。土地信用社保护土地的最一般方式就是设计"有限开发"地区，在那里，他们把宅基地数目做了削减，然后把这些高价宅基地出售给富人或第二住宅购买者，而那里的大部分土地作为永久性保护地保留为开放空间。

土地信托可以帮助减缓日益增长的住房危机的最明显方式是，在他们为有限开发地区编制宅基地划分规划的时候，留出若干用做经济住宅建设的宅基地来（罗伯斯坦，1989）。由于这种类型的开发通常低于法规要求的最高建筑密度，所以，在规划上增加若干住宅单元没有问题。当然，这种土地划分的目标是限制用于开发的土地，所以，新增的那一部分的住宅通常都使用比较小的宅基地（多德森，1989）。

具有创新精神的规划师和景观建筑师使用"开放空间开发设计"的原理，应当比较容易地找到容纳这些新增的经济住宅用地。不同于（通常允许建设在24个住宅的土地上）设计7个价格极高的宅基地，土地信托可以设计5个价格最高的宅基地，正在设计3~4个价格较低的宅基地。如果训练有素，不需要打破原计划的土地使用量，就可以继续保留农业用地和保留为自然状态。

效益来自两方。地方居民可以承受新住宅，因此，地方居民认为土地信托不只关照了自然，也关照了他们。由于保护了建设用地，实际上等于减少了建设用地，这对于住宅相当紧的市场来讲，无疑是雪上加霜，所以，有人批评了这种做法，认为土地保护不过是对新宅基地价格的上涨推波助澜而已。从一定意义上讲，这种说法没有错，受到最大影响到社会群体当然是地方上比较贫穷的那些人。当土地信托支持者感觉到这种情形的时候，他们也同时发现他们的组织实际上有机会比较容易的消除这些负面的效果。我们要再一次说，激励自我利益是改善社区生活质量的资源。

弗兰克林土地信托在马萨诸塞的阿什菲尔德采用这种方式，它是这种做法的早期例子。尽管鲁马斯农场项目涉及的土地非常有限，但是它说明了土地保护和住宅项目可以接合起来。按照地方分区规划规则，410英亩场地可以划分为43块市场价格的宅基地。弗兰克林土地信用社的做法不同，他们圈出180英亩草地，用于永久性保护，并以低于市场的价格出售给两家青年农民，48英亩野生动物栖息地保留为公共使用休闲娱乐，设计了9块宅基地，其中两块以市场价格的67%出售给地方低收入的第一次购房者（泽尼克，1988）。

这个项目在进行过程中遇到困难，因为镇里的分区规划不允许"组团式开发"，所以，这些宅基地中没有一块小于2英亩，或者没有一块的沿路长度少于200英尺。很明显，这些僵硬的标准阻挠创造性地开发设计过程。虽然整个场地的规模不小，但是不可能用来设计较多数目的小块宅基地，所以，那里至今保留为奶牛场。

如果分区规划具有某些弹性，完全可以在实现农田保护基本目标的前提下，增加这个场地经济住宅宅基地的数目。同时，因为在可以用于建设的林地里只能安排非常少的宅基地，所以这个项目是否能够进行下去还依赖于州政府偿付农田开发权资金的到位。由于州政府用于这类项目的资金极为有限，除非地方政府在土地划分上允许更大的弹性，类似这样的项目几乎不可能进行（见第十四章和第十五章，有关"开放空间开发设计"）。

佛蒙特州现在成为美国把土地保护和经济住宅结合起来的先锋。在4年中，佛蒙特州住宅和保护委员会（VHCB）已经维护和创造2000个永久性经济住宅，同时保护了40000英亩土

地。这个委员会个别引以为自豪的是，他们在同一个场地上实现两个目标，例如马歇尔菲尔德和诺维科。当然，不幸的是，这两个目标却很少在场地上同时实行。在马歇尔菲尔德。沃尔特-斯密斯农场的470英亩土地被保护下来，同时开发了4个新的宅基地，一个农舍和原先的农民用房，一个退休的农民正在使用这个住宅，同时把一部分出租给有兴趣生活在乡村环境中的老人。这个项目的参加者有佛蒙特州住宅和保护委员会，中心区域社区土地信托，佛蒙特州土地信托，和一个叫做"与乡村老人分享住宅"的组织。在诺维科，上游土地信用社和双树住宅信托一起，在150英亩农场土地上，使用15英亩开发了14套经济性独立住宅（见图10-23）。在这两个案例中，佛蒙特州住宅和保护委员会使用公共资金购买农田的开发权，其方式是典型的开发权转移（TDR）（见第十八章，那里详细讨论"购买开发权"以保护土地

的方式）。类似的例子还有蒙克托和纽伯里，那里分别开发了4块经济住宅宅基地和建设了15个老年住宅单元（佛蒙特州住宅和保护委员会，1990）。

在另外一些案例中，把新住宅布置在社区的那些靠近中心公用工程设施和服务地区常常相当敏感。类似开发权转移室内规划方式已经在许多州得到了应用，他们把土地保护看作是重要的乡村资源，而把这些开发权使用到居住区里。随着用于购买开发权的公共资金日益减少，采取更有创造性的方式，如TDR和"开放空间开发设计"，变得越来越重要了。无论土地保护和经济住宅是发生在同一个场地上，还是发生在城镇的不同地区，类似佛蒙特州住宅和保护委员会的项目那样，传统土地信用社的确可以在一定程度上改善现在存在的经济住宅短缺的问题。

其他一些州也在做类似于佛蒙特州的工

图10-23　这是佛蒙特州诺韦法雷尔农场透视图和场地规划图，它说明的确存在一种可能性，把经济住宅与传统设计和开放空间的保护结合在一起。（资料来源：杰里迈亚，AIA，波士顿）

作，但是通常是发生在县或镇中心层次上。例如，在南罗德岛，一个叫做"南县社区行动"的组织最近创造了一个新的组织（行动社区土地信托）购买了雷奇蒙德镇靠近138号公路的林地。

为了降低住宅售价，这个土地信托拥有这块土地的产权，再把它租赁给住宅所有者，包括1~3个睡房的10套住宅（其中4套为老年人和残疾人使用）。另外16套住宅卖给社区的其他居民，那些居民现在生活的地方住宅价格过于昂贵，即使他们的收入是中等收入的115%，也不可能承受当地的住宅价格。所以，这个项目的目标是帮助收入仅有中等收入40%~80%的那些人能够买得起经济住宅。

在马萨诸塞康韦景观建筑学院的技术帮助下，把项目设计交给学生进行设计竞赛，这样，场地规划费用被减至最小。通过建设按半独立的住宅单元（一宅两门式住宅）来减少开发费用，通过组团式布局的方式来减少道路建设，把场地的大部分土地保留为开放空间。

这个土地信托的其他一些项目包括，更新罗德岛维斯特里的一所名叫"第二帝国"的住宅，把它改造成为多家使用的住宅（注意州里有关历史住宅恢复的指南）；把一所具有历史意义的1930年的（地方开发商捐助的）一宅两门式住宅迁至维斯特里的另一个地方。这个信托与地方银行协商给这个房地产提供了低于市场贷款利率的贷款。

混合使用，或住在商店楼上

允许（或者甚至于要求）一定类型的新商业建筑应当与住宅结合起来，这种观点不应当被忽视。住宅费用中增长最快的部分是土地的价值，这个事实是理解商住混合使用方式的关键。所以，如果在一个非居住建筑之上增加楼层，那么，这个房地产业主的确可以把它提供的住宅的土地费用降至于零，这样的住宅不需要任何额外的租赁收入就可以在经济上自我维系。

由于现在在小城镇建设的那些商业建筑和办公空间一般都采用了1~2层的结构，所以，增加一个楼层来容纳新的公寓没有什么困难。按照新的联邦残疾人法，要求不在一层的商业和办公室安装电梯，但没有要求为二层以上的居住单元安装电梯。地方官员可能发现，开发商更希望考虑在商店楼上建设公寓，以便使土地、地基和屋顶的费用得到最充分的回报。这种考虑对于单层和多层建筑也同样适用。

虽然并非每一个场地都适合混合使用，但是，应当鼓励在镇中心和其他道路节点地区采取混合使用的方式，那里多样性的商品、服务和工作机会都在步行范围内（有关进一步的信息，可以参考第九章和第四部分中的若干案例，在那里我们介绍了加尼福利亚拉久利亚镇，华盛顿州温斯洛和马萨诸塞南哈德里等地区的新的混合填充式开发，还有佛蒙特维特斯菲尔德购物中心楼上的公寓单元）。

除开提供创造低于市场租赁价格的住宅单元外，在城镇中心地区建设这样的居住单元能够帮助租赁者节约大量与二手汽车相关的费用。1984年美国联邦公路局的报告指出，一般拥有一辆二手汽车的费用保守的估计为每年3000美元。生活和工作在城镇中心地区的人们他们可以步行或骑自行车上下班，这样就能够提高他们购买住宅的能力，把用于交通的费用节约下来，大约在24000美元左右，偿还每月的贷款。

如果在中心地区生活的地方不能使他们步行或骑自行车去工作，那么，至少可以使他们使用公共交通，如果这样，每年节约的费用也在1750美元。这种额外的收入能够增加他们的贷款数额，大约可增加14000美元，对于那些接近或低于拥有住宅的经济水平的人来讲，这个贷款数额的增加是相当重要的（阿尔，1989）。应当记住，这些美元数额都比今天的价格要低，应当适当对它们进行调整，才能符合现在的经济形势。同时，如果承租人能够生活在的市场价格住宅单元里，步行、骑自行车、乘坐公共交通去工作，承租人可以支配的收入也随之而涨。

有关小城镇在商店上开发居住单元的例子不多。当然，在华盛顿州的温斯洛还是能够找到两个很好的例子。除开"温斯洛绿地"（我们在第二十一章中要提到它）之外，这个镇的另外一个项目是在一个叫做"霍比和海斯"的传统风格建筑里开发了3个住宅单元，它们在若干家商店和办公室的楼上，停车场建于这个建筑的背后。三个住宅单元的每一个都与阳台相连，以便住户可以接近户外空间。整个场地仅有3/4英亩大小，即使这样，他们还在这个建筑对面开发了4个附加的住宅单元，通过设计，这四个单元看上去都是独立住宅（见图10-24和图10-25）。

可以兼容的流动住宅设计

在许多乡村州，新住宅中流动住宅占据了相当的百分比，所以，它们坐落的位置常常成为了一个有争议的论题。由于许多社区采取了严格的限制性法规，一些州的立法者采取了同样严厉的法律来抵消地方的政策，有效地阻止地方市镇当局把流动住宅视作另类（除开历史区域外，其他地方都禁止设置流动住宅）。

由于这类住宅在外观上不同于标准固定住宅，自然就产生了争议。"如果它看上去像个住宅，就应当把它当作住宅来对待，如果它看上去像个拖斗，那就把它当个拖斗来处理。列举流动住宅的特征，然后按照它们与周围常规

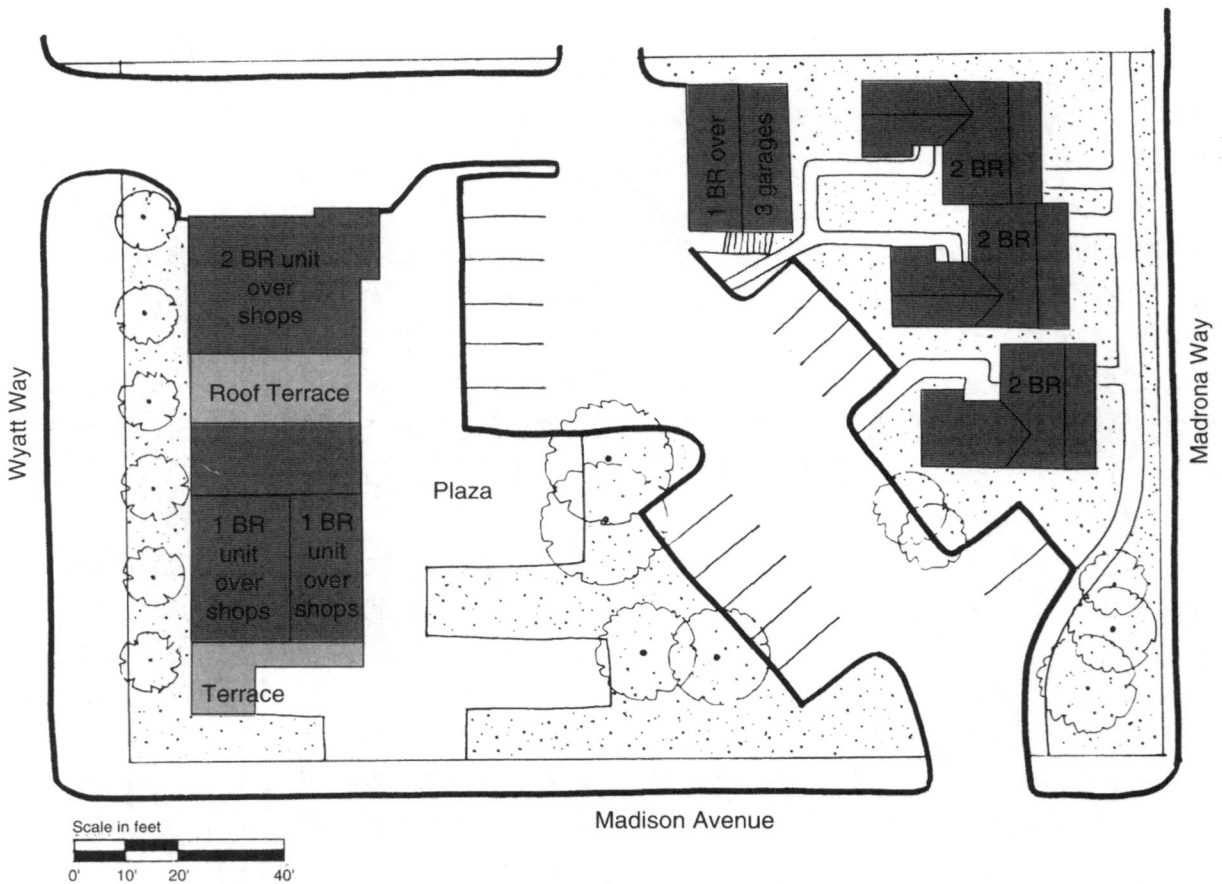

图10-24 这是华盛顿州伯布雷基岛的一个新开发项目。从这个场地规划图上我们可以看到，住宅在商店楼上，停车场在建筑背后。虽然这类项目在小城镇并非十分常见，然而越来越多的开发商都重新发现了把居住、零售和办公室结合起来的现实可能性。规划师应当让开发商和银行很好地了解这种设计甚佳的多样使用混合性建筑的生命力。（资料来源：霍贝尔，AIA）

图10-25 华盛顿州伯布雷基岛混合使用开发项目的照片，它的场地规划图见图10-24。

住宅的兼容性制定规则，并不困难。

流动住宅的变形可能包括屋顶坡度、建筑材料和地基类型。平顶、金属外墙和水泥支架的流动住宅可以要求置于流动住宅公园或者密林深处（较大的最小退红和无缓冲区），较新类型的流动住宅可能有了坡屋顶，化纤材质的墙板，水泥的地基。除开正式的历史区域和那些小宅基地和传统建筑的村庄外，这样的流动住宅可以安置在任何地方。

在村庄里，即使按照比较传统的方式布置流动住宅，它们也还是另类，特别是在地块宽度较窄的地方，它们必须与街道垂直。这样安排它们，在视觉上是可以接受的，当然，它们

还必须与通道和车库相连接，如图10-26所示。这样，流动住宅的正面大约有40英尺宽，与大部分固定住宅一样，不会因为太宽而不能布置在一个仅有75英尺宽的宅基地里，一般认为这个宅基地宽度是有效的。事实上，1980年早期，在印第安纳州的俄克哈特曾经建造了一个整体的流动住宅街区，其布局方式就是这样，同时还有一个相连接的车库。这个展示性项目由美国住宅和城市发展部资助。这个居住区的宅基地均为75英尺×100英尺，创造了一个非常有吸引力的居住环境（住宅布置在宅基地的临街边界，只有5英尺的退红，所以，后院还有50英尺的宽度，如图10-27所示）。

图10-28是成型住宅的视觉评估标准（包括单边标准住宅）。这个标准是由作者、主要流动住宅制造商、缅因州规划办公室和缅因州成型住宅委员会（法规制定机构）的代表共同制定的，目的是帮助小乡村社区恰当地布置这些住宅，因为这些小乡村社区所在的州立法要求地方政府在分区规划中允许这类流动住宅，实际上，那里的人们正在寻求以协调和保护的方式处理这类乡村经济住宅，尽管各州方式的相似，却因为当地的法规和案例的不同，还是存在着一些差异。

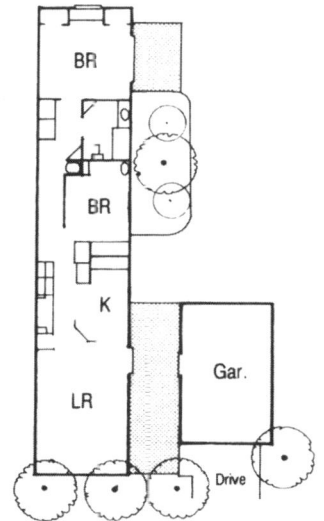

图10-26 制造成型的住宅在许多乡村地区成为最流行的住宅选择之一。现在几乎还没有几个开发商认识到了这种住宅所提供的传统街区设计机会。这里所示是在印第安那州的俄克哈特镇展示的这类住宅的一个样板间。这个样板间狭窄的前立面对着街道，同时还有一个有屋顶的入宅通路和连在一起的车库，这样，这个建筑物的宽度与固定住宅别无二致。

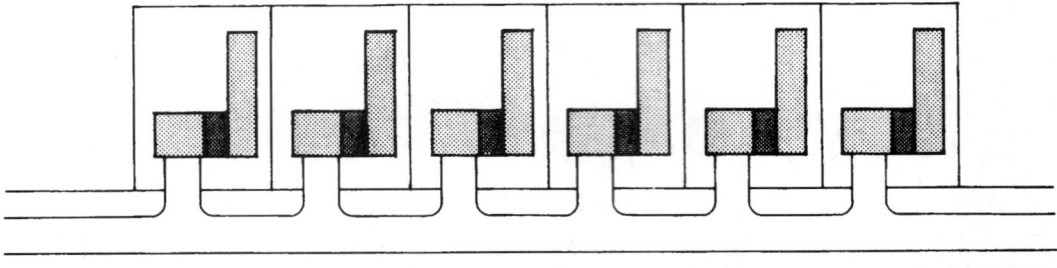

图10-27　这张规划图说明，在印第安那州的俄克哈特镇，这个制造成型住宅的居住区如何布置这些住宅的，狭长的住宅单元沿着宅基地的一个边缘布置，留出后院，而车库把后院与街道遮蔽起来，使那里有了私密的后院空间。

Possible Standards for Siting Various Types of Manufactured Housing, According to Visual Character

	Village Residential	Suburban or Developing Residential	Multi-family Residential	Historical Areas	Rural - Restrictive	Rural - Non-Restrictive	Mobile Home Parks*	Mobile Home Subdivisions	Shoreland : Limited Residential
Proportions									
Minimum horizontal dimension 20'	P	P	P	P	P	P	P	P	P
Minimum horizontal dimension 14'	–	C	P	–	C	P	P	P	C
Minimum horizontal dimension 12'	–	–	P	–	C	P	P	P	–
Minimum horizontal dimension under 12'	–	–	–	–	–	–	–	–	–
Single Section unit designed, by manufacturer, to accept T or L addition	P	P	P	P	P	P	P	P	P
Appearance and Materials									
Minimum roof pitch of 6/12 or steeper (about 28°)	P	P	P	P	P	P	P	P	P
Minimum roof pitch of 3/12 (about 14°)	–	P	P	–	P	P	P	P	P
Rounded or flat roof	–	–	–	–	–	–	P	–	–
Roofing shingle or shingle-like*	P	P	P	P	P	P	P	P	P
Roofing smooth or corrugated surface	–	–	–	–	–	–	P	–	–
Exterior walls of traditional site-built appearance	P	P	P	P	P	P	P	P	P
Exterior walls not of traditional site-built appearance	–	–	–	–	–	–	P	–	–
Treatment Below Unit									
Frost Wall	P	P	P	P	P	P	P	P	P
Grade Beam or Floating Slab (with masonry-type skirting)	–	P	P	P	P	P	P	P	P
Gravel pad only	–	–	–	–	–	–	P	–	–
Construction Standards									
Not certified as meeting HUD or State standards	–	–	–	–	–	–	P	–	–

P = Permitted
– = Not Permitted
C = Conditional upon the narrow sections being attached in T or L shapes
* Traditional "standing seam" metal roofs are permissible

Criteria for Rural Restrictive Zone: moderately densely settled areas, or areas where smaller lots (1 acre or less) predominate, or areas with concentrations of traditional or significant architecture.

Criteria for Rural Non-Restrictive Zone: fairly thinly settled areas with lots having larger dimensions (including longer frontages and greater setbacks), and areas with mixed housing types with no significant architecture.

DEFINITIONS

Frost Wall: A masonry foundation wall extending below the ground surface, supported by footings located below the frost-line, to protect structures from frost heaves.

Grade Beam: That part of a foundation system (usually in a building without a basement) which supports the exterior wall of the superstructure; commonly designed as a beam which bears directly on the column footings, or may be self-supporting. The grade beam is located at the ground surface and is well-drained below.

Floating Slab: A reinforced concrete slab which is designed to withstand pressures both from below and above.

Exterior Walls of Traditional Site-Built Appearance: Siding materials such as clapboards, shingles, and shakes, including synthetic or metal siding manufactured to closely resemble clapboards, shingles and shakes. This term shall also include masonry, wood board-and-batten, and "Texture III" exterior plywood, but shall not include artificial masonry, or fake board-and-batten made from metal.

Masonry-type Skirting: This refers to concrete blocks which are arranged to resemble a foundation, but which are not necessarily mortared.

Mobile Home Subdivision: A subdivision designed and intended to accommodate mobile homes, either exclusively or primarily. Lots in such a subdivision would normally be sold to individuals wishing to live there.

Any such approach must be adopted to local needs and problems. This should NOT be cut out and put into your zoning ordinance.

图10-28　成型住宅的视觉评估标准

第十一章

乡村居民点街道设计

概况

现在，我们还在乡村社区使用几十年前制定的居民点街道设计标准，当时制定这些标准是为了满足许多大都市和郊区化地区大规模住宅开发而产生的交通需求。迄今为止，这些标准基本上没有更新过，它也不适应大多数乡村地区的实际情况。在建立居民点道路的地方标准时，小社区一般倾向于直接复制城市地区已经沿用的技术标准，没有认识到这些技术规范并非适用于乡村地区。

结果，他们一般把乡村居民点街道建设的比现在乡村道路还要宽50%，同时在弯道设计、道路坡度、雨水管理和步行道路等方面还存在缺乏弹性和采用不适当标准的问题。事实上，现在许多市镇当局所要求的典型乡村居民点街道都设计过分了，浪费了大量建设和维护费用，给居民留下了交通安全隐息，产生了雨洪管理问题，呈现出非乡村的街道景观。

新版《居住区街道》

美国市政工程师协会最近与国家住宅建筑商协会和城市土地研究所合作，对《居住区街道》的经典手册做了大幅度的修改，产生了它的"第二版"。这本书以直接扣判了早期设定的那些以州级公路部设计手册为基础的道路建设标准，其理论基础是，"居民区街道的设计应当适合于它的功能"（美国市政工程师协会，ASCE，国家住宅建筑商协会，NAHB，城市土地研究所，ULI，1990）。（事实上，在

一些州，如康涅狄格、弗吉尼亚、蒙大纳，州交通部至今仍然负责提供地方居民点街道设计标准。）简单地讲，主要问题是"官员和专业协会通常使用把适用于主要的贯穿性道路的标准用于地方居住区的道路设计上"（美国市政工程师协会，ASCE，国家住宅建筑商协会，NAHB，城市土地研究所，ULI，1990）。

道路的宽度因素

新居住区街道和乡村道路最明显的差别之一就是它们各自的宽度。在东北部地区的那些州，乡村道路的铺装宽度大体在18～20英尺，其交通容量足够每天通行千辆汽车。许多县级乡村公路也是这样。不幸的是，许多这类道路缺少路肩、自行车道或适当的人行道。随着道路交通量的增加，这些缺陷逐步得到矫正。当然，各在9～10英尺之间的两车道非常适合于那里的交通量，一般中等车速在30～40英里/小时。一般的小汽车或小型货车的宽度大约只有5.5～6.5英尺，甚至货车和轿车的宽度也很少超过7英尺。但是，当交通通行变得复杂起来以后，不仅有汽车，还有自行车和行人，把乡村道路，包括铺装路面以及路肩和分离的人行道，扩宽到24英尺比较合理。

另一方面，大部分居住点街道的功能只是供居住者使用，它们的铺装部分要求比乡村道路的铺装部分宽。地方规范通常把居住点街道的铺装宽度规定为24～30英尺，偶尔还有要求36英尺铺装宽度的，而实际上仅为20～30家人服务。这样宽度的街道对于日常通行交通量实

在是多余。如果每家平均产生10次出行的话，36户人家仅产生360次车辆出行。把这个流量均摊到16小时上，这意味着每3分钟才有一辆车在道路上。即使有两辆汽车同时行进在同一路段上，其宽度有18~20英尺就足够了（见图11-1）。

　　居住区合理的街道宽度应当以这样的假定为基础，街道应当提供一条停车带，并使一般通行车辆和紧急车辆的行进不受阻，当居住密度比较高，大约每英亩4个以上住宅单元的情况下，这个假定也是合理的。在这样密度下的居住区里建设住宅，一般用于建设可停两辆车的车库和入户道的空间不大，许多居民和到访者都把车辆停在街上。当然，在居住密度衰减时，同样需要再提供沿街停车空间。大部分居民还是认为把车停在车库里或入户道上比较方便和安全（见图11-2）。来客随主便，即使他们把车辆停在18~20英尺宽的街道边缘上，也没有什么交通问题（如果有路肩没有路边时，他们会离开铺装的道路，把车停到路肩上去。）

　　由于使用居住区街道的车辆数目相对小，所以，不可能有太多的车辆经过到访者停在路边的车辆。即使两辆对行的车辆正好在停在路边的车辆边相会，解决办法十分明显：当街道宽度明显不能允许3辆车同时并行时，靠近停止车辆的那辆车减速，让对面的那辆车通过（切曼，1990）。事实上，如果居住区街道的行车速度为20英里/小时的话，偶尔有车停在路边的确很好，因为它迫使车辆在进入逆行车道时必须减速。

　　鼓励在居住区"减速"并非坏事，那里有儿童和宠物。但是，当街道宽度为26~30英尺，以便建立一条路边停车带，而实际上车辆又都停在入宅路和车库里时，就不会有"减速"这一说了（因为不需要）。人们在宽阔和空旷的街道上的行车速度又比在传统尺度乡村居民点的街道上快。我们视觉反应能力表明，（特别是两边都有行道树的情况下），在宽度大体在20英尺的居住区街道上的最佳行车速

图11-1　在大部分当代居民点里，人们通常把车停在入户道路上和车库里。在那些交通量不大的居住区，偶尔把车停在18~20英尺宽的道路边，在最坏情况下，也只会导致一辆车减速，让另一辆车先过而已，正如这张拍摄于宾州英尔文的照片所示。小车和卡车应当缓行通过居住区，那里通常有儿童和宠物。实际上，当道路上没有几辆车，铺装路面4~6倍于车辆宽度时（通常车辆宽度不超过6英尺），这种情况很少出现。

图11-2　像图上新泽西克兰伯里的这条街道，它们不仅没有必要、昂贵和丑陋，而且还很危险，因为这样的道路鼓励了高速行车和其他反社会的活动。几乎没有人把车辆停在街道上，每家都有适当的入户道路和车库，停在那里更方便。可是，尽管那些具有历史特征街区的宅基地比较小，入宅道路比较短，克兰伯里的那些具有历史特征街区的街道宽度要比这条街窄50%。

为25~30英里/小时，相反，在比较宽阔的街道上行车的时候，我们无意识地就会使行车速度达到35~40英里/小时（格林比，1981）。鼓励在居住区街道缓慢行驶是十分重要的，统计表明，在湿润的铺装道路上，以20英里/小时行车时的停车距离为107英尺，而以30英里/小时行车时的停车距离为196英尺，后者的停车距离比前者增加了66%（切曼，1990）。

　　图11-3说明，不超过20英尺宽的铺装道路

19 feet

9 feet | 9 feet

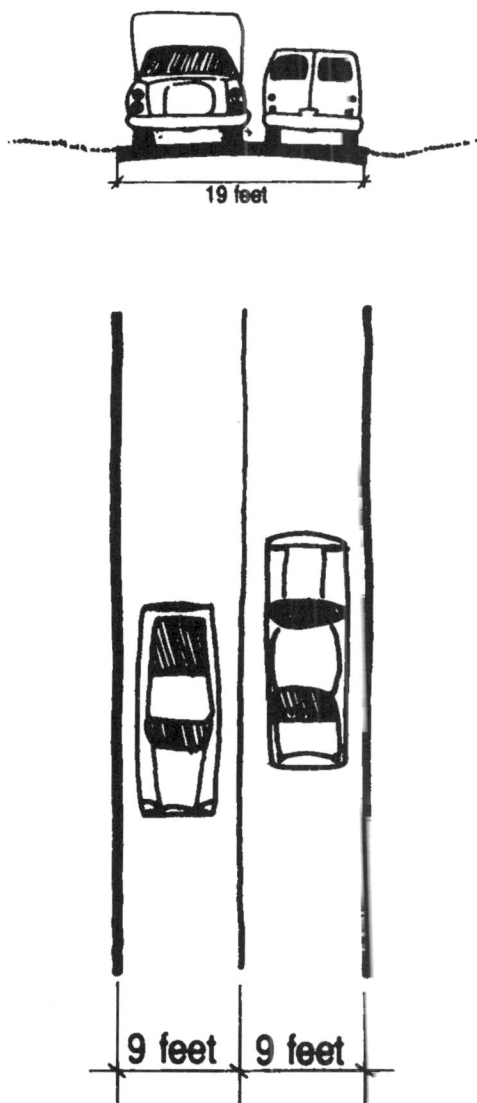

图11-3 宅基地上的入户道路和车库有足够的停车空间的地方，这样宽度的两道街道是明显恰当的。许多土地划分法令不考虑宅基地规模，要求居民区铺装道路的宽度足够形成1道或2道停车带（27～34英尺宽）。这些规则都是在很久以前制定的，当时的情形是，宅基地逐渐变得越来越小和越来越窄，所以，街道必须停放更多的车辆。（资料来源："街道性能"巴克斯县规划委员会，1980；"分区规划性能"，肯迪格，1982）

可以容纳两辆汽车。这两张图引自两个国家级的刊物。"街道性能"推荐在日行车数量为200或少于200（20户人家以上）的地方，铺装道路宽度为18英尺，它只比无路沿乡村道路的宽度少了2英尺，而那里的车流量为每日2000辆（巴克斯县规划委员会，1980）。"分区规划性能"认为，宽度为19英尺的居民区地方道路可

以服务于160户以上（肯迪格，1982）。供40户人家使用的居住区环状道路也包括在这个道路类别中，因为道路流量会在环线一半的地方全部分流完毕。而居住密度极低的居住区，16英尺的道路宽度就已经是合理的。正如它们的作者所说，"巴克斯县的大部分乡村城镇都有若干英里16英尺宽的道路，它们完全适合于当地的道路交通状况"（巴克斯县规划委员会，1980）。

在弗吉尼亚的阿尔伯马尔县，规划部工作人员已经提出修改现行的道路建设政策，允许丘陵地区私人居住区的道路按照非严格的"山区标准"设计。通过减少道路两旁公共工程设施用地和道路铺装宽度，允许较短的弯道半径，较小的道路坡度，必然减少土方工程、改变地形和砍伐树木，同时改善景观和减少对环境的影响。

如果需要与地方工程师或公共安全管理部门交涉这个问题的话，可以退让的方式是，整个道路的沙石基础宽度为24英尺，其中铺装部分为18英尺，两边各留出3英尺作为路肩。在那些潮湿和寒冷的东北地区和大西洋沿岸各州，路肩高度可达3英寸，铺上沃土，种植三叶草之类的植物，覆盖表面。按照这种方式，停车道的有效宽度增加了，而乡村氛围依然存在（包括降低车速）。那些比较炎热和干燥的地区，可以把特殊的砂砾层包括在道路设计中（甚至于在沿海地区使用蛤壳）。

还有另一类乡村居民点，那里宅基地比较窄小，开发密度又比较高，当然需要沿街的停车位（这样的乡村居民大多是19世纪村庄和小镇扩张而形成）。那里的街道宽度应该在26～28英尺左右，一边停车带，或者32～36英尺宽，2条车道和两边各一停车带。那些这些的确需要停车位的居民点，道路停车位通常都会有车。即使街道比较宽，也不会导致较高的行车速度（街道景观同样也不会特别碍眼）。

与道路铺装宽度相关的另外一个问题是道路的整体宽度。有一个人偶然遇到一个地方官

员，他坚持把整个道路设计为50英尺宽。不幸的是，这类官员具有巨大影响和控制力。有关道路铺装宽度，最好的方式是遵循现存的旧的道路模式，这些旧的道路模式给了这些城镇以乡村的特征。它们通常的铺装宽度为18英尺，路肩、下水道和其他公共工程设施占据整个道旁的退红。

通过研究这些特征，在道路断面图上勾画出它们的位置，人们能够发现最好的方式还是继续城镇的传统模式（与此相反的就是过分工程化的安排，它显然超出了传统的道路安排）。对这些多雪的地区，还需要有储存雪的地方，即使这样，在一条18～20英尺宽的街道上，两边用于堆雪的路肩宽度也不会超过8英尺。因为有一些雪可以堆放到路边的树林中去，通常没有必要建设完全用于"堆雪的路肩"。

被遗忘的步行者

较宽的铺装路面可能鼓励较高的车速。实际上，除开较宽的铺装路面外，采用不适当的标准还可能产生另外一个危险状况，那就是在新居民区缺少提供给步行者使用的道路部分。如果把一条极宽的道路减少5英尺，如果把用来铺装道路的材料用于建设8～10英尺宽的行道树荫道外侧的人行道，那将给儿童创造一个安全带，他们可以在那里游戏，骑三轮车，做跳房子的游戏，与他们的朋友一起回家。对于那些使用婴儿车的家长来讲，那里也是安全的步行场所，他们可以在黄昏的时候，推着孩子漫步街头，人们也可以在街头进行交谈。

人行道社会效果毋庸置疑，但是，郊区建设忘记了步行者，最近几十年来，人行道的建设已经不多见了。正如路易斯菲尔德的一个人所说："如果有人行道，各家之间联系就会比较紧密。没有人行道，步行就比较困难。你感到你好像是被挤到街道的，那里本来没有你的位置。人们在人行道上行走一定有某种目的；在街头漫步或者跨过前院的人成了问题。……

没有人行道，房子就是住宅。如果人行道把这些房子都联系起来，它们就多出了超出其本身的意义：它们是一个街区（皮尔斯，1980）。

弯道应当有，却不要太顺畅

把建设公路的标准用于建设居民区的街道，不仅仅车辆速度加快了，而且按照消除掉所有弯道的居民区街道设计标准，当车辆行进到拐弯处时，由于弯道半径比较大，就没有减速的理由了，驱车人几乎不需要踩刹车就可以轻而易举地过去。350～450英尺的"最小中心线弯道半径"（用来精确划出弯道的方式），其实很常见。甚至偶然还有600英尺弯道半径的（如康涅狄格纽堂）。

由于140英尺的中心线半径对于25英里/小时的速度是适当的（切曼，1991），所以，从公众安全的角度讲，在设计居民区里街道弯道时，不要求大于这个半径未尝不可，这样做的目标在于把车辆在转弯处的速度限制在25英里/小时之内。如果我们想进一步把车辆在转弯处的速度降低到20英里/小时，那么，采取90英尺的中心线半径是适当的。美国国家公路和交通协会发布的有关中心线半径和行车速度表详尽列举了两者之间的关系。我是在1920年代建设的居住区里长大的，我家门前的弯道半径仅为72英尺，所以，那里的车速只有15～18英里/小时，当然，它是理想的安全速度（见图11-4、图11-5）。

因为圆滑的弯道会使车辆行进得更快，所以，圆滑的弯道对于生活在那里的居民来说并非友好。《居住性街道》一书建议，把居住区内的支路和次干道的车速限制在20英里/小时，这样，在居住区内支路弯道处采取100～125的中心线半径，而在次干道弯道处采取150～175的中心线半径，超出这个范围意味着鼓励开快车。在这些比较小的弯道上，驾车人必须在此减速行驶，以滑行的方式行车。最初确定这种较大半径的弯道是为了避免在公路拐弯处采取

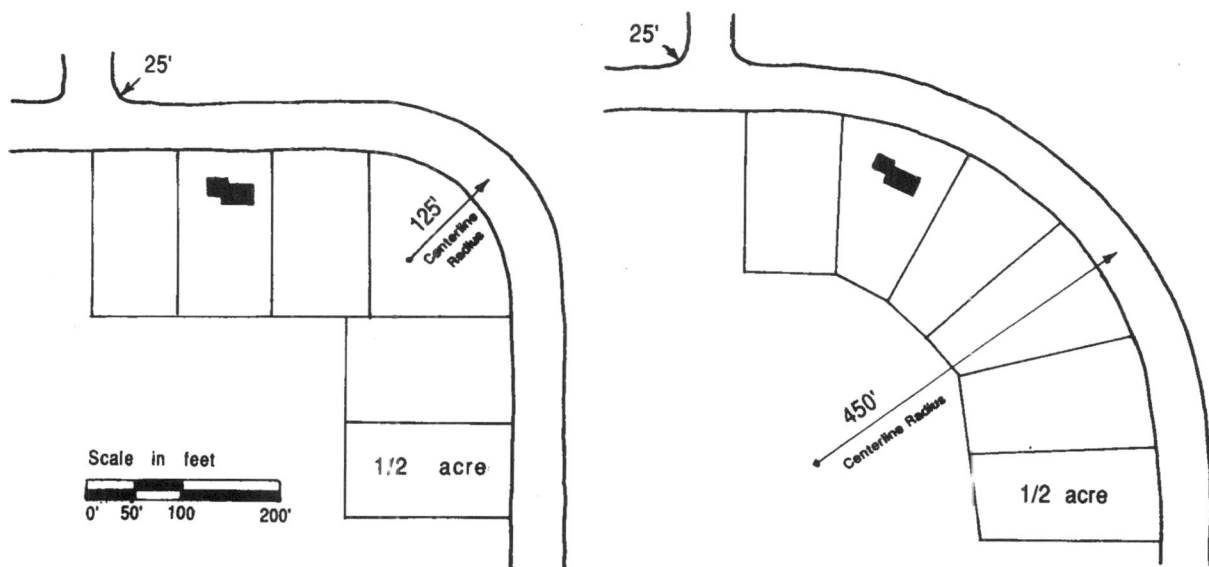

图11-4 许多土地划分法令要求按照中心线半径采用350~4450英尺的标准设计街道弯道，这样就使得弯道十分光滑，很容易达到30~35英里/小时的车速，而把中心线半径设置在最大150英尺通常90~120英尺的标准上，是比较理智的选择，因为它会使车辆更为安全的通过居民区。典型居住区交叉路口的中心线半径通常在25英尺（以及5英尺的曲线半径）。90~120英尺的弯道中心线半径比起这些居住区交叉路口已经大了许多。

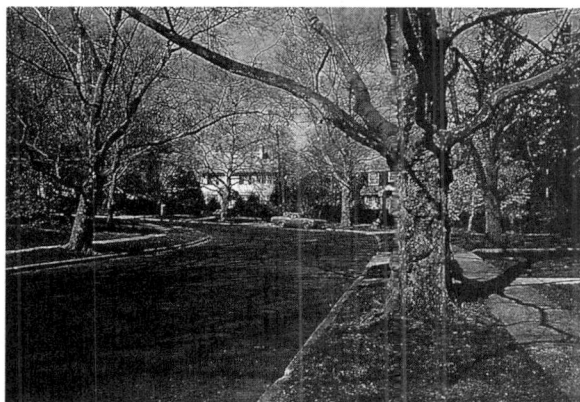

图11-5 照片上的这个弯道的中心线半径为72英尺，其设计目的就是减缓通过这个居民区的车辆速度。

滑行的方式，了解到这个背景，我们就可以看出，在居民区街道设计中采取这类标准有多么不合适。

当然，以上这些推荐意见用于典型的右弯道状况下。作为一个例外，当道路沿着一个山边等高线与一个弯曲的河流平行时，必须渐进弯曲，或者到道路经过一片田野或草坪时，出于美学的考虑，场地设计师可能希望使道路渐进弯曲（第二十章中"龙山"居民区场地设计规划就是这样一例）。

在这种情况下，可以使用"反曲线"方式，即在没有直线段落的情况下，使弯道改变方向（从右到左），这种方式在常规土地划分标准中属禁止之列。虽然在行车速度40~50英里/小时时，禁止这类设计是有道理的，但是，在居民区弯道设计中使用这种标准就不合适了，实际上，这是把公路标准复制到居民区街道上来的又一个例子。这种工程标准摧毁了小乡村居民点中那些有意无意留下的弯道，把那里变成了机械性的街道。

有边沟或没有边沟

在许多乡村社区，要求建设边沟和暗雨水沟系统的基本原因之一是提高建设费用要求，以致开发商不愿在此建设居民点，或者在此建设昂贵的住宅，以便吸收所有的建设费用（较大的住宅也相应给市镇当局交纳较高的房地产税）。有关乡村居民点街道设计的若干本教科书都强烈反对使用边沟。《土地划分和场地规划手册》的作者强调提出，"由于边沟加大了雨水的排放能力，所以，应当鼓励创造各种机会来维持自然的雨水排放机制。"（李斯图克因和沃克，1989）。相类似，宾州巴克斯县规划委员会在它的"街道性能"中，使用每英亩4个以上住宅单元的高密度住宅区为例，提出"只有出于雨洪管理的基本需要，否则不应该设计边沟。"只有在那些必须有边沟的地方，例如坡度达8%以上的道路，才设计边沟。当然，乡村地区的斜坡路最好也简单使用4～6英寸直径的石头制作边沟，这样可以阻止雨水对道路的侵蚀和道路沉降。

康涅狄格环境保护部已经主动地开始提倡，城镇不要设计边沟和雨水暗沟。他们所关心的问题之一是来自道路的污染物（包括没有溶解的盐类和油类污染物）不应当通过渠道直接进入河流水系，而应当让它沿路以分散的方式而不是集中的方式逐步被吸收。

如果的确需要建设边沟，水泥通常是最适当的建筑材料。沥青制边沟非常易于损坏，有时整个路段因为使用雪犁而被搬了家，所以，一般应当禁止使用沥青材料。花岗岩材料是极端昂贵的，比利时岩石既昂贵，也不适合于乡村道路的视觉效果（它是城市街道的铺装材料）。

边沟的形状也是多种多样的。在那些已经建有垂直边沟的居民区中心地区，适合于继续使用这种边沟形状。而在那些需要建设边沟的外圈地区，最适当的边沟形状是向道路外低度倾斜。由若干种类型的边沟，如"碟状"和"崖状"（见图11-6）。这两种形状比起垂直形状的边沟更具乡村特色。同时，它可以允许车辆登上路边的草地（行道树带），做一个短暂的停车。在那些需要建设暗雨水沟但并非一定要建边沟的地方，可以选择预制的水泥排水沟和盖子。它们也有固边的功能，同时允许车辆停在路肩上。

．建设边沟的必要性常常被夸张了。我们可以考虑，那些为大多数乡村社区服务的道路（包括那些两旁已经在不同时代建起住宅的道

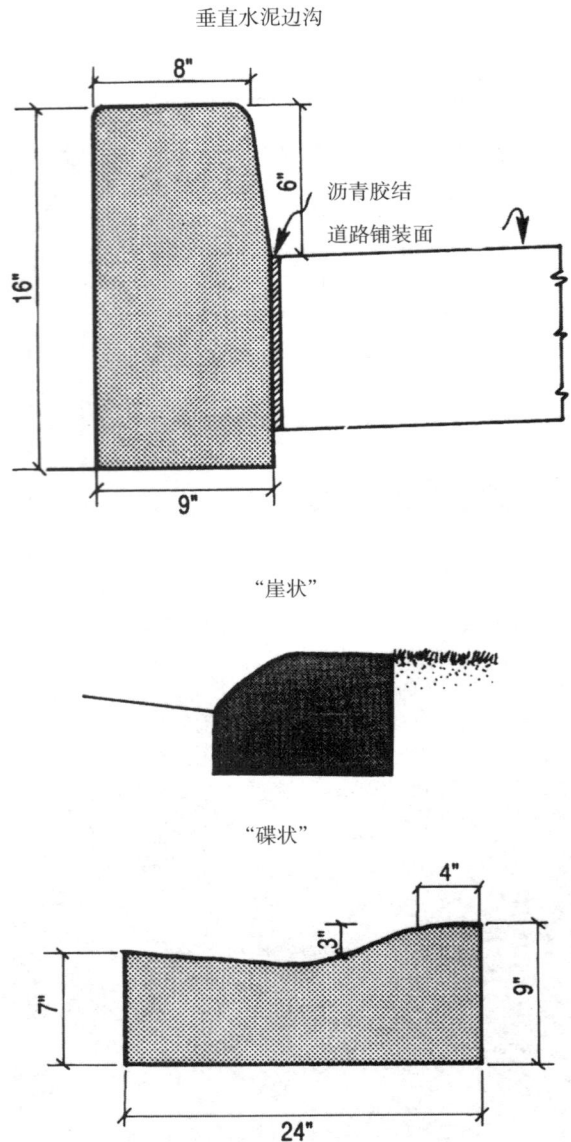

垂直水泥边沟

"崖状"

"碟状"

图11-6　在那些需要使用边沟控制雨水的地方，设计一些雨水可以溢出的边沟形状常常是适当的。除开在边沟设计上少一些城市型、少一些障眼、保护道路和减少费用外，还要注意让紧急车辆可以登上马边沟。在华盛顿州的班布里奇岛，那里的工程师采用了一种"粗边"的设计形式，是"崖状"的一种变形，其功能就是把雨水引向雨水汇集盆地。

路），都没有边沟，雨水排放并没有问题。很明显，实际存在着各式各样的自然排水方式。在许多社区，使用草丛洼地具有极大的优越性，那里很少见到狭窄的和较深的边沟。在道路一边的低地上建设路下的下水道，这样就可以把多余的雨水引到路的对面去，在许多情况下，只要路边的土壤条件适当，雨水一般会沿

路渗入地下。

边沟实际上增加了需要处理的雨水总量，本来由自然吸收的雨水，现在却因为边沟的障碍而不能被土壤吸收，边沟把雨水引到特定的地方。为了避免雨水过分集中排入河流或下游管道，常常要求另外一个工程处理方式来减轻由第一个工程处理引起的问题（即边沟）。第二个工程解决办法一般采用蓄水盆地或蓄水坑的形式。这些蓄水盆地或蓄水坑附近的居民一般不欢迎这类设施，因为那里常常成为垃圾收集场和蚊蝇滋生的场所。虽然下水坑塘有时是不可避免的，但是需要尽可能避免建设它。如果建设它们必不可免，采用自流蓄水坑塘的设计方案不会遭遇太大的反对意见（见图11-7）。例如，伊利诺斯州的福鲁斯莫尔的若干街区娱乐区也是大型和平坦的蓄水盆地，在下大雨时，它们可以吸纳若干小时的降雨。那里的草地有规律地得以维护，超出它们容量的水通过周边沟渠排出，在那个游戏场的低端设有一个管道以便把水排出这个蓄水盆地（它实际上只是在大雨之后把雨水蓄积若干小时）。

死胡同和它的替代设计方案

死胡同打乱了相互连接的道路模式，降低了相邻街区（居民、邮递车辆，垃圾卡车和轿车等）之间的可接近性，所以，不应当鼓励死胡同。事实上，如果简单地要求所有未来的居住街道，无论它们是建成的还是计划中的，都要相互连接起来，那么，死胡同就会成为阻碍街区相互连接。

当然，如果这种连接只有可能经过一片湿地，砍掉一片成熟美丽的树林，爬过一座小丘，或者如果这类连接会给通过这个居民区的大规模车流形成一个捷径，这些都是一些例外。在那些缺少任何现存或规划街道来实现连接的话，死胡同应该包括那些可以通往相邻地块的节点，那里已经表现出可以在未来实现连接的可能性。在那些连通道路不可能行驶车辆的地方，一定应该建设至少一条步行和自行车连接道路。

应当注意到，原先之所以建设死胡同是因为过分的街道设计标准已经实际上创造了通过居住街区的赛车道。通过设计有若干个三向的"T"形交叉路口的比较短的街道就可以避免出现这类赛车道。正如澳大利亚和英国人所做的那样，设计这类三向的"T"形交叉路口旨在不鼓励车辆交通（切曼，1991）。正如在宾州齐斯特所做的那样，不仅在四向交叉路口，而且在三向交叉路口，设置停车等待交通标志，同样可以非常有效地控制行车速度。

采用这一章中所推荐的设计将会提升交通安全水平，为所有新的居民区带回安宁来，同时，在大多数情况下，死胡同成为不必要的道路形式。开发商出于市场的考虑，通常希望在死胡同道路模式下成团布置住宅，而不把它们连接成为一个环线。这种设计方式是反社会的，不应当容忍。在当今的社会里已经有足够多的社会阶层因为空间布局不善而被排斥，如这类排斥性的街区道路系统。

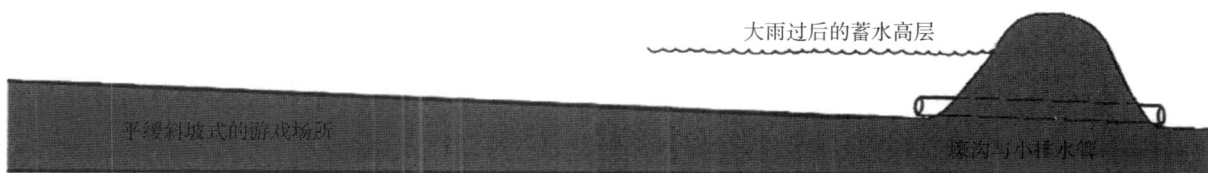

图11-7　当乡村居民点必须依靠这类蓄水设施收集和蓄积雨水时，这些"盆地"通常设计得非常宽大，接近平坦的草坪，在它们的低端建有一个排水壕沟，由于排水管道比较狭窄，所以，盆地里蓄积的水只能以比较低的速度流出。这些自流蓄水盆地为居住区里的儿童提供了优良的活动场所，如玩飞盘，打足球或橄榄球。在比较热的季节里，每周打草。实际上在一年中的大部分时间里，那里是干燥的。所以，这些设施能够帮助开发商满足地方因为开发地方居民点而产生的娱乐需求，同时，使用它们，以比传统方式要更具吸引力和有效的方式来管理雨水。

在乡村社区采用最大死胡同长度的标准常常来自城市型的思考模式。例如，许多缺少集中供水系统的社区都把普遍存在的600英尺规则并入它们的土地划分规则中，实际上，这个规则最初起源于这样一个事实，过去的消防车规定携带600英尺长的消防管，以便与死胡同入口处的消防栓连接。这个标准对于大部分乡村居民点没有什么意义。更为明智的规则应当以惟一通道在紧急情况下被堵死的家庭数目为基础。在缅因州，州里的示范土地划分规则要求，在15栋住宅之后，应当设置第二个入口。但是，《居住性能的街道》建议的标准是以每天200辆车次为最大交通量（或"平均日交通量"：ADT）为基础，提出25栋住宅，死胡同最大长度为1000英尺。

死胡同的顶端可以有各种各样的形式。最通常的一种形式，也是最不得已的选择是：巨大的沥青铺装的圆环，一般直径超过100英尺。对于那些只有十来家人的街道来讲，一个简单的"榔头"或"T"形弯道就足够了（见图11-8）。如果住户和车辆较多，建议建立环路。处于视觉上考虑，除开绝对的圆形外，这些环路可以是任何形状（当然，飞碟状也

行）。如果可能，它们应当包含一个1/4英亩植物没有受到侵扰的路岛。在村庄居民点，应当采取比较正式的安排，如行道树环绕的公共绿地。在新英格兰地区，城镇中心的公共绿地的平均规模大约为2英亩，但是，在乡村居民点里，作为一个布局节点，1/2英亩绿地是恰当的。在那些土地需要支付额外费用的地方，只有采取倒数第二种不得已的选择了，即环状死胡同，半径30英尺，整体铺装。这个规模足够较大的家用汽车和货车掉头。其他大型车辆和消防车辆需要做三点式U形掉头，这不会产生多大的困难。实际上，许多小城镇的消防车并不需要立即赶往另一个火灾点，因为几乎不会有如此频繁的火灾发生。

街道连接和官方地图

正如以上所说，地方政府能够通过对土地划分规则稍许做一些调整，禁止进一步孤立新建的街区，要求把新的街道与现存的街道网络连接起来（或在相邻未来将要开发的场地时，把道路一直铺装到地产边缘）。地方政府可以继续推进这种方式，制定地方的官方地图，展

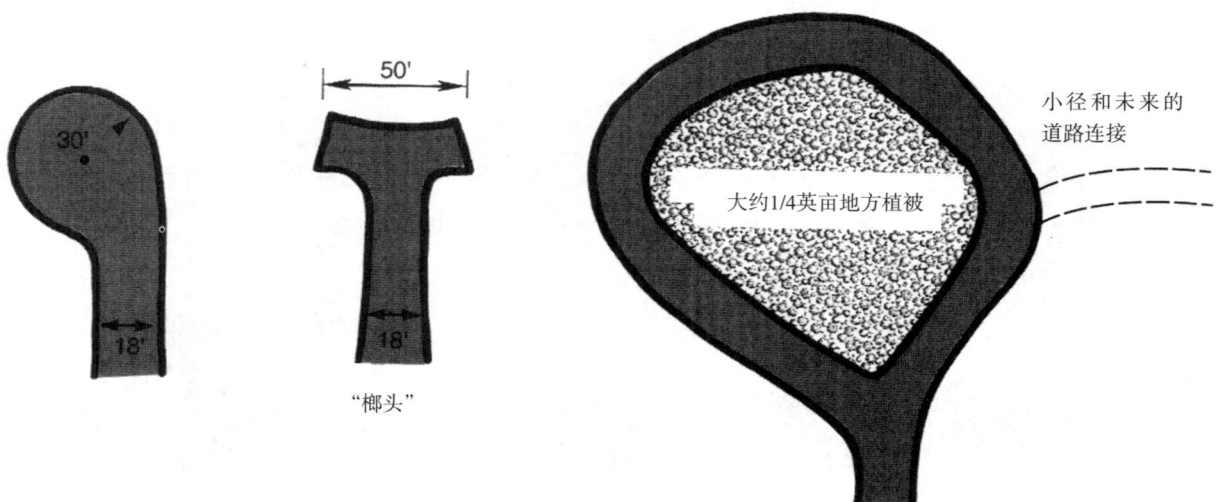

图11-8 因为不可能与其他街道连通，死胡同不可避免时，应当要求开发商至少建设人行道或自行车道，（现在或将来）与相邻的街区相连。在减少道路铺装的前提下，多种设计方法都可以满足车辆在死胡同里掉头的需要。"榔头"状的掉头区适合于居住10~12家人的死胡同；环形道路中间种植当地的树、灌木和草，可以形成一个景观路岛，这样的处理可以减少完全铺装路面和维护的费用（当然，这里需要每周除草等景观维护）。

示当每一块地块全部划分完毕时的街道、小径和开放空间的位置。虽然我们还要在第十五章和第十六章中进一步讨论这些可能性，但是，这里要说的是，预先规划出未来街道的连接是十分重要的。

大部分州使用它们的分区规划实施法规来通过"官方地图"，然而，几乎没有几个地方政府利用了他们的这份权利。结果或是没有好的道路连接来分散日益增加的不可避免的交通增量，或者没有及时与不合作的开发商进行交涉，开发商认为他们自己与这些特殊道路连接没有关系。

尽管官方地图可能制定的极为详尽（这是典型的19世纪"城镇规划"的方式，它们画出城镇奠基人所憧憬的每一条街道和小径），但是，只有相当少数的行政当局使用这种方式来储备道路网络战略性连接所需要道路用地。马里兰的威斯敏斯特就是这样做的一个例子。威斯敏斯特市议会和卡罗尔县委会自1968年以来就储备了道路用地。当时，他们在"增加道路交通运行能力和安全研究"（TOPICS）的基础上，在威斯特敏斯特综合规划中储备了用于道路连接所用的20英里长的道路用地。有些连接包括主要公路的建设，还有一些是从旧城镇中心放射出去的与县级公路相连的主要街道。

按照官方地图上界定的道路类型，由不同的部门负责建设。一般要求开发商负责建设居民点与附近主要道路相连接的街道。如果一条道路设计为主干道的话，它的建设费用通常由不同层次的政府分摊。

图11-9 说明了小村庄如何能够开始解除那些把它们从相邻街区孤立起来的死胡同式的街道，如何通过社区的"官方地图"，把相同的增长重新引导到传统的相互连接的道路模式上来。为了使这些官方地图卓有成效，在制定这类地图时，不仅要注明对自然场地的开发限制（地形地貌、湿地、行道树、石墙等），而且应当绘制征收房地产税收时所使用的地块划分边界（见有关弗吉尼亚劳登县村庄规划的附录）。

沿街植树

街区街道最为重要的设计任务之一是新街道两旁行道树，但是，这一设计任务重视的还不够。许多林业专家建议沿街树距为50英尺，实际上，如果沿街树木间隔近一点（25～30英尺）可能产生更好的效果。为了改善树木的生存条件，混合种植若干种地方树种比较好，这类树种的树干齐胸高度部分的直径不少于2.5～3英寸。种植下去之后的18个月内（1.5个生长季节），开发商应当负责维护，保证它们实际生存下来。这些树种的最终生长高度至少为50英尺，只有这样才能在完全成熟后产生出一种非常堂皇的氛围来，同时在夏季时形成路

图11-9 这三张草图比较了现状村庄和另外两种道路规划方案。图1是村庄道路现状，图2为目前通行的郊区型死胡同式的道路布局模式，死胡同向城镇边缘地带延伸，各个街区在道路上不相关联，开始改变传统的道路结构；图3上的道路结构不过是简单地扩大已有的相互连接的道路体系，重新提高村庄特征。（资料来源：多布尔，1992）

边和人行道上的林荫。

现实中不尽人意的状况是，大量小社区放弃了他们曾经进行的道旁植树计划，原因之一是预算限制，市镇管理机构不重视和无远见。在二战结束后的一个时期这类种植计划曾经蓬蓬勃勃开展过，以便满足联邦政府新居民点建设标准，而在1970年代联邦政府逐步退出大规模住宅建设项目之后，这类计划也被放弃了。

现在，当我们驱车经过那些战后初期兴建起来的居民区会发现，当时种植的枫树和橡树已经完全成熟了，那里的住宅规模也相对适当，但是，当我们走进最近这些年开发的居住区会看到，比原来要昂贵的多的住宅矗立在较大的宅基地上，面对着没有任何树木的街道。那些低矮的灌木丛或装饰性的花团簇丛，分散在各家前庭院落里的松类树，使得那里的景观相当糟糕，人居环境常常不适当。

解决地方政府缺少公共资金协调道旁植树计划的办法之一是，要求开发商种植林荫树，把这项工作作为他们建设居住区道路的一个部分。由于地方政府要求开发商减少道路铺装宽度，减少边沟建设等，因此，增加植树的要求并不会增加他们建设费用的总支出。

宾州大学林业资源学院出版的《街道树木》（格霍尔德，1989）是一本最好的参考书（当然，这本书一般适用于美国的北部和东部）。

最值得一提的道旁植树案例当属宾西法尼亚波茨堂。波茨堂是一个中等规模的城镇，人口25000人。1983年建立起来的一个叫做地方非盈利组织已经种植了这个市镇2925棵树中的一半以上。在他们开始执行这项计划的最初5年里，他们从地方商业团体那里筹集了47万美元（1～4万美元不等），其中宾州电力公司一家就出资10万美元。除开种植了1500棵树外。这个组织还清除了死树或生长极为缓慢的树，向市政府捐献了价值13000美元的大街扫把。

这个组织卓有成效的工作和承诺帮助地方议会议员重新恢复了"炮特堂林荫树委员会"。这个委员会使用计算机盘点登记了那里的全部现存的树（位置、树的种类、直径、状况、保护围的尺寸、在保护围内可以继续生长的空间、人行道状况、公共工程架空线的位置、特殊维护的需求）。根据这个调查的结果，这个委员会计算了需要建设较大保护围的树木，适当地关注了常常出现的抱怨，如人行道上的树木受到损坏（2%被砍坏，2%被挖走，2%被砍坏和挖走）。如果考虑到街旁树木所产生的巨大效益，人行道的维护费用就显得不重要了。波茨堂林荫树委员会把这些效益概括如下：

- 绿色植物软化了城市建筑环境；
- 减少空气污染物；
- 减少温室效应；
- 林荫可以降低夏季路面、建筑和人行道的温度；
- 自然美焕发了人们的精神；
- 提高街区美学风貌导致房地产升值；
- 为鸟类和其他野生生物提供栖息地，把自然引回城镇；
- 当人们在树间种植花草，美化他们的家园时，也增加了街区居民的社会自豪感。

另外，正如T·海通在亚泡特堂最近出版的"墨丘利神"中所说的那样，美化城镇和村庄产生了另外的效益：它们可以有助于阻止郊区蔓延。"应当把城镇营造为环境最友好的家园，这个城镇家园对生活方式最为敏感。如果我们种植树木，软化沥青和水泥路面，它也能产生舒适和愉快"（伊尔顿，1991）。

还有比波茨堂容易模仿的一些例子，如纽约的哈里瀑布，俄亥俄的肯特。在哈里瀑布，有一个地方服务俱乐部与村庄管理机构和房地产所有者一道共同出资种植树木，三个部分各出1/3的费用，这样扩大了每个部分资金单独使用时所产生的效益。肯特执行的项目按每棵树50美元的方式把资金分发给房地产所有者，最多不超过2棵树（每棵树的直径至少1英寸），由房地产所有者自己种植和管理。市镇当局的预算资金每年可以提供300棵树的种植。

印第安那州的格里斯伯格的公众高度重视树木的美化功能，所以，他们出版了一本名叫《独特树种自我导游》的手册。他们在街道图上标志了在这个社区可以找到的30个值得注意的树种的位置。这项工作的特殊之处在于，整个项目都有"哈蒂"快餐食品链资助，它在新餐馆开发场地上保留下了若干大树。这些方法可能帮助获得公众支持植树计划。植树的需要是巨大的：美国林业协会最近对20个城市的调查表明，那里平均每砍伐4棵树才种植一棵树（安德鲁，1992）。

美国住宅建筑商协会和美国林业协会最近发起了一个新的项目，推进对道旁植树价值的认识。这个项目的名字叫"新社区的全方位更新"，这个项目仅仅奖励那些满足严格评审标准的开发项目，这个奖励将有利于推销住宅，特别对那些具有环境意识的购买者具有吸引力。罗雷基的一位名叫罗斯的开发商得到了马里兰伯维斯市和乔治王县的配合，改变了他们通常的开发要求，以两种方式帮助他挽救了许多树：1）把道路宽度从30英尺减至22英尺，这样，8英尺宽带状的土地上的树木就得以保存；2）允许道路坡度从3∶1降至2∶1（进一步减少了土地裸露和剥离）。其他环境特征包括草坡的雨水沟（没有边沟和水沟），植被覆盖的交通岛，相互连通的绿色通道和野生动物通道（戴维，1991）。

为了避免公共工程公司在建设和维护公共工程时进一步损毁街道树木，新的居民点应当把电力线、电话线和有线电视线铺设到地下。在那些不可能做到这一点的地方（如石层较浅，建筑地下设施需要爆破），架空电线杆应当沿着宅基地退红边缘安装在两个宅基地之间（在宅基地背后胡同赠与和1970年代后期之间，宾州地区许多住宅区开发都按这种方式执行。1970年代后，宾州修改了土地划分法规，要求所有公共工程网线全部进入地下）。这些宅基地退红部分同时用作绿色通道，贯穿于整个居民区（新泽西法费尔劳恩拉德本，新奥尔良的雷克菲茨塔和南加尼弗里亚的希尔顿岛，都把人行道系统建立在这个位置上，那里成为规划的开放空间）。

另外一种方案把这种思考方式再推进了一步，在宅基地背后建设一条胡同，为每家提供背后出入的通道。直到1930年，美国的传统街区都是采取这种方式建设的，佛罗里达的温特公园，宾夕法尼亚的崴米森，蒙大纳的布泽曼都是这类设计的例子，那里，入宅道路和车库都与住宅处于相反方向。这些胡同一般只有一道，单向行车。因为它们并不吸引任何交通，所以，孩子们在那里玩耍和骑车都十分安全。

街名

市镇当局一般都设定了给新街道命名的标准或指南，他们通常禁止复制或使用相类似的街名，因为这样做可能导致安全官员对紧急救护要求做出反应时产生错误。另外，社区应当鼓励开发商以那个地方的自然特征为这些乡村居民点的街道命名（如山、山脉、草地、小溪、土著植物或动物），或以地方历史性家族、建筑或事件来命名。使用"路"、"街"、"胡同"、"道"等等，但不用郊区居住区使用的字眼，"车道"、"圈"、"园"、"院"、"景"、"宫"或"台"等。新街道与旧街道相邻时，应当考虑它们的历史文脉，使用传统的街名，如"大道"、"栗子街"、"树林街"、"希望街"、"教堂街"、"学校街"等，（假定那里有教堂或学校）。最好不用人名字眼（"巴巴拉街"、"罗伯特街"），除开那些也用于姓的名字（如"道格拉斯"、"雷斯利"、"托马斯"）。

乡村胡同和共用车道

"乡村胡同"意味着一些狭窄的道路，一般只为十来家人服务，通常以石子铺装。我们应当对乡村胡同重新加以认识。不考虑这些乡村胡同的乡村风味，也不考虑郊区街道规则，这些乡村胡同在乡村道路系统中具有重要的交通功能。特别对于那些公共道路仍然使用砂石铺装的地方，继续传承这种传统是有意义的。

十几家人沿着30英尺宽沥青铺装的死胡同一字排开，这条死胡同再与一条仅有16英尺宽和车行之后留下尘土一片的公共道路相连，可以想象，还会有什么事情会比这种状况更奇怪。当然，这的确是若干年以前康涅狄格一个市镇当局通知开发商应当做的事情，否则他的开发方案不会得到批准。这个开发商计划建设18英尺宽的支路，路上铺装15英寸厚的砂和3英寸的石块。这个计划开始被拒绝了，因为它没有满足镇里的官方标准。这个开发商邀请了一位律师来与规划委员会进行磋商了近一年的时间，还邀请了一位有名的乡村规划师，使用幻灯片向这个规划委员会介绍了各式各样宽度的道路，解释了它们的功能和交通承载能力。在此之后，规划委员会批准了这个计划。他们同意通过适当的设计，把这个街区与整个乡村背景协调起来。

新英格兰地区镇子通常要求私人维护任何新建的砂石道路。这不公正，因为这些道路实际的维护费用要比沥青道路少许多（见第十二章"景观道路"）。如果开始就适当地建设砂石道路（道路性能得到保障），如果它们在规模和区位上适合于一个特别的乡村居民点的话，应当由市政当局来维护。

当住户数目不多（5～6户）时，应当使用稍许有些差别的方式：共用车道。在如此低下的交通流量下，共用车道的宽度可以调整为15～16英尺，道路设计和材料维持不变。共用道路要求建立一个住宅所有者协会（HOA），以保证周期性的维护（我们在第十四张和第十五章中详细讨论）。尽管大部分人会同意分摊道路费用，几乎没有几个人会赖债拒付，但是，住宅所有者协会的机制能够保证稳定的资金管理，以偿付道路的维护费用，如重新铺装砂石、更新地基、铲雪，等等。共用车道特别用于避免成为相邻地块的入户道路，包括背后那些地块所有者的入户道路。如果需要为里边的住户提供道路的话，这些共用车道通常使用宅基地的退红，或者道路两旁指定的公共工程用地。

第十二章

景观道路

概况

公众对社区特征的感觉在很大程度上是从行进的汽车上获得的。沿着道路的行道树或石头墙可能比起远处的田野或树林对旅行者形成乡村城镇的知觉上影响更大。这并非说田野或树林在乡村特征表达上不重要，而是说许多道路特征在形成对我们生活和工作地方的印象上更为关键一些。"从道路上看"不只是一句话.对于我们大多数人来讲，"从道路上看"实际上构成了我们对于我们城镇自然的和人造特征的全部理解。

由于开发道路两旁的土地既不困难，也不昂贵，所以，那里常常成为居住或商业开发的首选场所。一旦我们理解了这一点，"阿普尔顿原则"也就清楚了："前10%的开发通常摧毁了50%的乡村"（希斯，1989）。

总统的美国野外委员会在它的报告中强调了景观道路的重要性。它发现：

● 77%的人乐于走马观花；

● 驱车走马观花占据了所有车辆里程数的15%；

● 驱车走马观花是继步行之后的第二大最流行的娱乐消遣方式；

保护相对"尚未损坏"道路的景观特征依赖于对这些景观价值的认定。如果使用法令加以控制的话，这一点是必须的，因为大部分法庭要求以事实作为土地使用限制的基础。当然，如果对道路景观特征的保护是通过劝说和提倡的方式来执行，或者联邦政府通过税收优惠的方式寻求捐献道路两旁土地或土地的使用权的话，确认道路两旁价值依然必不可少。

越来越多的州政府，如纽约、佛蒙特、克罗拉多和加利弗尼亚，正在鼓励指定地方景观道路。当资金极为有限时，纽约和佛蒙特发布了"野外指南"或手册来解释了评估和申请景观道路的步骤。除开提供评估道路景观的一般方法，提倡城镇和县之间的较大的一致性外，纽约环境保护部对所有的景观道路的申请进行了审查。最后，纽约州环境保护部确定下来的景观道路表现出"特别的景观价值"，为旅行者提供了观赏区域的独特（历史的、自然的和文化的）景观特征的实际机会.得到地方支持（纽约州环境保护部，1988）。

赢得公众支持景观道路建设的方法之一是使用计算机辅助设计（CAD）制作出录像，以便产生出一系列变化的视觉模式（莉比，1988）。计算机辅助设计可以模拟道路两旁建筑和停车场，变换它们的尺度和安排，以致直接用形象的方式展示最终的视觉效果，如沿路的商业开发，包括店前停车场，或把商业开发集中组团式布置在交叉路口，或节点周围，形成内部的庭院式停车场。

这些变化的形象可以在公众论坛上展示。"在论坛参与者看过这些发展方案之后，通过投票方式决定他们可以接受哪一个方案。在公众充分参与的情况下，形成一组设计方案。从这些设计方案出发，产生出一组"社区标准"，并把它们并入地方设计审查程序。"要求提交的开发方案中包括一个视觉影响声明，它说明这项开发对公共论坛上所形成的标准的影响"（莉比，1988）。

下面，我们概括地介绍特拉华州和肯塔基州景观道路综合研究，也对康涅狄格和佛蒙特用于建设和维护景观道路的方法做一些说明。虽然这些方法不一定是惟一的（不同的发展战略可能适合于不同的情形），但是，它们所包含的信息会给与读者以启迪，把这些经验用于自己的社区。在这一章的末尾，我们将提出有关使用多种分区规划方法控制道路两旁开发的思路。用于建设景观道路的道路本身的确具有不同的类别，从地方道路到州际公路，这里我们把重点放在地方道路上，市镇和县里的居民或官员对他们自己的道路可以实施最大的影响。实际上，我们已经在第九章里已经讨论过了有关沿着大型公路开发的战略。

特拉华州的红土流域

特拉华州纽康斯特县规划部做的《红土流域景观河流和公路研究》是有关景观道路建设的著名案例之一。这项研究的参与者还有，宾夕法尼亚卡德福特的"布然迪崴保护"和康乃特广场伽亚设计咨询公司。这项研究的基本目标是清理和评估这个流域的历史的、文化的和景观道路，提出多种保护这些资源的方式，计划建设一个景观道路网络，以便减少交通流量和道路沿线土地使用对这个流域的影响。因为执行这项研究所提出的建议必须依赖于公众的支持，所以，另一个特殊的目标就是熟悉或了解那些具有景观特征地区的居民。这项研究有三个主要部分：

● （自然、历史和景观资源）盘点和分析；
● （评估、重新寻找和资源因素排序）确定优先目标；
● （保护资源的特殊方式）推荐意见。

为了进一步了解这类方式，我们对这项研究主要部分的细节做如下介绍。

盘点和分析

自然资源　以环境敏感或与公共卫生、安全或福利为基础选择特征，如河流、泄洪区、湿地、15% ~ 25%的坡度地区、地质状况和"重要自然地区"和由州里和林业部门认定的"州级大树"。

历史资源　除开现行分区规划中已经指定的那些"历史分区"和已经在"国家历史场所"登记中认定的建筑物外，国家另外两个登记认定体系即"确认有资格登记"和"相信有资格"中的建筑物也包括在这个项目所认定的历史资源之中（换句话说，那些完全有资格进入联邦历史资源认定体系的那些历史资源）。

景观资源　视觉景观分析识别自然地貌和文化（人类创造）因素，既包括正面的（"强化"），也包括负面的（"干扰"），它们均可从公共道路上看到。景观资源把地貌和自然因素分为六类：河流、湿地、泄洪区、斜坡、山脊和村庄。特殊地区按照以下方式排序：

● 它们是否展示了自然的或历史的发展；
● 它们是否构成一个系统或包括了两个以上重要的视觉资源；
● 具有十分罕见的特征。

另外，通过现场调查，他们把联邦公路局的《景观道路》列举景观道路标准和这项研究提出的视觉景观分析标准一起用来研究这个研究区域的道路。这项研究的结果是，产生一个景观道路名单，以及（以红土流域的独特特征为基础的）一组精确的标准，以此对研究地区道路做出判断。然后，使用这些标准，从自然、景观和历史资源等方面，对这些被挑选出来的道路再做进一步的分析，通过他们确定下来的排序方式，他们最终在研究区域内确定了25条道路，正式确定了它们的"景观"身份。

确定优先目标

综合以上的发现，他们制订了一个合成图。这张图揭示那些地区特殊的"共生特征"，即，同时具有多方面需要进行保护的理由。通过忽略那些已经批准做特殊开发的土地和那些公共拥有、社会机构拥有和用于私人娱乐活动，使道路状况进一步精确。同时，对那些特别受到开发压力的土地做出标记，它们常常因为区位、建筑适应性或其他属性。这样，就找出了最先保护地区。

推荐意见

保护景观资源的推荐意见分为六类：法规、传达场地规划目标、针对私人土地的行动、历史建筑、公路规划和统筹协调。虽然所有这些意见都可能包括挑战性的任务，但是，这项研究发现最关键的任务是如何协调多个公共和私人组织分离的行动，使它们相互补充。执行过程的成功与否取决于"县政府在整个行动中的所希望扮演的角色"（纽康斯特县规划部，1989）。以下按分类分别列举这项研究的推荐意见。

法规 除开现存的分区规划（低密度居住使用，具有一定弹性的布局标准），在最优先保护的资源地区，推荐实施组团或"开放空间设计"，以确保这些重要地区最终避免采用常规的宅基地和街道划分模式（我们在第十五章中详细讨论要求的开放空间设计）。紧急保护道路两旁的缓冲区，不仅仅是保护按照土地划分规则而指定的那些开放空间，当优先保护区土地处在任何新开发的住宅区之中时，还要限制优先保护区内土地上允许的活动。这些缓冲区的土地或者由县政府拥有，或由一个独立的保护组织拥有，如土地信用社或土地保护基金。通过深度退红、严格禁止改变景观道路走廊的植被，提高围绕新建设项目的缓冲区中的植物水平，从而实现对景观走廊的进一步保护。在不同土地所有者的土地之间实施使用密度转换（TDR），在同一个土地所有者拥有的不同地块间进行使用密度交换。最后一组规则旨在进一步保护指定的历史性建筑，把过去6个月缓拆的规定改变成永久性禁止拆除的规定，提高罚款水平，使用密度优惠来鼓励重新使用和维修历史性建筑，扩大历史地区的规模，以

便成片保护。

传达场地规划目标 如果土地所有者在他们开始思考他们地产的开发远景之前就已经熟悉了县里的规划和保护目标，那么在具有弹性的场地规划条件下，他们一定会更成功。这个县的基本思路在政府职员、选举产生的官员、负责任的私人组织和其他土地所有者之间广泛交流，这样，由有弹性的场地规划所提供的有吸引力的开放空间开发从一开始就得到了各方的支持。不能忽视在他们提出不适当布局规划之前与土地所有者进行的正式或非正式的交流。这个县一位领军专家R.雷梅特别强调了这一点。只有通过这类交流，私人土地所有者才能够接受创造性的土地使用规划原则（勒米尔，1988）。这项研究还推荐，要求在土地划分草图中包括开发场地周围的自然和历史特征（包括典型的一般景观要素，如石头篱笆）。研究还建议，在土地划分阶段，还要考虑地块的结构，以便把需要连接起来的保护开放空间和缓冲区与相邻土地上的相似资源连接起来，这样，最大程度地保护较大的街区或较长的走廊。

针对私人土地的行动 应当鼓励每一个私人土地所有者在他们的地产上采取保护行动，特别是那些不太容易制定法规加以控制的土地。例如，一个地区没有被指定为优先保护区，因为它只有一个因素分值比较高，（如视觉景观比较优秀，而在环境上并非十分重要）。土地所有者可以通过捐献他们的地产（他们可以始终占据这块地产，直到他们离开这个世界），捐献保护性的道路两边土地权，或者以减价的方式把土地出售给保护组织，而接受税收优惠。人们虽然常常指望在道路两边缓冲区里有公共通道，但是，如果这个道路两边缓冲区具有一定的特征（从公路、公园、河流或其他水体上可见，或具有重要的生态、农业或历史的意义），是否有公共通道并非十分重要。当一定层次的政府指定一个地区或走廊为景观时，在综合景观分析基础上，IRS承认这个重要性（综合景观分析在法庭上对相关土地

使用法规进行辩护时也具有法律效力）。

除开捐献土地或道路两旁缓冲区外，另一个针对私人土地的行动是"限制开发"，在那里，土地划分产生为数较少具有较高价值的地块。这些地块可能非常大，或他们具有比较适当的比例，或组团式布局，联合使用被保护的开放空间。无论遵循两种设计方式中的哪一种，"限制开发"一般会产生较多的不被触动的土地，而在这块地产上，只有较少数目的建筑物布置在这块地产中那些不太敏感或不太易见的地方。因为这种做法依赖于较高端的购买者，这种方式最适用于那些能够吸引富裕上班族或寻找"迷你豪宅"的第二住宅购买者的地区。执行"有限开发"的优惠条件常常伴随捐献道路两边土地上通行权以获得现金，从而在整块土地上实现平衡，因为几乎没有哪个房地产业主愿意放弃他未来的开发权（即潜在的收入）。

历史性建筑   除开以上所列举的法规性机制外，更新州里的文化资源名单，保护历史性建筑的较好办法是，向国家历史场所注册机构提名新增历史性保护建筑物，使用地方税收优惠鼓励立面保护权捐献和历史保护区内建筑的翻新，推进公共教育项目以扩大对这些工具和方法的了解。在执行这类项目时，应当包括与历史性建筑物的所有者建立联系，以便得到他们的支持，把他们的建筑物指定为历史性建筑。

公路规划   县规划部与特拉华州公路局（DelDOT）的联合是至关重要的。两个部门必须一道工作，决定哪些道路需要扩宽以便承担日益增大的车流量，哪些道路应该保护。双方应当要求立法者立法建立一个州范围的景观道路系统，要求联邦公路管理部分修改现存的道路改造标准，以便可以把联邦资金用于景观道路维修和对常规道路建设方式（如铺装过宽的路肩，过长的弯道，树木的大规模砍伐，建于每个弯道处的金属护栏）做一些调整。

统筹协调   这类景观道路项目成功的关键是，县政府在多种政府机构间承担起该类项目的促进和协调工作，各类政府机构的工作分别涉及到景观道路的不同方面：州环境保护部门（地表水质），州公路局（道路扩宽），美国工程兵（湿地），县公共工程部门（泄洪区）和县规划部（土地使用）。

所以，必须让以上这些机构对《红土流域景观河流和公路研究》的资料数据有所了解，然后，这些机构相互了解它们各自的看法，对各自的政策做一些修改，从而得到最广泛的政府部门的支持。促进和协调是县规划部的关键工作，综合性的顾问小组可以通过让各方相互聆听的意见和共同工作的方式来协助县规划部发挥它的功能。

肯塔基的老法兰克福峰地区

列克星敦-法亚特市县政府已经正式承认了地处肯塔基莓系属牧场区中的老法兰克福峰地区的特殊性，并把这个地区确定为景观走廊，"从历史和美学上对那里实施提高、保存和保护具有重要意义。"在建设这个景观走廊的过程中，官方认可了两条基本原则，一个具有吸引力的地区倾向于吸引更多的开发，这样，如果没有对那个地区实施严格的控制管理，那个地区的美学品质和生活质量就会下降。第二，在那个地区实施保护性标准可以提高那里的房地产价值。

从事这个地区研究的咨询人员不仅仅只是研究从老法兰克福峰所能够看到的景观，而且也研究了较之于这个视角要宽阔的乡村地区，"图画般的农田和草场，树林、农场建筑物和乡村居民点，以及把它们连接起来的历史性道路、行道树、篱笆和石头墙"（列克星敦-法兰克福景观走廊公司，1990）。这项研究从分析环境系统和历史性建筑模式入手，因为环境系统和历史性建筑决定了那里的自然特征和人居环境，使那里呈现出与众不同的特征。然后，这项研究确定了对视觉产生重大影响的因素，包括正面的因素（草场、树、灌木丛、墙、篱笆、农舍、谷仓和畜舍、教堂、桥梁、瀑布、湿地、裸露的岩石，等等）和负面的因素（一定种类的商务活动、架空线、停车场、工厂、衰落的景观和不和谐的建筑物）。

他们不是详尽地评估景观，而是列举出在整个景观走廊地区那些具有典型视觉效果的特征。这样，他们实际上不是量化这些特征，而是对景观特征做出选择，被选取的景观特征决定它所在地区属于哪种类型的土地。由于这个走廊具有若干种不同类型的景观，所以，整个景观走廊的土地被划分为四类——两类是从广阔的视线出发的土地类型，两类是以确定边界为基础（户外房间）的土地类型。"广角式"的土地使用类型即指那些没有边界，即没有篱笆、墙、灌木丛或带状树围合的地区，所以表现为扩张型的，没有树或看上去"像公园似"的组团布置的树木。边界确定的地方并非随处可见，但是，确定边界的土地使用类型却会产生十分重要的视觉映像，树木常常围合了草场或田野三个边或四个边。如同广角景观一样，这些较小的"房间"既可能是"开放的"，也可能是"像公园似"的。村庄构成第五类重要视觉景观。

制定草图来描绘五类重要视觉景观的位置和范围，包括特殊的"视觉停顿"（例如，值得一看的树木、树团、建筑物或土地形态）和沿着公共道路的"视觉焦点"。同时，也把那些看不见或非景观地区描绘出来，包括任何特殊的视觉干扰物。

这项研究除开推荐制定一个"景观和历史走廊重合区"外，还推荐使用土地开发权转让的运行方式，允许使用或要求实施开放空间土地划分设计方式（如特殊景观缓冲区），同时，这些咨询专家支持捐献和购买道路两旁的缓冲区，村庄填充式开发，编制一本景观设计手册，以便说明开发如何可以协调地嵌入整个景观之中，鼓励以传统的方式来布置建筑和处理建筑形式和植物，说明在"房间式"和"广角式"情形下不同的景观布置方式。这个手册

应当是定制的，适合于特定地区，从而帮助土地所有者、开发商、居民和地方官员视觉化适合于不同地方的各类景观处理方式。

弗吉尼亚斯珀特斯洛维尼亚县的历史性走廊

从弗里德里希堡出发，向西南方向走，就到达斯珀特斯洛维尼亚县城所在地的村庄，弗吉尼亚208号公路把独立战争时期的两个历史中心连接起来。由于208号公路的战略位置，这条大道能够成为通往斯珀特斯洛维尼亚县南部的主要道路。这个县得知弗吉尼亚交通部（VDOT）计划把208号公路扩宽为4道公路，这样可能把这个交通要道上的交通拥堵转移到斯珀特斯洛维尼亚县城，于是，他们委托一个匹茨堡的咨询公司研究是否还有其他的方案。这项46页的研究报告提出了他们的发现、分析和详细的建议，包括各类草图。

按照这个交通走廊的自然特征和地形，建议把它分为四个段落。第一段是商业区，推荐沿道路两边退红30英尺，建立景观区，创造一个"公园似的布局"。第二段，建议通过建设新景观来强化道路两旁现存的树林，在新开发的居民点和公路之间建立一个100英尺宽的道路退红，使这段公路具有公园式道路的特征（UDA建筑事务所，1991）。

由于这个交通走廊的第三段落是进入斯珀特斯洛维尼亚县城历史区的最后入口道路，所以，这项研究建议保存道路相邻的农田和路旁林地，把县城所在的这个村庄包括在扩大的保护区里。208号道路在县城所在村庄中的那一段变成传统的大街，车辆交通既可以通过四道的城边旁道分流，也可以通过若干新建街道进入若干出村的乡村公路。

图12-2是这项研究提供的三张鸟瞰透视图，说明采用他们所推荐的战略能够产生的效果，也说明了如果继续使用现行的分区规划，这个交通走廊可能的未来状况。这些视觉材料使公众和他们所选择的代表能够理解采用不同

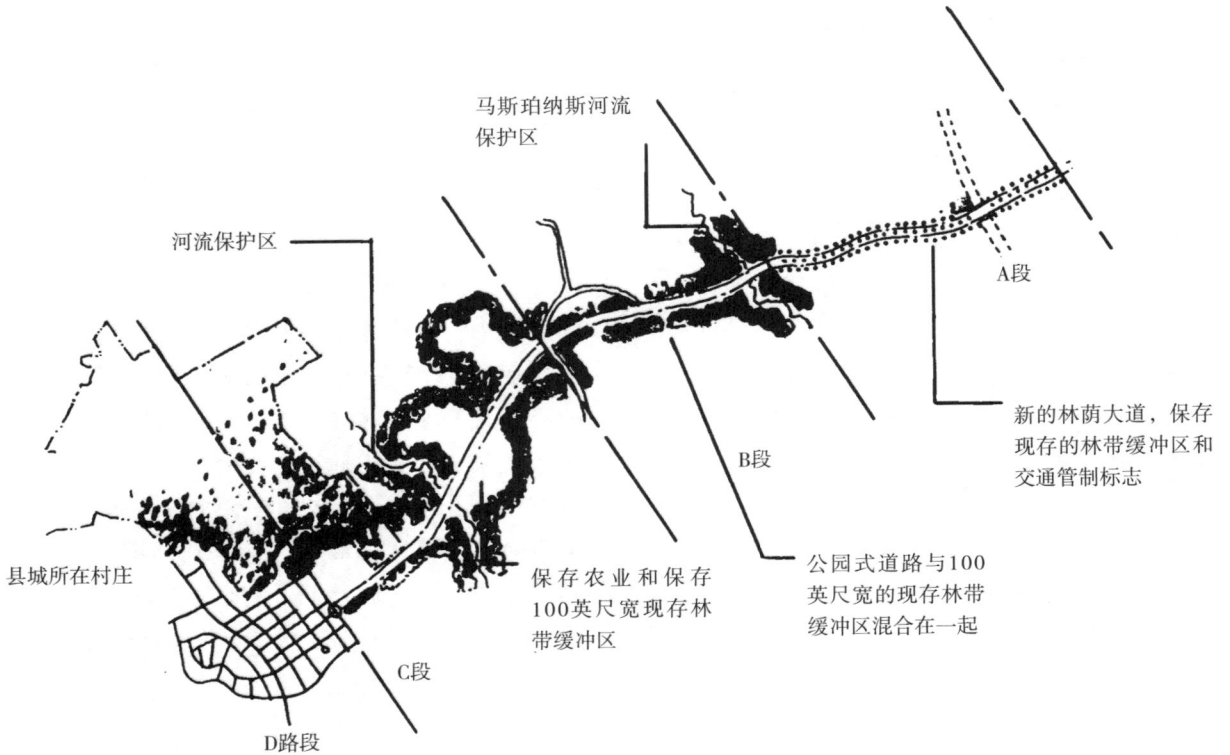

图12-1 面对沿208号公路弗里德里希堡到达斯珀特斯洛维尼亚县城所在地路段的增长压力，这项研究提出了它推荐的发展战略。按照坡度和特征，这项研究把这段公路划分为若干段落。关键推荐意见包括，在商业区段，即A段，商务建筑前建设30英尺宽的林带，形成高强度的景观；在新的居住区和公路之间，即B段，建设100英尺宽的缓冲林带；在进入县城所在村庄的入口段落，即C段，建设低密度的保护性开放景观。（资料来源：UDA建筑事务所，1991）

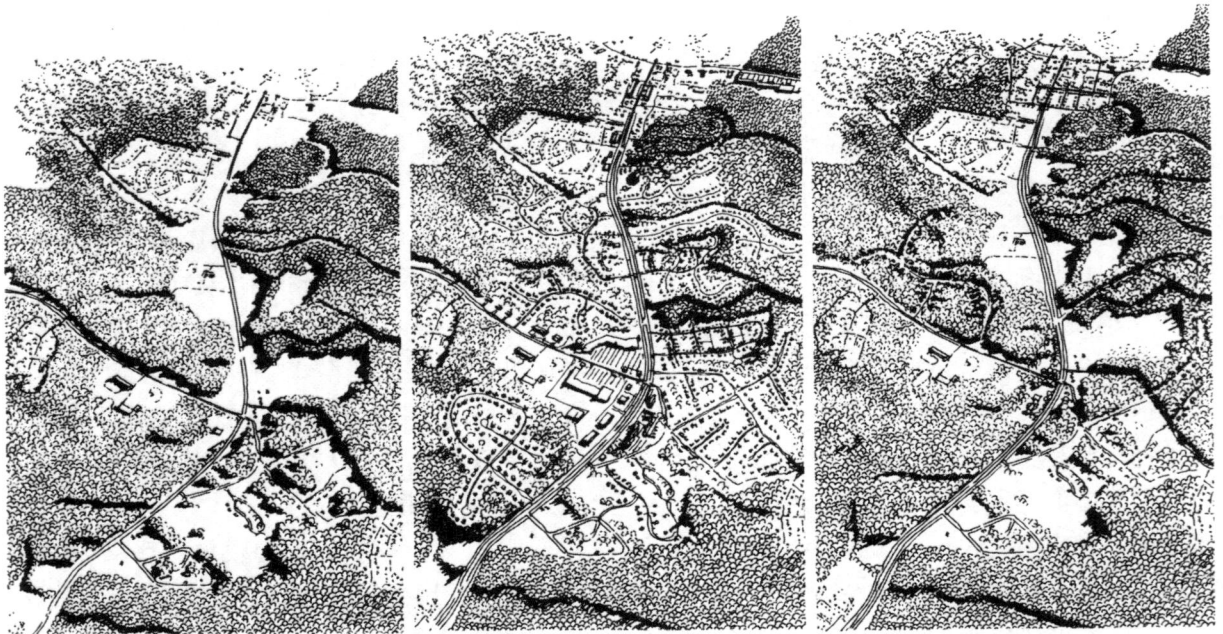

图12-2 这三张鸟瞰图对比了208号公路研究段落的现状和两个可能的发展前景，图一为现状；图二说明了如果继续使用现行的分区规划，这个交通走廊可能的未来状况。图三为在采用非常规的规划方式条件下，这个交通走廊可能的未来状况。

政策可能导致的后果。

在收到208号公路走廊研究报告之后，这个县要求这个咨询公司继续研究如何保护13号公路12英里长的走廊，这段道路从弗里德里希堡出发向西，经过两个独立战争时的战场（将钱瑟勒劳维尔和怀尔德斯维尔）。在穿过国家公园之前的这一段路包括两个段落，一段是农田，一段是树林，第一项工作是通过植被覆盖和地形确定3号公路的视线分界，在房地产税收图上画出视线最为明显的地区，以便了解那些具有开发潜力的地产可能改变现存的景观。

这项研究建议把视线分界区内的所有地产全部划入新的叠加分区中，服从三类不同的标准。沿公路树林段的所有地产，要求建立200英尺的林带缓冲区。在这个缓冲区之后的地区内，开发时的树木砍伐量不得超过现存树木的30%。对于那些从3号公路上明显可见却又包括在其他分区中的地块，它们可能处在依稀可见的树丛背后，或者具有地形特征，"应当按照不影响视线分界的要求来确定它们的建筑密度。"同时，在必要时还要配合种植树木，以便遮掩新开发建筑物的屋顶（UDA建筑事务所，1992）。

第三种情况是，从公路走廊上可以看到地块的绝大部分。在这种情况下，他们推荐了18，24和100个住宅单元等三种设计方案。在最少住宅单元即18个住宅单元的情况下，居住区布局类似一个典型的农场，恰当地离开道路。建筑物包括住宅、村舍、谷仓和工作用房，全部建筑物以及铺装路面和草坪占用的土地面积不超过整个地块面积的8%。

在24个住宅单元的情况下，所有24个住宅单元以历史的农场为模式，集中成为一个较大的建筑群，如蒙特弗农，包括俱乐部、谷仓和其他大型建筑物，其功能类似一栋多家庭共用的住宅建筑（如康涅狄吉尔福特的龙霍农场，我们在第二十章"居住案例"中加以介绍）。

第三种情况涉及到100个住宅单元，采用新传统村庄的设计方式。这个居住区离开公路，

用绿带环绕起来，住宅区的主体为独立家庭的独立住宅，面对街道，从后背进入车库，街道采取矩形模式。建立中心绿地或广场式的正规开放空间，开放的"绿带"在收获季节租赁用于生产。

这项十分独特的研究的最后一个部分是，把以上设计原则用于三块连接的地块，总面积达324英亩。按照常规分区规划，估计可以建设172个住宅单元。在维持同样住宅单元数目不变的情况下，他们提出了两套方案。第一套方案是，把65个住宅单元安排在4个传统农场式综合体中，110个住宅单元采用0.5英亩一块的宅基地规模，布置在视线分界区之外。第二套方案是，105套住宅采取村庄布局方式，23套采用农场簇团式布局，43套一英亩地块住宅区，这个住宅区从公路上看不见。这两种方案都与常规的棋盘式场地布局方式不同。

为了保证实施，这项研究建议，新的公路走廊分区规划区要求从3号公路上可见的新开发使用这些或类似的设计方式。作为一种选择，也可以采取"减低密度"的方式，减少目前的建筑密度。只有房地产业主或开发商使用这些方式时，才允许他们"重新返回"原先的建筑密度。

地方景观道路：指定

许多州实施办法类的法律允许地方政府指定一定的乡村道路为"景观道路"，例如，在康涅狄格州和马萨诸塞州，地方立法机构（镇大会）可以在多数票通过的情况下指定景观道路，以便抵制扩宽、铺装、拉直道路，或搬走道路两边公共工程设施用地上的树和拆除那里的石头墙。如果这类行动的确因为安全的考虑必须推进，那么，他们通常以听证会的形式来决定，是否有任何机会做出某些调整以减轻"这类改善"所产生的消极影响。

按照康涅狄格州的法律，指定为景观道路的地方道路至少具有以下两个特征：

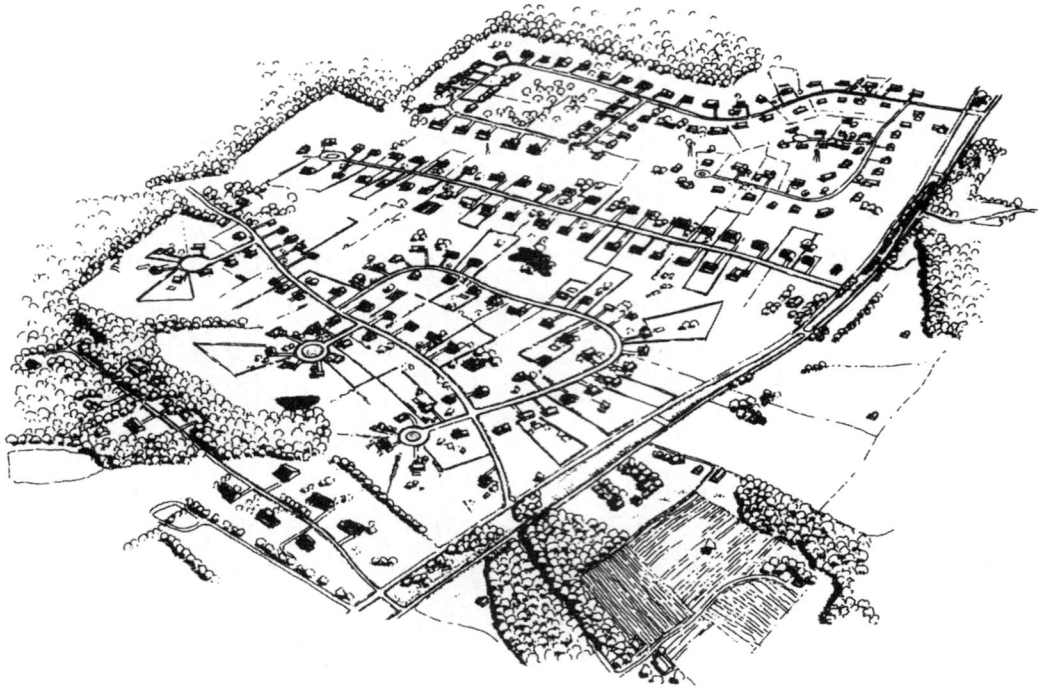

现行的开发政策

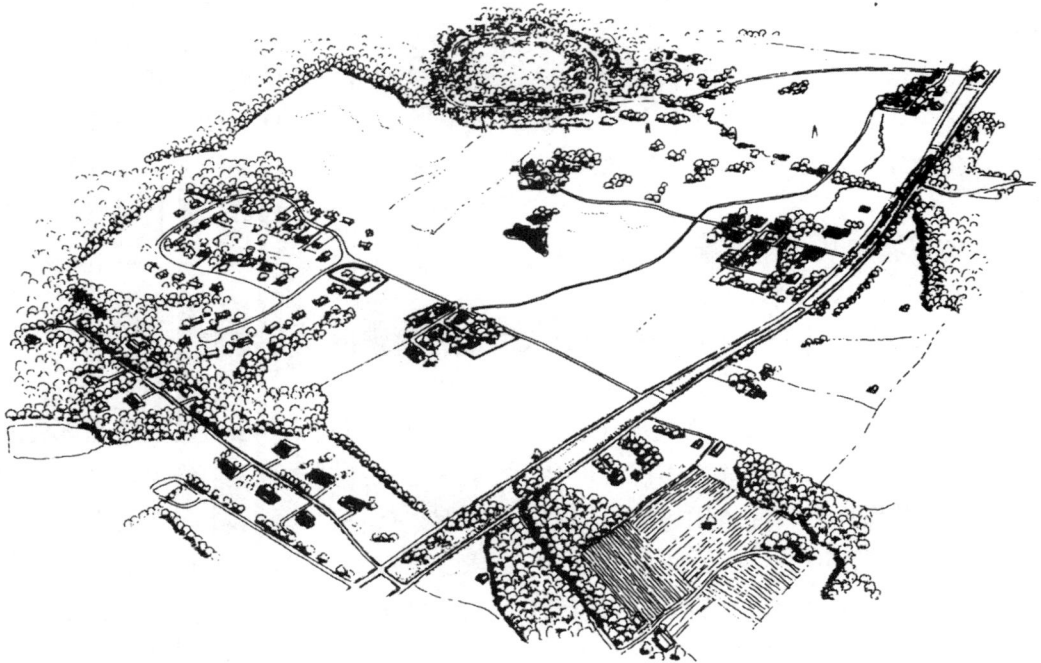

计划的开发政策和设计指南　　　　　　　农舍组团式布局

图12-3　在弗里德里希堡西边的3号道路，UDA建筑事务所为达斯珀特斯洛维尼亚县编制了比较详细的鸟瞰透视图，这些图说明，常规郊区型分区规划最终会摧毁连接两个独立战争时期战场的乡村公路的文化景观，证明农场式组团和紧凑型村庄布局可以用来保护这个历史地区的基本特征。对于从道路上可以看见的地区和在新的道

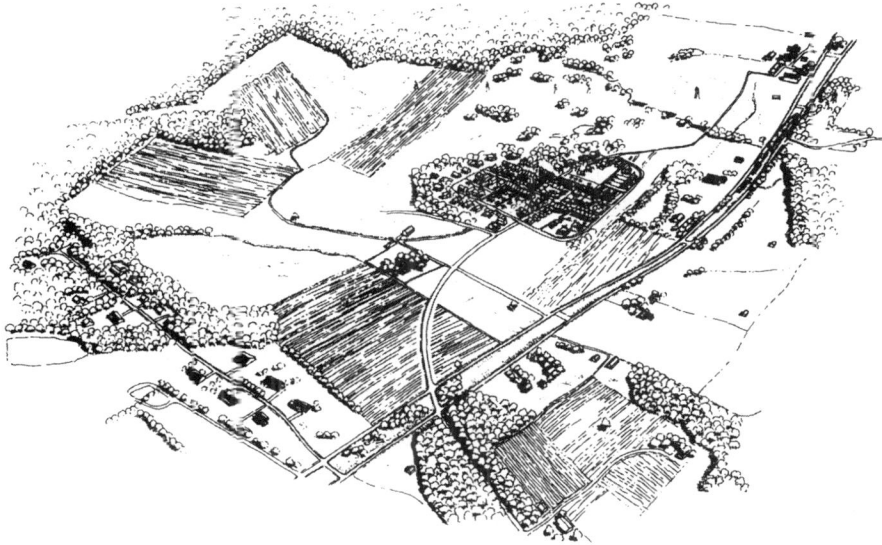

村庄布局模式

村庄模式

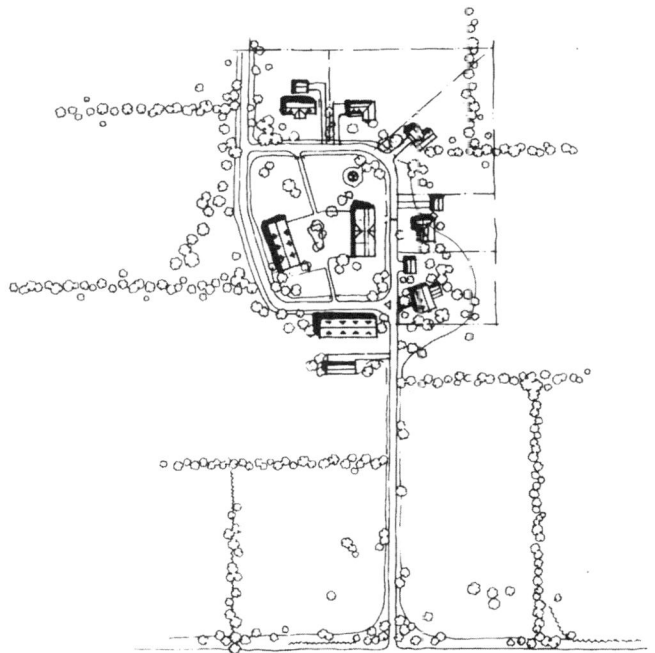

典型的农民住宅模式

路叠加分区中时，要求按照推荐的意见来做设计。（作为一种选择，也可以采取"减低密度"的方式，减少目前的建筑密度。只有房地产业主或开发商使用推荐方式时，才允许他们"重新返回"原先的建筑密度）。这项研究还制定了农场综合体和乡村村庄的大规模场地规划，向开发商说明如何作出这样的设计。

- 没有铺装的石子路面
- 石墙或成熟的树木成为道路边界
- 车道比较窄（不超过20英尺）
- 具有景观视角
- 道路与周围地形自然融合
- 与小溪、河流、水塘或湖泊平行（或道路桥梁横跨河流）

道路被指定为景观道路后，并非意味着禁止对它做常规维护。显而易见的维护包括清除死树或枝权，清理影响道路通行的枝权，保护道路两旁的公共工程设施，或改善景观视线，改善排水功能。同样，指定为景观道路后，仍然是允许在需要建设私人地产道路的地方，清除树木或石墙。

在佛蒙特州，自1977年实施州"景观公路法"以来，镇里有权指定地方道路为景观道路。（与此相反，纽约州规定，只有州里的"环境保护委员会"有权指定景观道路。）为了在不同镇之间产生某种程度的一致，佛蒙特"州景观保护议会"（州规划办公室的一个部门）公布了一个"现场指南"，其中包括选择景观道路的指南和建议的维护标准。

这个现场指南建议，首先进行一个调查，按照景观价值对行政辖区内的所有道路做一次评估，记录它们的不同特征（一般使用自愿者来进行）。"地方官员利用这个调查产生的结果对比这些道路的特征，然后决定哪些道路可以正式指定为景观道路"（佛蒙特州景观保护议会，1979）。

无论这项大规模调查是否得到指导，对于建议的景观道路还要再做详细的考察。这张调查表是为自愿者设计的，包括了26个积极特征和14个消极特征的样本。有些特征以特殊术语来描述（如"树叶效果"和"森林模式"），现场指南中附有这些术语的定义和相关的照片。积极特征中有，路边的树木花草、石头墙和传统的篱笆，地形（露出地面的岩层、巅峰、斜坡、尖锐的弯道、排水因素），可视因素（田野、水塘、瀑布、农舍和远山），以及

野生动植物区（可能惊扰的动植物，如鲑鱼、水禽栖息地、鹿场、动物饮水区）（朗菲尔德，1974）。

在调查过程的第一阶段，建议自愿者在候选景观道路上驱车行驶两次（每个方向上一次），记录下发现。一般来讲，包括10个以上积极特征（除去消极特征）的道路可以进入下一轮考察。当然，如果调查人员认为一条道路却有景观价值，尽管它的特征数目不多，他们可以在调查表上记录下理由。

第二阶段包括再一次在这条道路上旅行，行驶的更慢一些，记录下每英里1/10位置上积极和消极的特征（调查表上的方格给每一种特征留下了10个位子，在每英里1/10的位置上做一次记录）。调查人在两个道路方向上各做一次旅行，保证不要漏掉了任何值得注意的特征。这个过程并非纯粹点数，实际上，有些特征未必一定产生积极或消极的视觉效果。例如，一座经过不适当改造的农舍可能不再具有任何积极地建筑视觉效果。只要遮掩适当，一个废物堆积场未必就一定产生消极的视觉效果，调查表上留下了空间，记录"其他因素"，如树叶落光时出现的景致，或经过某些道路工程处理后可能产生的视角。

在完成这张表格之后，调查人员应当整理资料，把他们的发现绘制成图，以便举行听证会时使用。选举出来的"选择委员会"做最后的决定。在做决策时，鼓励这些选择委员会的成员同时考虑其他一些因素，如道理的现存功能和预期功能（严格的地方道路，主干道、次干道或连接到主干道），交通流量和类型，土地使用的可能变化。

在指定景观道路之后，这些景观道路便受到维护指南的约束。"佛蒙特州交通委员会"执行的基本规则是，"景观道路应当尽可能通过维护保持其指定时的道路状况；即它的基本指标，如宽度、位置和路面状况均不改变；除开通常清理需要做稍许改动外，边沟的高程和位置一般维持不变。除开维修路面外，道路表面不做

任何改变。"《佛蒙特乡村道路》是景观道路维护的官方指南，我们在下一节介绍。实际上，指定州里景观道路的评估程序基本与此相同。当然，法律授权"佛蒙特州景观保护议会"指导这种调查分析，同时，与"佛蒙特州交通委员会"（"佛蒙特州交通管理机构"）共同指定州级景观道路。

地方景观道路：维护

《佛蒙特乡村道路》（朗菲尔德，1974）是维护乡村道路景观特征的一个指南。这本指南在新英格兰地区之外可能知道的人并不多，但是，它是一本十分实用的指南。它不仅提供了道路维护的形体设计指南，而且在规划方面也提供了指导性意见（运行要求、社会因素和景观特征）。由于这本书包括了清晰的图示和丰富的资料，它已经成为佛蒙特乡村景观道路的维护手册，当然，它也适用于其他州。

当必须对道路做出一些改造以适应增加的交通量时，尽可能不改变那里既有的布局是十分重要的。这个指南建议，设计这类景观道路时，应当尽量避免过长和过直的道路（除非地形约束，那里的景观视线具有线性的特征，如树木或农舍成行），当道路接近山顶，跨过等高线和为了减少陡峭地形时，采取弯道处理方式。

除开保护乡村特征外，乡村居民和官员应当制定如何主动地把这些特征协调起来的道路规划，例如，通过建设弯道把道路引入一个具有特殊景观因素（如水塘、树林）的新视野里，实现道路景观的综合效果（朗菲尔德，1974）。

"改造"狭窄的乡村道路的第一阶段包括扩宽道路。对于那些交通流量很小，仅为几家人（5家以下）提供服务的道路，道路宽度15英尺应当是合理的。对于其他大多数情况来讲，采用18英尺的路面（加上2英尺宽的路肩）比较合理。事实上，在新英格兰地区地方的乡村道路、上纽约地区的老乡村公路和宾夕法尼亚的乡村道路中，90%为这种情形。18英尺宽的路面轻易可以承载日千辆的交通流量。

除开扩宽道路外，有关乡村地区景观道路的最一般问题之一是，是否铺装现存的砂石道路。虽然许多地方官员把道路铺装看作是一种道路改善，但是，维护砂石道路常常是有效的选择（除开非常陡峭的路面，这类路面必须铺装以避免侵蚀）。按照佛蒙特当局的意见：

> 砂石道路在降低建设和维护费用方面具有优势。这样的道路容易维护，使用较少的设备，对工程人员的训练要求也不高，能够建筑更为稳固的地基。在砂石道路上形成的车速比较低，这样，砂石道路的安全程度比铺装道路的安全程度要高。无铺装道路的另外一个优越性是它对外力的承受性要比铺装道路高。例如，现在总重量超过8万磅的车辆通常都在地方道路上运行。这类车辆能够损坏铺装的道路，以致需要经常的维修，但是，这类车辆对砂石道路的损伤容易修复，花费也不大（佛蒙特地方道路项目，1987）。

当然，当车流量达到一定水平之后，道路需要铺装。佛蒙特乡村道路委员会的规则之一是，尽管只要维护得当，砂石道路实际上还可以容纳更大的交通流量，但是，当道路车辆流量每天超出500辆时，开始考虑铺装沥青路面。使用光滑的材料铺装路面可能逐步提高平均车速（通常增加10～15英里/小时）和减少颠簸程度（以便容纳较快的车辆）。

佛蒙特地方道路项目在1987年进行的一项研究说明，以六年为期，砂石道路的维护费用要低于沥青道路的维护费用。砂石道路每英里年度维修费用的确比较高（大约为4674美元，而沥青道路的维修费仅为716美元，包括地基、剥离和铺沥青），但是，从长期来讲，砂石道路维护的累计费用要低于沥青道路。例如，假定12年期，一英里砂石道路的维护费估计为

56090美元，而3英寸含沥青混凝土道路（寿命为12年）的维护费估计为75036美元。公正地看待这个研究，我们可以说，砂石道路的使用费用较高（低油耗，高轮胎消耗），但是，如果居民的砂石道路里程只占据全年道路里程中不大比例的话，较高的砂石道路的使用费用就不重要了。

如果道路被铺装了，那么路肩最好使用土壤，种植白色的苜蓿草或硬牛毛草，以便产生绿色和乡村风貌。采用其他方式时要考虑到路肩植物的耐盐性和承受交通的能力。对于那些雨水较少和夏季较长的地区，砂石道路实际上也成为了夺人眼目的景观。

沿景观道路的发展模式

除了保护道路和道路两旁的公共工程设施用地不被不适当的开发所侵扰外，应该考虑修订现存的分区规划和土地划分规则，以便阻止一定类型的开发出现。正如以上所提到的那样，应当对那里做开放空间开发设计（我们在第十五章中说明这类设计的模式）。这样一种方式将为新建设提供合理的设计标准。一般地讲，如图12-4所示，若干种方式可以用于分区规划修订之中。这些方式包括沿着道路退红区建立至少50英尺（最好为75～100英尺）"不中断缓冲区"，除开20英尺宽的入宅道路，以遮掩新的开发。

在那些没有树木的场地上，那些没有地形特征来隐蔽开发的地方，可以考虑把若干农舍和谷仓以组团方式布置，在尺度、体积、屋顶、建筑之间和建筑与道路之间的关系，保护开放空间，采用传统的和地方的建筑语言，允许在公共道路上可以看到这个建筑组团。

图12-5说明了如何奖励7个地块组团（包括两条分享的入宅道路）的房地产所有者，如果按照常规分区规划，他们通常会把这个场地划分为6个临街的地块。

如果地方官员允许他们使用分享的入宅道

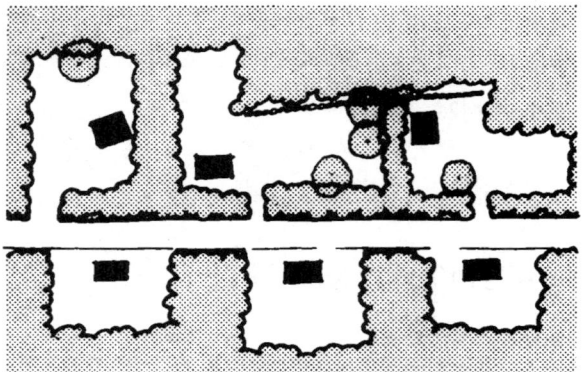

维护沿着道路的林带缓冲区。在划分地块和开发土地时，考虑独特的特征（石头墙、大树）

反对把宅基地齐路边划分

图12-4　保护乡村道路景观特征的简单场地规划方式包括，沿着道路维护（或建立）不中断的缓冲区，以便在道路上不能直接看到草坪、住宅和车库。结合使用深度退红，这种方式能够成为景观道路叠加分区的设计标准。那些仍然把这类要求当作指南而不作强制性标准的地方，常规的清除和场地模式可能还会沿用，如这张图的下部所示。

路（两家人使用的入宅道路宽度也许只有12英尺宽就够了，而另外5家人的组团分享16英尺宽的入宅道路），道路使用砂石铺装，而不是要求这些乡村房地产所有者建设昂贵的居民点街道，那么，他们可以克服最大的障碍之一，以阻止这些业主按照常规方式划分宅基地，实现创造性的和非流行的居民点（有关分享入宅道路和适当的"乡村小道"标准的问题可以在第十一章中找到）。在这个例子中，保护了一半以上的农田，新住宅与现存的灌木篱墙联系起来或处在道路边新种植的树木缓冲区之后。

如果简单地把现存地块划分为二，就有可能出现"前部地块"。"前部地块"郊区化了乡村道路和地块，使业主从房后看到开放空间。正如纽约州哥伦比亚县赫斯戴尔所制定的《乡村场地指南》所述，第二个住宅可以布置在宅基地的另一端的树丛中，通过一个长长的入宅道路与镇里的道路相连（泰特，1992）。这样一种方式通常会出现"影子地块"（或者，保证没有临街面的内部宅基地可以跨过相邻宅基地地块的道路，这是弗吉尼亚阿尔伯马县喜好的方式）。在图12-6中，通过购买整个

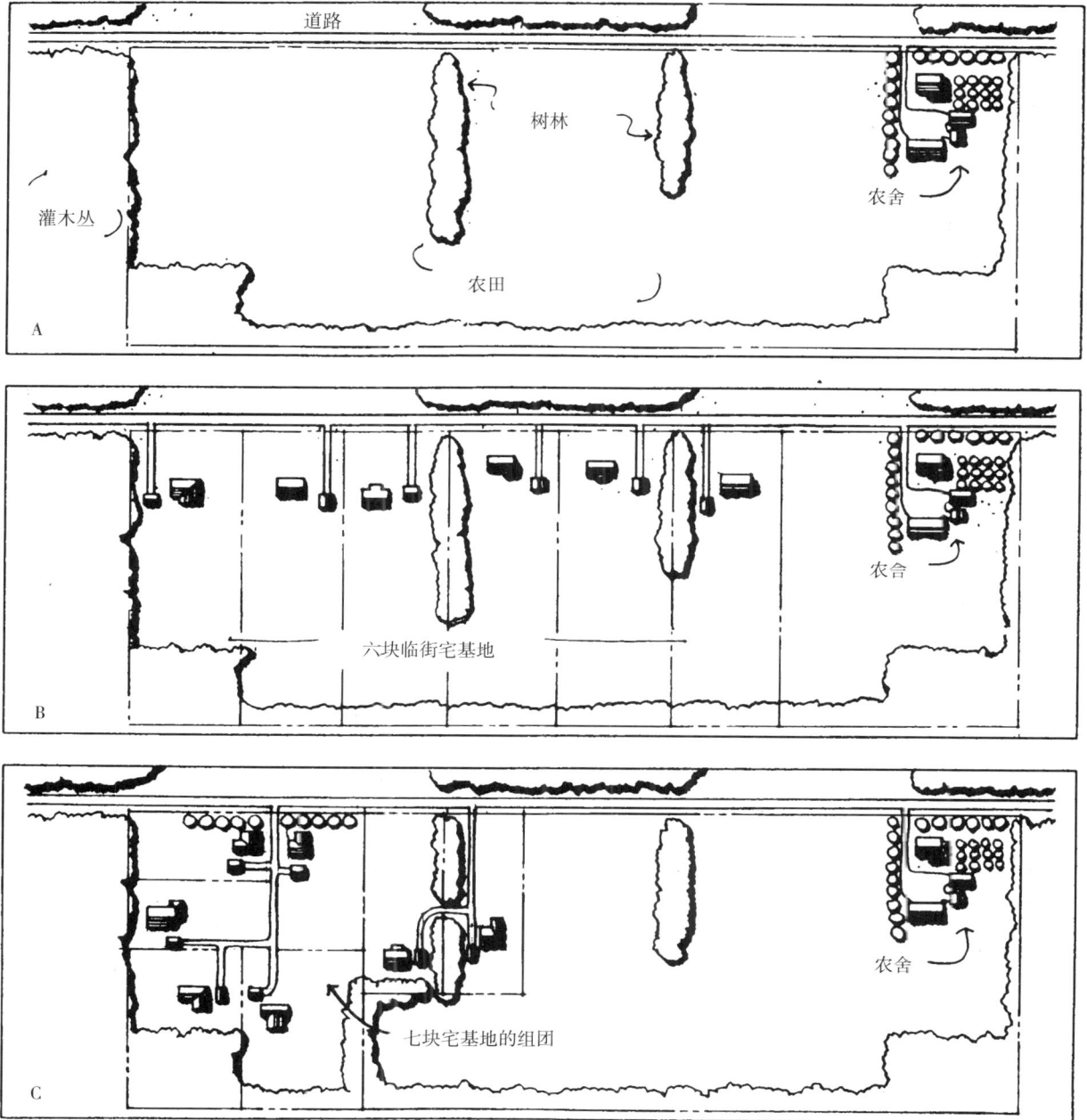

道路

树林

灌木丛

农舍

农田

A

农舍

六块临街宅基地

B

农舍

七块宅基地的组团

C

图12-5　在没有树木的场地上，如开放的田野或牧场，鼓励在那里做组团式开发更为重要。即使那些相对较浅的场地，几乎没有机会把住宅布置在远离道路的地方，如处于清晰的树带背后，组团的方式有助于减少因建设入宅道而切割了道路，也有助于保护一些开放的视野。这三张草图来自《管理变化：乡村设计和规划实验研究》，它们说明了上纽约州地区的图格赫尔委员会所倡导的设计方式，那里不鼓励乡村土地所有者建设昂贵的居民点铺装道路，他们可以以其他方式划分他们的宅基地，但是不要沿着现存公共道路布置宅基地。这个例子上有若干条砂石的分享入宅道路，其宅道路标准适合于他们的交通量。

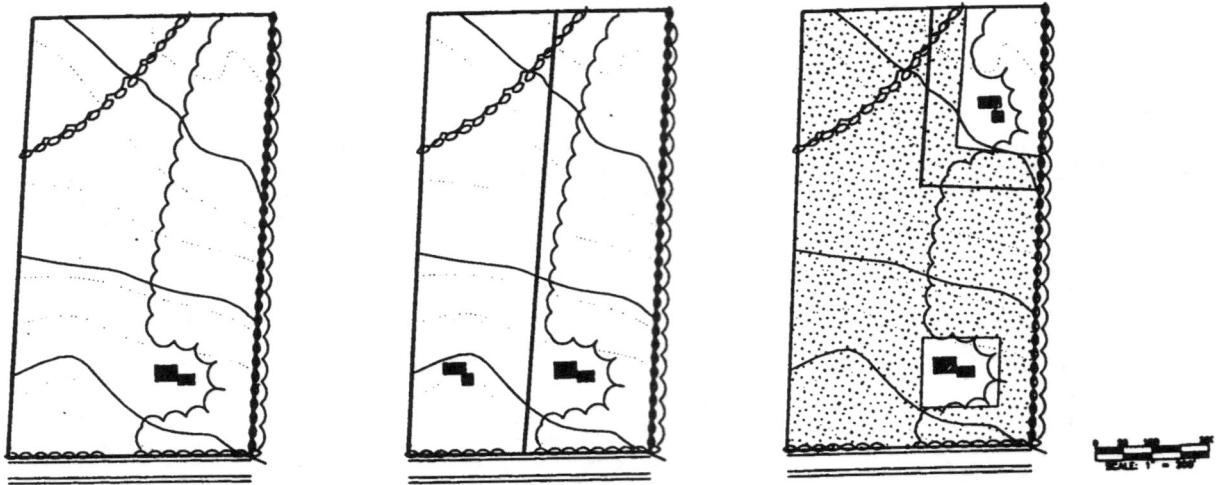

图12-6 在景观道路区内,如果没有叠加的分区规划标准来规范变化的话,非常难以控制单块宅基地和独立住宅的建设。当然,地方规划师、保护组织的成员或土地信用社可以帮助土地所有者在使用他们土地时做一些特别安排,如这些图所示。当许多土地所有者使用适当的和低费用的其他方案来处理他们宅基地与道路的关系时,其反应是积极的。这里三张草图说明,从驱车者的角度出发,在不干扰他们在车上所视乡村道路景观的前提下,其他类型的开发方案。当然,为了在地块背后布置第二个住宅,地方规则必须允许"影子地块",或通过事实上的公共工程用地而与公共道路衔接起来。(资料来源:泰特,1992)

地块上的保护权,除开两个建筑开发场地外,整个地区不再继续变化。

我们在第九章讨论了如何控制沿着道路新开发的战略,实际上,建设"商业带"的压力相当大。加利福尼亚有全国最大的道路景观项目之一。在那里,确定景观道路的资格不仅仅取决于那条道路上是否存在独特的(自然的和人文的)景观特征,而且也要考虑那里是否具有适当的土地使用管理,能够维持这类道路景观。在加州,指定一条道路为景观道路的前提是,地方政府和州里的道路管理部门已经制定和通过了它们的路边管理规划。他们通常通过叠加分区规划标准来实施景观道路的管理,这种标准规定了2000英尺道路走廊内的建设、土地使用、道路标志、坡度和植被清理等的管理办法(马斯特兰,1992)。

沿33号加利福尼亚本图拉县公路段的"景观公路保护叠加分区"要求,改变1000平方英尺土地,储存10立方码的材料,清除被保护的树木和已有的自然植被,建设新的建筑物、恢复旧建筑物、扩建建筑面积超出原建筑面积10%的项目,都要审批许可。另外,在树木保护范围内,或距树干15英尺范围内,禁止挖沟、开凿或使用毒药。

这些规则(就如同本章所描述的其他规则一样)都是这些地区所急需的),实际上,那里的地方分区规划通常允许道路旁的各类开发,如我们在第九章中所描述的那些"商业野葛"。沿国家公园中的乡村道路而发生的保护和开发之间的冲突比任何地方都激烈。宾夕法尼亚亚当斯县盖茨堡国家军事公园就是一个典型案例,那里的公园管理部门用来鼓励地方官员、业主和开发商创造性地改变土地使用的方式相当有限,而那些路段都具有"门户"的视觉效果。

图12-7和图12-8说明了一个普遍存在的问题,也说明了解决这个问题部分办法。这种办法为已经执行了高强度商业和居住分区规划的地方提供了一种较好的前景。猪耳朵的确难成绣花包,但是,这类方式总还可以对开发商的标准布局形式稍作改善。在那些没有资金购买开发权的地方,或者地方政治气候不能容忍实施较为严格的限制性、转换性和缓冲性的新道路开发标准,准备不同于常规的开发规划,包括保护一

图12-7 这个开发计划包括，一个平行公路的"带状商业中心"，1/4英亩一块宅基地棋盘式布满整个场地（除开泄洪区外）。整个开发场地沿着一条乡村公路展开，这条公路与盖茨堡国家军事公园相连。这种土地使用模式通常会降低通往国家公园门户道路的景观质量。

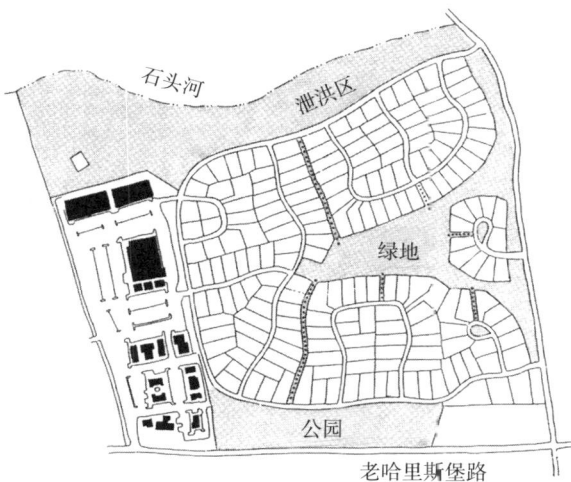

图12-8 这是由国家公园局（它既没有资金也没有权力购买接近这些历史战场的关键地块）为同一个开发场地准备的一种开发方案。这个方案提出了一种"密度中性"的方式，沿道路创造一个长长的自然缓冲区，新居住区内部保留足够的开放空间。（这个居住区是以雷德蚌和俄扣山居住区为模式的，那里分别以"市场"和"赛卡摩尔广场"形成商业中心。我们在第四部分中将会说明这四个案例）。

些重要景观特征，还是有可能给乡村规划师和保护主义者提供最合理的发展战略思考。

地方土地信托的工作

在那些没有充分公众支持或政治愿望实施严格的规则以保护道路景观的地方，有些土地信用社可以主动从道路两旁地产所有者那里获得一部分需要保护的土地使用权。在南卡罗莱纳州查尔斯顿，"乡村开放土地信托"开始帮助沿历史和自然景观道路两边的地方房地产主建立"缓冲授权区"。通常禁止清除或减少这些道路两旁缓冲区的植被（除开因为建筑道路），禁止竖立商业广告。这些缓冲区的宽度在100～500英尺不等，其面积用于计算组团开发的土地面积要求。例如，在瓦德迈尔洛岛，朗克内科农场居住区最近捐献了沿梅瓣克公路的200英尺宽的缓冲区。在杨格斯岛的162号公路，迪克斯农场在1989年就捐献了一英里宽的缓冲区。

为了更为有效地处理沿阿溪里河公路德雷顿镇路段的缓冲区，当地的土地信用社把愿意捐献的土地记录在案，等到捐献者达到一定数目之后，再与捐献者签署法律文件。许多土地信用社都使用这种方式来逐步从大量的土地所有者那里获取道路两旁的缓冲区。实际上，如果一个捐献者的邻居不参与的话，这个捐献者的参与通常是很勉强的。

值得注意的是，如果没有地方官员的合作，仅靠志愿行为，效力不大，因为地方政府必须同意限制上下水设施的延伸，采取较低的居住密度，拒绝商业再分区的要求，要求在公共道路两旁的公共工程设施用地外平行建设不受干扰的缓冲区。在这些建议送达查尔斯顿县、多尔切斯特县和查尔斯顿市五年后，当郊区开发压力已经开始严重降低了阿溪里河公路的景观质量时，这些建议终于被采纳了。

第十三章

污水处理与中水释放

污水处理和释放涉及到居民液体垃圾的处理和中水释放，在没有下水道的乡村地区，它通常成为创造性设计开发计划的关键论题。尽管这个问题十分重要，但是，能够供地方决策者使用的实际信息还是很缺乏，市镇当局和县里的官员还没有完全了解比标准独立污水处理系统的更可靠的其他方案，所以，这一章旨在介绍一些人们知之不多却在处理污水上切实可行的方式。有关这些系统的细节可以通过"西弗吉利亚大学国家小河流研究中心"获取。

在全国范围内，几乎25%的家庭依赖于独立的污水处理系统，这个数目每年还在以50万套的速度增加。这些系统失灵的最主要原因是，不适当的土壤条件，不适当的场地选择，设计不佳或安装不善，处理不适当，和维护不当。事实上，对于那些设计甚佳和安装得当的系统也有维护的问题。定期清理污水池（例如，对于一般使用1000加仑储罐的家庭，每3～5年清理一次）可以延长系统的寿命。这项工作把从安装使用之初直到清理之前这一段时间里积累的所有物质全部清理出来。如果这些物质不能被清理出来，那么它们会把整个储罐填满，以致污水在没有得到适当处理的条件下就流入地下排水场里，于是，过分的生物物质会堵塞土壤中的吸收孔。

尽管这个清理程序既不复杂也不昂贵，但是，人们很少按照程序办事，通常是在问题和不可挽回的损失已经出现之后，才来关注这个系统。有些地处敏感区域的地方卫生当局和卫生管理区，如沿湖地区、沿河岸地区，接近湿地的地区或处于地下水源以上的地区，已经开始颁布法令，要求定期清理这个系统。公共当局在政策上要求，个人投入资金，对这类系统做预防性维护。长期来讲，地方政府如果不主动的采取行动，其后果十分严重，那将花费巨大的资金才能纠正这类系统失灵所带来的损失。

开放空间设计与污水处理

市镇当局和县里的官员在关注新开发可能带来的潜在下水问题时，通常对组团式布局以保护开放空间的模式存有疑问。当然，除非整个场地的土壤状况都不好（浅层石床，季节性的高地下水位，斜坡、非常细腻或过分粗糙的土壤结构），场地上存在的不同土壤条件为组团布局提供了一个机会，这个布局形式可能会比标准宅基地地块和棋盘式布局要好。

做出此类判断的理由是，只有真正使用具有弹性的布局方式，才会有"兼顾自然的设计"，才可能在划定地块时就把最适合于安装污水处理系统的土壤包括在其中。正如图13-1所示，常规土地划分方式产生较大的宅基地，但是，在许多案例中，这些宅基地恰恰被布置在那些只是勉强适合于地下处理的地域上。这里有两种选择，一是60000～80000平方英尺没有下水道的地块被布置在接近法律对土壤条件最低要求的地方，一是30000～60000平方英尺没有下水道的地块被布置在所有家庭污水处理系统均在有较深和较好的排水性土壤条件的地方。当面临这样的状况时，我们很难选择前者。

事实上，改革的规则能够开始要求这样的布局，并提高保护水平，要求井和污水处理设施相距150英尺（如果可能，还可以更远一些）。井和污水处理设施之间100英尺的最小距离实际上已经成为规范的设计标准，很少有超过这个标准的。在实际操作上，这样的标准也容易实现，也是明智的。当然，这是一种"一刀切"标准，它没有考虑每一个居民点独特的土壤条件。缅因州沿海的一些社区已经开始要求宅基地与海岸线或大型河流的距离为250英尺以上。例如，在约克，他们要求在适当土壤上，井和污水处理设施之间可以采用100英尺的最小距离，但是，对于那些不能达到污水处理要求的土壤条件的地方，这个距离要求达到175英尺以上。甚至在30000平方英尺没有下水道的宅基地上，假定100英尺×300英尺，做到200英尺的分离距离也是可行的。如果饮用水来自公共供水系统，用于排放处理后污水的土壤高于平均水平，那么，可以采用较小的宅基地，12000～15000平方英尺不等。

公共污水处理系统

把独立的污水过滤区合并成为较大的污水吸收区，居民们共同拥有和共同维护，这种方式在经济上当然更有效，在实践上具有巨大潜力。越来越多的证据表明，大型矩形污水处理"床基"的中心部分的二氧化碳物质不能充分与大气层中的氧进行交换（引起阻止污水处理的厌氧状态），所以，研究人员建议，大型污水处理区应当以一系列平行布置的地下管沟方式建设（如果把"管沟"这个术语理解为"开放的沟渠"就错了，实际上，"管沟"是有孔的管道，埋入地下，污水从这些孔中流出，再渗入地下），这些地下管沟之间的距离以允许CO_2气体从土壤中逃逸出来，氧气被污水处理床基所吸收为准，这样，使污水得到氧气处理。按每立方英尺砂砾的吸收能力计算，管沟系统

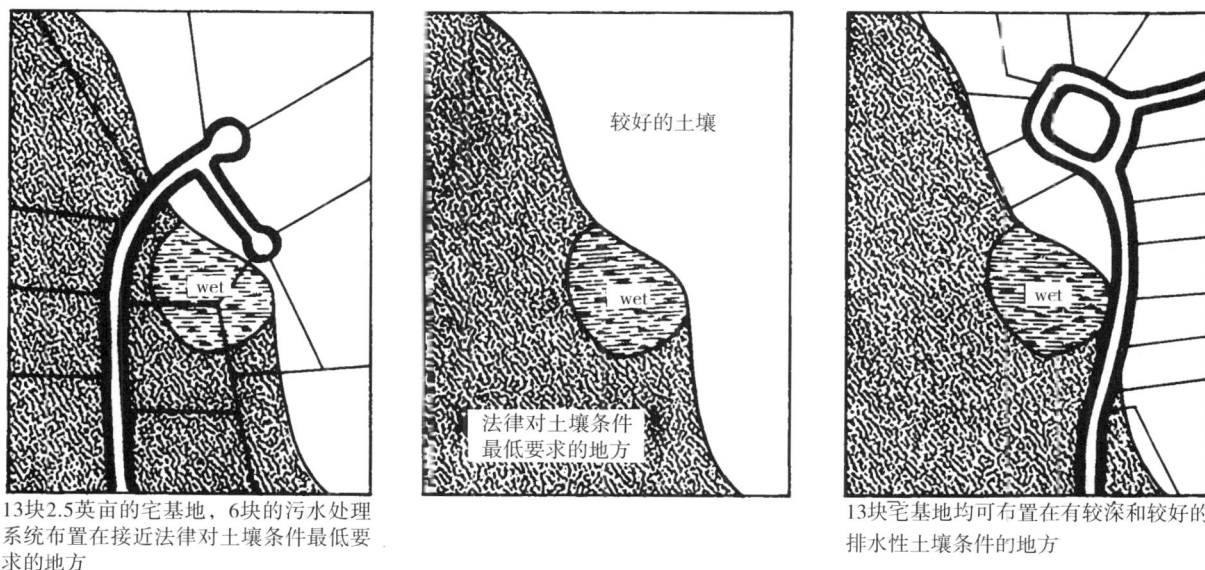

13块2.5英亩的宅基地，6块的污水处理系统布置在接近法律对土壤条件最低要求的地方

13块宅基地均可布置在有较深和较好的排水性土壤条件的地方

图13-1　减小宅基地规模有时能够帮助居民点设计师把所有的住宅都布置在土壤条件比较好的场地上。在左图上，13块2.5英亩大小的宅基地中有6块的污水处理系统布置在靠近法律对土壤条件最低要求的地方。如果把宅基地规模减少到1英亩一块，所有13块宅基地均可布置在有较深和较好的排水性土壤条件的地方，湿地全部处于开放空间保护区内，道路终端为一个树木围合的交通岛，一条未来的街道或小径把所有宅基地连接起来）。有时，这样的布局会产生若干"影子地块"，它们需要狭窄的土地以建立入宅道路，这是一种非常有用的设计方法，一致应当允许，但也要避免滥用（如"鼠道"式的地块，许多地块都使用蛇状的狭长道路与公共道路相连，以避免建设居住区内部街道的费用）。

低端部分墙壁也吸收一部分水流，所以，管沟系统增加了污水处理区的吸收能力。例如，在比较深的土壤中，两英尺宽的管沟，铺上18英寸厚的砂砾，每英尺管沟的有效吸收面积为3.5平方英尺。

污水池是这种系统的另一个主要部件，它可以由每个用户自我拥有和自己管理，也可以几家联合拥有和使用。这种系统已经成功使用几十年了，而且用于多种情形中，如公寓楼、购物中心，洗衣店、学校、医院和餐馆。就术语而言，美国环境保护局称之为"大型土壤吸收系统"（即LSA系统）的设计和建设技术已经存在好几代人了。为了减少麻烦，一些市镇当局要求每一户拥有它自己独立的污水池（它实际上成为不适当物质如尿布、食用油脂的第一个收集点）。如果这个污水池有规律地得到清理（3～5年一次），整个系统的寿命就会延长。清理工作由用户协会或市镇当局承担。

许多县和州卫生部门勉强允许在居民区使用LSA系统。他们担心家庭独立拥有的污水池的长期维护问题。这个问题的确存在（见公共系统的维护第5条）。除开那些考虑增长限制的理由外，许多市镇当局莫名其妙地拒绝了这种方式，实际上，这类禁止的理由常常产生于一些操作上的错误，如安装不善，维护没有规律，监控不力等。另外，对于独立系统而言，并非每一家人都可以占据最好的污水处理场地。

有许多基本手段可以保障LSA系统的正常运行，至少与大量独立的小系统一样。按照美国环境保护局的意见，批准日处理30000加仑以内（100个住宅单元）的污水系统应当包括如下条件。

公共系统的设计

1. 除开满足最低法定标准外，计划建设LAS系统的场地上必须具有标准规定的土壤类型，同时，土壤污水处理能力应当高于一般批准所要求土壤的平均水平。土壤专家或水文地质专家（对此设备具有经验）应当至少对渗透面以下6英尺的地质状况加以评估，特别关注这个场地的水平流动的潜力和垂直渗透特征。

2. 最好的场地应当有凸起的等高线，以避免周围雨水汇入污水处理场地。污水过滤床体至少要高于季节性最高地下水位3英尺（有些州要求4英尺）；有时，要求在污水处理场地建设之前先填充场地。在上坡处设置排水沟以分流地表水和地下水，避免它们进入污水处理场地。

3. 把污水池中的污水每日至少2～4次送入污水处理场地，形成一个运行和间歇的周期性过程。至少建设三个场地系统，每一个系统可以处理日流量的50%。

公共系统的维护

1. 污水池应当有规律地进行清理，其清理频率由工程设计单位依照污水池规模和服务人口决定。应当要求清理公司在清理之后通知地方卫生部门，而地方卫生部门能够监控LSA系统的清理，也能在没有按时接到清理完成通知时与LSA系统的所有者进行联系。地方卫生官员也能通过城镇当局的信件（如征收房地产税收的通知）附上提醒清理污水池的通知。

2. 污水吸收设施应当每月进行检查，以期发现表面积水问题或"溢漏"；如果此类情况发生，这个单元应当停止运行和扩大（如果问题出在容量上）或替换。另一个备选方案是对污水做预处理，如使用沙石对污水污物先做过滤，以便改善进入吸收床基的污水水质。无论在哪种情况下，应当仔细记录进入吸收床基的污水量。

3. 在LSA系统运行的第一年里，应当按季度对LSA系统产生的水质进行监控，包括BOD（生物需氧量），TSS（悬浮物浓度），TKN（凯氏氮）NO$_3$N和PH（酸碱值）。应当把这些报告送至发放这类系统运行许可的地方卫生管理当局。第一年之后，各类指标应当每年进行检查（地表水监控应当半年一次）。

4. LSA系统应当由住宅业主协会（HOA）拥有，所有与这个系统连接的住宅业主应当强制成为这个组织的成员。所有业主应当向这个协会预交抵押金以便制裁那些拖欠年度费用的用户。年度费用应当分成两个账户，一个账户用于运行，一个账户用于长期维修和部件替换。整个费用应当留有折旧，包括通货膨胀因素，以便（保守的估计）十年后有资金替换整个系统。如果修缮费用超出收取的费用，HOA可以从贷款机构借贷这个差额，或由每个成员均摊，或两者均用。按照"西弗吉利亚大学国家小河流研究中心"的意见，吸收床基在设计时就留有50%的剩余能力，所以，如果维护得当，吸收床基可以使用50年。如果这个系统包括使用沙石对污水污物先做过滤，对污水做预处理，以致进入吸收床基的污水水质比较好，那么，吸收床基的规模可以减少。

5. 如果HOA不能迅速承担维修费，地方卫生当局可以雇佣私人公司完成这项工作，然后向每一个用户征收相应的费用，同时把他们的房产作为抵押，直到费用付清。实际上，这种情况几乎是不可能的。这种方式在本质上与家庭独立系统发生问题时的处理办法一样。

正如以上这些规则表明的那样，LSA系统的保障程度远远高于社区通常乐于采用的独立家庭使用的较小系统。对于那些使用LSA系统的用户来讲，更为关注设施的安装和日常运行监控，只有制度化的管理才能保证有规律的维护和维修，同时，整个系统可以布置在开发场地中最好的土壤上。通过建立早期预警系统，可以阻止整个系统的崩溃。即使在'最坏的'情况下，市镇当局也可以通过雇佣私人公司来完成所有的维修工作，然后把费用直接分摊到所有的用户（正如家庭独立系统发生问题时的处理办法一样）。有关这种方式的说明可以从政府免费分发的宣传手册《大规模吸收系统：走向成功的设计建议》（U.S.E.P.A.，1986）中了解到。

"等高线系统"

加拿大沿海的一些省最近开发和试验了以上描述的LSA系统的一种创新形式。这种创新是为了应对乡村地区大量家庭独立污水处理系统失灵的形势。在建设这些系统时，人们对于土壤适应性的认识很不足。这个方式的确是为了纠正现存问题而开发的，但是，把它用于新开发的居民区也未尝不可。

简单地讲，"等高线系统"是一个拉长了的LSA系统，它跟随地面等高线，以线状的方式布置原先用矩形方式布置的吸收床基（帕斯卡，1988）。这个设计的基本原理产生于现场研究，布置在斜坡上的矩形吸收床基不能均衡地分布水流。在40英尺×50英尺的过滤床基上，水流倾向于集中在50英尺宽的下坡面上。换句话说，过滤过的水流倾向于向下坡方向流，而不是垂直渗入地下。只有重新把这个吸收床基改造成为10英尺×200英尺，把整个地下过滤床沿200英尺的山丘边缘延伸，才可能得到比较好的处理效果。系统长度取决于所要提供服务的家庭数目；每一个住宅单元有50～220英尺长的过滤沟足够了。尺度大小取决于用于处理污水的土壤条件。为了保证水流在整个狭长系统上均匀分布，建议采用"定量"施压的方式，即把污水抽进有孔的管道。

这种方式适用于加拿大相对恶劣的气候条件下的斜坡地区，也适合于美国北部一些州的陡峭地区。对于那些较为温暖的或平坦的地区同样适用，当然，目标是较大地稀释污水。

间歇性砂石过滤系统

间歇砂石过滤是LSA系统的另外一种变化的形式。间歇砂石过滤系统由一个污水池、一个大型过滤床基，砂石铺设厚度约为2～3英尺，一个地下污水管道收集系统，它把过滤后的水流送入最后的蓄水池做消毒处理、氯处理和紫外线处理（安德森，1984）。当水流进入污水池，间歇性地被送入砂石过滤床基，过滤后的污水通过砂石和管道进入消毒池。经过处理后的水流被中水释放到具有渗透性的盆地、吸收场地或水体。也可以省略消毒阶段，直接把水流送入吸收管沟系统或场地。

ISFs系统的变化很多，如露天的，覆盖的、循环的或氮化合处理。这类设施的功能集中在砂石过滤床基这一段，这是污水处理最为关键的部分。只要设计和维护得当，它的运行记录一直很好。适合于一个个独立的街区或小社区的ISFs系统使用砂石过滤床基，或开放或用可移动的设施覆盖，以便定期进行检查和做日常维护。日常维护主要是清除砂石过滤床基上留存的有机物质，保持砂石过滤床渗水功能正常，使氧气可以进入砂石过滤床，这是保证自然处理过程顺利运行的关键。如果希望得到更高水平的污水处理效果，经第一次处理后的水流可以再次（或多次）进入这个砂石过滤床基（有时使用粗糙的砂石，如豌豆粒大小的石子，铺装过滤床基）。

在那些因土壤条件（浅地层、高地下水位）不允许直接中水释放没有经过加氯或紫外线照射等消毒处理的地方，可以设置消毒场地。改变ISF系统组件的设置还能减少潜在的营养性污染。大约一个世纪以来，ISFs已经在河岸或海岸边社区普遍使用，经过完整处理的水流直接流入河流或海洋。

事实上，在19、20世纪之交时，使用这类系统的小社区就已经相当多了。然而，这些社区所产生的污水量与日俱增，而适当的处理场地越来越少，土地越来越昂贵。大部分这类早期系统已经逐渐被机械性污水处理工厂所替代，但是，为了避免新系统的花销（通常要求有专门训练人员来监控管理），人们把视线重新投入到较为简单的和经历了时间考验的ISF系统，特别是那些小规模的乡村社区，那里土地仍然相对便宜和富裕。联邦政府分担常规污水处理厂建设和管理费用的计划日益衰减，也刺激了人们重新考察这类旧方式，它依然是新乡村开发项目可以考虑的选择。按照国家小河流研究中心的意见，这种简单和可靠的技术可以满足许多小社区的需要。

按照国家环境保护局（EPA）的意见，这些过滤床基"理想地适合于乡村社区和小组团式居民点。它们可以稳定达到二级甚至于三级水处理的水平，而不需要投入大量人力管理资源。……BOD和TSS的浓度一般可以达到10mg/L或以下，80%氮物质实现化合。同时，它们的建筑费用相对低廉，能量消耗相对低下"（安德森，1984）。因为运行的自动化，所以，它们的最大优越性是不需要有训练的人员连续监控。许多工程人员选择ISFs系统的另一个原因

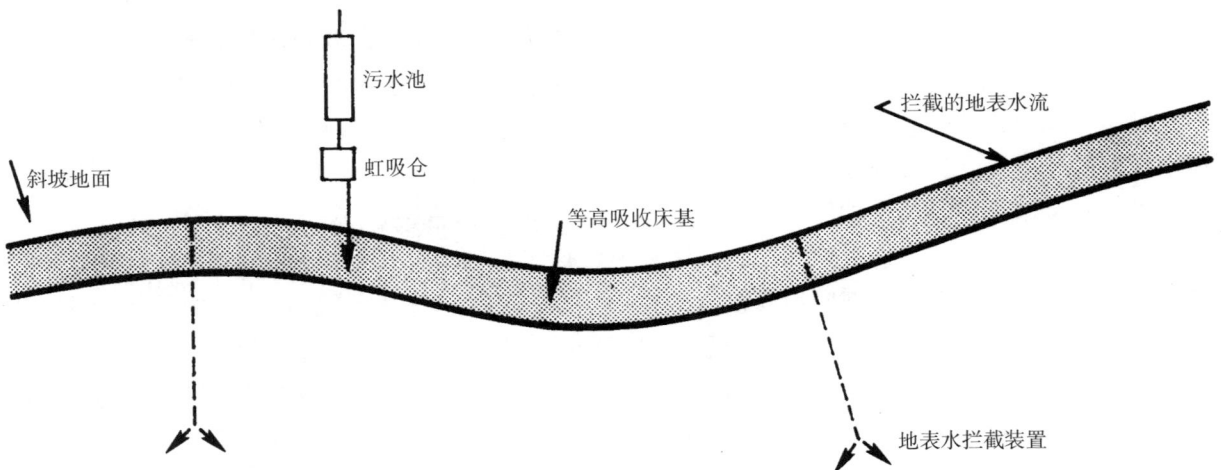

图13-2　跟随斜坡场地的地面等高线而建立的污水处理系统比起标准的矩形吸收床基更能处理污水，而且对于场地的破坏更小。它们特别适合于那些地形变化多端的乡村地区。使用这种方式的加拿大乡村地区曾经面临独立污水处理系统崩溃的局面。

是，它们的维修相对容易，而常规污水处理系统失灵，就必须完全替换。

国家环境保护局（EPA）公布了若干个为全村或全镇提供服务的ISFs系统的运行状况，它们的规模在49户（佛蒙特州的格洛弗）到1500户（伊利诺斯州的汉诺威）之间（安德森，1984）。这些系统通常由市镇当局拥有和管理。当然，监控必不可少。为了保证有规律的维护，其体制安排大体与LSA系统一样。在那些可以使用LSA系统的地方没有什么理由拒绝在乡村开发中使用ISFs系统，ISFs系统同样可以由业主协会拥有和管理（或由专门的卫生管理区或小工程设施管理区拥有和管理）。这些制度运行简单，只需要定期管理和运行人员。

几十年以来，缅因州一直允许独立家庭使用ISFs系统。自1970年代末以来，类似约克这样的镇要求业主与地方工程企业签订协议，由它们每月更换氯膜，每季度分析处理水流的BOD指标，三年检查一次砂石过滤床基，向镇里报告它们的工作和结果。同时，要求三年清理一次污水池。那些没有建立此类报告制度的社区已经发现，独立ISF系统的业主不能适当地维护这些设施。教训是明确的：如果在监督和定期清理上实施制度化的集中管理。这种技术才会工作有效。

土壤处理

"土壤处理"过程在设计上有所不同。国家环境保护局（EPA）把这种方式定义为，"把污水控制在地表，通过植物—土壤—水三者混合的物理、化学和生物过程，处理污水，使之达到设计排放水平"（国家环境保护局，1981）。

需要强调指出的是，这些送入土壤的污水一般已经得到了"二级"处理，这个处理通常由污水处理设施完成。"二级水平"是常规污水处理所能达到的处理水平，它们把达到这个水平水流排放到自然的水体中。

因此，土壤处理系统的质量记录一直十分优秀。国家环境保护局的研究表明，这些设施产出的水流没有有害物质、没有构成健康威胁，也没有产生其他灾难。然而，许多非专业人士对把处理过的水流中水释放到地表持消极态度。为了使人们认识到这种方式的多方面的优越性，特拉华州的纽卡斯县公共工程部发表了一份包括15页的手册，提供了有关土壤水处理系统的客观事实和回答了常见问题（塔特曼，1992）。

土壤处理系统与常规污水处理厂的关键差别是，处理后的水不是直接排入水体，如河流、湖泊或海洋，而是排入指定的地表区域。常规污水处理系统把大量的营养物质，如氮和磷，送入水体或河流，这些营养物质成为肥料

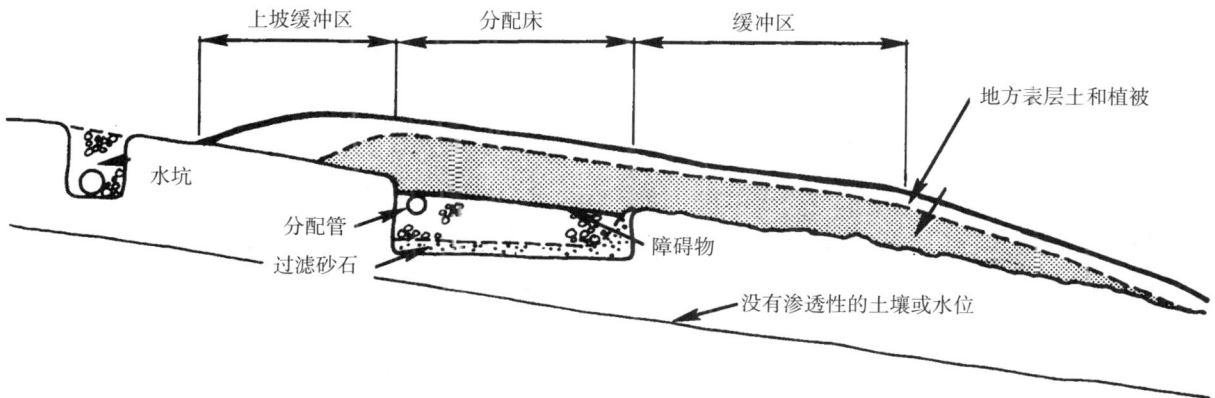

图13-3　这是一张"等高线系统"的剖面图，上坡把地表水做了分流，狭窄的分配床和下坡填充。

或污染物，相反，土壤污水处理系统把这些物质看作"那里需要的资源"，把它们用来满足植物的生长（切斯特县规划委员会，1990）。我们可以看到这样一个事实，一个为10000人口提供污水处理服务的常规污水处理厂，每天相当于把375袋50磅装肥料抛撒到了河流中（谢夫，1994）。一年把15000袋50磅装肥料抛撒到了河流中没有什么不可能的。人们可能会问，是否有什么办法把这个消极因素转换成积极因素？除开把这些营养物质作为肥料用于植物（从草到树）外，土壤处理还把更新了的水重新注入地下水系，而不是把它们送到几十英里外的河流里去。从长期效果来讲，这将大大提高地方水源的供应水平。

树林、草场、农田、高尔夫球场，甚至居民的庭院，都可以成为土壤处理场地。消费营养物质的能力就是"活过滤设施"的别名，宾夕法尼亚州立大学的研究者正是这样看待土壤处理的。基于这类系统的运行性质，它们要求比一般处理系统要大得多的土地面积。因此，传统的污水规划师认为，应当把这类系统建在那些土地储量丰富，土地价格相对较低的地区，尽管这些用于处理污水的土地在大规模郊区开发中已经成功地同时兼有公园和自然开放空间的功能。

土壤处理过程分为三类：低速渗透、迅速渗透和漫滩。为了吸收湿气和营养，低流速的方式用于植被，如草场、树或谷物。这个过程对清除BOD、TSS、磷、病菌、金属和微生物特别有效（USEPA，1981）。顶层土壤通过过滤、吸收和生物氧化等形式，清除细菌，减少有机物质。最开始的4英寸土壤可以清除到大部分的病毒，通过土壤的固定功能，如吸收和化学反应，减少污水中的磷含量。当然，由于各类土壤在处理污水能力上的差异，专业人士对土壤的评估必不可少。

通过"低速渗透"方式处理的水质相当好，当它进入地下水系时，生物需氧量为2~5mg/L，悬浮物浓度为1~5mg，凯氏氮3~8mg/L，磷0.1~0.05，100ml水中的大肠杆菌为0~10。在干旱地区（湿度至关重要）和潮湿地区（营养至关重要），经"低速渗透"方式处理的水都可以用于灌溉和种植。低速渗透一般每周渗透速度在1~3英寸之间。在密歇根州马斯克冈，5000英亩玉米地就是使用这种水来灌溉的，玉米产量高于同一地区没有使用污水灌溉的农田的25%（USEPA，1981）。当然，如果要喷灌公园或高尔夫球场，还需要其他处理，通常通过把水储存在坑塘里的自然过程来实现。特别对用于灌溉那些公共场所的水，还需加氯进一步减少细菌。

自然生长的树林为土壤处理污水提供了另外一个机会。由于土地价格比较低，冬季土壤温度比较高，比起农田的过滤性能更好，所以，树林用于土壤处理污水具有相当的优越性。当然，农田得到的主要是营养。对于那些有坡度（最大斜度在20%）的土地，只要是树林，同样可以用来净化水。可以使用"低速渗透"方式处理的水的州有宾夕法尼亚、伊利诺斯、特拉华、科罗拉多、田纳西、新汉普尔、佛蒙特、马里兰、密歇根、华盛顿、俄勒冈、北卡罗来纳、弗罗尼达、乔治亚和加利福尼亚。这样处理污水必须与种植、土壤、地质和气候状况相协调。在林区灌溉时，要求安装喷灌装置，可能会提高灌溉费用。因为幼树会比成熟的树吸收更多的营养，所以，需要进行咨询。

在低于冰点温度时期，有些林区采用了喷灌方式。例如，宾夕法尼亚大学，一个大规模的喷灌系统一年到头都在运行，在喷灌时，地面的冰凌逐渐融化，渗入地下。当然，如果地下温度低于40华氏度时，土壤中的生物活动会停止，所以，氮类物质会在冬季的土壤中积累起来，从而产生新的问题。

费城外的齐斯特县为非专业人士编辑了一本有关喷灌的读物，《污水处理中的喷灌使用》。这本书介绍了14种当地使用的喷灌系统，还有邻近地区使用的另外4种喷灌系统（齐斯特县规划委员会，1990）。这本书描述了大

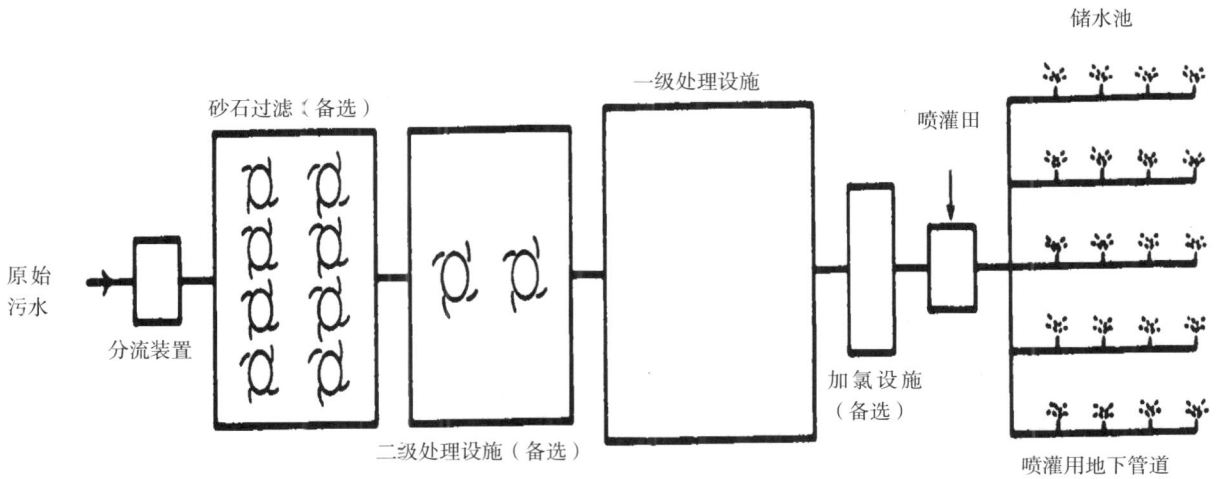

图13-4 "土壤处理"或"喷灌"使用的是简单和证明了的技术，它一般由多个阶段构成，包括曝气、储存、精心控制分配到农田或树林中去的水流。砂石过滤或加氯处理是在用于草坪、高尔夫球场和公园等特殊情况下的选择。这种方式已经在宾夕法尼亚、伊利诺斯、特拉华、弗罗尼达和加利福尼亚得到了广泛的使用。（资料来源：齐斯特县规划委员会，1990）

量这类设施，有些就布置在距离居民区数百英尺的地方。图13-4就是从这个报告中摘出的喷灌污水处理系统的布局模式图，说明了喷灌污水处理系统的基本构造。

由于这些系统需要相对比较大的地区来运行（一般以10～30户人1英亩计算，取决于土壤类型），所以，它们通常只适合于乡村地区或郊区边缘地区，那里的土地费用要比城市地区低许多。除开种植用土地外，高尔夫球场、公园、学校的活动场、居民的庭院都是适当的接受地区。

在那些饮用水供应有限的地区，如干旱地区或建成区，那些增长已经耗尽了地下水储备的地区，中水可以回用到居民的草坪上（弗罗尼达的若干个城市已经建设了专门的中水回用管道系统，来实现中水回用）。

在宾夕法尼亚巴克斯县的一些镇区，他们使用永久性保护的开放空间作为喷灌区，同时，它帮助增加了地下水的储存量，所以，喷灌在那里成为首选的污水处理方案（切斯特县规划委员会，1990）。由EPA资助的研究已经发现，在喷灌设施附近的住宅并没有因此而丧失其市场价值。事实上，情况通常正相反，

因为这些场地已经确定为永久性保护开放空间，如农田、树林或高尔夫球场（塔特曼，1992）。在宾夕法尼亚的东南部和特拉华的南部地区，那些昂贵住宅的旁边就是为他们开发服务的喷灌场地。（参见第二十章"居住案例"中的"农格纳夫的田野"）

由于上冻，使用喷灌系统处理污水会发生问题，所以，在北部的那些州通常建有较大的储水池（例如，在密歇根的马斯克冈，那里的储水池一般可以储存150天的水量，而在特拉华的苏珊斯县，储水池竟能存储15天的水量），由于这些污水已经经过曝气处理，所以不会产生异味，它们没有必要远离居民区。

"迅速渗透"是土壤处理的第二种方式，它一般用于土壤渗透性好的地区（如沙质土地），能够产生很好的处理效果。与低速渗透每周以英寸计量相比，迅速渗透系统常常一天渗漏1英尺，通常以3天为渗漏期，接下来为9～12天的晒干期（依赖土壤的水利性能）。植物几乎不可能从这个过程中获得水。经过适当的注入和间歇安排，大肠杆菌、悬浮物和BOD几乎完全被清除掉了；氮可以除去50%，磷可以除去70%～90%（例如，在亚利

桑那的菲尼克斯，经过处理的水再被抽回用于农田灌溉）。

"漫滩"（OF）是用来描述第三种土壤处理方式的术语，过滤、沉淀和生物氧化等污水处理在内都包括在"漫滩"过程之中，它通过那些相对渗透性较差的坡状草地或树林，再次净化喷灌出来的那些已经处理的污水。经漫滩处理过的污水汇入坡下的下水渠或沟，再流到污水地下处理区。如同其他所有土壤处理方式一样，漫滩的污水必须经过先行处理，这类处理方式从沉淀池到一日曝气均可。

漫滩通过土壤吸收和沉降，一般可以清除水中50%～70%的磷，通过植物和脱氮作用，可以清除水中75%～90%的氮（USEPA，1981）。美国大约有20个以上市镇行政区使用漫滩系统。经过恰当地设计，它们也可以用于寒冷地区，这一点已经在新汉普郡州的翰欧法镇得到证明。

这三种类型的污水处理方式可以结合使用。例如漫滩可以与迅速过滤相结合，或者，通过把经迅速过滤而处理过的污水从井中再抽出来，使用低速渗透的方式再处理（USEPA，1981）。

中水回用

"污水回收和再利用"其实是"土地使用"方法的另一种说法。不同于"土地使用"，"污水回收和再利用"并不依赖于土壤或植被做额外的处理。在污水被回收之前，它有别于较高水平的污水处理。这种处理需要把水储存在曝气池中14～40天。通风速度随气候条件而变化，一般要超出常规二级污水处理厂的通风速度。

在一个典型的"土壤处理"过程中，污水在进入第一沉淀池底部之前，污物已经被分解，污水在10～20英尺规模的曝气下才与空气接触，气味被消除。在传统的三格式系统中，污水在第一格中停留1天，在第二格中停留4天，在第三格中停留9天。污物沉淀在这三个格子的底部。在这期间，有机物（90%以上的固体物质）降解为二氧化碳，甲烷和水。沉淀池底部的空间用于容纳在曝气过程中不能降解的固体物质。由于污泥积累率相当低，所以，10年左右才需清除一次这些污泥（谢夫，1994）。

这类系统的特征是，它们需要较大的储存能力，它们需要在冬季和雨季把植物不能有效吸收营养物质时的水储存起来（在密歇根这类北部地区，大约需要储存150天左右，而在特拉华的南部，只需15天即可）。在科罗拉多的北哥兰，这类系统把家庭污水（在深深的污水池中停留14天）转变成为营养富足的灌溉用水。北哥兰年度报告声称，BOD平均为7.9mg/L，TSS平均为5.3mg/L，在1983～1989年间，大肠杆菌在每100ml水中的平均含量为15.2（西阿法，1994）。对于这类没有砂石过滤和消毒设施的情况来讲，这些数据足够低了。

当然，USEPA专家推荐使用砂石过滤。经过过滤的污水，一些微粒物质就会被清除掉。这些微粒实际上是非常细小的有机物质，它们附着在水中，保护生物过程所需的各类微生物和使这些微生物免遭氯化过程的伤害。表13-1是有关伊利诺斯韦通的水质报告，西阿法工程公司对它们所设计系统的多个运行阶段进行了考察，这套系统设置在伊利诺伊艾塔斯卡汉弥尔顿湖地区，把雨水、污水和用水设施连接起来，回收污水，把处理后的水再利用到灌溉中（西阿法，1994）。污水处理由两个曝气池、储水池、砂石过滤设施承担。同时安装了加氯设施，在需要清除大肠杆菌时，即可启用。表13-1记录了这个设施的运行结果。其他水质工程师认为这些数字非常低。

灌溉用水中的大肠杆菌在每100ml水中的平均含量为0。当把这些中水用于灌溉、高尔夫球场、公园时，需要对中水做过滤和消毒。佛罗里达的圣彼得斯堡铺设了第二套供水系统，把中水用于公园、高尔夫球场、其他开放空间和私人庭院草坪。

1983年2月—1989年5月汉密尔顿湖系水质　　　　表13-1

位置	BOD	SS	NH$_3$-N	NO$_3$-N	TKN	合计：N
流入污水	236	215.8	23.5	0.5	34.2	34.7
空气处理设施	23.9	44.9	8	4.8	11.3	16.1
曝气坑塘	8.8	25.6	4.1	1.4	6.6	8
喷灌头	3.7	9.5	3.1	3.8	3.5	7.3

西阿法工程公司在大芝加哥地区建设了50个这样的系统，它们的实际运行结果证明了这种技术的可行性。也许最成功的一套系统是正在隆格拉夫居住区运行的系统，这个项目得到了1988年"美国住宅建筑商协会"、"好住宅和花园"和"职业营造师"联合颁发的"美国最佳生存空间奖"。我们在第二十章详细介绍这个项目。

宾夕法尼亚东南区域的许多机构和市镇区也正在使用这种技术，特别是"布莱德崴自然物源保护组织"，"布莱德崴流域协会"和"红土流域协会"多年来一贯倡导使用这种技术。这些组织的长期目标之一就是，在特拉华河流域全部使用这种技术来处理污水，以便这个区域的大部分污水在处理后再用于农业、娱乐和其他开放空间。具体目标是使这个区域成为全美国第一个完全消除把经初级处理的污水直接排入天然水系的地区。

在把回收的污水再用于农田时，喷灌、回收和再使用系统地下1英寸的土壤温度高于40华氏度，土壤不湿、天没有下雨、风速不大的条件下，一般把循环的水流控制在每小时1/10到1/4英寸的流速范围内，每周8~20个小时。喷灌速度通常由监控场地状况的系统管理者加以调整，在那些地下水位较高地区，必须在设计时避免污水与地下水接触。花费比较大的方式是安装地下排水系统，保证上层土壤直接把水渗漏到地下水系中去。设计较好的系统还在灌溉区的上下游建立观察井，以便监控水质。

伊利诺斯的艾塔斯卡，科罗拉多的北哥兰，特拉华的普纳特和伊利诺斯的隆格拉夫，密歇根的马斯克冈都安装了这些类型的土壤处理系统。在马斯克冈，当工程师认定只有这类土壤处理系统可以阻止马斯克冈湖水质的下降时，当地的政府不再批准建造那些常规污水处理厂。实际上，马斯克冈湖的水曾经严重污染，水的透明度相当低。自从安装了这种污水回收和再利用系统（包括地下排水系统，因为那里的地下水位较高）以来，湖水又变清了，可以看清水下15英尺的东西。原先那些经初级处理的污水无法用于娱乐目的，现在，这个湖区成为了闻名远近的钓鱼场所（西阿法，1994）。尽管这类系统的建设费用要低于常规的污水处理厂，但是，马斯克冈所建设的这套系统还是超出了一般乡村居民点的经济承受能力，当然，如果把灌溉（每年每英亩的灌溉费用为150美元）收益也计算进来，从经济上讲，还是值得的。如果再把它相对地下的运行成本考虑进来，这个系统的比起常规的污水处理厂的费用还是要低。

这种方式，类似的"土壤处理"系统，在理论上不同于我们在这一章中描述的其他系统，因为它重新使用这些处理过的水，而不是让它白白流走。设计这类系统的环境工程师把污染的水看作是"可以使用的资源"。正如与土壤处理方式一样，这种方式也提供了营养丰富的灌溉用水，补充地下水，使得开发采取紧凑型模式，保护农田、景观，历史性的乡村居民点模式。

私人污水处理的意义

马萨诸塞州本来就对小型私人污水处理系

统抱有非常保守的态度，现在，因为执行大宅基地分区规划而引起的低密度乡村居住模式产生的消极后果，以及对住宅可承受性的影响，他们更为担心允许使用这类系统便会更大程度地开发大块宅基地，而实际上，开发商按照私人建设自己的污水处理的规定，可以合法地规避在土地开发时建设污水处理设施的开发任务。所以，马萨诸塞的9个州级部门联合评估了允许广泛使用小型私人污水处理设施（PSTFs）的政策可能对环境产生的影响。

在评估中，他们雇佣了工程和规划人员来收集和解释已有的资料和书面信息，其范围包括本州和其他11个州的经验人士和官员。经过一系列公共会议，对最后形成了环境影响评估初步报告和最终报告。

除开与其他州共同具有的问题外，研究报告指出，几十个小型私人污水处理设施运行的BOD和TSS实际结果相当好。这个成功与州里所建立的较高标准和减少排放污水的整体氮含量的标准分不开。

在对所有资料进行评估和听取公众意见之后，评估单位做出这样的结论，"没有任何环境卫生方面的理由完全禁止在一个社区的任何一个地方使用小型私人污水处理设施"（最后评估报告，1990）。当然，在两类地区应当约束小型私人污水处理设施的使用。"完全限制区"，即泄洪道、濒危物种栖息地、湿地和公共饮用水源供应区。对于其他环境敏感区，在许可批准时应当特别慎重：100年一遇的泄洪区，距公共饮用水源供应或濒危物种栖息地1.5英里半径范围地区。报告建议，不是继续依赖古板的安装规则来弥补不适当的分区规划所产生的问题，而是应当鼓励把建设小型私人污水处理设施与创新的土地使用规划联系起来。应当把小型私人污水处理设施的建设看成是执行增长管理政策和使村庄中心成为发展节点的机会，即使村庄中心只有相对狭小的可以适合于污水处理的土壤。在采用私人污水处理系统基础上产生的低密度蔓延式开发，可能侵占农田、损害景观和野生动植物栖息地，而在振兴村庄中心，在那里安装小型私人污水处理设施时，采用开发权转移政策，同样可以控制以上情况的发生。

"乡村马萨诸塞"在这个报告中提出，在批准建设小型私人污水处理设施时，应当附加保护关键开放空间的特殊条件。除开开发权转移政策外，还要在居民点划分时使用强制性开放空间的设计方式来实现上述目标。建设小型私人污水处理设施不应当成为开发商在大片非建设用地上按照传统棋盘式布局方式不留开放空间做宅基地划分的技术手段。

真正存在的问题不是技术上的，而是行政管理或法律上的。需要对马萨诸塞的法律做一些调整，确保州里的卫生法规对合作组织，如业主协会，具有长期的约束力。马萨诸塞环境保护部认为，应当对共同拥有污水处理设施的业主协会提出6项条件。实际上，这类问题在其他州也同样提出过，所以，以下这些条件带有根本的性质：

1. 保证一个实体来负责运行、管理、维修和替换这个污水处理设施

2. 保证所有使用者分担资金和运行的全部责任，所以使用者明确他们的责任，没有任何人可以逃避这些责任

3. 保证这个负责的实体具有体制上的权利建立收费制度，并产生适当的收入

4. 保证这个实体维持一定的资金来满足紧急维修的要求，拥有一定的资金储备，在系统和部件寿命结束时，可以替换系统和关键部件

5. 保证这个实体只有在得到马萨诸塞环境保护部的批准之后，才能改变他们的制度安排

6. 保证这个实体拥有建设污水处理设施的土地的法律权利。

在北卡罗莱纳州，州环境、卫生和自然资源部针对《卫生的污水收集、处理和排放法律和规则》1991年修正案（15A NCAC 18A，1900），综合地大型污水处理系统的运行和维护问题。例如，按照州里的分类，能够处理

3000 GPD（约合12个住宅单元）以上污水的系统为"V类"，其运行要求得到州里批准。所有系统的所有者必须与"有资格的管理实体"建立联系，要求它定期检查污水处理设施，并有它向地方卫生部门报告设施的状况。要求检测的频率根据污水处理能力大小而定，3000～10000GPD 要求每月一次，而更大系统要求每周一次，每6个月必须向地方卫生部门报告一次。

在宾夕法尼亚，州里要求市镇当局与它一起共同批准所有新社区的污水处理系统，确保有实体负责维修系统。在特拉华，"信用契约"约定污水处理从市镇当局、县和州里的责任制。

污水处理设计革新

缅因州为那些土壤状况差和非常差的乡村地区设计了一种新型的中水地下中水释放系统。这个地处北部的州，81%的土地面积均处于渗透性差，表层土壤相当浅或有限粘土层，或地下水位季节性高的状况下。

1970年代，州卫生部门曾经对那里的现场状况做过一次大规模调查，他们发现处于以上条件的地区，渗水状况不稳定。许多不适合于开发的地区都按照常规污水处理方式建设污水处理设施，而常规污水处理方式并非适合于那里特殊的土壤条件，所以，大量污水处理都发生了问题。这样，1974年，缅因州对场地评估标准和污水系统设计标准做了很大的调整。

在这些新的规则实施十年后，州里对64000个新系统的运行记录做了分析，他们发现污水处理设施失灵率已经大大减少。他们分别按照污水处理设施的运行时间，1年，5年和10年来分类，相对每一类设施的失灵率为，0.1%，1%和5%（侯希，1984）。在中水释放床基上建造的水泥储水池的新设计的失灵率与此相似，尽管这种设计所使用的中水释放床基面积要比常规设计少一半。

另一个重大发现是，把中水释放床基和岩床、砂石层或最高地下水位之间的垂直距离从48英寸减至24英寸，并没有产生相反的效果。长期以来，工程界都认为，通过土壤吸收，清除污水中绝大部分细菌一般都发生在中水释放床基之下和周围12英寸的地方，所以，在中水释放床基下1英尺的范围内细菌总数代表了在控制土壤中细菌水平（USEPA，1978）。

除开使用水泥池来减少中水释放床基的面积，减少中水释放床基和岩石层、砂石层或最高地下水位之间的垂直距离外，缅因州的管理部门不再做渗水测试了，而是支持挖掘48英寸（或接触到岩石层为止）的中水储存池，"有资格的场地评估员"决定季节性地下水位高低。这些评估员经过专门训练，并获得专门工作执照。他们在考虑土壤结构、颜色、土壤层深度等因素后做出决定。土壤按照与岩石层的深度关系分为3类，与季节性地下水位的关系分为4类，按照不同深度的土壤结构把土壤状况分为11类。虽然这种方式比起挖一个洞，测试渗水速率要麻烦的多，但是，事实证明这种方式在决定土壤的过滤能力和处理能力方面是卓有成效的。只要可以到达测试场地，这种测试可以在一年中的任何时间内进行（许多市镇当局把测试时间限制在春季的6～8周内）。

建设的湿地

在实验新型污水处理系统中，使用人工湿地来处理家庭生活污水的方式得到了普遍认同。仅在1991年一年中，肯塔基就在120个住宅场地上建设人工湿地污水处理系统。其他一些州，包括弗吉尼亚，西弗吉尼亚，阿肯色，路易斯安那，阿拉巴马，可罗纳多，都在尝试这种方式。除开作为一种替代方式外，人工湿地正在成为继污水处理设施处理污水之后，在中水释放中水之前的中水再处理方式。

按照田纳西流域管理当局制定的标准，这些人工湿地系统在减少污泥和生物需氧量方面具有独特的功能（舒兹，1992）。取决于设计，人工湿地所产生的中水仍然中水释放到过滤田野中去，但是，从人口湿地中流出的高质量中水减少了污泥堵塞的状况（同时，它也可以替代建在不合适土壤场地上已经失灵的那些常规污水处理设施）。

较新设计的家庭人工湿地一般面积为300平方英尺大小，使用塑料薄膜建立湿地边沿，12英寸砂石层，在它之上种植香蒲、芦苇等植物。这些植物密集的根部使污水得到生物、物理和化学处理，从而净化污水。一种新型的TVA在它的第二格中就使用了黏土和密集的根系覆盖其中，然后种植湿地性植物。

除开使用这种方式处理家庭生活污水外，它也开始用到动物污水的处理上，如奶牛养殖场把污水排入污水处理池和水产坑塘。美国农业部的"农业稳定和保护服务"项目对此提供资金资助。

其他类型的下水系统

采用简化的下水管网的设计可以节约建设私人和市政下水系统的大量开支。自1960年代以来，在南澳大利亚一直使用一种叫做"化粪池水流下水道"的系统。

这种下水道的直径比较小，可以使用简单的铺装机器来铺装管道系统。正如这个系统的名字所示，它们用于输送化粪池中的污水，而污物留在化粪池中（定期做清除）。也就是说，这个下水管道系统不再输送污泥和油质物质，因此，在管道上开孔，管道系统也不要求有连续性的坡度来推动水流和做自我清理。按照USEPA的意见，"由于这些下水道比起传统的下水道更能依从自然地形，避免在它们设计路径上的大部分障碍，所以大大减少开挖费用"（奥蒂斯，1983）。奥蒂斯对这种系统的另外5个优越性做了如下描述：

1.由于污水池吸收了高峰期间的水流，所以管道的尺寸可以减小（最小2英寸直径），检测井可以用便宜的清洗口来替代，所以，材料费可以减少。

2.由于清理化粪池和管道的人员不需要太多训练，所以，运行和维护费用比较低。

3.与常规下水道相比，由于下水道的直径不大，可以铺设在较浅层的地方，所以，过滤水流的场地减小。

4.由于不需要推进管道中的污泥，水流大小并不具有决定性，所以，需要的污水量较少，从而减少了处理设施的容量，避免了使用节水型设施或因为管道堵塞所带来的担心。

5.污水处理设施在建设上较为简单，因为每家的污物已经存储在他们各自的化粪池中，所以不需要太大的沉淀池或吸收污泥的空间。

这样，这类下水道的建设费用要比常规下水道建设费少50%以下。当然，南澳大利亚已经非常成功地使用了这类系统近30年，但是，美国一般还是不允许使用这样的下水道来替代传统的下水道，原因是"它的长期效果不确定"（奥蒂斯，1983）。USEPA在它的报告中承认，在威斯康星州韦斯伯安装的这类下水道"运行良好，只需要每3年清洗一次化粪池。"这套系统共有85个连接，为200人服务（克赖斯尔，1984）。

当允许这种更新的系统在设计上较为简单，而把注意力更多地放在水流的实际状态上时，就有可能明显地节约资金。这是因为下水管道通常占据整个下水系统和污水处理设施建设费用的60%～80%。由于居住密度不大，在小型乡村社区，每个使用者的平均下水管道长度比起全国平均水平（15英尺）要高出5倍以上。这就意味着，节约管材能够大幅度减少整个项目的建设费用（奥蒂斯，1983）。

改变村庄目前已经经历的污水处理问题，鼓励紧凑地布置村庄（以历史居住模式为基础），给有创新精神的规划师、开发商和官员以新的机会。如果结合"开放空间开发设计"（我们在第十四章和第十五章中讨论），污水下水道可以有助于解决目前存在的中水释放问题，推进传统的街区设计，保护开放空间和降低费用（降低设施建设费用，扩大用户，共同承担费用）。

流动污水处理不只是依靠常规污水厂来处理污水，它同样可以与这章介绍的许多污水处理方式连接起来，包括大规模土壤吸收系统，等高线系统、土壤处理（或"喷灌"）和污水回收和中水再使用。这些系统中有一些已经采用了不同的污水收集技术，如"低压下水道"（最小2英寸管道直径，以及具有研磨功能的水泵）。"真空下水道"（最小3英寸管道直径，以及在每个连接点上安装空气阀）。在没有机械性部件时，污水下水管道既简单又便宜，当然，这样的管道系统要求尽可能布置在引力条件比较好的区位上。的确，低压力和真空系统一般运行良好，同时代表了与常规下水道建设不同的一种工程思路（克赖斯尔，1984）。

减少污水总量

通过多种简单的技术手段减少污水总量就可以减少污水处理设施的规模、费用和土地需求。特别对那些地下中水释放中水因土壤条件而受到限制的地区，这种思路尤其重要。四种减少污水总量的方式如下：消除不必要的水消费，安装节水设施，中水再利用，使用无水冲式厕所。

大部分家庭的污水量大体相同，有一些家庭比别人多用许多。冲烟头，洗衣机洗衣能力没有用足，刷牙或刮胡子时水龙头放任自流，都是浪费水的例子。水龙头稳定地滴漏能够使家庭用水量翻一倍，一天浪费掉几百加仑水（施密特，1980）。厕所漏水，用水冲刷入宅道路和使用管道喷洒庭院，都是浪费水资源的例子。

在抽水马桶水箱中使用控制装置或塑料球，可以减少抽水马桶用水的4~8%；使用低冲洗量的抽水马桶可以减少抽水马桶用水的6%~10%；把常规抽水马桶改变为"双流"抽水马桶，可以减少抽水马桶用水的6%~15%。

水量限制和减少用水的淋浴喷头能够把通常每分钟4~10加仑的用水量减少到每分钟1.5~3加仑的用水量。

不同的洗衣机在使用水量上也有很大差异。那些可以储备循环冲刷用水〔最后冲洗当然使用干净的水〕的洗衣机可以节约40%以上的用水。水循环使用可以根本改变家庭用水系统，把水池里的水、洗澡水，淋浴用水和洗衣用水再用于厕所，或灌溉草坪，都是水循环使用的可能方案。这些系统一般包括储备罐、过滤设施和化学用品。

另外，通过改变用水者的习惯，如不要在洗碗池中洗刷食用油，不要让垃圾流入下水道（这样做将大大提高污水中的BOD_5，悬浮物，增加淤泥和浮垢）（辛密德，1980），这些均可以降低污水处理系统不必要的压力。

有关无水冲式厕所的说明已经有许多了（有时称之为"生物的"或"堆肥式"厕所）。最开始这种厕所是为斯堪的纳维亚地区季节性小屋设计的，以后发展成为家庭全年都可以使用的设施，不仅在那里，在任何地方都可以使用。最先进的单元包括排风扇、电力加热和机械性混合加速蒸发，刺激细菌繁殖和生物降解。

由于人体排泄物中的90%是液体，所以，在蒸发它们中的加热作用不能低估。这些加热设施能够明显增加整体运行费用，五口之家每天通常在加热上消耗掉6kWh（辛密德，1980）。由于它的运行费用高昂，同时，投资也相当高（起码1000美元），每3~4个月需要清除一次，在偶然的社会交往活动时，它的承载能力不够，所以，无水冲式厕所可能难以推广。

另一个问题是，家庭的灰色污水仍然需要处理。灰色污水一般构成家庭污水的2/3，而且包含了病菌（克赖斯尔，1986）。USEPA的现场调查指出，标准化粪池和土壤吸收系统仍然是最可靠的灰色污水处理方式。处理灰色污水的其他方式还"没有成功地担当起它们应当执行的功能"（昂费蒂，1986）。

第十四章

鼓励开放空间设计

有多种理由鼓励开发商在建设居民区时使用创新的"开放空间设计"方法。地方规划行政管理机构采用法规，要求在开发时坚持开放空间开发设计（OSDD）的原则，是最值得提倡的管理方式。在一些情况下，这种管理方式不一定在政治上不可行，至少不是当下就行不通的。把开放空间开发设计作为一种基本要求的确不是公共权力的非法延伸，它也不会侵扰开发商合理和盈利的使用他们的房地产的宪法权利，但是，在一些地方，地方真正接受这种方式需要时间（特别是他们在经历了常规土地划分所带来的问题之后）。这一章，我们要说明鼓励开发商把开放空间原则与他们的开放计划兼顾起来的多种特殊理由和方法。

创造性布局和特殊原因

要求开发商简单地准备一份总体规划草图，说明在开放空间开发设计标准下，他们计划的居民区如何布局。这种政策不是十分严格的，也不一定十分有效，但是，参与这样一个实践过程，可以帮助一些人解放思想，在安排道路和建筑物上，思考更多的可能性：减少道路宽度和弯道半径，放弃边沟和中水释放地区的要求（在整体建筑密度低于每英亩4个单元），在不对公众安全构成安全隐患的前提下，允许道路路面斜率8%~10%，以减少费用（参见第十一章有关乡村居民点道路标准的讨论）。

这种方式有时称之为"强制性自愿"，因为，要求申请人提交开放空间草案，可是，这些申请人有权拒绝，也可以执行。地方保护

组织（如土地信托）可以帮助他们做"开放空间"设计。在宾夕法尼亚切斯特县的西文森特镇，"布南迪万保护环境管理中心"帮助开发商按照不同的目标准备了可能的开放空间开发设计方案。图14-1就是这些可能的方案，包括开发商的"依法"设计的大宅基地块方案，按照镇里正在推行的"组团式"选择方案（镇里的建议没有提供涉及农田和乡村景观保护的真正设计标准）。经过几个月的协商，开发商最终同意遵循保护组织的"选择性开放空间规划"。最后的规划包括58个住宅单元（40个乡村型住宅地块，10个村庄型住宅地块，8个一宅两门式住宅地块），保存了62%的土地为开放空间，扩大了步行小径系统。对于这个镇区最重要的是，从公共道路上所能看见的现存的乡村景观基本上保留下来了。这些开放空间将由业主协会拥有，出租给邻近的农民耕种。

马萨诸塞克拉夫顿镇规划委员会曾经提出一个土地划分规则修正案，要求包括五个以上宅基地的新居民点采用两种新的居住区建设方式（常规的和开放空间设计），但是，这个修正案没有得到通过。在此之后，这个委员会开始重新创造性地思考居住区设计问题。实际上，对于所有的土地划分申请人来讲，如果他们愿意，仍然可以采用常规土地划分方式。即使这样，经过对一些开发场地做出开放空间设计评估后，有些地产所有者还是不能接受"组团式开发"。在镇里的市民大会上，2/3的多数市民投票要求采用或修正镇里的分区规划规则。实际上，反对镇里这个提议的少数人很容易就可以达到34%的反对票，以致这个提议没

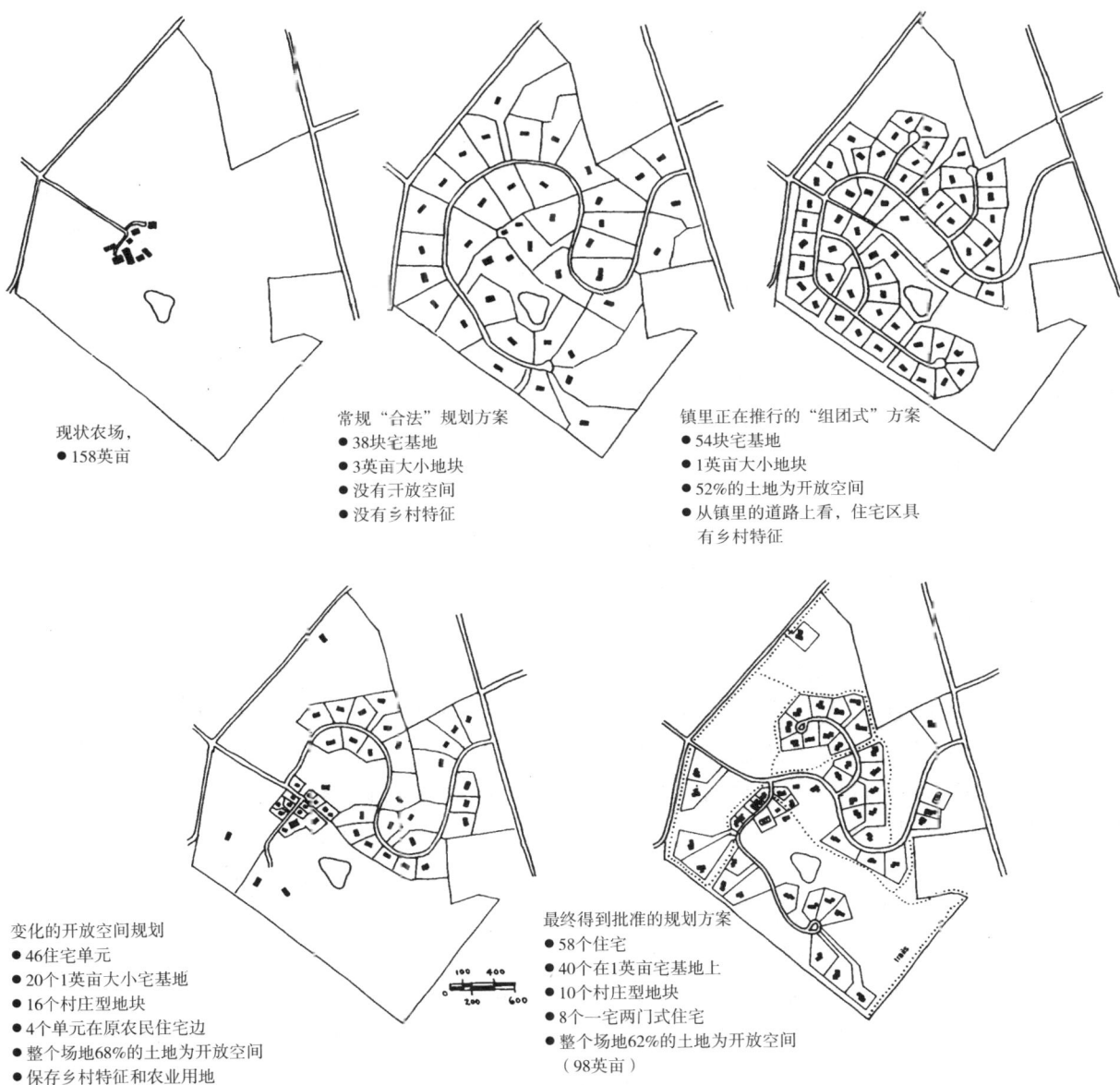

现状农场，
● 158英亩

常规"合法"规划方案
● 38块宅基地
● 3英亩大小地块
● 没有开放空间
● 没有乡村特征

镇里正在推行的"组团式"方案
● 54块宅基地
● 1英亩大小地块
● 52%的土地为开放空间
● 从镇里的道路上看，住宅区具
  有乡村特征

变化的开放空间规划
● 46住宅单元
● 20个1英亩大小宅基地
● 16个村庄型地块
● 4个单元在原农民住宅边
● 整个场地68%的土地为开放空间
● 保存乡村特征和农业用地

最终得到批准的规划方案
● 58个住宅
● 40个在1英亩宅基地上
● 10个村庄型地块
● 8个一宅两门式住宅
● 整个场地62%的土地为开放空间
  （98英亩）

图14-1 这些草图包括，图一、宾夕法尼亚切斯特县的西文森特镇拉金山居民区的现状；图二、开发商"依法"设计的棋盘式38个每块3英亩大小地块的方案；图三、按照镇里正在推行的"组团式"方案，54个每块1英亩大小地块的方案，整个场地52%的土地为开放空间；图四、比较复杂的组团式方案，郊区型大宅基地地块和村庄型地块，整个场地68%的土地为开放空间。图五、最终得到批准的规划方案，整个场地62%的土地为开放空间和步行小径系统。（资料来源：布南迪万保护环境管理中心，1992）

有得到通过。

在土地划分规则修正案没有得到通过的情况下，克拉夫顿镇规划委员会邀请主要反对者来讨论他们反对这一修正案的问题。通过这个会议，规划委员会发现反对者并没有理解使用开放空间设计原则可能产生的好处，反对者担心这种"未知"方式所产生的结果对他们不利。于是，镇里选择了反对方中的一个业主的

土地（实际上，他的常规居住区方案已经得到批准），为这块开发场地制定居住区设计方案，以证明这种非常规方式。镇里从"马萨诸塞景观设计学院"雇佣了3名毕业生，对70英亩的计划开发场地和另外20英亩乡村场地做非常规的居住区设计（弗雷德，1991）。

在设计过程中，他们邀请了两个业主参加，以便他们可以帮助所有人来理解镇里提出

的土地划分修正案在现实中究竟会产生什么样的后果。这个设计的结果超出了规划委员会的预料，原先的反对者成了积极的推动者。这项实践说明，如果执行修正案中12条设计指南中的6条、9条或全部，将提高建筑密度15%，20%和25%。这些指南提出了若干问题，如维护开放的田野，保护视觉景观，保护野生动植物，在水体或湿地和沿河地区周边保留一定的植被缓冲区，保护历史场地、设计有效的步行的环路（包括小径系统），如果果真存在相邻场地中的保护性开放空间正好与这块场地接壤的情形的话，保证这块场地中的公共用地与另一块场地中的保护性开放空间相邻。

在这些设计实验场地之一，全部场地面积的43%保留为开放空间，约31英亩；道路长度从5800英尺削减为4700英尺；宅基地地块从57块升至为68块，宅基地采用比较紧凑的布局，（新设计下的宅基地面积平均为16650平方英尺，而常规设计方式下的宅基地面积一般为40000平方英尺）。开放空间设计包括1英里长的步行小径，三块保护农田（其中一些地方可以转换为运动场，如足球场）。

这个设计过程的一个关键因素是，整个设计是在训练有素的景观建筑师指导下进行的（克拉夫顿镇分区规划和土地划分规则要求如此）。这些景观建筑师编制了场地土地、坡度、湿地/排水、法令限制、植被覆盖、场地上的资产和最可能的住宅布局区位等一系列分析叠加图。在场地资产图上，表明了开放的农田、树木、石墙、向外的视线、树木环抱所产生的私密性。与整个项目和庄园式住宅的设计费用相比，这种场地分析费用是适当的（见第十六章，"绿道和缓冲区"。可以从马萨诸塞景观设计学院获得这个设计报告的复印件，包括克拉夫顿镇"弹性开发"分区规划修正案（比较好的模式之一）。

地方政府应当提出要求，由包括景观建筑师在内的专业规划人士来制定土地划分规划。进一步讲，绝大部分宅基地划分应当沿用以上

所介绍的场地分析。适度的密度优惠（或调整道路标准）能够吸收掉任何新增的费用，如场地分析费用。在土地划分规则中应当为业主、开发商和场地设计师提供一套指南，说明优秀设计的一般原则。佛蒙特州艺术协会曾发布过一种这类文件（巴比兹，1991）。它提出的建议是：

● 避免在草地中心做开发

● 在树林边缘做开发以减少人工建筑物的视线的支配

● 保持田园不规则的形态

● 如果宅基地不大或接近村庄中心，避免大尺度退红

● 避免在朝北坡上或山脊上做开发

● 把污水处理设施布置在南部，以便更多的冬季阳光可以进入设施

● 开发时尽可能不要清除已有的树木，通过树木修剪和有选择性清除，来解除视线障碍

还有一些场地设计标准，如避免危害野生动植物栖息地，保护场地中存在的关键特征（石墙、大树等），在现存的居民点和未来居民点之间建立道路连接和小径连接。

宾夕法尼亚的"自然土地信托"已经推进"社区土地工作项目"许多年了。这个项目成功的关键是，它把项目的重点放在私人业主和地方政府的合作上。这个信托超出土地使用规则的范围，鼓励乡村土地所有者考虑更多的能够实现他们资金收益，同时又可以保护自然资源，野生动植物和景观的不同方法。这些方法包括土地捐献、保护地权利的转让，限制性开发和开放空间设计。这个信托与其他类似机构不同的地方是，它面对一个乡村居民点和许多业主，而不只是一个业主一块地，这样由这个信托制定的规划都将保护一个较大的区域，避免土地使用模式上的冲突（克拉克，1992）。这个信托的工作人员为这些乡村街区制定综合发展战略，包括多种土地保护方法，如"有限开发"和"开放空间开发"。

建筑密度优惠

另外一种优惠方式是，允许开发商在确定的场地上增加建筑密度，开发更多的宅基地。当然，这样做的困难是，如果在资金上没有实质性的优惠，开发商一般还是不愿意改变常规的"饼干块"式的居住区形式（这种形式常常是他们惟一经验过的形式）。当这类优惠太大时，把更多的可以用于建设的土地以开放空间的形式保护起来就更困难了。另外，抵制"给予"开发商任何额外的宅基地开发指标常常十分流行，即使这种增加的百分比并非不合理。

这类反对者所没有考虑到的问题是，相比较由于新增居民而带来的公共投入的增加，开放空间的要求对于社区的长期发展要重要的多。一旦把土地按棋盘方式全部划分完毕，那么，几乎不可能再来建设绿道、小径、公园和街区的游乐休闲场所。无论好还是坏，宅基地一经划分，要想再去改变比登天还难。

这类反对意见总是预料之中的，不可忽视。新英格兰地区乡村和郊区发展的经验表明，大多数开发商对于提高10%～15%的建筑密度不以为然。例如，在马萨诸塞康科德镇，20年以来，只有比例相当小的居民区领受到了组团布局的好处，而其他社区从未执行这种类型的居住区设计方案。

在那些法定开发密度非常低的地区，有可能接受大建筑密度的优惠，因为在那里增加建筑密度不会严重损坏乡村资源。蒙大纳加勒廷县的博兹曼地区最近通过的分区规划条款说明了提高建筑密度的方式。在那些乡村地区，没有任何政府审查或批准，土地确已经被划分为20英亩一块，所以市县规划委员会鼓励紧凑性开发，优惠条件是，允许把宅基地划分数目增加至最多4倍。为了获得这份优惠，宅基地面积不可能超出1英亩一块，而允许实现这个建筑密度的条件是保留开放空间。

如图14-2所示，100英亩土地可以划分为5

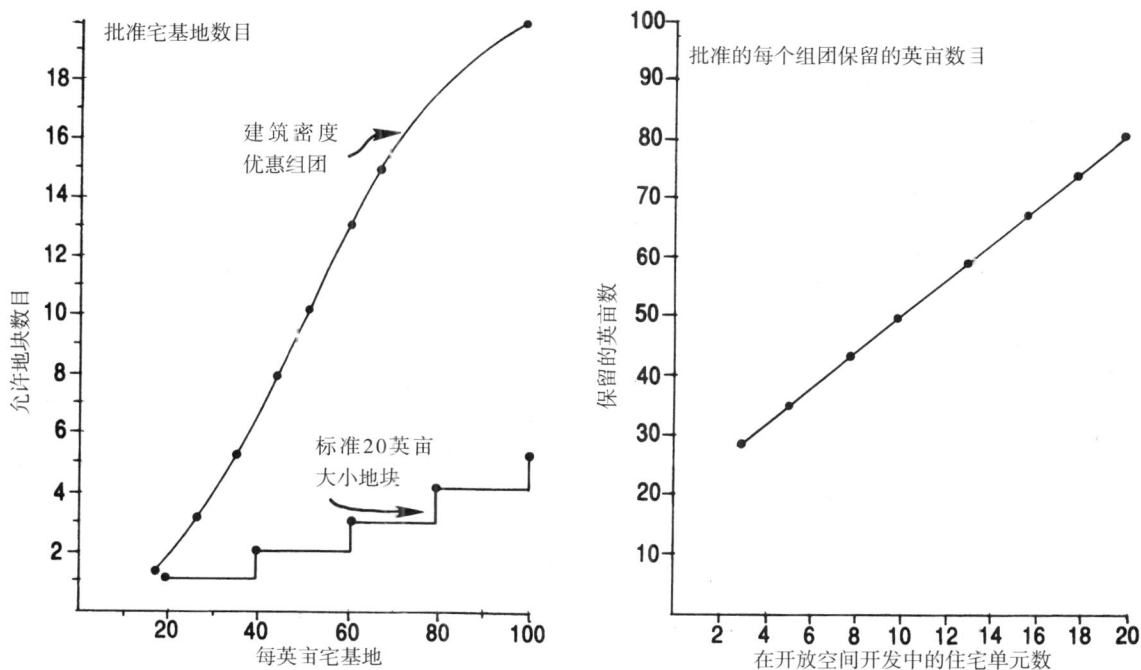

图14-2　建筑密度优惠常常不能实现它们的目标，因为当这类优惠太小时，许多开发商不太经意这类优惠，当这类优惠太大时，开发商会违背这类优惠的初衷而没有留下太多的开放空间。这些图示说明了一个例外，在初始建筑密度极低的情况下，建筑密度优惠可能相当丰厚（允许在宅基地数目上达到4倍），同样可以保护大量开放空间。在蒙大纳加勒廷县，20英亩一块的宅基地实属正常，在博兹曼地区半干旱气候条件下，把一场划分为农场，其规模又太小了。允许在100英亩场地里建设20个住宅（而不是5个），同时，把宅基地大小限制在1英亩一块，80英亩土地可以永久保留下来。这种方式对地产主还是有经济吸引力的。

块20英亩的宅基地（在新英格兰地区的气候条件下，这样的地块不足以开展农业生产），或20块1英亩大小的宅基地（保留80英亩土地用作农业或林业）。这些数字没有什么特别。类似这样低密度分区的其他地区可能把宅基地数目扩大一倍（从5块到10块），同时允许宅基地面积达到2英亩一块（如果的确需要在地方房地产市场上出售的话）。

除开保留一定比例的地块用于开放空间外，可以更为综合地使用建筑密度优惠来鼓励其他的相关目标。在J·安德森为密歇根沙勒沃伊县一个小乡镇设计的"保护点系统"中，在考虑到组团开发可以保护的海岸线、山脊或公共道路沿线及其视线，还可以给予开发商额外的信用计分。保护地区越大，建筑密度的信用计分越高。类似，当允许公众接近保护的开放空间或公园空间越大，建筑密度的信用计分越高。为了给现存保护地区建立一个缓冲带，以增加连片保护区规模，可以按建议的开放空间和任何相邻公园、自然保护区或永久性保护权已经转让的地区间共同边界的长度比例和专业人士认为值得保护的特征，给予开发商额外的建筑密度信用（安德森，1992）

使用建筑密度优惠以奖励创造紧凑型开发形式的另外一种方式是，使用建筑密度"处罚"来减少划分大宅基地所造成的土地浪费。在华盛顿州克拉勒姆县的奥林匹克半岛，地方政府采用了一种法令，允许开发商只有在他们进行组团布局时，才能按低于现有建筑密度进行开发（每英亩1～5个住宅单元）。不允许拒绝组团式方式布置的开发商按照标准建筑密度做开发，他们的开发将受到新的30英亩最小开发场地规定的约束（波尔，1991）。不像半干旱的加勒廷县，那里20～30英亩土地难以形成一个农场，在克拉勒姆县，只要有20～30英亩土地，就可以成为一个经济型农场（在地方农业需求基础上，仔细计算农业生产面积的要求），见第十八章，"保留农田和农民。同样的限制也用于商业林区。这个常绿州的另外一

个农业县，克拉科县，也采取了类似方法。这个县确定20英亩为农业分区的底线，20英亩土地包括一个选择，允许组团布置的条件下，在开发场地中保留接近3/4的土地为农业用地或林业用地。一旦选择了组团式布局，建筑密度的计算较为宽松，即按每5英亩1个住宅单元的指标来计算，另外再按每20英亩可建设用地2个住宅单元补充指标。换句话说，在华盛顿州的这两个县，基本选择在20～30英亩之间划分，住宅以组团方式布置，每块宅基地接近3/4英亩，整个开发场地75%的土地保留为开放空间。

荒唐的大块宅基地

当然，对于乡村规划师来讲，同样有必要回应开发商对缩减每块宅基地面积来保护开放空间所持的保留态度。开发商通常相信，住宅购买者真的要求在他们住宅周围有相当面积的土地。事实上，这可能是买者告诉他们的房地产经纪人的话，但是，这些买者没有考虑维护这些土地的时间和费用，甚至于没有开始思考，他们所要购买住宅的这个开发场地的大部分土地都被保留下来为所有人共同分享，这种可能性相当大。

对于那些梦想拥有乡村土地的人来讲，当他们发现他们必须维护他们所有的全部土地时，梦想变成了灾难。甚至2英亩大小的宅基地，如果不是树林的话，"使用割草机，太大了，而使用犁耕，又太小了。"上班族几乎没有时间来照看大于3/4英亩的庭院。我们常常听到这样的表达，"打开我的窗户，看不见我的邻居的房子"。这种表达反映了一种心理需求。如果采用创造性设计和比较小的宅基地，这一点是可以实现的。图14-3的示意图说明，所有的业主怎样能够有一个永久保留下来的角度来看80英亩草场或农田，同时在住宅两边种植速生林，以便邻里间有个隔离（见第二十章"案例研究"中的罗得岛的"特若门山"和"布拉克岛"，那里详细讨论了在一个开放场

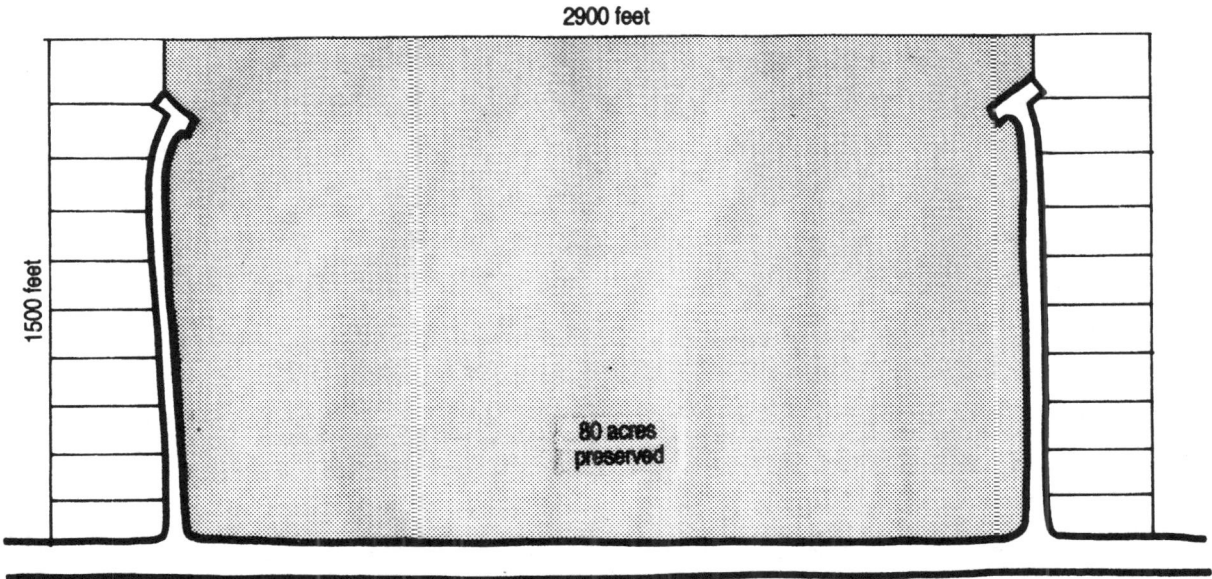

图14-3　这张示意图是一个组团式布局规划，这个分区规划的建筑密度非常低，20个1英亩的宅基地都有看到农田或林场的永久性视角，保护100英亩土地中80%的土地面积为开放空间。每个住户可以通过"乡村胡同"或分享的入宅道路到达开放空间，这些道路是按照轻载道路建设标准而建设的（见第十一章）。如果采用另外的方案，可以把这个场地划分为大块宅基地或农舍型住宅，从规模上讲，大块宅基地不能用于商业性生产（但是，通过组团式布局方式，就可以实现商业性生产，还可以保留一个农田或林场的永久性视角。不需要改变80英亩土地的农业功能）。

地上的住宅间如何建立缓冲区）。在那些没有树木的场地上保护私密性的方式不是距离，而是缓冲区。可以通过篱笆、灌木丛或种植新的常年绿树。

在农业或林业区里的许多较大的（假定，2～20英亩）"宅基地"上，相当一部分土地都长满了杂草。这不仅仅是有碍观瞻，有时对相邻农民产生严重问题。在一些西部的州，每年花费成千上万的资金来控制杂草，而产生这一问题的原因就是大块宅基地。如果每一个房地产经纪人都向购买者说，"记住，大块宅基地可能成为你的一个麻烦"，那么，就不会有几个希望住到郊区去的人会坚持购买若干英亩土地只是用于居住了。

对于那些希望有几亩地来养马的人来讲（这常常是购买如此巨大宅基地的原因），更好地解决方案唾手可得。在那些2英亩为最小宅基地的地方，采用10个2英亩的宅基地的布局方式，就只能在自己院子里跑马了。如果10个家庭分享10英亩草场或树林的话，他们可以划分10个1英亩大小的宅基地。通过把马厩设置

在步行距离内（当然，遛马的距离要比这远的多），居民可享受便利，而不会有别的麻烦。

减少不确定性

当然，告诉开发商、房地产经纪人和公众开放空间开发设计所产生的优越性是十分重要的。也许，在这个过程中最困难的问题是如何减少规划批准过程本身的不确定因素。自大部分行政区域，常规的"饼干块式"的开发模式仍然容易得到批准，而对创造开放空间式的开发模式还是不能通行。标准棋盘式土地划分在法律上相对容易立足，没有多少障碍，标准也不难执行。最无想象力的常规规划也可以满足地方政府的基本要求：地块边界和面积、干燥的土地足以用来打房基，建造一个污水处理系统，有一条道路与宅基地相连，所以，几乎无障碍可言。

相对比，开放空间开发设计的分区规划和土地划分规则的要求常常有些不明确、超出常理、甚至于看似不经济的。批准一般依赖于一

个"特殊许可"程序，而这个决策过程常常夹杂着武断专行的成分。这样，评审委员会可以使用一些定义不明确的观点来拒绝一项申请，如"与街区特征不一致"（这可以意味着任何一件事）。事实上，在听证时，有些地方规划委员会的成员常常容易受到具有感情色彩的表达的影响，而不在意项目设计是否完全满足了地方规范的要求。

有些规范的要求超出了常理，例如，当集中的私人公用工程设施有可能运行，或者私人公共工程系统的运行效果超出通常标准时，还要求"与公共供水和排水系统相连接"。有些规范的要求不合理，甚至于本身就是一个充满矛盾的设计标准，例如，要求在一个组团的周边建立150英尺宽的缓冲区。这个要求大大超出了建设一条步行小径式林带，坑塘或一个堆场的一般要求。而在那些有武断地建立起来的最小地块标准（20英亩一个地块）的地方，或最大宅基地数目（不管有多少英亩土地，必须划分出20块宅基地来）的地方，还有那些不限制常规居民区的规模的地方如弗吉尼亚县，完全禁止了开放空间的开发设计。

对这些开发的限制偶尔使创造性设计过程徒劳无功，例如，它把任何一个组团中的住宅数目规定为6个或8个，或者在30000平方英尺的地块上，要求宅基地前和宅基地两边均有60英尺的退红。在另外一些情况下，土地划分规则要求每一块和任何一块宅基地都与开放空间相邻，这种要求导致了非常奇怪和没有特定效益的布局形式。还有一些怀着良好愿望的分区规划规则要求，把宅基地限制在这个开发场地的一个部分上，以致"任何一块开发宅基地都不会干扰保留的开放空间"。

制订规则本身的一个基本困难是，几乎没有哪个撰写规则的人实际设计过他所要规定的开发。在规定开放空间时，需要强调的关键概念是弹性和性能。换句话说，如果设计工作的出发点是环境保护、公共安全和乡村资源保护，"如何实现它"应该并不重要。为了避免

这类问题，没有涉及经验的规划师（大部分人属这类）应当在制订控制开放空间开发设计规则之前，咨询有创意的景观建筑师。

为了说明开发商合理地关注的问题，纠正现存的弊端，地方规划当局应当考虑做5类立法改革：

1. 修正特殊许可程序，只要开放空间居住区的开发设计满足了为它设置的要求，都应当得到批准。

2. 在特殊许可程序开始的初始阶段，即在草图编制阶段，就召开公众会议，同时，修正规范语言，要求所有的意见必须直接与评审标准相关（也就是说，不鼓励那些一般情绪性的意见，或不鼓励以那些建立在特殊区域和特殊建筑密度条件下的现行分区规划作为事实所提出的反对意见）。

3. 使用清晰的语言来替代含糊的标准，如把宅基地设计标准和开放空间涉及标准分开。对于宅基地标准来讲，宅基地边界和前部退红的最大和最小尺度，允许"无街道前沿的宅基地"或共有入宅道路的宅基地的最大百分比，都是与确保居住区合理的紧凑形式相关的。这些尺度标准都应该以理解一个地区传统村庄为基础，应当在管理上留有一定程度的弹性，以便规划委员会在没有专门条款条件下可以批准任何例外。开放空间标准应当包括保留的保护性土地的数量要求（占整个开发场地的最少百分比）、质量要求（不能用于建设的土地的最大百分比），以及保留的保护性土地的形式。

4. 以不可撤销的方式批准初始规划草案，当然，这些批准的方案必须满足所有与相关规范和法规的要求。

5. 放弃所有导致禁止那些满足开放空间居住区开发目标的创造性设计的武断的要求，除非这些开发确实影响了公共健康和安全。

用比较详细的（但不是没有弹性的）设计标准替代含糊其词的法令性语言，这样做不仅仅帮助开发商和设计师，也通过减少歧义性使审批变得容易一些。另外，它使开发商开发计

划所遵循的规则比较容易理解和执行。最后，它使相邻房地产业主理解他们提出反对意见的法律基础，最终满足分区规划所保证的"每个人得到相同保护"的宪法测试。有了这样清晰的标准，独断专行或特殊处理的机会就会大大减少，独断专行或特殊处理可能给地方申请者以优惠，而打压外来者。

改变公众的理解

如果要得到公众对开放空间开发设计的支持，减少地方居民对这类开发计划的反对，教育宣传是必不可少的。需要做的第一件事就是，纠正对这类土地开发和保护的误解。公众常常把开放空间开发与组团式开发混淆起来。以组团方式布置住宅区通常会产生一个建筑密度比较高的区域，组团方式可以减少场地（如道路和公共工程设施）建设费用，把原本用于居住的土地留作绿地。开放空间开发设计在本质上与此相反。

按照开放空间开发设计的原则，从设计工作一开始，就确定开发场地内的一些地方为开放空间。这个开放空间在性质上是可建设用地，确定为开放空间的土地数量占整个开发场地的百分比具有重要意义，它的形式直接取决于这些土地的最终目的（农田、户外娱乐、景观保护，等等）。在确定这些开放空间之后，整个居住区围绕这些自然特征来设计。正是这种原则性的区别使开放空间开发设计特别适合于用于乡村地区，以及正在郊区化的那些区域，那里的居民希望保留一些现存的乡村特征。

人们还需要理解，开放空间开发设计并非一个在整个场地内增加住宅单元整体数目的工具。整体开发场地包括湿地和其他不能用于建设的土地，用于宅基地的建设用地只是整个开发场地的一部分。开放空间开发设计主要是一种有关开发场地上的道路和建筑物的布局模式和分布的技术，应该在公众会议上反复重申的这一点。

在开放空间开发中，计算建筑密度必须以对各方都公正的方式来进行。无论是否提供建筑密度优惠（这是一个十分不同的问题），决定建在允许建设在每一块地产上的住宅数目的方法必须是清楚和相同的。在1960年代，组团式开发布局受到推崇时，市镇当局在英亩数基础上决定建筑密度，采用这种简单方式的市镇当局不在少数，的确也产生了一些令人遗憾的结果。

例如，在那个时期，康涅狄格华冉的一个开发商，按照当地分区规划要求的最小地块面积标准，把他的开发场地划分成为宅基地，以此计算住宅单元数目。因为他的场地中有一半是限制开发的湿地，所以，地方规划委员会认识到，组团布局使这个开发商把他按照常规1英亩一块宅基地的方式可以建设的住宅数目翻了一倍。规划部门没有批准这个开发计划，于是，这个开发商把规划当局告到法庭，规划当局最终败诉。接下来，这个地方政府废止了组团式布局的相关条款，确信采用有弹性的设计方式是他们犯的一个最大错误。他们不是去纠正在计算建筑密度上的严重不足，而是放弃了这个惟一可以帮助这个镇保护干燥的，可以用于建设的开放空间，又不花销本钱的实际开发设计方法。

组团布局上的相似厄运很快传遍了新英格兰地区，于是，许多城镇或是决定完全放弃组团式布局的规划条款，或者增加附加条款，以致开发商不能利用他们开发场地中的湿地、泄洪区或坡地来获取建筑密度上的优惠。开发界其实没有用多少时间就发现，在除掉环境限制开发的土地之后那些剩下的土地上增加建筑密度要比在棋盘式布局下按每块宅基地1~2英亩的标准增加几栋住宅困难得多。当然，理由是常规分区规划一般允许宅基地的后背部分可以包括湿地、泄洪预留地或斜坡。只要每块宅基地包括了足够的面积（即30000平方英尺），土壤是干燥的，相对平坦、适合于兴建住宅、庭院、井和污水处理设施，其他不是问题。在那些没有公共污水管道系统的社区，申请人只要证明10%的宅基地能够支撑污水处理系统就行了（地方官员会抽样调查可疑的几块宅基地即可）。如果不能做到这一点的宅基地就被排除掉，然后，再做10%的调查，直到所有样本都能符合这个条件。计划中的街道也会得到考察，以便证明它们能够满足地方标准（特别是最大道路坡度）。"宅基地产出"的结果将用来决定在组团布局中的可以许可建造的住宅单元数（受到可能的建筑密度优惠条件的约束，如果同意建设一定的经济住宅的话，可能获得这些优惠条件）。

不打算准备概念性规划来证明他们开发场地的密度潜力的开发商，可以在他们开发场地所在分区内使用"排除法"来确定建筑密度，当然，应当仔细校正，以确保公正性。在宾夕法尼亚奇斯特县西把拉夫特镇，地方规划委员会通过现场考察的方式测试他们提议的决定建筑密度的方式。他们把这种方式运用到原先已经批准的常规居住区，确认他们已经选择不予计算的那些环境敏感地区，较之于他们实际批准的住宅单元数来讲，没有产生过多或过少的住宅单元。他们的目标是创造一组公式来实现新的"开放空间开发"，与常规的"饼干块"式布局相比，"开放空间开发"在建筑密度上不增也不减，处于中性状态。

另外一个棘手的问题是，高尔夫球场是否计入最少开放空间的要求规模之中。由于用于运动性娱乐的土地是开放空间系统的一个合理组成部分，所以，这些设施用地能够包括在开发的开放空间之中（无论它们是用于高尔夫，还是用于足球、篮球、橄榄球等等）。但是，需要致力推荐的意见是，不能把一半以上的干燥的高地用于运动性娱乐目的（如果需要更多的土地来实现一项运动，开发商通常可以通过把各类运动场所组团布置）。

在不同类型的开放空间之间保持一个平衡是十分重要的，在通常情况下，1/4以上的开放空间应当留作树林或草场，特别是在这种类型的开放空间正在迅速消失而变成街道、建筑和草坪的郊区，更应当如此。开发商一定会提出，高尔夫球场事实上构成了一种开放空间，但是，高尔夫球场的确只是为一种娱乐型的人服务的，如果只有一个打高尔夫球的，那么，这种开放空间对于所有其他潜在的使用者则是"不安全的"。在北卡罗莱纳州查皮尔山最近的一项开发中，地方塞尔俱乐部发现，"把高尔夫球场认作开放空间就相当于把番茄酱称之为蔬菜一样"。

必须向市民们保证，被保留下来的开放空间是通过地方政府机构和私人非盈利组织共同签署的保护权转让而被永久保护起来的。这两个组织能够通过拒绝对这个协议进行任何修正和再做开发的要求，它们可以比较容易地阻止保护权的变化。

接下来需要关注的问题是房地产税收。除开出售或赠与给地方政府用于公共公园的那一部分开放空间外，"开放空间设计"既不改变住宅数目，也不改变整个用于评估税收的土地面积，所以，"开放空间设计"是税收中性的。实际上，把开放空间出售或赠与给地方政府用于公共公园目的很少发生。

公众不太容易接受在"较高密度"条件下安装家庭独立的污水处理系统。实际上，在开放空间开发设计中布置污水处理设施比起棋盘式布局更具弹性（参见第十三章，"污水处理"）。

开放空间开发设计要想获得公众支持，还要解决开放空间的维护和谁来维护的问题。其实，如果把它交给业主协会来解释这些要求，可以解决大部分人的疑虑（我们将在这一章的"维护和责任问题"中谈到这个问题）。

最后，公众必须开始认识到，较小宅基地上的居民不会因为私人庭院空间比起大型宅基地有所减少而感到失去户外活动空间。图14-4是密歇根的乡村规划师画的草图。它说明在3/4英亩1：3.3宽度和进深比（100英尺×330英尺）的宅基地与2英亩1：4宽度和进深比（150英尺×600英尺）的宅基地之间，住宅空间只有

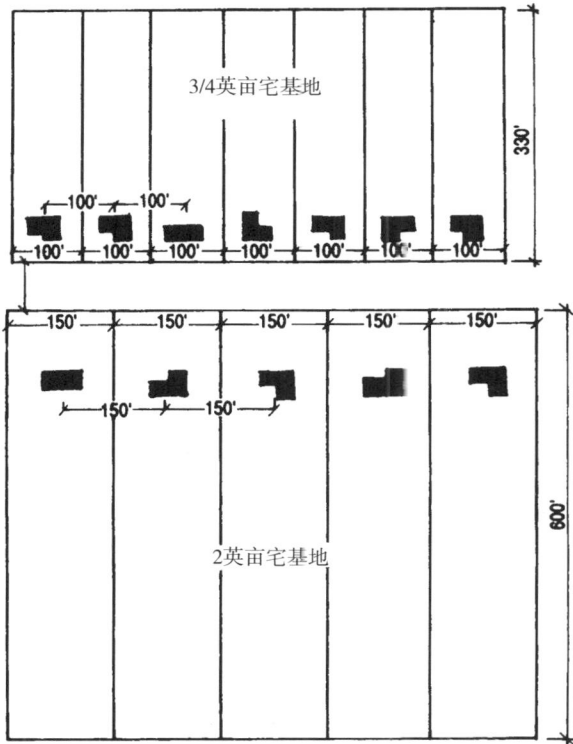

图14-4 大宅基地可以保证住宅或后院的私密性是一个流传甚广和影响颇深的谬论，密歇根列维斯通县的规划部所画的这张草图可以用来打破这个谬论。2英亩宅基地常常与相邻宅基地之间的距离只比3/4英亩宅基地多了50英尺。视觉上的遮挡（使用树篱或篱笆）对于创造后院的私密性的确必要，如果邻居的收音机音量开的很大，住宅间距离多50英尺少50英尺意义不大。即使有2英亩大的宅基地，如果邻居不顾及别人的话，还是会受到影响。以这张图为例，较小宅基地的优越性是永久性保存了9英亩树林或农田，做到这一点无需开发商或市镇当局的额外投资，原先的乡村土地所有者继续保留他的所有权。

50英尺的差别。

建设适当的景观和缓冲区比起多50英尺分离距离来讲更能维护私密性。这两种宅基地划分的真正区别是在后院的进深上。在3/4英亩宅基地上，庭院进深为250英尺，很少有人抱怨这个尺度不合适的。而在2英亩的宅基地上，庭院进深为500英尺，明显过大了，接近两个正常足球场的长度。这个类比特别有用，因为它是许多人直观地感受到了这个巨大规模的实际意义。

尽管开放空间开发设计可以在术语上产生令人惊讶的差别，但是，新英格兰两个镇子的开放空间开发设计倡导者逐步改进了当地居民对这类开发意义的认识。康涅狄克的格雷贝镇

开始使用"弹性居住开发"（FRED），但是，这种设计方法的真正优越性并非只是弹性。以后，人们把重点放到了保存开发场地上的自然特征上，逐步使开放空间开发设计流行起来。康涅狄格的马尔博龙镇开始把他们新的开放空间分区规划条款称作"OSCAR"（"开放空间保护和居住"）。除开把这个新分区规划修正案的重点放到它的积极方面，这个术语刺激了公众的兴趣，使人们的讨论更有兴趣和具有色彩。

开放空间居住区和常规开发居住区中房地产价值的比较研究

获得公众对开放空间开发设计支持的另外一种方式是，整理和公布开放空间分区规划条款在房地产价值上所取得的积极经济效果。在这本书的第十六章（绿色通道和绿色缓冲区）和第十七章（保护开放空间的经济学）中，我们还将讨论它的影响，当然，我们在这里先概要性地描述"乡村马萨诸塞"所做的一个比较研究。"乡村马萨诸塞"对开放空间居住区和常规开发居住区中住宅的增值差异做了比较，这两类开发方式的主要差别是布局和开放空间的供应（莱西，1990）。

他们研究了800个房地产交易，涉及到227个21年寿命的住宅。这些住宅分别处于两种居住区开发模式中，它们在同一个镇中，建筑密度在整体场地上是相同的，住宅规模和最初的售价几乎一样。这个研究考察了马萨诸塞阿默斯特的两个居住区，一个是按常规模式设计的果园峡谷居住区，另一个是按开放空间开发设计方式建设的埃科山居住区。两个居住区都建设在1960年代末和1970年代初。居住区整体建筑密度都是每英亩2栋住宅。两个居住区住宅的建筑面积都在1600平方英尺，初始平均售价分别为26300美元和26900美元。在常规模式设计的果园峡谷居住区，宅基地面积大约在24000平方英尺（0.5英亩），而在按开放空间开发设计方式建设的埃科山居住区，宅基地面积大约为12000平

方英尺（0.25英亩），是前者的一半。

　　两个居住区的基本差别是它们的设计：果园峡谷居住区几乎没有开放空间（除开围绕一个水塘的不能用于开发的空间之外），而埃科山居住区几乎使用了整个场地50%的面积作为开放空间，包括3.7英亩的中心游乐场地（200英尺×750英尺），一个大树林步行小径网络，两个水塘，其中一个还开出一部分用于游泳，相邻为网球场，棒球场。网球场也可以用于篮球，沿周边篱笆建有栏网。

　　20年以后，两个居住区的住宅价格分别为，果园峡谷居住区，134200美元，埃科山居住区，151300美元（见图14-5）。当然，按开放空间开发设计方式建设的埃科山居住区的房价比按常规模式设计的果园峡谷居住区高出12.7%，开放空间开发设计方式建设的埃科山居

两个居住区在20年间的增值差别

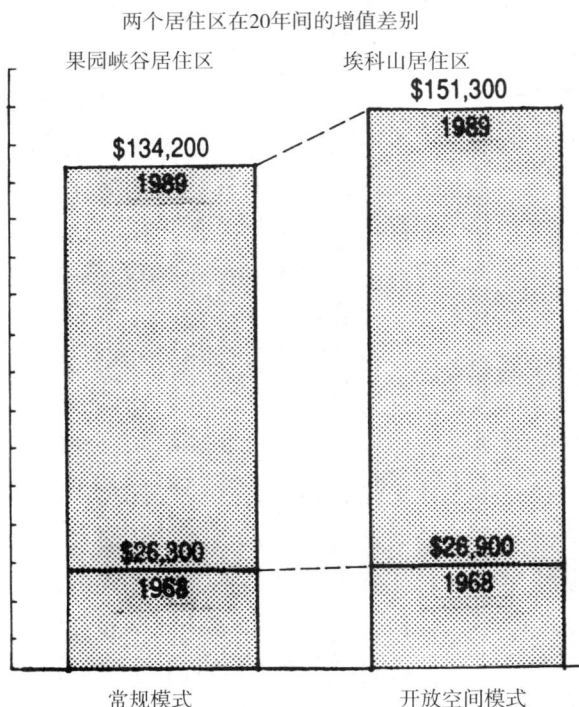

图14-5　马萨诸塞阿默斯特的两个居住区，一个是按常规模式设计的果园峡谷居住区，另一个是按开放空间开发设计方式建设的埃科山居住区。两个居住区在整体场地上的建筑密度是相同的，在同一时期建设，它们的住宅价格图说明了使用开放空间开发设计方式建设的街区的价值，虽然两个居住区住宅的建筑面积相同，初始平均售价相同，可是，20年以后，埃科山居住区的住宅价值在21年期间中比果园峡谷居住区多了17100美元，实际上，埃科山居住区的宅基地要比果园峡谷居住区小1倍，但是，埃科山居住区有36英亩的公共开放空间。

住区的住宅价值在21年期间中比果园峡谷居住区多了17100美元。这个结果似乎说明，人们宁愿为较小宅基地的住宅多付一些，只要街区里提供了公共的设施。

两种方式在宾夕法尼亚的逆转

　　如果在鼓励开放空间设计上措施得力，如减少申请者的犹豫和彷徨，减少开发费用（例如我们在第十一章中所描述的道路建设简化方式），即使没有建筑密度上的优惠，采用这种创新性的居住区设计方式的开发有可能更多。宾夕法尼亚蒙哥马利县规划委员会最近提出了一种新的开放空间设计方式。这种方式说明，在没有提供建筑密度优惠或实际提出类似要求的情况下，究竟可以保留多少百分比的开放空间（75%）。

　　这个称之为"土地保留区"（LPD）的示范性法令旨在保留10英亩以上开发场地上的开放空间和自然土地，同时允许在精心布局和设计的紧凑型居住区里用足全部开发容量，同时通过适当设计减少可以感觉到的开发强度（宾夕法尼亚蒙哥马利县规划委员会，1991）。在宾夕法尼亚与蒙哥马利县相邻的巴克斯县，也有类似的法令，不过蒙哥马利县的规划师把这个基本观念推进得更深入而已。虽然县里并没有特别要求开发商一定要执行这个法令，但是，他们把标准2英亩一块宅基地的法令改变为有条件使用，这样，开放空间开发设计与常规开发设计正好掉头。密歇根也推行了同样的过程（列维斯顿县3规划部，1991）。

　　实际上，"土地保留区"（LPD）还有不同于原先"组团"的布局方式，因为，它要求在开发场地内实现75%的开放空间，这样，只有把新宅基地面积减至10000平方英尺，这大约是过去2英亩一块宅基地的1/8。在这个模式下，通过在小至6000平方英尺的宅基地上实行"0地界"，通过建立传统的和具有特征的新街区，还能够使街区变得更为紧凑。这些街区

社区布局
● 现状

社区布局
● 常规2英亩一块宅基地

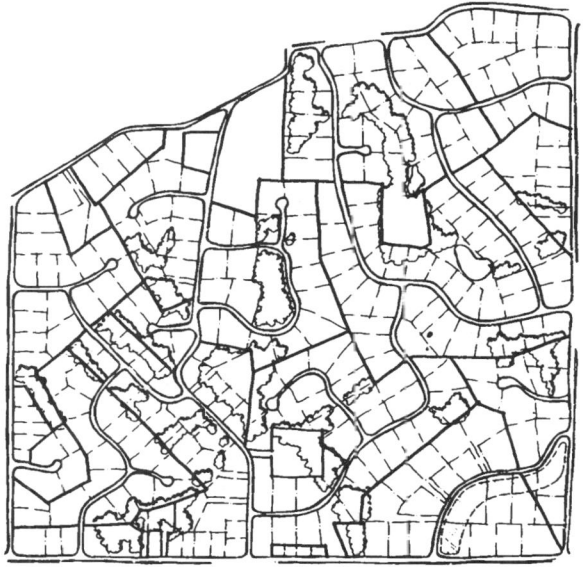

社区布局
● 土地保留区

图14-6 由宾夕法尼亚蒙哥马利县规划部编制的这三张草图分别展示了，现状乡村居民点，按常规方式规划的居民点和按土地保留方式规划的居民点。在按常规方式规划的居民点中，宅基地地毯式布置，街道与住宅形成一个棋盘。在按土地保留方式规划的居民点中，大块土地被保留为开放空间，许多开放空间相互连接，宅基地以组团方式布置（资料来源：宾夕法尼亚蒙哥马利县规划部，1990年10月）

的标准规定，每个开发场地的宅基地不超过25个，缓冲区把每一个这类组团与相邻的组团分开。要求超过10个住宅的组团按每个住宅单元1000平方英尺的比例提供娱乐开放空间，一般使用这个空间形成村庄公共绿地。这些新街区的区位受到控制，以避开生态敏感区（基本农田、河流走廊等），同时，利用地形或种植树木屏蔽街区，以致在道路上看不到它们。

除开这类紧凑型街区外，LPD还允许建立一定数目的庄园型宅基地，这些宅基地至少在5、10和15英亩，取决于整个地块是10～19英亩、20～29英亩还是30英亩以上。同时把建筑、入宅道路、草坪和花园限制在1英亩土地上，剩下的土地以永久性保留用地权的方式保护起来，不允许再做任何房地产开发或业主的扩建（如草坪或花园的扩建）。这些宅基地的区位与组团式居住区一样是有选择的，即避开生态敏感区和在视觉上遮蔽起来。正如县里的一位前规划师解释的那样，这些庄园式宅基地

的目的是帮助保留正在耕种的农田，解决保护开放空间的后续管理问题。

在土地保留区内的所有住宅（除开庄园式住宅）都要求集中供应用水，无论是公共供水公司或私人供水公司都可以。污水处理和中水释放可以通过私人的污水系统，也可以采用公共下水道或社区系统，一般具有大规模污水吸收床基或喷灌/土壤处理设施（见第十三章），尽管这些居民点的宅基地规模不大（10000平方英尺），一般的过滤床基不会超过1000平方英尺，家庭独立污水处理设施有时仍然面临一些问题，如土壤状况。由于饮用水是集中供应的，所以，宅基地规模不是太重要。当然，在大部分地区，过滤床基有可能布置在公共绿地上或宅基地后边的开放土地上（也许在社区公园设施之下，如游乐场所之下），这些选址均在最终规划上标志出来，用授权方式用于此项目的。

图14-7上的两张草图对比了按照LPD标准设计的紧凑型社区，或保护农田，或保护树林。

设计研究 —土地保留区
● 保护农田

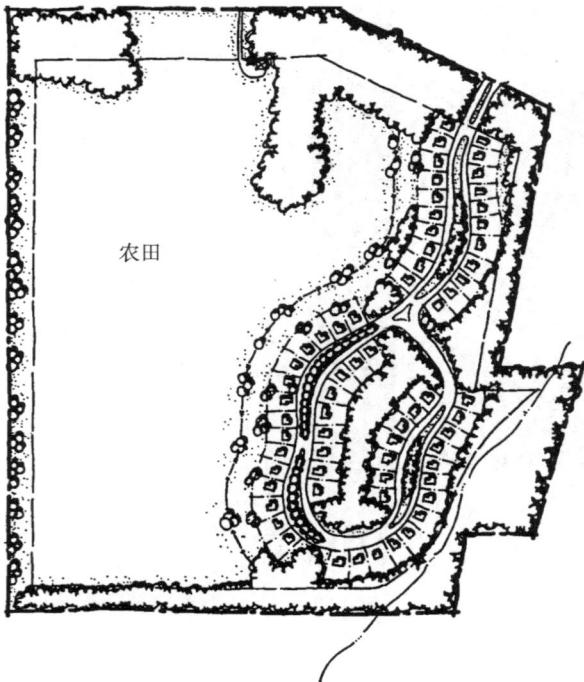

设计研究 – 土地保护区
● 保护树林

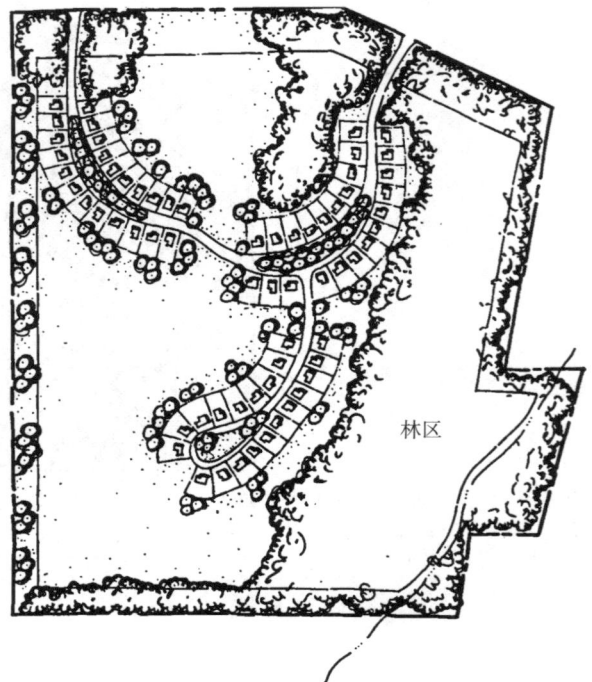

图14-7　开放空间保护的先后次序可以按照资源类型而变。在林区，粮田和草场相对少，所以，那里的居民可能选择保护农田。在农业地区，树林所剩无几，灌木丛也是星星点点不连续，它们对于野生动物的价值也许相当高，所以，用于新开发的土地可能在次一级的粮田上，从公共道路上看，这样的新开发区处于粮田的边缘地带。

那些希望建设大型标准地块居住区的开发商可以向镇里提出附带条件的土地使用申请，他们必须在申请中证明他们可以在开发中满足以下条件：1）从区位、规模、形状或自然特征上讲，这个开发场地不适合于做紧凑型开发；2）考虑到开发场地的规模和形状，以及有效使用农业机械，它已经不适合于继续用于农业了；3）从现存的公共道路上看，这个常规大宅基地住宅区的开发设计将把对视觉的影响降至最低程度（特别不鼓励沿着道路的开发）。它的布局和建筑特征必须与镇里的综合规划和开放空间规划一致，土地划分一定不会干扰现存的地形地貌、泄洪区、湿地、成熟的树林或这个场地的其他自然特征。

无论是紧凑型开发申请，还是有条件使用的标准开发申请，都必须提交开发场地的环境和视觉评估报告。对于紧凑型开发，这项评估还包括地形地貌、土壤（适合于农业、污水处理，等）、水体、河流、湿地、泄洪区、土地利用现状、历史和文化资源（建筑和其他建筑物）、从场地内部或从外部观察的景观系统，以及总体布局结构（在开发场地500英尺范围内的建筑物、水体、树林、草场的边界。此项工作可以通过航空拍照来完成）。

在那些林木覆盖率较高，而农田稀少的地区，或在那些商业性农业生产仍然是支配性产业的地方，这些标准可能会做一些调整，例如，以上标准可能包括"对农业土地的干扰状况，而不是对成熟林木的干扰状况，除开那些林木具有特殊的特征，如珍稀树种或有特殊动物栖息于此。同样，在那些农业地区，历史和文化资源标准可能还包括石墙和那些开采资源后遗弃的水坑。

对于那些宅基地超出15000～20000平方英尺的较大宅基地，还有其他一些要求。在那些主要以3～4英亩一块宅基地的地方，任何开发都不能影响实现LPD保护场地内75%的开放空间的目标。当然，为了在新开发场地内维护传统紧凑型村庄的特征，应当考虑最大临街长度和退红深度（例如，临街长度在80～100英尺，而退红深度在15～20英尺）。否则，如此规模的宅基地一定能够造成郊区型的视觉效应。宾夕法尼亚蒙哥马利县规划委员会编制的《土地保留：旧挑战，新方法》概括了土地保留开发的方式。

密歇根的"保护环境、农业和乡村景观"

在密歇根州的乡村地区同样发生了这样的逆转，那里的规划师提出了一个称之为"保护环境、农业和乡村景观"的开放空间分区规划修正模式。"保护环境、农业和乡村景观"（PEARL）报告提出，在多种相关资源叠加的地区，执行开放空间分区规划。这个报告包括一个"安全阀门"性的条款，只有对"那些不能执行保护环境、农业和乡村景观分区规划规则的场地"，才允许地方规划当局批准标准的大块宅基地分区（列维斯顿县规划部，1991）。不能执行保护环境、农业和乡村景观分区规划的地方可能包括，场地面积太小，或者那些不可能提供开放空间的地方，或者所提供的开放空间不能使用或对保护环境、农业或乡村景观意义微小的地方。在这个案例中，宅基地从2英亩一块减至3/4英亩一块，以实现保存场地内有50%～60%的开放空间。这些宅基地比起宾夕法尼亚LPD模式下的宅基地还是要松散一些，主要原因是非标准的污水处理和中水释放安排在密歇根州难以得到批准，乡村地区小于3/4英亩的宅基地的出售有困难。密歇根列维斯顿县规划部编制的70页的设计手册全面地说明了"保护环境、农业和乡村景观"的开放空间分区规划模式。

"业主的压缩"

通过街区范围内房地产业主的合作可以更为有效地执行乡村社区的保护和开发。这种合作方法称之为"业主压缩"。30年前，A·斯特朗教授在《流域规划》（沃伦斯和麦卡格，1963）中首次提出这种方法。"业主压缩"使地产相邻的业主把他们的宅基地合而为一，然后来实现各类保护的目标，同时，改变一块一块宅基地分开设计的传统模式，把它们合在一起，理性地开发它们整体的潜力。这种方式的最大优势是，无须政府进入购买开发权、转移开发权或建立土地储备银行，只要简单按照"组团"模式布局即可。

原则上讲，这种方法允许相邻业主综合考虑他们结合起来的宅基地，允许他们消除掉他们之间的边界（库格林，1991）。一般的做法是，他们签署一个协议。在这个协议上，说明每一个业主提供开发项目的土地数目，然后对所有土地提供者在项目场地中所占百分比进行计算，不考虑实际英亩数。

例如，假定有3个业主A、B、C。他们分别拥有35英亩、65英亩和100英亩土地，合计200英亩土地。每一块土地的概念性规划表明，考虑到镇里对1英亩宅基地和2英亩宅基地分区规划的限制性条款（湿地、泄洪、坡度），它们可以用于开发的住宅数目分别为，A：30个，B：30个，C：40个。这些计算决定了在这个合作项目中各方的股份，不考虑最终规划究竟决定开发哪里保护哪里。如表14-1所示，"开放空间开发设计"（OSDD）规划把所有的要开发的宅基地置于A和B上（那里的土壤和坡度条件适合于开发），而把A和B上的一部分土地和C的全部土地留作永久性保护开放空间（见图

14-8）。

在3块地上，C地块包括了最好的视觉景观，以及最肥沃的田地，沿着河流的成熟的树木，所以，任何开发都会危及这些特征。严格的地质调查表明A地块适合于布置污水处理系统。在B地块上，有若干个适当规模的地方可以把独立的中水释放场合并起来（参见第十三章有关污水系统的不同方案）。使用业主压缩方式和应用开放空间开发设计，能够在这三块地上产生出最好地保护和开发效果。

在那些没有要求做"开放空间开发设计"和重要资源横跨不同业主土地的地方，那里的地方政府和土地信用社应当鼓励这类合作方式，如图14-9所示。在地方规划当局没有权利要求在每一块开发场地上实施组团布局以保护敏感地区（如山脊、河流、良好的农业土壤、特殊的野生动物栖息地），业主压缩方式提供了一个不用法令而实现土地保护的机会，私人土地保护组织可以从中发挥重要作用。除开一般的倡导，这些私人土地保护组织可以起到牵线搭桥的作用，帮助他们确定哪些土地适合于保护，哪些土地适合于开发，帮助他们达成一个协议，制定永久性开放空间保护授权书，等等。

在这类情形下，业主压缩方式可行，但是，在另外一些情形下，这种方式可能没有什么价值，如哪些地方属保护敏感区，但是，可以用于开发的土地大部分或全部集中在一个业主的地块里（如图14-10所示），还有那些无论如何调整内部布局也难以避免对资源的影响的

"业主压缩"中的三块登记地块：潜在的开发数目、规划的开发数目和保留土地的分配和纯利分配　　表14-1

	A	B	C	合计
面积（英亩）	35	65	100	200
最小宅基地规模（英亩/块）	1	2	2	
潜在宅基地数目（块）	30	30	40	100
潜在宅基地的占全部宅基地数目%	30%	30%	40%	100%
规划的宅基地数目（块）	40	60	0	100
可开发土地的分布（英亩）	30	50	0	80
保留土地的分布（英亩）	5	15	100	120
纯利分配%	30	30	40	100

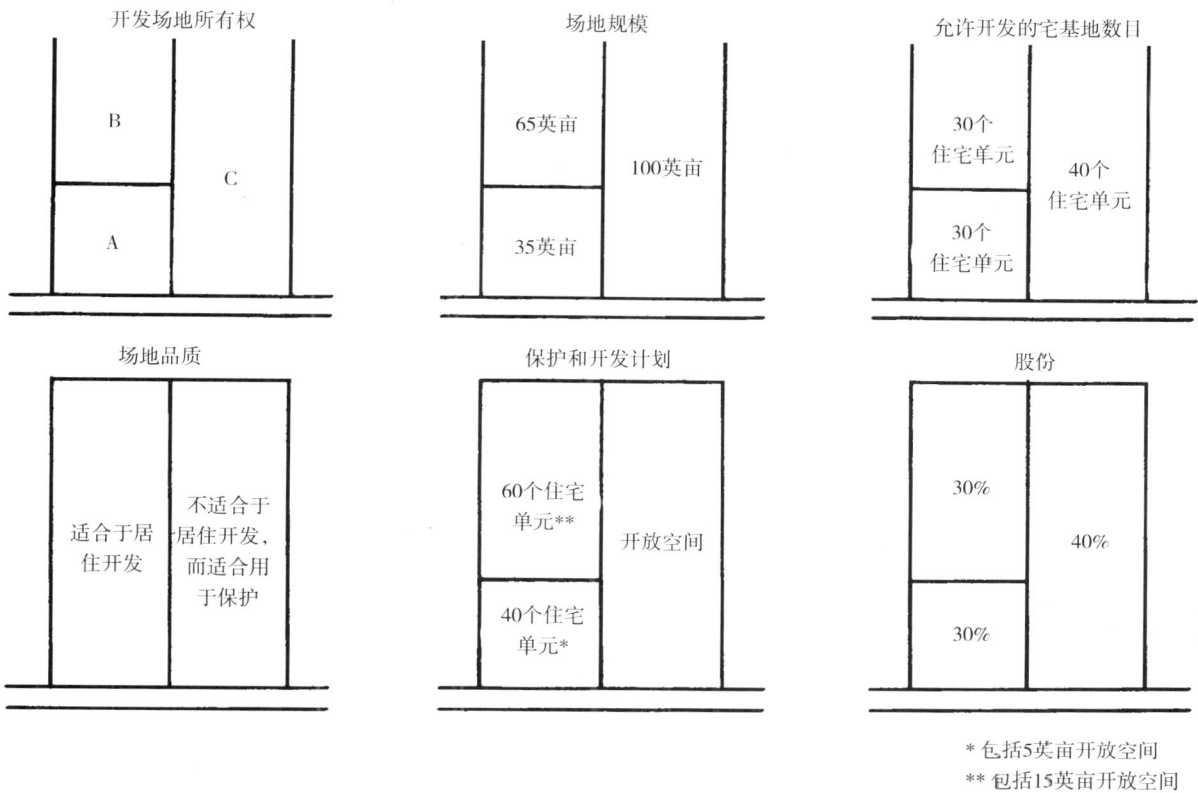

开发场地所有权

B
C
A

场地规模

65英亩
100英亩
35英亩

允许开发的宅基地数目

30个
住宅单元
40个
住宅单元
30个
住宅单元

场地品质

适合于居
住开发
不适合于
居住开发，
而适合用
于保护

保护和开发计划

60个住宅
单元**
开放空间
40个住宅
单元*

股份

30%
40%
30%

* 包括5英亩开放空间
** 包括15英亩开放空间

图14-8 这些图说明了"业主压缩"方式的潜力。这里三个相邻业主同意联合对他们的土地制定一个保护和开发规划。不考虑每一个业主实际提供的总英亩数，每一个业主按照他们地块独立可以得到的开发价值和住宅数目形成他们在整个开发项目中的股份。在这个自愿协议中，每一个合作者必须同意他放弃什么和获得什么。

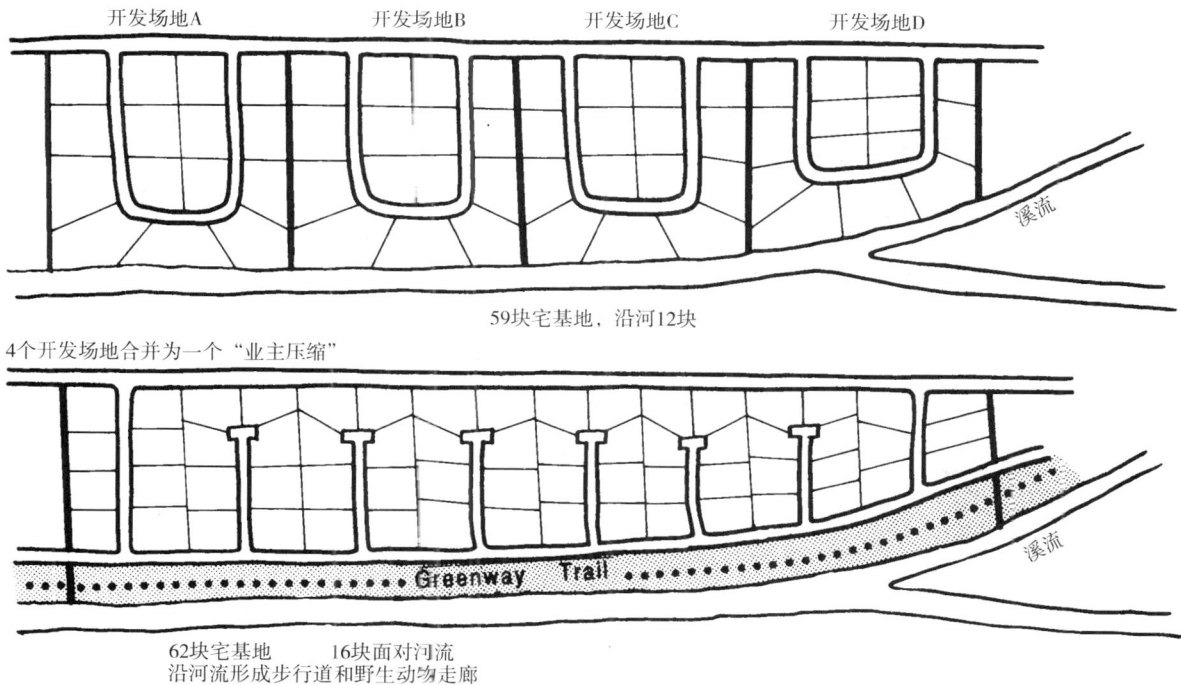

开发场地A   开发场地B   开发场地C   开发场地D

溪流

59块宅基地，沿河12块

4个开发场地合并为一个"业主压缩"

Greenway Trail

溪流

62块宅基地   16块面对河流
沿河流形成步行道和野生动物走廊

图14-9 鼓励相邻地块的业主进行合作，有多种好处，包括建立内部的道路系统，把开放空间连成一片（形成较长的绿色通道和步行网络）。在这个例子中，形成"业主压缩"的优惠包括，建筑密度优惠，宅基地地块数目增加了33%，形成了河流景观（街区步行道与河边绿道相连所形成的沿河保护自然区域，这将产生一定的市场效果）。

场地。换句话说，的确存在以独立场地计算开放空间开发设计而产生效果不佳的情况，因为这样做的结果是，即使在某些方面有了进步，却没有实现街区范围内开放空间整体保护目标。所以，在这种情况下，业主之间的合作成为规划成功的前提。

在这些例子中，最好的方式是把潜在的开发整个移至另外一个开发场地上去（在图14-10中，B场地上的开发完全移到了A场地上，而把水塘、湿地和坡地保留下来。如果这些场地在

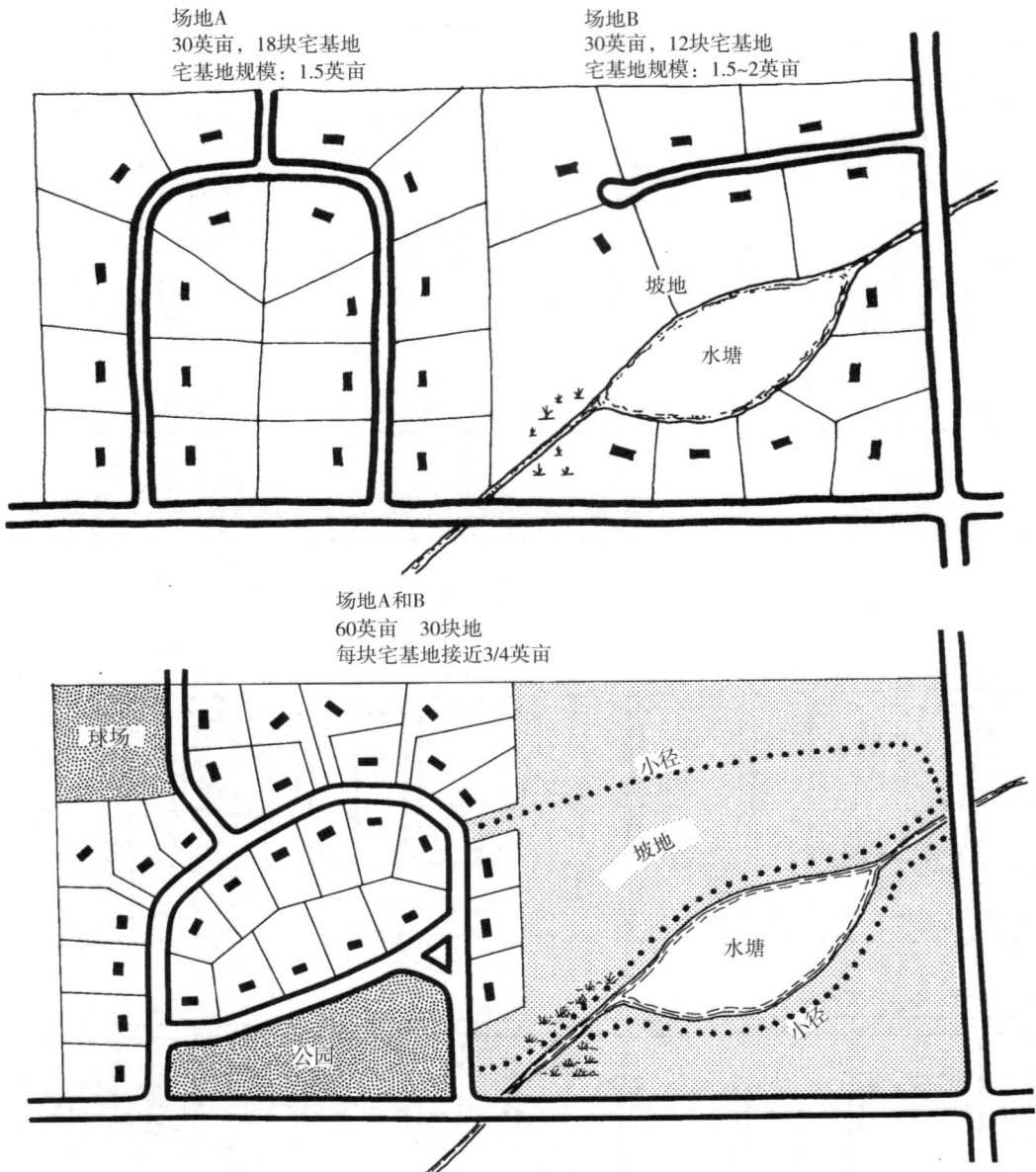

图14-10 这两张图以对比地说明了相邻开发场地两种不同开发方式。这两块开发场地分别有30英亩，场地A没有多少场地开发限制，比较容易最大程度地利用地方分区规划实现最大宅基地数目，18块宅基地。场地B包括了一些坡地，一个水塘，一小块湿地，即使这样，还可以划出12块宅基地。当然，一些相当特殊的树木覆盖了一部分B场地，而在山边，则是山毛榉树。按照地方规则，这些树木在开发时完全可以清除掉。两个地产业主同意消除两个开发场地间的边界。这样他们可以为两个场地制定一个整体开发规划，把30块宅基地布置在A场地上，而把B场地上的自然特征保留下来，这样，沿着公共道路形成一个自然公园和缓冲地带，而在B场地的一角布置一个球场。两个业主之间的股份可以按比例分配，例如A场地业主得到30块宅基地中的18块，即60%，而B场地业主得到30块宅基地中的12块，即40%。

相邻的街区，场地的业主乐于合作，那么，这种业主协议的方式也可以用来避免常规的棋盘式布局，保护重要的资源所在区域。

1960年代早期，在巴尔的摩西北部，新居住开发区限制在有较高高程线的地区，而下游地区不能用于开发，这样，"业主合作"当时就成为一种赔偿方式，赔偿下游的业主。这种思路超前了几十年（沃伦斯和麦卡格，1963）。

幸运地是，时代正在开始变化。这里有一个4个相邻地产的业主合作的例子，这个合作将产生一个大型开发场地和一个新的县级公园。这4个地产沿着内华达热纳公路有三英里长，4个场地合计面积为605英亩（见图14-11）。通过这种业主合作方式，4块场地中的3块切出合计80英亩土地创造区域公园。在这个例子中，4个业主中的1个首先提出合作意向，为这个区域制定一个总体开发规划。激励他们这样做的动机是要求县里允许他们采取较高的开发密度，而这个密度被均摊到其他3块地产上（实际上，当时仅这一块土地有分区规划）。这个动机推动建立整体开发规划，但是，它并不是联合开发最初决策的一个因素。在把这个分区规划下允许的较高建筑密度均摊到整个4块地产上后，建筑密度并没有增加，但是，这种均摊反映了整

体规划原则，考虑到了场地条件的敏感性。这种方式使4块地产的业主均获得了经济上的好处：其他三块土地实际上不可能用于任何高密度的开发，第四块场地的开发受到自然条件的严格限制。这些业主间达成了一个协议，他们按照他们各自在没有综合规划单独开发时的地块价值分享提高建筑密度后的整体价值。他们各自地块的价值以比较出售价格为基础。实际上，公众是这项合作的第五个收益者，因为这项合作开发创造了新的区域公园和经过所有4块地产上的综合步行系统。

维护和责任问题

业主、开发商、邻里和地方官员对于开放空间开发计划和批准的最大担心之一是，如何保证这些开放空间继续得到关照和维护。当开放空间是农业用地时，它可能仍然由原来拥有它的农民继续使用，以后，他可能把这块土地卖给相邻的农民或青年农民，这些购买者一是可以负担的起这个售价，而且，这块土地没有进一步开发的潜力。或者，这块土地可能出售给一个园艺者，养马者或农业爱好者。在一些情况下，开发商把农业开发空间交与住宅业主协会（HOA），这是一个非盈利的组织，居民区的所

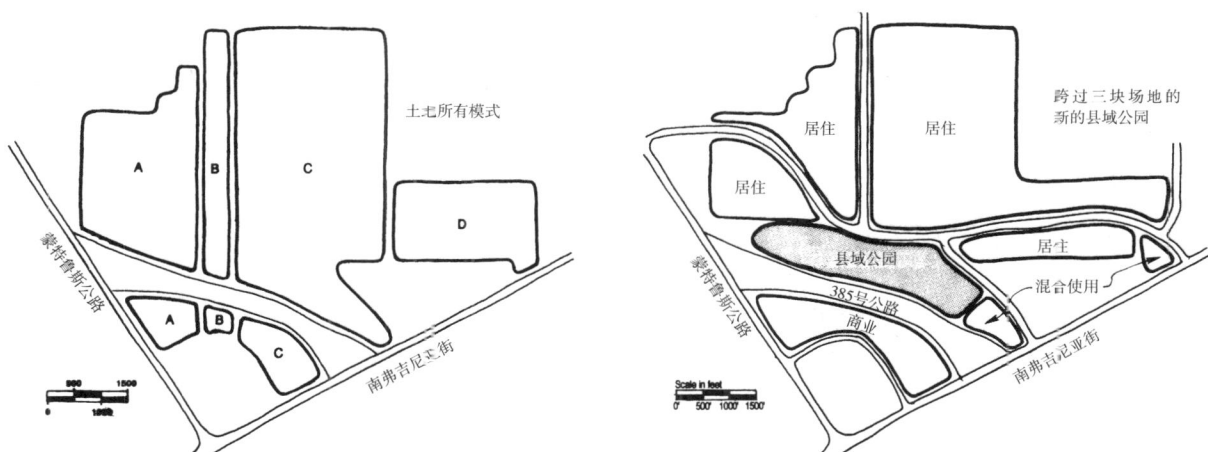

图14-11　在内华达州沃肖县的这个业主压缩的案例中，包括了4块开发场地，其中3块沿着州级公路，一条小溪与道路并行。这些特征不仅把这些地产分割开来，而且也限制了直接接近它们。通过联合规划，每一业主的收益都大于它独立开发时的收益。县里的公众是第五个收益者，80英亩土地成为了区域公园。

有业主自动成为其成员的。住宅业主协会或自己管理农场和林地，或长期租赁给附近的农民管理（在第十八章，"保留农田和农民"和第四部分的案例中，我们还要作详细讨论）。

对于公园和娱乐设施，公共拥有通常是行不通的，因为地方政府不希望增加它的责任，很少有开发商相信公共部门能够适当地管理这些土地。当然，如果被保护的土地与市镇当局开放空间规划相协调，例如通过绿带式步行小径相连接（参见第十六章），维护费用也不大时，有可能通过双方协议，实现公共管理。

在大多数情况下，被保护的土地仍然留在私人的手里。在那些"庄园式宅基地"居民区里的那些没有开发的土地依然为它们各自的业主拥有，而其他一些被保护的景观有可能由住宅业主协会来管理。（另一种方式是，把土地交给地方土地信用社，当然，这种非盈利组织越来越勉强地担负拥有者的责任，除非这个开放空间的管理费用有人承担）。

成功的住宅业主协会

住宅业主协会（HOAs）很容易组织起来担负开放空间的管理责任.成为一个成功的住宅业主协会，有两条基本规则，一是居民区的所有业主自动成为其成员，二是对不负担其责任的业主的房地产有法律上的权力实施抵押。虽然这种权利几乎没有真正行使过，但是，拥有这种合法权利是极端必要的，它应当包括在地方分区规划的规则中。它应当在开发前和任何房产被出售时做出声明，成为住宅业主协会和所有业主永久性的权利和义务。

成功住宅业主协会的另一个特征是，维护共同拥有设施比较简单，费用比较低廉，因此，有一个相对简单的工作安排（例如，步行道、游戏场所、户外的网球场、水塘式游泳场所、溜冰场，而不是那些需要用氯消毒的游泳池，室内网球场，社区娱乐中心）。例如，在马萨诸塞阿默斯特镇的埃科山居住区，那里包括了需维护的设施，如林地小径，两英亩公共草地，有救生圈和救生筏的水塘，两个网球场，一个篮球场。从1969年到1993年，协会收取的年度费用只涨了20美元，每个家庭只需付75美元一年。一些高费用的娱乐设施逐步停止使用，所以才保证了多年低廉的费用。

住宅业主协会的成员还需要缴纳一定的保险金，这属于协会责任范畴。责任是计划建立开发空间时常常考虑的另一个问题，当然，这个保险金只是在住宅业主协会遇到法律冲突时才要交付。例如，当一个徒步旅行者因为抬头看树梢而被林间小径里的树根绊倒，这是徒步旅行者的失误，而非住宅业主协会的责任：不同于市镇当局的人行道，步行小径不会太平或没有任何绊脚物。当然，如果一个游泳者在上下游泳池时，被岸边的石头划伤，这将是住宅业主协会的责任（有关这些问题，我们在第十七章中的"综合绿道规划"一节中再作讨论）。

讨论住宅业主协会的成功和运行的组织和法律问题超出了本书的范围。如果读者对此有兴趣，可以参考由"城市土地研究所"在1964年编制的《住宅协会手册》，1970年，这个手册被重印，几乎所有的图书馆都有这本手册。尽管时间已经很久远了，但是它所使用的材料依然对今天有用，那里包括了350个居住区开发的案例，这些居住区的公共绿地都是由住宅业主协会管理的，所以，这本手册具有重要的参考价值。同时，这本书也包括了对住宅协会的法律要求，包括协会章程，组织表格，有关法律条款，公共场所的管理模式，等等。"社区协会研究所"可以对住宅业主协会的建立和运行提供技术帮助。这个研究所是一个国家级的非盈利组织，它为全国5000个住宅业主协会提供服务。

第十五章

要求开放空间设计

除开在前一章所描述的鼓励开放空间开发设计的多种方法外，还有一些其他的方法。这些方法用来保证未来的开发模式将始终按照保护大规模自然土地和社区现存特征的方式进行。

许多社区禁止使用组团式和开放空间开发设计的富有弹性的设计方法，在乡村英格兰的绝大多数社区正处于这种状态中。有创新精神的规划委员会的成员和居民们常常感觉到，简单地放开对创新型规划方法的限制就可能导致跨出一大步。当然，经验已经说明，只要社区使开放空间开发设计合法化，排除掉一些程序性的障碍，10%~15%的开发商就会决定选择这种方式就已经很幸运了。所以，跨出一大步其实可能只是非常小的一步，绝大多数社区的未来发展还是按照常规的饼干块模式进行。

在这种情形下，常常需要超出常规的游说，向地方立法机构确认，它必须从根本上改变对土地开发的常规管理方式。为了帮助社区跳出那种没有想象力的和土地消费型的棋盘式布局模式，"乡村马萨诸塞中心"精心制定了一种有效的交流方法，用来说明，在蔓延式开发的大潮中，一块土地从草场、田野和林地变成建设用地的中长期后果。

把常规分区规划使用到每一块可以开发的土地上的最终结果就是我们已经描述过的"地毯式居住区"（有时包括购物中心，办公园区和市镇设施）。在乡村社区，这种长期的后果似乎还距离遥远，并不像它们在大都市边缘地区那样构成直接威胁，然而，乡村人常常相当直接地失去了个人的田地，获得某种享受的河流小溪和其中的所有生物。而其他类型的开发模式，可以

保留下许多特征，但又不会减少业主所持有房地产的价值，如果了解到这些，人们对改善目前分区规划规则的兴趣就会高涨起来。

布局图

"布局图"可以用来向地方居民和官员说明执行现行分区规划和土地划分规则的长期后果，它是用来说明此类问题的最有效、最容易理解和最便宜方式之一。总的来讲，这种图展示了新道路和住宅的可能位置，它们能够依法建设在行政区范围内剩下的那些可以用于建设的土地上。这种方式也可以用于说明镇里某一个特定区域，甚至用于那些未开发的大型场地，当然，如果把它用于说明那些无边际延续下去的居住区，那些沿着道路无限发展直至另一个行政区，那是最富戏剧性的了。许多人（官员和居民）设想现行的分区规划正在保护着他们的城镇或镇区，所以，常常需要非常小心地指导建设布局分析，以可以理解的方式和变化的图式来揭示可能的未来发展。

为了保持信用，十分关键地是注意，开发因为自然和法规的约束并没有在预定的地区展开。未来布局模式必须反映，在那些具有坡度、土壤稀薄或其他一些自然限制因素的地方，建筑密度正在减少。例如，在那些允许1英亩一块宅基地的乡村地区，但是，开发商通常发现在那里20英亩土地上不可能开发10块宅基地，布局图应当反映开发商实际打算开发的那种建筑密度。有时我们称它为"自然分区规划"。

伊恩·麦卡格和大卫·沃伦斯在1960年

代中期出版的《流域规划》（绿泉和华盛顿流域，巴尔的摩西北方）中最早使用了这种方法。他们可能是使用这种方法的第一人。这本书以图式的方式描述了"无控制增长的幽灵"。一代人之后，这种方式重新开始在新英格兰地区使用。但是，英国和美国正在合作进行一个称作"乡村工作交流"的项目，美国和英国的土地使用专业人士一道帮助那些面临郊区发展压力的所选镇制定更为有效的发展战略来保护他们的特征。这组交流人员与一个小农业社区的官员一道，编制了一张大型挂图，在除去泄洪区、湿地、坡地、建成区，公共土地和受到永久保护的土地之后，这张图展示了"纯粹可以使用的地区"（NULA）。

在那些土壤或基础设施容量允许实现最大合法建筑密度的地方，规划师开始规划道路网络，两条平行道路之间的距离大约是两个标准宅基地进深的两倍，然后确定与道路相衔接的街的位置，一般顺应坡度状况，以便符合地方法规所要求的最大坡度要求。红点代表住宅，它们的布置对应于地方法规有关住宅和临街的要求。最后，在图面上出现了成百的红点，这表明这个镇子已经染上了"风疹"，有人给这样的图起了一个绰号"风疹图"（见图15-1）。

由马萨诸塞乡村研究中心出版的《布局分析手册》（莱西，1990）详细地说明了编织这种布局图的步骤，它使地方规划委员会的成员、保护委员会的成员、市民活动分子、职业规划师可以预测现行规划规则的后果。这种分析的第二个产品是预测未来住宅单元总数，以及未来人口和学生总数。

这种布局方法没有预测未来增长的速度。增长的速度会随多种因素而变化。从长期的角度看，因为发展的这个最终模式是执行现行土地使用政策的结果，所以，发展的最终模式比增长率要重要。这种最终模式一般表现为平铺的棋盘式布局居民点，惟一可能留下的开放空间就是湿地，泄洪区和其他一些不能用于建设的地方。

编制一个精确的"风疹图"单调乏味和耗费时间，但是，它在技术上没有什么困难，利用一系列现存的图（USAD土壤保护局的中强度土壤图，USGS的地形图，联邦紧急事务管理局的洪水分布图，美国工程兵的湿地分布图，地方的房地产税收图）和建成区现状航空照片，便可以产生出一个可以说明问题的结果。这种图一般按1英寸=1000英尺的比例编制。马萨诸塞乡村研究中心在利用学生和自愿人员的情况下编制每份镇域图的费用大约为3000美元。

现状

未来的布局

图15-1 这是由马萨诸塞大学马萨诸塞乡村研究中心毕业生为马萨诸塞迪尔费尔德镇制定的"布局图"的一部分。白色的为可建设用地。如图所示，如果完全执行现行的分区规划规则，整个地区的土地将如此划分。这种制图方法可以最为有效地帮助地方居民和官员通过视觉来理解未来。无需夸张增长的潜力，这种方法说明常规分区规划不适合于保护开放空间和社区特征。

只要编制得当，这张图所示结果是无可争议的。它是对常规分区规划的一个客观说明，提出了值得忧虑的问题：如果完全地执行常规分区规划政策，结果是什么？这种方法的最大贡献是帮助人们认识，现行分区规划规则就是郊区蔓延问题的一个核心部分，让人们把注意力集中到他们社区的未来；除非改变现行的土地使用规则，否则大部分人所指望的东西将不复存在（即农田、树林、河流走廊、山脊等等）。

使用这种方法的兴趣正在从东北部的州向西蔓延开来。密歇根的利文斯顿县最近创新性地使用了这种方法。那里的规划师编制了一份布局图，对布莱顿市周边的4个镇区的发展前景做了分析。他们在相关的研究报告中提出许多供讨论的问题（利文斯顿县规划部，1991）：

1. 这是一个希望增长的位置吗？

2. 基础设施是否规划与这个立置相衔接和满足这个发展规模的要求？

3. 一旦在这个位置上建设这个社区，几乎不会再有增长机会。地方税收可以满足公用设施的服务费用以及基础设施所需要的费用吗？（这一点对于那些几乎没有划分出一定土地用于未来工商业开发所用的镇区是至关重要）。

4. 是否有公园规划？这个布局的最终模式揭示出，所有建设用地都成为了私人的宅基地。30年以后，哪里是公共游泳池、野餐地或球场？

5. 这个布局对相邻社区的影响是积极的还是消极的？

这个报告的末尾这样写道："就整个社区而论，评估布局模式应当按照它是否合理和有序，是否可以（能够）得到公共服务和基础设施的支持，是否与其他行政区相一致。就场地对场地而论，通过地方规划和分区法令允许的增长设计能够增加建筑密度，同时又能维持宜居、经济合理和环境友好"（利文斯顿县规划部，1991）。

有时，只需要对市镇区内的某些样本区的布局加以说明就足够了，居民可以观样本区之一斑而知全局。偶尔把常规土地划分规则用于那些众所周知的和人见人爱的农田或树林（可能时包括一个水塘或选择相邻湖泊的地区），以便说明常规分区规划的后果。马萨诸塞的文翰镇在1989年镇土地使用会议上使用了这种方式，同时向与会者推荐了非常规的布局模式，供会议讨论（克帕科娃斯基，1989）。选择的样本的所有者同意以他的地产为例，说明镇里目前使用的2英亩一块宅基地的分区法规的后果，同时，与非常规的开放空间开发方案作对比（见图15-2）。

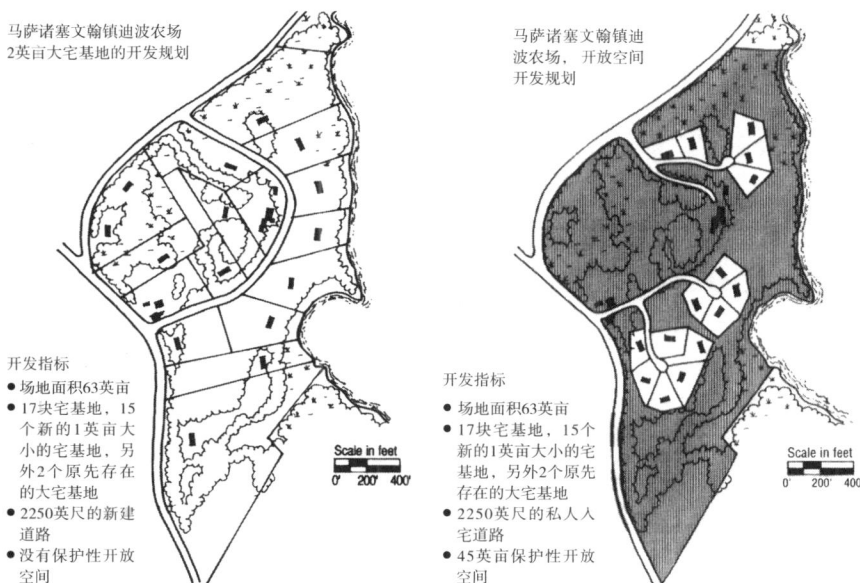

马萨诸塞文翰镇迪波农场
2英亩大宅基地的开发规划

开发指标
● 场地面积63英亩
● 17块宅基地，15个新的1英亩大小的宅基地，另外2个原先存在的大宅基地
● 2250英尺的新建道路
● 没有保护性开放空间

马萨诸塞文翰镇迪波农场，开放空间开发规划

开发指标
● 场地面积63英亩
● 17块宅基地，15个新的1英亩大小的宅基地，另外2个原先存在的大宅基地
● 2250英尺的私人入宅道路
● 45英亩保护性开放空间

图15-2 这是马萨诸塞文翰镇迪波农场的两种可能开发方案。它们用来使人们了解不同方案的可能结果。这个镇的未来的确掌握在镇子本身。两个方案产生同样多的宅基地数目（15个新的1英亩大小的宅基地，另外2个原先存在的大宅基地），但是，非常规的设计同时把63英亩土地的75%保留为开放空间。（资料来源：克帕科娃斯基，1989）

地区范围的保护和开发规划

一旦布局图编制完成，而且（在地方官员的支持下）广为散发之后，关键是要为社区提供一个比较好的未来前景。只是说明目前土地使用方法和开发模式如何不好是不够的。除开这种布局图所显示的消极影响外，必须对社区未来的积极形象做出预测，以便公众不至于消沉或失去希望。同时，这样做有助于改善分区规划，帮助人们认识到，如果现行的常规分区规划方式可以由具有创造性的设计方法替换，他们希望保留的乡村特征有望保留下来。

实现这一目标的最好方式之一是另外一种视觉方法：编制一张示意图，这张图既标志出所有需要永久保留为非建设用地，同时标志出所有容纳增长的地区。这种图的正式名称叫做"保护和开发图"（非正式的名称是"绿色的远景"），这张图应当包括在镇里的综合规划中，同时具有分区规划法令的特征（见图15-3）。土地所有者和开发商应当理解整个社区发展的限制和机会。希望开发任何一块场地

图15-3 使用地区范围的"保护和开发图"能够实现最好的效果。这张图可以标志出所有值得保护的自然和人文环境要素，以及没有这些要素的土地（那里将是首选开发用地）。希望开发他们地产的那些业主，按照地方分区规划，要使用弹性的"开放空间设计"方法，把计划开发的宅基地避开那些特殊的保护区，把新住宅和街道布置在图上没有阴影的地方。建筑密度将按照任何一个开发场地上可以用于开发的土地面积来计算（或对这个开发场地做一个概念性的"产出计划"）。这种方式是那些因为多个业主拥有而被分割的动植物栖息地保留完整，同样也使农田、树林维持完整性。这种方法对于绿道规划同样有效，它是开放空间维持连续性，例如，产生一个沿河的开放空间走廊。

Stony River

Scale in feet
0' 100' 300' 600'

农田
坡地
鹿群冬季栖息地
地下水吸收区
山脊
湿地
河岸
小径

的人们可以参考这张图，了解到他们所有土地的那些部分应当保护起来，那些部分可以允许做强度较大的开发。

新泽西布里奇沃特镇区的华盛顿流域区使用了这种方式。镇区官员编制了一个大比例尺的草图，它展示了沿河流走廊的每一块土地的未来使用特征，留作开发或留作开放空间（见第十六章，"绿色通道和缓冲区"，那里比较详细地介绍了这个项目）。新泽西的另外一个镇区常年雇佣了景观建筑师和规划师，在开发草案制定阶段就与申请人一道确定每一个新居民区建设中留下多少数量和类型的开放空间，以及这些绿色空间如何在开发中相互连接起来。（我们将在第二十章"亚历山大三角区"的案例中做进一步描述）。

1991年，宾夕法尼亚约克县的西曼彻斯特镇区的官员精确地说明了这种地区范围的保护和开发图。镇区官员在编制完成了"布局图"以说明执行现行分区规划可能产生蔓延之后，

又使用税收图为底图，编制了一张地区范围的保护和开发图，指明哪些地方是增长区，哪些地方是保护区。使用税收图为底图使他们避免了把任何一块土地全部抹绿，而证明无需在没有赔偿的情况下随意"拿走"一块土地用于保护（见图15-4）。通过这个过程，每一块空地都做过了保护和开发潜力评估。

镇区官员所提供的这个层次的指南帮助地产业主和开发商视觉化每块地产，以便在应用这个法令时保证开放空间的相互连接。虽然这里提到的地方都采用了1英亩或2英亩一块宅基地的分区建筑密度，但是，西曼彻斯特镇区采用了15000～20000平方英尺的标准宅基地，这一点与它相邻的约克县城一致，同时与公共供水和排水容量有关。曼彻斯特镇区这项分区法令的目标是，通过把宅基地面积限制在10000平方英尺，以便实现每个地产的25～50的空间为开放空间。

社区范围保护和开发图上所示的保护地

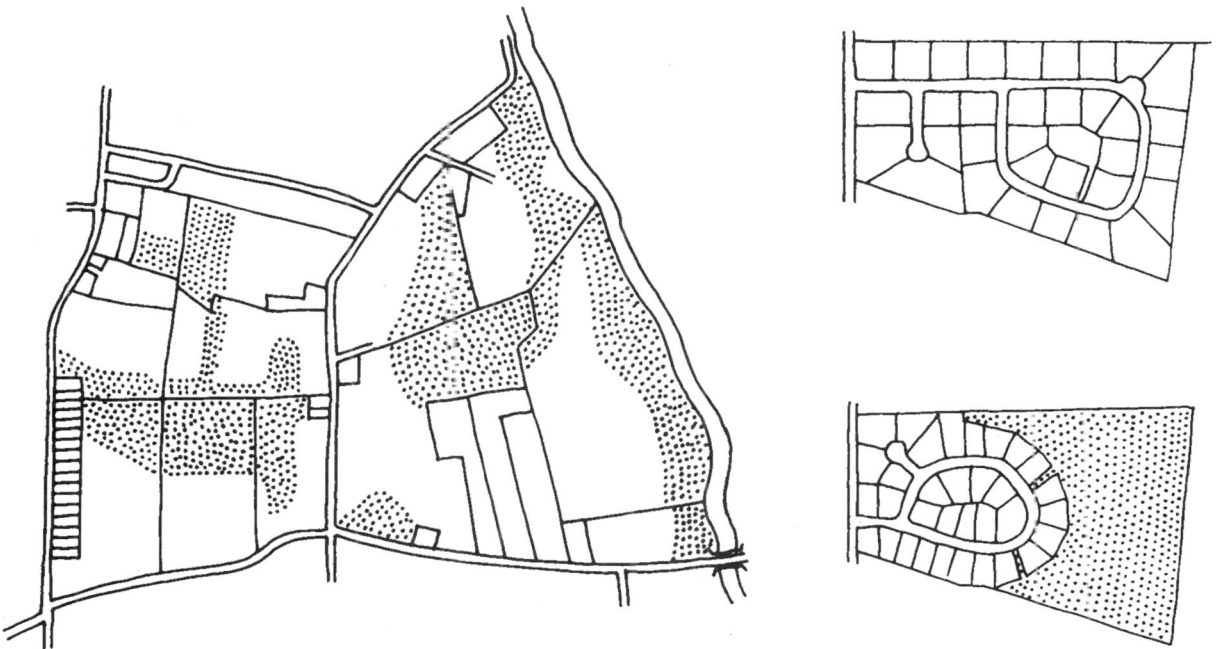

图15-4　宾夕法尼亚约克县的西曼彻斯特镇区已经在全国率先在小镇中推进了这种方法，通过地区范围的保护和开发图，给开发商和地产所有者提供了一个指南，以致当他们计划划分土地时，明确知道开放空间在他们的土地的哪个位置上。当一个开放空间系统处于多个地产上时，镇区官员要求一个咨询规划师在官方的税收图上画出新开放空间的边界，然后把它们实际连接起来。两张小的草图揭示了一个开发商如何与镇区绿色空间系统相协调而做土地划分的，按照西曼彻斯特镇区的新的分区规划法令，保护用地正在这些居住区内。

区一般包括（除开湿地和泄洪区），农田、草场、石墙、斜坡、山脊、山顶、公共饮用地下水采集点，重要野生动物栖息地、湖泊、河流或海洋沿岸、包括自然景观的视点或视觉走廊。新开发应该要求避开这些地区，在申请开发地产的另一端以较高建筑密度的方式组团开发。实际上，这是开发场地内部的建筑密度交换，维持同样数目的住宅单元。

当然，当需要保护的特征对侵蚀特别敏感时，或者它们几乎覆盖了一块开发场地的全部或大部分时，应当建立起鼓励和实现开发场地建筑密度交换的机制（如第十四章所描述的"业主协议"，第十八章描述的霍华德县"建筑密度交换选择"）。换句话说，应当在创造性分区规划中兼容这种开发权转移的缩影形式。保护土地其他一些方法能够，也应该用来补充这些法令性措施，如"选择性购买开发权"（PDR）和"限制性开发"（把土地划分为为数不多的大型宅基地）。

过去，在市镇综合规划中包括一个有关保护土地的"希望一览"和开放空间规划，这已经成为一种传统，但是，那些土地应当被保留下来只是一种愿望，它的实现依赖于地产业主自愿约束开发，公共或私人机构有足够的资金购买它们用于公园用地，或者开发商愿意使用开放空间设计方法来布置宅基地。不应当继续延续这种规划师把图涂上绿色，然后等待运气的方式。这里描述的这类图与传统方式的关键差别是，这种类型的图实际上是一个官方的法规性文件，如同分区规划图一样。实际上，它的功能应当像一个叠加图，这样，开放空间开发设计的概念就成为了开发商的责任。

起源与原理

要求开放空间开发设计的方法已经讨论几十年了，而真正开始实行还是近几年的事，特别是因为《面对康涅狄格流域的变化》（亚

罗，1988）中使用图示型法令条款而使这种方法流行起来。

要求开放空间开发设计这个概念的起源尚不清楚，甚至先于麦卡格和沃伦斯的《流域规划》。1963年，麦卡格和沃伦斯在《流域规划》中提出，对巴尔的摩外两条美丽河流峡谷地区树林山坡的开发，实施"强制性组团"，以便拯救山脚下的土地。在这个高度为人认可的规划中，麦卡格和沃伦斯提出"这个分区应当要求具有开放空间的强制性条款，县里应当为那里的每一块土地制定设计控制，以致实质性地约束房地产业主，或实质性地约束这个县"（麦卡格和沃伦斯，1963）。

这个地方政府虽然并没有修正他们的分区规划法令，来要求组团开发，以创造大规模规划的开放空间，但是他们通过其他措施（限制在那些地下具有价值昂贵水晶石及其地下水的地区建设新的化粪池系统，约束污水管网扩张到用于泄洪的峡谷地区）执行了麦卡格和沃伦斯的建议。因为麦卡格和沃伦斯从未宣称他们对要求新开发进行组团的法规性概念具有首创性，所以，这个简单却极具力量的概念来自何处仍然不确定。

10年以后，L·肯迪格在他《工效性分区规划》的讲座稿中重新提出了要求组团的观念，并演绎为"开放空间比率"（OSR）。按照肯迪格的系统，0.5的开放空间比率意味着保留50%的开放空间。记录这个方法首次使用的文件的确少见，但是，最早把组团开发修正为创造永久性开放空间的方法的法令（时间可以追溯到1970年代早期）可能就是纽约长岛东端萨克福县乡村的几个镇（那里几十年来一直经受着第二住宅开发的压力）。

在这个引人注目的观念背后，其理论基础是明确的：使用一般政策的力量来保证每个社区协调发展。房地产权不会因为限制开发商把住宅和道路溢出他的地界而受到宪法性侵犯。宪法、权利法案或相关的案例都没有保障"蔓延的权利"。

大部分州的地方政府要求组团布局的权利包含在州里分区规划实施法律之中。在纽约州，这种权利对那些保守的律师还不清楚的地方，立法者通过启用新的条款，授权镇和合作管理的村实施组团布局，来消除任何尚存的法律疑虑。在相邻的康涅狄格州，1991年，立法者鼓励较多地使用组团式开发，以此作为保护开放空间的一种方式。现在，土地划分规则也要求组团布置，每个乡村镇必须在他们的发展规划中考虑使用组团设计（通德尔，1992）。

地方政府规划行政管理当局采用法令来要求比较紧凑的开发和永久保留一部分开放空间的另外一个重要原因是，除非他们使用法令，否则他们仍然会只是一个恳请者，没有权利强迫开发商按照开放空间开发设计的原则行事。不乏县和镇请求开发商在开发型居住区时采用开放空间开发设计的方式或组团式布局方式的案例，但是，开发商仍然一如既往地坚持常规开放方式。尽管这种标准可以增加功能性开放空间，既减少私人建设道路和公用设施的投资，最终减少维护这些设施的公共花销，公共部门却要请求开发商，而开发商可以随意接受或拒绝进步的设计标准。这是一种奇怪的现象。

公共部门丧失对开发模式的控制这种情形有了一个绰号，"等待规划学院"，因为地方规划官员正在靠运气，希望和祈祷下一个明智的开发商出现，使用开放空间设计方式。

为什么如此重要的法令条款一定要依赖开发商的好恶呢？继续这个逻辑，也许我们应当考虑把目前执行的街道建设、公园、景观、排水沟、缓冲区、环境效率标准都变成一种选择方案，随开发商的意愿行事。

简单地事实是，无论何时市镇当局严肃地看待一定标准的执行，无论它是有关新居住区的主管道直径还是遮荫树直径，最低标准一定得到了满足。新开发中的开放空间的数量、质量和模式应当得到公共官员的同样重视。

有些事情对于生活不一定具有本质的性质，可以允许采取自愿的方式对待它，但是，几乎没有谁会认为我们社会的一些重要因素可以允许自愿选择的，例如限制车速，交纳收入税。事实上，如果分区规划不是法令，仅仅是一个质询意见，谁又会愿意在规划委员会里工作呢？值得提出争议的是，这类重要条款之一实际上是自愿执行的：涉及开发模式的那个部分，以及保护和使用的功能性开放空间的数量和位置，这些都是设计过程的一个部分。

的确是时间了，公共部门重申它在控制开发模式和居住区设计上的权利。"我们按照常规分区规划所做的开发究竟发生了什么错误。在回应这个问题时，有些中西部的规划师做了这样的答复，"如果你对常规居住区分区规划的结果持满意态度的话，常规居住区分区规划实际上没有什么错误，那里每一英亩土地都用来盖房子，修马路和人行道了。社区按照这样的土地消费模式继续开发，最终得到的是一个无边无际的居住区网，没有或只有非常少的土地留作自然或开放空间"。（利文斯顿县规划部，1991）。

开放空间开发设计的基本好处正在开始在联邦层次得到了关注。国家公园管理局已经表达了采用这种方式来帮助那些乡村特征最易受到侵害地区保留私人地产上的乡村特征。国会在批准5000万美元预算购买开发商在马萨诸塞巴德尔菲尔德地区已经拥有和计划建设购物中心的土地之后，同时紧急要求国家公园管理局考虑如何阻止此类高额拯救事件的再发生。国家公园管理局与自然土地信用社一道，开始制定一个叫做"相邻土地战略"的政策。"相邻土地战略"使用多种规划方法和其他土地保护方法，以费用有效的方式来保护围绕国家重点场地周围的开放空间。这对于私人业主也是公正的。

类似的工作也可以在州、县和地方市镇层次展开，以保护现存公园、森林、野生生物栖息地以及这些政府维护的保护区周围的开放空间。事实上，如果规划管理机构没有主动从事这项工作的话，公园和保护社团应当在他们的委托人中倡导这类观念，在围绕这类场地的那些没有开发的土地上创造改进土地使用规则的示范工程。美国林业局指导的"北部林区研究"美国国家公园局的一个分支机构，"黑石河流域国家历史遗产走廊管理委员会"在"土地使用因素"中，都提出过使用这类方式来保护特殊保护区周边的开放空间（阿仁德，1989）。

马里兰的卡尔弗特县特别采用了一种方式来推动土地使用规划的改革。县里的规划部门不仅邀请了国家知名的开放空间保护专家来做演讲，还给选举出来的和被任命的官员、开发商和房地产业主发出邀请，请他们来参加这类活动。演讲结束后，他们给与会者分发一页包括13个问题的问卷。问卷的结果列表公布。压倒性多数（4：1或5：1）的参与者支持问卷上的主要观点（除开"允许非常小的乡村居民点采用砂石铺装二级道路"这一观点之外）。这个调查表及其结果已经包括在本书的附录中。这是改进分区规划和土地划分规则的一个例子，它包括了许多以前已经讨论过却没有执行起来的观念（参见第十四章中"改变公众的理解"一节）。

强制执行开放空间开发设计（OSDD）的程度

地方政府选择"强制执行开放空间开发设计"的方式有所不同。有些社区（特别是上纽约州地区）把决定权交与地方的规划委员会，选举产生的"镇委员会"授权规划委员会，按照综合规划的总体目标和提出分区规划法令的目的，只要规划委员会认为需要，它可以决定在什么情况下要求执行开放空间开发设计。这种方式允许规划委员会在那些传统紧凑型的村庄和小乡村居民点建设街区公园，当然更要求

在那些野生动植物栖息地或农田保护区里执行开放空间开发设计。

在纽约州的哈里耶瀑布，地方官员最近开始执行修正过的分区规划条款，它把村庄传统规模和紧凑型开发模式与保留开放空间的严格要求结合起来。这项要求规定，在那些新的小规模宅基地居住区里保留最多高达45%的土地为开放空间。宾夕法尼亚的下梅里奥采用了类似的规则，应镇区的要求，"自然土地信托"正在研究创造绿色通道网络的潜力，这种绿色通道网把新居民点中的开放空间连接起来，同时还与现存的学校、公园、步行道和米尔河连接起来。图15-5揭示了这个成熟的郊区仍然还有一些可以开发的土地，具有保护开放空间和把它们连接起来的潜力。（每个开发场地都可以在土地划分过程中把开放空间和绿色通道连接起来，如图上那些小点所形成的模式）。

马萨诸塞那些"强制"执行开放空间开发设计法规的镇子，一般允许地产业主在达到执

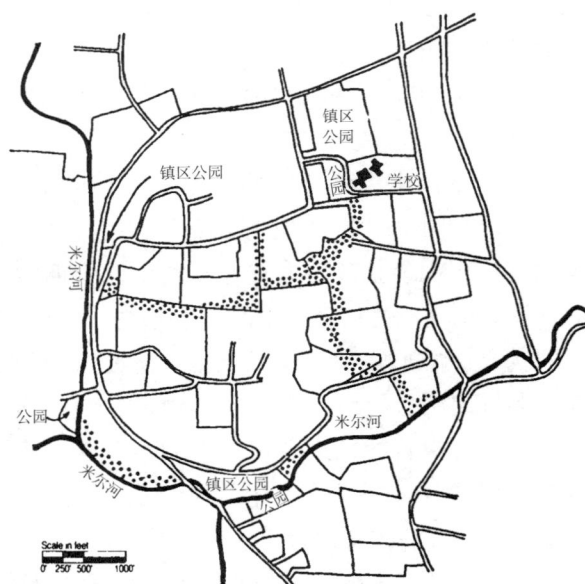

图15-5 宾夕法尼亚的下梅里奥是费城的一个郊区，它是宾州第一个执行组团要求（所有超过5英亩的场地）的镇区。地方政府使用这个有效的工具确保，未来的居民点的建设不会进一步干扰长期建立起来却非正式的骑马小道，它把许多街区连接在一起。这张草图揭示了现存小径把现存的学校和公园连接起来，还与米尔河连接起来，形成了一个连续的环路。

行开放空间开发设计临界点之前，有一定数目的基本上不符合新规则的宅基地。这个赦免一般允许在若干年内开发3~块宅基地。允许少量常规型"合法"宅基地的目的是减少任何可能出现的法律性挑战。这种思维类似于州里土地划分管理法律中所给与地产业主一些赦免的条款，如允许在达到土地划分审批临界点之前的任意一个5年期内，创造1~2块宅基地，无需土地划分审批。

缅因州南伯威克是新英格兰地区第一个强制执行开放空间开发设计法规的镇子。那里的规划机构对开发农田或草场面积超过10英亩以上新居民点强制执行开放空间开发设计，（其依据来自航拍照片）。以后，规划机构又增加了新的标准，在特殊资源地区（除农田之外），开发面积超出一定数量，而常规分区规划会影响那里时，要求强制执行开放空间开发设计。

马萨诸塞乡村研究中心制定的开放空间开发设计法令样本包括三个叠加分区：农田分区，距水体和水流250英尺内的分区，坡地、山脊和山顶分区。还可以增加野生生物栖息地分区，地下水吸收分区，特别是那些公共水源分区。开放空间开发设计也用于沿乡村道路的非商业性开发分区，在那里，可以在道路两旁公用设施用地和未来住宅用地之间建立一个缓冲分区（深度在几百英尺以上）。沿着公路建设绿色走廊，进一步减少居民区的交通噪音（参见第九章，"镇中心和公路沿线的开发"和第十二章，"景观道路"）。

这里还可以再提一些新的方式。马萨诸塞的霍普金顿镇要求，按照开放空间开发设计而提交的居住区规划必须由景观建筑师来编制，同时，景观建筑师还必须与测量员和工程师一道工作，因为测量员善于分析场地的自然和景观要素，准备敏感地区的布局方案。

在佛蒙特州的卡利斯镇，通过州里"200号法案"所提供的资助，那里的景观建筑师可以为乡村私人地产业主提供服务。这项资助旨在鼓励地方行政当局改善规划过程。镇里认识到，大土地所有者是乡村地区变化的关键决策者，改善规划以服务于保护和开发的最有效的方式之一是，提高这些个人或家庭的认识。

佛蒙特州的布伦特里镇对其官方的土地划分规则做了修正，要求所有土地划分申请人在提交任何规划草图要求审批之前，首先观看有关乡村开发技术的60分钟录像（此录像由马萨诸塞乡村研究中心制作，可以通过美国规划协会获得）。这可能在全美国是惟一的案例。一个乡村镇通过要求开发商观看教育录像，积极地提高开发商的意识。

在结束这一小节之前，我们需要重提十四章所提出的两个案例。在华盛顿州的克拉克和克拉勒姆县，低密度资源型分区规划允许把农田和林场划分成为20~30英亩的最小场地，这种分区规划规则几乎达到强制执行组团布局的程度。当然，在这两个县，如果开发场地的每一块宅基地面积接近3/4英亩时，允许在整个场地中达到5英亩一块宅基地的建筑密度比例（在克拉克县，每20英亩可建设用地允许再增加2个住宅单元指标）。由于采用大宅基地土地划分方式和组团式布局方式之间所产生的宅基地数目如此悬殊，以致几乎每一个地产业主和开发商都愿意采用比较紧凑型的开发模式以获得更多的开发单元。用这样的分区规划规则替代那些允许较高建筑密度的常规乡村分区规划（一般是2~5英亩一块宅基地），并不表明"迁就"了开发商。那里没有采用优惠的方式来鼓励组团布局，而是采用不鼓励或不优惠把大块场地（100英亩或100英亩以上）打散成为小块场地的方式实现其目标。

弗吉尼亚州县开放空间开发设计分区规划

第一个要求新居住区应当按照开放空间开发设计原则来布局的县层次分区规划规则，可能是地处弗吉尼亚东南部的怀特县艾斯勒镇，那里正经受着来自汉普顿道路地区日益增加的开发压力。这一情况与马里兰的霍华德县相似，那里正在讨论在综合规划中加入新农业分区规划的条款（我们在第十八章讨论）。下面要讨论的有关弗吉尼亚的案例中包括了法令性要求，这些要求用来执行县综合规划中提出的特殊特征保护标准。

弗吉尼亚怀特县的艾斯勒镇地区，80%的土地都被划分为"乡村保护区"，那里禁止新居住区建设用地超出整个开发场地的50%。那里的基础建筑密度为10英亩一块宅基地，通过建立5英亩一块宅基地的最大宅基地规模，把剩余土地永久性限制于农业和林业使用，实施保护权转让，同时还有其他一些限制进一步开发土地的条款，来实现保护开放空间的目的。附加的标准把通往居住区的道路限制为沿现存县级道路的单道宽度的道路，要求建筑物从道路边缘至少退后100英尺，其中一半必须植树，以便形成一个缓冲区，以便维持或提高乡村特征。

除开这些法规之外，通过弹性尺度的方式可以鼓励留出更大规模的开放空间，按照这些法规，当开发所消耗的纯粹面积减少时，可以允许的建筑毛密度可以相应提高。换句话说，如果开放空间从50%提高到60%，道路缓冲区从100英尺提高到了150英尺，可以允许地产业主所要开发的宅基地数目增加20%（例如，在100英亩的场地上，宅基地数目从10增加到12）。最大宅基地规模从5英亩一块减至3.3英亩一块，如表15-1所示。

如果整个开发场地的70%保留为开放空间

的话，业主还可以再增加8块宅基地，而每块宅基地的面积减少到1.5英亩一块。惟一不受以上标准约束的情况是，20英亩或大于20英亩的场地用于农业，并且立约不再用作宅基地的。当然，有关这个问题会出现许多变数。希望增加开放空间保护程度的规划师可能建议把表15-1中的C栏修订为C'，与A选择方案相比，C'只会消耗16%的土地用于建设，而允许住宅单元数目增加60%。图15-6的草图说明了，按照这三种方式中的两个，宅基地和开放空间在一个新开发区里的典型布局。

这个案例中所使用的建筑密度和宅基地规模可能不能用于其他的行政区，但是，值得赞扬的是，它提出了许多与标准大宅基地规划模式不同的选择方案，原先这些方案几乎完全被排除在乡村居住区开发形式之外。这个县原先的基础建筑密度是1~2英亩一块宅基地，知道这一点可以帮助我们理解这些数字背后寓意。简言之，怀特县采用的是以减少建筑密度的方式来保护乡村特征，而允许小规模宅基地来满足农业社区的经济利益。

弗吉尼亚北部的福基尔县已经立法通过，这个县乡村居住密度为10英亩一块宅基地，利用弹性尺度的方式来决定宅基地的数目，那里的分区规划要求，在乡村地区（这个县的绝大部分地区为乡村地区），使用开发场地15%以上的开发计划不会得到批准。相邻的克拉克县，在农业分区中，乡村居民点的每块宅基地面积不超过2英亩。这个弹性尺度的规则允许在50英亩地块上开发3块宅基地，而在500英亩地块上，只能开发11块宅基地。

100英亩登记地块上开放空间的变动规模计算   表15-1

选择方案	保留的开放空间	宅基地数目	最大宅基地地块	县级道路退红	相对毛建筑密度	保留土地	开发土地
A	50%	10	5英亩	100英尺	10	50英亩	50英亩
B	60%	12	3.3英亩	150英尺	8.3	60英亩	40英亩
C	70%	20	1.5英亩	200英尺	5	70英亩	30英亩
C'	84%	16	1英亩	250英尺	6.3	84英亩	16英亩

注：相对毛建筑密度=英亩/每个指标住宅单元

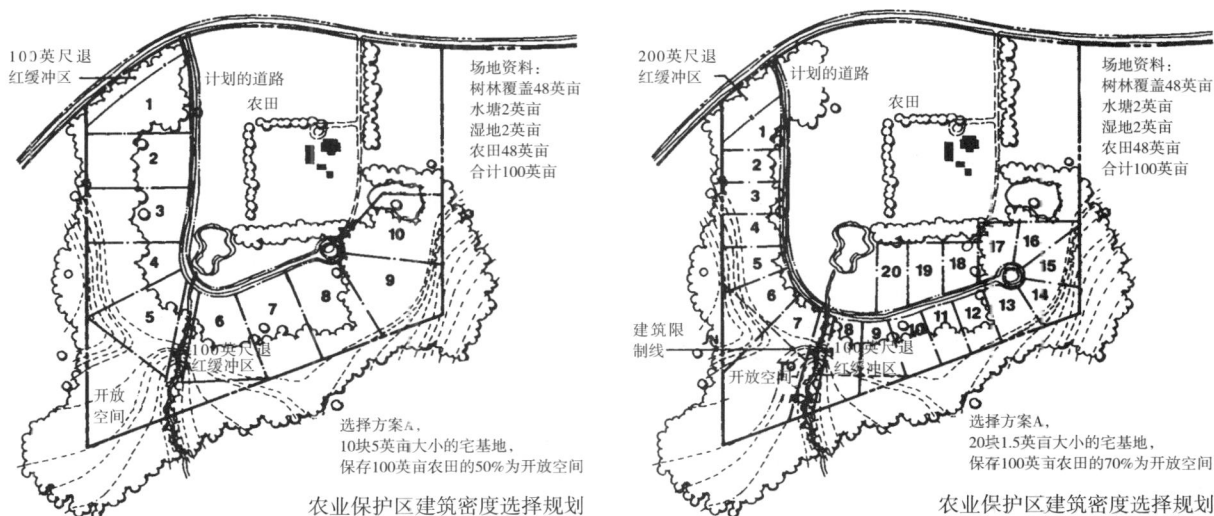

图15-6 怀特县的艾斯勒镇采用了全国第一个县域范围要求开发商使用"开放空间设计"方式的分区规划。这两张草图说明，执行新法令下的两种不同的选择方案，那里的开发密度限制在10英亩一块宅基地：保存100英亩农田的50%为开放空间，开发10块5英亩大小的宅基地，或者保存100英亩农田的70%为开放空间，开发20块1.5英亩大小的宅基地。（资料来源：雷曼–约翰斯通规划事务所，马里兰）

加利福尼亚州的开放空间开发设计要求

在旧金山以北马林县的一部分，若干个乡村区被分区规划为开发区，同时要求开发场地进行组团式布局，以便实现这个县的目标，把新住宅建在地理上最为稳定的地区，减少新开发场地的视觉影响（寇色，1992）。这个县要求山边草地上的住宅要由现存的植被，露出地面的岩层或地形遮蔽起来。禁止在山脊水平300英尺，垂直100英尺的范围内构建建筑物，以保护山脊。

与山边草地地区相比，允许在树林坡地地区做比较松散的开发，"以便保留树木和减少视觉影响"，但是，在农业地区，要求有比较紧凑的场地设计，"尽可能减少对现存的和未来的农业用地的干扰。"这个县预计到居民和农民之间可能发生的冲突，要求大规模农场制定农业管理计划，在这个计划中考虑化学和化肥物质的使用和面源污染问题。尽管通过组团布局而保留下来的农田并没有考虑到它们的休闲娱乐功能，这个县的政策是承认组团开放空间和跨过私人土地的步行小径的私人利益问题，通过各种支付方式来维持这些地区用于公共目的。

佛蒙特州层次的审查

佛蒙特州确实还没有组团布局的要求，但是，佛蒙特州的"第250号法"第八款为"地区环境委员会"的成员提供了一种法律基础，拒绝批准"那些影响那个地区美学的、历史的、珍稀的或不可复得的景观和自然美的开发项目"。州里的"自然资源局"已经向开发商和九个区域环境委员会的执行成员提供了《佛蒙特的景观：增长河保护指南》，这是一本极端优秀的图式设计手册，以帮助他们理解每一块地上的资源，欣赏它们的特征，制定适当的决策（廊特尼，1992）。

这本书考察6个场地，用现实的透视图说明了那里的现状，并与开发之后的情形做了对比（常规的与敏感的）。所有推荐的设计方案都包括了组团布局。依赖于场地特征，他们使用组团方式来减少对树木的清除，对山边土地的开发，对农田的占用和保护海岸线和村庄入口道路。这本手册应当帮助开发商避免违反"第250号法"的有关美学标准的场地设计，同时强化环境委员会委员们在管理乡村地区开发中的作用。实际上，他们希望在这类事务中扮演重要角色。

第十六章

绿道和缓冲区

绿道这个术语是在1950～1960年流行起来。威廉·怀特首先把"绿带"和"公园道路"这两个词结合起来，形成了"绿道"这个词，用以描述用于户外娱乐活动如步行、慢跑、徒步旅行、骑自行车和骑马的林木覆盖的道路。自那时开始，规划师、景观建筑师、娱乐专家、野生动植物管理等等学科都开始使用这个概念。同时，许多地方小团体把绿道看成是保护开放空间的一种特别费用有效的方法，尤其在联邦政府出资购买传统工园用地，这个概念更为流行起来。另外，日益增加的乡村土地管理者和野生动植物保护者也在开始频繁地使用这个词汇，以致把农业、林业、动物以及非运动型娱乐活动用地的保护包括在其中。

在《美国的绿道》一书中，查尔斯·利特把绿道定义为，各式各样社区居民分享和共用的"线状公共用地"（利特，1990）。沿着自然元素如河流和山脊，或沿着人工元素如废弃铁路两旁的设施用地，水渠两边的栈道或输油管道和高压线设施用地，绿道提供了运动、社会交往和观察自然景色的机会。绿道为流入湖泊、水塘、河流的雨洪提供了一个过滤缓冲区，也为野生动物提供了重要的旅行通道。

由于这样一些功能，同时由于它们一般利用了现存的不能用于建设的土地上，绿道正在日益流行起来。在美国，大约有200个以上的行政区正在使用这一特殊的分区（克纳克，1990）。按照"铁轨—绿道小径保护"组织的统计，42个州目前有435个以上的铁轨—园林小径，整个长度超过4907英里。据1990年的估计，每年有3000万人次使用铁轨—园林小径。在那些对典型绿道

使用者的特征进行过研究的地方，最大数目的绿道使用者来自周边2～5英里范围地区，仅仅17%的使用者来自周边1英里范围地区。虽然中学生是最大比例的使用人群，但是，老年人群的使用强度最大（菲鲁塞恩，1990）。

绿色边缘和连接

作为一个绿道的倡导者，利特强调了绿道的两大关键特征：边缘和连接。由于绿道呈现狭长的形状，所以，绿道宽度与它的周边地区面积的比率相当高，以致它与周围的开发具有最大的界面。例如，一块100英亩的圆形地块的周长为7400英尺，如果把100英亩的土地按1英亩（208英尺宽）线状排列的话，其周长为41800英尺。如果把绿道作为背景，作为不同使用功能的土地间的分割，或者作为沿河流的缓冲区，绿道比起相同面积的常规公园所能提供的"边缘效果"要高出5～6倍。换句话说，如果花1美元来购买这些"线状公共绿地"，那么，花5.65美元才能买到建起一个标准公园的土地来形成同等长度的边缘。

当然，需要指出的是，边缘最大的方式一般不适合于推进生物多样性，特别是在土地在形状上缺乏深度的时候，尤为如此。阳光直接照射到绿道的中部影响了那些喜好森林荫影遮蔽生活条件的动植物的生存，同时容易受到其他物种的入侵（野蔷薇、日本忍冬、挪威枫树），以致替代当地物种。虽然这种考虑没有排除狭长绿道的娱乐和美学的价值，雨洪水的过滤和野生生物走廊的功能，但是它提醒我们，出于生态学的考

忠，需要长期保护较大面积的自然土地。除开狭长边缘的性质外，绿道的第二个关键功能是，它可以把从住宅到学校、商店和办公室等场所连接起来，把街区与公园连接起来，把小公园与大的开放空间连接起来。

这是整体大于它的部分之和的又一例证。一个单独的公园或开放空间只能给人类和野生生物提供有限的机会，而把它们连接起来，形成一个系统，就能形成一个连续性的经历和多样性的公园活动。这对野生植物同样重要，绿道为野生动物提供了一个由绿色植物覆盖的走廊，它们在其中运动，从巢穴到它们的采食场地，减少野生动植物栖息地的分隔状态。美国"国家公园局"出版的《绿道如何工作：生态学手册》对此论点具有重要的参考价值。

越来越多的社区正在开始认识到，把过去相互分离的公园连接起来综合效果。例如，马萨诸塞阿米雷斯特镇多年以来就有政策，通过购买园林小径所需土地或开发权，把现存的和新的保护区相互连接起来，那里有两条长距离的园林小径横跨整个镇域。当购买了新的保护区或建设了新的园林小径，镇里自然保护部门就征召自愿者修整枝杈或建设横跨湿地或季节性潮湿土壤地区的步行园林小径（见图16-1）。经验已经表明，人们乐于频繁地使用这些园林小径，如果他们加入了绿道的创造和定期维护的话，他们会经常去关照那里。事实上，地方居民对这些绿道的兴趣与日俱增，他们形成了自愿组织（"阿默斯特山脊步行者协会"）来帮助镇里组织自愿工作和管理维护，以非正式的方式来监管整个社区内的绿道。

综合性绿道规划

经过综合规划的绿道才会最终成为最成功的绿道。在开发之前就划出绿色空间和绿道保留区的确是众所周知的常识，但是，实际这样去做的地方并不多（除开那些较大规模的"规划社区"）。除开波士顿那条称作"翡翠项

链"的著名环城公园和绿道连接网络外，克里夫兰、辛辛那提、费城和华盛顿特区都有类似的公园网络。在克里夫兰和华盛顿，溪谷和小溪走廊在20世纪之交时就被保留下来，那里的乡村气息曾经相当浓厚，但是，逐步被周边的郊区发展所环抱。

在1950年代后期，费城的规划师E.培根在费城西北方部分开发的地区画了一个绿道网络，当时那里进一步开发的机会尚存，所以，他设想那里的未来发展都在这个网络之中（怀特，1968）。马里兰的绿道委员会在最近给州长的报告中提出推进这种方式的实施的设想，"在一个县域范围内的绿道系统可以看作是一种'基础设施'和阻止设想的保护区完全被保护起来之前可能受到的侵扰"（马里兰的绿道委员会，1990）。

图16-1　马萨诸塞阿默斯特镇的居民们正在扩宽镇里所拥有的保护地里的园林小径，自愿者构成了日常维护园林小道的主要劳动力资源。组织这样一些活动能够在社区内形成一个良好的社会风尚，增加成年人对这些道路的使用，同时减少对保护地不适当的侵扰。（照片：韦斯托弗）

当然，除非地方规划管理当局有了这样的目标，否则，只会留下不能用于建设而对开发商来讲无法使用的剩余土地。由于今天的环境标准比起培根时代要高许多，所以，那些难以使用的地区很少受到开发的威胁。遗憾地是，因为把所有的开发用地都用于住宅和街道建设之后，建设绿道常常被搁置一边。湿地、河流走廊和山脊可能免遭破坏，但是，当宅基地靠着宅基地，到达这些自然区域已经不再是可能的了。

由于绿道系统一般需要很长时间才能真正运行起来，所以，把它置于优先建设的位置是十分重要的。在华盛顿州一个叫做印第安拉的小镇，绿道的规划师把最优先的关注点放到那些最易变化或被开发的地区，那些土地一旦用作它种目的就很难再建起绿色连接网络的地区（河流走廊、河口滩涂，标志性的树木）。其次的关注点是走廊，不花费太大气力就可以合并进入绿道系统，并即刻产生出明显的视觉效果（公众拥有的走廊，市场街和那些具有这类意识的私人地产）。最后需要关注的地方是开发所造成的威胁极小，或者那些需要与业主做大量讨价还价的地方（雷科德，1991）。印第安拉镇绿道的显著特征是，绿道的建设与"规划的街"配合起来，那里不太可能很快有汽车通行。许多老社区都会有设施用地，它们通常空闲着，有时被卖掉（最终关闭建设绿道的机会）。许多社区的人行道规划都盯上了这些设施用地，把它们看作创造地方园林小径系统的关键因素。

在缅因州的一个叫做斯普林维尔的1950年代的居住区，街道按棋盘式布局，但始终没有完全建造完成，步行者沿着这样的路径通过这些林木覆盖的50英尺宽的设施用地，把街区连接起来，以致镇里不可能因为没有远见而把这类"纸上的街"卖给相邻的业主。印第安拉镇的地方土地信托采用了一种设计方式把步行园林小径和自行车道置于这些没有开发的设施用地上（包括砂石铺装的胡同），以致未来需要

可以容易得到满足。从一开始就考虑到把所有非车行的交通安排在设施用地的一边，而把另一边留作可能的低交通量车行道，如"村庄胡同"或公共入宅式道路（本特森，1992）。

北卡罗莱纳州的许多市镇认识到，不同于在土地被划分和出售之后购买跨过私人地产的权利，先于开发就保留绿道并非易事（同时也未必便宜），所以，他们把计划的绿道写入官方的总体规划政策之中，画在规划图上。例如，德汉姆镇的总体规划中就包括了93英里的绿道园林小径和自然园林小径，另外还有沿火车线和上下班道路的25英里自行车道。虽然这些数字可能比较大，但是，它是符合"国家公园和娱乐协会"的指南的，即1万人5英里园林小径。到2005年，德汉姆镇的人口将会达到276000人，所以，它需要135英里的园林小径来满足这个标准。其他计划中的园林小径系统包括两个区域园林小径的连接，一条是连接称作"科研三角地带"的3座城市的园林小径，另一条从山上通往海边。

如同这些野心勃勃计划的一样，北卡罗莱纳州已经通过了建设园林小径的非强制性标准，它的要求更高：每1000人1英里园林小径。由于园林小径的功能变化多端，所以，这个标准进一步规定：每1000人0.4英里自行车道；每1000人0.2英里供步行使用的自然园林小径。没有谁会指望在不久的将来真的达到这个标准水平，然而，它却构成了一个重要的长期规划目标，每年都有进展，逐步实现，例如，佛赛斯县正在规划一条沿120英里溪流展开的绿道系统。1989年，其中的第一段建成，它沿着萨莱河，连接彼得河公园道，直至萨莱湖。另外一条围绕萨莱湖的园林小径正在建设中。

尽管北卡罗莱纳州在绿道建设上处于领先地位，但是，马里兰州最近提出了建设全州范围内的绿道网络政策。它计划首先建设300英里保护河流的绿色走廊，并且已经编制了一套图来补充他们包括沿着山脊、沟渠、铁路、障碍岛和设施走廊的园林小径的新绿道系统。公

共工程设施公司担心，允许公众接近公共工程设施用地时，谁来承担公众在那里发生事故的责任。当然，至少有一个公共工程设施公司认同了马里兰娱乐责任法令所提供的保护，这项法令把私人房地产业主的责任从"忽略"改为"完全忽略"。（马里兰绿道委员会，1990）

宾夕法尼亚州也对那些允许公众接近和不收费的私人房地产业主提供了法律保护。按照宾夕法尼亚州1966年"娱乐土地和水使用法"，私人房地产业主"没有责任对进入私人场地做娱乐活动的人员提供安全保障，或没有责任为那里的危险条件、使用和建筑物向为娱乐目的而来的公众提供任何安全警告或行动。"法庭的决定已经为私人房地产业主开脱了责任，如徒步行走者因掉进园林小径上的洞里而受伤，游泳者在河流中溺死，雪橇与湖边的大树相撞（哈柏，1991）。当然，这项法律中包括了一些例外，如"对危险的条件、使用、建筑和行动做出心怀恶意的误导"。除开北卡罗莱纳州和阿拉斯加州，所有的州都有法律保护房地产业主避免因为免费进入他们私人场地做娱乐的人发生事故而吃官司。按照美国林业局的一个研究人员的介绍，"按照娱乐使用责任法令，在大部分州，为了建立一个法律诉讼基础，原告至少必须证明，他完全忽略私人房地产业主的责任（赫罗内克，1989）。

虽然纽约州至今还没有通过全州范围的绿道政策，但是，州里的立法者在1991年开创了一个具有重大意义的先例，"哈德森河绿道"，在纽约州的10个县指定350万英亩土地，创造全国最大的绿道走廊。整个区域从南部威斯奇斯特和罗克兰县到北部的奥尔巴尼和160英里的伦塞勒，参与的地方政府可以得到特殊财政支持。

这项法律所提供的特殊承诺中有技术帮助，支付地方的绿道规划费，购买土地和基础设施建设费用，补贴绿道的参与者所面临的相关法律费用。在绿道区域内的旅馆业年度税收收入估计在70万美元，这笔费用可以长期提供给参与该项目的县和市镇。

除开改善土地使用管理（如分区规划法令和总体规划）以便保护农田、景观和环境敏感地区外，绿道委员会的主要目标是在哈德森河两岸创造一个"哈德森河园林小径"，把城市中心与自然区域连接起来，具有寓意地把这个重要流域的许多历史性场地连接起来。规划的重点也应该集中到河流走廊中作为景观道路的一定道路上，集中到这样一个原则上，即这些贯穿性道路美学特征的改善将给上下班的道路使用者带来巨大的收益，这个人群的数目远远大于在园林小径上徒步行走的人群。

连接费城和宾州纽堂之间7个公园以及与此相关的15英里供自行车和徒步行走人使用绿道园林小径的规划，正在产生一种叫做"铁路–储备"的效果，它允许区域公共交通管理当局在未来重新启用火车服务，公共交通管理当局应当可以这样做。这条沿着宾尼帕克河的园林小径将跨过没有受到干扰的树林，与宾州东南部一条经过20多座旧工厂和若干座最古老石桥的道路相交。穿过一个狭窄的建成区这条园林小径把许多居住区与两个火车站连接起来，从而使那里的许多人可以步行或骑车去乘火车。

在地方居民和地方官员开始认识到以下两个现实时，利用居住区开发来创造或延伸绿道正是时机。首先，没有干预，他们的城镇就会成为一个饼状的居住区，住宅到住宅，除了街道和学校的操场，没有其他的公共空间（参见第二章和第十五章对常规分区规划的批判和对"布局图"的描述）。其次，用于购买公共空间和创造绿道的公共资金严重短缺可能还要持续许多年，即使这些资金的额度适当，但是，它们针对明显需要的那个部分会非常小，这是完全可能发生的一种情形。

当然，总有例外。1990年，马里兰两院通过了法案，在今后6年里，把州里用于购买开放空间的年度预算从3900万美元增加到1亿美元（不幸地是，由于1991～1992年的经济萧条，除开1200万美元外，其他预算资金被议会冻结了，也许需要很多年才能获得适当的资金来满足实际需要）。甚至在有这样实质性法案的条件下，官员们还是认为，"买回"能力必然是相当有限的，所以，他们鼓励地方使用法令措施来完成未来土地的购置。实现这一点的方法之一是，要求地方行政当局按照州里的基本指南，制定地方的绿道规划，建立更为有效的分区规划条款，以此两项作为接受州里开放空间项目资助的条件。

按照1991年联邦政府的"联合地面交通效率法（ISTEA）"，所有州的绿道都可以得到政府拨款。政府拨款将承担娱乐性园林小径，是自行车和步行设施和示范项目建设费用的80%。同时，按照"联合地面交通效率法（ISTEA）"，政府拨款资助在每一个州建立一个自行车和步行协调员（通常安排在州交通部内），这个协调员为有资格的项目提供完整的信息。

绿道分区规划和土地划分方法

第十五章中说明的"开放空间分区规划"方法也许是当今市镇和县行政当局可以使用的最具潜力的规划工具。这种方式不是包医百病的灵丹妙药，但是，它恢复了规划最本质的公共目标。按照这种开放空间分区规划方式制定出的区域图揭示出，哪些地方的新开发应当是"组团式的布局"，哪些地方的土地不能用于新的开发。服从这些分区规划图的开发设计不是开发商的选择：服从这些分区规划图的开发设计是开发方案得到批准的最低要求。随着一个又一个居住区的开发，绿道系统日益见长，它以线状的形式，沿着河流走廊，湖岸或山脊，沿着农田地块，跨过湿地，最终形成一个相互连接的园林小径网络。这已经是芝加哥附近的"湖泊森林开放土地协会"所采用的一种方式。由于它的工作，32英亩的麦基尔韦恩庄园的50%被保留下来作为公共开放空间，给沿着斯科基奇河横跨雷克县的绿道增加了16英亩

土地（西韦，1989）。那些不同地产之间近期内不会指望开发的土地，能够在所选部分上通过购买保护权或签署通过协议而连接起来。多年以来，英国的"乡村委员会"以签署使用协议的方式为步行者创造步行道的衔接。在这种方式下，乡村委员会（中央政府在乡村事务方面的代理机构）每年向乡村地主支付使用费，以及偿付由步行者引起的任何财产损失（约翰逊，1971）。在美国，类似的安排可以有市镇当局、县或州政府，否则，这种园林小径连接就不会出现。

要求开发商使用组团式布局，在居住区内部和居住区之间，创造一个相互连接的开放空间系统，这一观念在美国的许多地方逐步流行起来。自1989年以来，弗吉尼亚费尔法科斯城市规范第26款24（d）条已经要求，只要计划开发地区已经有了园林小径系统存在，或正在规划这类系统的话，开发计划中必须提供这些步行和自行车园林小径连接的方案。例如，密歇根大学的规划师正在鼓励安娜阿伯地区的镇区"要求那些包括河流在内的开发计划采用PUD形式"。以致这些河流走廊能够保留下来作为开放空间，供开发区的居民使用。可以按照开发面积对开放空间面积的比率，河流走廊的宽度和保护自然环境的蓄水坑塘的位子，来建立最低PUD标准（安娜阿伯地区河流管理项目，1991）。相类似，正如我们在第十二章中所提到的那样，特拉华纽卡瑟县规划部已经提出，修正分区规划规则，使它包括组团式布局的要求，以保护视觉景观和红土流域的环境整体性，包括一条沿尚未受到破坏的河流的绿道，以及一条景观道路（纽卡瑟县规划部，1989）。

北卡罗莱纳州的卡里镇最近通过3个规划的开发单元把它的园林小径系统延伸了8600英尺。事实上，在它现存的长达32英里的绿道中，25英里都是由开发商自己投资建设的（见图16-2和图16-3）。按照卡里的一位绿道规划师的说法，地方开发界广泛认同，绿道是极端

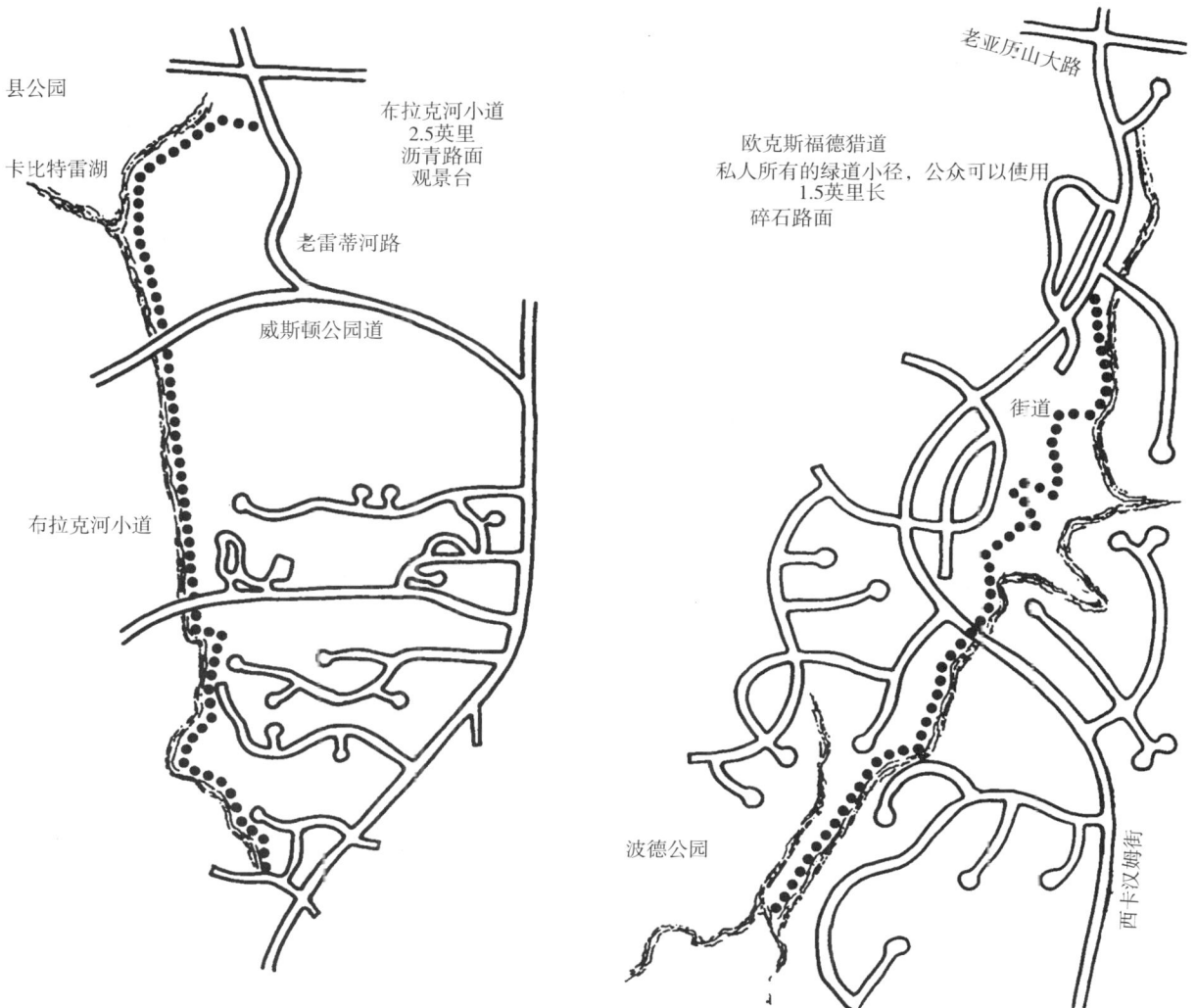

县公园

卡比特雷湖

布拉克河小道

布拉克河小道
2.5英里
沥青路面
观景台

老雷蒂河路

威斯顿公园道

老亚历山大路

欧克斯福德猎道
私人所有的绿道小径，公众可以使用
1.5英里长
碎石路面

街道

波德公园

西卡汉姆街

图16-2 在卡里镇的32英里长的绿道小径中，25英里都是由开发商自己投资建设的，这是居住区建设批准的条件之一。开发商承认这些绿道小径对于潜在的住宅购买者具有吸引力，所以，他们把这些绿道小径的照片放到报纸和杂志的广告中。

图16-3 这是北卡罗莱纳州的卡里镇绿道系统的一个部分，它通过许多居民点，把整个社区连接起来。

便宜的娱乐设施建设项目，同时，它具有强大的市场优势。镇里的官员最近正在与一个住宅业主协会商议，花钱从私人业主那里购买连通学校和购物中心的两条绿道所需要的2.2英亩土地。

类似这样，在体制上把建设绿道纳入整个土地开发过程还有宾夕法尼亚奇斯特县炮阔森镇区。当一项开发计划涉及到镇区官方的绿道小径系统总体规划图的一个地区时，特别为执行社区范围绿道小径系统而设计的分区规划和土地划分规则便发生效果了。

虽然有关绿道小径建设的条款最初提出时

受到一些开发商的抵制，但是，当这张官方的绿道小径系统总体规划图通过以来，这项政策被广泛接受。这张绿道小径系统总体规划图揭示了一个比较长期的远景，说明这项要求并非只是由选择地针对一些开发申请的。开发商在他们计划开发项目一开始，就可以通过这张图了解到这个绿道小径系统的位置，所以，开发商可以在布置宅基地和街道时围绕它来做设计（或提出合理的调整建议）。

在波科森镇区所采用的方式中还有一点值得注意，绿道小径系统具有公共的性质，它的使用不只局限于这个居民区里的居民。事实上，绿道小径走廊如同街道和街区公园一样，属公众所有。按照包括宾夕法尼亚在内的大多数州的分区规划实施办法法令，允许市镇当局从每个居民点中"抽出"一个比例不大的（一般为5%）土地供公共娱乐使用。一条狭窄的绿道小径走廊，也许只有15~20英尺宽，不可能使用超过这个数量的土地。

威斯康星州沃基肖县德拉菲尔德镇区，属密尔沃基市的一个郊区，"冰河时代遗迹公园和绿道小径基金"证明，具有资金实力来购买或掌握关键地产的私人土地保护团体在阻止完全开发掉所有土地方面，扮演着关键角色。在这个案例中，为了建立若干个关键开放空间制约点，找到一个与基金会有共识的购买者，这个基金购买了一个老的农场。这个基金会认为，创造性设计那些围绕国家冰河时代遗迹景观道的居住区是十分重要的。他们最后找到了一个好的开发商作为搭档，"西普曼房地产公司"，开发商同意把这个区域型绿道小径并入一个叫做"霍克斯尼斯特"的新高档居住区。当西普曼房地产公司把那些可以获得最好视觉景观效果的地点纳入绿道小径系统后，他们立刻发现了这个绿道小径的市场效果（霍尔曼，1991）。宅基地为1英亩大小，组团式布置，在175英亩土地中留出80英亩为开放空间，包括若干英里街区内部的绿道小径，与区域绿道小径系统在若干个点上连接起来。

并非所有的开发商都认识到围绕永久保留的开放空间和它们特别的自然元素而建设的乡村居民点的市场价值，包括绿道小径系统，所以，冰河时代绿道小径沿线的若干镇区已经开始要求居民点开发申请人在布置宅基地和街道时尊重这些因素，并把它们整合到他们的规划中。如果早先就执行这种具有远见卓识的方式，就一定已经避免了德拉菲尔德地方官员和另外一个开发商之间无休止的争论。这个开发商坚持他有合法的权利中止绿道小径通过那些位于山脊上的住宅，这个绿道小径在传统上是绕行的（哈耶斯，1988）。

另外一个需要记住的观点是，即使那些绿道的计划得到了社区的广泛支持，也不应该因为得到了公众的认可就万事大吉了。在马萨诸塞的威斯特福德，一个开发商建议调整他的常规模式的居民点开发规划，包括开放空间和相连接的绿道小径，当他计划把场地东部边界的保护区与他的开发场地西边的两条现存绿道小径连接起来时，遭到与这个场地相邻的许多居民的反对，因为新的绿道小径会绕过他们的宅基地。他们抱怨说，"陌生人、狗和马"会沿着他们一英亩规模的宅基地的背后通过这片树林。幸运地是，这个观点站不住脚，这个"开放空间居住区"最终获得了批准。具有讽刺意味的是，这些反对者居住在按常规方式开发的居民区里，许多年以前在开发这个居住区时，开发商清除了若干条已经建立好的横跨这个镇一部分的步行道。当地许多支持新组团式开发的老居民并没有忘记这个事实。图16-4是一张新居民点图，它的周边都是以常规方式做的开发，同时与保留的土地和绿道小径相邻。

虽然住宅业主协会或市镇当局的绿道工作人员通常承担了这些绿道小径的维护，但是，土地信托也有时参与进来。在宾夕法尼亚的伊斯特堂镇区，"自然土地信托"拥有4400英尺长的绿道小径的管理权，他们维护这条通过"夏普树林"，34英亩保护地和湿地的绿道小径，这条绿道小径所在的居民点有100户人家。

马萨诸塞威斯特福德镇的这条绿道小径展示了它通过新的"开放空间"居住区所建立起来的连接

图16-4　绿道小径并不占用多少土地，有时它仍然维持最初在较大块开放空间之间使用相对狭窄的路径实现连接的目的。在这张草图中，马萨诸塞威斯特福德镇的这条绿道小径网络把若干个相邻的居民点连接起来，这个建议中的绿道小径之一遭到与这个场地相邻的许多居民的反对。许多当地老居民没有忘记，在那个发出抱怨的居民点建成之前，他们是可以随意经过那个地方的。

大部分土地信托属私人非盈利组织的性质，但也有日益增长数目的土地信托是公共部门和私人合作建立起来的。例如，蒙大纳州米苏拉镇的"五峡谷土地信托"正在执行市政当局的开放空间规划，正是城市规划师提出要土地信托参与这个规划的执行，土地信托还接受县里的执行资金。华盛顿州的么瑟岛也正在探索相似的方式，建议由西雅图郊区的一个土地信托来维护市里拥有的开放空间（肯尼迪，1992）。

当绿道被整合到居住区规划中时，实际上等于认定绿道小径布局和建设是"要求"开发商承担的责任（如同街道、人行道和排水设施），同时以奖励和其他类型的实施保障来确保绿道小径建设的质量，这一点是至关重要

的。绿道小径的建设费用虽然不高，但是，如果不把它纳入整体开发之中，一旦住宅业主协会接受开发项目，就会出现许多意料不到的麻烦和大量的工作。宾夕法尼亚雷诺镇区就有这样一例，那里是费城的主要郊区。在规划批准之后12年，住宅业主协会寻找"自然土地信托"帮助他们规划一条绿道小径系统，这条绿道小径要通过20英亩树林和湿地，与他们的居民点相连接。当居住区开发建设完成之后，开发商的最后工作就是把它转交给办会，别无其他。这个信托还要告诉住宅业主办会有关建设和维护绿道小径的诸多问题。这个信托所采用方式的关键是，把当地居民吸引到绿道小径规划过程中来，推动他们参与年度春季大扫除，

增加他们的主人公意识和对社区的自豪感，鼓励他们有规律地使用开放空间作锻炼、遛狗或简单地观察自然界季节的更替。

马里兰卡尔夫特县索罗门斯兰丁镇的新居住区的场地设计深深地受到绿道小径开放和自然区保护的影响。在马里兰安娜阿若戴尔县的三迪欧克斯，新居住区沿河绿道设计把地方开放空间分区规划与州里有关湿地和濒危物种保护结合起来（马里兰绿道委员会，1990）。在科罗拉多的斯提门泊特斯皮丝，在地方政府召开一个有关"开放空间分区规划"的小型会议之后，一个开发商同意实质性地调整他的居住区开发规划。他所做的调整在于保存原先已经存在的绿道小径系统。这个绿道小径系统经过他的开发场地，过去几十年中，步行者、骑自行车者和徒步旅行者一直都在使用它。所以，他希望投资扩建这个绿道小径系统，以此作为这个居住区房地产的一个卖点（见第二十章，"塞克居雷"，那里介绍了这个开发的场地规划）。

在密歇根哈特兰德县杜汉姆湖镇和弗吉尼亚米德鲁斯亚县伍德莱克镇，常规的规划方式通常要求，只要可能，宅基地一定要延伸到水体边缘。开发商对此提出了不同的意见。在这两个案例中，宽阔的绿道缓冲区已经沿着湖岸线形成了一个线状的公园，所有的社区居民都可以在这些绿道小径上散步或骑车，观赏这两个湖泊的美景（见第二十章，"杜汉姆湖"场地规划细节）。如图16-5所示，伍德莱克镇的绿道不仅提供了一个新鲜的湖边散步的场所，同时还把街区与游戏场、商业设施连接起来，把它们之间连接起来。新泽西范罗维县的雷德伯镇曾经在1928年就建立起过这样一个经典的布局模式。毫不奇怪，伍德莱克镇的这项开发获得了1990年"城市土地研究所"颁发的最优秀新社区奖（褚让，1990）。这个项目所开发的住宅包括了非常宽泛的类型和价格，从75000美元到50万美元不等。这也是它受到欢迎的另一个原因。

这两个居住区良好的出售记录和房地产价值有效地抵制了来自采用常规模式的开发商

图16-5　弗吉尼亚米德鲁斯亚县伍德莱克镇，一个自行车道网络不仅把街区之间连接起来，也把学校、商业设施连接起来，同时，它通过了用树木隔离起来的湖岸线库区，整个开发区正是围绕这个水库而建设的。虽然这个绿道小径处于社区最昂贵居住部分和湖岸之间，但是，绿道小径并没有影响到希望购买这些地块的消费者，它打破了负面看待绿道小径的那些开发商的另一个虚构的说法。

的争议，他们坚持认为，在宅基地和水面之间沿湖岸线的通行绿道小径只会失去市场。相类似，迄今还没有证据表明，因为有一条沿海边的步行道，沿约克哈勃和欧岗桥特海边有成百住宅的价格受到了令人忧虑的影响。事实上，正如我们在这一章和下一章中所要提出的那样，许多研究表明，居住区附近的绿道小径系统和开放空间只会提高房地产的价值。

内华达雷诺县考林农场可能是迄今为止拥有最长绿道系统的独立居民点，这条绿道供步行、旅行和骑车使用，长度为20英里。美国规划协会内华达州分会给这个项目颁发了设计优秀奖。

一些开发商正在设法把绿道的原则结合到他们的居住区设计之中，尽管有人拒绝这合作，这并不足怪，所以，地方规划机构把绿道设计标准包括到分区规划要求中去，是确保这个相互连接网络运行有效的惟一途径。在这些法令修正案还在计划中的时候，一些房地产业主和开发商会总会大声抵制，但是，只要允许他们建设相同数目的住宅单元（即采用比较紧凑的布局方式），不应该会面临违宪的法律挑战。

事实上，降低开发场地整体密度的"下降-分区"是合法的，官方规划中已经有关于新分区与卫生、安全和福利之间合理联系的记录。虽然"下降-分区"可能减少开发的毛土地价值，但是，土地所有者并没有追逐他们潜在利益最大化的宪法权利。基本的宪法性经济测试方法叫做"拿走"，一个法规是否实质性地剥夺了一个房地产的所有合理的使用和收益。总的来说，联邦的任何一个法院都没有过分强调，分区规划的变更已经降低了起诉人土地的市场开发价值。它们提出的是，政府管理当局能够展示他们行动所带来的好的公共利益（洪巴赫，1989）。

在一些情况下，已经存在一个高档住宅的市场，那么，减少宅基地数目实际上可以增加整个开发的价值，这是被多次证明了的一种现象，如许多土地信托都参与过的小型庄园式

"限制性开发"项目。这些开发项目的确没有向公众（甚至同一个居住区里的邻里）提供任何可供他们使用的开放空间，但是，容易执行"下降-分区"规则。推进"下降-分区"应当成为土地信托在1990年代主要目标。

新泽西萨默塞特县布雷基沃特镇区，远见卓识地处理居住区设计，产生了一条地方主要绿道。它是美国的最好范例之一。这个镇区地处6条主要公路的交汇处，是一个迅速郊区化的区域，由于居住建筑市场的繁荣和一个90万平方英尺购物中心的建设，那里正经受着极大的新开发压力。令人惊讶的是，在两个沃奇山之间还有5000英亩没有开发的土地，称作"华盛顿峡谷"，形成了一个主要开放空间走廊。之所以它能留存至今的部分原因是，多年以来，那里一直被规划为潜在的水库用地。在全州范围的公投否定了这个项目之后，地方和县里具有建议性质的总体规划和公园规划把那里保护起来，但是，实际上没有禁止在那里做开发的法规。

多年以来，镇区和县里购买了多块地块，但是，总数只有300英亩，而这个地区的整体面积是5000英亩。甚至在1970年通过这个县土地使用总体规划以后，随后的10年间，政府也只是购买了25英亩作为公共公园用地。在1980年代早期，当污水管道和排水管道通过这个峡谷地区时，几乎每一个人都明白，这是实施紧急保护的时候了，以传统方式使用公共资金来执行这个任务（即买回它的开发权）是完全不适当的。

镇区官员开动脑筋而不是开动税收机，接受了组团布局的原则，以协调的方式创造一个相互连接的绿道系统。这是为了满足获得联邦政府下水道建设补贴资金条件所做的影响研究的推荐意见之一，实际上，它包含了原先镇公园委员会提出的规划建议，即把沿着峡谷走廊现存的开放空间连接起来（学校场地、公园、水区管理区等）。

在1984年的夏季，镇区雇来一个毕业生为

5英里长的峡谷区编制现状图，包括坡度、土壤类型、植被模式、泄洪区、土地所有权、土地使用现状和公用工程设施。这些图拼在一起有5英尺长，采用400英尺比1英寸的比例。夏季之后，镇里要求另外一个见习生绘制概念性规划草图，说明按照现行分区规划法令以组团方式布置条件下，峡谷中的每一块地产能够如何开发，目标是尽可能多地保护那些关键环境敏感区（马登，1987）。

规划结果表明，按照镇里的方式可以保留1100英亩土地来创造一个连续的徒步旅行道和野生动物走廊保护区。华盛顿峡谷开放空间规划在1984年通过，成为镇政府的正式规划，通过这个规划，提前告诉开发商镇里对这个地区的整体战略设想（见图16-6）。除非土地划分申请人的计划能够更好地实现这个规划的目标，否则，土地开发应当服从这个规划图上所示的组团模式。事实上，自从这个规划通过以来，几乎每一个开发商都不仅接受了这个规划的思想，而且许多开发商还进一步改善他们的组团布局安排，甚至产生了比这个规划所预期

还要多40%的开放空间（马登，1987）。这个规划的另外一些特征包括，延续地方街道网，以避免现存道路过分拥挤，没有再出现跨河道路，开发商投资建设的雨水排放盆地，以及每一个居民点中的蓄水用水塘。

布雷基沃特镇区具有远见和主动精神的方式实现了沃伦斯和麦哈格在1963年在《流域规划》中提出的革新观念。我们在第十五章中提到过它。它也是对纽约规划师W·哈蒙1909年提出的建议的一个回应。这个纽约规划师在对美国市政工程协会的报告中说，"如果我们能够向前看，就像我们能够回头看一样，我们就应当立即开始在所有的居住区里划出用于公园的土地来，我们不仅能够更好地服务于社区，而且会得到回报以偿还我们建设的每一寸土地"（引自1932年费城区域规划）。我们在下一节和第十七章中讨论一些绿道的经济方面的问题。

哈蒙可能会称赞宾夕法尼亚蒙哥马利县沃策斯特镇区的地方官员，他们要求"自然土地信托"重新设计沿扎查雷斯河的21块宅基地的

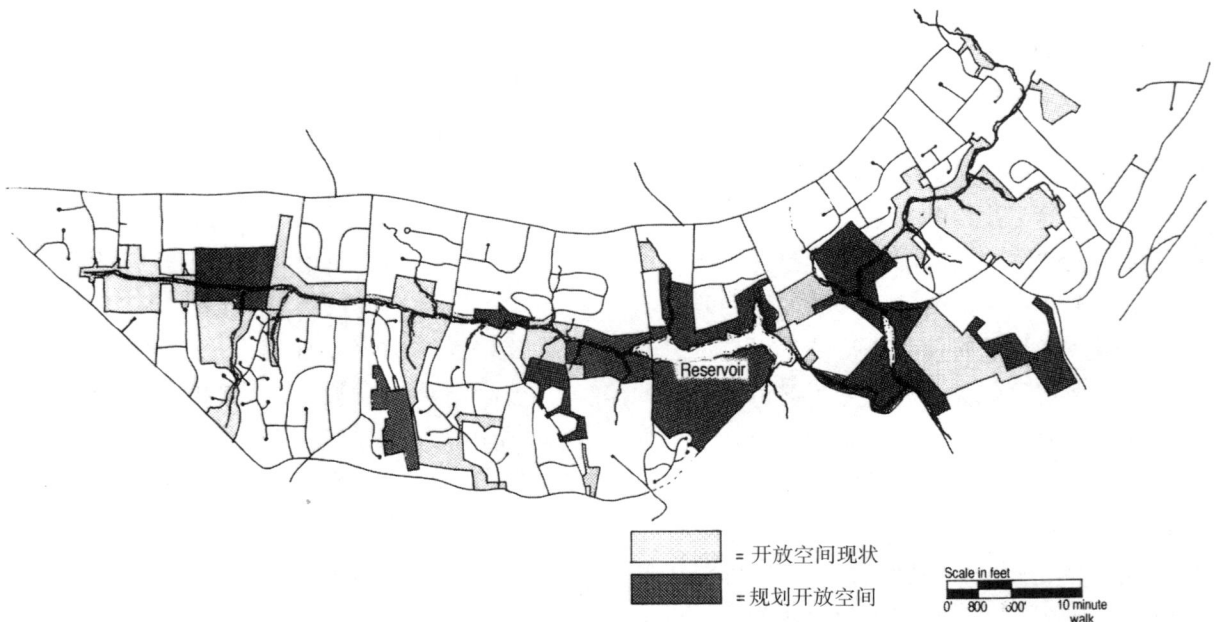

图16-6　新泽西默塞特县布雷基沃特镇区，沿华盛顿峡谷建设了一条绿道。地方规划师要求开发商关注沿河两岸宽阔和连续的自然走廊。令人惊讶的是，没有那个规划师反对这一政策，可能是因为这个安排采用了建筑密度中性的原则（在绿道走廊中的所有可建设用地都给以密度指标，这个指标可以用于申请人地产的另外一个部分）。

居民区。值得注意的是，每一块宅基地都与公共土地相邻，信托的工作人员设计了一个新的建筑密度中性的概念性规划，整个场地的2/3用于绿道，在西边与镇里的土地向连接，东边为州里的公园。这个绿道包括了河流两边的堤岸，其上规划建有非正式的人行道或绿道小径（见图16-7）。

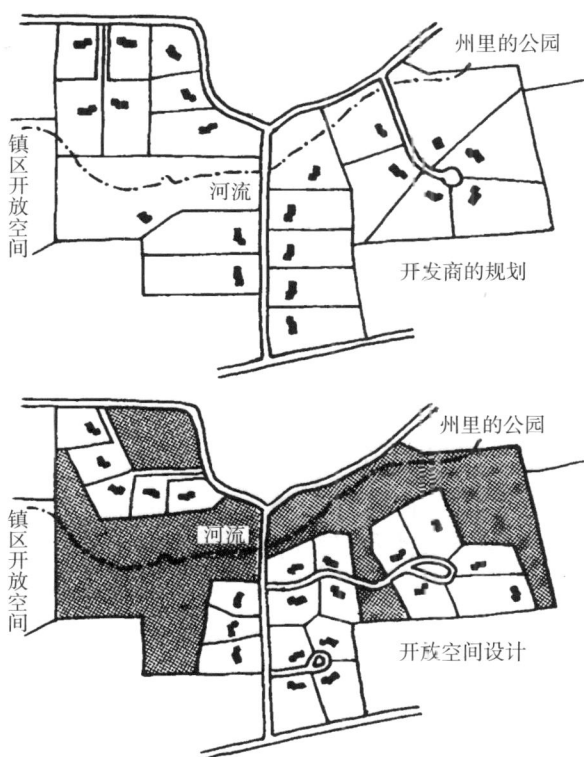

图16-7 按照现存的分区规划，开发商的计划21块3英亩大小的宅基地，没有开放空间（实际上，现存分区规划不允许任何设计革新），镇里的地方官员邀请"自然土地信托"按照开放空间开发设计的原则，再画一张草图。信托的规划同样包括了21块宅基地，大部分宅基地直接与40英亩绿道相邻，这个绿道对河流构成了缓冲，同时把两块公共开放空间连结起来。当开发商表示对信托的这个规划方案感兴趣后，镇里指导他们的律师草拟的分区规划修正案，允许执行这种新的规划方式。

绿道和房地产价值

日益增长的证据说明，房地产价值实际上随内部和周边开放空间而增加，尽管那些在基地的规模已经用于创造开放空间。"国家公园局"每年度发布一本更新的资料工具书《保护河流、绿道小径和绿道走廊的经济影响》。这个报告引述了多项有关房地产价值与传统公园和新的绿道的关系。我们在第十七章"保护开放空间的经济学"中引用了大量有关附近开放空间对房地产价值的贡献的例子。（也可参见第十四章中有关马萨诸塞阿默斯特镇的一份报告，它对比了执行常规分区规划20年后和执行"开放空间"居住区设计之间的房地产价值）。

另外一个非常积极的信号是，报纸上有关房地产的广告正在开始把接近绿道作为一个上市亮点。例如，罗利1990年10月7日"消息和观察"的周末版中，不少于9个广告提到，出售的住宅和宅基地靠近绿道走廊（见图16-8）。最近有关北卡罗莱纳州卡里的新住宅区的一份整版广告中，使用了这个镇布拉克河绿道的大照片，文字说明是"卡里绿道系统就在哈雷森园的背后，步行到科拉比雷湖边。"事实上，有些房地产经纪人开始把卖房广告挂到绿道可见的地方。弗吉尼亚弗让特罗亚县的一个开发商声称，他的第二住宅居住区与"比格布路绿道小径"相邻（这条绿道小径沿着他的地产周边延伸出去，他把绿道小径用地权捐献给了珀特马艾帕奇俱乐部），他只用了四个月时间，所有住宅全部出售完毕（国家公园局，1990）。

尽管有了以上这些证据外，还是会有人提出，绿道给相邻的住宅业主和农民带来了麻烦。在马萨诸塞哈德里，有些农民的农田与规划的铁路转化而来的绿道小径相邻，他们声称，骑车的人会因为他们在使用农药和化肥时溅到绿道上而起诉他们。当绿道小径建设的支持者问这些农民，他们为什么从未表达过他们这类工作对邻居健康的影响时，他们转而又说，这些路人可能会强奸他们的妻子和偷东西。

有时绿道小径上的确会发生一些悲剧性的事件，于是，它们成了反对者的口实。在宾夕法尼亚的唐宁镇就有这样的案例。当一个青年妇女在镇边的"马靴绿道小径"上被人强奸后，若干年里，每当谈到绿道小径时，这个镇子就有人拿它说事。实际上，这是一个孤立事

WELL LOVED RANCH WITH FULL BASEMENT - backs up to city greenway, follow the path to Shelley Lake. 2 finished rms. in basement.　Sandra　870-1550　(9739)　$87,900

FARMINGTON WOODS　Walk to school, perfect for growing family, greenway, 4 bedrooms, 3 baths (65451)　859-3300/4793　$144,900

UNIQUE CORNER　cul-de-sac in Loch-mere, backs up to greenway, build your own dreamhome!　(64075)　859-3300　$57,000

TRANSITIONAL RANCH　Backs up to green-way, tongue-in-groove, cathedral ceiling, very open, (62617)　859-3358　$89,900

NEW LISTING　3 bedrm 2 1/2 bath home under construction in Planter's Walk. Fabulous 1st floor master with champagne bath. Lots of storage and 1 car garage. Deck. Great lot — adjacent to greenway. Only $106,475. Call Gina at 266-7612. Pulle homes.

VILLAGE ON GREEN　Assume $6,000 town-home FHA 10.5%. End unit backs to greenway. Motivated!　(59527)　876-7030

PREMO VIEW, privacy and access to greenway for exercise, affordable 2.5 bath townhome at $63,500.　Nelson Bunn H563

SPACIOUS CARY TWNHSE, Pi-rates Cove, 3 bedrms, 2.5 baths, living room, formal dining rm., large private deck overlooks greenway. exc. schools.　$64,900. Owner pays closing costs.

图16-8　在北卡罗莱纳州的拉雷和杜汉姆的任何一个周日，人们都可以找到篇幅巨大的住宅和宅基地广告，它们把接近绿道网络作为出售的亮点。这里是从1990年10月7日拉雷的"消息和观察"上摘下来的几则广告。

件，当人们仔细调查每年究竟发生了多少起类似事件时，他们发现只有这一起，以后从未发生过。这个青年妇女如果同朋友一道散步，或有狗相伴，都有可能避免这样的悲剧发生。强奸更有可能发生在住宅里或约会的时候，而不是在绿道小径上。

不幸的是，在绿道小径还是新事物的那些地方，反对建设绿道规划的不乏其人。当然，在北卡罗莱纳州"研究三角区"，绿道得到了普遍的欢迎，人们经历多了，也就能够理解如何使用它。宾夕法尼亚州立大学和国家公园局的研究人员在对铁路沿线绿道小径效益的一项研究中，消除了许多有关绿道的荒诞的说法。他们与三种明显不同铁路-绿道小径（爱荷华州、弗罗尼达和加利福尼亚）相邻的居民进行了交谈，结果表明，绝大多数（76%~99%）居住区的业主使用过这些绿道小径，而且乐于经常使用它们（每年47~141次）。另外，被采访的人都说，他们很幸运与这样的绿道小径相邻，接近这些绿道小径有一定的优越性（摩尔，1992）。

为了把这些负面的意见消除在萌芽状态，使公众对此有个积极的看法，匹茨堡的"蒙图绿道小径议会"制作了一个8分钟的录像，其中包括对支持"阿柔和德绿道小径"的几个居民的采访，蒙图绿道小径已有的4英里路段，整个绿道小径的规划长度为55英里，沿着阿勒汉尼县和华盛顿县老的铁路路基，经过乡村、郊区和城市地区。这个录像有出售和出租。地方官员、房地产经纪人和使用绿道小径或与绿道小径相邻的人都可以作为访谈对象。录像的方式比较简单却是具有说服力，不仅可以让广泛的人群观看，也可以复制，用于其他社区推进类似项目。

许多市镇当局总有一些担心犯罪、有意破坏、不适当的行为，所以，对此不太热心。康涅狄格的雷丁镇就是一例。那里有单独为保护野生动物为目的保留地方开放空间的传统，自1960年后期以来，那里已经保留了1250英亩以上的土地。当这项保护活动的发起人辞职，让位于青年居民以后，在10年中，他们渐渐发现这些新的负责人正在打算把他们辛辛苦苦保留下来土地用于建设镇范围内的步行道网络。幸运的是，这些老成员只是保留他们的意见，没有造成这个组织的分裂。

绿道小径建设的倡导者感觉到有人不能同意他们的计划，所以，他们在一块保留地里建了一个试验段，看看它的效果如何，是否会产生粗暴的行为、有意破坏或犯罪。结果很成功，于是，这个绿道小径一段一段地建设起来了，直到1985年，共完成了55英里。现在，社区对他们的这个公共绿道小径系统甚为骄傲。为了鼓励使用这个绿道小径网路，镇里以及镇里的保护委员会和地方的两个土地信用社一道出版了包括95页的绿道小径指南。雷丁镇的现行目标是继续把每一个居民点里较短的绿道小径连接到相互连接的较长的"贯通"的网络中来（恩松和米歇尔，1985）。

最小绿道宽度

小溪和河道两旁，围绕水塘和湖泊适当的最小缓冲区宽度多样性已经超出了绿道小径单独的参数。当需要容纳步行的最小形体宽度成为惟一因素时，尺度要求一定相当适度。例如，当空间处于绝对高质量时，如同绿道小径正在通过一个建成区那样，只要有一个相当狭窄的走廊，少于20英尺宽，绿道小径的功能就足以发挥出来了。海边绿道小径是很好的例子，人们不会因为那里路径狭窄而降低步行兴趣，如缅因州约克哈勃和厄林夸特的"边缘道"，罗德岛的海边步行道，这条绿道小径沿着海岸线，在成排的新英格兰地区最著名的公寓前穿过。在伍德雷克，弗吉尼亚米德洛斯尼亚县里士满镇外，一个规划的大型单元开发项目，铺装的自行车道就有75英尺宽，它在宅基地背后的边界线和思威夫特河水库之间，弯弯曲曲通过树林。只要在绿道小径的一边始终有吸引人的景观存在，绿道小径的宽窄不会影响使用者的情绪。

保护水质的绿色缓冲区

当然，在另外一些情况下，不仅只是建设绿道小径，还有别的问题存在。除开允许步行者和驱车人通行外，绿道可以用来过滤来自附近居住区或田地里的雨洪水。

从保护水资源的角度看，绿道对于污染物和溶解的超营养物质或雨洪夹带来的悬浮物的功能如同一个暂存处。道上的对叶和小径铺装可以降低雨水流速，这样，减少水土流失。降低雨水流速可以使土壤和植被吸收一部分雨水。所以，从水质缓冲的角度考虑，而不考虑污染的规模和特征，最小有效绿道的有效宽度依赖于土壤的渗透性、坡度和植物生长数目等因素。一项对切萨皮克海湾地区肥沃农业区雨水流失的研究发现，通过165英尺宽的林带时，磷和氮分别减少了80%和89%（科雷尔，1984）。在北卡罗莱纳州东，研究者估计缓冲区若在256英尺宽时，可以消除掉从农田中流失出来的雨水中90%的硝酸盐和钾（菲利浦，1989）。为了鼓励农民不要使用河流和湖泊边缘的土地用于种植，USAD农业保护和稳定服务机构（ASCS）可以偿付66~99英尺宽不耕种带状土地的租赁费用。

野生动物的绿道走廊

考虑到野生生物栖息的需要，应当推荐建设比较宽的绿道，一般宽度在200英尺到300英尺。为了保护河流沿线树林鸟类的筑巢和繁殖，缅因州推荐的缓冲区宽度在250英尺，这是由斯莫尔和约翰逊提出的，而那些依赖水生活的动物物种的繁殖估计最小宽度要在300英尺（利迪，1978）。

最近对野生动物需求所做的□和研究之一（研究了佛罗里达6种湿地栖息地）建议与沼泽型湿地相关动物的最小通道宽度为322英尺，与树林型湿地相关动物的最小通道宽度为550~732英尺（伯文，1990）。这些研究成果在一些州已经写入政策指南和标准中。例如，缅因州环境保护部已经提出，沿河道走廊和湖泊周边的野生动物栖息地和旅行通道宽度为330

英尺。新泽西环境与能源部为牟内斯河沿岸社区拟定的河流保护法令规范与此相似，提出300英尺的河流退红。这条河流最近被提名为国家级"野生动物和景观区"。这个模式还要求5英亩一块宅基地的建筑密度（这个密度可以通过组团布局，最大化不受干扰的开放空间），植被清理限制在土地面积的20%。虽然被保护滨水缓冲带只有50英尺深，但是，低密度、深度建筑退红、严格的植被清理标准，实际上有效地保护了超出这项法令50英尺宽度的要求。允许10英尺宽的步行道通过这个缓冲带，以便居民可以接近水体。

绿道在保护水质和提供野生动物栖息方面的价值已经在密歇根的哈兰德镇得到了证明。尽管成千英尺居民点道路的建设，成百家住宅自备的污水处理设施直接背对镇里的绿道，哈兰德镇绿道的宽度从100英尺到400英尺不等，从而把杜汉姆湖的水质保持在接近纯净的状态。这个居民点是由前州长M.瓦戈纳在1940年代建立起来的，按照与土地原先的所有者达成的协议，必须在居民点和湖岸间建立一个缓冲区，以便使这块土地继续承担原先供水鸟栖息的功能。同时还有禁猎和禁止使用任何类型摩托艇的规定。现在，这个缓冲区里的湖边小径可以通向多个居民点，那里还有游泳场地和野炊场地（参见第二十章）。

综合的绿道标准

绿道宽度要求不应当完全标准化或在应用中没有弹性。正如我们已经讨论过的那样，的确存在许多变数，很少有精确一致的情形发生。在北卡罗莱纳州沃克县，规划师与房地产业主协商适当宽度的绿道宽度。他们考虑的因素包括，特殊环境条件，河流宽度，相邻土地的使用性质。然而，为了使这些讨论有一个基础，县里发布了一个推荐意见表，包括绿道的宽度，它可以因条件而增加或减少。这些宽度大体是，沿河和大型溪流为150英尺，沿其他溪流为100英尺，沿小河沟为50英尺（沃克县，1987）。这些要求并非不可变更，它们只是一种简单地说明方式。多年以前，南部的一个县也采用过这种方式。

当然，应当注意到，建立描述性的最低标准具有若干危险。首先，即使在场地条件要求做某种变更的情况下，开发商几乎不可能自愿超出这个描述性的最低标准，地方规划官员也几乎不会扩展这个描述性的最低标准。第二，描述性的最低标准会随着时间而僵化起来，以致很少有人再去对它们做考察和更新。十分关键的是，这类标准应当吸收最近研究的成果和实践经验，定期进行更新，这类标准在应用上应当更具有弹性，因地制宜的处理问题，而不是循规蹈矩。

第十七章

保留开放空间的经济学

伊丽莎白·巴贝

概论

在美国经济界，一般把开放空间看作是没有利用和浪费的资源，一种只有当它被开发，并且用于"生产性"使用时才能发挥其完整潜力的资源。与这种态度相伴的是，强烈反对保留开放空间和进行组团式开发。但是，随着社区土地日渐开发，交通日渐增长，开放空间日渐消失，越来越多的人明显感觉到了这些自然区域的内在价值。

这一章引述了大量的证据来说明，保留开放空间和相关资源的保护对许多社区具有经济和社会的效益。例如，有研究揭示，保留一定数量开放空间的组团式开发倾向于增加地方房地产的价值。

有关开放空间价值的最一般的问题是：

● 组团式开发和保留一定比例开放空间的要求

● 在公共设施建设中和居民点开发中保留公共公园用地的要求

● 地方行政当局用于购买公园用地和自然区域的预算

● 购买、开发和保护通过社区的绿道。

蔓延开发的真正费用

当询问人们他们乐于在哪里居住、工作、购物和娱乐时，人们一致首选的是那些绿树成荫、开放空间环抱和拥有连续步行道的社区或街区。把这些选择翻译成经济术语就是：如果一个能够继续吸引新的居民和商务活动，它必须关注它的面貌，形体特征，适宜生活和"感受"。

居民不应该只是关心新居民点住宅的数目、类型和建筑密度，还应该关注那些开发对城镇景观、周边的乡村景观和地方"场所的意义"的影响。虽然新的居民点可以通过设计保留下多种开放空间，但是，它们的优越性一般还没有被认识到，社区习惯于接受传统的饼干块式布局模式，更多的宅基地和更多的街道。在对这种居住区规划方式进行了几十年的研究之后，社区能够看到蔓延式开发和相关开放空间丧失而带来的消极后果和较高费用。这些费用可以分为两类，作为整体的社区所承担的那些费用，由地方政府所支付的那些费用（常常用"财政后果"）。

环境退化的费用

开发的经济影响，无论是积极的还是消极的，实际上远远超出了我们一般评价的范围。许多年以来，研究者都在关注低密度开发所产生的土地消费、空气和水污染方面的效果。我们在开发中采用的现行土地使用制度增加了空气和水的污染，而空气和水污染再引起生态上和经济上的后果。把丧失开放空间的整个经济影响定量化的确很困难（因为这些效果形成一个相互连接的影响链，即影响到工业，也影响到农业、渔业和旅游业），然而，开放空间的丧失是实质性的。

土地消费

几乎没有几个社区逃过了带状开发和大块宅基地居民点开发的影响。有时，这种影响迅雷不及掩耳：昨天那里还是农田，今天那里就成了"肉饼王"，"7-11"或"沃尔玛"的领地。这个变化时快时慢，但是，它无情地指出，它是不可逆的，接受这个现实只是一个时间问题。

大地块居住分区常常被社区用来保留树林和农田这类开放空间，实际上，它应当对那些经历了高水平土地消费的社区承担大部分责任。在马里兰，一半的新建设项目都是使用农田，在1985～1990年之间，73700英亩农田转化为开发使用（戈尔，1991）。郊区扩张消耗了类似面积的林地。估计到2020年，马里兰70万英亩开放空间将会转化为开发使用。这对于地方林地野生生物栖息地和地方农业经济的意义是，两者都面临严重威胁。在许多郊区化的地区，由于大规模连续的农田地块已经不存在了，农业服务也已经不存在了，所以，那里的农业已经不能生存下去（我们在第十八章中详细讨论这个问题）。

水污染

把土地用于开发通过河流、小溪、海湾和地下水的污染影响到地方的供水。当土地被开发的时候，封闭型地表面积增加，所以减少了渗入地下的水量。结果，越来越多的水流直接进入河流和小溪。水的流失通常携带了大量的沉淀物和化肥、农药和汽油，我们称这种流失的水形成面源污染。

除开我们通常已经认识到的那些污染物以外，土壤流失能够引起严重的水质下降。马里兰自然资源部在甘保德瀑布盆地的一项研究表明，每年每平方英里林地产生50吨沉积物，那

个地区是切萨皮克海湾的分水岭。相对比，建设用地每年每平方英里产生25000~5000吨沉积物。这些沉积物都进入到切萨皮克流域，它们携带了大量营养物质和污染物质，逐步破坏掉这个海湾（埃本雷克，1988）。

这类污染这样有可能影响到经济吗？切萨皮克海湾是相关于保留开放空间的经济影响链的一个很好的例子。马里兰经济和就业发展部的研究估计，切萨皮克海湾对马里兰和弗吉尼亚经济的价值大约在6780亿美元（以1989年的美元价格）。其中每年商业水产业、港口装卸、造船和船舶维修和旅游，大约产生310亿美元的价值。水污染严重打击了商业水产业，而商业水产业是这个地区的经济支柱，还包括哺育业和旅游业。这个报告提出：

> 水质下降，海洋植物继续死亡，湿地被摧毁，水鸟和动物消失，于是，围绕整个海湾地区土地价值将随之下降。

> 另外，并非全部，却有一些与水相关的商业经济活动正在受到奇萨皮克海湾进一步退化的威胁。旅游业，包括娱乐性捕鱼、划船、捕猎海鸟以及观景，也同样受到影响。

> 如果我们许可这里一般性描述的那些衰退的"定性因素"，那么我们也同样能够预见到切萨皮克海湾衰退的实际经济价值。相反，如果我们改善切萨皮克海湾的质量，我们能够预见到这个地区的经济价值将会上升。

空气污染

社区里的绿道和绿带两方面承担起减少空气污染的功能。在绿色空间中的那些树木和植被具有吸收空气中的二氧化碳、微粒和其他污染物的巨大能力。另外，当绿色空间附近的开发以组团方式进行，以混合方式来使用，紧凑型开发形式提供了集中服务的基础，这样，就减少车辆的日常出行次数。

蔓延式开发从负面影响着空气质量，因为它迫使居民开车去上班、上学和获得各项服务。由于许多现存的分区规划规范把居住、商业和工业使用分离开了，在大部分新的居住区里，人们不再可能步行到街头商店购物。这样，我们完全依赖于私人汽车，使用私人汽车已经成为我们基本的交通模式，甚至于获得那些日常必需品也必须使用私人汽车。

有研究表明，每个家庭平均每天产生10~12个汽车出行（娄东县规划，1990）。这样如此巨大的驱车出行实质性地增加了空气污染，特别是在那些已经发生严重空气质量问题的地区。按照联邦政府"清洁空气法"，要求州政府采取行动来满足联邦政府空气质量标准。在那些空气污染程度得到重大缓解地区，限制汽车在都市区某些部分的使用是成功的关键因素（空气评论，1986）。

空气污染会减少房地产的价值。芝加哥的两项研究指出，高水平的颗粒物含量能够导致房地产价值下降（戴蒙，1980；史密斯，1978）。通过观察不同地区住宅的出售价格，我们能够发现，减少空气中污染微粒$10ug/m^3$，价值为3000美元，在最低空气污染的地区，5000美元是用来偿付空气质量的。

财政影响分析，或蔓延花费了纳税人多少钱？

除开公园和绿地对周围房地产价值的影响之外，社区能够决定开放空间对市政府金库的影响。这个可以通过一个叫做"财政影响分析"的方法来进行。财政影响分析是决定向一个行政区提供公共服务的费用的方法。与开发相关的公共支出包括5类（自然物源的保护，管理，开发的隐形费用）：

● 教育儿童；

● 接受和维护公用设施，如上下水设施、垃圾收集和公园；

● 提供公共服务，如消防和治安，卫生和

福利服务；

● 建设和维护道路和公园设施；

● 地方政府的行政管理。

决定不同类型的开发对市政府财政支出的影响这类研究已经做了不少，它们揭示出，低密度或"蔓延式"开发与较高密度或同样数目住宅以"组团式"开发相比，前者的公共费用明显大于后者。简单的讲，低密度或"蔓延式"开发需要花费更多的钱来支撑轿车和紧急救护所使用的车辆，维护道路，收集垃圾，因为蔓延开来的住宅比紧凑布局的住宅，如19世纪的小镇，需要更多的道路。

在弗吉尼亚州库尔佩珀县一项有关主要土地使用对财政影响的研究中发现，"对于从居住土地使用上收集的每一个美元的税费来讲，需要支出1.25美元在县里提供的服务上，而从工业和商业土地使用上收集的每一个美元的税费来讲，只有19美分花费在服务上。相类似，从农业、林业和开放空间土地使用上收集的每一个美元的税费，只有19美分花费在服务上。"农业、林业和开放空间土地使用产生190万美元的税费收入，而花销只有35万美元。甚至在缓交现行使用税的情况下，农业、林业和开放空间土地也能够给县里提供净税收收益（万斯，1988）。

在伊利诺斯州杜培基县对开发所做的研究中发现，新增加，包括居住和非居住增长，导致较高的税收。当大部分市民和规划师感觉到非居住开发将会改善税收状况时，实际上，当他们注意到非居住开发的长期的和区域性的影响时，他们会发现，非居住开发比居住开发对提高税收的影响要大3倍。这项研究书说明，商业和工业开发给公共设施和服务增加了负担，当这些土地的价值升值后，商业和工业并没有拿这一部分升值的利润来支付它们给公共设施和服务所增加的负担（伯格曼，1991）。

美国农业土地信托对弗吉尼亚娄东县的一项研究发现，拿5英亩1个住宅的建筑密度与每英亩4.5个住宅的建筑密度相比，前者（每个住宅2200美元）的纯公共支出是后者（每个住宅700美元）的3倍。这个报告提出：

> 相对低的建筑密度条件下的居住开发（每个住宅单元占地1~5英亩）占用较高的公共支出，因为公共学校的运行、公共社会服务和交通服务支出的效率不高，同时，它在道路维护和未来的给排水方面产生了较高公共支出的责任。
>
> ……低密度居住区通常在乡村地区，消耗大量的农业用地而要求公共服务（教育、卫生和福利，公共安全，等），这些公共服务要求类似于那些较高建筑密度下居住区每一个住宅和每一个人的对公共服务的要求，住宅和其他经济使用掉较少的农田。

"蔓延的费用"是住宅和城市发展部环境质量委员会和环境保护局的联合研究项目，这项研究发现，"较好的规划和较高的建筑密度导致给定住宅单元条件下相对占用较少的经济、环境和自然资源，较少的个人和社会支出。就整个费用而言，提高建筑密度较便宜，就政府投入的那一部分支出而言，可能更为便宜（房地产研究社团，1974）。

最近城市土地研究所指导的一项文献评论和评价提出了这样的结论，"以低密度蔓延开来的开发增加了公共设施的费用"（弗兰克，1989）。这本书研究了蔓延式开发引起的多种费用，然后做出了这样的结论，以蔓延方式建设起来的住宅比以紧凑方式建设起来的住宅需要高出40%~400%的服务。

开放空间的价值

保留开放空间产生多重经济效益：有对作为整体的社区的，有对房地产业主个人的，有对开发商的。就对社区的经济效益而言，保留开放空间在对地方"生活质量"产生影响的前提下，对经济产生更为深远的影响。按照库西曼和沃克菲尔德县在1989年对它们的主要领导

人的一项年度调查，就业者的生活质量对于吸引一个商业投资来讲是第三位重要的事情。按照1988年州长环境委员会（BNPS，1990）的报告，5个新英格兰地区的州长都正式承认，开放空间是生活质量中的关键因素，它给这个地区带来了迅速的经济增长和几十亿美元的旅游业。

通过这些研究，我们能够看到"生活质量"具有看得见的经济价值，可以以"货币来计算"。

房地产价值增长和地方税收

在1850年代，F·奥姆斯特德指出过在纽约市建设大型开放空间的经济效益。为了证明建设中央公园（如果不建中央公园，那块场地将用于建设公寓、商店和办公室）的花销是值得的，在中央公园还在建设中时，奥姆斯特德便开始跟踪调查与中央公园相邻的房地产价值。他把从公园周边房地产征收的较高税收与城市借贷公园用地购买费用和建设费用的利息做了比较。1864年，在中央公园建成一半时，便开始有了收益，欧马斯德的记录是，那一年，中央公园征得的年度纯税收就达到55880美元（福克斯，1990）。

奥姆斯特德把这个经济考虑用于美国的其他地区。"都市公园委员会"在1890年的月份报告中提出：

> 波士顿的市民以相邻美国城市的公园作为他们的例子。这些例子使他们确信，开放空间的必要费用会是不菲的，但是，公园周围房地产价值提高所产生的税收，以及因周边环境改善而来的收入，将会给开放空间以强大的财政支持。……其他城市的经验已经证明，除开公园可以吸引游客而产生的效益，除开公园美丽的景观所产生的效益之外，公园对社区精神和物质福利条件的改善同样具有可见的效益（福斯特，1990）。

直到今天，奥姆斯特德对纽约市税收的分析仍然具有意义，它提供了保留开放空间的一

个引人注目的理由。由于地方政府最基本财政收入之一是房地产税收，（地方政府仅仅需要增加数量不多的公共服务）保留下来的开放空间增加了开放空间周边房地产的价值，所以，保留开放空间是符合公众经济利益的。

自奥姆斯特德时代以来，大量研究已经证明了相似的结论。例如，研究者评估了绿带对科罗拉多州漂石市房地产价值的影响。他们发现，靠近绿带的一个街区，其房地产价值增加了540万美元，从而导致房地产税收每年额外增加50万美元。单独依靠房地产税收的增值部分就可以在3年里偿付购买绿带用地的150万美元支出。

加利福尼亚州资源部预测，他们用于投资建设公园的3.3亿美元每年可以为地方经济带来1亿美元的收入。这一部分增加的财政收入来自房地产和被激活的其他商务活动（吉廉蒙，1980）。

在对奥克兰的马雷托湖，圣地亚哥的马雷湖，加利福尼亚州桑蒂的拉米萨湖和桑蒂湖的研究发现，城市水体公园对提高周围房地产的市场价值具有重大影响（达琳，1973）。奥克兰的马雷托湖就在奥克兰市中心，是一座高度开发的城市水体公园。这个公园包括了马雷托湖以及3.18英里的绿带。使用房地产价值公式计算，这个公园估计为周围房地产带来了4100万美元的新增价值。

马雷湖是为圣地亚哥市中心和东部地区供水的一座水库。这个公园有4英里的湖岸线，但是整个地区已经被开发的土地面积不多，主要是大型独立住宅。同样使用房地产价值公式计算，因为湖泊而引起周边房地产价值的增加大约为100万美元，估计景色美丽使得房地产价值再增42万美元。

桑蒂湖是由5个小水塘构成，坐落在较低中等收入和独立家庭住宅的地区。这些水塘被开发用于娱乐目的包括游泳、钓鱼和划船等活动。这些水塘提高了周边房地产价值约22.7万美元。因为这个地区面积不大，加上这些湖泊只是用于娱乐目的，而没有特别的美学价值，所以房地产的增值数额也不大。

开放空间除开具有经济上的产出之外，实际上它还具有许多其他的公共效益，这些公共效益的定量计算刚刚开始的，如改善公共卫生条件，降低能源消耗和扩大旅游业。

扩大旅游业

通过改善一个地区的面貌，开放空间有助于扩大旅游业。"美国户外活动委员会"所作的一次民意测验发现，人们在选择户外娱乐场地时，自然美是旅游者首选的惟一标准。绿道、河流和小径等开放空间可以把社区之外的游客吸引过来，通过户外活动消费来刺激地方经济。最近的一次倾向分析表明，周末到附近地区远足的人数正在增加，而传统的两周夏季假日旅游正在衰退，因此，扩大了地方和区域娱乐市场。

在1985年一年，1.347亿美国人参与了户外游览、照相和给鱼类和野生动物喂食的活动。当我们开始计算这种户外活动所带来的经济活动类型时，我们会发现它的数目不小。估计那一年1.347亿参与者的花销可能在143亿，人均221美元。整个花销包括44亿交通费，接近94亿设备费，4.89亿其他花销（USFWS，1985）。

观察野生生物在1980年代成为增长最快的户外娱乐活动。1987年，在加利福尼亚的经济中，鸟类观察者对工资收入和商业收入的贡献大约为2700万美元（卢米斯，1988）。

对缅因和新不伦瑞克之间圣克鲁瓦斯河的一项研究发现，那里为地方经济增加了77.6万美元的收益。虽然这个数目仅占当地零售额的1.8%，但是，这项研究发现，这个数字体现了地方经济发展和扩张的机会。在对使用者的调查（迈尔斯，1987）中发现了使用者对潜在的新开发的警告，他们指出"他们到那里，是因为那里可以随意接近，是因为那里边远和没有开发，所以，他们不希望对那里再做任何开发，希望把那里保留下来。"

娱乐业是威斯康星州最重要的产业。估计在下威斯康星河地区娱乐者每年的整个零售花销大约在40万美元左右。由于地方商务活动的关联性，所以40万美元零售所产生的地方销售总额大约在86万美元（博伊尔，1984）。当问到河流使用者认为什么样的活动对于他们是极端重要的，回答是划船第一，接下来就是观赏自然景观了。人们一般愿意每年花销25美元来维护河流沿线的自然景观。如果把所有河流使用者加在一起的话，这个数额大约在每年31万美元左右。

1973年威斯康星州对埃尔罗伊-斯巴达自行车道的研究发现，5个社区的72家商业企业认为，这个自行车道给他们带来了29.51万元的销售收入（布拉克，1987）。到了1988年，埃尔罗伊-斯巴达自行车道使用者每年的花销增至120万美元。这个调查资料来源于当年7～8月间对1125个道路使用者的现场调查（施韦克，1989）。

对美国三条娱乐小道的研究发现，它们都给地方社区带来了积极的经济效益，这三个小道是：爱荷华州以东的26英里"历史遗产小道"，从塔拉哈西到墨西哥湾的16英里"圣马克小道"，奥克兰以东7.6英里的"拉菲特—莫拉加小道"。通过对使用者的调查，估计他们在"历史遗产小道"上的花销为124万，在"圣马克小道"上的花销为187万，而在"拉菲特—莫拉加小道"上的花销为158万。除开这些数字之外，小道使用者每人大约再花销130～250美元在耐用物品上，如设备、衣物以及相关步行的其他物品。这些花销中有一部分来自社区之外的人，估计这个数字对"历史遗产小道"为63万美元，对"圣马克小道"为40万美元，而对于"拉菲特/莫拉加小道"为29万美元（摩尔，1992）。

房地产业主和开发商的效益

就奥姆斯特德有关中央公园的经验来看，日益增多证据表明，开发场地中和开发场地周边开放空间可以刺激那里房地产价值的增值。无论在什么规模的城镇中，那里被保护的开放空间都将有益于房地产开发，因为被保护的开放空间增加了周边房地产的市场价值。这对于增长较慢的市场和房地产长期的价值升值都是重要的因素。我们把这些发现总结如下。

在对费城1294英亩佩尼柏克公园周边房地产销售的研究表明，公园附近的房地产价值远远大于这座城市其他地方的房地产价值。如果我们排除掉其他影响因素，仅仅留下可以到达公园找一个参数，我们会发现，公园附近房地产的区位价值在整个房地产价值中占据重要位置。在40英尺的地方，土地价值的33%源于公园；在100英尺的地方，土地价值的9%源于公园；而在2500英尺的地方，土地价值中只有4.2%来自公园。在1974年，那里房地产339万美元的纯升价值是来自这个公园。每一英亩公园土地为周边房地产产生大约2600美元的增值（库格林，1974）。

对那些处于高度使用的运动型娱乐公园周边的房地产，常常出现价值下降的现象。在对俄亥俄州哥伦布市5座公园的一项研究中，研究人员发现，运动型公园附近的房地产比起与它相邻街区上的房地产要贬7%（约合1150美元）的价值。但是，同一个研究发现，面对运动型公园的房地产的价值要比与它相邻街区上的房地产高出7%～25%的价值（维克，1973）。

在对马萨诸塞沃奇斯特围绕4个公园的地块所做的一项研究中，研究人员发现，除开那些地处运动型娱乐设施旁边的那些房地产之外，房地产价值随与公园距离的缩短而增加。与公园距离仅为20英尺的住宅要比与公园距离2000英尺的相似住宅多值2675美元。对于运动型娱乐公园来讲，与公园相距一个街区的房地产价值要比紧靠公园的房地产高。从整体上讲，219英亩公园产生34.9195万美元的经济效益（摩尔，1982）。

在俄亥俄的代顿，靠近植物园的房地产

可以增加5%的市场价值，靠近公园和河流的房地产可以增加7.35%的市场价值（艾默尔，1985）。

在科罗拉多的漂石，从绿带开始，每远离绿带1英尺，住宅价格平均衰减4.2美元。相邻绿带的住宅比起3000英尺外的相似住宅的价值要高32%（科雷尔，1978）。

在一项把土地分区为俄勒冈州萨勒市城市绿带的研究中，研究人员发现，与分区规划为农田的相邻城市土地比1000英尺外的城市土地，每英亩要高出1200美元以上（纳尔逊，1986）。

根据地方房地产经纪人的计算，在西雅图，靠近12英里长的"伯克—希尔曼步行道"的住宅要比其他相似住宅高6%的价值（国家公园局，1990）

在由马萨诸塞乡研究中心主持的一项研究中，研究人员发现，在21年中，一个组团方式布局的住宅区中的住宅价值增长速度要比另一个没有开放空间的居住区中的住宅快12.7%。这个组团方式布局的住宅区中，宅基地比较小（1/4英亩一块），有两个水塘，一个网球场，一个篮球场，一个游戏场兼村庄公共绿地，一条围绕36英亩开放空间的自然步行小道。而另外那个没有开放空间的居住区，除开宅基地较大（1.5英亩一块）和非常有限的开放空间外，什么也没有（兰斯，1990）。

组团和开放空间法规的经济意义

制定开放空间保留法规通常面临政治上的困难。出于这样的原因，许多社区采用了大块宅基地的分区规划，以这样一种错误的方式来保留开放空间。这种政策的结果是增加了蔓延，失去了任何经济上的收益，或者说失去了保留开放空间在公用设施方面所能获得的优势。当然，通常使用的两种项目，购买开放空间和组团式布局规则，都是保留开放空间的具有经济价值的方法。

购买开放空间项目

购买用于保留的开放空间的项目一般具有购买土地（花钱简单购买）和购买到土地的一定权力等形式（购买土地的一定权力是指，购买土地可以实现的不同目的的权利，如视线保护，公共步行道，限制或禁止未来的任何开发）。"购买开发权"的项目，如在马萨诸塞和马里兰所进行的那些项目，通常是由州和县层次政府出面购买农田，然后保留下来。这些都是阻止开发的基本方式，但是，投资相当大，通常很难实现成片保护。

在地方层次，购买项目通常被看作是轻率的。当然，即使不考虑保护开放空间经济效益，社区购买开放空间比看着它被开发还是要便宜许多。以下这些例子可以说明这个结论。

在新泽西伯根县的克洛斯镇区，镇区政府购买了80英亩开放空间，那里距离纽约市仅15英里。如果这块开放空间按照克洛斯镇区的分区规划被开发，可以建设160幢住宅。为了对这160家人提供公共服务，镇里每年需要支出14.4万美元用于160家人的孩子的教育，用于警察、垃圾收集和其他公共服务的费用每年需要12000美元。另一方面，从160幢住宅中每年可以获得房地产税10万美元，这样财政支出和收入之差为56000美元。购买80英亩开放空间的费用为50万美元，所以，开发所产生的年度财政赤字等于10年的购买价值（李特，1963）。

在缅因州的雅茅斯，一个公共道路与娱乐委员会分析了给一块土地提供市政设施的费用，他们计划购买这块土地用于公园。如果这块土地用于居住开发。市政服务的年度费用包括消防和治安服务，道路和学校，整个费用超出房地产税收14万之多。如果购买这块土地用于公园目的，购买价格相当于20年的财政赤字，每年76000美元（世界野生动物基金，1992）。

在阿拉巴马州，"翰特斯菲尔土地信托"比较了开发的财政支出和购买开放空间的财政支出。这块土地地处城市的景观背景视线上，他们希望把它保留为开放空间。这块土地的开发将花销500万来建设基础设施，每英亩的年度服务费用在2500美元到3000美元。另一方面，购买这块土地的费用为330万美元，每英亩开放空间的年度维护费为75美元（世界野生动物基金，1992）。

这并非意味着把社区里所有住宅开发用地都保留为开放空间，也不意味着应该购买所有的空闲场地，并把它们保留为开放空间，当购买开放空间可以提高税收时，宁愿增加一点税收买下它，而不要等到有人提出要开发它。例如，在纽约的佛洛伊德港，规划师估计购买土地需要增加18%的税收，而开发者需要增加51%的税收。

组团布局法令

在考虑组团布局法令时，许多社区面临减少多少地块面积才是适当的困难，在决定是否给与建筑密度优惠上也同样面临困难。

我们已经在第十四章和第十五章中详细讨论了这些问题，但是，在马里兰的霍华德县，他们发现，地方住宅市场认为与开放空间相邻的一英亩地块与3～5英亩地块一样好（梅森，1990）。虽然宅基地大小关系随地方市场条件变化，但是，实际上，每个社区都存在一个临界点，对于开发商来讲，组团布局所能产生的回报等于或大于常规居住区开发的回报。

组团布局可以通过减少道路长度和公共工程管线长度而降低基础设施费用。假定每5英亩为一个住宅单元的毛建筑密度，土壤适合于每个家庭建立自己的独立污水处理设施，每个5英亩宅基地减至1英亩宅基地可以节约3500美元（马里兰规划办公室，1990）。例如，如果允许在5英亩规模的宅基地再建4个住宅单元的话（即产生1英亩一个住宅单元的建筑密度），那么，可以节约14000美元的场地开发费用，20英亩开放空间可以永久保留下来。

第十八章

保留农田和农民

过去半个世纪，特别是最近几十年以来，农田面积和农业人口在全国范围内持续衰退。这场衰退已经详细记录在案。在东北部地区，大部分这类土地都被撂荒了，而林木正在逐步变成森林。但是，在许多其他区域，大量农业用地已经转化为郊区和远郊区，而人口已经蔓延到较低建筑密度的居住区里居住。

人们之所以能够搬迁这些原先曾经是乡村地区的基本原因之一是，州际公路网络的建设是他们能够驱车行驶比较长的距离，在可以忍受的时间内（通常单向一小时），到达城市工作岗位。高速公路的延伸通常对都市区就业中心向乡村腹地的转移产生"开闸放水"的效果。雇佣者最终把企业搬到越来越远的郊区，而"上班族的住宅"也延伸到了乡村县。

这个过程导致了低密度远郊区蔓延的"后州际景观"的出现，它加剧了当地农业社区的问题。一个典型的例子是华盛顿州的斯凯特峡谷，那里有10英亩号称美国最肥沃的良田。直到1970年代早期5号州际公路完成，那里一直超出西雅图上班族上班的合理距离（尼斯比特，1990）。由于从西雅图到斯凯特峡谷的驱车时间减少到60分钟，5号公路使斯凯特峡谷面临日益增加的开发压力。

当斯凯特峡谷的农民开始自己组织起来保护他们的土地资源时，也得到了"美国农田信托"的帮助，有证据显示，在西雅图地区其他一些农业县的商业农业正在屈服于开发的压力。最近对快速增长区皮阿拉普峡谷农民的调查指出，尽管那里的年度农业收入有8000万美元，但是，现在这一代农民可能是这个峡谷历史上的最后一代农民（尼斯比特，1990）。

新居民和当地农民之间的日益频繁的冲突贯穿着人口增长和蔓延的过程。新居民通常抱怨肥料的气味，牲畜的吵闹，农业机械的噪声，由于定期使用杀虫剂、除草剂和其他化学品所引起的环境灾害，等等。来自这些乡村新来者的抱怨和法律行动最终导致几乎每一个州的立法者都通过了新的"农权"类法律，这样，农业部门推进了更大的自我保护行动（拉平，1989）。

当然，没有地方政策和规划当局的支持，农民和非农业居民之间又缺乏交流，这种冲突不易消除。新居民持续性抱怨使得许多农民必须继续面对偶然的有意破坏和由邻居孩子和狗所带来的损失。由于农业的基本生产过程与它直接相邻的居住使用不相兼容，所以，规划当局坚持，在乡村地区新居民点与农业场所间建立有效和实际的缓冲区完全适当（假定找不到更有效的方式来把这些不同的使用分在不同的地区）。现在迫切需要的是进一步研究包括规模和物种在内最有效的缓冲植被类型。

都市农业

由于这种状况，许多观察家已经预言农业最终会退出大都市区。如果这个预言是正确的，那么就有理由广泛地关注它消失的后果，因为都市农业并非一个无关紧要的产业。超过64万农户（全部农户的1/3）在都市统计区内（MSAs），他们所有的土地为1.59亿英亩，占全国农田面积的20%（海姆利希，1989）。

在美国的东北部，一半以上的农民在都市统计区内。在太平洋区域，2/3的农民在都市统计区内（海姆利希，1990）。由于有些都市统计区包括了相当广大的地区，有时深入许多英里而进入乡村腹地，所以，这些百分比只是一个部分，如在南加利福尼亚、东田纳西和佛罗里达。然而，如果没有足够的区域增长管理，这些乡村腹地会继续受到极端的开发挤压，继续向低密度的开发方向发展。

就全国范围讲，都市农业生产了超过全国水果和蔬菜产量的2/3以上，生产了所有园艺产品和温室产品的3/4。这些农场还生产所有奶制品的40%，全国肉类产品的一半以上，包括家庭宠物（海姆利希，1989）。都市农田继续大规模丧失不可怀疑地会引起供多数人使用的新鲜食品进一步涨价。

都市农场的特征

虽然都市区每户农民的土地面积（247英亩）还不到非都市农业农户土地面积（518英亩）的一半，但是，都市农业的生产强度比较高。它们的水浇地和种植性农田所占比例比起非都市农业区要高（47%对36%），这样，都市农业区平均每英亩产值是非都市农业区平均每英亩产值的2倍（243美元对113美元）（汉米里奇，1988）。在比较老的都市区（即1970年以前美国国家统计局确定的都市区），这种差异甚至更大，它们的水浇地和种植性农田所占比例为49%，而平均每英亩产值为260美元。造成这种状况的原因是，那里的生产集中在高附加价值的农产品，如水果、蔬菜，园艺、花卉、草皮、特色动物（马、皮毛动物、蜜蜂、研究型动物），而这些农产品的出售在非都市农业区只占16%，非都市农业区的农民经营比较传统的大田作物（玉米、小麦、棉花和大豆等）。

这种模式在历史上并不新鲜。在长岛，1820年代的农民"把农产品生产集中在那些用地少产品新奇的农产品上，"生产高附加价值的农产品，如菠菜、生菜、花菜和椰菜，向纽约市及其附近正在增长的人口供应（斯提勾，1988）。20世纪以来，大部分这类农场消失了。这种状况应当归咎于那里没有资源导向的土地使用规划或资源导向的土地使用规划失去效率，那里的土地价值飞涨，种什么都不如"种墅"。其他一些农业仍然成功运转的大都市却采取了严格得多的土地使用管理（如俄勒冈和西欧民主国家）。

当然，生产高附加价值的农产品通常需要投入更多的资金、人力和化肥和农药。如果以货币方式计算种植性农田，都市农民投入的50%以上是化学肥料，是其他化学品投入的2倍以上，是劳动力投入的3～3.5倍（海姆利希，1988）。的确，60%的都市农民依赖于非农田收入来补充他们从农田中得到的收入（相比较，50%非都市农民依赖于非农田收入来补充他们从农田中得到的收入），但是，在这个60%的农民中，有1/3没有其他的就业岗位。从这一点上讲，有人会认为他们是非常忠诚于他们的事业，并且能够在经济上独立。

都市农民的特征

都市农业是一种土地使用，一种商务，一种生活方式，所以，应当在这样的基础上来理解对都市区域的县在保护农业基础方面的努力。懂得这些地区农业的多样的和变化的性质是做出这类理解的基础。在那些在"城市阴影"下继续从事农业的人中，有多种特殊人群，它们的特征对于制定土地使用政策至关重要，规划师必须对此有所了解。美国农业部的"农业经济研究所"的研究人员曾经对东北部的都市农民做过详细的研究。他们把都市农民分为三组："传统的"（48%），"娱乐的"（35%，年度农田收入不足2500美元），"随机应变的"（17%）。

随机应变的都市农民

那些依靠出售高附加价值农产品和农业生产活动而至少获得全部收入1/3的农民可以归入"随机应变"类。以每英亩农田计算，这些农民生产的农产品价值比同一都市区传统型农民要高44%。都市区传统型农民一般使用大得多的农田面积，以比较常规的农业生产方式从事农业生产。"随机应变"的农民的收入更多来自非农业生产，这可能是因为他们比较年轻，受过更多的正规教育。

这些类型农民的观察者特别强调培育随机应变的农民的重要性，因为他们可能构成在都市区域继续保持农业生产的最后希望。在"马萨诸塞农业生存能力研究"中，研究者注意到，在1959～1978年期间，衰退最为严重的农场是那些比较传统的农业企业，如奶业和家禽养殖业。而在同一时期，集中种殖水果、蔬菜和养殖特殊肉类牲畜的农场都增加了他们在整个农业产出中的份额（伯里，1982）。

那些从事传统农业的老年农民，为了获得退休后的生活保障，出售他们那些生产效率不高的土地，用于住宅开发。而随机应变组的农民，土地不多，但收入比较好，他们对未来充满希望。如果通过农业保护分区，购买开发权，"有限制的开发"和/或"开放空间开发设计"，使传统农民最好的农业土地在一定程度上避免开发的压力，那么，新一代的具有开创精神的农民有可能购买这些土地。他们正在证明，即使这些农田周边已经被开发，农业生产还是有可能进行下去。

新泽西的坎伯兰县努力创造有利于延续农业生产的条件，提出创建"农业企业区"（AEDs）效仿"城市企业区"，在那里投资和雇佣失业者，可以减去州里的锴售税，返回给企业主，"农业企业区"以自愿参与和给与优惠的方式运行。参与农民的收益包括，以现行的土地使用税为准、市场支持、培训、减少销售税、撤销有关法规的约束（救免一定环境要求），保持原始分区规划（以保护土地价值）和退房还田的资金支持。根据支持者的意见，这个项目的费用通过减少居住开发而得到补偿，因为居住开发所产生的旁地产税收会低于公共服务投入资金的总量（海姆利希，1991）。当然，也有一些观察家批评这种方式，认为给了这些农民太多的好处，却没有限制他们把土地转换为低密度的居住开发。

正如最近一份有关马里兰都市边缘地区农业生存的研究报告所述，"传统农业正在向适合于它们的地区转移，而它们原先所在地区正在被'当代农业'所替代，'当代农业'正在以良好的生活方式以及它对公众的特殊贡献而出现"（斯卡福，1990）。对这种情形，这个报告作了这样的总结，"农业并非正在消逝，而是正在变化"。需要注意到的是，这种变化对那些"传统"农民常常是非常痛苦的，因为地方官员没有通过农业分区和各类项目，如购买开发权（PDR），或开发权转移（开发权转移），迅速行动起来保护大规模的农田，以致他们被迫走出他们原来的家园。另外，应当承认，在一个开发区内继续从事农业活动不是没有困难的。正如下一节要加以叙述的那样，实际上，对于那些有能力有愿望的人来讲，存在多种方式变不利因素转化为有利因素。

问题和机会

当然，我们不应当回避在日益膨胀的大都市区中农民的生存困难。除开令人烦躁的抱怨和有意破坏外，较高的税负、购买更多农田是面临的较高地价，比较难以获得长期的租赁合同，工资上涨（因为较高的住宅和生活费用），劳动力短缺（因为存在其他就业机会），天灾和交通拥堵（使得把农业机械从一地转移到另一地的困难）。临近农场的出售常常会引起留下来的农民患上"无所适从综合症"，他们倾向于减少对他们的建筑物和农用机械的投资，感到他们可能是那个区域最后的一代农民。一旦农业基础衰退到一定临界点以下，农用设备经纪人和兽医便开始搬家，从而增加了留下来的农民的支出和不方便。

如果积极地看待这些现象，许多补偿因素鼓励观察家看好都市农业的前景。他们常常引用的有：

● 新鲜的和高附加价值的农产品在郊区超级市场里和餐馆里已经占据了市场，包括对更天然的方式生产的肉类、水果和蔬菜的需要；

● 自我采摘式的营销方式具有更大的生命力；

● 日益增加的园艺产品、马厩服务、来自农民水塘和湖泊里的水产品（鲜活鱼类，以及垂钓娱乐）；

● 比较少地依赖于受到出口政策影响或政府因抑制物价而给与补贴的农产品；

● 较高的土地价值，因此可以拿此作为抵押贷到更多的款项，从而有助于长期的建设投入和农业设备的更新（这也许是，为什么非都市区农民的借贷能力只有都市区农民一半的原因）。

当然，考虑到最后一条积极因素，宾夕法尼亚州立大学的R.考林指出，虽然商业银行以农民土地潜在开发的市场价值来决定借贷，但是，农业借贷结构（如农业信用社和农民住宅管理局）把借贷建立在农业商务计划和农业运营能力来决定这类贷款。换句话说，当一个农场是盈利的，并不意味着它可以得到商业银行的贷款，因为这笔借贷只有通过农业借贷机构才有可能实现（库格林，1984）。

除此之外，越来越多的居住在都市区边缘的居民开始支持保留农田项目，从购买开发权到通过设计比较紧凑型的居民点来保护开放空间的各类创造性地开发方法。他们还倾向于支持建立农贸市场，并出资把它们建设成为定期的市场。许多新居民在政治上具有经验和影响力（海姆利希，1989）。当然，在这些相同地区，在邻近农民与开发商交易成功，而法律又是那样宽松时，一些具有长期历史的农民家族认为这是对他们的处罚，于是，他们强烈地反对新的土地使用规则，这实属正常。

有人使用"看守保护者"这个术语来描述那些把更多环境和土地使用思考带入乡村地区的人。从一定意义上讲，应当鼓励和培育以上这些因素，这样，都市农业的前景还是光明的。当然，按照马克.拉平的话来讲，都市农业总是"妥协的农业"。下一节就涉及到如何减少非乡村居民搬到农业地区而产生的冲突。

把与农民的冲突减至最小：城市增长区、现存功能分区、农业保护分区和缓冲区

如果把新居民和农业社区间的冲突减至最小的最好方式是把他们在布局上分开的话，那么，俄勒冈全州范围内执行的"土地使用法"可能是比较好的模式。自1975年以来，俄勒冈州的非农业开发已经在很大程度上约束在指定的城市增长区内，城市增长区环绕着这个州每一个镇子和城市。除此之外的其他地方，土地使用权仅限于农业、林业、园艺、葡萄酿酒、牧场和商业性休闲娱乐。

俄勒冈的"土地使用法"曾受到过若干次重大挑战，但最终在公决中获胜。这个著名的法律提出了一个"现状使用分区"的概念。俄勒冈州的农业和林业大约占全州经济的40%～45%之间。由于这个州的选民和政治领导普遍相信"保证俄勒冈未来经济健康和富裕的至关重要的举措是有力保护农业和林业资源。"这是这条法律开宗明义的第一句话（俄勒冈土地保护和发展部，1991）。

当然，目前正在考虑对这项法律做一些调整，包括在批准建设"农舍"上采取比较严格的规定（最近研究显示，自这项法律执行以来建设起来的大部分"农舍"并非由农民或农业工人居住，而是用于业余爱好式农业和高档"马提尼牧场"）。大部分这类住宅建在较小的农场里（少于40英亩），农场主一般只是部分时间在田地里工作，农田的年产值不到1万美元（俄勒冈土地保护和发展部，1991）。

非法"农舍"在一定乡村地区的百分比也不小，但是，如表18-1所示，这个数目相对不大。例如，在本德研究区，一个休闲社区吸引了一些退休人员来居住，建在城市增长边界（UGB）之外的住宅比建在城市增长边界里的多。建在城市增长边界外的住宅为2705幢，而4个研究区整个开发了50000幢新住宅。的确在一些城市增长边界的边缘地区还有类似情况，但是，在5年间，4个大研究地区（围绕波特兰、梅德福、本德和布鲁金斯）89%的新住宅开发布置在正式的城市增长边界里（俄勒冈土地保护和发展部，1991）。

俄勒冈的规划师已经对这些乡村违规现象做出了反应，增加城市增长边界外宅基地地块的最小面积。例如，在布鲁金斯地区，在把城市增长边界外宅基地地块的最小面积从5英亩增加到10英亩之后，这类违规事件明显减少。同时，在城市增长边界里的土地使用效率有改善的趋势：平均宅基地地块面积从1980年代早期的13000平方英尺减少到1980年代末期的8000平方英尺。在同一时期，其他准确的资料揭示出，较小宅基地地块（小于10000平方英尺）的百分比增加到66%，比1980年代早期提高了28%。

希望产生类似变化的行政区也可以采用"最大宅基地规模"的方式来阻止土地消费性的低密度蔓延式开发。G.伊斯利有关城市增长边界的综合报告中强调了这个观点，她的结论是，"城市增长区的成功在很大程度上取决于在指定的规划地区实现最小建筑密度"（伊斯利，1992）。在她研究的那些社区，最小建筑密度的范围从每英亩不少于6个住宅单元到许多社区的平均每英亩12或14个住宅单元。相反，

城市增长边界的规则不应该允许在乡村分区中把土地划分小至不能对资源（农业生产和林业生产）实施管理的程度，或者说，乡村分区是"惟一为农业使用的分区"。

在美国的许多地方普遍存在这样一种看法，土地所有者开发他自己的土地受到宪法的保护。然而，这个看法实际上是没有法律依据的。重复一个老的比喻，房地产权可以看成一把筷子，每一根筷子代表一种权力（买卖权、租赁权、种植树木、种植谷物、建篱笆、开挖、填埋、建房、赠与等等）。现在，当政府当局限制在泄洪区的建设或禁止在湿地里做任何建设时，几乎没有谁还会严肃地提出所有这些权力都是无限的，这些规则已经建立起来，而且得到了普遍的认可（皮德蒙特环境委员会，1981）。

既不是湿地也不是泄洪区的土地开发权同样受到限制，这种限制主要通过分区规划来执行。分区规划确定了分区内土地的使用功能，可以允许的建筑密度。例如，可以允许把基础设施和公共工程设施建设完毕的土地用于工业、商业和高密度居住使用，而在那些没有建设下水道的环境敏感（如地下水源区或污水处理受到严格限制）的土地，允许用于农业、林业和非常低密度的居住。

受到宪法保护的土地权力是一种不允许在没有赔偿的前提下"剥夺"土地所有的权力（由"权力法案第五修正案"保证）。什么程度的政府行动构成"剥夺"的问题已经在法庭上争论多次了。虽然个案法至今没有形成一个公认的标准，但是，许多法律学者（以及一些执业律师）主张极端限制性地提出土地使用法规：1）这些法规以经过深入研究的总体规划为

俄勒冈居住用地开发，1985~1989年　　　　　　　　　表18-1

位置	波特兰研究区	米德福研究区	本德研究区	布鲁金斯研究区
城市增长边界内	41104	1694	2023	443
城市增长边界外	2051	529	2705	256
合计	43155	2223	4728	699

基础，这些总体规划通过开发限制直接服务于高于一切的公共利益；2）这些法规允许房地产业主"合理地和有收益地使用"他们的房地产（洪巴赫，1989）。

最大化一个房地产业主潜在的货币收入机会并非一个受到宪法保护的权利，这是一个已经完全建立起来的法典。事实上，在很早时期的一个分区规划案例，即1928年"欧几里德对阿巴勒房地产公司"案中，美国高等法院赞成分区规划，它把原告房地产的使用限制在远低于房地产价值的范围内，而这个潜在的房地产价值是在没有分区规划法令条件下可能出现的房地产价值。

J.洪巴赫教授在一本详细法律分析的著作《法律和新伦理》一书中对"现状使用分区"概念做了说明（洪巴赫，1989）。按照这个分区规则，房地产业主有权继续他们对土地的现行使用，但是，一般不许可更改它的使用功能，向土地使用强度较高的功能转移。换句话说，一个农场可以继续经营农业或转变成果园、牧场或林场，但是禁止转变成为住宅开发，或购物中心或办公综合开发。

美国人是否最终普遍接受这种观念还是一个疑问（而在西欧，这种观念已经被接受了），因为有关业主土地开发权的观念根深蒂固。那些没有加入所谓"有智慧地使用土地"运动的乡村业主们将会提出，房地产所有本身就包含了把这份房地产从农业转变成居住、商业和工业使用的权力。

洪巴赫在为美国规划协会"分区规划消息"（其中还包括一页乡村业主现存使用发令的样本）撰写的一篇文章中倡导，在"真正的综合规划"下管理增长，综合规划指定一些地区在不久的未来做开发，其他一些地区储备起来供长期开发使用；还有一些地区土地使用功能不变，"也许做了分区规划的社区的大部分税收用于看不见的未来开发"（洪巴赫，1989）。

洪巴赫告诫说，每一个行政当局必须划分出一部分土地来供应合理数量的新开发，还要建立多种标准以应对房地产价值丧失殆尽的极端状况。当然，洪巴赫提出，如果"现状使用分区"的边界里仅仅包括可以用于农业、园艺、林业和休闲娱乐的土地，那么，房地产业主的宪法权也不会被忽略。他引述了1992年的"卢卡案例"，提醒读者"政府可能通过法规，在没有承担赔偿责任的条件下，影响房地产的价值"这是绝大多数人的观点。

具有这个基本涵义的土地使用法规，即那些在"农业保护区"名字下的土地使用法规，已经在许多乡村市镇当局和县里（主要在中西部地区，当然，也在东北部地区）沿用多年了（托纳，1984）。当然，为了成功地执行这类分区规划，需要得到地方农业社区的支持和承诺。在美国建筑密度最高的新泽西州也执行了这种分区规划。1991年新泽西州高等法院决定支持地方政府有关一块40英亩的农业分区，要求在这个40英亩场地上，只能使用1英亩土地建设住宅，其余39英亩土地永久性用于农业生产（伽德纳对新泽西平兰德镇委员会案）。

当然，只有非常小比例的"农业保护分区"法令把土地使用仅限于农业活动，认识到这一点是很重要的。大部分这类法令允许在极大的"地块"上（10~640英亩）或那些地处较小宅基地边边角角的地方，做少量的非农业开发（我们在下一小节讨论这个问题）。

无须惊讶，在那些还没有受到强大开发压力的乡村地区，支持严格限制性的农业分区的呼声正在扩大。这类地区的农民视他们的土地为交给儿孙的一笔遗产，而不是在市场上去出售以保障他们自己和家庭生活的商品。许多这类地区的农民仍然可以从这些土地上获得合理的收入，蚕食性的郊区开发目前还没有可能（为开发）提供比较高的土地购买价值，或提供大量、多样性的就业机会（以便让农民的孩子脱离农业）。在其他一些郊区开发压力和机会已经十分明显的地区，如宾夕法尼亚东南部的"阿们"地区，由于那里的农民具有强大独立生活的文化传统，所以，给采用非常严格的农业分区提供了政治基础，那里多数社区采用了25英亩一块宅基地的分区规则。

在兰开斯特县，35个不同的镇区的农业保护分区包括了27万英亩的农田。划归农业分区的土地百分比各镇不同：35个镇区的2/5，把镇区整体面积的75%以上划分为农业分区，而1/4的镇区，把镇区整体面积的30%以下划分为农业分区。与相邻的约克县对比，约克县在1977年，农业分区水平就达到了稳定状态，而在兰开斯特县，采用农业分区的镇区每年都在增加。研究者发现那里的领导力十分强大：镇区和县里的官员，县规划委员会，县商会，县里的报纸，县里的农业保护委员会，县土地信用社和律师（库格林，1993）。

在一项涉及到采用了某种形式农业保护分区规划的成百地方政府的调查中，美国规划时协会的研究人员发现，被调查的社区中，有94%认为农业是他们地区"最高和最好的使用"（童勒，1984）。较高百分比的调查社区甚至认为，这个限制性分区的目的是"保留农业经济基础。"被调查者考虑的其他目标还有，减少农业损失（90%），减少农场与居住区之间的冲突（79%），保护自然资源，包括水质、树林、地下水吸收区和湿地（65%），限制因蔓延引起的公共开支（61%）。

在那些建立现状使用分区和农业保护分区因为政治原因不可行的地方，规划师通过要求在新开发区周边建立缓冲区的方式减少居住和农业生产之间的冲突。缓冲区的宽度从特拉华州的50英尺（只是在那些执行新的PDR项目的农业区使用）到缅因州的100英尺（按照州里的"农场和开放空间税法"，保护登记了这个税种的农民）。当然，倾向是向较宽的缓冲区发展：马里兰的哈福德县，最小缓冲区宽度为200英尺，而就加利福尼亚的萨克拉门托要求300～500英尺宽的缓冲区（波维斯，1991d）。这些行政区允许一定程度的弹性"开放空间开发设计"（正如我们在第十四章和第十五章中描述过的），这些缓冲区的建设可以不影响到相邻开发的价值，它们同时可以承担一定的开放空间功能，如运动型和被动性娱乐，野生动物栖息地。

在那些已经执行了农业保护分区的地方，有时可以采用更严格的缓冲区。例如，在宾夕法尼亚的兰开斯特县的若干镇区，地方法令禁止住宅业主在与宅基地相邻的农田30英尺距离内种植树木，因为树木可能给农田带来阴影，这是由农民提出的一条极端的规则。目前还没有看到有关报告，那里的农民把他自己农田里灌木、成排的树木、沿河岸的林木以及其他遮阳的东西全都清除掉了，甚至清除掉了野生动物的栖息地。如果这样，那里就没有任何景观特征，全部都暴露在阳光下。

低建筑密度农业分区，比例尺，购买开发权（PDR），开发权转移（TDR）和开放空间开发

比起农业保护分区限制较少的另一个观念是，非常低建筑密度标准的新开发。在中西部的一些乡村地区，流行"四分之一再四分之一分区"（指1平方公里或40英亩的1/4，再1/4分区），其他一些相邻的州采取20～25英亩的分区，包括若干大西洋中部沿岸地区（马里兰和宾夕法尼亚）。在一些地区，这种分区阻止把农田分成低于一定临界值之下的地块，有时，地块大小临界值是与农田可以耕作的最小规模相关。在1984年有关宾夕法尼亚约克县三个镇区的"农业核心区"的一项研究发现，3/4的农场的面积大于100英亩（三个镇的平均值），这样，选择了100英亩作为最低划分限度标准，在住宅区之外，不允许低于这个标准的任何土地划分（考林，1988）。

农业分区的另一种方式是，要求把新住宅布置在较小的地块之中，以避免打乱5～40英亩的农田制。用规划界的行话讲，这种方式叫做"面积导向的分配分区"（或ABAZ）。按照

ABAZ，允许宅基地的数目直接与农民所拥有的总面积数成比例（如20英亩1块宅基地），当然，这些宅基地的规模受"最大"规模约束（一般一英亩大小宅基地），有时还进一步要求这块宅基地在这块农田中的位置，那里相对不宜耕种。

"比例尺"是一种有用的变化计算方式，可以允许建设的住宅数目随农田面积增加而以较低的增长速率增加。我们用下例说明这个方法：前5英亩一个住宅指标，下一个10英亩给第二个住宅指标，下20英亩给第三个住宅指标，下30英亩给第四个住宅指标，最后每40英亩给一个住宅指标。这样，34英亩的农田，可以建3个住宅单元（要求宅基地面积3英亩，留下31英亩为农田），如果有110英亩农田，则可以建设6个住宅（宅基地6英亩），235英亩，可以建9个住宅。表18-2说明了应用这种"比例尺"决定多种规模农田面积下住宅单元数目的方法。在执行这些分区规划规则时的农田面积决定建筑密度。

这种"比例尺"计算方法的基本原理是，较小的农场常常相对不适合于长期的农业，通常指望变更为其他用途。另外一个理由是，允许小农场有机会产生若干个宅基地（以便农民退休后还能有一定的收入，或转让给家庭成员），如果采用固定的30英亩一块宅基地的规则，他们就得不到这类机会了。这样做可以得到地方政治上的支持。

以上例子非常类似1978年宾夕法尼亚兰开斯特县圣焦亚镇区的做法。当然，那里第二块新增宅基地需要50英亩土地，200英亩允许建设6个住宅，与表18-2相比，200英亩可以允许8个住宅单元。如果一个地区的政治气候难以接受50英亩的递增台阶，可以考虑30英亩递增台阶，它不会过多增加农田里的新住宅数目。是否过分增加农田里的新住宅数目是严格保留农田的关键问题。这些建筑密度一般与相邻约克县的研究结果一致。在对约克县的两个乡村镇的研究中发现，每100英亩建设2.5～5个非农民

使用的住宅可以作为建筑密度上限。这个数字超出了他们的预想，他们曾经认为这样会再造成农业生产的困难（库格林，1991）。显然，这些农民不是洪巴赫所描述的那种"随机应变的都市农民"。

按比例分区下的住宅建设数目和被保护英亩数　表18-2

登记农田地块x(英亩)	分区法令允许建住宅数目	每个住宅单元相对英亩数
$1<x<5$	1	1.0~5.0
$5<x<15$	2	2.4~7.5
$15<x<35$	3	3~10.1
$35<x<65$	4	3.9~16.1
$65<x<105$	5	12.5~21
$105<x<145$	6	17.5~22.2
$145<x<185$	7	20.7~26.5
$185<x<225$	8	23.2~28.1

实际上，还有比住宅单元数目更重要的因素，那就是与农业生产和最肥沃的土壤相关的新开发建设的"区位"。1970年代末，宾夕法尼亚的约克县的几个镇区开始把土壤质量与比例尺分区法令结合起来，当时，83号公路的建设使这些镇面临来自巴尔的摩大规模上班族居住在远郊区的需求压力。

"桃树底农业区法令覆盖了切斯特县桃树底镇区12700英亩土地，或者个镇区面积的70%。这个法令允许有条件的建设住宅，即把住宅布置在较为贫瘠的土壤上，或者那些由于地理特征不能耕种的地方……如果住宅不可能布置在IIIe-3至VIIs-2类土壤上，至少应当布置在不太好耕种的地方"（切斯特县规划委员会，1986）。另外，如果所有的住宅都被布置在IVe-5至VIIs-2类土壤上，可以奖励小密度优惠。这些法令一般还包括最大宅基地规模限制，限制新开发所消耗的土地面积。

类似桃树底镇所采用的比例尺法令已经得到了宾夕法尼亚州高等法院的认可。"这些比例尺法令成为与镇区农田保护目标相关的大型综合分区规范的一个部分"（邦德里路协会对施鲁斯伯里案，1985）。

除开有助于减少新居住区对与之相邻农业使用土地的影响，低建筑密度分区的另外一个功能就是产生了使用其他农业土地保护方法的机会。尽管购买开发权在任何条件下都是昂贵的，但是，它对于那些20，30或40英亩最小单元用于开发目的的土地的保护是十分可行的方式。例如在马里兰的卡如勒县，购买开发权项目的成功在很大程度上是因为这个县每次购买20英亩永久性保护地的开发权。换句话说，购买15块宅基地的开发权就可以完全保护300英亩的农田。在每一种情形下，购买开发权的目标都是减少乡村住宅组团与商业性农业之间的冲突，消除未来向农业生产地区延伸下水道和城市公共工程设施的可能性。

在像新英格兰、纽约、新泽西和宾夕法尼亚这样的地区中，分区规划通常允许1或2英亩大小的宅基地，使用购买开发权的资金购买这些宅基地的开发权，实际上等于只花销了购买全部土地资金的1/10到1/20就实现了保护全部土地的目标，那里"最小规模宅基地"实际上只是用于建设一个独立农户住宅的土地面积。特拉华州正在开展一项新的开发权保护项目，那里大部分农田分区允许1英亩一块宅基地，"美国农田信托"的J.内格尔说，"允许一定建筑密度条件的居住用地的分区规划都会使任何开发权购买项目过于昂贵而没有效果。"（波维斯，1991）。

然而，只要公众了解到，在受到都市开发压力下的那些高密度分区规划地区，购买开发权是保护特殊农田的基本方法。例如，在宾夕法尼亚的蒙哥马利县，在费城外边就有这样一个案例，类似这样迅速郊区化的县，购买开发权对于保护一定量的重要农田来讲，通常在费用使用上效率不高（因为在那些地区，农田转化成为开发用地所得到的收益几乎总是要高于政府购买开发权所能够支付的数额，有时几乎达到了10∶1的比例，例如在马萨诸塞州）。

当然，购买开发权的方法如果能够与其他土地保护方法（如开发权转移，农业分区和开放空间分区）相协调，在一定程度上讲，它是非常有价值的。虽然，操作一个州的购买开发权项目特别对于那些乡村分区规划允许宅基地面积在1～2英亩的那些州，是十分昂贵的，但是，建立一个州里的农田保护税种，可以长期资助这个项目。到目前为止，有四个州建立了农田保护税：马里兰州、缅因州、佛蒙特州和宾夕法尼亚州。在马里兰，用于保护农田的这个税种是房地产转移税，而在相邻的宾夕法尼亚州，自1993年开始，对每包香烟征收2美分的税，用于支持购买开发权的项目（波维斯，1991）。

低密度分区（如每20～40英亩1块宅基地）与其他一些创新的土地使用方法也能有助于农田保护，如开发权转移和开放空间开发设计（"乡村组团"）。理由很简单：按照这种方法，每建设一个新的住宅，就意味着保护了一定数量的农业土地。如同购买开发权的方式一样，这些方法也能够在任何规模或尺度下使用，但是，当合法批准的住宅密度增长时，受到保护的土地面积就会减少。例如，如图18-1所示，在开放空间设计中，假定每块宅基地为1英亩，在20英亩一个住宅单元指标的分区下，每建10个住宅单元，可以保护188英亩土地；在15英亩一个住宅单元指标的分区下，每建10

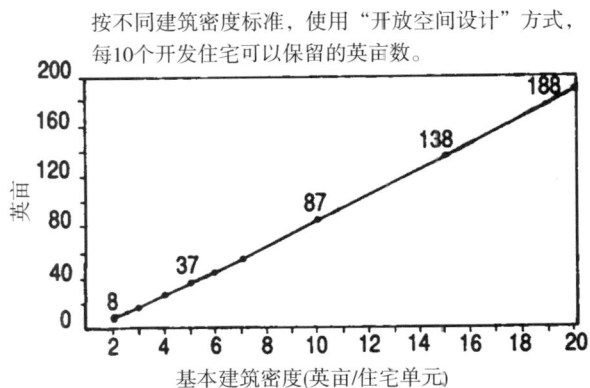

按不同建筑密度标准，使用"开放空间设计"方式，每10个开发住宅可以保留的英亩数。

图18-1 这张图说明，当我们把尺度从20英亩1个住宅单元指标（节约188英亩）向下推移至郊区2英亩1个住宅单元指标（节约8英亩），通过把10个住宅单元以组团式方式布局，一般能够保留下来的开放空间英亩数。（资料来源：马里兰州霍华德县规划和分区规划办公室）

个住宅单元，可以保护135英亩土地；在10英亩一个住宅单元指标的分区下，每建10个住宅单元，可以保护87英亩土地；而在5英亩一个住宅单元指标的分区下，每建10个住宅单元，可以保护37.5英亩土地，而在2英亩一个住宅单元指标的分区下，每建10个住宅单元，可以保护7.6英亩土地。

甚至在那些开发密度相当低，这个公式同样适用的地区，在那些因为使用了比较新的布局方式得到密度优惠的地方，鼓励革新设计方式仍然是十分困难的。例如像马里兰的肯特县，1989年，他们把开放空间保护方法与当地的分区规划结合起来，大力鼓励来农业分区中做开发的开发商开展组团式布局，把宅基地压缩到1.5～2英亩一块。如果他们服从县里的紧凑型开发标准，可以得到以建筑密度形式给与的优惠。这样，房地产业主可以把建筑密度提高2～3倍（从每20或30英亩一个住宅单元的指标提高到每10英亩一个住宅单元指标）。这些住宅组团不允许超过10个住宅单元，同时要求以农舍式建筑群的方式来组团布置，以致从公路上难以辨认它是农民住宅还是开发型住宅（波维斯，1991）。许多年来，这种组团式的选择方案没有吸引多少申请者，肯特县的规划师正在提出，在乡村地区完全废止常规的大块宅基地的居住区建设规则，这样，开发商的选择就被约束到30英亩农田或紧凑型组团式居住区（或者较大的"村庄"如果允许的话），并且把组团式居住区里的宅基地限制在1英亩或小于1英亩的规模上。

有关开发权转移的方法已经有了许多论述，在这一章中，我们只是略微提一下。马里兰的蒙哥马利县是使用开发权转移方法的最好范例，这个县只是使用了相当于一个行政人员10年工资的资金就保护了15000英亩农田。当然，马里兰的开发权转移项目并非从蒙哥马利县而是从卡尔夫特县开始的。自1977年以来，这个县使用这种方法保留了接近与蒙哥马利县相等规模的农田。

在卡尔夫特县最近的一次开发权转移交易说明，使用开发权转移以及其他一些规划方法完全可以实现保护农田的目标。简单地讲，一个已经建立起来的"开放空间居住区"的居民首先建立了一个"美国板栗土地信托"（ACLT），购买和保护了与他们居住区相邻的436英亩土地。除开通过私人捐献来建立基金之外，美国板栗土地信托通过县里的土地开发权转移协调员把开发权卖给了开发商。这些开发权被转移到另外一块乡村土地上，使那里的地产主以更加有效的密度开发住宅。在开发过程中不仅使用了多种设计方法，而且把开放空间保留为一个地产，而住宅建设则在另外一个地产，实现了土地使用有效和减少土地消费的目标。

在那些开发密度非常低的地区，如果要想实现保护农田的目标，还需要其他一些措施加以配合，否则，单独使用安全转移的方法，在政治上是行不通的。我们将在下面一节描述马里兰所使用的另外一种创新的项目，那里的农民认为，对于3英亩分区来讲，还需要补充其他适当的方法，才能保护剩下的基本农田。

博采众揽：马里兰的霍华德县

马里兰的霍华德县坐落在巴尔的摩和华盛顿特区之间，四周由其他采用相对低建筑密度农业分区的诸县包围着，那些县一般采用10英亩农田1个住宅指标的分区规则。相对比，霍华德县的乡村部分长期以来采取3英亩农田1个住宅指标的分区规划规则。霍华德县规划所面临的政治现实之一是，过去地产主曾经希望接受降低建筑密度的分区规则，以适应农业生产所真正可以承受的建筑密度，但是，这种想法已经成为历史。开发压力已经持续多年，土地价值非常高。

尽管如此，这个县的西部仍然维持着农业生产，那里的土壤相对肥沃，适合于发展高强度的种植性农业生产。考虑到经济现实和地理优势，当地农民已经逐步从传统农业产品生产

（玉米、燕麦、大麦、小麦、牛肉和奶制品）向亩产附加价值较高的产品转移，如园艺、水果、蔬菜、养马、水产和葡萄种植，这些产品在附近城市和郊区都有市场。虽然这个县西部有一半土地受到保护，但是，还有一半（接近25000英亩）没有在规划上采取保护措施。县里的官员预测，如果最近这些年的开发期趋势延续下去的话，在10年中，剩下的这些没有受到保护的土地很容易就会转变成居住用地。

他们认识到原先采用的常规购买开发权的方式是有局限性的，为了应对这种形势，这个县的规划和分区规划部更新了他们的总体规划，引入了一种"培育农业"的三级方式，即把购买开发权的、组团式布局和开发权转移结合在一起。这一建议荣获了美国规划协会的1991年的国家级奖励。

甚至于在法定建筑密度的情况下，购买开发权也是一个相当昂贵项目，因为必须购买大量的农田才能维持一定规模的农业生产（在8年中，他们花费1300万美元购买了7700英亩农田的开发权，平均每英亩1700美元）。这个县接受了这个教训。因为用于购买开发权的财政资金相当有限，过去那种以现金购买开发权的方式对于他们来讲是不现实的。根据县里的财政状况，他们重新调整了保留农业用地的方式，以便最大化自己的购买能力。

类似方式的新执行技巧是，通过长期的兑现协议来购买永久性保护农田的开发权。这个协议规定，在购买期结束时，一次付清全部本金。而在开发权购买期间，政府以免除农民相应收入所得税的方式偿付这笔购买开发权金额的利息（由每半年一计算的高于市场利息率的利息）（霍华德县，1991）。这个县所购买的"无息债券"可以保证在30年中偿付购买开发权的金额。

这个协议的其他三项规定是：

1.农业土地所有者能够在收到购买开发权的本金之后，再交纳地产权销售收入税；

2.农业土地所有者能够在市场上按照协议规定的价值出售（如果整个主流利率下降）这份协议（一份可协商文件）；

3.在5年期内，开发权的升值和购买开发权的原始价值之间的差可能以减免税收方式抵消。由于联邦税收法律制度，农业土地所有者有时能够以优惠价格出售这块农业土地，偿付比较低的销售收入税，同时接受减免转移税的优惠。

这些规定意味着按照这种购买开发权的支付方式，县里为每英亩农田开发权所支付的金额还是要少于直接购买数需要支付的金额。这个项目所做的这些规定对于开发商向私人购买农田来讲，具有相当的竞争性。仅在这个项目实施的第一年1990年，霍华德县就使用这种方式保留了4500英亩农田。它表明采用这种方式是成功的。按照过去购买开发权的方式，这个数量农田开发权的购买需要5年时间。

宾夕法尼亚兰开斯特县的农业保护委员会已经从美国国税局获得了有关购买农田开发权偿付办法的变通方式。这种方式是，与地方政府合作的农民可以以得到另外一块土地的交换方式，来抵消所需要的偿付给他的开发权购买金额，同时免除他们本应该交纳的因向政府销售土地开发权而获得的金额的收入税。这种变通办法的理论基础是，农民出售的房地产开发权本身就是一种不动产形式，应当把房地产开发权认作与这些农民接受的另一块土地具有相同的价值。

霍华德县革新的乡村规划计划的第二个主要特征是，简单而有效地要求，在"乡村保护区"内的所有新居民点都应当按照"开放空间开发设计"（组团式布局）的原则来进行设计。他们提出的毛建筑密度为每5英亩农田1个住宅建筑指标（原先采用的是3英亩农田1个住宅建筑指标），不包括泄洪区和坡地。

霍华德县属于执行较低建筑密度不会受到政治挑战的县，图18-2说明了它采用1:5的建筑密度比例的基础。这张图说明，在大块宅基地分区规划条件下，被保护土地的百分比增量在1

通过"开放空间开发设计"（组团布局），在多种建筑密度条件下，受到保护的开发场地百分比

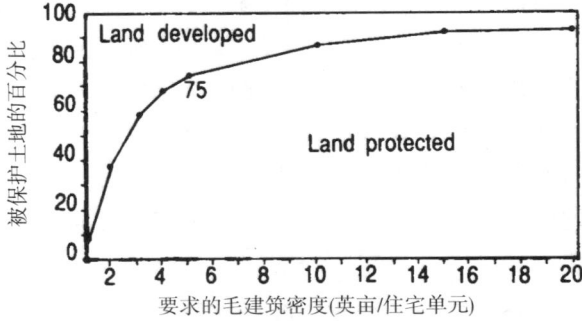

图18-2 马里兰州霍华德县的规划师制定了这张图以说明，当被保护土地的百分比达到每英亩5个住宅单元的建筑密度临界点时，场地里75%的土地可以永久性保留原状。从这张图出发，他们的结论是，考虑到被保护土地的百分比，能够实现最大保护水平的是每英亩5个住宅单元的建筑密度。（资料来源：马里兰州霍华德县规划和分区规划办公室）

英亩5个住宅单元以上时开始达到一个拐点（这张图与图18-1并不冲突，图18-1涉及到的是被保护土地的面积，而不是被保护土地的百分

比）。在1英亩土地上建设包括自备井和污水处理设施的5个新住宅，能够保证永久性保留75%的可建设用地和农田。

按照霍华德县1990年的总体规划，县里修正了它的分区规划，1992年通过执行。这个分区规划报总体规划的目标变成了实际操作的标准。这个县同时发布了设计指南，向房地产业主和开发商说明，为了保护农田和其他自然资源，创造一个街区气氛和有特征的场所，道路、宅基地和开放空间的可能布局方式。 为了帮助把居住区和农业生产分开，这个标准要求沿着两种不同使用功能的土地建立树林式缓冲区。这个缓冲区很容易使用保留下来的75%的土地中的一部分来实现。图18-3说明了在霍华德县新组团式开发可能采用的若干种设计方案。

由组团式开发所产生的农业开放空间的所有权和管理可以继续保留在原有的业主手中。在这种情况下，原有的业主可以按照永久

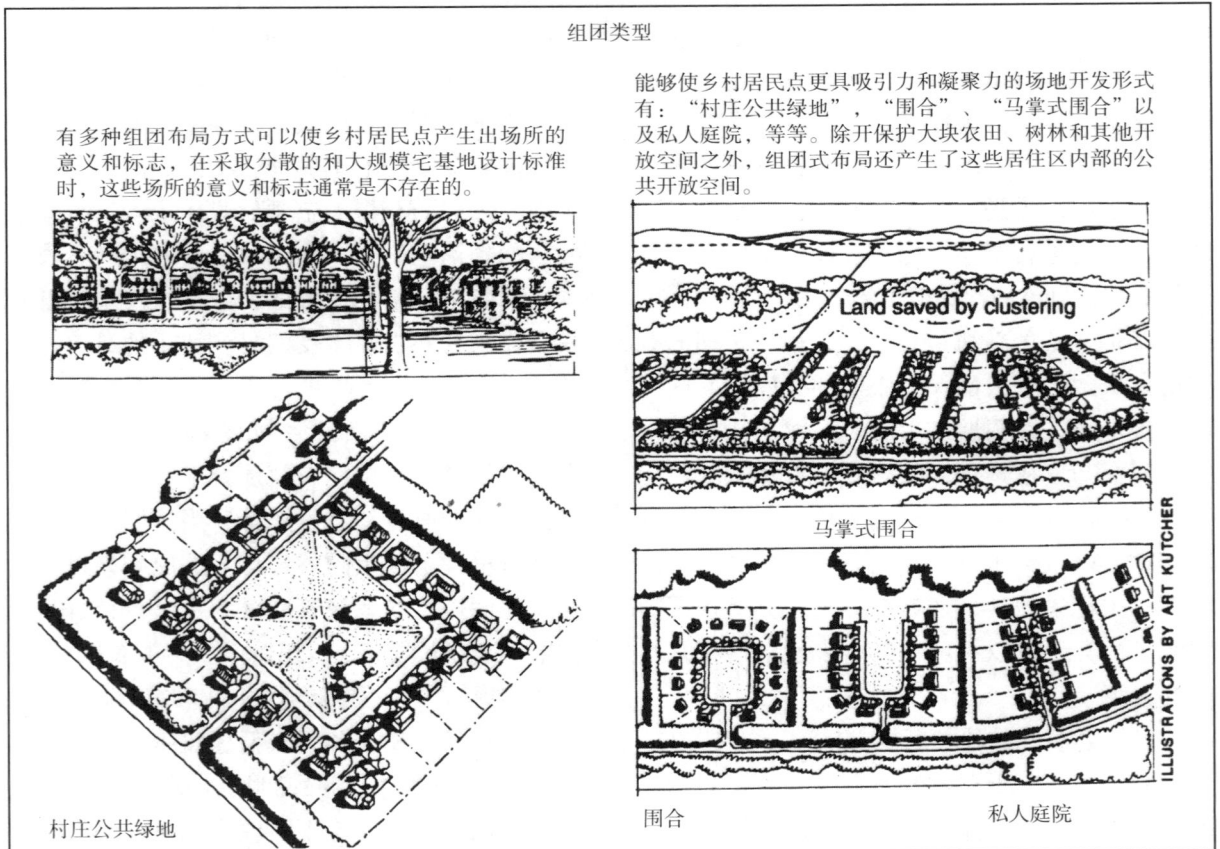

组团类型

有多种组团布局方式可以使乡村居民点产生出场所的意义和标志，在采取分散的和大规模宅基地设计标准时，这些场所的意义和标志通常是不存在的。

能够使乡村居民点更具吸引力和凝聚力的场地开发形式有："村庄公共绿地"，"围合"、"马掌式围合"以及私人庭院，等等。除开保护大块农田、树林和其他开放空间之外，组团式布局还产生了这些居住区内部的公共开放空间。

村庄公共绿地　　　　　　　　围合　　　　　　　私人庭院

马掌式围合

ILLUSTRATIONS BY ART KUTCHER

图18-3 为了帮助居民和官员直接看到开放空间设计可能提供设计方案，霍华德县规划师制订了这些草图。

保留的协议（当这个地产的开发权被卖给开发商时）继续从事农业生产。在这种情况下，开发商可以在这块农田中用于开发的那一部分上使用它所获得的开发权，增加居住区的建筑密度。另外一种方式是，由土地信用社或者住宅业主协会（HOA）能够拥有这些被保护农田的所有权和管理权。由原业主继续从事农业生产这是最普遍的一种结果，而采用后一种方式的比较少见，当然，它是一种最可行的方式。在第二十章中，我们将说明一个案例，那里的住宅业主协会拥有被保护起来的土地所有权，他们把土地再长期租赁给地方的农民耕种。

在马萨诸塞州康科德县的南草原镇也有类似情况，这个镇地处波士顿郊区，通过组团式布局方式，40英亩沃土良田被永久性保留下来（当地农民十分乐于从住宅业主协会那里租赁这块土地，而当地的居民也乐于看到农田继续被耕种的情形），宾夕法尼亚州巴克县的"田园景色"居住区也是一例，一半以上的土地归土地保护信用社所有，土地保护信用社把这些土地再租赁给地方农民来耕种（我们也在第二十章中来详细说明）。第四个例子是科罗拉多的一个牧场，这个牧场由第二住宅购买者联合所有，住宅区紧靠一个林区（怀特，1968）。

最后一个例子是缅因州塞奇维克县的一个120英亩的海滨农场，"蓝山历史遗产信用社"拥有这块土地的保护权，他们允许原来的农民继续在他开发的10块大宅基地所在的大部分土地上种植黑草莓和树木，其面积大约为10～19英亩。每块宅基地限制建一幢独立家庭住宅，必须按照已经批准的土地划分规划，仅使用1英亩以下规模的宅基地（卡特，1992）。虽然这些住宅没采取组团式布局，但是，这个"限制性开发"的低建筑密度可以与这样一个事实相关，农民保留了他在115英亩土地上从事农业生产的权力，而不是实际建筑场地的权力。这种非常规的安排值得注意。在那些住宅与农田相邻，由于种植品种的原因（如黑草莓和树木，它们一般很少需要使用化学品，很少需要使用农业机械，同时，也不太容易引起有意破坏、侵犯和践踏行为），居住者和农民之间并没有发生冲突的地方，可以采用这种方式。

当任何"开放空间开发"中的农田不是保留在农民手里的时候，"美国农田信托"的工作人员强烈推荐，应当把农田转交给土地信托，而不是转交给住宅业主协会。把农田交给土地信托能够保证农业生产的继续。缅因州的阿罗代尔镇和南伯维克镇，马萨诸塞的阿默斯特镇和西蒂斯布雷镇，康涅狄格的克伦威尔镇，纽约州的伊斯特汉普顿镇，新泽西的雷廷顿镇，都是采用组团式居住区布置在农田里的例子。这种组团方式有时被限制在市镇辖区的某一些部分。例如，在缅因州的阿罗代尔镇，对于那些规划建设在按州里法律享受减免房地产税的生产性农田里的居住区要求进行组团式布局。在新泽西的雷廷顿镇，如果居住区处于汉特东县"农业开发区"里，且处于30英亩以上整块农田之中，那么必须以组团方式布局。而在阿罗代尔和雷廷顿的其他地方，只是鼓励乡村居住区以组团式方式布局，而不是法定要求。华盛顿州的卡尔拉姆县，加利福尼亚的马林县已经在分区规划中要求以组团方式来设计乡村居民点，以便节约农田。有关细节可以参考第十四章和第十五章。

第三个基本方式叫做"密度交换选择"（DEO），它提供了一种实质性优惠，鼓励地产所有者和开发商一起来保留较大面积的农田，同时也减少基础设施建设费用。这种选择可以在那些允许开发密度在每2英亩1个住宅指标（而不是5英亩1个住宅指标）的叠加分区中使用。

"密度交换选择"实际上是开发权转移的一种形式，它通过合作的方式，把潜在的居住区转移到另外一个地点上去，而避免把整块的农田分割开来或打碎。这种方式比起单独使用组团式布局能够产生更好的效果。它在没有要求把新的居住开发转移到指定的"接收区"的前提下，就可以实现保护农田的目标，"接收区"通常会面临比较大的和政治上的困难。不要求把新的居住开发转移到指定的"接收区"可以帮助"密度交换选择"避免某些典型的相关执行问题。同时，也应当注意到，因为这种安排只是发生在私人购买者和出售者之间，所以，这种选择并不包括县政府来执行复杂的土地储备规则（在执行土地开发权转移时常常发生的问题）。

拥有被保护农田的农民所得到的优惠是，他或她有权接受高密度所产生的价值（每3英亩，而不是每5英亩，1块宅基地指标）。这样，如果农民参加这样一个交换，假定在一个可以产出20块宅基地的完整农田上，他或她可以接受价值33块宅基地的指标，优惠了13块宅基地，或者说得到了65%的优惠。而给与"接收"地块所有者的优惠通过允许他或她把建筑密度提高到在每英亩土地上开发2个住宅单元而获得。如果这个接受业主的土地面积为200英亩，以1∶5的建筑密度计算，即5英亩1块宅基地指标，他或她可以产生40个住宅单元的指标。加上从"送出地"转移而来33个宅基地指标，合计产生73个住宅建筑单元。"接收"地块所有者按照优惠条件可以再增加27个住宅单元，这样就达到了在200英亩土地上开发100住宅单元的最大建筑密度。额外的27个住宅单元（在他本可以开发的40个住宅单元之上，再加27个属于他的优惠）等于得到67%的优惠。允许建设100个住宅单元，而不是60个住宅单元（相当于在300英亩，每5英亩1块宅基地的建筑指标），实际上增加了建设更多经济性住宅的可能性。

同时，批评者提出，这种方式会导致更多的人口进入乡村地区，造成在乡村地区道路上的拥堵，增加城市服务的需求。这些意见也许是正确的，规划师也许同意，最好的解决方案还是把新居住开发置于城市中心周边的"城市增长区"之内，然而，这种理想解决方案常常在地方政治现实中很少出现，而政策恰恰是由地方政治现实所决定。从保护农田的角度看，"密度交换选择"的基本优越性是，在战略性地区保护100英亩农田，有助于维持整块农田的"临界规模"（见图18-4）。

"密度交换选择"适宜于霍华德县的实际情况。在大多数情况下，需要作一些调整才能应用于其他地方。当然，为了给其他地方制定分区规划法令提供一个参考，知道一些细节还是会有帮助。"送出"地块要求满足以下标准：

● 在"资源保护分区"中，最少面积为50英亩；

● 最少"土地评价和场地评估"（LESA）的分数为200分；

● 距离一块至少200英亩被保护农田1英里之内；

"接收区"也必须满足以下标准：

● 周边至少部分有一个现存的或规划的开发区；

● 在不减少环境质量的前提下还具有吸收新增建筑密度的条件；

● 在新开发的居民点中，通过组团方式必须保留20%的开放空间（如用于建设街区公园），必须服从县里组团设计指南；

● 可以接受一个以上转移而来的住宅指标。

虽然"密度交换选择"不能够产生一个最佳结果，但是，从农田保护的角度看，它可能是避免继续消耗霍华德县剩余农田在政治上惟一可行的方式。一些被保护农田地块可能与郊区住宅组团相邻，在这种情况下，必须建立起有效的缓冲区。没有谁再声称这些创新的规划方式是解决郊区蔓延问题的灵丹妙药。当然，它们可能代表了迄今为止在有关乡村土地争论的最好解决办法的方向，最终执行还是要受到政治干预的。正像我的大学教授乐于说的那样，"规划是一种可能的艺术"。

图18-4用四张图说明了"密度交换选择"的优越性。第一张图说明，在通常情况下，有两块大的、分离的和不相邻的受到保护的农

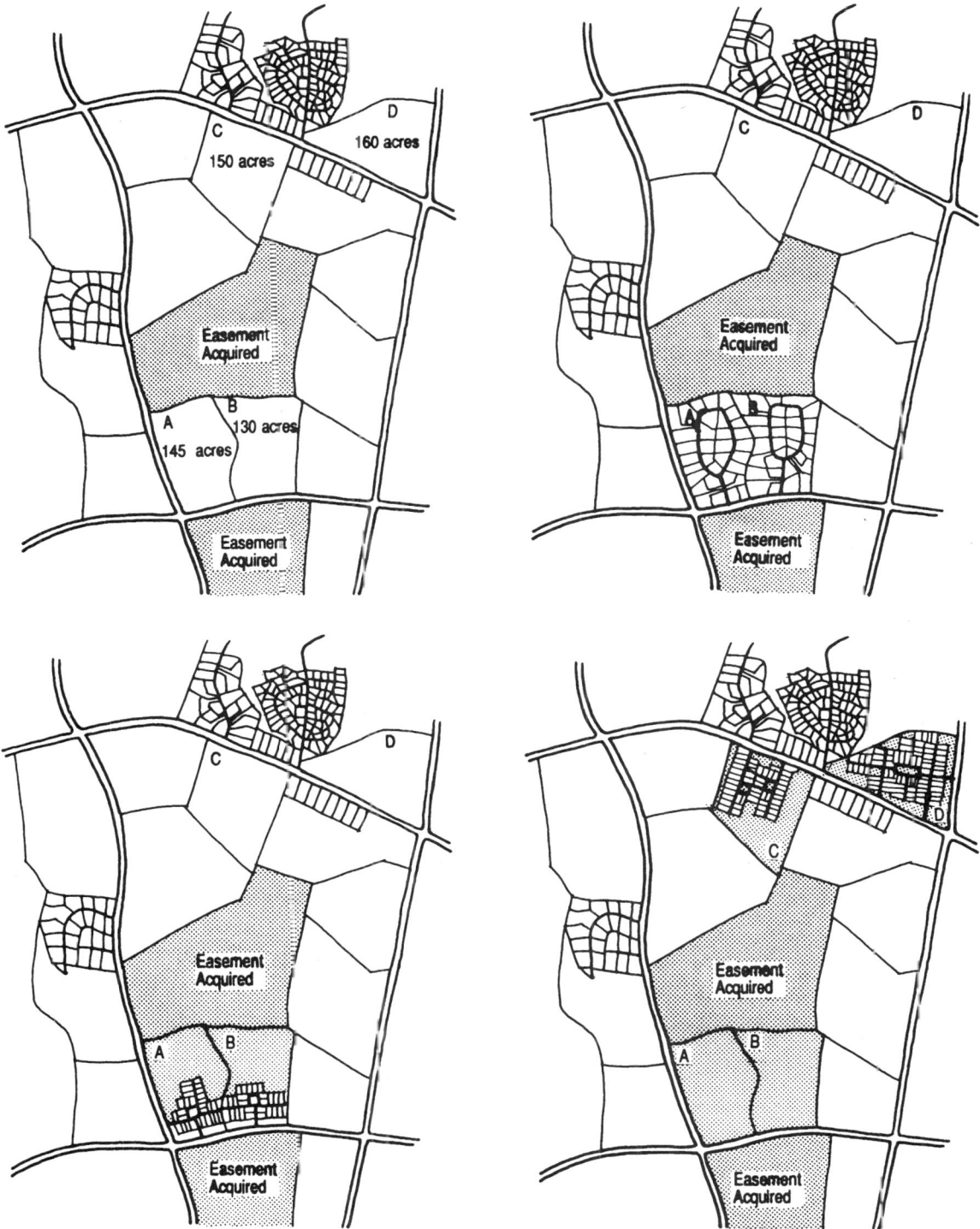

图18-4　这4张图是霍华德县规划师用来倡导"密度交换选择"，说明"密度交换选择"的优越性。第一张图揭示，在通常情况下，有两块大的、分离的和不相邻的受到保护的农田，若干个常规性居住区就在附近。在第二张图上，在两块受到保护的农田之间，有一块没有受到保护的农田，它正在按照常规方式计划建成居住区，以便阻止两块被保护农田连接起来，形成一个较大"临界规模"农田的一个部分。增加了新居住区和两边农田农民发生冲突的可能性。在第三张图上，按照县里的"基本组团"标准，开发两块农田之间的那块土地，开发场地的毛建筑密度为1：5，即每英亩建设5个住宅单元，可以保护75%的开放空间。虽然减少了农田的损失和可能的冲突，但是，把两岸农田结合起来形成一个保护农田"临界规模"的可能性就不存在了。在第四张图上，把三块农田联成一片，形成一块具有"临界规模"的成片保护农田，城市开发对它不具有直接的影响。把居住建筑指标转移到另一块已经开发了的地区去，新居民点的开发将并入主流土地开发模式中。

田，若干个常规性居住区就在附近。在第二张图上，在两块受到保护的农田之间，有一块没有受到保护的农田，它正在按照常规方式计划建成居住区，以便阻止两块被保护农田连接起来，形成一个较大"临界规模"农田的一个部分。增加了新居住区和两边农田农民发生冲突的可能性。在第三张图上，按照县里的"基本组团"标准，开发两块农田之间的那块土地，开发场地的毛建筑密度为1:5，即每英亩建设5个住宅单元，可以保护75%的开放空间。虽然减少了农田的损失和可能的冲突，但是，把两岸农田结合起来形成一个保护农田"临界规模"的可能性就不存在了。在第四张图上，把三块农田联成一片，形成一块具有"临界规模"的成片保护农田，城市开发对它不具有直接的影响。把居住建筑指标转移到另一块已经开发了的地区去，新居民点的开发将并入主流土地开发模式中。

土地评价和场地评估：来自土壤保护服务中心的适当工具

以上所描述的这些规划方法的使用都需要对农田地块的未来前景做出评估。在全国范围内，大约有150个地方政府服务正在使用由美国农业部在1981年制定的一种评价系统，"土地评价和场地评估"（LESA），这个系统最初是用来评价联邦政府资助保护农田的效果。国会通过1981年的《农田保护法》对这个系统做了修正，要求联邦政府的所有机构都要使用它。当然，越来越多的地方政府也自愿采用这个"土地评价和场地评估"评价体系，以反映他们自己的地方问题或价值。"土地评价和场地评估"把传统的土地适应性数据与相关社会和经济变量结合起来，如相邻土地使用的协调性。美国乡村地区和郊区地方政府通常在以下事务中使用土地评价和场地评估方法（斯坦纳，1991）。

● 分区许可决定，57%

● 环境影响评估，41%
● 确定分区，37%
● 购买开发权，34%
● 确定农业区，28%
● 开发权转移，14%
● 房地产税评估，10%

（注：大部分地方政府部门为多种目的使用土地评价和场地评估方法）。

大部分地方官员认为，土地评价和场地评估方法是一种公正、一致和可靠的工具。这类系统一旦建立起来，使用并不困难。通常由县"土壤保护服务中心"帮助社区建立这套系统。60%的行政区使用土地评价和场地评估方法来完成地方环境影响报告，33%的行政区使用这种方法来保护林业用地，这些都可以说明土地评价和场地评估方法的客观性和弹性（斯坦纳，1991）。土地评价和场地评估方法是用于决策过程的多种方法之一。佛蒙特州、伊利诺斯州、新泽西州、宾夕法尼亚州、西弗吉尼亚州和乔治亚州的地方政府使用这种方法比较普遍。

批评土地评价和场地评估方法，特别是与土地使用规则相关的批评也是有的。这种批评意见认为，当相邻场地已经被分区规划为或被开发为居住用地的时候，许多行政当局低估了农田的生存能力。当有些冲突不可避免的时候，这种评估方式产生了一种自圆其说的预言，把土地的农业使用排序降低，放弃把它置于优先保护的位置。按照土地评价和场地评估系统，这块土地已经不存在保护的价值了，所以，它更有可能用于开发，把新的住宅尽可能靠近附近的农田。而附近的农田在土地评价和场地评估系统中的分数也将随之下降。这种方法导致了一种假象，（特别是在这块农田已经不在农业区之内，它的土地评价和场地评估分数低下，购买开发权或特殊免征房地产税等情况下），这些农田正在加速失去它们的生产活力，加速让位于其他使用（特别是在这块农田已经不在农业区之内，它的土地评价和场地评估分数低下，购买开发权或特殊免征房地产税等情况下）。虽然土地评价和场地评估的确表现出这样的状况，但是，这个系统本身还是具有充分的弹性，给与靠近或相邻新居住区的农田以较高的分值。

继续关注的问题

许多坚定的农田保护主义者以审视的眼光看待创新性的开发方式，比如我们在一章中所提到的这些方法，怀疑它们在农田保护方面的有效性。他们可能是正确的，因为乡村地区依然在把大量的基本农田流失到设备经纪人、大型动物兽医所，食品店等等的手中，而农场在规模上变得越来越小，在数量上变得越来越少。（如果按开车距离来计算的话，这样一些大块的农田应该处在自然状态下，然而，现在这些农田却受到来自非农业开发的侵扰）。这些怀疑者对新居民和农民之间冲突的看法可能也是正确，农民在生产中所必须使用的手段和工具不能与新居民们的生活相协调，很少有几个新居民曾经有过与农民相伴的经历。

这一章的目标不是说要把创新型的开发方式引入到那些农业经济强大或农业分区规则运行十分成功的地区。当然，在许多大都市的边缘地区，农业保护分区和40英亩一块农田的规则并非在政治上不可行。实际上，任何地方只要有政治上的愿望，没有办不成的事。但是，没有乡村土地所有者和一般人的广泛支持，政治领导人也不可能制定具有高度限制性的法令，而这些法令是保护"传统农业"所必需的。

在那些农业将发生重大转变的地区，为了适应新的条件，乡村土地所有者和一般人的广泛支持可能会大一些。华盛顿州东部的农民可以嘲笑围绕西雅图居住的市民们，但是，事实上，大量小规模的农场在经济上完全依赖于普金尚德大都市区，那里的生产者可以直接把他们的产品送到西雅图中心的农贸市场上去。拿

金县规划师琼斯的话来讲，"派克市场上的农场一般规模只有4~7英亩，全部的农场收入也只够一个家庭的生活。这些全家上阵的农场，运行强度非常大，他们通过派克市场或路边的摊点来出售他们的产品"。（斯卡夫，1990）。

美国大部分农业还将继续处在城市阴影中，这一点是不可逆转的，因为围绕城镇和其他开发区总有大量相邻的农田与之相伴。这种"相伴的问题"不可能逃避，所以必须去解决它。甚至拿到足够的资金去购买开发权，保护成百万的农田，在政策上继续严格执行40英亩的分区规则，执行复杂的开发权转移项目，许多农民还是会与非农民为伍。

适合于每一种类型政治区域的新土地使用方式面临挑战。只有在保留农田的第一类方式确实不可能使用的情况下，才应该使用"第二类最好的"方式，如乡村组团。但是，在许多农业部门活力不足的地区，传统农民的这一代人正在期待做完"最后一次收获"后就把他们的土地卖掉，对于这样的地区，至少必须考虑使用比较具有创新精神的设计来做开发，在许多情况下，使用开放空间开发设计标准，去修正开发方案。

在一些情况下，开放空间开发设计可以帮助那些创新的和随机应变的都市农民继续从事他们的农业生产活动。而在另外一些情况下，开放空间开发设计可能帮助产生出个人爱好型的农场，或者户外娱乐空间。"开放空间开发设计"在本质上是一种开发布局，用于保留大块重要的土地，然后它们为多种目的服务，包括一定形式的农业。在那些严格保护农业或开放空间在政治上或在经济上不可行的地方，惟一选择是允许低密度式的郊区蔓延覆盖整个乡村地区，让居住区、购物中心、办公综合楼和工业园区完全替代传统的乡村景观。

有必要培养和鼓励正在出现的"随机应变的都市农民"，他们在为周边郊区和城市区域供应新鲜农产品和景观制造材料。乡村地区的县和镇政府应当把建立更多的农贸市场，小型

的农产品加工企业，作为地方经济发展项目的一个部分。

下一代农民的成功在很大程度上依赖于他们自己社区的支持。这一点不能忘记了。下一次听到有人抱怨新鲜肥料的气味时，有礼貌地告诉他们，他们刚刚开始发现住在乡村里一件好事。要求他们思考一下别的住处，更多的住宅、较高的税负和较高的食品价格。

第十九章

增长管理的区域体制

罗伯特D·亚罗

概论

这本书的大部分内容集中在　在地方层次或个别开发中实现新增长模式的方式。然而，为了保留整个区域的特征，有必要建立新的地区范围的规划系统，这种系统使革新的规划和设计标准成为整个乡村和都市区约规范，而不是一种例外。

对于那些城市规划强大而县域规划虚弱或根本就没有的地方，特别是新英格兰地区，大西洋中部的那些州，有效的区域规划将是至关重要的。由于都市区域的迅速分散化，这些地区可能通常包括了十几个，甚至上百个行政区，若干个县，常常跨州里的行政边界。这些区域边缘地带的大量乡村地区面临居住区开发、公路、办公园区和其他象征都市区发展建设项目的计划。山区和沿海类型区域和乡村旅游型区域也面临类似的开发压力，那里的乡村社区由于缺少管理这类开发的规划专业人员而难以控制这类开发。

拿纽约大都市区为例，它包括了3个州，31个县和750个具有土地使用管理权的行政区，包括几百万英亩的乡村社区，这些乡村社区是整个大都市区住宅和就业市场的一部分。在这类复杂的区域里，以自愿的方式一个社区一个社区地执行创新型的规划和规则不可能维系这些地区的特征。到它们都采用新的土地使用规划和法规制度时，构成区域特征的那些重要景观

和文化遗产已经丧失殆尽了。同样重要的是，每个社区的地方官员正面临着都市开发的压力，他们难以控制希望得到这些开发项目的一方。建立在较大尺度的都市或区域上的规划制度可能是一个更为有效的方式，可能改变影响各行政区政府的区域增长模式。

甚至原先那些孤立的乡村区域，现在也面临都市发展的压力，乡村和都市间的界线正在变得模糊不清了。例如，在印第安纳波利斯区域，1970年代就建立了一个区域政府，"Unigov"，这个都市区当时由整个马里恩县组成。现在，印第安纳波利斯区域不仅仅是由马里恩县组成，而且包括若干个相邻快速增长的郊区县，它们已经不受区域政府"Unigov"的管辖，也不受区域政府"Unigov"的规划管理。印第安纳波利斯—圣保罗区域的"双城议会"有着相似的经历，郊区开发超出了它的边界。

旅游休养胜地面临类似的压力。山区、海岸和其他休养地远离它们最近的都市区域上百英里，如开普口、奥特班克斯、佛罗里达克斯、威斯康辛德尔、欧扎卡斯，怀俄明和蒙大纳的山脉和山峰以及西雅图之外的卡斯卡达山脉，所有这些地方都面临着地方规划师难以控制的住宅区、休养地和第二住宅的开发建设。这样，美国许多重要的旅游和休养地区正在出现同样的色彩和装饰过分商业化的商业带，别墅式住宅和大地块居住区，那里曾经是都市居民追求不同于城市特征的地区。城市居民把都

市生活带到了那里。面对这些挑战，美国许多地区正在实施多种新型的有关州、区域和都市区域的规划承诺，而具有类似情况的地区正在从他们那里学习。

州的规划机构

在一个叫做"寂静的土地使用规划革命"的运动中（博塞尔曼，1971），9个州（夏威夷、俄勒冈、华盛顿、佛罗里达、乔治亚、新泽西、缅因、佛蒙特和罗得岛）已经采用了新的土地使用规划和法令体制，它们摆脱了由美国商业部长胡福在1924年提出的传统的"州分区规划实施法"（SZEA）模式，这种"州分区规划实施法"（还有41个州仍然在使用这个模式）把所有的土地使用法令性责任在没有任何政策指南的条件下交给了市政当局，一般完全没有任何规划要求。

这个新的州规划制度为地方规划和分区规划提供了州里的政策框架，州里要求地方政府制定地方规划和分区规划，或者以极大的优惠条件来敦促地方政府制定他们的地方规划和分区规划，规划法令与地方规划一致。这些规划也必须与州里的政策和目标一致，一般包括自然和历史资源、社区特征的保护，多种与住宅相关的规定，等等。州里还给制定和管理行政区的规划和法令规定提供资金。按照佛罗里达在1985年后所采用的制度，在一些情况下，州里还提供给基础设施建设费用，还包括"同步建设"的条款，即要求新开发所需要的基础设施与开发同步配套完成。

这些制度中最重要的特征之一是，要求采取比较紧凑的增长模式，特别是在缅因州和俄勒冈州。例如，俄勒冈1972年的州规划项目要求，在每个县和行政区都指定城市增长边界（UGBs），明确划定城市发展的边界。在城市增长边界之外，农田和林地分区用于农业和林业使用，有效地限制在指定城镇中心之外的乡村地区做任何新的居住和商业开发。

当然，俄勒冈州项目的弱点是，它没有要求改善城市发展边界内的设计和场地规划标准，所以，开发是比较紧凑了，可是缺少了传统社区的特征，还是常规的郊区形式。在波特兰都市区城市增长边界内的最新郊区开发实际上与其他州的郊区开发别无二致。当然，它有了边界限制，按照州里的法律，这些郊区开发不能超出城市发展边界而进入相邻的农业和林业分区，农业和林业分区内的土地只能用于农业和林业。

这些项目最终所能产生的差别将依赖于这些项目在所有层次政府中如何得到管理。如果把它们交到心烦意乱的州官员和没有任何想象力的社区规划师手中，结果无非是再加一层法令过程。例如，在新泽西，规划活动进行7年了，陪审团还是没有进入角色。这个"花园式"州1985年的规划法最终导致了1992年6月通过了"开发和再开发规划"，这个协商过程发生在州、县和行政当局之间，每一个层次政府的规划内容必须得到其他层次政府的认可。行政当局的规划与州里目标之间的一致性由每个地方政府自己做出判断，这样，现在说都市开发的最终形式和表现是否因为采用了这种程序而得到改善还为时尚早，虽然存在改善的可能性。

所以，要求经常的警告，以保证这些项目的潜力得到实现。为此，俄勒冈、佛罗里达、乔治亚和新泽西都相继建立了州范围内的非赢利组织，如俄勒冈、佛罗里达、乔治亚的"千友会"，新泽西的"未来"，它们对州里和地方政府实现州里规划目标的行动进行独立的监督。

区域的规划机构

当美国大部分地区都建立了县里的规划和分区规划时，自1970年代开始的这场"寂静的革命"已经不只是在那些受到威胁的旅游休养区和自然资源区创造新的区域规划和土地使用法定区。创造新的区域规划和土地使用法定区大部分是由州里承担的，但是，越来越多的这类行动得到了联邦政府的帮助，或通过国会的行动来实现。

包括在这些项目中的内容和程序具有多样性。大部分包括了某种政策框架或地区范围的自然资源规划。有些涉及到保护自然资源走廊（如哥伦比亚河委员会、高基国家景观区委员会或加里福尼亚海岸委员会），还有一些委员会管理着整个生物-区域的开发。区域管理的程度也具有很大的不同，如只有简单咨询权利的伊利诺斯和米歇根的"国家历史遗产走廊"，又如具有严格法令管理权的"新泽西松林委员会"。有一些区域管理机构具有法律上的权利负责管理指定的敏感地区，或负责管理"具有区域影响的开发"，但是，对地方行政当局的规划或增长的增量模式几乎没有什么影响，如"马撒的葡萄园委员会"。另外还有一些区域委员会，包括"松林委员会"和"阿迪昂达克公园管理处"，具有为那些没有剀定地方规划和规则来满足区域标准的行政区强制推行分区规划和土地划分规则的权利。

马萨诸塞"科德角委员会"（CCC）是最新的区域土地使用规划法令性权利机构之一。它建立于1990年，是市民努力的结果。1991年，"科德角委员会"完成了一个"区域政策规划"。这个规划确定了"关键规划关切区"，为这个区域的15个镇建立行政区规划标准。这个委员会将为改进规划和法规提供资金，这些地方行政区的规划和法规必须实现与区域政策规划的一致。按照州里的实施办法，未来州和联邦有关科德角的政策、投资和法律行动（通过州里的海岸规划和联邦CZM一致性条款）也必须与科德角委员会的规划和政策一致。科德角区域剩下的40%没有开发的地区将由科德角委员会指定为"关键规划关切区"，要求在这些地区执行较高的开发标准。

另一个新出现的区域管理权利机构是正在成长的"国家历史遗产走廊"（NHCs）。在美国有三个这样的机构，一个管理米歇根和伊利诺斯（办公地点在伊利诺斯），一个管理黑石峡谷区（马萨诸塞和罗得岛），一个管理特拉华和勒亥（在宾夕法尼亚）。它们均有国会任命建立。

其他潜在的"国家历史遗产走廊"还在等待国会的行动。按照"国家历史遗产走廊"模式，"国家公园管理局"为区域的走廊管理委员会，编制这些历史性河流和渠道走廊有关娱乐、土地保护、历史保护、经济开发的规划，提供技术支持和资金。联邦、州和地方对这个走廊没有法律性的责任，但是，它们提供执行这些规划的资金。当然，走廊委员会能够寻求公众对改善开发标准的支持，鼓励州和地方开展保留重要开放空间的行动，管理走廊中的开发。

联邦政府还于其他一些区域规划和土地使用法律性机构具有合伙的关系，包括新泽西的"松林委员会"（它是在卡特总统任期时建立起来的第一个国家服务机构），"哥伦比亚高基国家园林区"（在华盛顿州和俄勒冈州）。最近，国会指示"美国森林局"研究如何保护纽约州、佛蒙特州、新汉普郡州、缅因州以及处于纽约和新泽西边界上的正在城市化的高地区域2500万英亩"北部森林土地"。

都市的规划机构

大部分美国都市区都有咨询性质的区域规划机构，按照联邦政府的要求成立于1960～1970年，当然，这类机构多数没有实现它们的预期功能，过去20多年来，若干个都市区域已经建立起了新的区域机构来管理增长和协调基础设施的延伸，如明尼阿波利斯-圣保罗、杰克逊维尔、印第安纳波利斯和波特兰，俄勒冈。这些组织一般具有通过批准或不批准基础设施扩张（一般为下水系统）来管理开发模式的权利。它们在管理都市形式上的确有些成功的案例，但是，它们一般没有在开发中实现质量较高的设计。

它们大部分现在正经历着另外一个问题：跳跃式开发已经超出了它们所能够控制的行政

区进入周边的乡村地区，所以，得到改善的都市规划却产生了加剧郊区蔓延的后果。波特兰的"都市服务区"（Metro）是美国惟一一个经选举产生的区域管理机构，由于它把它的权利置于一个有效的州规划项目之中，所以在控制郊区蔓延中最为成功。

若干个西部海岸区域，包括西雅图、萨克拉门托、圣地亚哥都在制定新的都市规划，在那些围绕规划铁路系统而建立的紧凑型中心安排新的发展项目。这些机构部分源于1990年联邦"清洁空气法修正案"（CAAA）和1991年的"地面交通效率法"（ISTEA），它们都是用来鼓励通过设计使土地使用达到空气质量标准。

在一些大都市区，独立的规划组织正在制定都市规划，它们需要通过州里的法律得到执行。最早的一个机构是纽约的"区域规划协会"（RPA），成立于1922年，当时的任务是为纽约—新泽西—康涅狄格区域制定一个区域规划，现在正在制定它的第三个区域规划。这个正在制定中的区域规划的中心目标集中在，围绕它的1600英里城市铁道系统开发"公交友好型"社区。区域规划协会还在提议建设一个"都市草场"，这是被保护开放空间、景观公园和传统公园的一个网络，以阻止这个区域的郊区开发向外蔓延。每一个州的规划围绕这个目标做调整，在指定的都市增长边界之外的地区，推行使用"现状使用分区"（区域规划协会，1991）。

旧金山的"绿带联盟"也在有7个县的海湾区域追逐相似的目标。1989年，绿带联盟与"海湾地区议会"一道，建立了一个叫"海湾2020远景委员会"，它建议这个区域的应当按更紧凑的增长模式进行，并由永久性绿带约束起来。以"宾夕法尼亚环境议会"为背景的费城都市区和芝加哥的"开放土地信用社"都在制定类似的区域规划，与纽约的"区域规划协会"和旧金山的"绿带联盟"的合作下，在费城和芝加哥都市区建立了"国家绿色空间联盟"，以形成其他都市区已经具有的区域发展管理体制。

结论

在美国全国范围内，许多州、都市区和乡村地区都在采取行动扭转第二次世界大战之后的破坏性和分散式开发的倾向。虽然按照联邦"清洁空气法"和"地面交通帮助法"，联邦的优惠和要求能够鼓励或要求在都市区广泛采取这些区域管理模式，但是，是否这些行动可以变成规范或只是留做花瓶，还需要观察。

区域的增长管理是否会产生适合于居住生活的区域和社区也同样需要时间来证明。现在，的确各地都存在一些效仿的好样板，但是，它们大部分还处于"生硬指令"状态，需要进一步完善。正如任何创新一样，这些项目的效率必须密切监控和精益求精，以确保满足区域紧凑型和可持续发展的目标，以及鼓励采用人的尺度和具有吸引力的社区的根本目标。如果我们希望使用另一种法规制度避免简单替换常规分区规划和土地划分规则，我们需要的是，新的有弹性的土地使用和设计法规系统，它们适应于每一个区域和社区的景观、形体和社会结构。同时，如果建设一个比较好的区域的体制潜力能够变为现实，我们需要具有创新精神的新的一代的规划师、设计师和开发商。

第四部分

案 例

　　第四部分对几十个开发案例做一个简单的描述，它们从一定程度上说明了本书中已经讨论过的一些创新型设计原则。这些描述并不指望成为一种定论。描述的目的是为了展示多种案例，有创新精神的开发商和场地规划师在那些案例中合作进行了这样和那样的一些具有新意的居住和商业开发。除开项目要点的小结外，每一个案例都包括了一个场地规划图，说明建筑、行车道路、开放空间和其他景观区的布局，还包括若干张相关照片。所有这些设计经过事后的评头论足和继续实践而产生出来改进能够得益于各方。它们的确还不是尽善尽美，但是，却也展示了一些值得注意的特征，使它们比起过去40～50年以来沿用的普通开发设计规范要略高几筹。

　　这些开发案例超出了我们在第二部分中所介绍的那些假定的案例，它们是实际的居住和商业开发项目，它们都经过了领受项目、计划、评审、批准、获得投资、出售和使用起来（住宅的居住或商店和办公室的租赁）的全过程。它们证明，在开发布局和设计上创造性思维的活力，挑战缺少革新精神的常规思维模式的活力。这些常规思维模式视棋盘式居住区或带状商业空间为天经地义，只有那样才能符合

规范、通得过审查，可以被批准或找到市场。

　　作为一个社会，除非我们开始放开眼量，否则，我们还将难以摆脱低劣设计开发的困扰。只要我们的土地使用和规划标准仍然维持在低水平上，那么开发商中仍然可以采用饼干块式布局模式又可以在没有提供关键开放空间的前提下，合法地获得批准。对于商业开发来讲，或者因为不适当的退红和不协调的建筑设计，而打乱小城镇中心的传统结构，或者因为"成千疮痍"而搅乱了我们的主干道，我们同样会受到责备。开发商完全可以简单地遵循我们建立的规则，服从我们的管理。也许回忆马克吐温的名言是痛苦的，"在一个民主社会，人们一般得到他们应该得到的。"但是，从另一方面讲，责难这个命题也不是一件容易的事情。

　　我们希望以下这些案例至少能够启发全国各地的房地产业主、开发商、场地规划师、职业规划师和规划会议和委员会的成员，再看看规划设计和建设住宅、商店和办公室的其他方式。在考察这些变通的方式之后，也许他们不再会满足那些人们误以为不可避免的不幸后果。R·巴克尔的解释是，"通过小心翼翼地考察，我们会发现，许多本以为是发展中不可

避免的那些令人失望的事情，既不是必然的，也不是进步的，实际上，它们只不过是令人失望的事情而已。"

规划师，包括职业规划师和参加规划会议和规划委员会的自愿人员，对现状和改变现状都承担着相当的责任。在最后这个部分中，案例相关的规划师都最给他们所服务的地方政府带来了一缕希望，开始要求开发商提供超出"宅基地和街道"，超出那些建在大片沥青铺装停车场里边的那种火柴盒式购物区之外，而对一个宜居社区又是必需的东西。

美国最具创新规划精神的先锋C·斯坦（国际认可的新泽西北的"拉德本"居住区的设计者）的话至今没有过时。当有人问为什么他和H·莱特选择把他们1928年的革新项目放在新泽西的费尔劳恩时，他答复说，他们之所以这样做是因为，那里有足够的土地，那个镇区当时还没有通过任何不可变更的分区规划，以致他们有可能发挥他们的创造性（斯坦，1957）。这是值得我们今天思考的问题，因为许多小乡村社区采用了不适于他们的郊区式的土地使用规则，按照这些规则所产生出来的开发，既不能反映他们那里的传统特征，也不是大部分居民所希望的未来。

我们所面临的选择是，继续循规蹈矩，还是标新立异。何去何从，在于我们自己。

第二十章

居住案例

这一章列举了22个开发案例，所有的设计都保留了开放空间。这些对保留的土地包括自然区域如树林、草场，农业用地如耕地和牧场，半正规的社区绿地和公共绿地，娱乐设施如游乐场，还有没有开发的，环境敏感的地区如湿地、泄洪区和坡地。

这些开发的第二个特征是，他们的宅基地相对紧凑，在形体上更像传统的村庄，而不像一般的郊区型居住区。由于紧凑型的布局模式与有吸引力和方便的公共区域相结合，那里的许多居民告诉我们，他们意识到了社区的意义，有了强烈地街区感受。

大部分案例只是包括了独立式家庭住宅，当然也有少数案例中包括半独立式住宅和多家庭共用住宅（拉德本、梅里亚姆克洛斯、朗希尔农场、龙山、温斯洛合作社、战斗路农场和查塔姆村）。这些住宅单元本身的价格具有多样型，有适合于第一次购房的（如在纳布如克园和马丁草地），高档住宅（斯特拉斯莫尔农场和法默弗），还有"空巢"住宅（如迪尔菲尔德山和朗希尔农场）。

这些开发坐落在多种不同的区位上，有的在已经建立的居住区内或边缘地区（纳布如克园、西普卡伯特尔广场、梅里亚姆克洛斯、温斯洛合作社），有的在半乡村的郊区（朗希尔农场和斯特拉斯莫尔农场），还有的在完全的乡村地区（法默科隆尼，龙山和"亚历山大三角"）。

与这些区位相关的是有或没有公共下水道。这一章所涉及的大部分开发都是使用家庭独立式污水处理设施或私有化的社区设施来处理污水。在那些没有公共下水道的居住区里，宅基地最为紧凑，独立的中水释放场地布置在公共空间内（如在垂门山和司特拉茅斯农场）。在另一些开发中，若干个家庭分享一个中水释放场地（如朗希尔农场和梅里亚姆克洛斯）。在比较大的开发区，中心污水处理系统较为流行，如迪尔菲尔德山（那里有一套小型、常规和机械的污水处理厂，供120家使用），或朗格树林牧场农场（那里使用的是比较新的污水处理技术，处理后的中水喷灌到开放空间中）。

开放空间开发另外一个基本论点是，人行道和步行小径的网络，步行小径一般是经过这些居民区的。虽然这类网络有短小的（如梅里亚姆克洛斯，埃科山和查塔姆村），但是，也有本身就很复杂的，（如伍德菲尔德村、邓纳姆湖庄园、法默科隆尼和赛因斯特克里夫斯），有的则与较大的公共小径相连（战斗路农场和桑克蒂厄里）。

除开住宅类型、价格范围、综合的污水处理系统或小径长度这些因素之外，所有这些开发都保护了开放空间，都在形成比较浓厚的街区氛围。所有这些开发的确都有可能再上一层楼，但是，它们已经用它们不凡的表现证明，只要人们真正有兴趣来创造一个比较好的生活区，他们总能够把他们的愿望变成现实，当然，有些目光短浅的人会说，"想得好，但在这里办不到"。

纳布如克园

地点：宾夕法尼亚州蒙哥马利县纳伯斯区

建立日期：1914~1915

场地设计师：纽约、福斯特山、R.A.波普

1914年，新近选举出来的镇长G·M·亨利提出，在费城郊外似公园的场地上设计一个居住区。整个开发由镇里一个叫做"纳伯斯市民协会"的市民进步组织承担，目标是在14英亩土地上规划一个合作社式的居住区。"纳伯斯市民协会"分别从那个街区的若干个地产中购买了14英亩土地，形成一块完整的开发场地，开发了现在这个"纳布如克园"居民点。费城的一个城市规划师和景观建筑师波普是这个场地的设计师。他是哈佛大学著名建筑和规划师欧玛斯德的学生，据说他与欧玛斯德一起在1908年设计了福斯特花园。1915年3月，宅基地设计出来之后，"纳伯斯市民协会"的成员和来自纳伯斯区镇和温尼伍德（附近罗尔么雷因镇）的有兴趣者购买了这些宅基地。这种给与社区本身特殊生活质量的参与方式还表现在，参与者最终自己选择了使用"纳布如克园"的名字替代原先的"纳伯斯花园"的"项目名称"。

"花园城市"观念起始于英格兰，而在世纪之交的时候，进入了美国，纳布如克园正是以轻松和非正式方式对"花园城市"观念做出一流表达的范例。纳布如克园包括35幢独立式住宅，它们分别由地方上不同的建筑师设计。这些住宅在规模上大小不一，而在外观上也是各式各样，但是它们分享一种"家庭特征"，这一点可能是受到这个开发项目的执行建筑师，D·尼科伯克的影响，他也与"罗素赛格基金会"及其他的开发项目"福斯特山"有关。

纳布如克园的景观已经不同于欧玛斯德沿着居住区里环路布置树木的景观设计思想，而是沿着社区中心的公共绿地布置树木。这个最初的开放空间已经因为最近更换的树木而发生了很大变化。那里过去种植的大多数是日本樱桃树，因为住在纳布如克园26号的一个丹麦裔景观建筑师特别推崇这个树种，以后，在美国城市美化运动中，他成为种植这一树种的国家级的倡导者。

纳布如克园住宅的转手率非常的低，那里的居民通常把产权攥在手里几十年不变。直到今天，那些希望有一所比较大的房子来容纳日益增长的家庭成员的居民，还是乐于选择留在纳布如

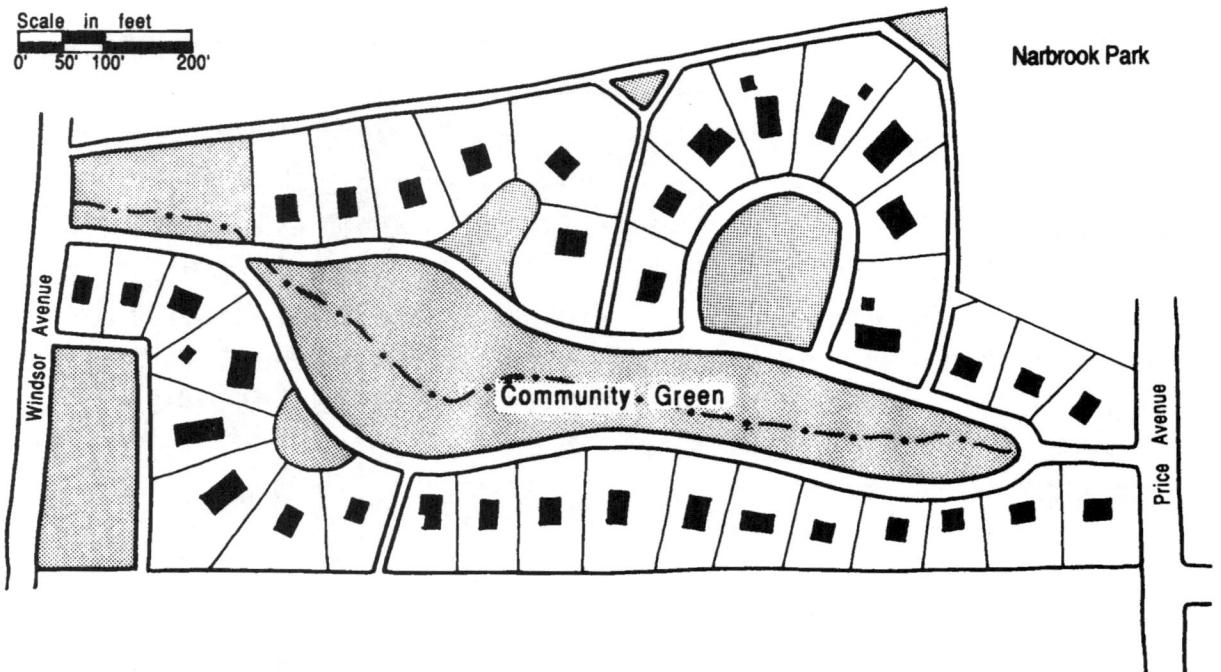

图20-1a　纳布如克园的场地规划。

图20-1b　石材质的村舍面对公共绿地的西端。

图20-1d　这条小溪作为由野生鸢尾属植物环绕，开花的时候，整个绿地又是一番景色。

图20-1c　人行道有助于产生一个户型友好的气氛。

图20-1e　几乎所有的住宅都面对这块公共绿地或第二级的开放空间。

克园，因为没有什么地方会有如此公园化周边环境。纳布如克园的社区意识也十分特别，他们在每年5月举行的传统春季大扫除之后，都要聚集在一起，做一次野餐。有时他们也聚在一起做一些表演性的社区活动，活动当然是在街区中心那个马蹄状的公共绿地里进行。

拉德本

地点：新泽西州费莱恩镇费莱恩大道和广场路北

建立日期：1927~1931

场地设计师和建筑师：C·斯特恩和H·赖特

在美国、加拿大和英国学习城镇规划的学生都十分熟悉拉德本这个案例，但是，美国的大部分开发商和小城镇规划会议的成员并不十分欣赏拉德本及其经验，当然，这些人从来没有接受过有关居住区设计史的专门训练。

拉德本最初被认为是为那些不太富裕家庭提供安全、有吸引力和令人愉悦的居住区的一种方式。拉德本的设计原则是，把车辆和行人分开。按照这样一个原则，主干道围绕居住区布置，与围绕"超级地块"的次干道相连，而次干道再与清静的街道相连。步行小径和人行道网络把每一个住宅与狭长婉蜒状的诸个公园（23英亩）连接起来，而这些公园与街区学校、游乐场所、在开发场地一端的社区游泳池，以及在开发场地另起一端的商店和办公楼连接起来。那里还有其他一些娱乐设施，包括2

个幼儿园，2个游乐场地，3个球场和4个网球。需要横跨主干道的地方建有地下通道，这样儿童可以安全地骑车通过。在1928年时，这个场地不过是一块玉米地，但是，现在那里已经是绿树成荫了。

拉德本居住区包括638幢独立住宅，50幢半独立住宅（双门一宅）和100个多家庭共用住宅单元。独立住宅的宅基地规模一般为50英尺×100英尺（纯密度为每英亩8块宅基地），因为每一个家庭都在步行距离可以到达高质量的开放空间，所以，小规模宅基地得到了一种补偿。整个居住区的毛建筑密度接近每英亩5块宅基地。按照"城市土地研究所"的研究，拉德本的"步行布局"，住宅场地面对死胡同和

内部公园，增加了个人之间的社会交往机会。那里居民参与社区事务的程度相当高（汉克，1973）。

拉德本的生活方式十分具有吸引力，以致那里有许多第二代的居民，他们在那里长大，当他们成为成年人之后，又搬回到那里，哺育他们的孩子，让他们也经历与父辈一样的童年生活。拉德本的根本秘密是，它的确是一个"公园里的居住区"。当然，它的吸引力产生了不幸的后果，那就是房地产价值升值太快，以致一般小康收入的家庭难以承受拉德本的房价，而这个项目开发的初衷恰恰是要为那些收入不高的家庭提供一个良好的居住场所。尽管每一块宅基地的面积都不大，拉德本的住宅还

F = Athletic field
P = Pool and playground
S = Elementary School

Scale in feet
0'　200'　500'

Entire development as originally planned.

图20-2a　拉德本的最初的全部场地规划。

Radburn, New Jersey
- - - - - Sidewalks
Green space

Plaza Road North

Erie Railroad

Pool

Athletic field

School

Pool

Radburn Road North

Tennis courts

Station

Stores, offices

Fairlawn Avenue

Section built before 1930

Scale in feet
0'   100'   300'

图20-2b 在大萧条之前建设的一个部分。

图20-2c   住宅面对铺装的人行道，人行道通往2个大型公园区。

图20-2e   人行道网络把住宅、运动场和商店连接起来。图上这个小孩正在帮助他的爷爷把购买的物品送回家。

图20-2d   这是拉德本两大开放空间之一，叫做"长绿地"。

图20-2f   适当的住宅围绕一个"死胡同"的组团布置。

是受到那些青年专业人士的青睐，他们乐于生活在一个公园式的居住区里。

埃科山

地点：马萨诸塞州阿默斯特镇伯奇堂

建立日期：1966～1978

开发商：W·阿宾

这个项目混合了多种规模的宅基地，包括当地标准的比较大型1.5英亩1块的宅基地，102块1英亩4块的宅基地，它们全部与开放空间网络相邻，别墅型住宅综合体和一个小型的商业区。这个案例的特征主要集中在第二种住宅，即与开放空间相连接的小块宅基地，因为这种宅基地规模最适合于埃科山的特征，所以，对小城镇的开发可能性具有示范效应。

在整个树木丛生的开发场地的中部有一块3.1英亩的草地，正是这块草地激发了开发商和景观建筑师决定围绕这个核心开放空间来设计埃科山居住区。以这块"绿地"为核心的开放空间系统包括了30英亩树林，步行小径与每一个"死胡同"连接起来，那里还有两个小水塘（一个用来游泳，另一个用来溜冰），正式的娱乐区包括一个网球场（同时还有篮球板）和一个棒球场及其挡网。这些通向主要开放空间地区的各式各样的"死胡同"明显表现了与雷布居住区相同的传统模式。为了改善道路系统，这些死胡同有些直接与环状道路相连，有些共用一条与环状道路相连支路，对步行者不构成威胁。当然，对于那个设计时代来讲，这种布局方式还是给人以深刻的印象。

这块绿地是埃科山居住区每年春季野餐的场所，也是所有年龄居民日常交往的公共场所。可能正是因为有了这样一个社区凝聚点，有了多样性的街区娱乐设施，所以在那个社区形成了一种社区意识。由于这些公共设施设计上就注意到容易维护的目标，所以埃科山居住区的住宅业主每年只须缴纳75美元的费用就可以维护这些设施。

埃科山居住区仍然维持着公园的气氛，成为整个野生园林区的一个点缀。事实上，有些游客认为，适度的、一层楼的当代住宅以紧凑的形式布置在1/4英亩宅基地上，使它们看上去与一个旅游宿营地没有两样。埃科山的经验之一是，好的街区造就了成功的房地产，有意识的开放空间建设大大提高了街区的生活质量（有关埃科山居住区房地产升值的详细情况，以及与常规开发所做的比较。可以参考第十四章，"鼓励开放空间设计"）。

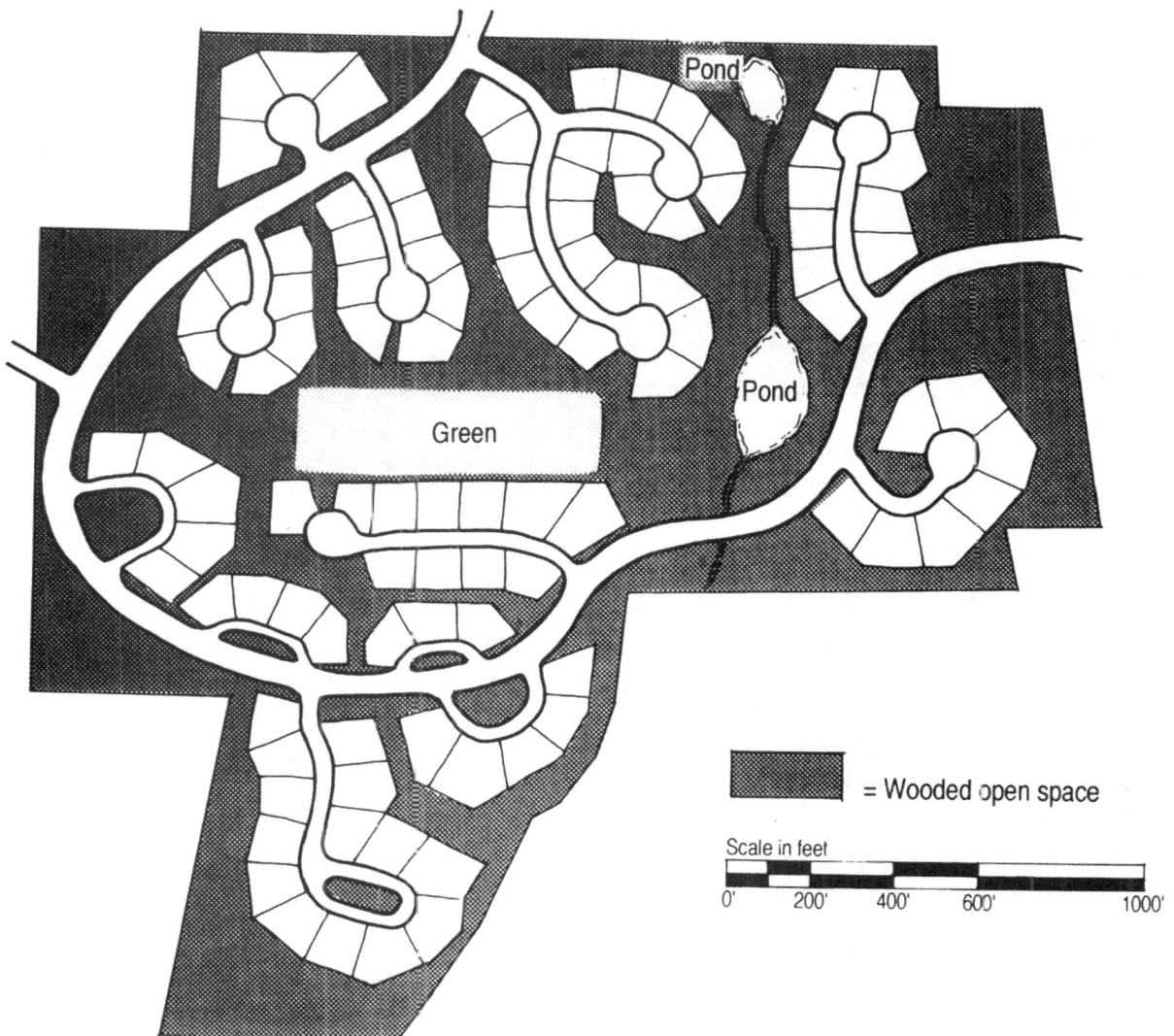

图20-3a 埃科山场地规划（1/4英亩宅基地部分）。

图20-3b 这块地处埃科山居住区中间的3.1英亩的开放空间比起新英格兰地区传统城镇的公共绿地要大两倍。

图20-3c 这个正式的娱乐场所由一口水塘以及周边的树林野餐区，一个比篮球场大两倍的网球场和一个棒球场及其挡网，一起构成。

图20-3d 埃科山的住宅都有树木环绕，在整个开发过程中，几乎没有清除掉多少树木，这些树木使整个住宅在夏季处在树荫之下，甚为凉爽。

马丁草地

地点：佛蒙特州普兰菲尔德镇马丁草地

建立日期：1946

场地设计师和开发商：D·约翰逊和N·约翰逊，佛蒙特州普兰菲尔德镇

马丁草地居住区距离普兰菲尔德的村庄中心只有步行距离，它是一个只有17英亩21幢独立住宅的小型居住区，有一半住宅面对一个2英亩近似梯形的公共绿地。就这块绿地的面积和不规则的形状来讲，十分类似新英格兰地区许多小镇的公共绿地。当然，马丁草地的这块绿地还不到50年，而且它也不是由公众拥有或维护的。

正如当地居民所说，这个居民点是由两个当地人戴维和罗勒建设的，他们都是W·马

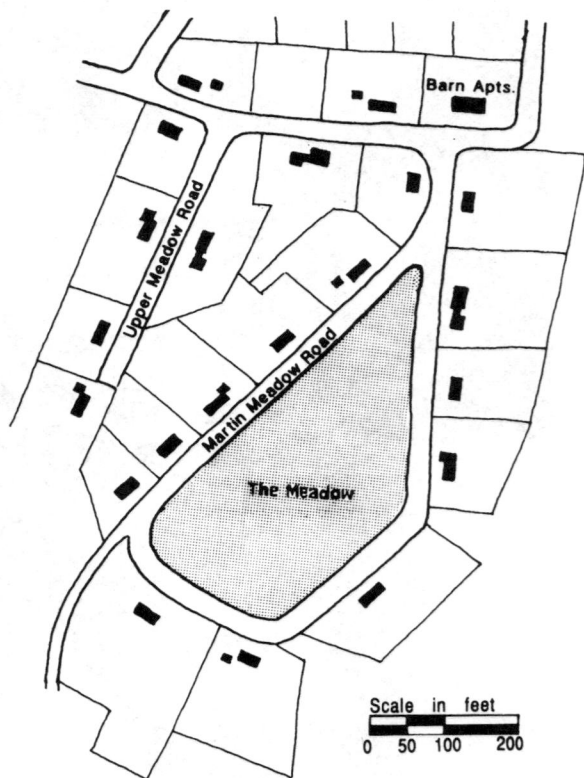

图20-4a 马丁草地的场地规划

图20-4b　在来到马丁草地时，立刻就可以看到这个中心开放空间。

图20-4c　几乎所有的住宅都对这块草地，在夏季，相邻草地的住宅的每个业主每周都要割草（每人负责对着他家住宅的那一部分草地）。

主协会"草地协会"所有，每个家庭每年付5美元，用于支付它的保险费和夏季结束时的社区野餐会（与前面描述的埃口山的传统一样，居民对此津津乐道）。维护主要是割草，每个家庭负责自家门前相对的那一部分。每一家人都清楚哪一部分属于他们。如果那家人的确难以在固定的周末完成他们应该完成的工作，所以，邻居会出来帮助，交换条件的下一周由这个人为那个邻居做这项工作。按照一个老居民的说法，这几乎不是一个问题。这也同样证明了这种布局所带来的社区精神和合作。

虽然至今还没有研究生来做这类社会学的调查来证明（或证伪）这个论点，居民的感受却是，这个街区的居民互相很了解，他们之间的相互交往远远大于按常规规划布局的居住区，因为那里没有社区聚会地点，没有下午游戏和傍晚散步的公共场地。马丁草地的生活呈现出和谐的气氛，至少有一个在那里长大的人，等到他成年之后，又返回那里买了房子，在马丁草地哺育他的孩子。除开拉德本，可能再找到这样的案例不多。

西普卡伯特尔广场

地点：特拉华州刘易斯镇
建立日期：1983~1992
场地设计师：D·邓巴和J·维瑟尔斯，特拉华州刘易斯镇

这是一个填充式居民区案例，发生在特拉华州沿海历史性城镇刘易斯。它的设计是由两名原先没有开发经验的人设计的，所以，开发商可能把这个设计看成是反常规的和非郊区的布局设计（没有马边沟，也没有"死胡同"）。邓巴和维瑟尔斯没有遵循标准实践，而是把他们的常识和直觉用到这个11英亩的场地上，决定做一些细微的调整，包括建设由三条直路和两个90度弯道合围的环路，以补充周边的正方形的街道模式。幸运的是，一个开发

丁的后裔。W·马丁是大林农场庄园的所有者（现在这个庄园变成了一所学校）。马丁草地是马丁老先生的牧场之一，在1912~1930年间，马丁在这里养殖获奖的羊群。由于这块草地极为优美，所以，约翰逊兄弟竭尽全力来阻止战后开发商开发这里的侵扰。他们把这片草地留在中间，把他们一半的住宅围绕着这块绿地。住宅在风格和建筑布局上都采用了当时的标准（1200~1500平方英尺），住宅价格属中等类。宅基地面积在12000×28000平方英尺，由镇里集中供水和排水。马丁旧庄园里的一个农舍占据了一块宅基地，现在已经转变成了三个公寓单元。

这块中心绿地由围绕这块绿地的住宅业

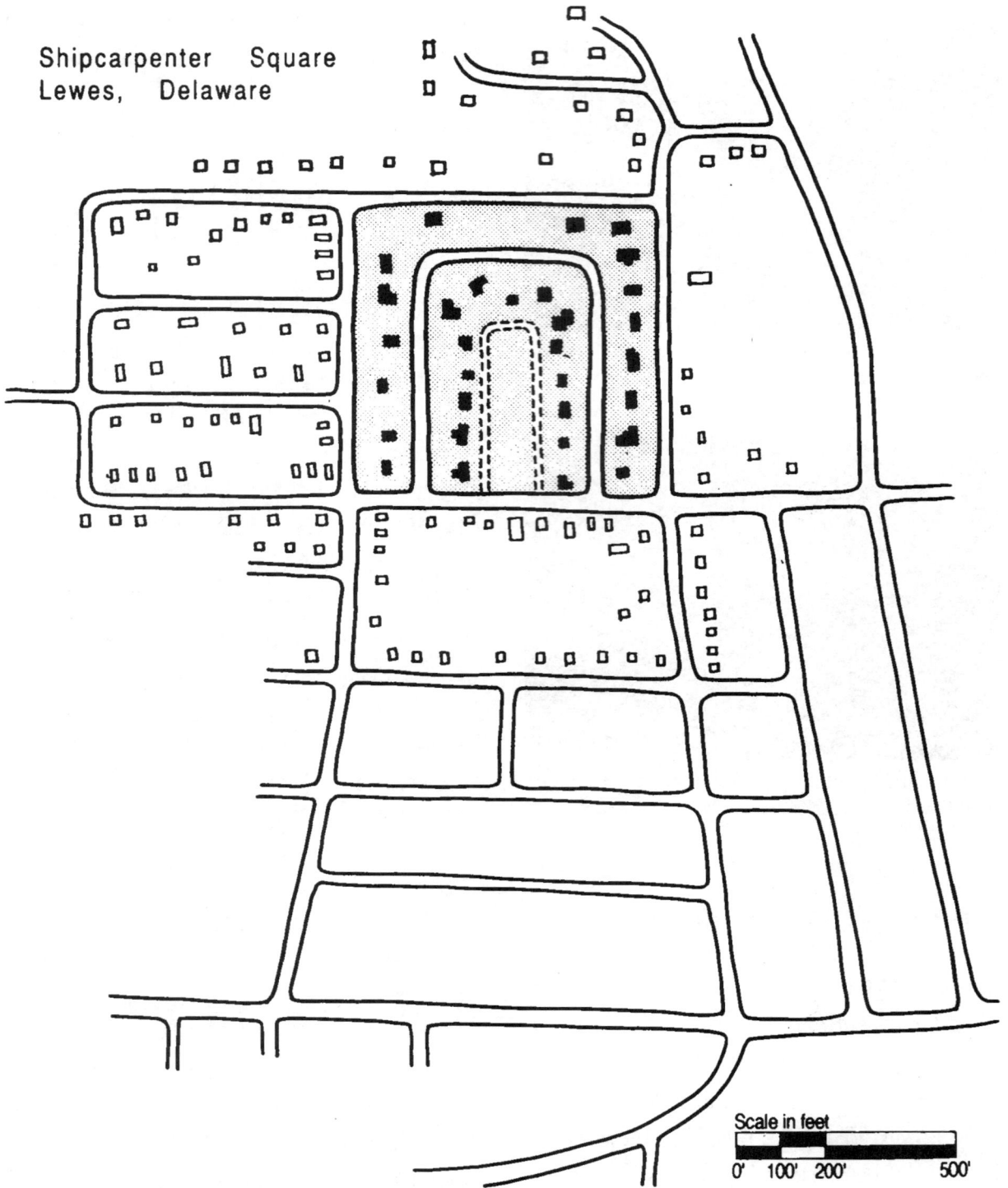

Shipcarpenter Square
Lewes, Delaware

Scale in feet
0' 100' 200'   500'

图20-5a 西普卡伯特尔广场场地规划及其周围结构。

商在1970年代提议利用这个场地建设一个带状
购物中心和88块"饼干块"式宅基地的规划方
案始终没有执行。

　　西普卡伯特尔广场（沿用附近一条街名）

的宅基地规模从7500平方英尺到12000平方英尺
不等，规模的确稍大一些，但大体与整个街区
的住宅在尺度上还是协调的。围绕U型道路，
布置了36幢住宅，形成了一个2英亩的公共绿

图20-5b 从广场里向对面看，那里有一座19世纪的教堂。

图20-5c 一条用当地蛤壳铺装的小径围绕着这块公共绿地。

图20-5d 住宅规则地直线式沿绿地边缘排列，相对狭小的宅边庭院，这是刘易斯镇的传统模式。

地。住宅业主协会以及"自然会员"负责公共绿地的维护（主要是割草）。这块绿地面对镇子里的一条主要街道，面对一个历史性教堂，成为这块绿地的视点。百普卡伯特尔广场的居

民利用这块绿地进行多种活动，包括散步、踢足球、玩飞盘。三个年度社区活动都在这里举行：复活节、劳动节野餐和圣诞树的装饰。这个共享地方为举行社区活动提供了一个机会。也培养了社区精神和邻里友情，在那些只有住宅和街道的社区里，缺失的恰恰就是没有这类公共场所。

这个居住区还有两个特征。第一、所有住宅都是从废墟或火灾中抢救出来的历史性建筑。邓巴和维瑟尔斯把它们搬到这个场地里做整修。这些住宅的历史可以追溯到1730～1880年，除开两幢住宅外，所有建筑都是从40英里半径范围内收罗来的（有两幢分别来自马里兰和弗吉尼亚）。第二、与公共绿地相邻的住宅背对公共绿地，而不是像新泽西的拉德本那样住宅面朝公共绿地。这个设计的目标是使围合公共绿地的界面比较正式。实际上，这些住宅都有两个"前立面"，不太正式的那一面对着街道。虽然这种设计无意识地复制了新英格兰城镇绿地的布局形式，但是，只有当地的场地开发商才会熟悉这种方式，受到它的影响。

迪尔菲尔德山

地点：宾夕法尼亚州威廉斯塘特镇达顿米尔路

建立日期：1986～1991

场地设计师和开发商：布莱尔和儿子，宾夕法尼亚

迪尔菲尔德山居住区占地42英亩，以4幢住宅和6幢住宅制分组，把119套住宅以组团式布局。住宅为2层家庭独立别墅式住宅，建筑面积2100平方英尺（再加一个地下室），住宅建筑采用了威廉斯堡风格，附属可停1～2辆车的车库。由于一些车库门开在住宅侧面（而不是面对街道），所以减少了大扇开门对视觉的支配性。虽然车库的入口可以建在住宅的背后，通过胡同接近，但是，由于地形的原因，那里不

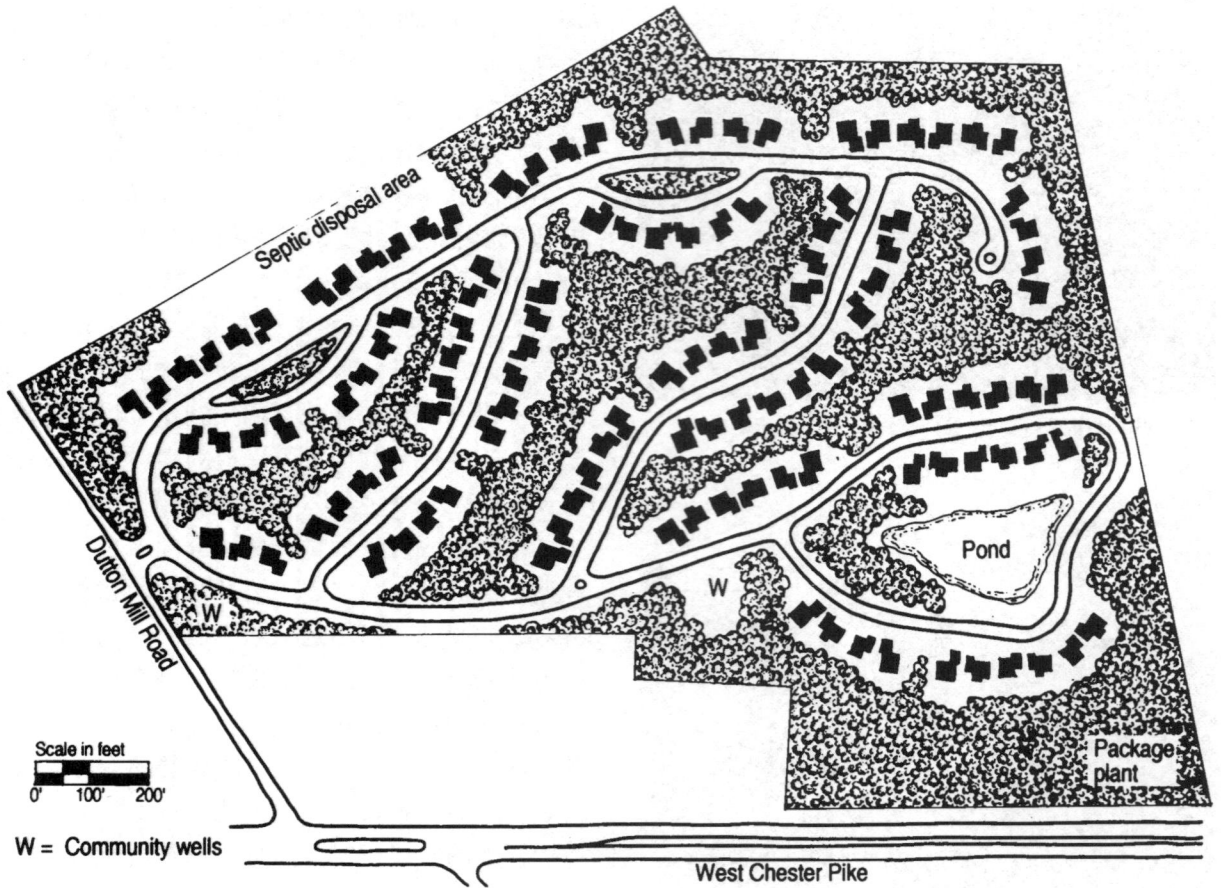

Septic disposal area

Dutton Mill Road

Pond

Package plant

Scale in feet
0'　100'　200'

W = Community wells

West Chester Pike

图20-6a　迪尔菲尔德山场地规划图。

图20-6b　迪尔菲尔德山居住区的建筑布局呈多样性，三幢住宅面对水塘，而另外两幢住宅相对，中间形成一小块绿地，也许60英尺宽。

图20-6c　住宅侧面的庭院空间十分节约土地，因为住宅不在侧墙开窗，所以保证了两幢住宅之间的私密性。

图20-6d　这里展示了5幢住宅，4幢成对，1幢住宅在相对邻居的墙面上不开窗户，以此保证实现紧凑型开发的目标，又没有丧失掉适于居住的性质。

图20-6e　背景上的4幢住宅的沿街立面长度大约为55英尺。

适合于采取这种设计。还有一个疑问，在这类乡村-郊区背景下，购房者是否可以接受这种城市形式的布置方式。

住宅的前庭退红不深，住宅间的侧面空间降至最小，通常外墙间只有15英尺。由木质篱笆和砖头墙把面积大约为1500英尺的后院围合起来，保证了各家的私密性，这些住宅很受青年职业人士家庭和老人的亲睐，他们乐于别墅式住宅的便利，又乐于独立式住宅及其私人庭院空间的私密性，实际上，它们在夏季的几个月里延伸了住宅的起居空间。迪尔菲尔德山居住区在市场上成功的部分原因是开发了一定数目的别墅型住宅，而不满意这种住宅的人已经搬走。这种独立式别墅型住宅填补了这个地区原先缺少的住宅类型，综合了公寓式住宅和郊

区大块宅基地的独立式住宅的特征。

在私人后院之外，有30英亩以上的树木和草地相间的开放空间（包括一口大水塘）。每年的5月，那里的居民举办"花园旅游日"，他们各自打开自己的后花园，让邻居进来对他们各自的景观创造评头论足，分享创造性的观念。

这个场地的南部有两口水井，集中供应饮用水。在其中一座井房下储备了60000加仑水，在高峰期和紧急状况发生时使用。家庭污水收集到主下水管线里，进入坐落在居住区东南角的污水处理设施，处理完的中水被抽到地处场地北部边界的中水释放区，让中水在土壤里得到进一步的自然处理，最终回到地下水系统中。

梅里亚姆斯克洛斯

地点：马萨诸塞州康科德镇列克星敦路埃德蒙路

建立日期：1979~1981

场地设计师：P·利莱，ASLA，邓波·马萨诸塞

座落在康科德镇列克星敦路的梅里亚姆斯克洛斯原先是一片山边树林，在开发前，这边树林已经被清除掉，计划用于波士顿洛根机场的扩建。它距离波士顿洛根机场大约有20英里。1970年代末，景观建筑师P.利莱访问了这个场地，考虑为他的开发商客户再开发这个场地。虽然这个24英亩场地的后半部分还没有受到多大的干扰，但是，由于场地过于潮湿，按照市镇当局和州里的法规，那里不能用于开发。当地人说那里包含了"岩浆"。

这个富裕社区的土地价值超出了这个区域的平均水平，为了实现投资者经济效益，开发商在那里找到了可以新建20幢住宅的场地。设计方案以当地的历史建筑传统为基础：村庄尺度的宅基地规模，适当退红（有时参考新英格兰地区的所谓"门口花园"）。过去采砂留下来大约3.42英亩的一小块平地用于建设的20幢

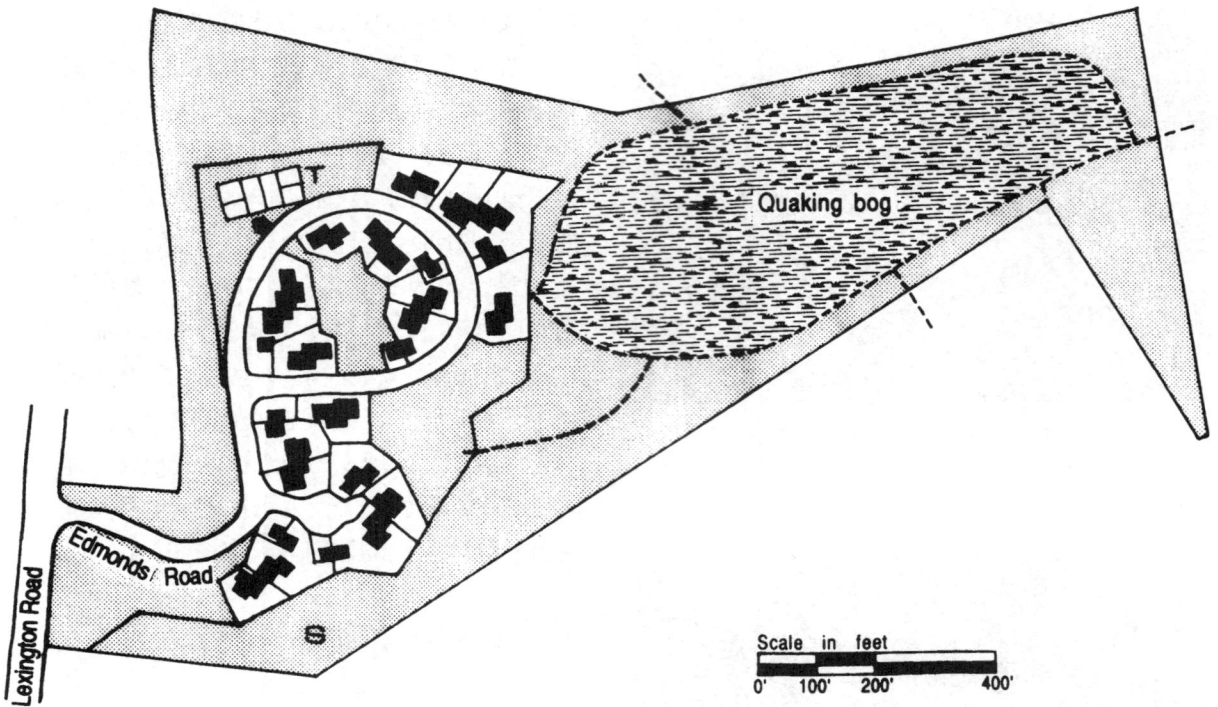

S=社区污水处理和中水释放区
T=网球场。

图20-7a   梅里亚姆斯克洛斯场地规划图。

图20-7b   住宅按照村庄模式布置,每一幢住宅面对道路,与对面住宅的距离仅为55英尺。

图20-7c   房前庭院从房基到边沟只有18英尺的宽度,沿着这条道居住区道路步行十分清静。

住宅,平均每一个宅基地面积为7500平方英尺(采取集中供水,水源来自镇里;使用社区自建的污水处理系统,处理污水)。

使用0宅基地边界的办法安排7幢半独立的住宅,每幢包括2套住宅单元。住宅基础距道路边界18英尺,这样就把那些使用率不高的前庭土地和侧面土地集中安排成为后院(使居民具有更多的私密户外活动空间)。由于这些街道所服务的家庭少于20户,所以,道路宽度为18英尺即可。这样,街道两旁住宅建筑之间的距离在50～60英尺,精确地表达这个地区18～19世纪的村庄和小镇的街道景观风格。

这些在设计上类似大型独立住宅的"成对"住宅,很容易与散布在它们中间的6个独立住宅混合在一起。无论是双门住宅还是独门独院住宅,所有住宅单元的面积都在2100平方英

图20-7d 街道宽度为18英尺，适合于小交通流量，对于紧急救护使用车辆，这个宽度也足够了。

尺左右，再加上完全的地下室和车库。按照当地居民的说法，这个居民区很少有空房：住宅需求非常大，因为它们的设计和公用设施，包括17英亩的开放空间，包括网球场、围绕湿地的林间小径。

伍德菲尔德和南伍德菲尔德村

地点：威斯康星州沃克夏县默顿镇

建立日期：1972~1980

场地设计师：威廉纳尔逊设计事务所，米尔沃克夏，威斯康星

这两个相邻的居住区，伍德菲尔德和南伍德菲尔德村，都是由赛帕曼纳房地产公司开发的，在规划上，两个居住区相互补充。整个场地面积160英亩，开放空间为75英亩，余下土地合计开发65块宅基地。住宅业主协会负责维护

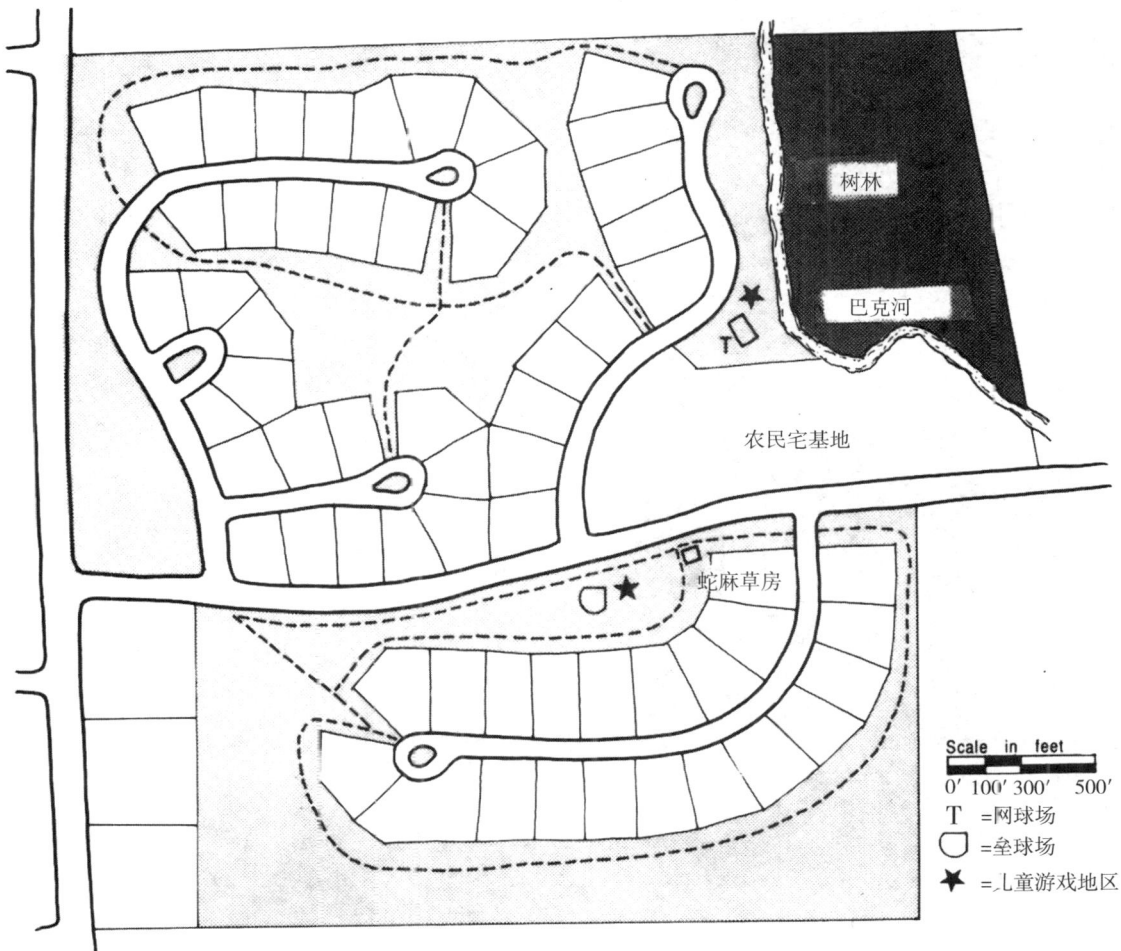

图20-8a 南伍德菲尔德村场地规划图。

图20-8b 跨过这个草场和网球场就是经伍德费尔德村的那段巴克河，河岸保持未开发状态。

图20-8e 果树园里的果树开花了，这个不大的开放空间周边有5幢住宅，它们构成了一个组团，那里原先就是一个果园。（照片来源：R·斯帕玛纳）

图20-8c 许多宅基地紧靠开放空间，如这个原先的草地，现在种上了多种不同的树，形成了更具多样性的动物栖息地。

图20-8d 开发商R·斯帕玛纳正在聆听一个居民解释她为什么从原先的湖边住宅搬到四边均为土地的宅基地上（她的解释是，这里有75英亩的开放空间、若干英里的步行小径、儿童和成人的运动型娱乐设施、周边公园似的场地）。

娱乐设施，包括两个网球场，一个垒球场，两个儿童娱乐场地，以及一条旋转形自行车道。

通往开放空间的步行小径系统可以使居民方便的到达这些公共娱乐设施场地。除开南边的三块宅基地和一块14英亩原农场农民住宅和马厩外，所有宅基地规模在1.5英亩～1英亩之间不等，住宅建筑面积在2200～4000平方英尺之间。开放空间由农田、正在生长和已经成熟的树林组成。围绕一个U形入口的开放空间中正规的果园为整个社区提供了一个有吸引力的视点和公共绿地，从居民点外的县道构成了居民点的西部边界，从那里可以看到这片果园。住宅业主协会拥有一幢历史性建筑（它的第二层为洗衣房所用），蛇麻草房，其建筑形式十分独特，建筑时间可以回溯到19世纪中叶，但是，这里为附近的米尔沃克夏的酒厂生产蛇麻草。

在开放空间中，包括了一段巴克河，和一段浅浅的小溪，街区的小孩在那里抓蝌蚪、乌龟和小鱼等。不幸的是，最初的步行小径系统没有延伸到沿河地区，所以，最近"冰河时代公园"和"步行小径基金会"提出沿着巴克河建设一条绿色步行小径的计划，立即遭到了这两个居住区居民的反对。

尽管有十足的证据表明，绿色通道会增加这个居民点的房地产价值，提高那里的生活质量，因为人们可以从那里出发，做一个比较长的步行，穿越多种多样自然区域和自然生物栖息地，但是，现存居民点里的居民通常反对在他们的居住区建设新的步行小径，担心治安问题和有意的破坏。由"国家园林局"公布的研究（我们在第十六章，"绿色通道和缓冲区"中已经对此作过描述）记录了许多与步行小径相邻居民的非常积极的反应。显而易见，对未来小径的担心在很大程度上都是建立在未知的基础上。而生活在小径附近的居民亲身感受到这些小径给他们带来的乐趣，那里并非是产生犯罪的土壤，而对小径建设产生消极态度的人们，多是出于抽象的考虑，而非从现实出发。在德拉费尔德的另一处新开发的居民点对此提供了证明。房地产开发商恰恰是以它的街区步行小径网络可以与500英里长的"冰河时代小径"相衔接，作为他们的卖点。这个"冰河时代小径"中有一段就是通过了沃克夏县的一部分开放空间。这个案例留给场地规划师和地方官员的教训是，在最初的规划中应当包括，沿着线状地形而展开的步行小径的未来相互衔接的计划。

龙山农场

地点：康涅狄州吉尔福德镇龙山路
建立日期：1987~1981
开发商、建筑师和场地规划师：L・E・梅耶，AIA

坐落在乡村吉尔福德地区龙山农场占地50英亩，包括一块原先的牧场和落叶树林，地形起伏，那里四处裸露出花岗岩层。充分利用起伏波动的森林地形，以产生独特视觉效果的选址，布置着55幢独立住宅。因为竭尽全力地保护了靠近住宅的陈年老树，以致那里给人以多少代人已经居住此地的印象。

这项开发的市场对象是上流购房者，所以宅基地规模在4500～5000平方英尺（类似雷布的宅基地规模），适当尺度的门前花园和景观化院落。通过每幢住宅的朝向和院落间的林木缓冲区来解决它们之间的私密性。退红并没有

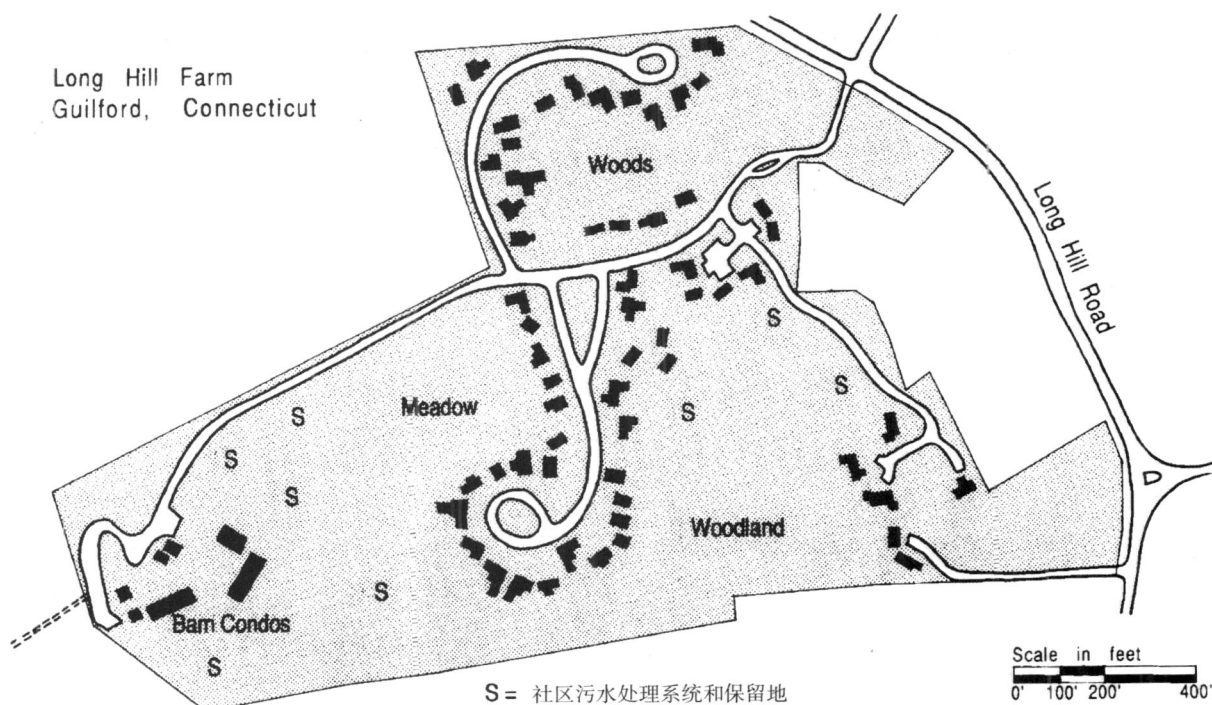

Long Hill Farm
Guilford, Connecticut

Woods

Long Hill Road

Meadow

Woodland

Bam Condos

Scale in feet
0'　100' 200'　　400'

S = 社区污水处理系统和保留地

图20-9a　龙山农场场地规划图。

图20-9b 这是一条最美的新居住区道路。这条街根据地形地貌蜿蜒于大树之间，充分体现了乡村道路风貌。

图20-9d 有些车库独立于住宅，紧靠道路布置，给居民创造更多的私密性。

图20-9c 农山农场几乎所有的住宅都面朝着永久性保护的开放空间，如这块草地。注意，在划分这个住宅的宅基地时，设计师充分考虑了保护这堵古老的石墙，以致它保留到今天。

图20-9e 龙山农场住宅单元的40%是在多家庭共用住宅建筑中，在设计时，充分考虑把这种多家庭共用住宅建筑与新英格兰地区传统的谷仓建筑在尺度和规模上协调起来。

采用固定模式，以便适应不同的自然特征。在某些情况下，车库紧靠道路，住宅则在车库背后，但是住宅在高程上比车库要高。通过林区的道路设计以对自然状态干扰最小为原则（这是大部分居住区道路设计的标准），而不是去适应公路工程师的设计标准，所以，这个居住区的道路宽度为18英尺（路肩也采用了最小尺寸），所有的公共工程设施全部都在道路之下。

被保护开放空间的位置、形状和规模是这个开发在布局设计时考虑的主要因素。在这个开发中，有关开放空间的考虑并非完全出于娱乐和美学的原因，而是从污水处理系统的布局来考虑的。污水处理系统必须布置在场地中有效再处理的土壤上。这就意味着要把

中水释放区建立在那块草地上，而把住宅布置在不透水的岩层上。所以，整个居住区的住宅都是以长期保护开放空间的目标为导向的，而在常规"棋盘"布局的情况下，一般不可能做到这一点。

另外，在这个场地的西端，布置了若干幢谷仓式建筑，形成了包括35个多家庭共用的住宅单元，形成一个公寓综合体。在这个综合体中，还有若干个小型的谷仓式建筑，作为车库和储藏间。这些谷仓采用了当地的建筑风格，因此还获得了"高尔夫德保护联盟"的奖励。这个联盟认为，这个居民点的设计证明，通过这种方式，可以把多家共用的较大规模公寓型住宅与比较老的街区和乡村居民点协调起来。

朗格树林牧场

地点：伊利诺伊州郎格树林村
建立日期：1989~现在
规划师：L·肯迪格，伊利诺伊

朗格树林牧场坐落在中西部草原与东部林区的交界处，它的设计因为具有独创性已经接受了若干种奖项。通过组团布局方式，这个160英亩的场地的3/4都被保留为开放空间。这个开放空间由50英亩原先的农田、10英亩橡树林、3.5英里长的步行小径，一个可以游泳、钓鱼和划船的湖泊，若干个供野生动物使用的小水塘。其中50英亩农田重新恢复为伊利诺伊风格的牧场。住宅业主协会管理和运行社区的卫星接收站，储备了3英亩土地的用于未来娱乐设施的建设（网球场、球场和游泳池）。

这些项目包括87块宅基地，它们围绕各种自然景观来布局，以获取最优的自然视角，同时比较方便地接近这些设施。在场地开发中，开发商没有采取当地1~1.5英亩的标准宅基地，而采取了1/4英亩大小的宅基地，以减少场地对自然环境的影响，扩大环境效益。许多住宅的建筑面积在2500~3500平方英尺范围，采取较小的庭园，而使住宅能够布置在可以看到湿地、水塘、牧场和森林的地方。住宅之间的私密性通过种植树木和在相邻住宅的边墙上不开窗户的方式来解决。组团布局的方式有力地保留了村庄及其村庄周围的乡村氛围。沿着居住区边界的公共道路建立了400英尺宽的开放空间，所以从道路只能看到牧场和灌木篱笆，而不是成排的常规1英亩宅基地的住宅。

为了扭转一个世纪以来现代农业对生态环境所造成的破坏，设计师麦克洪在60英亩的牧场里播种了多种多样的草和野生花卉，以便恢复这个地区的自然状态（他们采用控制燃烧的办法来消灭变异的物种，同时希望提供足够的热量来催生当地种子的发芽）。麦克洪还清除掉了大量的铺装的下水灌渠，以便使湿地动物重新出现。苍鹭就是小水塘的通常造访者。

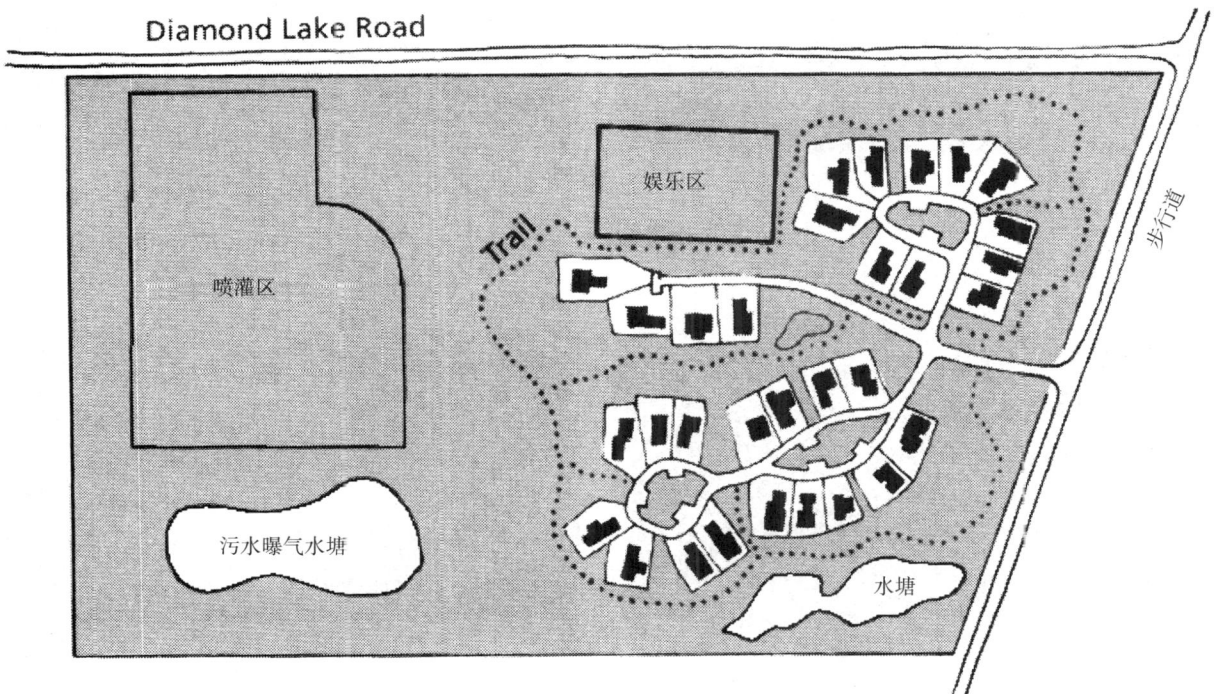

图20-10a　朗格树林牧场场地（路西部分）规划图。

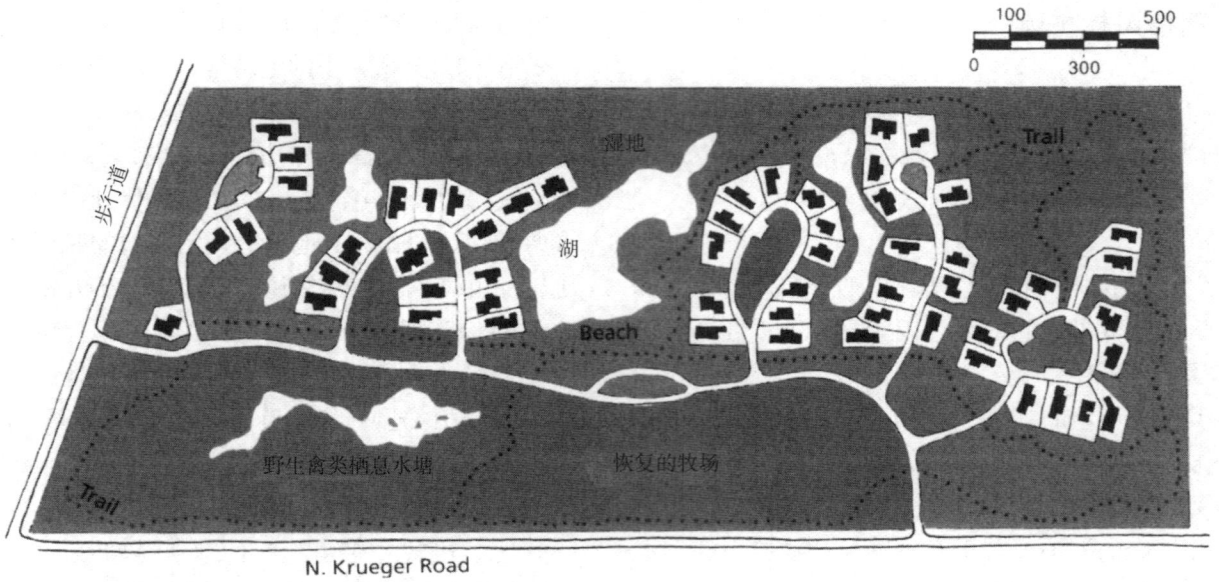

100   500
0   300

湿地
Trail
湖
Beach
步行道
野生禽类栖息水塘
恢复的牧场
Trail

N. Krueger Road

图20-10b   朗格树林牧场场地（路东部分）规划图。

图20-10c   沿着入村道，可以看到远方的野生禽类栖息水塘，右边是重建的牧场。

图20-10e   街区步行小径系统与灌木丛系统。

图20-10d   住宅围绕着一个水塘组团布置，那里种植了当地的物种，如红柳。

图20-10f   大型的和昂贵的住宅相对靠近这个用于曝气的大型水塘（社区污水在喷灌到田里去之前，在这里除去气味）。

这些水塘现在由开发商种植的湿地性植物包围着。牧场用了5年时间才得以恢复，现在那里成为鸟类和小型哺乳动物的栖息地。

这个开发项目的另一个特征是现代污水处理系统，它由一个承担曝气功能的水塘和农田喷灌系统组成。他们不是把污水通过下水管线送到污水处理厂去，然后排入河流或湖泊，而是把处理后的水用来补充这个地区的地下水源。由于把街道铺装宽度限制在18~20英尺，去掉边沟，使雨水顺坡流向路边的草沟里，从而大大减少了雨水的流失。

桑克蒂厄里

地点：科罗拉多州斯廷博特泉

建立日期：1991~现在

场地设计师：E·史密斯，漂石，科罗拉多

这个场地的最初规划的确是从典型的房地产开发的思路出发的，但是，他们考虑到了那里已经存在的步行小径。几十年来，地方居民实际上已经非正式地使用了这些小径做徒步旅行、骑车和滑雪，他们只是希望在规划中承认

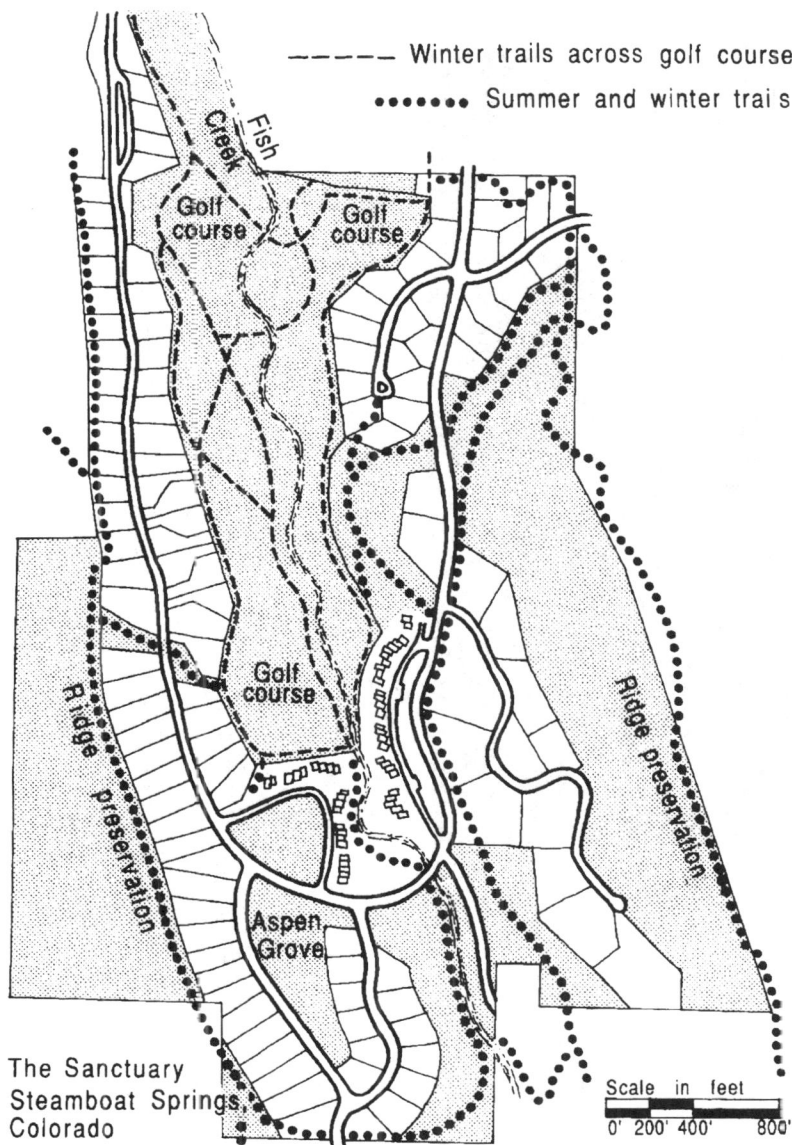

图20-11a 桑克蒂厄里场地规划。

图20-11b　一年到头，都有人沿着这些步行小径蜿蜒曲折地经过树林和山脊，在科罗拉多漫长的冬季里，高尔夫球场成为了那些步行者的宿营地。

图20-11d　居住区周围的大部分斜坡都被永久保留下来，那里有四季的小径，供人们步行、骑车和滑雪。

图20-11c　在开发区里，山坡上那些缓慢生长的白杨树林和大树林都被保护起来，整个开发围绕这些自然环境而展开。

这些小径的重要性。在这个户外导向的社区，娱乐设施对那里的市民们至关重要，他们看重他们的生活方式，把步行小径看做是他们社区的最重要的资产。

在参加了地方上一个有关保留开放空间的会议之后，开发商同意彻底改变他的开发计划，邀请漂石城的一家设计公司来修改他的原始规划方案（这个方案是由工程师帮助设计的）。新的设计小组把保护步行小径看做是设计的基本目标，花费了很大的功夫布置宅基地，以免影响到现存的步行小径系统。在那些保留完整小径几乎没有弹性的地方，那么，他们就把小径搬到别的可以接受的位置上，维持小径系统的完整性和连续性。这个设计过程的另外一个目标是，减少对三个环境敏感区的破坏性开发和道路建设：河流走廊、白杨树林、围绕核心居住区周边的观赏性斜坡和山脊。

在这个232英亩场地中，49%是永久保留的开放空间，原先存在的高尔夫球场与居住区三边相邻。由于这个地区的乡村有建立较大庭院的传统，所以，大部分宅基地规模为1.5英亩，或稍大一点，比起开发商初始规划还是要适度许多。当然，开发商最终同意，这个大规模的小径系统、与大多数宅基地相邻的被保护起来的开放空间，都能成为积极的市场卖点。换句话说，销售战略能够以这项开发中的娱乐设施、被保护的景观视点和可以接近开放空间为基础，这些都是其他居住区所没有的特征。

斯特拉斯莫尔农场

地点：康涅狄格州麦迪逊镇河流路

建立日期：1986~1992

场地设计师：E·安德森设计事务所，康涅狄格吉尔福德

开发商：R.道勒，康涅狄格州麦迪逊镇

6英亩养马场把斯特拉斯莫尔农场25个独立住宅与河流路分开，以帮助保留这条县级公路的乡村特征，提供一个视觉和公共娱乐设施，而不是按照常规棋盘式布局方式建设这个29英亩的居民点。

大部分住宅都可以欣赏到在这个场地东部边缘的河流沿线的沼泽景色。从居民点出发，只需步行175英尺的距离，就可以登上河边的观景台，遥看整个河汉。那里的一个私人小码头可以接近河流和下游一英里外的长岛海峡。从麦迪逊驱车2小时就可以到达纽约市和波斯顿。

在这个场地中，住宅间距为40~45英尺，距离道路边缘20英尺，道路铺装宽度为18英尺，以创造一个非正式乡村街区的感觉。除开原先就存在的宅基地界，其余土地全部为这个居民点共有，每个住宅的宅基地大约在10000~12000平方英尺。有一半住宅业主是老人，还有一半住宅业主有0~18岁的孩子。按照新英格兰地区新住宅的开发方式和价格（43~64万），这个村庄的布局的确非常不一般，但是，这些住宅很快就卖光了，而且转手

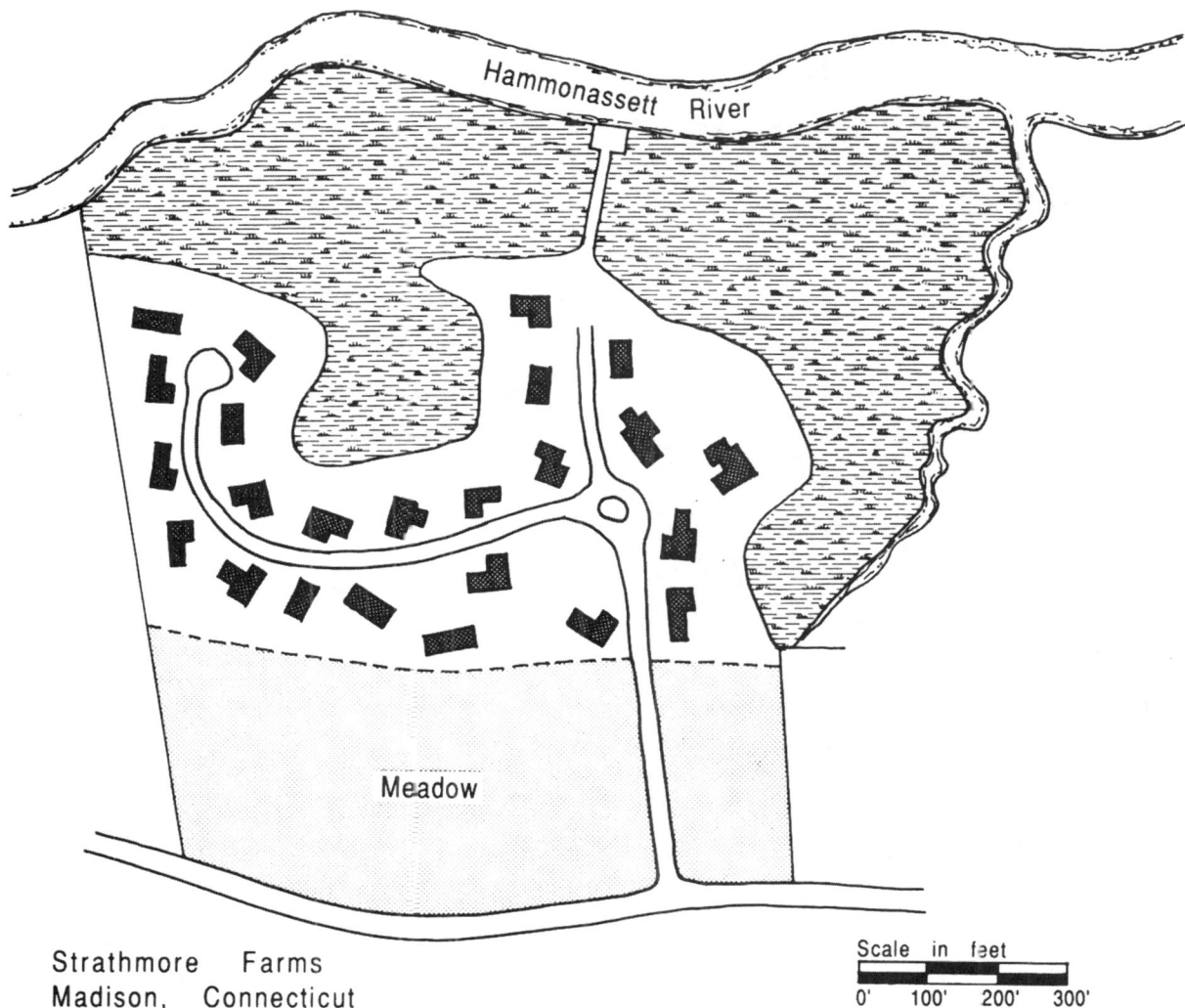

Strathmore Farms
Madison, Connecticut

Scale in feet
0'   100'   200'   300'

图20-12a　斯特拉斯莫尔农场场地规划。

图20-12b 从镇里的道路向里看，先是6英亩养马场，然后才是处在保护开放空间中的6幢住宅。

图20-12c 司特拉茅斯农场的住宅之间一般相距40～50英尺，大部分住宅都可以欣赏到在这个场地东部边缘的河流沿线的沼泽景色。

图20-12d 2/3的住宅都面向那块沿着哈蒙阿萨特河边的湿地。这块湿地成了各类水鸟的天堂。

率非常低。住宅大体呈四种建筑风格，建筑面积在2700～4900平方英尺之间。

居民点使用镇里的集中供水，每户自建独立污水处理设施，由住宅业主协会负责维护。

法默弗

地点：宾夕法尼亚州下梅克菲尔德镇

建立日期：1987～现在

场地设计师：B·休塞尔，沙利文设计事务所，宾夕法尼亚州费城

开发商：R·霍姆斯，宾夕法尼亚伯温

法默弗居民区处在巴克斯县境内，驱车向北30分钟就是费城。整个开发场地面积431英亩，但是，310块宅基地仅使用了50%的土地面积。这个场地的分区规划规定的最小建筑密度为1英亩1块宅基地。按照一个用来鼓励保留50%以上基本农田的特殊组团布局的修正案，最后实际批准的宅基地平均在22000平方英尺（1.5英亩一块宅基地），110英尺的临街长度（而不是160英尺）。按照常规分区规划计算这个场地的毛密度，以决定这个场地在不采用组团布局、不考虑开放空间保护的前提下，究竟可以开发多少个住宅单元。

除开100多英亩树林和湿地外，通过减少宅基地的面积，最终开发规划保留下来137英亩肥沃的农田，其他的设计标准要求，每块农田地块至少要包括12英亩，而且比例合理。这个开发场地内的农田的所有权转移给了独立于地方政府机构公共的"农田保护公司"，由它再把土地租赁给两个地方农民耕种。农田里种植了甜玉米、黑麦和大豆，按照当地的分区规划法令，农田和住宅的后院间有一个植被缓冲区。这个设计的另一个目标是，把大部分住宅布置在离开镇里现存道路的地方，以便保留整个乡村景观的完整性。

住宅购买者对这个布局方案做出了积极的反应，销售速度超过了其他同等价格的居住区，即使在1991年市场萧条时期，也是这样。法马菲尔居民区的市场销售战略主打开放空间保护的牌。开发商使用了这样的广告词，"一个由保护起来的农田、开放的原野和树林环绕的社区。"其实，这样的广告方式很快就

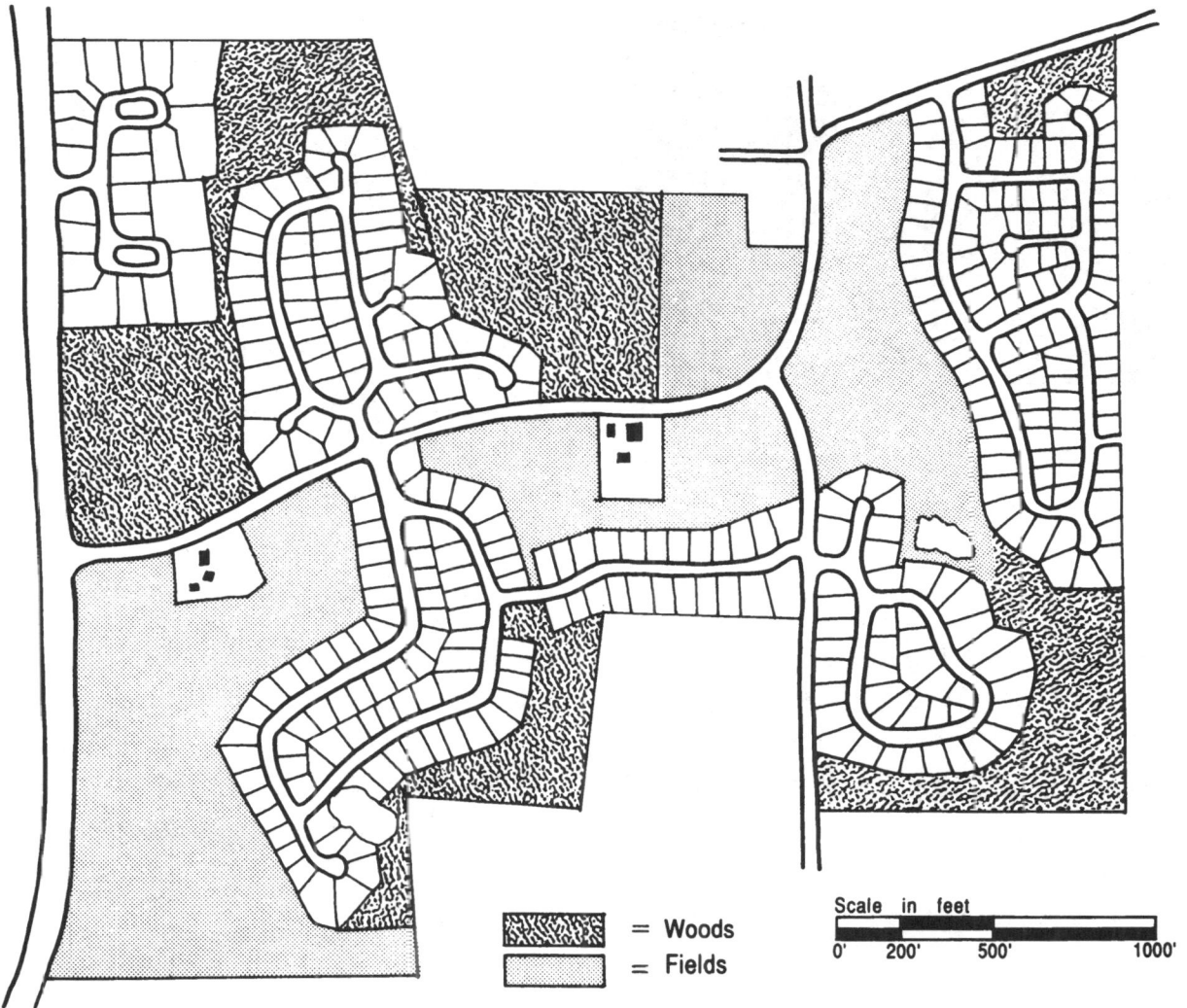

图20-13a 法默弗居民区场地规划。

图20-13b 这个竖立在经过法默弗居民区道旁的牌子，也许是这个国家惟一一个用来纪念一个开发商保护了土地的牌子（这里的31英亩农田只是这个居住区保护下来的5块农田之一）。

图20-13c 跨过被保护的农田，从镇里的道路向里看，就是新开发的几幢住宅。

图20-13d 许多住宅的建筑面积为3000平方英尺，十分恰当地布置在他们1.5英亩的宅基地上。而在附近按常规方式开发的居民区里，类似住宅却使用了2倍于它的宅基地规模，所以，从那些居民区的住宅里向外看，只能看到别人家的窗户或后院。

被别的开发商利用了。他们那里具有极为相似的土地保留安排，其规划方案也按照下梅克菲尔德镇新的农田组团法令得到批准。减少开发的土地面积和宅基地宽度实际上也减少了街道长度，节省了建设费用，也节省了公共维护费用。这个居民点采用了集中的给排水体制。

　　法默弗居民区赢得了宾夕法尼亚规划协会的奖励，成为这个地区的一个典范。虽然这个

实施法令值得称道，但是，开发商和职业规划师还是鼓励地方政府对此做一些修改，如减少30英尺的道路宽度，减小住宅40英尺的道路退红。这两个因素的最佳尺寸应当在20英尺（参见第十一章，"乡村居民区的街道设计"）。

亚历山大三角

　　地点：新泽西州匹茨塘亚历山大镇
　　建立日期：1987～现在
　　场地规划师：梅登和库马尔设计公司，新泽西和宾夕法尼亚

　　享特东县的亚历山大镇至今仍是新泽西西部的一个乡村地区，当时那里采用了最小3英亩宅基地的分区规划法令，所以，镇里极力鼓励开发商通过组团方式减少这种宅基地规模。镇里雇佣了梅登和库马尔设计公司向开发商提供规划和景观建设服务，以帮助他们形成场地布局方案，改善设计质量。镇里收取开发商的居住区规划审查费，以便偿付镇里雇佣这家公司提供规划设计服务的费用。

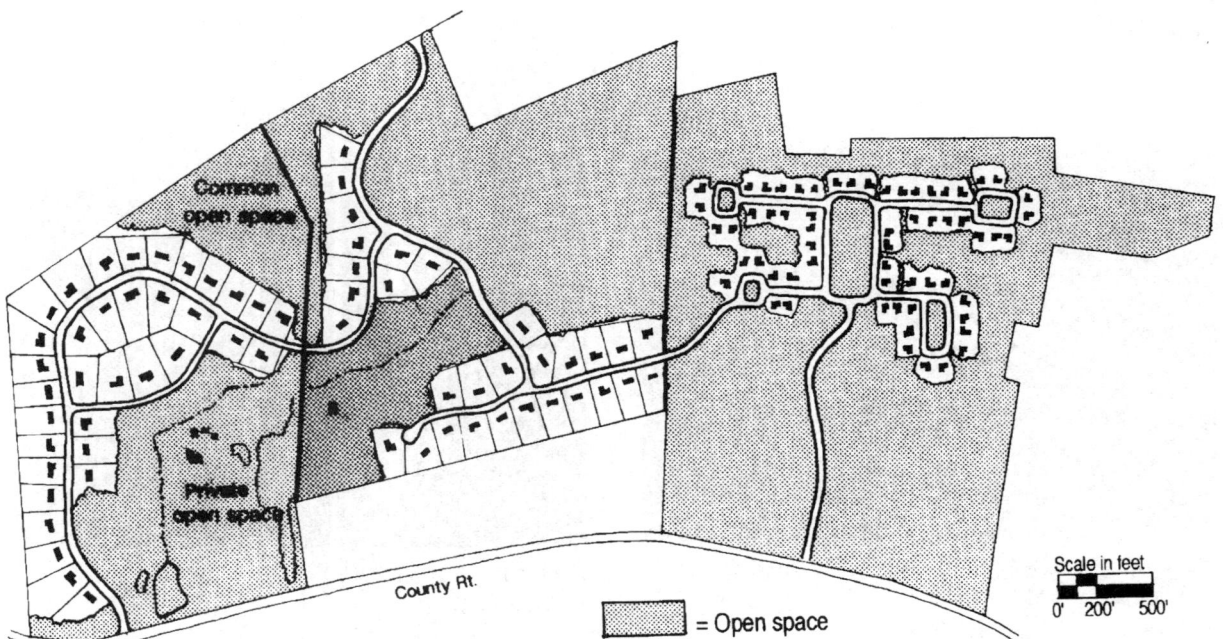

图20-14a 三个相邻居住区的场地规划。

图20-14b 从县级公路看去，接近40英亩开放空间构成了夏溪居民点主体视线（居民点在场地规划图的右上角）。除开围绕水塘周边的公共绿地之外，这个开放的农田仍然留在原先那个农民的手里。当然，这块土地通过保护权转让而被永久性保护下来。

图20-14c 在做详细场地规划时，他们十分小心地保护了原来就有的灌木丛和其他树群，这些会使新建居民点表现出成熟的景观，这是许多新住宅表现出的乡村特征。

图20-14d 这个农场原来就有的水塘，继续为新开发的居民点承担雨洪滞留功能。

1980年代末，3个开发商分别提出在那里开发居住区的计划，他们提议的三块场地相邻，平行于513号县级公路，合计场地面积363英亩农田和树林。镇里的规划咨询人员单独与每一个开发商一起工作，他们都高度认可把三个居住开发点联合起来设计一个完整的开放空间的机会。最后，镇里形成了一个独特的居住点布局方案。按照这个方案，可以永久性保护4个农场的249.7英亩的开放空间（占整个开发场地面积的69%）。

"夏溪"是第一个居民点，镇里对开发商的原始设计方案进行了修改，在技术上，这个开发商与镇里规定的组团布局思路是一致的。当然，没有谁会满意这个开发商无想象力的旧设计方案：成排的住宅围绕场地边缘布置，被保护的农田三边都被封闭起来。除开没有新意外，这个原始的规划方案忽视了这个场地北端成熟的树林，与相邻的地块没有连接起来，跨过河道既困难也十分昂贵。梅登和库马尔设计公司变化的布局方案避免了上述问题。保留了开发商所希望开放的住宅单元数目（在99英亩场地上建设35个住宅），实现了镇里保护开放空间的总目标，节约了这个地块上的53%的土地（53英亩）。

"林边"是第二个居民点同样使用了1英亩地块作为工具保留开放空间。这个开发场地有119英亩，保护地面积达82英亩，占场地面积的69%。不仅保留了原来的农场，而且还创造了一个新的农场。这些开发上的每家每户，使用自己的饮用水井和污水处理设施系统。第三块开发场地，"亚历山大村"节约的土地更多，达到了开发场地面积的30%，尽管它的毛密度要比其他两个开发场所高许多（接近2英亩1块宅基地，而不是这个镇子标准的3英亩1块宅基地）。因为它使用了村庄式的宅基地规模，10000平方英尺，使用集中的污水收集和处理系统，包括作为开放空间的社区中水释放区。这个开发的设计要比其他两个正规的多，那里有3英亩社区绿地，4块3/8或3/4英亩大小的卫星状布置的绿地。这块场地的大部分土地依然是农田。三个居民点在县里的公路上只有两个入口，第三个入口则在树边场地背后的道路上。

法默科隆尼

地点：弗吉尼亚州接近斯坦纳达菲尔的帕克尔山

建立日期：1974~1976

场地设计师：M·雷德

法默科隆尼坐落着蓝山脚下289英亩地形起伏波动的牧场和山林之中，它是农业开发公司主席G·爱德华兹的一个梦想。这个场地的2/3，约190英亩，被永久性保留下来，由住宅业主协会拥有，购买此地房地产的业主自动拥有这块保护地的相应产权。120英亩农田租赁给农民来耕作，日常运作则由农场经理负责。那里生产的食品（肉类、禽蛋、水果和蔬菜）可以按照协会所制定的价格供应给会员。为了减少劳动力的需要，这个农场基本上用来养牛和羊。另外，法马科隆尼还拥有70英亩坡地林场、一块森林保留地、鸟类栖息地、步行和骑车小径。

住宅布置在山脊和山边树林里，周围由农场环绕，住宅所使用的土地几乎不能用作生产。整个居住区共有48块宅基地，大部分在1.5~2.5英亩的规模，每一家都有自己独立的水井和污水处理设施。几乎所有的住宅都能看到田园风光、牧场景色、谷仓和19世纪的农舍（这个农舍现在成为社区活动中心和会议场所，包括几个卧室和厨房，供客人使用，那里还有图书馆和活动室）。同时还包括用于圈养马匹的设施。

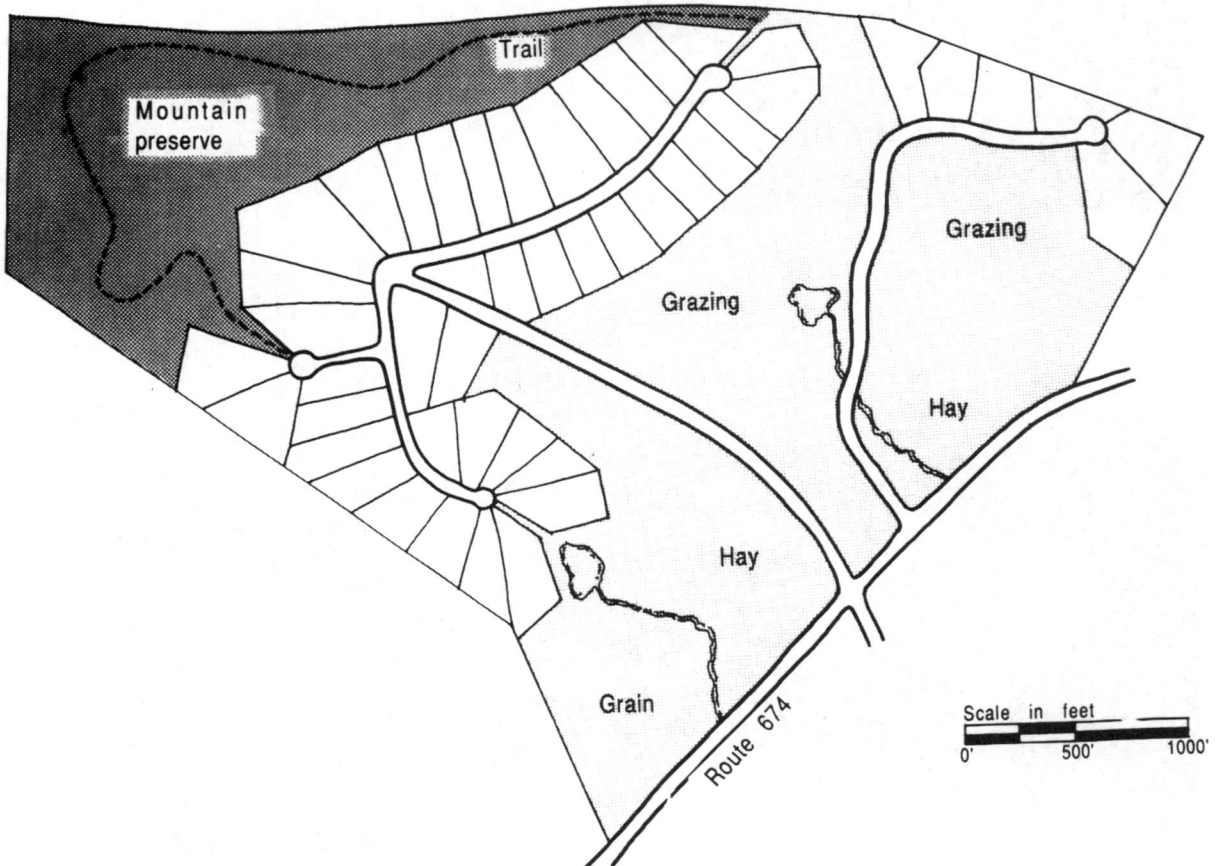

图20-15a 法默科隆尼场地规划。

图20-15b　当人们进入法默科隆尼居民点的时候，左边是牧场和树林，一些住宅布置在牧场和树林交汇的地方。

图20-15c　从这个牛羊牧场看过去，一个原先的农舍和相关的建筑物占据了视线的主体，新住宅可以从山边看到所有被保护的农田。

图20-15d　从图20-15c上的一家人的凉台上，可以遥看法默科隆尼的绿色开放空间。

从公共道路上所能看到的只是养牛建筑和农业建筑。几乎所有的住宅都被遮蔽在树林之中，具有极好的私密性。建筑设计并非十分规则，但是，它们的设计都是经过这个协会的建筑委员会审查批准的（主要是避免色彩、高度和建筑位置方面出现的不协调）。为了公众的安全，协会的其他章程禁止在这个地区使用火器。

过去那些对法默科隆尼开发方式，保护开放空间和保留乡村特征的目标，存有疑虑官员们现在都在反省他们的最初考虑。虽然法默科隆尼的方式并非保护农田的万能药，但是，法马科隆尼的经验证明，敏感的场地设计能够减少住宅开发与农业运行之间的矛盾，证明的确存在不同于常规大宅基地的其他设计方案。法默科隆尼获得了多种奖项，包括"土壤和水源管理区的保护奖"，"弗吉尼亚清洁水奖"，同时还获得了州长的"1991年环境优胜奖"。

邓纳姆湖庄园

地点：密歇根州海兰德镇和哈特兰德镇
建立日期：1950～1970

在1920年代，哈特兰德镇的居民亨利·沃伦斯当时把若干个与他的农舍相邻的地块逐步连接起来形成了一个自然领地，即邓纳姆湖庄园。沃伦斯在他这些农田里种植了大量的乔木和灌木，沿着110英亩的湖泊边缘种植了野生谷物，以吸引加拿大鹅。在1949年沃伦斯去世之后，这个庄园被卖给了由密歇根前州长万瓦戈纳所领导的开发集团，条件是禁止捕猎。同时，在出售的时候，镇里要求开发商提出一个方案来，保护这个湖泊的自然美和没有人工雕琢的特征。前州长万瓦戈纳对此的答复是，沿着湖岸建设一个绿带公园，宽度为100~400英尺。现在这个绿带里包括了从湖边到山脚下的步行小径，以及建设了的湖岸、包括游乐场所的湖边公园，里边有野餐用的桌凳。由于这些设施极为简单，维护起来也便宜，所以每家人只需交纳75美元一年（1991年）。1984年，邓纳姆湖庄园的业主协会把这个绿带以前州长万瓦戈纳的名字命名。

图20-16a 邓纳姆湖庄园场地规划。

图20-16b 这个社区的核心是这个湖泊和周边的绿带。

图20-16c 这个街区完全处于茂密的树林中，适当规模的宅基地置于树林中产生了比较大的私密性。

　　虽然这个居民点的其他方面都很一般，但是，这个居民点的布局本身对于开放空间的位置和规模是极其重要的。迄今为止，没有任何一块宅基地直接建在湖边，这样就保证了湖边的自然景色依旧不变，供所有的居民享受自然湖泊的美景，否则，湖边就会被1/5的住户所垄断，所有居民共享的美景也就不存在了。这个设计还有其他一些需要提及的特征，如保护了高质量的湖水和鱼类，之所以能够做到这一点，与各家把独立的污水处理设施布置在适

图20-16d 清晨，湖水已经结冰了，沿着湖畔的绿带小径的慢跑者，正在呼吸着新鲜的空气。

当的沙质土壤上是分不开的，同时，不能低估了绿带所建立起来缓冲区对过滤流失雨水的作用。来自居民区的雨水中所夹杂的营养物质都被植被根系所吸收。

垂门山

地点：罗德岛州纽肖勒姆县，纽哈勃镇，西边路

建立日期：1980

场地设计师，建筑师和开发商：马尼托公司，马萨诸塞州波士顿

当建筑师爱德华和凯利购买了布拉克岛上这块10英亩场地时，这个场地被分区规划规定为：标准1英亩10块宅基地；标准的布局模式，一条死胡同，两边各安排5个住宅单元。这种没有任何想象力的设计把常规分区规划模式反映到土地划分规则上，这个岛上的地方政府把组团式布局看作是一种不得已的选择方式，受到多种一般标准的约束。而这些一般标准通常允许地方官员拒绝各种具有创意的设计，而这样的一些设计对于街区的业主来说总是闻所未闻的（其实，在新英格兰地区都存在这种情况）。

爱德华和凯利确信他们能够设计一个具有吸引力的开发项目，确信他们能够说服地方官员和居民接受他们具有创造性的开发模式，所以，他们购买这块土地，并且向地方政府提

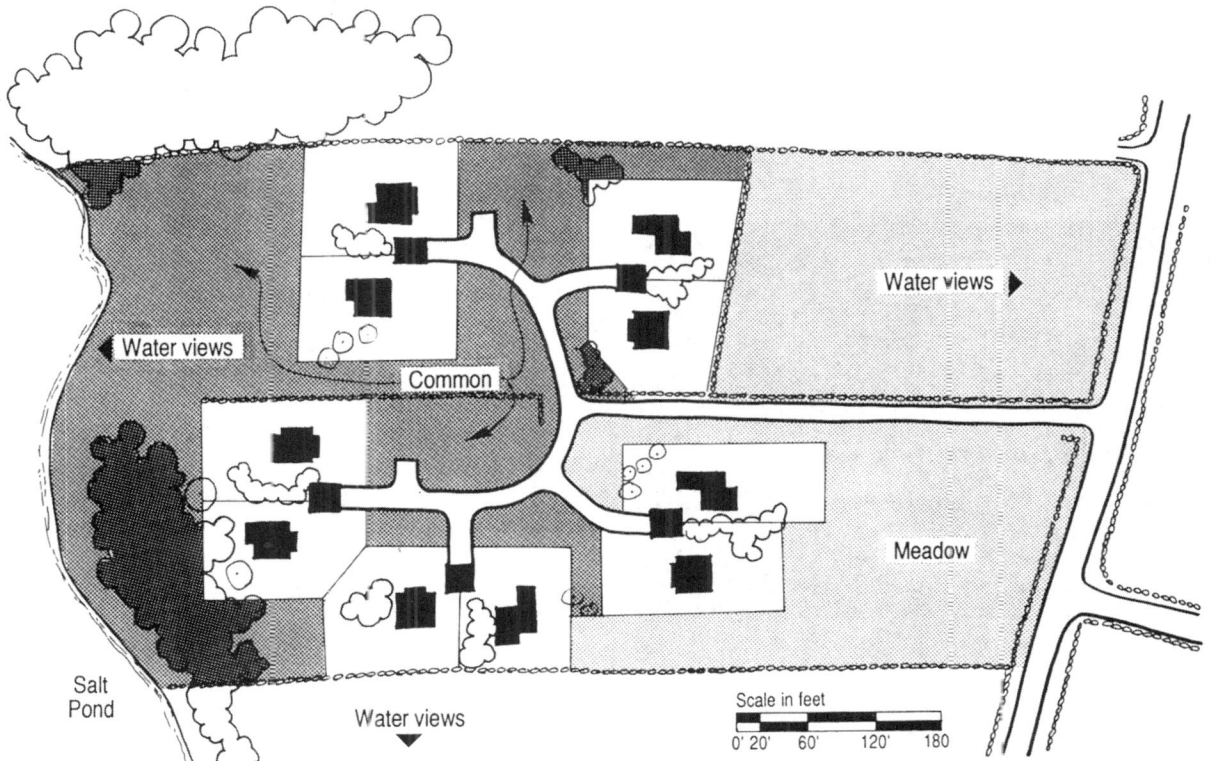

图20-17a 垂门山场地规划。

图20-17b　古老的石头墙把两英亩牧场围了起来，而这个牧场把居住区与镇里的道路分隔开来。

图20-17c　这个小乡村居民点使用砂石铺张的道路；各家的污水处理设施布置在宅基地之外的草地里。树木在各家之间形成了屏蔽。

图20-17d　坐落在小树林里的住宅可以从两个方向看到水面。在这个社区水台和这个住宅之间的大部分土地都是公共所有的。

交组团布局规划方案。虽然地方官员十分欣赏他们的设计，但是，镇里有关组团布局的规定在许多方面还是不能容纳它们的设计观念（如要求所有的住宅都必须具有100英尺的沿街立面）。这就充分地说明了在乡村地区推进非常规的和场地敏感的设计是相当的困难，那里的规划会议对这样一些设计几乎没有什么经验，常常没有专业人员来帮助他们了解这些设计思想。

在垂门山项目中，所批准的组团布局保留了开发场地中跨宅基地的大部分石墙系统，允许所有的住宅单元都能向南向北看到水面，同时把山脊上的平地作为开放空间保留下来（这个场地的制高点）。沿着镇里的道路，还有具有重要意义的开放空间。镇里的道路以老的石墙为界。道路和最近的住宅组团之间，有一块3英亩的牧场。在这个开发场地的对面，还有2英亩开放空间，形成一个沿垂门水塘的缓冲区，那里有一个水台供当地居民接近水面。这个场地的3/4都是开放空间，所以就大大扩展每一个住宅视角。他们成对布置这10幢独立住宅，每一块宅基地占据1/4英亩土地，分享一个能停放两辆车的车库。车库建在两幢住宅的共同边界上。

每一个住宅都可以看到水面，但是，通过布局和朝向，保持它们在视觉上的私密性。住宅之间的屏障由密植的地方树木构成，如白松、北部野莓和野生的海玫瑰，同时，分享的车库和宅基地本身的高程，都保证了住宅间的私密性。山脊上的中心水井集中向各家供水，而每家自备污水处理设施。配套设施布置在宅基地外边的公共土地上。

赛因斯特峭壁

地点：马里兰州靠近弗雷德里克王子，卡尔弗特克里夫斯

建立日期：1937～1970

场地设计师和开发商：G·格拉法特

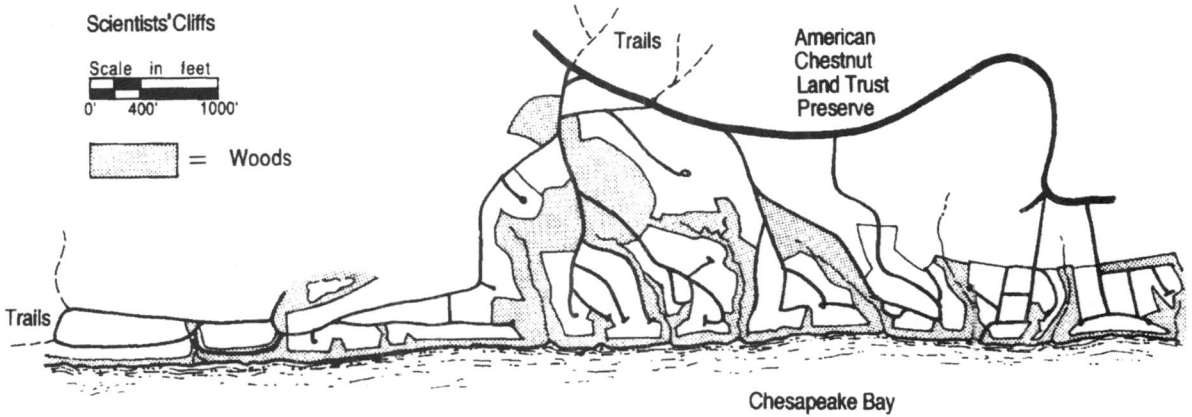

图20-18a 赛因斯特峭壁场地规划。

图20-18b 虽然这条街相当狭窄，但是对于低交通流量来讲，它是适当的。

图20-18d 街区通过小径和台阶连接起来。

图20-18c 运动型娱乐设施包括网球场、球场和游泳池。

沿切萨皮克西岸有一系列100英尺高的风化绝壁，赛因斯特峭壁居住区就坐落在卡尔弗特峭壁顶部的250英亩场地上。开始时 它不过是一个便宜的夏季野营场地和一些临时苦住的小屋，

通常游客都是来自华盛顿特区。按照它五周年时的历史记录，"这些人有着大体相当的财富，有着相似的品味，到这个角落来休闲"。

在小屋第一次在夏季出租成功之后，这个社区的创始人G·格拉法特（一个在美国农业部工作的森林病理学家）建立起一个住宅业主协会，开始出售宅基地。现在，这个社区包括了229个住宅，其中40%是长年住户。另外，还有64块没有批准的宅基地块。宅基地尺度适中（许多为80×120英尺大小）。当然，茂密的树林起到了一些遮掩功能，保证了私密性。所有宅基地分为8个大型组团，每个组团处于它所在地区的核心部位上，深深地峡谷把组团的核心部分与其他组团分开，这些峡谷由业主协会拥有。组团间通过小径相互连接起来。

经过多年的建设，那里的公共设施包括一个球场、几个网球场、一个游泳池、一口可以钓鱼和滑冰的水塘、一个会议室、一个溜冰水塘、一个历史的烤烟房、若干英里的树林小径。现在，这个协会拥有和负责维护这些设施。另外，还有道路网络，水井和供水系统。整个社区2/3以上面积为公共开放空间，由业主协会拥有和维护，包括协会在1985年从开发商的遗孀那里购买的150英亩。

赛因斯特峭壁居住区的居民把一个花园以开发商的名字命名，以示纪念。这可能在美国绝无仅有。这个开发商与他们一起生活了30年，他承认开放空间的价值，相信分享社区设施对丰富社区生活具有重要作用。

最近这些年来，赛因斯特峭壁居住区的居民组织了一个"美国板栗土地信托"，从格拉法特庄园购买了剩下没有开发的436英亩土地，使用了多种我们在第十八章中描述的土地保留技术。

龙山

地点：马萨诸塞州谢尔本镇莫哈克小径

建立日期：1988～现在

场地设计师：杜森设计事务所，阿谢菲尔德

龙山场地的全部面积有74英亩，通过组团式布局设计，接近50%土地面积被保留为开放空间，这样，使每一幢住宅都获得了最大的开敞视线和住宅间的私密性。龙山拥有6000英尺长的步行和骑车的小径，横跨全国的滑雪运动正在跨过41英亩共同拥有的保护地，开放的田野、山边树林和由山边溪流滋养的一小块湿地在那里混合在一起。

莫哈克小径距离两道的主要乡村公路（马萨诸塞2号公路）1200英尺。通过蜿蜒曲折的入村道路（22英尺宽）可以到达所有住宅场地，这条道路经过了开放的草地、逐步到达山脚下，那里有64幢半独立的住宅单元，按照新英格兰地区的传统建筑风格，采用了32种建筑构造形式。每一个住宅单元的建筑面积为1500平方英尺，还有一个前廊、一个容一辆车的车库以及一个户外停车空间。许多住宅采取了山墙对着道路的方式安排住宅朝向，以获得大型农舍的建筑效果和多种多样的庭院空间。这些住

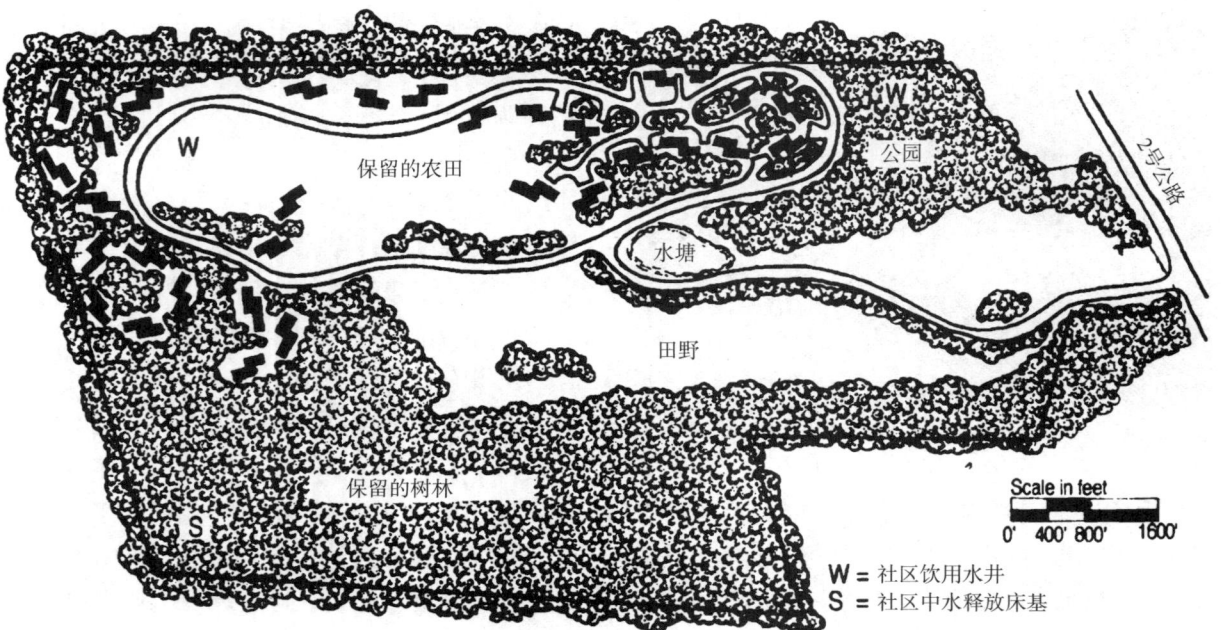

图20-19a 龙山场地规划。

图20-19b 进入龙山的道路弯弯曲曲地通过开放空间，渐渐登上这座小山丘。这是从2号公路上所能看到的情景。

图20-19c 龙山的住宅采取了半独立的建筑构造。每个住宅单元的建筑面积为1500平方英尺。

图20-19d 大部分住宅的入宅门廊采取了不同的朝向，这样，它们看上去更像一所大型独立家庭住宅。

宅的市场对象是青年夫妻和"空巢老人"。

整个居住区采用集中供水和集中污水处理（中水吸收床基占据了这个场地5英亩的空间）。

温斯洛合作社

地点：华盛顿州班布里奇岛

建立日期：1989～1992

场地设计师：E·温斯坦，建筑事务所，西雅图、华盛顿州

这个拥有30个住宅单元的街区（地处班布里奇岛的入口处），从展示第一张概念性规划方案的幻灯片、筹备资金、设计、审查、批准、建设和进驻，前后只花了33个月的时间。温斯洛合作社的开发设计思想是以丹麦的一个类似开发项目为基础的，那里在1972年建成了一个有120个住宅单元的合作社。温斯洛合作社的开发场地面积为4.85英亩，包括30个住宅单元，5000平方英尺的合作社公共用房。这个街区以合作的方式组织，每个成员购买合作社股份，然后以租赁的方式获得他自己的住宅单元，这些住宅单元从起居卧室混合的单间到有四个卧室的大型单元（面积从570平方英尺到1391平方英尺）。建设项目没有任何补贴，在主流市场出售，价格与这个岛上的其他住宅相当。

尽管整个场地的建筑密度约为1英亩6个住宅单元，但是整个场地令人惊讶的保留了大量的开放空间，包括一个通往社区小公园的步行小径，一块自留地似的花园，各家分的一小块，可以种植蔬菜，大部分住宅背后都有适当的后院。2/3的住宅采用了成对的建筑构造，4～6个建筑单元形成一个组团，按欧洲村庄的模式紧凑地布置。住宅前立面之间的距离约为40英尺，包括8英尺宽的步行道（道路宽度足够小型货车和紧急车辆使用），这样就在每个住宅前形成了一个适当的前庭花园和草坪。

建筑采用了当地19世纪的农舍风格，包括木制外墙板、前廊、多向多个屋顶山墙，等等。场地的西北角有一个公共的停车空间。

大场地的中间建设了公共用房，里边有厨房和餐厅，洗衣房、儿童关照设施和"少年活

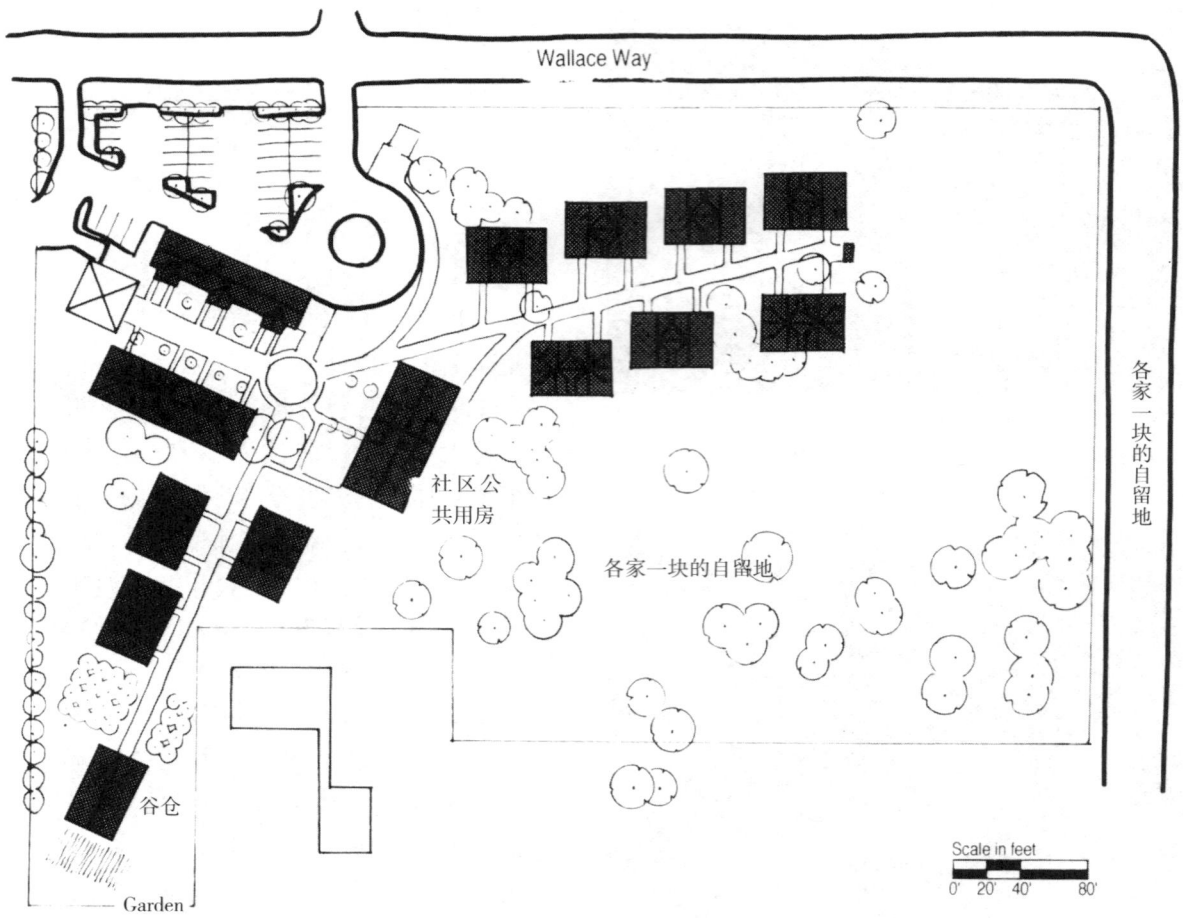

图20-20a 温斯洛合作社场地规划。

图20-20b 临街住宅间的距离为25~35英尺，房前有前庭花园和8英尺宽的铺装的胡同。

图20-20c 后院不大，却也适中，从那里可以看到中心开放空间。

图20-20d 大部分住宅采用了成对的建筑构造，它的设计原形是1920年代欧洲半独立式带走廊的平房。

动室"。社区鼓励而不强求居民们每周在那里一起准备和共进晚餐几次。整个社区人口的年龄和家庭规模都是混合的，这一点至关重要。1992年的社区统计显示，那里有48个成年人，30个儿童。居民包括单身的、结了婚有孩子和没有孩子的，退休老人。

温斯洛合作社是美国的第二个类似开发项目。它由业主和居民共同设计和开发。建设资金由具有合作性质的"凯斯阿普联合信托"提供。温斯洛合作社下一步的计划是联合开发和拥有多种目的的建筑物（谷仓、自行车棚和客房）。

注："合作社"这个术语用来特指一种居住开发项目，其特征包括：居民参与规划设计，社区以步行为导向，高度共享的公用设施，以补充私人空间的不足，通过社区会议管理整个街区事务。形体设计的目标是使那里产生较为深厚的社区意识（麦克卡曼，1988）。

战斗路农场

地点：马萨诸塞州林肯镇老贝德福德路
建立日期：1987~1991
建筑师：W·罗恩设计事务所，马萨诸塞波士顿
景观建筑师：M·瓦尔肯堡设计事务所，马萨诸塞剑桥

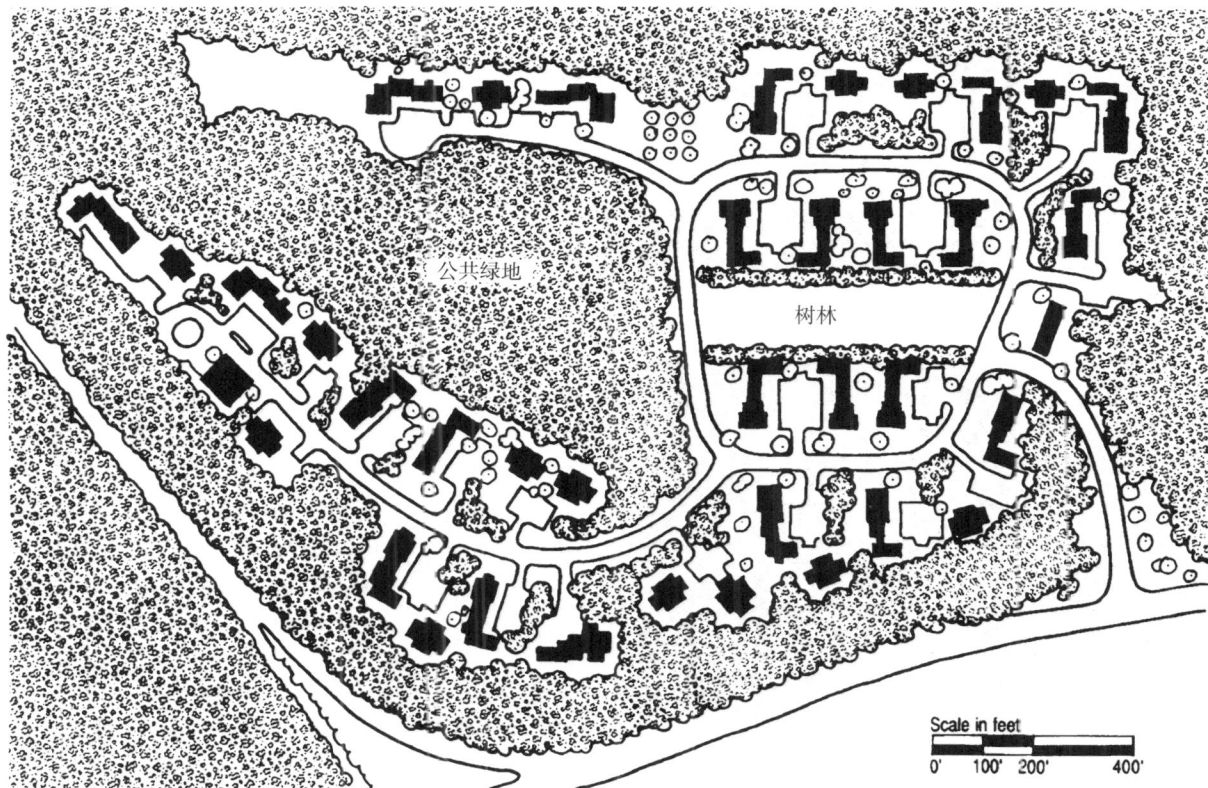

图20-21a 战斗路农场场地规划。

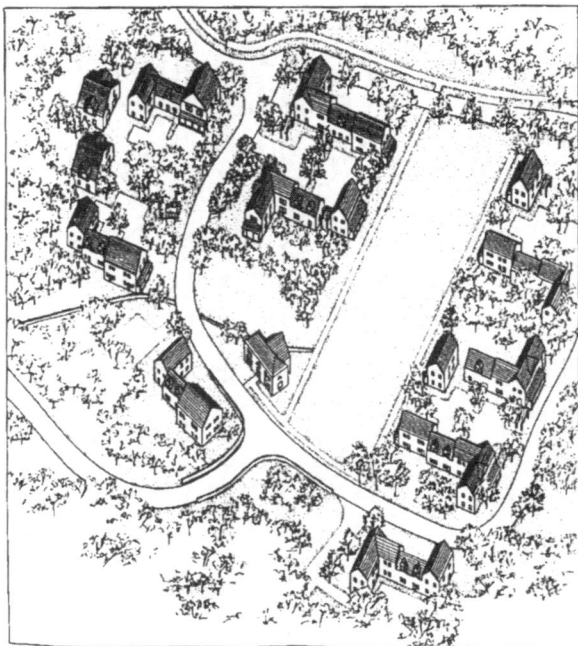

图20-21b　这张鸟瞰图说明了建筑、街道和开放空间之间的相互关系。

图20-21c　山墙面对街道和廊道都是传统街道景观。

图20-21d　通过协调经典希腊复兴柱和鲜明的檐口和马萨诸塞东部地区地方建筑传统，消除了补贴性多家庭共用一幢住宅的负面印象。

战斗路农场的场地面积为24英亩，南边以明托特曼国家公园为界，场地内地形波动，林木繁茂。1986年，林肯镇购买了这块土地，用于开发经济住宅（与此同时设计的还有另外23英亩的场地，目标是保留永久性开放空间）。在此之前的15年中，这个镇共收到4份有关这个场地的开发建议，但是这些建议都没有得到分区规划的批准。镇里最后决定，购买这块土地是实现他们所希望看到的规划设计的惟一方式。镇会议批准了这个购买计划，并希望大部分公共投资可以通过永久保留7英亩土地而得到补偿，这7英亩土地在国家公园和居住区间形成一个缓冲区。

林肯镇在与多家开发商、建筑师和景观建筑师进行洽谈之后，最终选择了"考统伍德公司"和"肯开发集团"来制定场地规划，要求它们在设计时能够反映新英格兰地区传统建筑原则，把开发项目与整个社区协调起来，满足镇里的整体开发建设标准。整个场地计划开发到120套的住宅单元，其中72套为经济住宅单元，贷款利率低于市场价格，第一次购房者可以购买。在1991年3月，镇里授权被补贴的住宅价格要低于市场价格40%～50%。

由于没有人希望他们的住宅看上去是受政府补贴的住宅，所以必须要特别小心翼翼地进行设计，以确保在非常有限的资金范围内，实现住宅和场地设计目标（林肯镇，1991）。正如我们在第十章"经济住宅"中所提到的那样，他们选择以新英格兰地区传统农舍作为建筑原形，把四个住宅单元并入一个农舍式住宅建筑中，乔木和灌木丛环绕四周。他们还采用了另外两种建筑设计形式，"马车式住宅"和"草原住宅"，使整个住宅形式、住宅内部空间布局和价格呈现多样性。无论是补贴性住宅还是市场价格的住宅，在设计标准和建设水平上并没有区别。

另外，他们采用了比较适度的前庭退红（从前廊到街道的距离为22英尺），这样的设计不仅反映了传统的村庄模式，同时也创造了邻里之间进行非正式交谈的机会。有7幢"农舍"面对草场或"公共绿地",它们的功能是供社区居民进行户外活动和娱乐,成为居民们非正式的户外空间。为了避免大规模停车场所造成的视觉效果和较长的步行距离,他们把停车场安排在多个小区域上。这个场地直接与镇里的步行小径系统相连接,同时可以使月公共交通。

查塔姆村

地点:宾夕法尼亚州匹兹堡市蒙特华盛顿镇
建立日期:1930~1935
场地设计师和建筑师:亨利·赖特和克拉伦斯·斯特因

查塔姆村可能是美国最有吸引力的非独立住宅开发项目之一,非独立住宅,或多家共用一幢住宅,特别适合于收入微薄的家庭。几十年来,这个设计始终成为规划和景观建筑教科书中的范例,但是,十分可惜的是,地方规划会议的自愿成员和小城镇建设的倡导者们并不熟悉这个案例。实际上,这个场地规划的经验和他们当时所作的观察,至今仍然具有参考价值。

当赖特和克拉伦斯·斯特因开始为这45英亩山边林地做总体规划的时候,"巴赫尔基金"已经决定使用这个场地建设适合于低收入者的现代社区住宅项目。他们试图证明,使用大规模投资、良好的设计、对社会的高度负责的态度,能够保证投资的回报。赖特和克拉伦斯使用它们在雷布开发建设中的革新原则(住宅面对内部公共绿地,把步行与汽车交通分开,围绕大型居住地块的边缘建设环状道路),围绕5个尺度不大但比例合适的社区公园,安排两层楼的别墅型租赁住宅,住宅成排布置但每一排的长度不大,这些社区公园里树木成荫,花草遍地。

4英亩娱乐区里包括游乐设施、一个垒球场、3个网球场,25英亩树林绿带,其中包括2英里长的步行小径。整个社区建设197个住宅单元,其中大部分建设在山脚下,所以,一半以上的车库是在地下。靠近这些社区公园绿地和高程较低的那些住宅都有一间房面对公园,沐浴在阳光之中。这些家庭都在附近的"公共车库"里保留一个停车空间。

在过去50年的租赁中(若干年以前,这个基金开始出售这些住宅单元了),房客的交换率非常低,这表明居民们十分乐于居住在这个社区里。慕名而来的居住申请者名单从来都是很长的,这也进一步说明查塔姆村的知名度了。

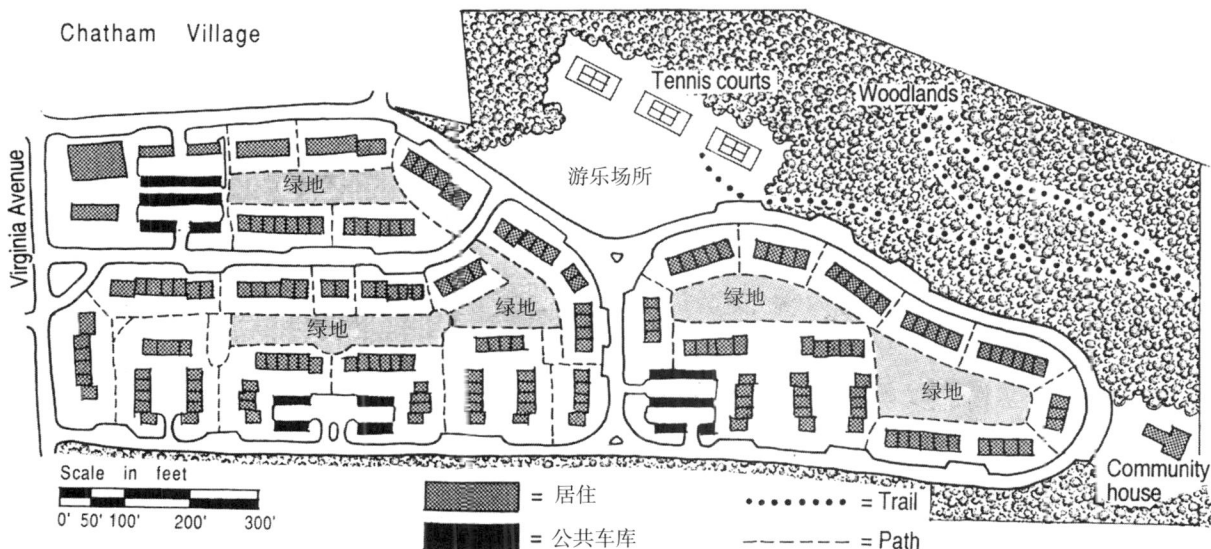

图20-22a 塔姆村场地规划。

图20-22b 住宅被连接在一起，形成一个内部的绿色空间，这个场地树木环抱。

图20-22d 前院里的步行小道把所有的住宅单元、绿地、娱乐场所连接起来，步行小径通过树林绿带。

图20-22c 大量当地品种的树木已经成荫。

图20-22e 正如赖特和克拉伦斯在设计这个村庄6年前的拉德本设计那样，塔姆村的步行和车行也是分开的。

第二十一章

镇中心商业开发案例

由于那些没有对场所的意义进行深入思考的新开发项目，十分容易而且常常打乱了城镇中心的历史和传统的结构，所以，在扩张或重建这些地区的时候，采取更为协调方式是十分重要的。这一章中所包括的6个案例取自全国多个不同的地区，以说明了开发商成功使用的开发方式。

所有这些开发案例中的建筑物都以传统方式沿街排开，除开"温斯洛绿地"之外，停车场在这些建筑物的背后。作为一个例外，"温斯洛绿地"在店前建立了一个极具吸引力的3/4英亩社区公共绿地。"温斯洛绿地"的开发也证明，把建筑物的上层压于居住，而把底层用于零售，是完全可行的一种方案。在这一章中还有一个混合使用的案例，那就是"村庄风雨商业街"，在那里，居住单元被建在停车场之上。

在这些案例中，建筑风格有传统型的（肯特镇中心），有对传统建筑语汇所做的现代解释（历史遗产广场），也有完全的现代表达（"温斯洛绿地"和"村庄风雨商业街"）。虽然有时建筑非常重要，但是，前部退红、停车场位置、建筑高度、体积和规模、屋顶形状这样一些因素也是十分重要的。

用于在中心地区具有提供经济住宅的机会，我们必须卓有效率地使用同样的土地（常常具有同样的地基和屋顶）。遗憾的是，我们没有找到最近小城镇混合使用的项目。正如我们在第九章和第十章中提到的那样，虽然存在地方分区规划和消防规范的障碍，实现这样一类开发还是完全有可能的。

马车店

地点：马萨诸塞州阿默斯特镇普莱森特南街

建立日期：1972年

场地设计师：J·盖茨和R·约翰逊

建筑师：T·凯利，马萨诸塞

马车店由3个建筑物构成，它们面对阿默斯特的主要商业街。马车店包括20000平方英尺的建筑面积，二层楼，它通常的租赁者包括一个

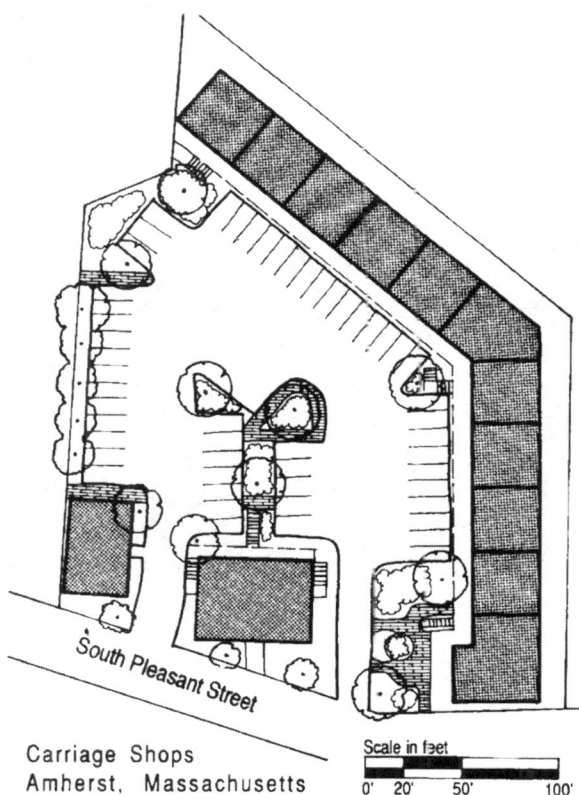

South Pleasant Street

Carriage Shops
Amherst, Massachusetts

Scale in feet
0' 20'   50'   100'

图21-1a 马车店的场地规划。

图21-1b　图左边和图中间的建筑物面对街道，人行道和树荫在前，停车场和其他商店在它们的背后。

图21-1c　商店背后的停车场和原来的汽车旅馆建筑现在成为二层楼的商店和办公室。

图21-1d　从处在主要街道上的一个建筑物向下看，是停车场和庭院。

运动设备商店、一个宠物商店、一个书店、一个旅游代理、一个法律企业、一个古玩店、一个比萨店、一个牙医诊所、一个理发店和多家

办公室。三个建筑物每一个都与人行道有着紧密的关系，建筑物背后有45个车位的停车场，茂密的树木已经使它成为一个庭院，树木把它与旁边的街道分隔开来。

1962年，一个L形状的汽车旅馆占据了这个34000平方英尺的场地，替代了原来的居民。这个旅馆占据了这个场地的两条边。当这个旅馆变成商店和办公室10年之后，在这个停车场的前边，建设了两个新的传统风格的砖石建筑物，与已经形成的商业街之间形成了一个比较正式的边界（建设一个常规的购物中心是一种比较简单开发方式：由于水泥铺装的大型停车场通常成为主要可视建筑物，所以沿着道路建设一排新的建筑物能够有助于遮蔽这个水泥铺装的停车场，允许房地产业主或者投资商增加建筑面积，用于出售或租赁。与大多数购物中心停车场一样，减少若干个车位并不会产生多么明显的视觉效果）。

肯特镇中心

地点：康涅狄格州肯特镇主街

建立日期：1990～1991

场地设计师：约翰逊和雷奇，阿默斯特，马萨诸塞

建筑师：R·多诺雷，康涅狄格

这个填充式项目位于康涅狄格州历史性小村庄肯特的核心上，占地面积1.5英亩。这个场地在开发前用于堆放木材，所以在连续的商业街道立面上形成了一个空挡，沿商业街的主要建筑风格是维多利亚式建筑。

由于在这个独特的新英格兰小镇（这里已经变成了曼哈顿人的夏季天堂）里的土地价格十分昂贵，所以，开发商必须开发5倍于场地面积的建筑面积才有可能在开发上成功，实际上，周边的开发已经是这样做的。对建筑师的挑战是，如何把这个开发与主街的传统尺度和风貌协调起来，同时又能获得最大的可租赁空

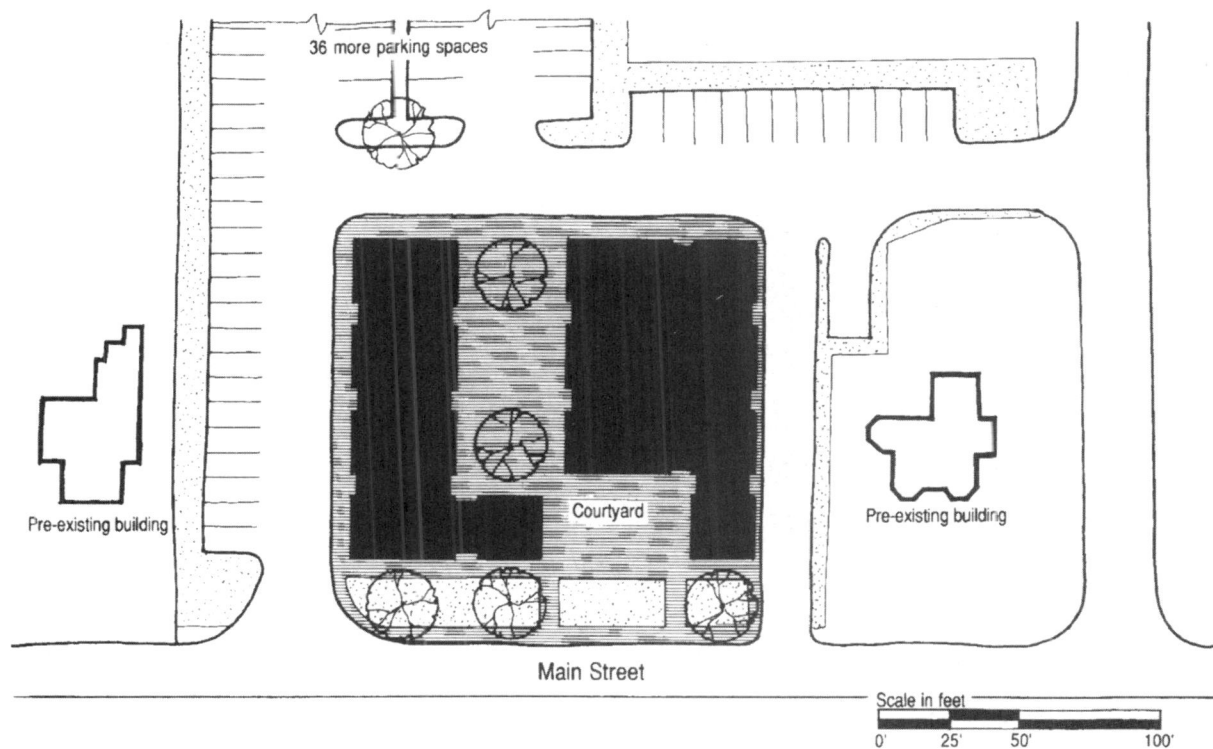

图21-2a 肯特镇中心场地规划。

图21-2b 这张街道景观照片展示了新开发的建筑物（右上方）在退红、高度、体积、屋顶形状和山墙朝向上，如何与周边的老建筑物相协调。

图21-2c 这个新建筑物的街道立面维持了这个村庄的传统建筑风貌。

间，提供适当的沿街停车，创造一个气氛友好的公共空间以吸引步行者来购物。

设计方案包括把项目分成两个建筑物，每一个都坐落在已经建立好的"街道线"上，砖头铺装的庭院与人行道连接起来，这个庭院与商店的大门和建筑物背后的停车场连接起来。通过一个咖啡广场，进入后院。除此之外，还有许多店前的内部庭院空间，种植两棵菩提

树。沿着人行道再种上一排菩提树，延续这个镇子里的树荫模式。

仔细设计的这些建筑物本身，以便它们能够与这个村庄里所呈现的19世纪希腊复兴式建筑风貌协调起来，包括坡屋顶、山墙面对街道，木质的外墙板，小块拼装的窗户和屋檐。如图21-2a所示，当行人途经这个场地时，两个建筑物的外形和位置有效地遮掩了它们的实际

图21-2d 通过步行庭院时，从两个建筑之间所看到的后院停车场。

规模和体积。

这个场地最初的设计愿望是使建筑物完全供商业使用，所以，底层用于零售，二层用于办公。当然，这个项目进行时正值1991年的萧条时期（严重影响了新英格兰地区的房地产业）和办公空间过剩。由于建筑物的二层没有建设消防设施，或者没有完全符合居住用建筑物的防火标准，所以它们不易转化成为居住公寓，以致直到本书完稿时，按照这个镇里官员的话来讲，这个建筑物的利用率还是不高的。

温斯洛绿地

地点：华盛顿州班布里奇岛温斯洛
建立日期：1981年
场地设计师和建筑师：R·彼得森

这是一个非常成功的混合开发项目，项目占地2.5英亩，第一层包括了20000平方英尺的零售空间，第二层包括了34套两卧室的公寓单元。住宅单元的面积接近1100平方英尺，由于

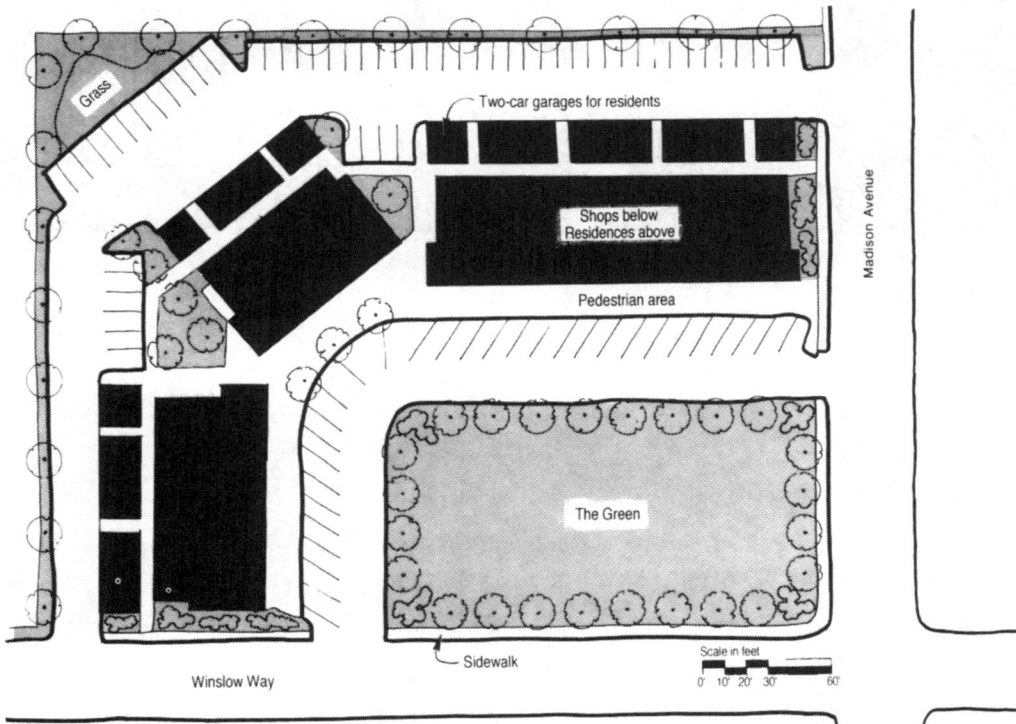

图21-3a 温斯洛绿地场地规划。

图21-3b 从这个镇一个主要十字路口（从图21-1a右下角向左上角方向）看到的这块公共绿地。

图21-3c 楼下零售，楼上居住，这是楼下的餐饮区。

图21-3d 从温斯洛大街驱车进入温斯洛绿地。虽然顾客的停车位就在商店前，但是，由于有了3/4英亩的绿地，所以，减少了停车场的视觉干扰。

场地的坡度，有些住宅单元还包括了相连接的外部车库，（从前边看，是在二层，而实际上处于底层）。这种斜坡式地形的另外几个优越性是，减少了楼梯建造数目，避免建设连续的

走廊和消防楼梯（正如对三层楼以上建筑所要求的那样）。

由于这个场地坐落在温斯洛镇中心商业大街的西端，所以，这个项目旨在这个居住区的核心设计营造一个正式的景观化开放空间。结果是，那里接近3/4英亩的场地面积成为了这个镇子非官方公布的公共绿地，是社区放置圣诞树的地方，那里常年举办各类销售活动和其他类型的社会活动。

由于镇里允许把原先登记的三块独立地块合并在一起，按"一个规划单元"来开发，所以，设计师在建筑和停车场的布局上有了很大的弹性。由于商业和居住的日和周停车高峰需求时间不同，这样，就有可能减少一定的停车空间。

温斯洛绿地与镇中心的其他商店和餐馆十分靠近，这样就使温斯洛绿地成为中心商业区的自然延伸。由于在地理位置上与老商业区接近，温斯洛绿地的新零售商容易吸引顾客，楼上的居住者到镇中心购物也极为方便，甚至可以步行到温斯洛东端的"西雅图码头"。

历史遗产广场

地点：马萨诸塞州贝尔彻敦镇主街

建立日期：1980年

场地设计师和建筑师：第一工作室，马萨诸塞

开发商：L·班克

这个镇中心的填充场地地处这个乡村小镇中间的中心绿地对面，占地7英亩。面对这块绿地成排的19世纪建筑风格的建筑物产生了强烈的视觉效果。项目场地处于教堂和一个百年老宅之间，尽管镇里没有任何指南或规则来约束这个历史性街道上的新建筑物的设计，这个项目的建筑师和开发商都同意，他们的设计应当非常紧密地与周围传统风貌协调起来。

尽管这三个新建筑都采用现代建筑风格，

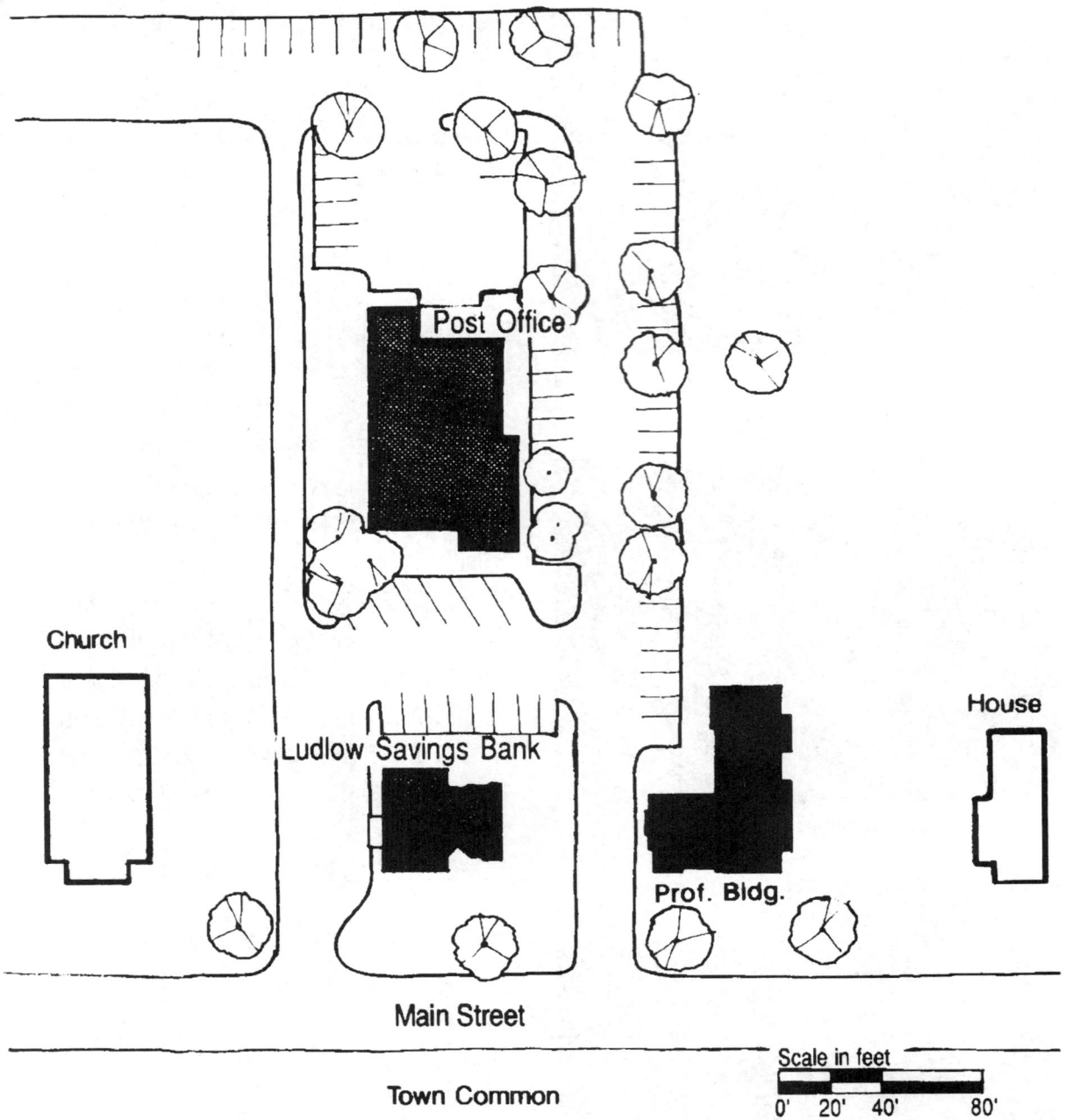

图21-4a   历史遗产广场场地规划。

但是，它们的退红、尺度体量、屋顶形状和坡度、建筑外部材料和色彩的选择，都与周边街区相一致。特别是在填充式开发的情况下，无论怎样强调，把停车场建在后院，以确保建筑退红与原有的"街线"一致，都不过分。这个场地上的77个停车位完全被遮蔽起来了，从街上看不见。

新建的邮局坐落在后背停车场的中间，在银行和办公室背后，形成了一个小小的餐饮区。整个建筑面积为11460平方英尺（银行2280平方英尺，邮局4390平方英尺，办公室4790平方英尺）。

图21-4b　中间的这两个新建筑维护了这个镇中心传统的退红、建筑尺度、窗户比例和屋顶坡度，与这个区域的建筑语汇一致。

图21-4c　银行背后的停车场对邮局同样方便。这个案例说明，社区有时需要努力工作才能保持他们社区中心的传统。

图21-4d　新邮局在老教堂的右边，银行的背后。虽然从街上不能直接看到它，但是，对于这类设施，是否看得见并非关键因素。

村庄风雨商业街

地点：加利福尼亚州拉霍亚镇珍珠大道和小仙子大道的交汇处

建立日期：1985年

建筑师：D·维克建筑事务所，圣地亚哥

"村庄风雨商业街"的场地面积共28000平方英尺，包括一组四个建筑物，其中两个面对主要商业街，建筑面积为10000平方英尺，供零售和银行营业使用。一条步行道斜插穿过这两个建筑物，把这个小镇繁忙的商业角落与后边的停车场连接起来。停车场里共有32个停车位，可以停放小车和小型货车，停车场全部做过景观美化。临街建筑的立面通过把建筑物紧靠人行道边缘建设而维持了传统的"街线"，同时，这两个建筑物也遮掩了停车场，避免停车场干扰了城镇景观。

在9个停车位之上建设了两个附属建筑物（一个一层，一个两层），包括5个住宅单元（1套1个卧室的住宅单元，接近600平方英尺建筑空间，4套2个卧室的住宅单元，每个单元建筑面积大约为1000平方英尺）。在那些建筑或消防规范难以实现零售和办公空间之上做居住使用的行政区，村庄风雨商业街提供了一种创造性的方式在城镇中心地区实现混合使用空间的目标。

这个城镇之所以允许在这个场地建设商业居住混合的住宅，部分是因为这个镇采取了鼓励空间混合使用的规划政策，部分是因为这个场地在开发时清除了原先的住宅。在经济萧条时期，有些商业空间可能会空闲起来，所以，来自居住租赁的收入可以帮助开发商维持一个正常收入。城镇中心的公寓也能帮助零售和餐饮业繁荣他们在夜晚的经济活动。

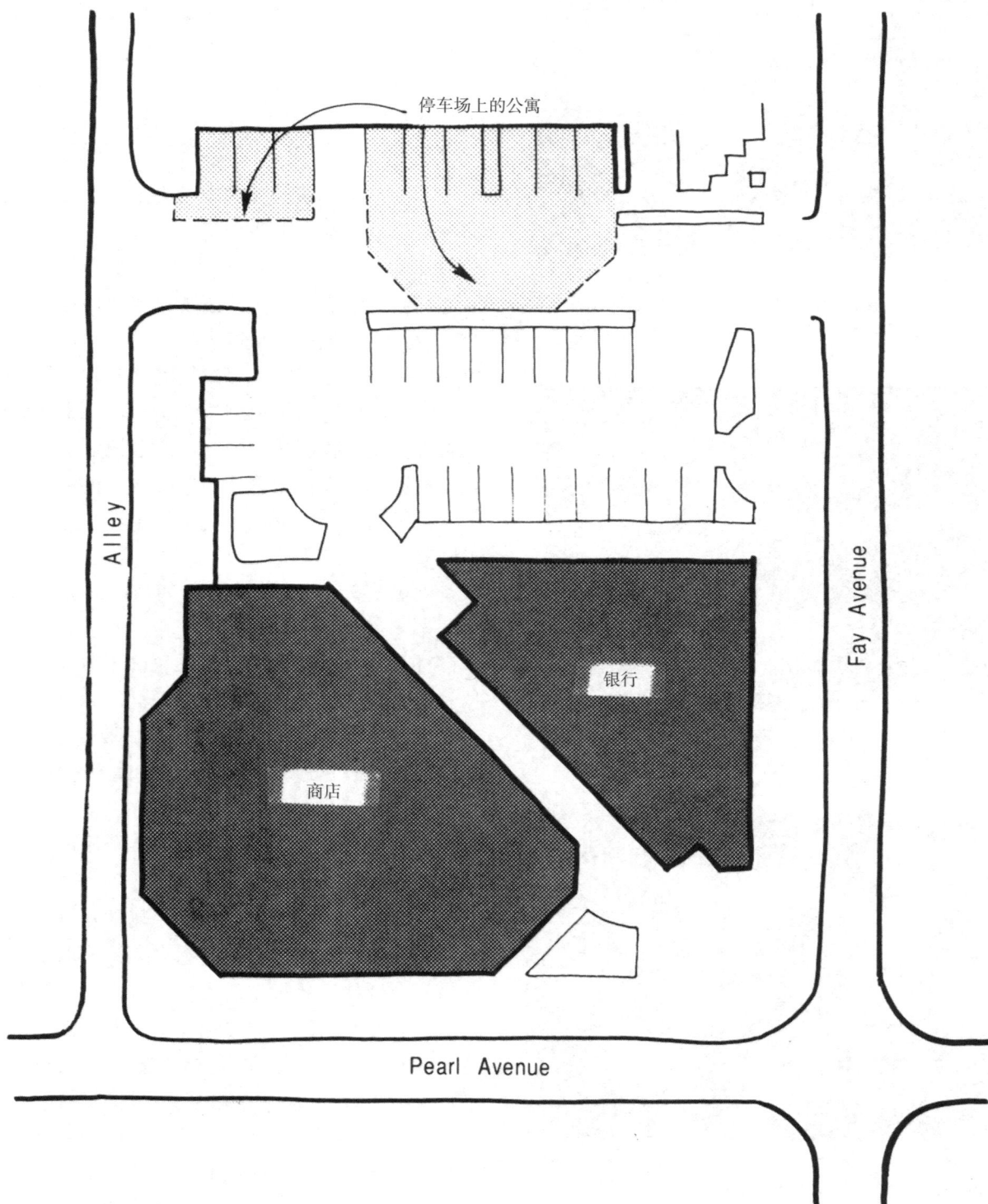

停车场上的公寓

Alley

Fay Avenue

银行

商店

Pearl Avenue

图21-5a   村庄风雨商业街的场地规划。

图21-5b　从珍珠大街上看到的主商业建筑立面。

图21-5c　建筑在停车场之上的居住单元提供了在城中居住的机会，商业建筑也对大街上噪音起到缓冲作用。

图21-5d　从停车场背后的住宅看通往大街的步行小巷。

村庄绿地

地点：马萨诸塞州南哈德利镇学院街（116号公路）

建立日期：1986～1991

场地设计师和建筑师：格雷厄姆建筑事务所，马萨诸塞，剑桥

"村庄绿地"地处南哈德利镇的核心，与圣霍利克学院和镇里的公共绿地相对，占据着因1985年和1986年两场大火烧毁的酒吧和若干家商店的7英亩场地。为了建设11个建筑物，组成这个叫做"村庄绿地"的综合体，开发商拆除了两幢没有历史意义的建筑，包括一幢建于1960年代的现代一层楼的银行建筑。这个建筑物与这个19世纪小镇的城镇景观完全不协调。这个7英亩场地由圣霍利克学院拥有，它专门建立了一个"中心再开发公司"来振兴这个场地。

这个项目建设了10万平方英尺的租赁空间，包括商店、办公、一个餐馆、一个酒吧、2个140个座位的剧场、一个熟食店、若干特殊商店、一个银行及其为开车人服务的窗口、19个住宅单元。不同于大部分单一使用目的的购物中心，因为总有人在那里，这些居住单元把生气24小时带给了这个"村庄绿地"商业中心。（从投资角度看，这些居住单元也对经济返还具有正面的意义，因为市镇中心常常具有比较大的住宅市场需求）。面对这所学校的这条街的退红和朝向上并非一致，但是，它们都维持了与人行道的某种传统关系。当场地从街道向里延伸时，开始出现坡度，第二排建筑物高程低于沿街建筑物，从学院街出发，通过景观化的楼梯或从第二组建筑物背后可以容纳292辆车的停车场接近这些建筑。

两组建筑之间形成一个步行化的景观庭院和通道，从那里可以到达多个商店。漫步在这个庭院中的感受类似于进入了欧洲小镇，户外空间非常规则，但相互连接，视觉效果强烈，一般利用率甚高。"村庄绿地"的建筑设计具有多样性，19世纪繁荣时期的各类建筑装饰形式与现代建筑技术并存且相互协调（这所学校的哥特式建筑的特征被应用到那里的许多建筑上）。

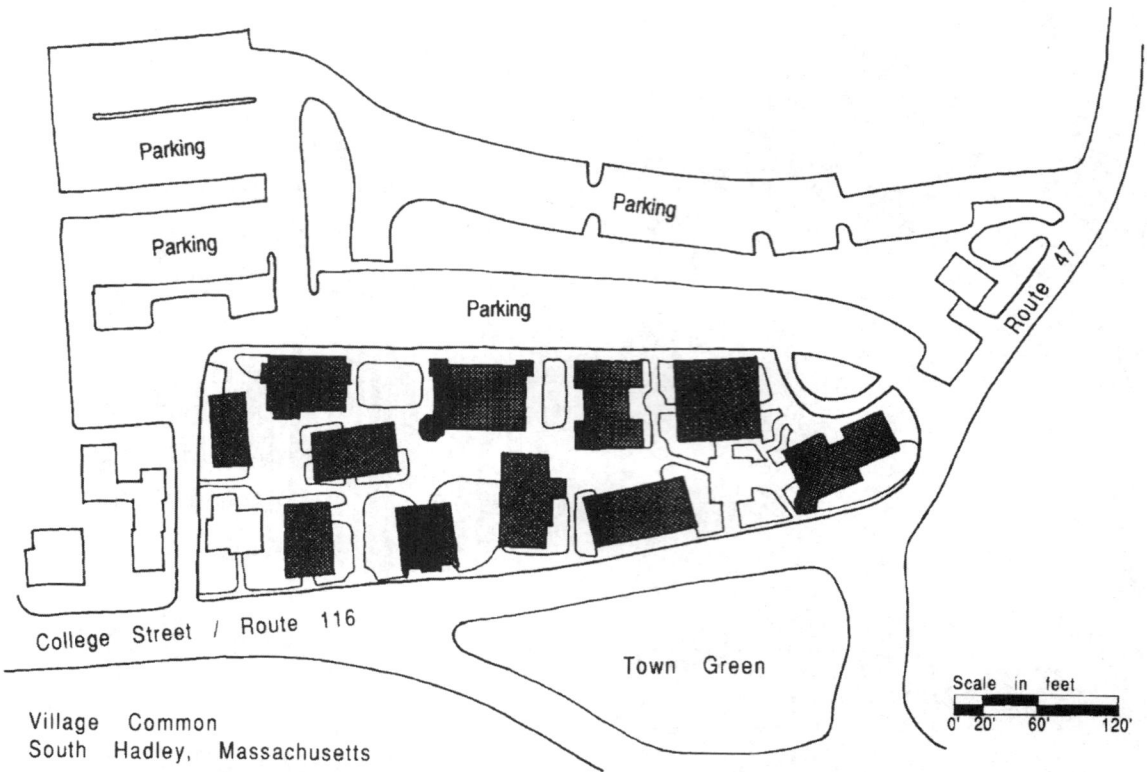

图21-6a   "村庄绿地"场地规划。

图21-6b   这是"村庄绿地"开发的鸟瞰图，右下角为南哈德利镇公共绿地。

图21-6c   从主街上看到的立面效果。

图21-6d　新的商店入口和粉刷了篱笆保持了传统的"街线"。（左边的这个希腊复兴式建筑过去用于居住，现在是圣霍利克学院的一部分。）

图21-6e　两排建筑之间形成了一个内部庭院，其尺度相当适合于这个"人的场所"。

除开那里具有高度创新意识的（也许看法各异）建筑设计，这个混合使用的填充项目还有其他一些需要提及的特征。这个开发维护了传统的"街线"；把停车场隐藏起来；通过建在停车场后部连通内部服务区的地下通道，解决内部运送货物和销纳垃圾的问题，这样，步行的顾客可以从任何一个方向到达商业建筑，商业建筑似没有后门，顾客也看不见繁忙的货物递送过程；最后，从视觉和功能上把所有的东西都连接起来，这也是"村庄绿地"设计的重要特征。

第二十二章

路边商业案例

沿着主要交通要道做商业开发并非一个值得提倡的开发政策，所以，坦白地讲，我希望这一章是没有必要再写的一章。在我学习的地方英国，这根本就不是一个需要讨论的问题，因为在那里，所有的商业和居住开发都处在一个封闭的场地内或加在封闭场地的边缘。这个甚为敏感的政策几乎从任何一个方面讲都是适当的，包括避免因车辆拐弯进出路边商业设施而引起的主干道交通拥堵。

当然，考虑到全国一些社区建立降低公路分区内建筑密度使之真正用于乡村的政策愿望，我在这里列举了10个案例，以说明"革新的美国模式"。

除开"女王的购物街"外，其余案例都发生在最近20多年里。之所以把"女王的购物街"放到这里是因为，它是在1920年代建立起来的第一批汽车导向的"商业带"之一，但是，它至今仍然引人注目的原因是，这条街维持了店前的传统"街线"，把所有的停车场都置于店后或边沟旁（虽然"米尔池塘商业中心"占用了老建筑物，但一直没有用于零售，只是最近才有所改变）。

虽然这些案例中没有一个大型开发，但是，它们的开发规模在小镇和乡村地区随处可见。有些案例尝试了如何在开发中与传统建筑相协调（迷人河绿地，弗里波特的麦当劳，达特茅斯学院公路13号）；有些案例采用了地方建筑风格（无花果树广场，马什比绿地和河村）；只有两个案例采用了现代建筑风貌（村庄广场和马基特广场）。

有几个案例中包括了居住单元（迷人河绿地，达特茅斯学院公路13号，马什比绿地和村庄广场），村庄广场的商业开发受到1991年萧条的影响，正在转向居住使用。很幸运，由于这个开发商的设计具有兼容性，所以，转化为居住使用十分容易。

这些开发案例都把绿地和开放空间综合进了它们的设计之中（米尔池塘商业中心、迷人河绿地，达特茅斯学院公路13号、河村、马基特广场）。在一些情形下，这些绿地还有其他类型的实际功能，如中水释放场地，迷人河绿地，无花果树广场和林肯中心则把开放空间用作路旁缓冲区。一般来讲，所有的停车场都在主要建筑物的背后或旁边，当然，马西比绿地和河村例外，那里高度可视的停车场严重影响了非常高标准的建筑设计。

如果美国的土地使用规划艺术和实践达到这一章所不能企及的程度，那当然是一件好事。直到那个时候，才应当可以证明，把停车场建在购物中心前是绝对必要的命题和把居住和新的零售开发混合在一起是不可能的命题，都是不适当的。那些采用这类基本观点的要人们应当被建立在较为完整的规划原则基础上的新规划标准边缘化。否则，继续让这些人按照常规分区规划创造詹姆士.库斯特勒所说的"无处不在的地理"（库斯特勒，1993）。

女王的购物街

地点：马萨诸塞州法尔茅斯镇主街和帕尔梅尔大道

建立日期：1926年

建筑师：威滕和戈尔，波士顿，马萨诸塞

"女王的购物街"坐落在法尔茅斯主要商业街的把角位置上，它包括13个商店。这个建筑的设计与科德角地方建筑风格相协调，使用白色的木质外墙装饰。

在1920年代中期"女王的购物街"建成时，人们认为它是原先中心商业区的延伸。虽然它地处通往波士顿的主干道上，但是，它仍然保持了传统城镇中心的"街线"特征，把停

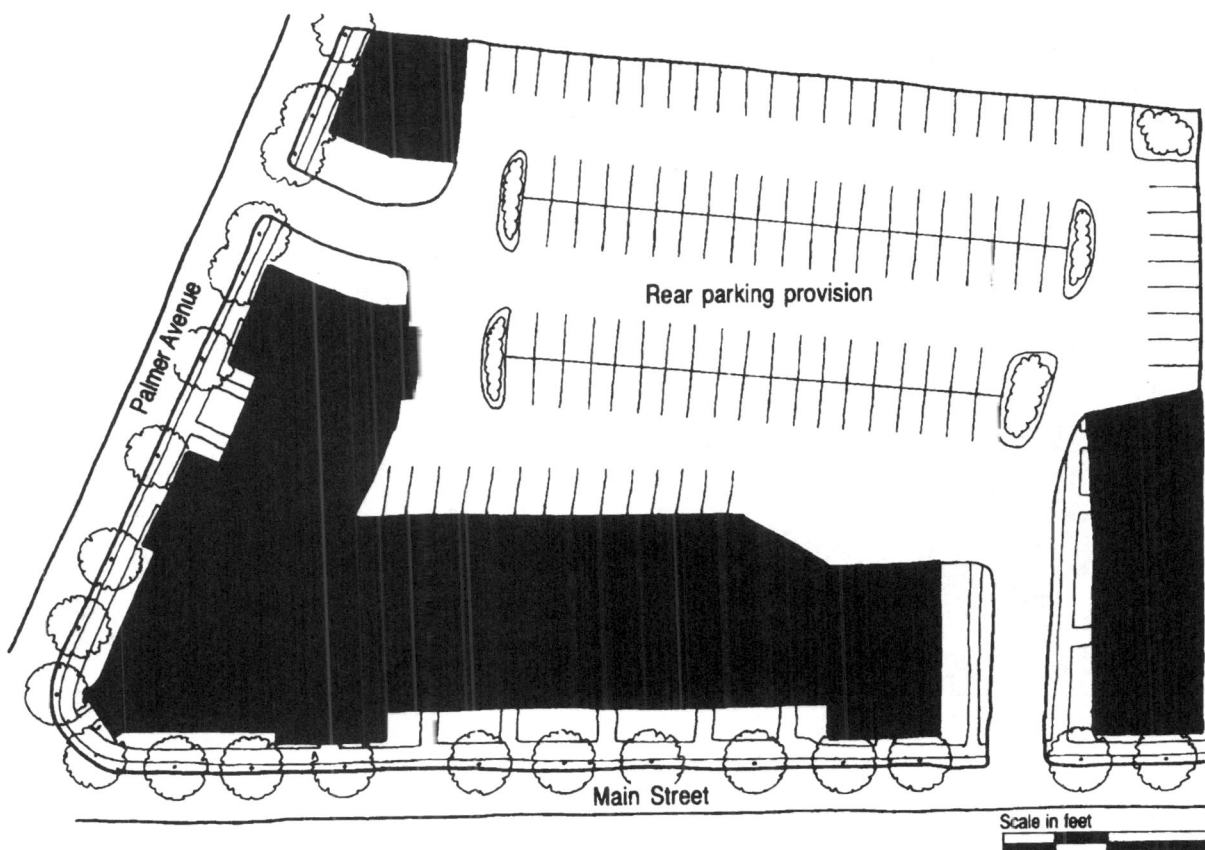

图22-1a 女王的购物街场地规划。

图22-1b 1926年，房地产商发布在广告上的女王的购物街透视图。

图22-1c　以传统方式排列的商店，它们遮蔽了后背的停车场，公众在街上看不到它，这样的安排并没有影响任何人的生意。

图22-1d　从后背的停车场所看到的主街。

车场安排在建筑物的背后。若干小型的招牌和一个大型悬挂式招牌告知夏季的访问者，停车场就在这个建筑背后。

建筑背后的这块地最初计划建设18个附属商店，但是，（商人和顾客的）停车需要使他们不可能利用这个30000平方英尺来建商店。这样，这些附属商店最终安排到帕尔梅尔大道对面的场地上去了，作为这个商业综合体的延伸。

与现在的房地产业主的讨论表明，尽管在主干道上看不见"女王的购物街"的停车场，但是，它并没有因此产生任何问题（这个看法打破了当代购物中心开发商的一个基本信念）。据说即使在1929年大萧条时期，这些商店并没有空置。那里现在的租赁者也没有表达对这种停车场安排的关切。他们一般回答说，"停车场足够了"，"地方顾客知道那里有停车场，游客可以看到停车场指示牌"，如果这个购物区生意不好的话，我已经搬走了。"

米尔池塘商业中心

地点：罗德岛州蒂弗顿四角居民点主街
建立日期：1981～1984
开发商：T·L·侯兰德房地产
建筑师：S·豪斯斯密斯，罗德岛

1980年代早期，一个地方房地产经纪人侯兰德和他的妻子，把一组四个历史性建筑构成，包括原先的面粉厂、农舍、谷仓改变为零售商业设施，形成了"米尔池塘商业中心"。由于这些建筑沿着通往蒂弗顿四角居民点主要道路的边缘布置，所以，没有在商店前留下高度可视的停车空间。在这个综合体的东部边缘和后背分别建有砂石铺装的停车场，它们很好地服务于这里开展商务活动。这种布局方式以及按照19世纪的沿街道边缘布置商店的模式，都使这个商业中心占据了优势。

沿着这个村庄的南部通道这一组建筑形成了一个传统的"实边"，同时遮蔽了大部分停车场，通过石头墙和把道路与停车场分开的遮荫树缝隙里，几辆停靠在那里的汽车依稀可见。米尔池塘商业中心可能是新英格兰地区在购物中心种植榉树的惟一购物中心。这种最美的树种通常只能在历史悠远的街区里才能看到。

所有商店都是通过面向停车场或老面粉厂的一面进出。在三个建筑物的背后，一条砖头铺装的人行道和一座木质构造的小桥把三个建筑物连接起来。这条步行道还把所有商店与停车场连接起来，同时，也与临时性野餐场地和一个可以席地而坐的树荫场地连接起来。围绕这口水塘，有一条不长的步行小径环路，它通往周边的树林和草地。在特殊事件发生时，这些草坪都可以作为临时停车场。

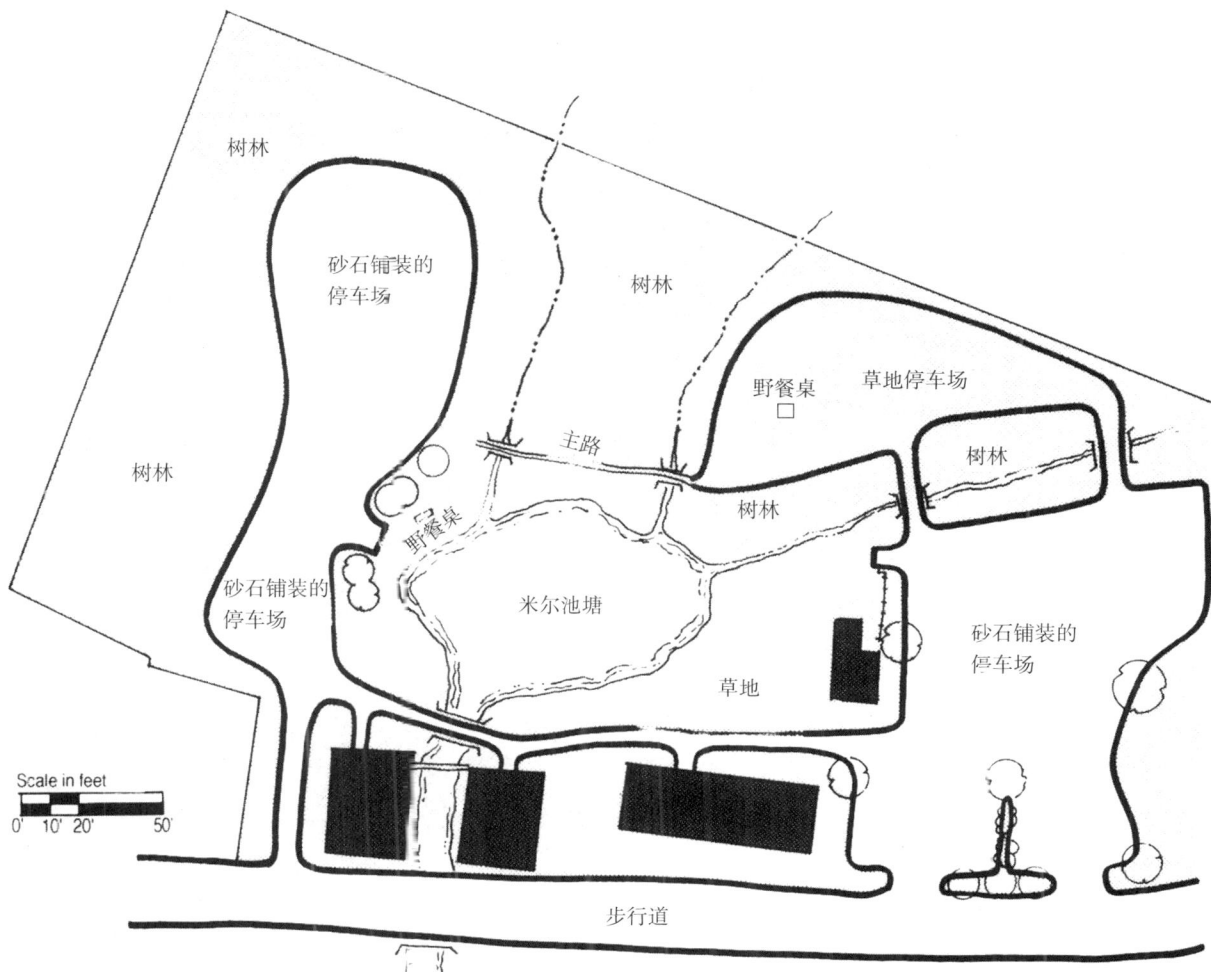

图22-2a　米尔池塘商业中心场地规划。

图22-2b　这些由老建筑改造而来的商店紧靠道路布置，形成一个"实边"。

图22-2c　所有商店的入口都在商店的背后，从停车场通过砂石铺装的步行道，进入商店。

图22-2d　通过人行道经过园林式的区域，与围绕这个池塘的步行小径连接起来。

开发商感觉到，她把那些通常在零售购物中心中见不到的元素，都一并整合到这个购物中心来，的确使它更具吸引力。许多顾客经常再来时，把他们的亲戚朋友也带来了，分享这些把商店连接在一起的园林的经历。

4个建筑的规模大体在1700～5400平方英尺，形成12700平方英尺的零售空间。目前，那里有两个成衣店（妇女和儿童）、一个庭院装饰和香草店、一个玩具店、一个礼品店、一个书店、一个古董店和一家房地产经纪人。整个场地面积为60000平方英尺。

马德河绿地和村庄广场

地点：佛蒙特州维特斯菲尔德镇100号公路

马德河绿地

建立日期：1984年

场地设计师：P·汤姆森兄弟建筑公司，佛蒙特州维特斯菲尔德镇

建筑师：J·巴伯洛尼科，纽约

村庄广场

建立日期：1984年

场地设计师和建筑师：博捷设计事务所，佛蒙特州维特斯菲尔德镇

这两个小购物中心坐落在100号公路的两

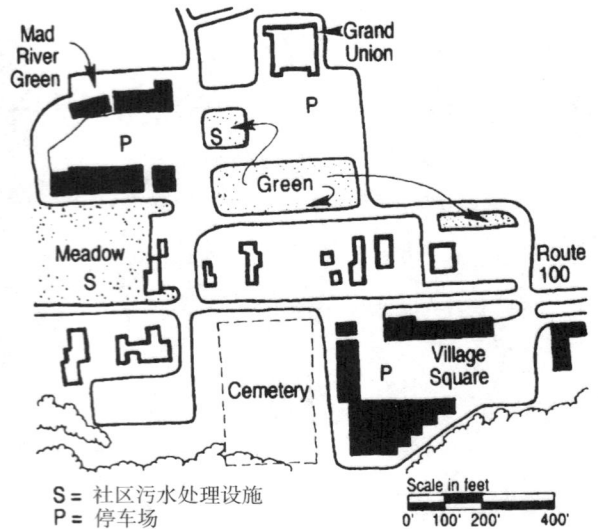

S = 社区污水处理设施
P = 停车场

图22-3a　迷人河绿地和村庄广场的场地规划。

图22-3b　从100号公路看马德河绿地商业中心，右边是原来的农舍，照片前为一片草地（它也用于中水释放）。

图22-3c　在迷人河绿地背后的停车场，照片右上角为第二排商店。

图22-3d 从100号公路看村庄广场商业中心，商店的招牌和橱窗面对公路，有一条适度的景观化的缓冲带。由于建有边沟，所以车辆必须经过有限的路口进入这一排商店的背后，才能进入这些商店。

图22-3e 这就是在路边商店背后的停车场，商店在这里再设了一套招牌和橱窗。有些建筑的二层有居住单元，为当地人提供了获得经济住宅的机会。

边。100号公路是佛蒙特州最具魅力的景观公路之一。它们位于（规划为这个镇汽车导向商业区）艾拉斯菲区的17号公路交叉口以北，而距离特斯菲尔德镇历史性村庄中心以南仅1英里。在设计上，这两个购物中心都具有内部停车场的特征，以致在公路上看不见这两个停车场，它们都被成排的商店遮蔽起来。

在"村庄广场"这边，15000平方英尺作为地方生活核心的食品超级市场的确有店前的停车场，但是，这个食品店和停车场都在一排原先存在的具有19世纪建筑风格的建筑物背后（原先用于居住），这些老建筑现在转变成为

商店，所以，它们在道路和停车场间建立了一个有效的缓冲区。通过100号公路以西200英尺与100号公路平行的"减速道路"，绕到沿着公路的那排商店和新建成加油站及其方便店背后，就可以进入食品超级市场了。100号公路上的出入口仅用于出入这个购物中心，以及原先已经为个别商务建筑建设的出入口。

在"马德河绿地"那边，整个建筑的设计风格比起"村庄广场"要更为传统一些，包括一个新建的木质筒仓和一个大型谷仓式建筑，用以纪念这个地区的农业历史。商店和停车场从100号公路向后退了250英尺，而紧靠公路的部分为一片草地（整个购物中心的污水处理系统就建立在这片草地中）。"马德河绿地"的商业空间接近27000平方英尺，包括银行、邮局、五金工具店、照相馆、儿童商店、酒吧和餐馆、礼品店。主建筑物的二层为办公空间。

"村庄广场"的建筑风格更接近于现代，距离公路也比较近，大量的商业标志和商店橱窗都面对着100号公路，在这些建筑背后有212停车空间。"村庄广场"的商业空间接近37500平方英尺，包括药店、"莫湖容市场"（另一个大型食品店），音像制品店、书店、酒店、餐馆、房地产经纪人、旅游代理。在一排商店的楼上建有6套住宅。

这个镇的官员曾经在镇里主街上做过一次实验，把停车场至于一家商店的背后。试验证明这种布局方式能够解决一定的交通问题，于是，他们要求开发商也按这种方式来安排这两个购物中心的布局。

马基特广场

地点：弗吉尼亚州米德洛斯亚镇300号公路和老翰觉路

建立日期：1978～1983

场地设计师：布兰德米勒集团，弗吉尼亚州米德洛斯亚镇

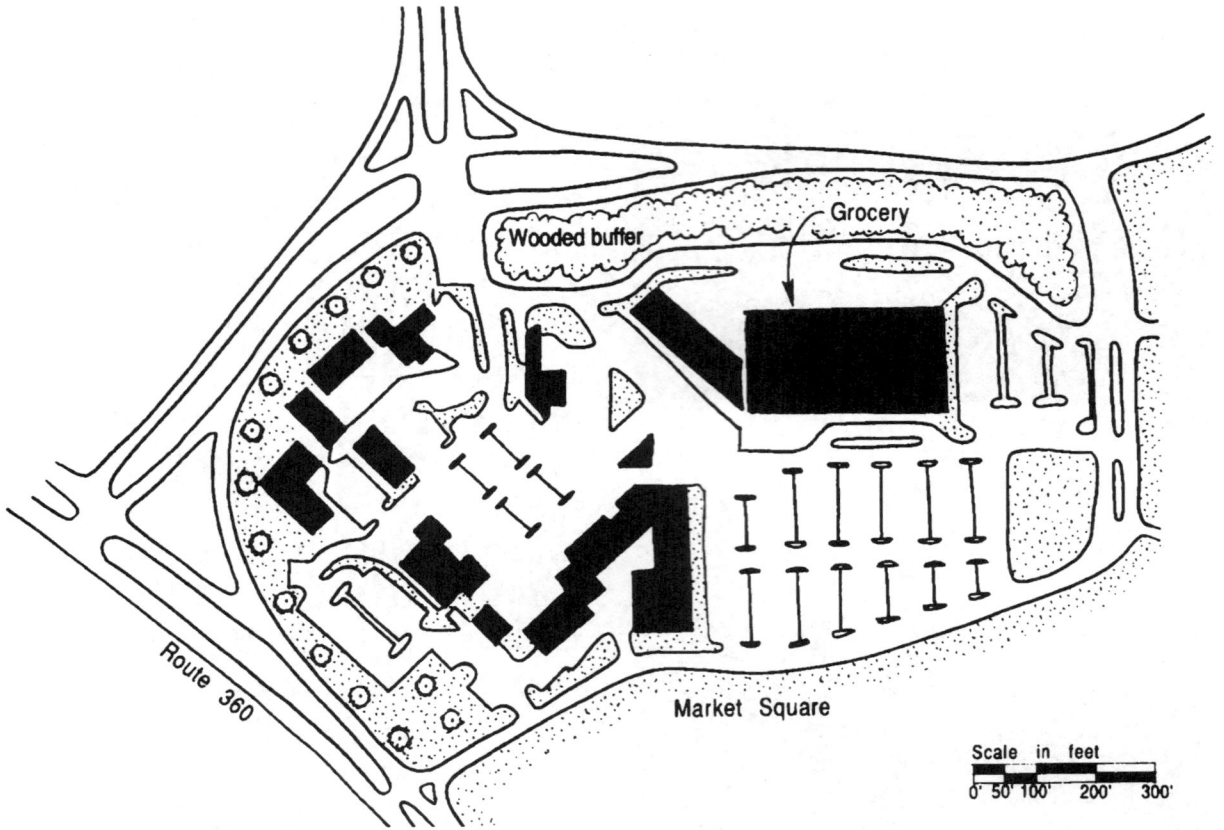

图22-4a 马基特广场场地规划。

图22-4b 在360号公路上的大型标志牌指示了马基特广场的位置，实际上，在公路上几乎看不到这个购物中心，因为它坐落在坡下。

图22-4c 从背后的停车场向远处看去，那个建筑物与公路平行。

这个购物中心是布兰德米勒镇2500英亩"规划单元式开发"项目的一部分，它坐落于弗吉尼亚雷奇曼市西南方向12英里的地方。美国"国家住宅建筑商协会"和"好住宅和庭院"杂志认定布兰德米勒镇为1978年美国"最好的规划社区"，它的购物中心获得过最佳招牌奖。尽管布兰德米勒镇核心区之外的居民抱怨他们没有购物的地方，马基特市场在1991年的商业入住率高达98%。当然，这个购物中心的最大租赁者，42000平方英尺的Safeway超级市

图22-4d　由于它的特殊场地设计，马基特广场更像是一个居民公园。

图22-4e　这是马基特广场的老翰觉路入口，值得欣赏，却也不张扬。

场并不是最大的赢家，它在这个地区具有比较弱的竞争性（仅占这个区域市场股份的15%，而地方上的Ukrop超级市场链却占有30%的市场股份，它在无花果树广场获得了极大的成功。正是我们的另外一个案例）。

无花果树广场是另外一个具有创造性设计的购物中心，它就在马基特广场以北6英里的地方。像无花果树广场一样，马基特广场的大部分建筑和停车空间低于公路高程15英尺，在一个斜坡下，加之树木缓冲带，所以，从州际公路上看不到马基特广场的商店和停车场。从360号公路下来后，主入口道路通过一组设置在山脚边办公楼。这些办公楼的一层为一排商店，

它们面对停车场、超级市场、邮局和其他一些商店。另外一个入口是从老翰觉路下来，经过一个银行，直接把购物者带到购物中心的中间。

马基特广场的其他一些租赁者包括，音像制品店、洗衣店、办公用品店、法国餐馆、照片冲洗店、礼品店、宠物店、照相馆、比萨外卖店、自行车店、文具礼品店、室内装饰店、理发店、美容店、保险公司、政府房地产登记处、家庭问题咨询、三个牙医、医疗诊所、会计事务所、金融管理所。这些商店、服务和办公室都围绕在两个大型停车场的周围（其他一些商店在Safeway超级市场的前面）。虽然马基特广场包括了12万平方英尺的租赁空间，但是，只有6000平方英尺用于办公。

锡卡莫尔广场

地点：弗吉尼亚州米德洛斯亚镇（60号公路）和克罗德路
建立日期：大约在1970年
场地设计师和开发商：道格拉斯·伍佛克
建筑师：C·辛法勒特

锡卡莫尔广场沿60号公路，占地9.5英亩，在里士满市以西6英里（到市中心为10英里）的郊区，有85000平方英尺的零售租赁空间，大约10000平方英尺的二层办公空间。大型零售链占据了36000平方英尺的零售空间，包括地方上的Ukrop超级市场链，尽管它不能出售酒类，星期天关门，但是在这个地区仍然十分具有竞争性。

从北美购物中心每一个开发商的立场出发，锡卡莫尔广场的最大特点是，它面朝里，处在景观化缓冲区的背后，这个景观化的缓冲区美化了整个公路立面（除开基本出入口道路）。从公路上既看不到商店，也看不到停车场。实际上，在锡卡莫尔广场的对面就有一个标准的临街带状购物中心。这是锡卡莫尔广场

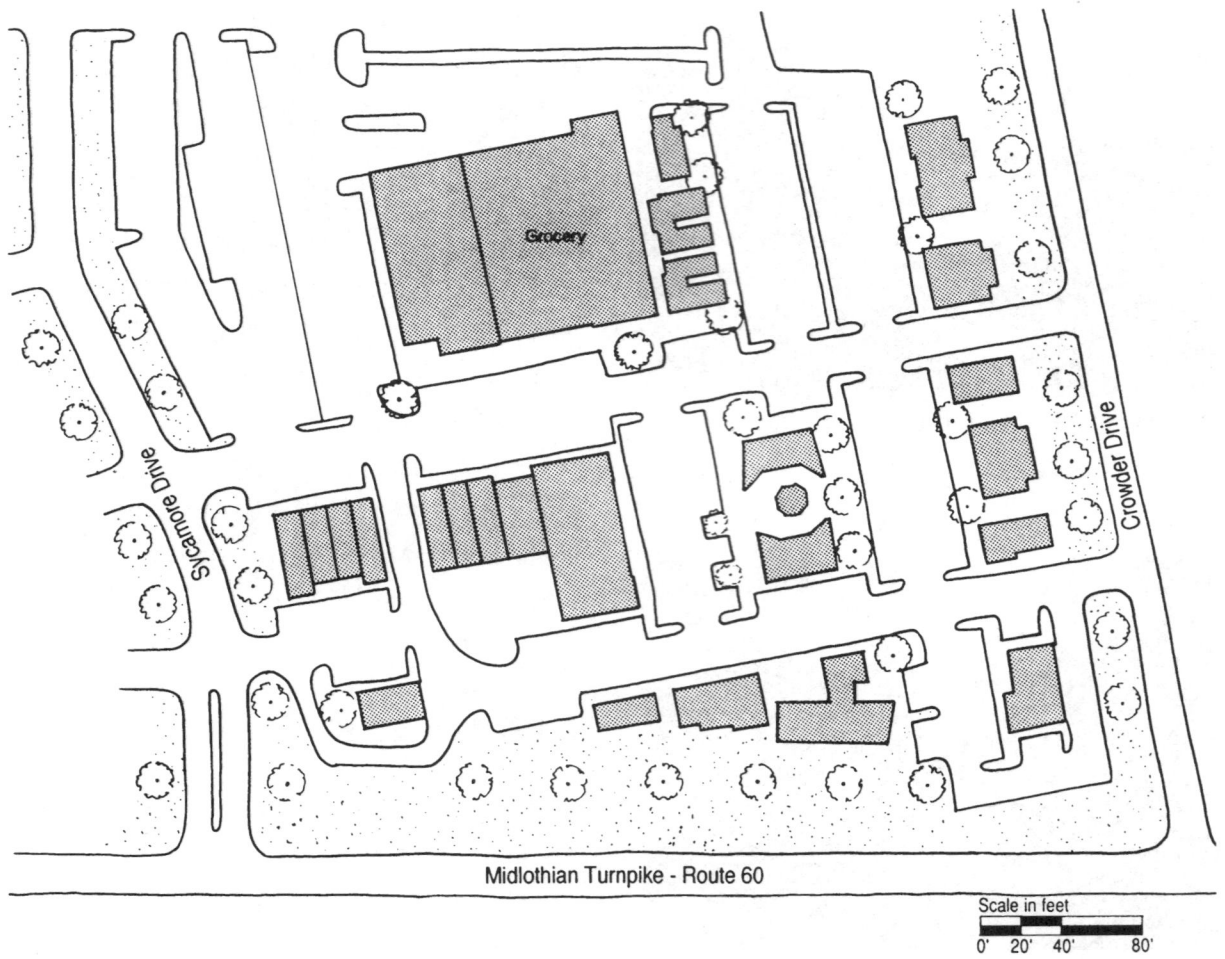

Grocery

Sycamore Drive

Crowder Drive

Midlothian Turnpike - Route 60

Scale in feet
0'   20'   40'   80'

图22-5a　锡卡莫尔广场的场地规划。

图22-5b　从60号公路上看，锡卡莫尔广场无非是一排大型的传统住宅或乡村公路旁的客栈，一条狭窄的景观草坪和树木构成的缓冲区把公路和这些建筑物分隔开来。

图22-5c　锡卡莫尔广场的内部道路和停车场系统是按照城镇街道的方式设计的，其目标是创造一个城市型的和大家熟悉的环境。

图22-5d 锡卡莫尔广场的建筑物都有传统的坡屋顶，包括超级市场在内，超级市场坐落在商业区的边缘地带，在公路上是完全看不见的。

最近的竞争对手。从现在看来，锡卡莫尔广场相对它的竞争对手更具有优势。

产生这种优势也许并没有其他明显的原因，带有一个基本原因，那就是锡卡莫尔广场有吸引力的景观，传统的建筑设计，高质量的零售商业，有竞争性的价格和免费停车场（606个停车位），这些都是造成商业成功与失败的关键因素。当顾客熟悉了一个购物区的状况之后，或者当他们可以读懂停车场所在位置的标志，使停车场明显可视就没有必要了。锡卡莫尔广场具有令人愉快的氛围和威廉斯堡风格的商店，所以，整个购物中心的零售租赁占有率为100%，有多种多样的商店和餐馆，包括药店、书店、洗衣店、理发店、礼品店、旅游代理、3个银行营业所、3个保险公司代理和3个医疗诊所。

马什皮绿地

地点：马萨诸塞州马什比镇28号公路和151公路交汇处

建立日期：1985年～现今

场地设计师：费兹波因特工地规划，马西什，马萨诸塞；杜里.普拉特－兹巴克，迈阿密，佛罗里达；卡夫迪西合伙人，卡夫迪西，佛蒙特州

马什皮绿地项目包括改造前"新瑟布雷购物中心"6个建于20世纪60年代的没有显著特征的零售建筑，以及按照新传统设计风格建设7个新建筑（由不同建筑师分别完成），目标是把82000平方英尺带状购物中心转变成为150000平方英尺的混合使用中心。

这个总体规划的基本操作原则是，通过原来的停车场，建设两条新的道路，使新的和旧的建筑面对这两条道路，形成传统的"大街"模式，道路建设包括花冈岩的边沟，路边平行停车位、遮荫树、人行道、路灯、街道标志、路边长凳、沿人行道边建设有遮阳篷的店前立面。

理解传统街道空间的尺度关系可以补充建筑立面设计和街道设备设计。列如，沿着"大街"两边商店间的距离为60英尺，形成一个3：1宽度和高宽比.这个比例可以与维夫里特镇大街的比例和大街两边建筑间的距离相比较，维夫里特镇是科德角最传统的村庄中心（我们在第九章"城镇中心和沿公路的开发"中讨论过）。沿新建街道的新商店背后提供附加的停车场。通过把内部街道系统交由私人业主管理和维护，避免了要求镇里改变40英尺深度退红的要求。

这个项目值得注意的经验还有协商和"交易"。在开发商、镇里的规划师和选举出来的官员之间的详细讨论后，151号公路北边的土地交给镇里，在消防站和警察局前安排开放空间，151号公路以南的两英亩土地保留下来不开发，以便建设新的图书馆，因为这个地方会逐渐成为城镇中心。（虽然在另外一个十字路口有一些市政办公建筑，但是，马西比在历史上就没有过一个适当的商业中心。）图书馆坐落在一个新的天主教教堂右角方向上，正对景观化的公共绿地。与教堂相邻的是24个补贴的老年公寓（开发商为地方住宅当局在3英亩土地上建设这些住宅，作为协议的一部分，镇里对开发商在151号公路以北的16英亩土地做重新分区，从居住使用调整为商业使用）。另外，镇里允许开发商在商店楼上建设100个住宅单元。

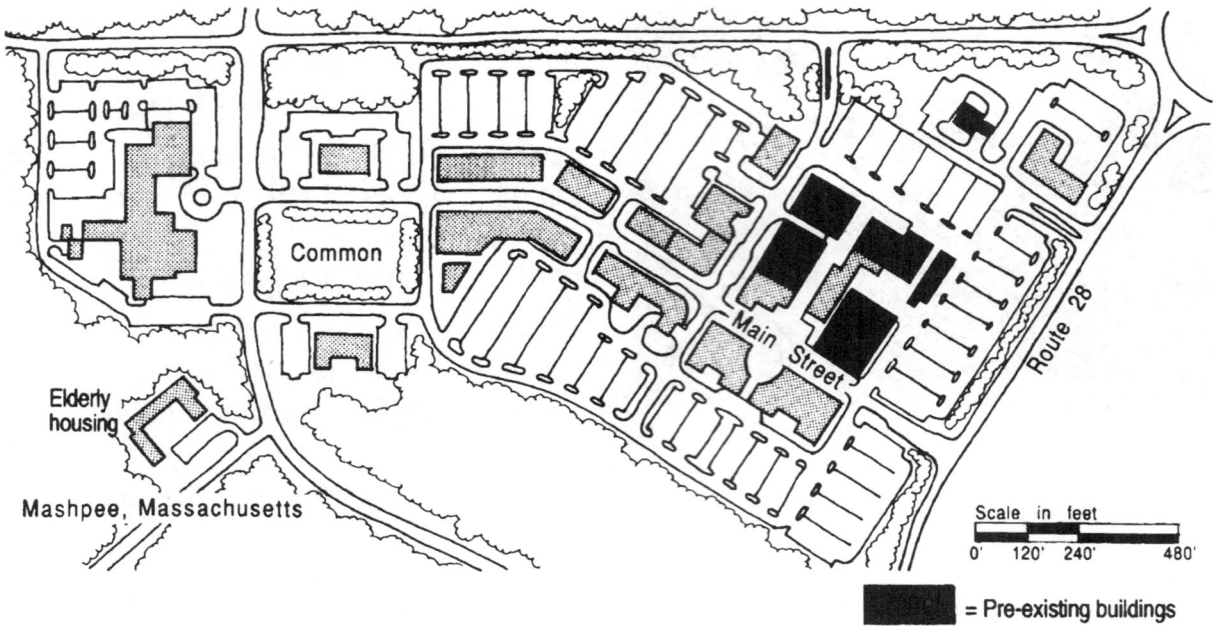

图22-6a 马什皮绿地的场地规划。

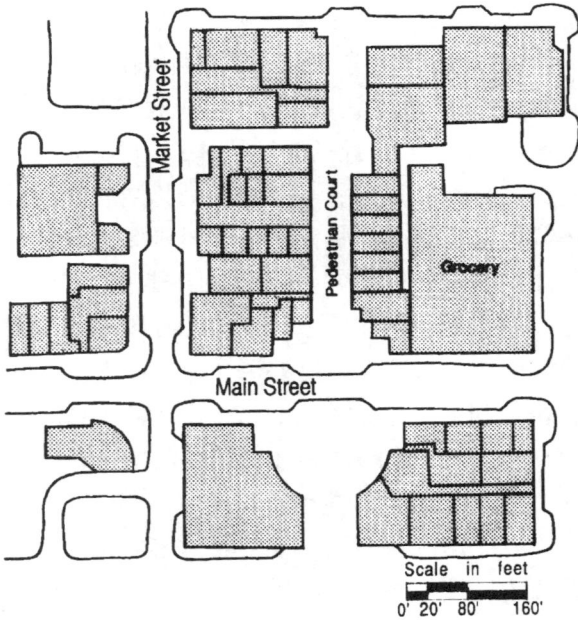

图22-6b 核心区的规划设计细节，展示了食品店和步行区。

图22-6c 从大街的交叉路口所看到的市场街，我们可以看到由建筑、商店的店前布置、人行道、平行停车位、街道遮荫树、路灯和街道设施所形成的传统市镇中心。

图22-6d 把市政空间、二层办公和公寓合并到马什比绿地传统的城镇景观里。

　　除现存的超级市场、药店、由6个剧场组合的娱乐中心、邮局、餐馆、50个零售商店外，未来的规划包括若干个紧凑型高密度的居住街区，15万平方英尺的商店和办公空间，以及一个混合使用区（包括一个建设新市镇厅的场地）。

　　如同加利福尼亚的"河村"一样，因为

图22-6e　商店直接面对人行道，刻意按照传统商业街的方式设计的遮荫树和边沟，把人行道与平行停车场分开。

仍然可以从公路上看到大规模停车场，马什比绿地的商业部分的设计存在疵点。一个现实的

机会是，沿着主要道路增加一排小尺度的和传统的零售店或办公室，以便从道路视角上遮蔽这些大规模水泥铺装的停车场。这一点当时被忽略了。至少应当通过种植当地树木或那些遮荫树木在这些没有吸引力的边缘建立一个缓冲带。在这一章中描述的其他三个项目中，原先的树林恰恰达到了这样的目的（马基特广场、锡卡莫尔广场和达特茅斯学院公路13号）。

河村

地点：加利福尼亚州伯萨尔镇76号公路和弥撒路

建立日期：1988～1991

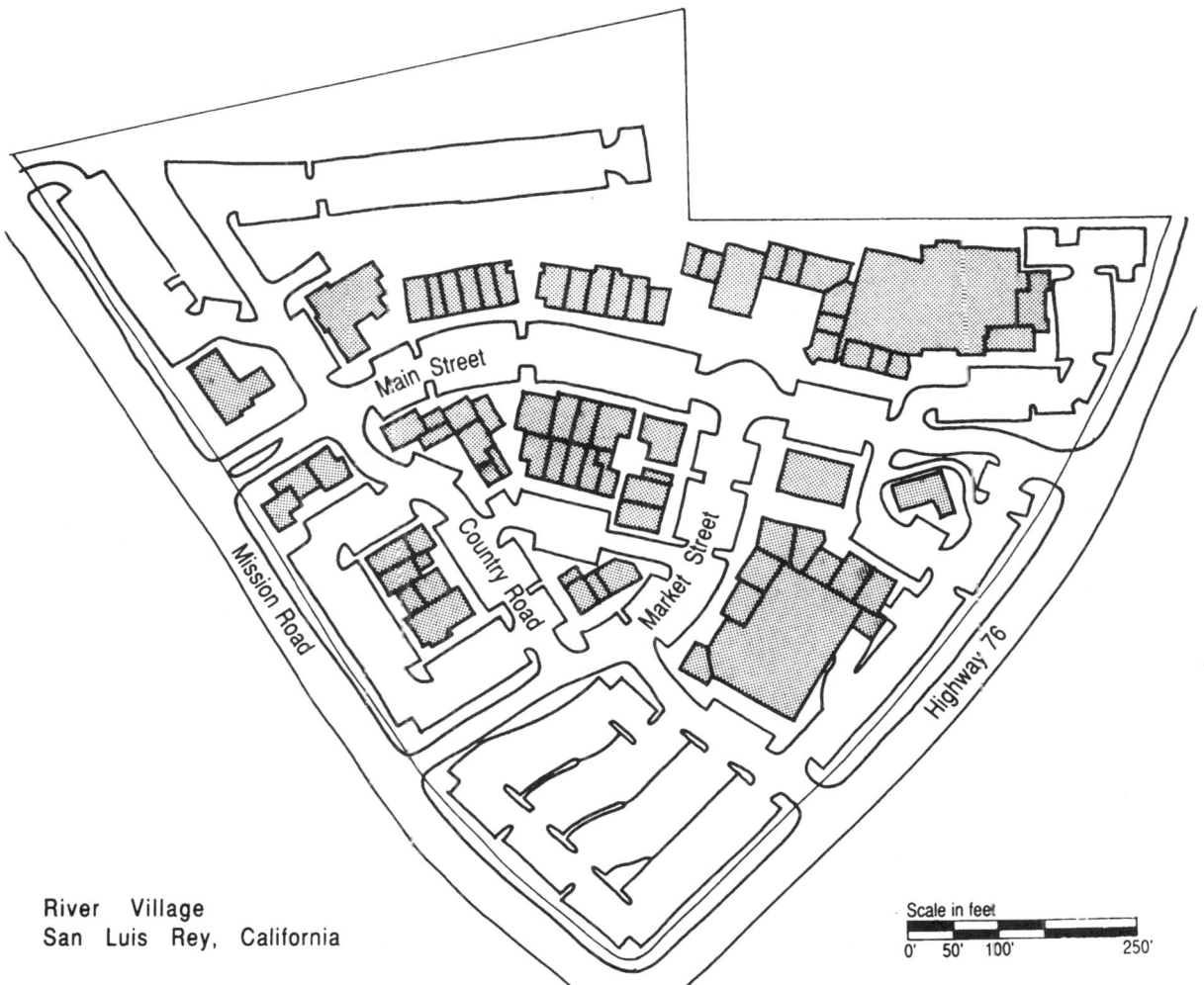

River Village
San Luis Rey, California

图22-7a　河村场地规划。

　　场地设计师：A.赫布拉克，圣地亚哥，加利福尼亚

　　开发商：森特雷姆因凡特，斯德哥尔摩，瑞典

　　"河村"项目包括三个部分：圣巴芭拉紧凑型中心，圣菲牧场，弥撒圣路易斯。这个项目占地面积155000平方英尺，坐落在原先的采石场上，与弥撒圣路易斯河流域的两条繁忙的道路相接。这个距圣地亚哥40英里的乡村社区原先从未有过任何中心活动区或核心地区。这个项目的场地规划反映了开发商的愿望，把南

图22-7b　河村规划模型。

图22-7e　有拱廊的人行道，行道树，景观园林，长凳，都可以创造一个具有魅力的场所。

图22-7c　主街鸟瞰图。

图22-7d　仔细设计和安排的街道景观元素，以创造一个城镇中心的氛围，它们分别体现在街道、人行道、两层楼的建筑物和市民的小型活动区中。

图22-7f　步行小道把游人引导到一个个小的庭院式地区，那里有喷泉、花草，人们可以匆匆而过或在那里逗留和休息。

加州的传统城镇的空间关系建筑特征整合在一起，形成一个街、人行道、有拱廊的人行道、人行小巷和多种户外活动空间构成的相互连接的交通网络。

那里把大部分停车场沿路边设置在突出的专门停车空间上，这样就使道路两边建筑之间的距离宽至60英尺，而那些采用平行停车方式的城镇，道路两边建筑之间的距离为40英尺。这种安排的确扩大了整个街道空间，但是，当树木长大成熟之后，就会最终出现传统的感觉。最开始，地方消防部门要求两个车行道宽度各为6~8英尺宽。后来，开发商选择在每个建筑中安装消防栓，这样，地方消防部门就放弃了他们的要求。

一个投资企业计划建设有200个商店的商业中心，对"河村"这个场地而言，计划方案是建设一个包罗万象的常规购物中心，食品、百货、娱乐和服务。从一开始，开发商就希望把整个综合体建设成具有特色场所，地方聚会场所，一个市政和文化活动中心，如游行、艺术展示、节日庆典和其他公共事件。

那里包括一个具有特色的食品杂货店（17000平方英尺），有6个电影场的电影院（1350个座位），一个银行、药店、照相馆、洗衣店、酒店、若干餐馆、咖啡馆、医疗和其他服务。他们还计划建设社区艺术中心和户外表演场。

虽然这个场地设计包括了许多十分优秀的特征，但是，从公路上看不到任何具有强烈印象或具有竞争性的视觉特征。实际上，这个瑕疵可以通过清除场地外围停车场，调整这个食品店，不要把后背和边墙对着公路，在76号公路和弥撒路的拐角建设一座主体建筑。

弗里波特镇的麦当劳

地点：缅因州弗里波特镇主路和马勒特路
建立日期：1983年
场地设计师和建筑师：S·摩尔，伍茨，不伦瑞克市，缅因州

麦当劳的代表会见了镇里的官员，计划拆除一幢19世纪中叶的农舍，包括它的附属建筑和谷仓，然后，建设一个现代连锁店式的建筑，供麦当劳使用。但是，镇里勉强接受了这个申请。按照这个地区的分区规划，开设餐饮业需要由协议庭批准，以修改这个地方的分区规划。在随后的听证会上，当地居民强烈反对这个方案，他们认为这个建设项目会使他们失去他们的社区标志，而快餐、塑料和商业成了那里的社区标志。

由于社区居民不能接受这个计划项目，所以，麦当劳开始寻求满足镇里的基本美学标准，他们雇佣了理解"缅因建筑形式的"地方建筑师。因为这个要被拆毁的农舍本身条件完好，所以做一些更新后被保留下来，而谷仓和其他相连接的建筑物和旧"夏天的厨房"（形状糟糕，很难适应于新的使用）需要拆除。当然，最终把这一部分拆除掉，增加了3000平方英尺的用地面积，在体量、屋顶形状和坡度、建筑外装饰材料基本实现了原建筑的特征（木质外墙板，金属材料屋顶，等等），其他关键特征也同样表现在新增的这一部分建筑上：屋角装饰板，屋檐、传统的比例的单扇对单扇（而不是六扇对六扇）上下滑动的窗户。同时，在楼上提供一个社区会议室。

麦当劳最终十分热情地对待这个项目，在老房子客厅前玫瑰红色彩的壁板，这是原始住宅所没有的昂贵装饰。因为在边墙上设计了"天窗"以及在入口处两个立柱之间装饰性金色拱门，这个建筑再获赞誉。对这种形象的一种解释是，麦当劳为它的汉堡包创造了一座大教堂，饥饿的游客在那里祭拜快餐食品。当然，我们推荐再对这个建筑做一个考察，注意看它的农舍屋顶的经典形状，这是麦当劳在美国惟一的一个希腊复兴式建筑。

在麦当劳建设过程中，弗里波特镇修改了它的分区规划，其中包括了新商业建设的设计标准。这个快餐链的计划成为这个新法规下的第一个项目。这个修正案中特别禁止了麦当劳

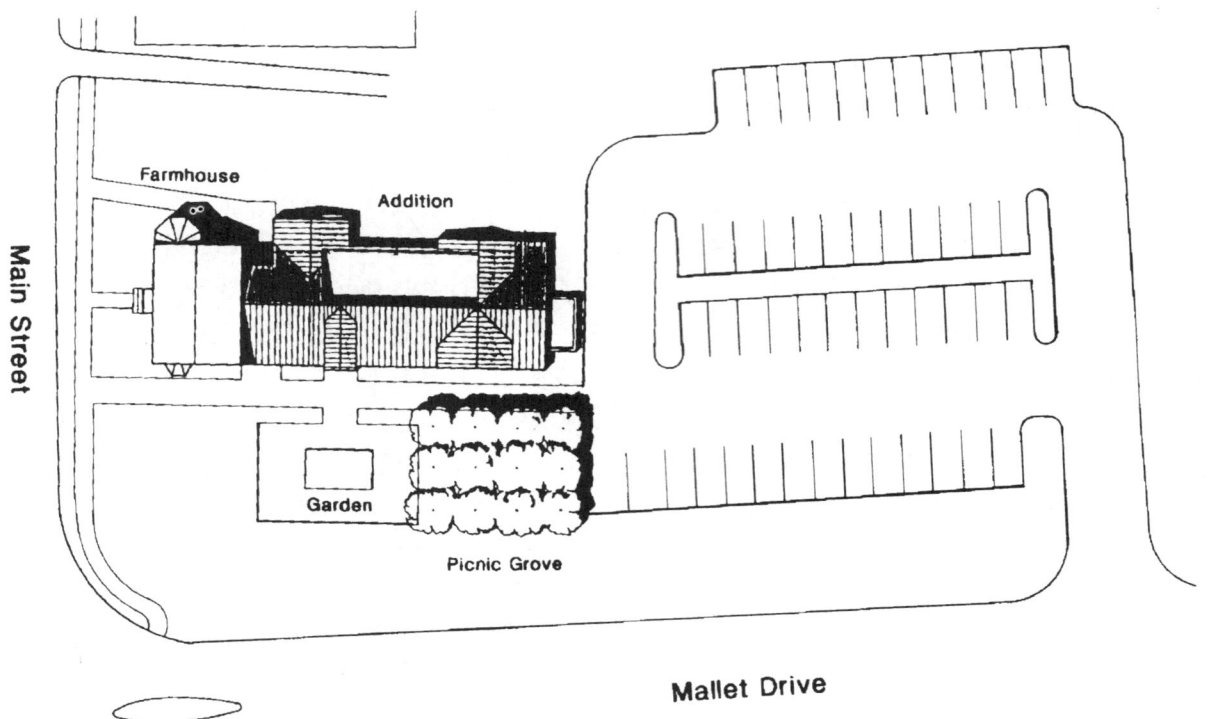

图22-8a　弗里波特镇麦当劳的场地规划。

图22-8b　这是一张透视图，以说明原始的农舍与附加的当代建筑之间并非冲突。

那种为"坐在车里买麦当劳"所开的窗户。麦当劳曾提出过这个要求，但是，州法庭拒绝了他们的这一要求。

也许弗里波特镇经历中最重要的经验是，大集团通常可以拿回它们的开发方案，按照地方政府的建议做修改，只要他们的计划方案可以得到通过。认可这个事实的地方官员可能会不为难地编制、采纳和应用特殊设计标准，以反映区域建筑传统，要求链式店或其他商务机构服从这些要求，特别是对那些镇里具有代表性的位置上。当然，需要十分关注避免不要损伤了地方建筑风格的历史意义，正如缅因州建筑师S.摩尔所说，"传统语汇的商品化"。

图22-8c 从主街上看到的翻新的老农舍，它保留了福内珀特的传统街景。它提供了独特的机会证明，公司的需要能够服从社区的目标。

图22-8d 从马勒特路所看到的新增建筑部分。因为建筑本身和景观遮蔽了停车场，所以从主街上见不到停车场。

图22-8e 这张特写照片展示了这个建筑师怎样保留了原来建筑的基本结构和外装饰材料，同时，也满足了客户的商业目标。

林肯中心办公楼

地点：罗德岛州林肯镇116号公路和老河路

建立日期：1988年

建筑师：C·J·狄波尔，AIA；I·海尼斯设计事务所；普罗维登斯，罗德岛；J·克雷斯蒂，AIA

景观建筑师：盖茨设计事务所，普罗维登斯，罗德岛；

开发商：林肯中心房地产，林肯镇，罗德岛

开发商C·费德和P·福斯特在新英格兰地区旅游时看到了许多兼顾历史建筑风格的办公空间的设计方案。在对此做了大量研究后，

他们还是没有找到他们所希望的例子，于是，他们回到了他们自己的具有悠久工业历史的地区，黑石河峡谷。C·费德和P·福斯特都被蓬塔克特附近的老斯特莱工厂的建筑形式和体量所冲击，这个建筑的整体形状和比例使他们计划做一个现代的应用。他们参考林肯镇这个著名的工厂以及其他一些工厂，寻找新办公建筑的适当建筑语言。设计师把地处两条主干道交汇处的一座钟楼作为这个场地的标志性建筑，作为两翼办公空间的一个支点，找回这个工厂建筑在许多新英格兰村庄发展中所具有的中心角色。他们选择了使用木质外墙装饰反映这个流域最早的工业建筑的外观，采用比较接近家庭的尺度来设计这个办公楼，以适应乡村地区的背景。

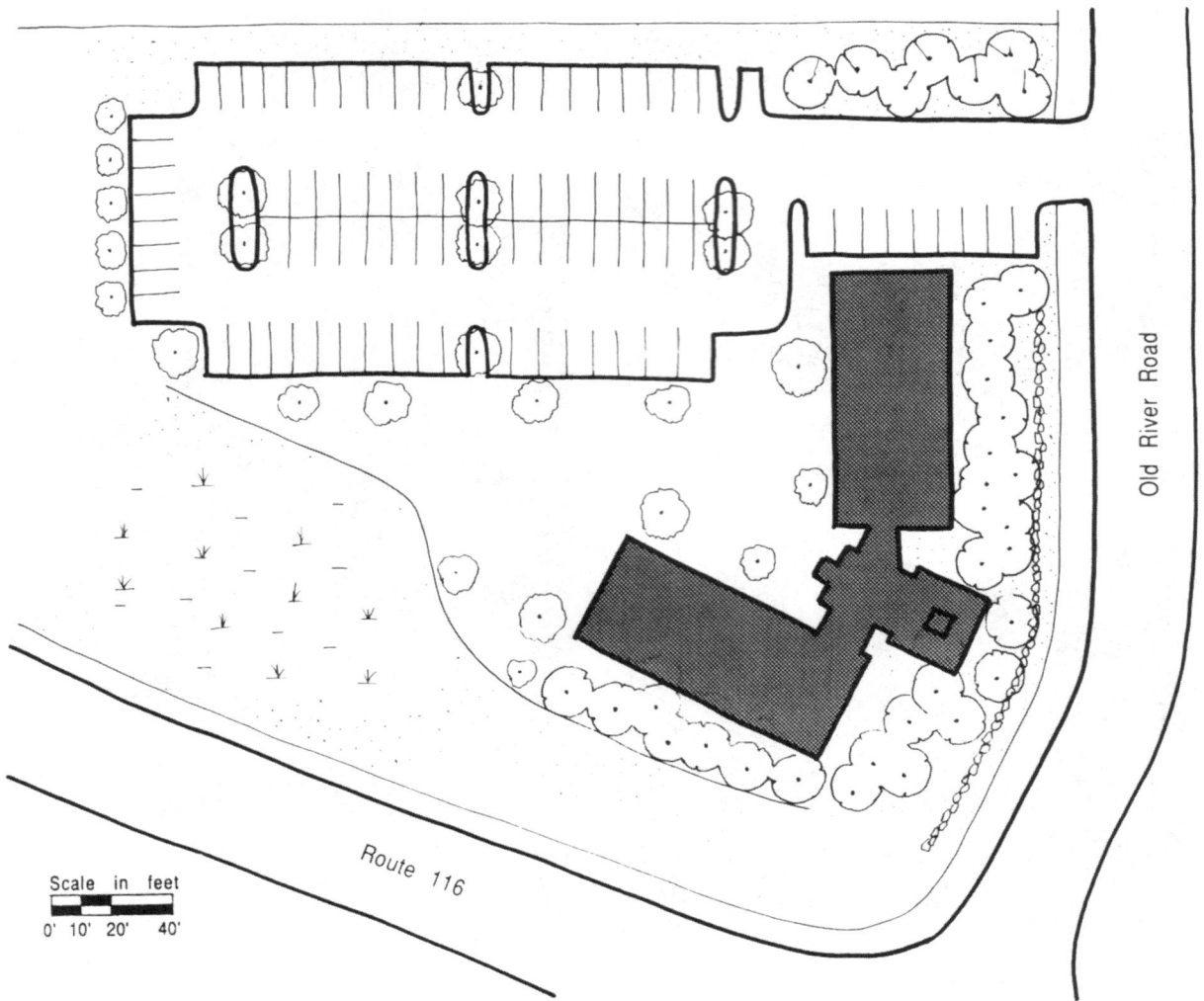

图22-9a　林肯中心办公楼场地规划。

图22-9b　从116号公路和老河路的交叉路口看到的林肯中心，注意，这个建筑与道路相对比较近的关系，保护下来的树木和石头墙，19世纪的传统工业建筑被用于当代办公。

图22-9c　在老河路那边，建筑物遮蔽了停车场，而在116号公路那边，沿着一小块湿地边缘的当地树种的景观林把停车场遮挡起来。

除开在建筑结构上继承这个区域的建筑
传统外，他们还特别注意保护了沿着这个场地
的老石头墙，保留了这堵墙后的大型树木。有
90个停车位的停车场布置在这个建筑和景观设
施之后。部分由于这个建筑的美学品质，先于
1991年，这个建筑没有空房，而当地许多新建
的办公室有50%的空房率就很好了。这个20000
平方英尺建筑面积的办公楼，有18个办公单
元，面积从600平方英尺到1025平方英尺。由
于设计得当，这个办公楼很容易就可以调整出
4500平方英尺的办公单元来。

"林肯中心办公楼"已经成为这个小镇的
商务中心，包括医生和律师。它的两层楼的大
堂成为当地非正式聚会和地方讲座的地方。

开发商与地方政府合作，在相邻地块上建
设一个公共溜冰场和娱乐设施，供林肯镇居民
使用。

达特茅斯学院公路13号

地点：新汉普夏县莱姆镇10号公路
建立日期：1979～1986
开发商：B·斯提芬森，贝森公司，汉诺威
建筑师：R·姆基
景观建筑师：J·肯尼迪，AIA

为了建设这个举世无双的办公园区，贝森
公司从新英格兰地区整体搬来或搬来再组装了

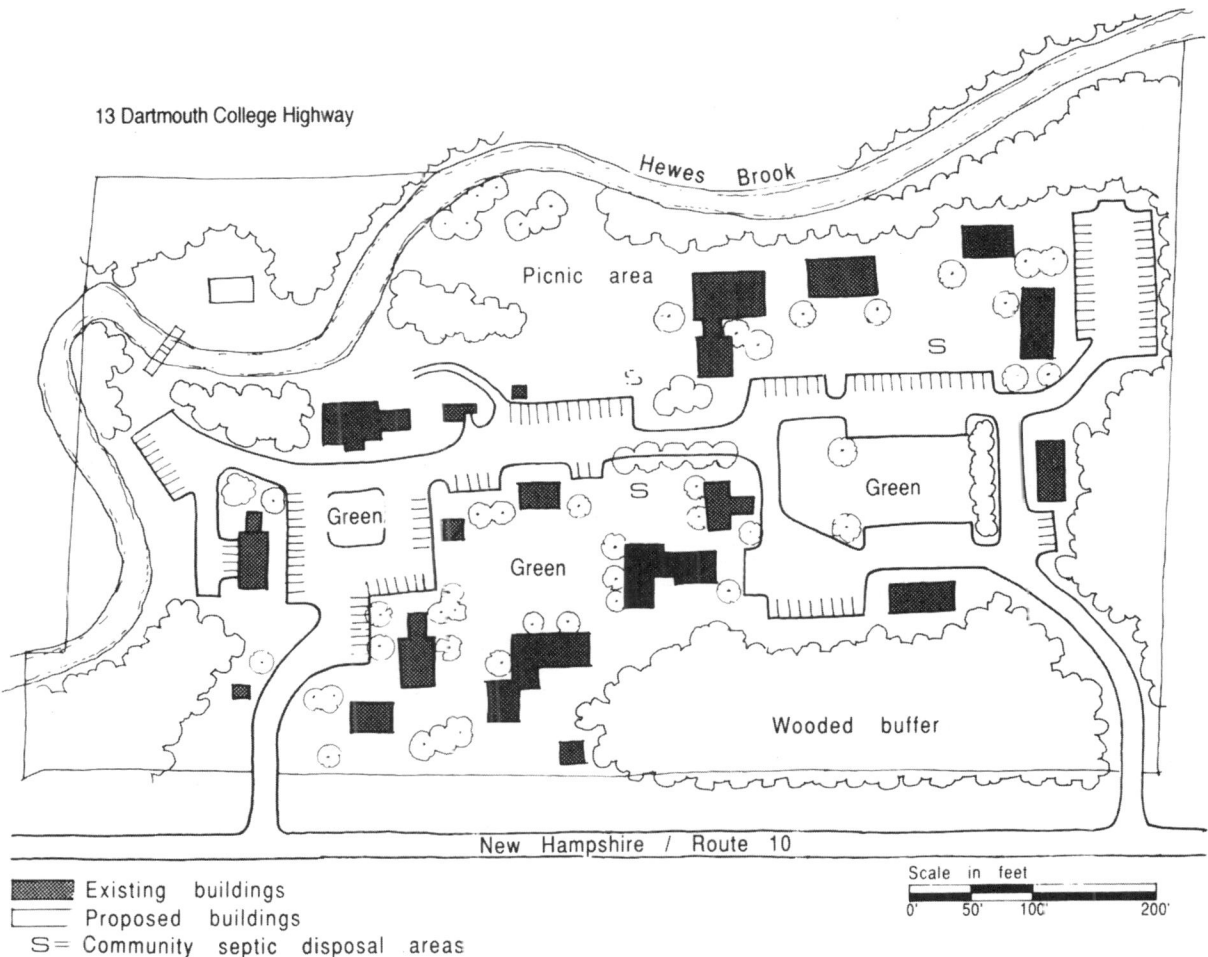

图22-10a 达特茅斯学院公路13号场地规划。

图22-10b　第一次进入这个场地所见到的建筑组团透视图。

图22-10c　路过一个办公楼和餐馆的前庭，道路是砂石铺装的，一排花冈岩质的立柱和围栏篱笆。

图22-10e　在20世纪80年代末期办公空间市场不景气时，这个业主利用达特茅斯学院公路13号独特的村庄式设计，很快把它转变成为办公和居住混合使用园区。

图22-10d　建筑的布局看似随意，实际上遵循了传统村庄的原则，草地面积比草坪大了两倍，它们兼有中水释放地基的功能。

图22-10f　居住住宅尺度的建筑按照小城镇的布局方式围绕着庭院布置。这个商业项目的优势恰恰是没有任何开发像它一样。

12套18世纪的住宅，这些住宅可能正面临或将要被拆除，以便让位于再开发。这个场地沿着两车道的乡村公路，有30英亩土地，就在里米镇中心之外。整个开发的建筑面积为52800平方英尺，其中47000平方英尺是纯租赁空间。1991年，租赁者包括建筑师、律师、资料处理企业、出版商、研究者、保险公司代理、法国餐馆（60个座位）、宴会筹备公司、基金会、办公服务。另外在5个建筑中分设了12套公寓住宅，规模在650~1250平方英尺。居民很高兴住在这样的布局状况下，在办公时间，这些居民也出外工作，所以，留出可供分享的停车空间。

所有这些建筑围绕3块村庄绿地或公共绿地布局，所以布局不规则和不对称。这3块村庄绿地或公共绿地同时还兼有中水吸收功能（这是公共污水处理设施系统的一部分）。由于在这个园区与10号公路间有一个低矮的山坡，所以园区内的大部分建筑物在公路上看不到。场地公共设施包括沿着康涅狄格河支流何维斯河的野餐区、20英亩的自然树杯。停车场车位共有150个，有些在建筑物前，有些则在建筑物的旁边或背后。所有的道路和停车场全部使用砂石铺装，以便维持乡村特征，也减少暴风雨造成的雨水流失。

由于这个场地设计和建筑本身的独特性，这些办公空间十分容易转变为居住使用。当小乡村镇的商业空间需求衰退时，这些建筑可以重新开发为居住，这是这项开发的一大优势。

乡村小居民点和村庄：

弗吉尼亚州劳迪昂县管理乡村增长的传统规划方式

里查德·考尔德伦

引言

乡村小居民点和村庄分区规划法令是1988年6月劳迪昂县主管联席会议"乡村远景"战略规划的一部分。这个标志性政策的出台源自于公众对当时土地划分政策的争论，而这些土地划分政策是执行当时A-3乡村—居住分区规划规则的结果。为制订"乡村远景"而举办的公众听证会成为有关"资产保护"对"农田转换，地下水保护和乡村交通安全"问题的论坛。到1988年，劳迪昂县乡村地区1/3的土地已经被划分为居住用地，尽管如此，这50000英亩的农场真正实际转变为居住用地的比例还是不大。

县里官员在经过6个月研究和各部门主管5天的集中讨论，劳迪昂县主管联席会议决定，在超出地方政府管理范围的社会、经济和制度力量导致农业部门衰退的条件下，这个县能够采用比蔓延式主流方式好的方式来管理以后的土地使用调整。以3~5英亩一块宅基地的方式做城市远郊居住开发导致农田地块规模过小，难以用于经济农业，危及乡村景观，导致公共服务费用过高。卫生部门主要关注，一旦地下水被污染，提供公共用水的费用将构成一个瓶颈。

在集中讨论的5天中，劳迪昂县主管联席会议对多种发展方式进行了评论，包括对乡村开发的严格法规限制（如进一步降低建筑密度）；大规模开发权的购买和交换；在新镇、村庄和小居民点实施组团式增长模式。联席会议决定，推荐在乡村地区采用村庄和小居民点结合的形式，考虑到原先的A-3乡村—居住分区规划规则的可行性和市场知名度，仍然把它保留为一种选择，但是，尽可能不使用它。

有关村庄和小居民点发展的核心观念是，在劳迪昂县许多历史性村镇，把目前A-3乡村-居住分区规划规则允许建设的住宅以紧凑型居住区布局模式集中组团。这些历史性村镇对住宅开发市场具有强大的吸引力，也为旅游业提供了目的地。当然，通过规定一个居住组团的用地不超过一个登记地块的20%，加之周围由永久性保护的农田和开放空间环绕，新居住区与传统组团布局模式有所不同。开发这些小宅基地的乡村土地所有者将同样获得A-3乡村-居住分区规划条件下的价格，因为购买这些宅基地的人不仅要支付宅基地本身，还要购买这块开发区周边的开放空间保护权。这是房地产与保护乡村之间的一种交换。

广泛使用村庄和小居民点开发的创新方式，就可以把乡村景观保护得类似于今天，如劳迪昂县以西波动的山峦、灌木篱墙、林木遮蔽的山顶和河流峡谷。

1988年9月和10月的社区会议确认了公众对县主管联席会议"远景"目标的支持，主管们指导他们的工作人员开始进行必要的研究，制订综合规划和分区规划修正案。

乡村小居民点分区规划法令概况

1990年6月19日，县主管联席会议通过了"劳迪昂县乡村小居民点分区规划法令修正案"，其愿望是"在A-3乡村—居住分区内的土地实现开发潜力的同时，保护农业、森林、开放空间、历史和自然特征。"这个法令的第601.7.3.1款中提出，"采用组团开发的愿望是，不给自然环境、乡村道路网络、公共服务和公共工程设施增加比蔓延式A-3分区规划要大的负担；把组团的住宅布置在现存的景观之中，它随地形、灌木篱墙、林木地区的变化而变化，保留大量的农田、森林和景观视觉特征。"按照这个愿望和目的，劳迪昂县制订了乡村小居民点紧凑型组团开发的整体目标和评审乡村小居民点开发计划的标准。

这个法令的第601.7.3.2款规定，这个新的小居民点条款适用于劳迪昂县所有A-3分区之中的地块。这个法令的第601.7.3.3款规定了构成小居民点的4类用地。

宅基地

第一类用地就是居民点中的宅基地。这个条款对此的规定是，5~25块"构成一个连续组团的较小宅基地，它们相邻，地块前部朝向以某种有序的几何方式相对，如一条街、一块绿地或铺装的广场，它们形成一个清晰的边界，周边为乡村。"注意，这个条款所寻求表达的是，5~25块宅基地相互关联，同时与周边景观相关联。

接下来，这个条款规定了居住区内两类用地，一类是指定用于开发的，称之为"建成区"，另一类是供选择的用地类，它们以开放空间保护权的方式维护起来（见图A1-1、图

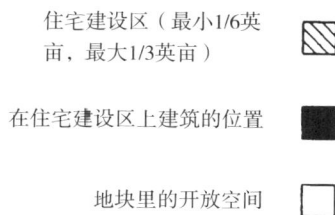

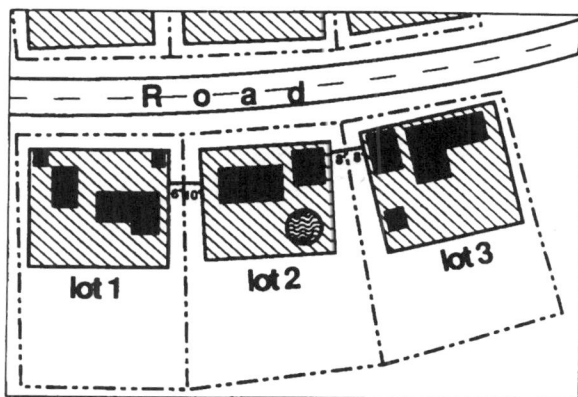

图A1-1　居住用地和住宅建设区。

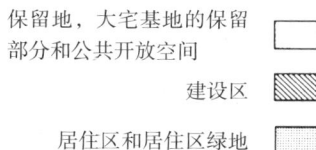

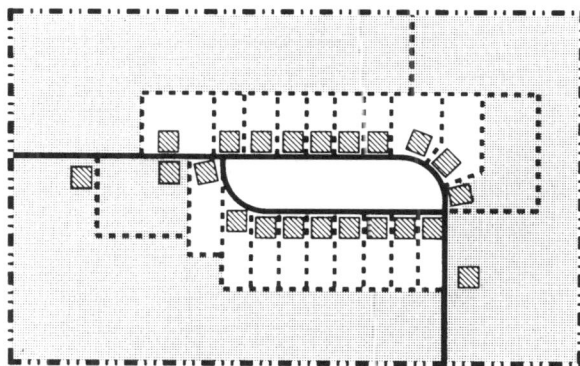

图A1-2　居住区道路和比例样本：居民点中的保护地和建设用地。

A1-2和图A1-3）。采取这种分类的理由是：

a.限制宅基地的位置，在不考虑相邻地块开发的条件下，保证居民点业主的视角。

b.把居民点建筑相互靠近起来，以产生一个闭包和社区的印象。

假定有一块88英亩的注册农田地块，其中有22块可灌溉农田，开发商选择混合不同宅基地规模，每块宅基地的最大建设区为1/3英亩

宅基地计算				表1
宅基地类型	宅基地数目	居民点面积（英亩）	建成区面积（英亩）	保留地面积（英亩）
3.5	2	7	0.63	6.3*
2	1	2	0.33	1.66#
1.3	3	4	1	3#
1	8	8	2.66	5.3#
0.66	6	4	2	2#
绿地	1	3		3#
保留20英亩	2	40	0.66	39.3*
公共绿地	1	17		17*
路边保留地	1	3		

注：
围绕居民点的保留开放空间（6.3+39.3+17）= 62.66英亩
合计保留开放空间（62.66+1.66+3+5.3+2+3）= 77.66英亩
围绕居民点的保留开放空间百分比（62.66/88×100）= 71.2%
合计保留开放空间百分比（77.66/88×100）= 88.3%
*保留地在居民点周围；#保留地在居民点中
图A1-3居民点计算和比例：宅基地计算（表1）。

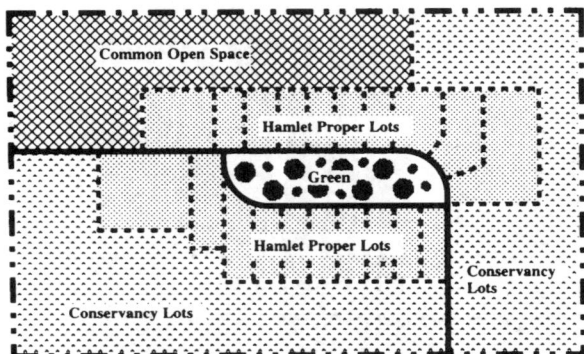

图A1-4 例子，居民点计算和比例：居民点样本小结。

公共开放空间

第二类用地是一种供选择的开放空间。这个条款规定，它们是那些处于乡村居民点边缘地带的那些土地，它们由居民点共同所有，受到开放空间保护权约束。当然，一般只有在污水中水释放不可能在居住用地上实现时，才要求共同开放空间（见图A1-4）。

居住区绿地或广场

第三类土地是一种供选择的居住区绿地或广场，布置在居住区内，由居住社区共同拥有，受到开放空间保护权约束（见图A1-4）。

保留地块

第四类土地是一种要求保留不用于开发的地块，它按照注册地块与居住用地的比例计算出来，保护地块通过简单地货币交换形式拥有，就像拥有一块宅基地一样，在使用上也与一块宅基地一样，一部分为建设用地，可以用于住宅建设，其余要求保留下来，不用于建设，受到开放空间保护权约束（见图A1-4）。

这个法令的第601.7.3.4款列举了在不同类型居民点用地上各自允许的使用内容。居住和道路使用，如车库和客房只能建在居民区内的建设用地上和保留用地上。农业、林业和渔业使用则以协调为原则来确定。居住区的公共开放空间和绿地或广场既包括"接近、相关和附属于这个居民点"的乡村使用，也包括"接近、相关和附属于这个居民点"的娱乐使用。这样，这项条款规定了所有的建设和建筑物都在居民点内，限制它们侵入周边土地里去，那里希望继续保持原来的农业使用状况。

这个法令的第601.7.3.5款特别规定，建立一个乡村居民点的最小登记的地块为40英亩。这个数字是通过计算最小宅基地面积、支撑这

个居民点的道路、第601.7.3.8款要求的大型开放空间最小周长而确定下来的。

这个法令的第601.7.3.6款规定了最小宅基地要求。提出这个要求的关键因素是：

居住用地

可以允许划分的乡村小居民点的宅基地非常窄，只有66英尺，宅边庭院可能只有6英尺，原则是只要这个宅边庭院与相邻宅边庭院之间的距离为16英尺即可。除开采取狭长形状的宅基地可以大量节约开发费用外，建立这个规定的一个主要理由是，采取狭长形状的宅基地可以形成空间围合和闭包的空间状态。为了消除消防部门的担心，这个条款规定的宅边庭院宽度考虑到了架设消防楼梯时的空间几何要求。把消防楼梯靠到墙上时，每1英尺的水平长度需要4英尺的垂直长度。所以，这个条款规定了3∶1的建筑限制线，以保证消防楼梯可以在宅边庭院里使用（见图A1-5）。

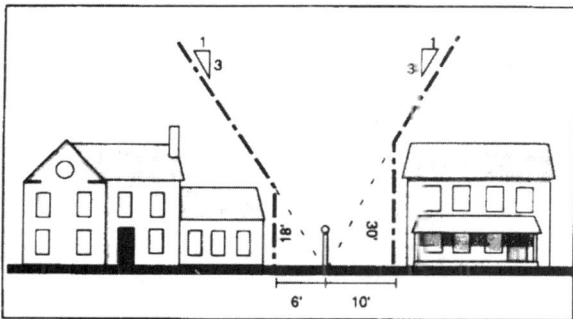

图A1-5 宅边庭院和建筑限制线。

公共开放空间和保留地块

劳迪昂县的农业地块在历史上一般是30英亩左右。这个规模是偶尔使用马拉犁的规模，也是适合于放牧牛群的规模。这个乡村法令寻求实现西乡村居民点周边有适当规模的开放空间和乡村风貌，所以，最开始提出的建立一个乡村居民点的最小登记地块为30英亩。然而，许多农民和开发商建议采取比较的地块要求，虽然他们同意这个条款的目标。所以，这个法令修正为，围绕居民点的开放空间每30英亩批

准一幢住宅指标，同时允许这样的土地面积可以划分为7英亩大小，只要3块以下保留地和公共绿地合计达到30英亩的最小规模要求即可。例如，一个80英亩的居住区可以有两个11英亩的共同开放空间地块，2块14英亩有1个住宅的保留地块，1块10英亩的没有保留地块。

居住区绿地或广场

这个条款允许建筑面对居住区的绿地或广场，距绿地或广场的最大距离为350英尺，这个数目代表了一种妥协（见图A1-6）。一般来讲，绿地或广场的宽度不要超出面向它的建筑物高度的3~4倍。空间太宽，人们会失去闭包的感觉，会倾向于避开这样的空间。绿地或广场过大并非一定好。（在绿地中种植非常高大的树木或建设非常高大的塔，都可以降低失去闭包性的感觉。威尼斯的著名圣马克广场上的钟楼正是发挥着这样一种功能，但是，遗憾的是，在中世纪后期，人们决定扩大这个广场。在我们的时代一样，波士顿正在试图封闭围绕市政厅的巨大的的没有使用的空间，这个空间是圣马克广场的4倍大）。

这个法令的第601.7.3.7款提出了3个计算一块登记地块开发潜力的方法。由于道路建设的要求和多种污水处理场地的土壤的要求在决定地块开发潜力方面都是费时费力的工作，所以，A-3区的土地所有者对这项条款具有一定的兴趣。

第一个方法为乡村劳迪昂确定了一个开发密度基础，减去泄洪区和斜坡地，每10英亩土地一个住宅指标。这种方法可能对那些土壤条件非常差的地区有利。第二个方法是县自然资源部提出的一个建立在土壤和A-3分区规则基础上的估计方法。第三个方法是，乡村小居民点开发申请人准备一份按照A-3规范的常规乡村居民点设计方案，然后提交给县里的自然资源部，由他们审查其正确性，再提交给县里的卫生部，由他们批准。这样，这个乡村小居民点尊重建立在原先A-3法规基础上的发展潜力

判断。

这个法令的第601.7.3.8款是有关开放空间的要求，它是这个法令修正案最为重要的一部分，它以包含在其他任何方面的设计可行性为纲，提出了4条开放空间规则：

第一规则 围绕乡村小居民点的处于开放空间保护权土地中的土地必须是用于开发乡村小居民点的这块注册农田的70%。

第二规则 处于开放空间保护权土地中的所有乡村小居民点的土地全部必须是用于开发乡村小居民点的这块注册农田的80%。

只要申请人接受乡村小居民点的宅基地平均规模不超出1英亩1块宅基地幅度，符合这两条开放空间规则并不困难。如果开发商倾向于采用比较大的宅基地平均规模，记住地产交换高质量视线的原则，这正是这个法令的理论基础。

第三规则 乡村小居民点建设区与用于开发它的这块注册农田的边界之间的距离，最少要有400英尺，一个乡村小居民点建设区与它在同一块注册农田上的另一个相邻乡村小居民点之间的距离，至少要有800英尺。

要求从边界退后400英尺的第三规则可以叫做"调整的邻里条款"，其愿望是在小居民点与农民和乡村居民间建立一个缓冲区。按照这个法令的第601.7.3.12款，如果因地形、森林屏障或其他原因使这个要求没有必要时，县主管联席会议有可能放弃这个要求。

第四规则 宅基地的建设部分面对街对面的另一个宅基地时，其外部边界间不要求超出300英尺。宅基地的建设部分面对绿地或广场对面的另一个宅基地时，其外部边界间不要求超出500英尺。

第四个规则的愿望是，从宅基地内外看，宅基地都表现出紧凑性。注意，第四个规则与第三个规则一样，涉及到宅基地建设部分背后的边界。理论上讲，宅基地上这部分用于建设的土地可以一直延伸到地界上去（见图A1-6）。

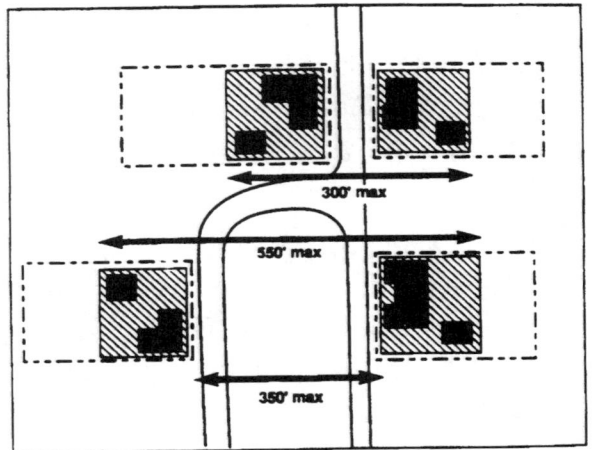

图A1-6 宅基地的最大宽度。

这个法令的第601.7.3.9款涉及到需要提供给乡村小居民点的公共工程设施。这个条款中列举了大量设施：乡村小居民点的宅基地可以由自己宅基地上的自备井供水，也可以采用社区集中供水；乡村小居民点的宅基地可以使用自备的污水处理设施和场地，它可能就在宅基地内，也可能在社区的公共开放空间内；每一个乡村小居民点应该有一个全天候把抽水机置于水塘或消防蓄水罐中的路径；7个以下乡村居民点的宅基地可以使用18英尺宽砂石铺装的私人道路，25个以下乡村小居民点的宅基地可以使用三级VDOT道路，较大的设计弯曲度和坡度，较深的路基和路面；每一个乡村小居民点的宅基地应当至少包括4个沿街停车位。

关注提供这些设施的相关原因是有益的。许多规划委员在考虑到独立污水处理设施时认为，社区公共的下水系统对于保护农业和环境比较好，但是，他们十分犹豫提出建设这种集中系统的要求。这种系统会面临许多特殊赦免许可的随意要求。这项法规的初稿中曾经写下过若干种赦免这个要求的条件，县规划委员会坚持要写一个有关小居民点的分区法令，其实这应当是州里规划部门的工作。县里已经注意到许多人对此提出的批评意见。进一步讲，规划委员会判断它可能需要几个月来组织必要的会议，安排州和地方当局之间有关革新型的小规模低成本的污水处理设施的协议，而制定小居民点法令迫在眉睫。

考虑到私人接近已经授权保护的土地，规划委员会没有区别授权保留的土地和为小居民点提供服务的授权保护的土地。由于县里在这个法令的其他条款中已经认定7块宅基地是由授权保护土地提供服务的适当数目，在其他专业文献中也认定7块宅基地是制定决策的好数目，所以，在这个有关小居民点的条款中也采用了7块宅基地的数目。

有关沿街停车位的问题，规划委员会了解到，如果居民和访客可以把车停到别的地方，弗吉尼亚公路和交通部比较容易批准软路肩的道路。

这个法令的第601.7.3.10款涉及到住宅业主协会的要求，这里无需再作解释。第601.7.3.11款是关于"农民权利"的条款，它反映了县主管联席会议决定告诫小居民点宅基地的购买者，农业在乡村劳迪昂仍然是重要的土地使用内容，因此，农业活动将继续存在（如早上4点的耙地，春季上肥）。

这个法令的第601.7.3.12款涉及到调整土地使用的规则。这个条款区别了随之而变的自动调整和需要主管联席会议决定的要求调整。

规划委员会和县里的主管联席会议都知道，一般分区规划，土地划分和场地开发规则最开始可能都是为了适应城市的发展或A-3分区规划的要求，它们可能并不适合于乡村小居民点的实际状况。这样，子条款a自动取消了那些与这个有关乡村小居民点的法令发生冲突的不适当条款。

子条款b为两种情形建立了一个特殊例外调整条款：

i. 消除400和800英尺的退红规则。

ii. 在那些一般分区规划、土地划分或场地规划要求与这个乡村小居民点法令的基础和愿望发生冲突时，调整那些一般分区规划、土地划分或场地规划要求。

这个法令特别规定，为了批准一项调整，

县里的主管联席会议必须找到以下证据：

i. 一般规则在实现公共目标方面不及小居民点规则。

ii. 申请人的设计在很大程度上满足了公共目标。

iii. 严格执行一般规则会阻碍设计良好的乡村居民点的开发。

调整一般规则的要求并非轻而易举，需要完整的文件记录。

乡村村庄分区规划法令概况

这个提议的村庄分区规划法令的第一部分以概略描述县里的乡村"远景"有关蔓延式开发和组团式开发的政策开始。接下来，肯定了由农田和开放空间环绕的混合使用的传统村庄和小居民点，表达了县里希望在村庄居住区建立起乡村地区公共给水和污水处理系统。这个部分以一组新乡村的设计特征结束：

1. 具有一种由被保护的乡村景观环绕着的独特形体特征，一般来讲，这些开放空间用于农业、林业、娱乐和环境保护的目的；

2. 具有一种建立在共同分享的、连接起来的、功能有效的自然环境和共同分享的经济、政治、社会和文化环境基础上的强烈社区意识；

3. 住宅、商店和工作场所一般在空间上都相互靠近；

4. 适当规模的建筑前庭直接与街道衔接，以精湛的设计和不被停车场割断的方式沿街排列；

5. 街道和街区一般以直线方式安排，形成一个可以理解和有趣的旅行途径；

6. 形成有层次的街道体制，有些狭窄和便利，步行与车行混合且协调，有些宽阔，以承载规模较大的交通流量；

7. 形式优美的广场、绿地、景观街道和公园与街道和街区模式相互协调，以承载集体的社会活动、娱乐和获得视觉上的享受；

8.适用于集会或其他施政目的市政公共建筑，作为视觉上的标志性建筑和社区符号；

9.一个可以识别的，功能多样的和视觉统一的村庄中心，以村庄绿地或广场为核心；

10.适合和鼓励步行的开发规模和尺度，而不是在村庄内部还必须使用机动车辆出行的开发规模和尺度。

村庄分区规划法令的第二部分提供了一组定义。由于这个分区规划法令所依据的设计原则不同于常规的"规划的单元开发"的原则，它使用了一些原先没有定义的词汇，提出了一些新的定义，确定了一些词汇的涵义，所以，需要有这个部分。

村庄分区规划法令的第三部分建立了程序性机制和与乡村村庄开发相关的一般要求。按照A–3分区规划规定所许可建设的独立住宅数目由"乡村村庄土地划分"（RVS）决定。这类组团式居住区的开发场地划分为两个混合使用区，"乡村村庄核心区"（RVC）和"乡村村庄工作区"（RVW），见图A1–7。它集中在60～160英亩土地上，在这个规模下才可以产生一个供水和排水设施区，要求开发商获得一个"乡村村庄特别公共工程设施赦免"（RVU–SE）指令。

第三部分的结论列举了县里在审查"总体开发规划"以决定是否准许赦免、开发新村庄和重新分区时，所要考虑的诸因素（见图A1–8）。这些因素包括：

1.是否与县里的综合规划一致。

2.是否有充分的土地来安排所要求的独立住宅单元和允许建立一个适当的设计的村庄。

3.是否适当的保护了保留土地，是否避免了与保护开放空间不一致的使用，是否避免了未来进一步的居住区开发。

4.是否具有适当的资金来建设与环境要求相适应的公共工程设施系统。

5.是否具有居住区内部和与乡村道路网络相连接道路。

6.村庄布局和设计是否与这项法令的愿望相一致。

7.是否可以适当地维护和拥有公共的和社区的土地和建筑物。

第三部分以规范的形式表达了多项重要政策。对此产生的争论主要集中在乡村村庄是否应当接受更改分区的审查。开发商乐于采用州规划部固有的土地划分程序，继续沿用常规的A–3分区规划模式，或按照乡村小居民点规范来开发村庄，而社区居民乐于采用县里重新分区的方式来开发村庄。

这项法令采用了这样一个命题，因为村庄是人们愿意选择居住的一种形式，所以村庄独立住宅的数目比例应当与常规A–3分区规划或

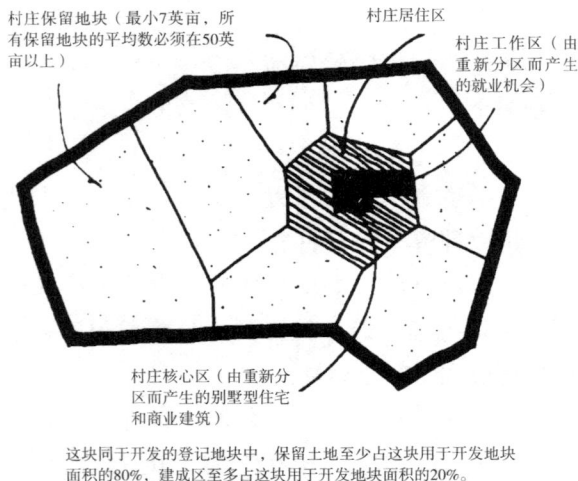

图A1–7 主要村庄区。

村庄保留地块（最小7英亩，所有保留地块的平均数必须在50英亩以上）

村庄居住区

村庄工作区（由重新分区而产生的就业机会）

村庄核心区（由重新分区而产生的别墅型住宅和商业建筑）

这块同于开发的登记地块中，保留土地至少占这块用于开发地块面积的80%，建成区至多占这块用于开发地块面积的20%。

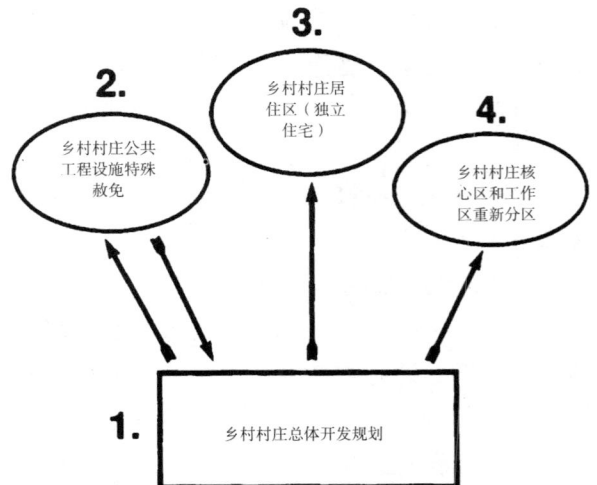

图A1–8 乡村村庄审查程序。

2.
乡村村庄公共工程设施特殊赦免

3.
乡村村庄居住区（独立住宅）

4.
乡村村庄核心区和工作区重新分区

1.
乡村村庄总体开发规划

小居民点分区规划法令一致，由"乡村村庄土地划分"（RVS）决定。当然，为了获得"乡村村庄公共工程设施特别赦免"和重新划分"村庄核心和工作场所分区"，开发商需要制定一个县里可以接受的"总体开发规划"。

这个法令的第四部分致力于指出"总体开发规划"关键要素，它的目标是为所有参与审查开发项目的部门提供一个需要考虑的问题一览表，这些问题是在审查公共工程设施特别赦免、居住区和重新划分分区时需要考虑的问题，希望避免那些隐藏其中的后继问题。这是社区过去经常面临的尴尬局面。第四部分分为7个子部分。

子部分A提出，总体开发规划应当确立村庄的位置，叫做"村庄建成区"，精确地确定它周边的开放空间保留地，叫做"村庄保留地"。然后确立村庄整体规模、形状、密度和村庄建成区与保留地之间1：4的比例。

子部分B提出，总体开发规划应当证明，计划在村庄建成区建设的独立住宅数目没有超出常规分区规划A-3所允许的开发建设独立住宅数目。这一子部分提供了三种方式来计算开发地块的密度，这个计算方式与小居民点的独立住宅数目计算方式一致。它还建立了与"乡村村庄核心区"相关的居住优惠方式。这些优惠是建立在使用A-3开发潜力计算基础之上的，包括20％别墅型住宅单元优惠，20％经济型公寓住宅单元优惠和20％市场型公寓住宅单元优惠。

子部分C对总体开发规划中村庄建成区的位置提出了详细规定。这个子部分确立了关键和敏感环境区，泄洪区、石灰岩暴露带、区域蓄水区。这些地区不适合于开发建设。

子部分E对交通提出了要求。一个村庄建成区应当至少有二个路口与一条铺装的村庄次干道相连，而不提倡与村庄主干道直接相连。除非建立起来的绕行道路会与县级次干道具有同样的功能，否则，县里的次干道不应当成为村庄的内部道路。

子部分F对村庄设计提出了要求。由于这些设计要求相当详尽，所以专门安排了一个部分。

子部分G概括了有关总体开发规划中公共工程设施的要求，如供水量和可能性，污水处理系统的环境承受性，公共工程系统建设和运行的资金计划。有关资金问题，特别是运行费用问题是源于这个县最近若干年的实践经验，非常小的污水处理厂年运行费用大约在58万～10万美元之间。

子部分V提出了与"村庄保留地"（VC）、乡村村庄居住区（RVS）、乡村村庄核心区（RVC）和乡村村庄工作场所（RVW）允许的和可能允许的土地使用。A建立了一般使用规则，B至F区别了涉及村庄内部不同分区的特殊规则。与常规A-3的分区规划相应比较，村庄居住区的允许和可能允许的使用内容扩大了，特别是对于乡村村庄核心区（RVC）和乡村村庄工作场所（RVW）来讲，允许了最宽泛的土地使用内容。

子部分V与常规分区规划最大的不同点在于，区别使用规模和允许多样性混合使用。控制规模与县里的"乡村远景"的目标一致，同时，与新传统主义思想家里昂.凯和安德烈.杜利一致。

子部分VI是"土地使用布局和设计"。这个乡村村庄分区法令为这个县的分区规划历史揭开了新的一页，反映了新传统主义的思路，即社区和谐不仅仅是土地使用功能上的协调，而且也是形式、布局和设计上的和谐。这个部分在VI.B.1-4中建立了一组一般设计原则，特别是针对"村庄保留地"（VC）、乡村村庄居住区（RVS）、乡村村庄核心区（RVC）和乡村村庄工作场所（RVW）所做出的详细设计规定。

VI.B.1，"整体形式"，描述了乡村村庄居住区的主要特征：

a.乡村村庄建成区与村庄保留地之间有着明确的"实体边界"，它与开放的、没有建设的农场、森林和保留下来的开放空间完全不同。

b.乡村村庄建成区一般按照直线型的街区和相互连接的道路模式来建设，由建筑物、街道设施和景观来确定，步行者和车辆分享公共场所。

c.村庄里具有一个公园和广场的层次体系，中心公园，即"村庄绿地"成为整个体系的核心，它们战略性地分布在整个建成区内，以最大化它们对居民的效益和便利。

d.每个乡村村庄建成区至少由 一个乡村村庄居住区（RVS）、一个乡村村庄（混合使用）核心区（RVC）和乡村村庄工作场所（RVW）组成。在这些部分中，都允许多样性的使用土地和空间。每一个部分都由街道景观、景观、照明和建筑物构成它自己的形体特征。

VI.B.2，"混合土地使用"，以整个开发登记地块的规模为基础，确定了一组非常重要的比例关系，开放空间保留地的比例，村庄建成区内部保留2~2.4%的土地用于公园和市政使用。（详见表A-1）。

用地平衡表	表A-1
Land Use Area	Percent of Tract Land Area
Rural Village Subdivision	
Village conservancy	Minimum 80%
Single-family detached uses	Maximum 18%
Civic uses	Minimum .6%
Greens, parks, and squares	Minimum 1.4%
Rural Village Core	
Townhouse uses	.4–.8%
Storefront uses	.4–.8%
Civic uses	Minimum .2%
Greens, parks, and squares	Minimum .2%
Single family detached uses	None Required
Rural Village Workplace	Maximum 1.6%

VI.B.3，"区位关系"，提出了乡村村庄各个形体要素之间的空间关系：

a."村庄保留地"（VC）围绕"乡村村庄居住区"（RVS），除开县主管联席会议决定赦免这一要求，原因是地形或者其他的自然特征，或者原先已经存在的边界约束，不能实现这一要求，需要重新调整布局（见VIII.B.）。

b."乡村村庄核心区"（RVC）或者由乡村村庄居住区（RVS）环绕，或者由乡村村庄

工作场所（RVW）环绕。

c.乡村村庄核心区（RVC）的别墅型住宅一般应该布置在乡村村庄居住区和商业区之间，以致在主要居住区和商业区之间形成一个过渡。

d.乡村村庄工作区（RVW）应当与乡村村庄核心区（RVC）的商业部分相邻，同时应该布置在村庄建成区的边缘的地带，应当在设计上使它对村庄居住区产生最小影响，或者通过缓冲区建设把对相邻土地使用的影响减至最小。

e.每一个乡村村庄居住区（RVS）都应当建立个中心绿地。这个村庄中心绿地应当与乡村村庄核心区（RVC）相邻。

f.类似的土地使用应当具有统一的前庭线，不相似的土地使用一般应当沿着胡同或后院线相邻布置。

这样，a提出村庄保留地应当围绕乡村村庄建成区。b、c和d说明了独立住宅、商业核心和公寓型住宅之间的关系。f.以上各条实际上包含了新传统主义的安德烈.杜利所使用的混合土地使用的重要设计方法。独立住宅应当与其他的独立住宅布置在同一个位置上，公寓型住宅和商店也应当采取这种类似的方式布置。不同的使用可以分享居于它们背后的胡同和边界。当然，在这种情况下，车库和停车空间可能相互交错，混合使用的政策应当得到维护。

VI.B.4，"设计"规范了村庄中主要"建筑性"元素的设计要求，如街区、宅基地、街道、停车场、景观和公用设施。我们把完整的VI.B.4部分复制如下。注意，这部分内容试图解释提出这些要求的原因，特别强调了现代设计常规如何从根本上背离历史的设计方式。

设计

a.街区

矩形的街区应当是乡村村庄建成区的主要布局形式。在决定街区形状和规模时，应当考虑到地形、现存的植被、水利条件和设计愿望，当然，从前院边界线测量，乡村村庄居住

区街区的周长应当在1000～1800英尺范围内。

b.地块

i.村庄保留地块的边界无论在什么情况下都应当按照自然边界来划分，以便可以经济有效地使用农业土地。村庄保留地块的规模最小为7英亩，而所有保留地块规模的平均值应当在50英亩。

ii.乡村村庄建成区的街区可以划分成为地块，每一个地块都有一个临街的界面，这些地块一般应当是矩形的，当然应当考虑到环境因素、使用目的、设计愿望。这个法令的愿望是，在设计村庄建成区地块时应当考虑包括多种规模的地块。

iii.由于步行路径与住宅形式、建筑细节和道路坡度相关，所以，村庄建成区地块应当采取最小的前院和边院，车库和车库门，实体的花园院墙都应当采取尽可能小的宽度。

iv.为了保证乡村村庄地块购买者都能继续保留较好的视角，村庄建成区的地块应当区别成为两类，一类用于建设各类建筑物，另一类建设可能对地面影响不大，如游泳池、运动场、网球场，建筑面积不超过250平方英尺的装饰性的花园建筑物。

c.道路和街道

i.道路和街道应当具有层次结构，采取几何形状多样的直线形模式，保证交通安全、环境合理和反映设计愿望。村庄道路的层次可能包括，主干道和主要支路、次要支路、街道和胡同。村庄建成区的街道应当与其他道路和街道相连。

ii.街道设计应当进一步考虑下述因素：

● 平行和保留现存的篱笆线、树线、灌木和石头墙；

● 最少改变自然地貌；

● 保证不打断自然视线；

● 最小化单独用于行车的空间；

● 倡导步行运动以便更方便和更舒适地作短距离步行，不使用汽车；

● 倡导建立街道景观。

iii.在尽可能努力地保护道路旁公共工程设施用地的视觉效果时，应当把乡村村庄建成区次要支路和街道设计成为街区的"公共空间"，应当在设计时充分考虑步行、骑自行车、汽车运动和停车等问题；注意对进入私人宅院、进入市政和商业设施的入宅路和社会空间的设计。这些道路和街道应当作为一组平行的分区来进行设计：

● 机动车区。

● 行道树、停车位和树木构成的缓冲区。

● 步行和交谈区。

● 与私人建筑相邻的私人区，与商业建筑相邻的"周旋"区。

iv.为了确定道路和街道空间，街道两旁建筑物之间的距离应当不超出它们高度的3～4倍。通常应当尽可能靠近一些，同时，应当让街道两旁的树木能够围合成为一个遮荫空间。

v.在街道设计过程中，应当充分注意到街区把角地区，注意到街道视线的中止点的特征，如建筑立面，教堂或钟楼，以及其他一些重要的视线焦点。

d.停车场

i.乡村村庄建成区用于居住、市政、商业、工作场所和娱乐使用的停车场一般都应当布置在地块的后部，不应当允许在前庭院前沿街停车。临近沿街停车场的地块应当有沿街停车和步行的道路。为新增汽车和来客所设置的连续平行停车场应当布置在这些地块的前部街道上。

ii.乡村村庄建成区中，独立住宅前的入宅道路可以成为后院停车的基本设计形式，只要每个住宅后院外的这类空间足以容纳两辆汽车，否则，应当通过后院外胡同、停车场和旁道之间的连接道进入停车场。

iii.乡村村庄建成区的沿街停车场和车库不应当布置在道路和街道的视线中止点上，也不应当布置在街角的地块上，应当在设计时充分考虑到停车场对视线的干扰，总是尽力把它们隐蔽起来。车库和停车棚应当布置在建筑物立面之后至少6英尺的地方，通过调整车库的设计角度尽可能减少车库大门的视觉支配效果。任何沿街停车空间和相临街道的停车场地块都应通过设置景观而形成一个不少于4英尺宽的缓冲区，在这个缓冲区内种植成排的灌木，其高度在3.5英尺，不超过6英尺。

iv. 所有沿街停车场都应当服从这个分区规划525款和公共设施标准手册第7.000章的要求。

v.如果申请者可以证明距这个地块200英尺内有适当的停车场存在，县主管联席会议可以减少服务于某一个地块的沿街停车空间的要求。

e.景观建设

i.当申请人提交"基本居住区规划"和/或乡村村庄核心和乡村村庄工作场所重新分区申请时，应当同时提交一份综合的景观总体规划，这个规划必须指明，需要保留的现状植被的位置和规模，计划新植被的位置和规模，一般包括树木种类、景观建设和种植方法。

ii.乡村村庄居住区的街道，乡村村庄核心区的别墅型住宅区，都应当沿街种植树木，树木间距不少于35英尺，在乡村村庄核心区的商业区和乡村村庄工作场所的街道上，至少应当在道路的一边种植树木，树木间距不少于35英尺。

iii.大于19个停车位的停车场和/或6000平方英尺的停车场应当有停车场内部的内部的景观建设，以及在停车场边缘地带建起的景观缓冲区。

iv.村庄住宅业主协会将负责维护街道两旁的树木和社区里的其他景观设施，如村庄绿地、公园和广场。

f.公共工程设施

i.公共工程设施一般应当布置在街道以内和街道两旁公共工程设施用地的地下。只有在公共工程设施的日常维护不会破坏道路铺装的情况下，才把这些公共工程设施布置在地下，所以，这些公共工程设施通常不要布置在铺装道路的下面。

ii.所有地面公共工程设施使用的箱盒和其他设施都应当组团布置，并且从街道视线上遮蔽起来。

iii.紧急用水和处理设施和配送管线，污水处理和收集管线在设计时都要符合州、县和LCSA的标准。

VII部分要求，每一个村庄都要建立一个住宅业主协会（HOA），这个条款可以参考附录2。这个附录旨在倡导住宅业主协会与包括市长、市议会、规范所及的会议在内的管理当局之间相互协调的市政管理模式。这个管理模式与原先县主管会议指导下的公司管理模式有所不同。在后一种模式中，采取的是集中管理制度。在附录2中提出了管理概念首先来自于杜利，他在1988~1989年间曾经在劳迪昂县东部做过一个城市社区设计。县里注意到他所提出来的管理概念。他分析了公司管理型HOA的弱点，检查不及时，权力集中，"居住区好比一根针，县里千条线"。不幸的是，弗吉尼亚高等法院承认这个称之为"迪龙规则"，而排除了县里推崇的市政事务自我管理的模式。

VIII部分是乡村村庄分区规划法令的最后一部分。这一部分提出，由县里主管联席会议在审查一个总体开发规划时，决定该开发项目中可以获得特殊赦免修正的开发内容。做出这种赦免的理由是：

1.其他规则在实现公共目的方面不及这个乡村村庄分区规划法令；

2.尽管申请人的设计和解决办法没有服从其他规则的要求，同时，如果严格执行其他规则的话，将阻碍设计优秀的乡村村庄开发，在这种情况下，申请人提出的设计方案和解决办法更能够满足公共目的。

当许多社区会议都揭示出，许多开发商和市民并不熟悉县里有关决定开发潜力的方法时，县里便在这个法令里增加了一个附录1。附录1详尽地解释了县自然资源部在决定开发潜力时所使用的几何学方法。他们首先对每一块计划开发场地上的土壤按照渗透率进行分类，然后，对这个计划开发的地块进行分块标记，每一块大致3.5英亩。那些包含正确比例土壤的分块可以支持居住单元。有些分块单元不能满足要求，但是，而若干块结合在一起的时候，它又可以满足建设居住单元的要求。

实际上，场地测试是相当昂贵的，耗费人力、财力和时间，劳迪昂县自然资源部所创造的这种几何方法表现出事半功倍的效果。

一个地方案例

在1988年早期，县里的工作人员被邀请到沃特福特村参加一个关于建立一个居住区的计划的会议。这个计划打算建设两条死胡同分别为两个街区服务，这两个街区都采用了大宅基地地块，深前院和宽边院的设计方式。南边的街区计划清除了大量重要的树木，它们本可以成为进入街区的入口特征，北边街区的开发会取代山脊景观成为那里支配性景观。更有甚者，新住宅的松散和随意的布局会损害这个历史性村庄的原有特征和边缘（见图A1-9）。

在社区领导的要求下，开发商、县规划委员会的委员、部门主管和规划工作人员同意制定一份新的设计方案。按照规划工作人员的建议，南边的那一组树和北边的山脊都将保留下来，不要去触动。沿现存的杰里街向东延伸至限制开发的地界，努力保护石头墙和高耸的树木，把开发高层限制在不阻碍从村庄绿地看到凯通廷山顶的位置上。为了强调城市型和乡村型的分割，在绿地三边上的住宅采取紧凑型布局。建设一条新的向北的道路，汉特里街，这条道路以传统城市形式与原先就存在的二级道路平行，但是，在道路经过原来农场谷仓的位置上设置了一个轻度的弯曲段，以致把步行者或驱车者的视点留驻在汉特里农场的谷仓群上，然后，道路景观采取接近城市的风格，有规律地种植行道树，住宅处于庭院树丛之中。汉特里街与更新的费法克斯街衔接，然后通过老沃特福特学校，这个学校的建筑建于20世纪初，采取的是希腊复兴时期的建筑风格，长期没有成为这里支配性景观（图A1-10）。

图A1-9 沃特福特村案例研究：开发商的汉特里农场开发规划。郊区型死胡同式布局模式中断了传统的村庄道路模式，宅基地的位置阻断了村庄向外的视线，住宅成为较高高程的支配性景观。所有保留下来的开放空间都被置于新住宅的背后。

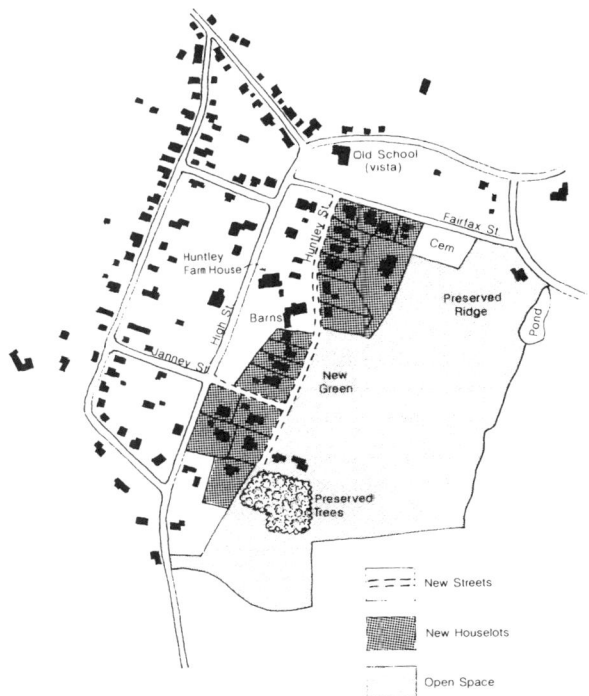

图A1-10 沃特福特村案例研究：规划人员的汉特里农场居住区设计方案。住宅沿相互连接的街道布置，而这个街道布局是那里传统街道模式的延伸。这个新的街道中的一段与新的村庄绿地相邻，从而提供了遥看凯通廷山顶的视线。同时这条新的街道中止于老学校场地。最后，呈组团形式的树木和山脊区限制了破坏性的开发。

　　探索规划工作人员所提出的这个建议的另外一种方法是，想象一个沿原有的那条亥街的旅行，视线跨过一片保留的草地到达历史的汉特里农舍；向右拐到费法克斯街，再向右进入汉特里街。这条道路的开始时一段比较直，然后出现了一个弯道，视线集中到了一群谷仓上。接下来，视线豁然开朗，可以清晰地通过绿地看到凯通廷山顶，这条道路用于孩子上学，他们可以步行到学校，而不会有亥街上的那些交通风险了，因为亥街是一条县里的公路。

　　从整个村庄的背景来看，规划工作人员的这个设计方案保留了早期开发的一些基本特征，当然，要想区别现存的居住区和新开发居住区还是有一些困难。

　　实际上，规划工作人员的设计方案并没有穷尽汉特里农场开发的全部可能性，它证明了传统设计原则在当代条件下仍然具有吸引人的实践性。

结论

　　这些就是保护乡村农田开放空间的劳迪昂方式。导致美国农业危机的原因多种多样，所以需要管理的内容也相当繁杂。分区规划和居住区建设就是这些需要管理的内容之一。规划师熟悉常规的分区规划和土地划分，但是，他们对乡村建设的历史遗产还不甚了，他们可能需要获得新的路线图和指南。

　　农业的基本困难并不是由土地管理产生的，相反，组团式开发可以帮助农业家庭把他们用于农业的土地和用于房地产开发的土地在价值上区别开来。如果农业家庭能够把他们地产的80%留做农业，而把不到20%的地产出卖给房地产市场，那么，他们就能够维持他们经济运行的整体平衡，既满足遗产税，也满足对继承人资产的要求不再与这个农场挂钩。

　　人们日益关切增长所引起的社区特征的消失。在你的行政管辖区内或附近的传统居住区可能是这个新分区规划法令的最好样板。新分区规划法令目标就是保留和强化保留在你记忆中的那些社区特征。

附录B

马里兰州肯特县村庄设计标准

编制这些指南和目标的目的是，给肯特县那些计划中的新开发项目提供一个对村庄环境形体方面的理解。与这种形体风貌相关的是，场地设计、建筑、构筑物、植被、标志、街道和其他公众视觉相关的对象。这些标准不希望限制设计者的想象力、创造性或设计的多样型，它只是提供设计要点，遵循这些设计原则可以产生出创造性的设计方案，从而给肯特县带来令人满意的风貌，保留应征税的价值，提高公共卫生、安全和福利。

A.村庄区一般设计标准

1.通过减少对树木的清除和减少土建开发规模，尽可能把自然景观保留在自然的状态下。任何地表改变都应当与相邻开发区的一般风貌一致。个别建筑场地的朝向应当尽可能维持自然地貌和地表状态。地貌、树木植被和自然的雨水排放途径都将成为决定道路和宅基地模式的不变因素，而不是可以随意改变的因素，它们的改变只能按照最优开发模式进行。

2.街道应当以维护和保留自然地貌、表面状态、重要标志和树木为原则来进行设计和布局；把土建开挖和填埋减至最小，保留和提高开发场地内外的视线和视点。

3.计划的开发项目和建筑物应当与地形、现存建筑物的使用、尺度和建筑特征相互协调。计划的建筑物应当与它的周边环境相关联。

4.所有开放空间（景观的开放空间和使用的开放空间）都应当通过设计使经过这个场地的人或从邻近场地观察这个场地的人的视角最大化，以便提高这个地区的视觉享受程度。

5.附属标志和建筑物的色彩、规模、高度、照明和景观都应当从参照地方建筑风格和维持自然景观、历史性标志、公园和景观的视线和视点等方面来做出评价。

6.应当尽可能减少清除和干扰开发场地内或相邻场地上那些历史的、传统的或重要的土地使用、构筑物或建筑要素。

B.村庄区设计要素

1.新开发应当是原有村庄模式的延伸而不是与之对立的开发。

2.新设计应当由若干个小的、可以理解的街区段落所组成，而不是一个单一的和连续的大型郊区居住区。

3.新开发应当反映村庄无序的和历史的增长，避免使用许多新居民点在布局上已经使用的那种千篇一律的饼干块模式。

4.应当研究和把握住创造居住区中心点的任何机会。这些中心场所通常是建立一个社区标志的关键部位。

5.开发所要提供的开放空间的类型应当反映村庄现在正在如何使用它的娱乐型开放空间和运动型开放空间、它们是否适当和怎样对它们做出补充。

6.应当加强新社区内部或进出社区的步行设施建设，而不是把重点放在车辆行驶的道路上。

7.街道宽度和相关附属部分应当与街区规模成比例，按照现存街区街道的特征来设计。

8.应当对新开发的街道景观做详细设计，以避免重复退红、重复建设入宅道路、改变高程和重复建设街道景观。

9.新开发应当仔细研究和反映现存村庄在住宅形式上多样型,在住宅风格上的混合;在宅基地规模和形状上的混合。

10.特别重要的是,新建筑必须满足最小设计标准,以便它可以融入周边环境。村庄里的新建筑应当与周边的建筑物的形式特征相协调,如高度、体量、屋顶形状、窗户比例。当新建筑由现存的历史性建筑环绕时,建筑高度和外部装饰材料应当与相邻建筑物的高度和外部装饰材料一致。

C.村庄区组团开发标准

1.按照这项条款,肯德县规划委员会有权提出建筑间距、前院、边院、或后院、宅基地宽度、建筑规模或高度、停车场要求、建筑物中单元的数目和其他设计标准。

2.建筑商或开发商在多大程度上接受这些变化的标准将决定是否批准他们开工建设。按照规划委员会的要求,建筑商和开发商将提交草图、模型和规划,包括不同选择方案在内。建筑商可能要求提交一份保险押金,以确保他们执行规划委员会的决定和它所提出的任何条件。

3.标准

a.建筑间距。建筑间距或边院的要求建立在以下因素基础上:

(1)私密性。最小建筑间隔的要求是希望提供建筑单元以私密性。当窗户设置在一面或两面墙上,或没有窗户,或者建筑商给窗户提供适当的遮蔽,或者窗户的设置高度或位置能够提供适当的私密性等条件下,建筑间隔可以减少。

(2)采光和通风。建筑间隔保证每一间房可以得到适当的采光和通风。在没有窗户,或者窗户面积非常少,在房间通过其他的方向而获得适当的采光和通风,或者建筑朝向、布局和形状使采光和通风有效等条件下,可以减少建筑间隔。

(3)使用。建筑物之间的区域通常用作服务性庭院,如储存、晾衣或其他用途。当两个住宅这种使用状况相似时,只要设计得当,允许减少建筑的空间间隔。厨房和车库适合于与这种使用空间相邻。

b.前院。最小前院是希望为居民提供一个私密的和可以使用的庭院。当然,前院通常很少得到使用,因此,私密性是主要因素。当开发商通过街道布局如建设死胡同,或通过屏蔽或树木屏障,或把建筑物朝向开放空间或步行道路,来减少交通流量而提供住宅的私密性时,有可能减少对前院面积的要求。在车库建在宅基地时,车库不需要满足最少退红要求,当然必须提供适当的视野,以满足安全的要求。

c.宅基地宽度。最小宅基地宽度的要求是希望阻止构造不具有适当私密性、采光和通风的狭长建筑物。在死胡同、斜坡或空闲场地等情况下,由于宅基地的形状,宅基地所处地形决定,最好的可能设计就是提供狭窄和不规则的宅基地。在通过设计可以解决住宅,特别是客厅和卧室,适当的采光通风和私密性的情况下,可以允许狭长的宅基地。

d.建筑规模或建筑物中的单元数目。这类要求是希望阻止开发建设上的单调性。事实上,这些要求常常阻碍了规划师创造有趣的布局形式和因地制宜地解决问题;或者这种要求会导致建筑物无尽的复制。通过提交变通的场地规划设计,证明这种设计减少了单调性,在这种情况下,可以采纳变通的设计方案。

e.高度。高度限制常常用来管理有限庭院空间条件下的采光,用来阻止没有适当设备地区的烟火扩散。在场地特殊的情况下,在设计允许的建筑高度不会影响到采光、通风道和私密性的情况下,可以考虑改变高度限制。

f.停车场。停车场要求是针对典型家庭而言的。为老年人建设的住宅可以减少停车场要求。两个住宅单元不能少于一个停车空间。在这些标准给与放松的地区,县里将确认,当建筑使用发生变更时,业主提供适当的停车场。要求在规划中记录一个备注。

g.道路.在这个法令中所提出的道路标准是

希望提供安全和适当的易于维护的街道布局。可能导致街道规模或设计变更的若干情况是：

（1）道路宽度。建立一定宽度的道路是为了确保，在最大停车数量条件下，车辆仍然可以适当的运动。在所有住宅单元面对次干道的情况下，在每个住宅单元具有0.3个超出停车位后的停车空间时，道路宽度可以减小。要求超出停车位后的停车空间是为了确保存在适当的停车空间，因为道路通常具有这种功能。所有规划的道路宽度必须经过肯特县道路部的批准。

（2）道路旁的空地宽度。道路旁的空地提供给道路、人行道或公共工程设施使用的土地。第二，当人行道不是沿着道路布局的时候，道路旁的空地是用来在住宅和街道之间建立一个缓冲区。当公共工程设施布置在道路旁的空地之外时，当住宅不是朝向街道的时候，道路旁的空地宽度可以减少。只有经过肯特县道路部的批准，道路旁的空地宽度才可以允许减少。

（3）边沟。边沟是用来排放雨水的系统，也是用来阻止汽车进入道路旁的空地。在低密度开发的情况下，应当鼓励雨水的自然排放。必须考虑到土壤和地形条件。

h.人行道.人行道是用来为步行者提供一个单独的通道。现代设计实践鼓励把人行道和街道分离。为了做到这一点，必须记住人行道的功能。首先，人行道必须是全天候的和容易清除雪障的。第二、它们必须能够便利大部分出行。如果的确必要，可以忽略在道路旁空地的一边或两边建设人行道的要求。

D.村庄区特殊设计标准

对村庄区中的居住开发：

1.场地通道应当受到如下规则的约束，以确保交通安全和减少交通拥堵。

a.当住在与主干道、次干道或支路相邻的时候，住宅通道应当与次干道或支路相连。只有在规划委员会决定，住宅通道直接与主干道相接不会引起交通安全问题的时候，才允许例外。

b.当与主干道相邻一块或若干连接的地块为一个业主拥有，其中任何一块与次干道或支路相邻时，其业主都可以建立与次干道或支路相连的通道。

c.从这个法令执行之日起，不允许任何独立地块的通道直接与主干道相连。

例外

（a）如果附加的通道能够对公路的运行和安全产生重大效益，或者，如果只允许一个通道将导致安全隐患或增加交通拥堵，经州或县公路委员会批准，规划委员会可能批准附加通道。

（b）当一个地块由斜坡或其他地形分割，以致它不增加附加道路就无法通行的情况，规划委员会可能批准附加通道。

d.当县里的官方地图上有一条未来建设的道路，相邻这个道路的场地规划应当包括未来的与这个道路相连的通道。

e.通道在可能的情况下应当合并。

2.建筑布局和场地设计

控制建筑布局和场地设计的规则是用来帮助保护重要环境的要素和历史特征，创造社区意识和社区标志，减少高密度居住开发对他周围地区所发生的视觉影响。

a.当现存的建筑物表现出传统的适当前庭退红，创造了一种与周围街道紧密的联系时（如在村庄中心或城镇中心和沿道路），为维护这个地区的特征，强烈希望延续这个模式。所以，新建设的最大退红应当与现存相邻建筑物的平均退红相协调。在这个区域之外一般采用统一的建筑退红（现存建筑物与道路的距离不同的情况下），地块前部退红可能有很大程度的变化，除非有其他实质性的不同考虑（如不规则的地形、湿地或保护自然乡村特征，包括农田、草地或木质台），主要建筑物一般应当距离道路边缘40英尺。在所有情况下，不应当在主要建筑物和道路之间的空间里建立停车场。

b.在规划的村庄区项目边缘的地块里有重要的树木、树林、水道、历史场地、考古场地或史前场地，或独特的动物栖息地时，应当采取各种手段来保护这些特征。除开按照这个法令的第五部分第VI款的要求论证现存自然特征外，要求详细登记场地内现存的历史的和考古的遗留物。

c.规模、尺度和建筑体量

（1）为了避免单调的线状开发，应当在小组团街区设计中包括多家共用住宅的开发。一个组团不应当超出30个住宅单元。

（2）成排建筑物的单元数目限制在最多8个单元内。

（3）对于所有多家共用住宅，要求在成排建筑物的前后立面墙壁上使用分隔建筑装饰来减少建筑物的视觉体量，创造独立的空间（庭院、休憩区等）。规划委员会要求提交这类建筑物的立面设计图。

d.汽车道路.这些要求的目的是，提高道路安全，保障为消防和紧急救护提供适当的通道，推进适当汽车道路建设。

（1）道路设计应当努力减小道路的视觉规模和开发尺度，不鼓励高速行驶。

（2）街道的宽度和相关空间应当与街区规模相适应，应当遵循现存居住区街道的特征。

（3）道路铺装的面积应当通过布局和设计减至最小。

（4）如果可能，鼓励使用单向道路，以减少铺装道路与建筑物和开放空间的比例。

（5）申请者必须证明，与主干道相连的通道是适当的，有能力处理计划建设项目所产生的交通量，不将对公众构成安全隐患。

（6）新开发的居民区应当与现存的村庄用汽车交通直接联系起来，以强调现存开发和新开发之间的联系。

e.步行与自行车道路

（1）步行道和自行车道应当用来连接住宅、停车场、娱乐设施（包括公园和开放空间）、学校、教堂和商业设施。

（2）应当以安全、通达、适合于非驾驶者和路面适当等标准，对步行道路设计、使用和维护进行评估。规划委员会可能要求申请人硬化与建筑物相连接的步行道，把沿步行道的每一个建筑单元与步行道连接起来，把步行道与娱乐设施或商业设施连接起来。在居住强度不高的地区，可能批准赦免步行道的硬化要求。

（3）鼓励沿公园和居住区之间的主要步行道安装室外照明设施。照明限制在居住使用强度之内。

f.停车和停车场。这个条款的目的是为多家共用住宅开发提供适当的停车场。所有的停车区都应当在设计上保证步行者的安全。

（1）每一个卧室应当至少有一个停车位，两个和两个以上卧室应当至少有两个停车位。除此之外，在一个建筑组团中，应当至少再增加15%的停车位，以提供给来客使用。

（2）在超出10个停车位的停车场里，至少有10%的停车场面积用于景观建设。规划委员会可能根据情况赦免这一要求。

（3）为了避免大规模铺装停车场，执行以下条款，规划委员会可能根据以下情况给与赦免：

（a）在一排连续建筑条件下，将允许建设12个以下停车位，在若干个成材建筑之间的空间（景观岛）里要求做景观建设。

（b）成排停车位的终端和景观岛应该建设最少6英尺宽的景观区，包括遮荫树、地面植被覆盖和种植灌木。

（c）双排停车应当由6英尺宽的植物景观带分隔开，种植灌木和乔木。

（4）停车区的设计应当按照州里的标准，提供残疾人使用设施。

（5）停车区的所有照明应当避免直接影响相邻地块。

（6）沿街停车区和入宅道，除要求景观建设的部分外，都应当按照规划委员会提出的要求进行铺装。

（7）要求的居住区沿街停车设施应当布置在居民希望提供服务的地方，不要延伸到所要求的前院内，或任何其他要求的与街道相应的庭院内。

g.户外储藏间

（1）为个人居住使用的户外垃圾箱应当遮蔽起来，不为邻居所见。

（2）大型户外垃圾箱应当适当地遮掩起来，并且布置在卡车易于接近的位置上，不要与停车场相冲突，也不要阻碍交通。垃圾箱不要布置在居住停车空间上，它们必须放置在硬化的地面上，以便卡车可以装卸垃圾。

（3）应当提供游艇、娱乐车辆、所有类型的拖斗、没有执照的车辆和不使用的车辆的储存区。每5个住宅单元应当提供最少200平方英尺的储存区，并适当遮蔽起来，不为路人和邻居所见。如果合同规定禁止这些车辆出现在居住区，规划委员会将赦免这个要求。

h.景观。景观建设是用来提高有吸引力的居住区开发，保护和保留居住区周围的环境特征和风貌，分隔机动车和人行道路，分隔开发区中的开放空间。规划委员会视情况可能赦免这一要求。

一般要求

（a）应当种植健康的和品质最佳的植物。

（b）应当把所有种植的植物围起来，或在容器中生长。

（c）在种植乔木时，所有的树干的直径应当至少有1.5英寸以上，高度齐胸。

（d）植物维护协议应当包括在房地产契约中。

（e）应当提供一年的植物维护金，种植计划应当包括在这个维护金协议中，同时应当考虑到季节的因素。

附录C

有关符合密度和强度优惠条件的建筑和场地设计原则注释

1.概论

以下这些意见提供了有关可能使用的设计标准的思路，这些设计标准涉及到评估增加计划开发居住区密度的要求，或增加计划开发商业区或混合使用强度的要求，它以一般标准的格式，提出美学问题，提出超越通常应用于地方历史区之外那些使用管理内容的条款。

作为一般要求，这些标准通常被认为是不允许的。在这种情形下，这些标准的合法性主要建立在这样的基础上，即在开发申请人要求地方政府允许他们增加居住区的建筑密度或增加商业开发或混合使用开发的强度时，使用这些标准作为评估依据。作为允许增加个人房地产开发价值的一种交换，地方政府有合法的权力"额外"提出，申请人必须把他们的新开发与社区的传统街道景观或城镇景观协调起来。

这些标准对于改善低收入和收入不高的那些家庭的住宅外观特别有用，因为这类建设的费用特别紧，以致建筑师不能采用市场价格住宅所使用的那些外装饰和建筑元素（如廊道、大屋檐、坡屋顶，多面屋顶或立面，较宽的屋角板、外墙板、门框和窗框、较大的窗户和比较传统的窗户间隔）。当然，与外装饰相关的密度优惠主要来自于减少每个住宅单元所使用的土地费用，这一点常常从根本上保证了住宅产品的经济可承受性。在第二十章结束时所描述的"战斗路农场"就是这方面的一个很好范例，当这个项目的开发密度有了实质性提高之后，建筑设计得到了重大改善。

这一方式也能够帮助改善城镇中心或沿着道路新商业建筑的风貌。当然，为了做到这一点，这些地区的分区规划不能允许那里的建筑密度达到最高点，以至开发地块全部由建筑物、停车场、道路、雨洪管理设施覆盖起来。例如，最好的情况是，在分区规划时，就把土地规定用于低交通产出的小商务企业，每个建筑物的最大建筑面积在2500平方英尺之内。当允许方便店转变成为食品超级市场或由廉价商店所替代时，应当对这类开发提出额外的要求，以满足这个法令所希望实现的美学和社会目标。例如，不是建设平铺开来的盒状单层的建筑物，应当要求那些寻求增加开发强度的商业开发商建设二层楼的混合使用的商业设施，使用二层来居住和办公，一层用于零售，以此作为建设较大建筑物的交换条件。

这种混合使用目前在新开发上还不普遍，但是，我们在第二十一章中所描述的"温斯洛绿地"和"村庄风雨商业街"等项目就是这种混合使用的范例。为什么美国正经历着巨大的经济中的问题，其中主要原因之一是，自1940年以来，很少有把居住单元建在商业设施之上的情况发生。这种建筑模式在历史上曾经提供过低租金的居住单元，它们在区位上与就业场所和购物场所只有步行距离。无论这些混合使用开发所产生的新住宅单元是否可以为低收入或收入不高的家庭所承受，它们总是增加了那个地区的居住人口，使那里的设施可以白天黑夜都得到使用。当然，第二十一章中的两个例子不是有关经济住宅问题的。

以下这些标准反映了美国东北部地区许多小城镇地方建筑所采用的传统建筑价值观念。如果把这个标准用于美国的其他部分，那么还要对这些标准因地制宜地作一些调整，以反映当地的建筑传统。

2.居住开发标准

这个部分所包含的标准主要是针对新住宅的，特别是针对那些准备以低于市场价格的方式出售的住宅。有些令人啼笑皆非的是，这些标准比起20世纪70年以前联邦政府第一次主持住宅项目时所产生的那些标准还要落后一步，当时的联邦政府住宅项目主要是为了解决造船工人在造船厂附近居住的问题，那时正在进行第一次世界大战。当时，在开发过程中，努力实现新社区建设与地方建筑传统相协调。新泽西汉东镇的"约克号村"（以后重新命名为"范费"，并被合并到卡门登镇）的成排住宅就是一例，当时有意把2层和1.5层的一组别墅型砖房结合成排，我们可以在特拉华河流域找到这些住宅。如宾夕法尼亚的"社会山"和特拉华的"新城堡"。

目前，强调改革经济住宅设计标准重要性主要依据这样一个事实，那些地方的居民，如"约克号村"和巴尔的摩外斯派若珀因特的"杜达克"，已经高度认可了改善了的经济住宅设计方式，他们以他们设计精良的社区为骄傲，因为这些设计充分考虑了他们的住宅、庭院和公共场所的建设。我们在第十章中对这些项目做过简单描述。不幸的是，到了1943年，在建设第二代造船工人住宅时，这些1917年的经验被人遗忘了或不受重视。现在我们只要到"杜达克"去，就可以清晰地看到两个在不同时期建设的街区具有鲜明的差异。第二次世界大战时期的住宅单元统一采用了平屋顶的构造，像座兵营，几乎没有在美学、场地规划、街道植树和景观方面做什么考虑。现在来看这些建于第二次世界大战时期的街区，显得十分凄凉，维护水平甚低，破坏程度则相当高，少

有步行活动，而建于第一次世界大战时期的那些街区，情况正相反。

以下这些标准是按照综合反映居住建筑整体风貌的外部设计特征来安排的。

a.屋顶形状、材料和屋檐

对于屋顶的视觉重要性常常没有被完全认识到，当然，屋顶的形状是决定一个建筑怎样能够与它的周边环境协调起来的最重要的因素之一。传统建筑通常采用坡屋顶，屋顶的坡度通常能够反映出它所建设的时代。除开联邦初建时期之外所采用的平屋顶外，这些坡屋顶通常采用8∶12到12∶12的比例。除非双重斜坡的屋顶，这种罕见的第二帝国风格的确代表那个社区的特征，除非这类建筑的其他方面都是完全按照这种第二帝国风格来设计的（例如，非常高的窗户，入宅道路建有拱门式建筑，屋檐由托架装饰等等），否则，双重斜坡屋顶应当在新建设中完全禁止。新双重斜坡屋顶一般也不比平屋顶在视觉效果上好多少，它们通常用于最低档次的住宅。屋顶建筑材料的类型、色彩和图案应当保持与相邻建筑一致。一般应该禁止白色的或茶色的屋顶。屋顶的屋檐延伸至外墙之外，其延伸程度应当与当地建筑风格一致。

b.建筑高度

从地面沿前立面向上所测量的新住宅高度不应当超出或低于相邻建筑物10%（沿街道上下两个方向上各3个建筑）。从建筑物的前面看，新增楼层不应当从低于地面一半楼层高度的地方开始建设（这就是所谓"提起来的农舍"，它是一种很丑的风格，观察者有时不能决定是否这个建筑是因为地下水升高或建筑下沉所致）。如果希望建设一个半层楼，它应当建在楼上，最好开设天窗，以便采光和通风（比较大的天篷式天窗只允许建在建筑物的背面）。

c.窗户规模、比例和"节奏"

窗户的垂直高度应当与街区内比较老的住

宅上的窗户一致。现在新建筑有一种不好的倾向，就是把窗框横过来，建设较高的窗台，形成成对的窗户，以减少在外墙上开口的数目。窗户的高宽比例一般不应当少于1.8：1（这是56英寸×30英寸的窗户）。这个标准推荐上下滑动的窗户。它们应当突出于外墙和建设4英寸宽的窗台，它们应当有合理的垂直和水平次序，以便建筑物的立面在视觉上产生协调的感觉。在大多数情况下，窗户应当是一扇一扇的，而不是2扇或3扇成组布置（除非这个社区超过50年的建筑采用这种方式，并成为这个社区的传统）。

d.外部装饰材料

对外墙材料采取比较宽容的态度是适当的，特别是因为有如此多样的地方性建筑材料，从木质的外墙板到砖头或石头。我们比较容易识别那些材料不适合于传统的街道景观。如果要使用木质墙外板，千万不要把它的糙面朝外，人造的乙烯外墙板也可以允许使用，其宽度大约在3~4英寸，不反光和不光滑的表面。不允许使用仿制木颗粒材料来装饰外墙。砖头的色彩、尺寸和花纹应当与旧建筑一致，不应当是"用过的"或涂上颜色再拼起来使用的砖头。缝隙应当尽可能小，用勾缝完成。因为彩色瓷砖或水泥块所表现出来的不自然的状态，以及它的寿命不长，所以应当禁止使用它们人造的砖头来装饰外墙。只有在那些传统石工区，而且只有在那些人造石头在视觉上表现为高度现实时，才可以使用人造石头。

e.停车

在包括建设新的街道的较大项目中，通过要求场地规划师设计沿街边沟的平行停车空间，以便减少停车场车位数目。这些停车空间应当植树，其空间在人行道和边沟之间，宽度约为40英尺，沿着道路两边排开。较好的树种有橡树、枫树、无花果树、岑树、小叶菩提树。只要自然条件许可，道路都应当相互连接，应当避免使用"死胡同"这类道路形式。如果非采用死胡同的话，死胡同应当在景观设计上形成一个"停车庭院"，种植大量的遮荫树木和当地的灌木丛和终年常绿的植物。沿街停车应当进行减少，如果必需提供这类停车时，应当通过建在居住建筑里的车库，或把车库建在一起（我们在第二十章中曾经描述过的查塔姆村，就有这类设计）。在不可避免地要使用沿街停车时，应当尽可能在建筑单元之间建设若干小地方，用于停车，但是，应当完全景观化，如我们在第二十章中曾经描述过的战斗路农场那样。

3.商业和混合使用开发的标准

传统城镇中心商业区模式，1865年至1935年之间所规划建设的新社区中心模式，如伊利诺斯州的"河边和湖边森林"，俄亥俄的"玛丽蒙特"，佛罗里达的"冬季公园"、新泽西的"雷布"（还有以上描述过的马里兰的"约克号"和"杜达克"，都表达一组永恒的设计原则，它们应当用来指导新商业区和混合使用设施的设计。这并不意味着说，新开发的建筑应当模仿旧风格，而是建议，建筑物的高度应当在2~3层，建筑物应当紧靠人行道边缘，在人行道边缘建有沿街停车空间，附加的停车场应当建在建筑物的背后。商业设施的楼上应当鼓励办公和居住混合使用。

a.建筑高度

商业开发商寻求分区规划变更，以便扩大或用一个更大的商业设施来替代现状商业设施，或者为了建设新的商业设施而要求实施分区规划变更，当这种情况发生时，地方政府应当要求这些新建筑的高层在2~3层。这样做不仅仅是为了改变尺度，而且这也是为了提高土地利用率和基础设施利用率，同时也帮助提高商业设施的利用率，特别是在晚间。新增垂直高度的立面风貌可以通过使用低墙来实现。应当鼓励楼上用于办公和居住混合使用。

b.建筑和停车场的位置

在城镇中心，建筑物应当沿人行道边缘布置，或围绕庭院或其他步行设施布置。应当最大化沿街停车，沿街停车空间不足部分可以通过在建筑物背后和两边建设停车场来解决（不要把停车场建设在商业建筑物的前面）。在另外一些地区，如沿主干道，沿公路，商业建筑和道路之间应当建立景观缓冲区，缓冲区里应当种植遮荫树木和地方的灌木丛。禁止在商业建筑前修建停车场。在那些非竞争性土地使用（如居住和零售）建筑间可以建立分享的停车场，这些停车场的停车空间数目应当按照城市土地研究所所公布的公式来进行计算。与建筑相邻的停车场应当通过内部的住宅通道相连接。应该考虑使用停车场上面的空间，正如我们在第二十一章中所介绍的"村庄风雨商业街"那样。沿边沟的停车场应当作景观处理，种植遮荫树木，景观区宽度约为40英尺。

c.建筑设计

一般来讲，新建筑物应当使用当代设计方式，但是，也应当尊重和反映传统的建筑规模、比例、节奏和传统商业建筑物的氛围。这些传统建筑价值应该通过当代建筑设计得到解释，当然，应当限制使用历史建筑的细节和装饰。建筑设计也必须获得内在的一致性。一般应当禁止把历史上不相关的建筑元素混合在一起。商业建筑的外部装饰材料应当反映地方建筑传统（通常为红砖和木质外墙）。如同传统商业建筑那样，商店的橱窗一般应当比较高，窗沿相对低，而窗楣应当高，当然，在细节上，它们可以采用当代流行的方式来设计。门上和橱窗上应当鼓励设计气窗。一般不允许有面对街道或公路的空白墙壁。如果采用平屋顶，屋顶应当设计矮墙。应当禁止双重斜坡的屋顶。如果规划委员会或设计审查会议认为必要，第二部分提出来的标准，以及我们在第八章，"沿主要街道的商业填充开发"所提出来的标准，也可以用到新商业建筑上。

附录D

紧凑型独立住宅的建筑选型

图A4-1 面对纽约州蓬林的"乡绅绿地"的住宅透视图。

图A4-2 相对住宅间具有传统比例的街道景观透视图。

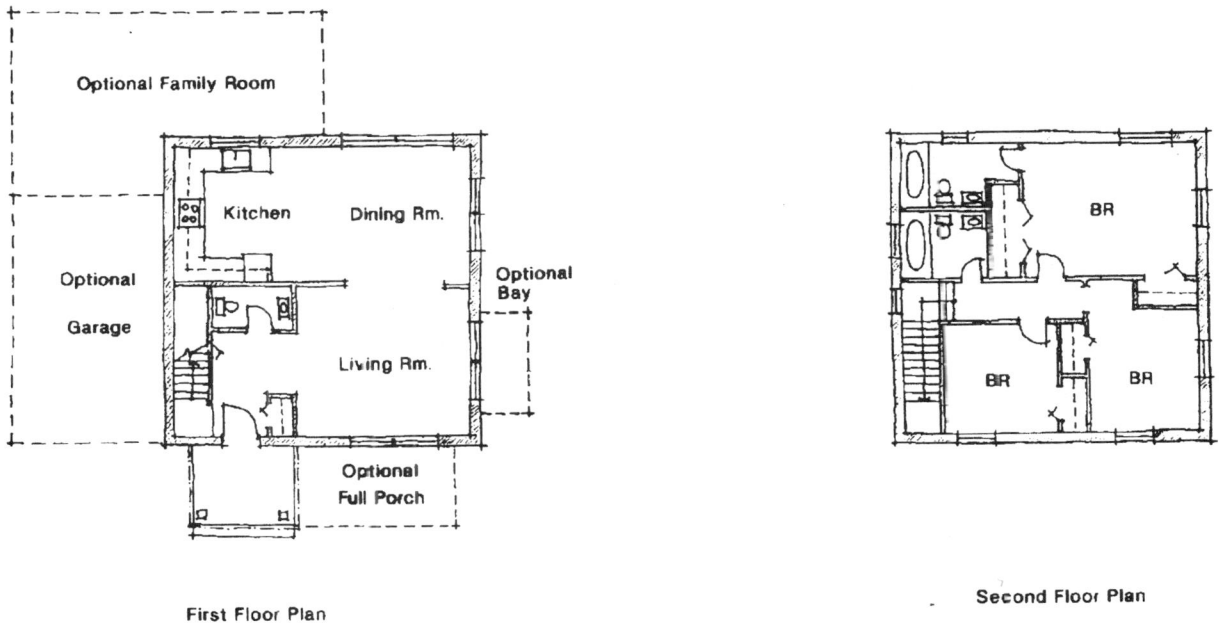

Optional Family Room

Kitchen   Dining Rm.

Optional
Garage

Optional
Bay

Living Rm.

Optional
Full Porch

First Floor Plan

BR

BR   BR

Second Floor Plan

图A4-3   住宅平面规划，该图说明了住宅扩大的选择方案（客厅、车库、前廊和起居室小厅）。一个可以扩大的住宅是一个经济上可以承受的住宅，对于收入有限的家庭的住宅来讲，应当事先就有这类设计上的考虑。

Front Elevation

Side Elevation

House Type "A" (Basic Model)

图A4-4   A型住宅（基本模式），前立面和侧立面。每边长度大约都在25英尺，这个两层楼的住宅的建筑面积大约为1250平方英尺。

Front Elevation

Side Elevation

House Type "A" with Full Porch, Garage and Family Room

图A4-5   A型住宅，包括前廊、车库和客厅。前立面和侧立面。客厅给这个住宅增加了大约300平方英尺的面积。由于增加了车库和客厅，住宅宽度从25英尺增加到36英尺。（起居室小厅将再增加4英尺的宽度）

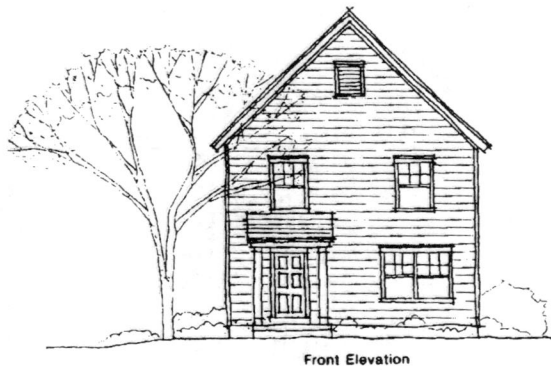

Front Elevation   Side Elevation

House Type "B" (Basic Model)

图A4-6 B型住宅（基本模式），前立面和侧立面。除开它的山墙对着街道外，这种住宅与A型住宅基本一样。

Front Elevation   Side Elevation

House Type "B" with Full Porch, Garage, and Bay

图A4-7 B型住宅，包括完整的前廊、车库和小厅，前立面和侧立面。

Front Elevation   Side Elevation

House Type "B" with Garage, Fireplace, and Family Room

图A4-8 B型住宅，包括车库、壁炉和起居室，前立面和侧立面。

马里兰州卡尔弗特县在有关创新型乡村规划演讲之后所做的问卷调查结课

	追求	不追求	不能决定	追求合计%
如果乡村地区的农业用地或林业用地被改变成为居住用地				
1.至少保留50%的土地为开放空间	66	3	8	86
2.维持现存的开放田野，把它们用于农田、草场、娱乐等，由社区共同拥有	67	4	6	87
3.把住宅建设在林地的边缘，远离环境敏感地区和野生动物栖息地	78	1	0	99
4.把现存历史和文化特征（住宅、谷仓、农田道路、果园）包括到场地设计中来	72	2	5	91
5.通过小心谨慎地布置住宅以维护现存的乡村景观	73	0	2	97
6.保留河流小溪附近的植被以便过滤流失的雨水	76	0	3	96
7.使用传统的乡村村庄作为新乡村居民点的模式	60	2	12	81
8.在乡村居民点设计中，使用下列传统的特征：				
a.村庄绿地	59	5	10	80
b.狭窄的和沿街植树的街道	62	3	6	87
c.小前院、大后院	60	3	9	83
d.紧凑布置住宅	62	5	6	85
e.开放空间环绕社区	72	2	0	97
f.使用沙石铺装小道	48	15	10	66
9.在乡村居住区允许一宅两门（一在三门，一宅四门）	38	13	22	52
a.要求住宅衔接起来，看似一个独立住宅	67	2	7	88
如果城镇中心沿着道路布置				
1.要求把停车场布置在建筑物的背后	68	6	5	86
2.沿着道路种植树木	76	1	2	96
3.使用木制的标志，而不使用塑料的标志	72	1	6	91
4.遮蔽停车区	76	1	2	96

参考文献

Alexander, Christopher et al. 1977. *A Pattern Language: Towns, Buildings, Construction*. New York: Oxford University Press.

American Farmland Trust. 1986. *Density-Related Public Costs*. Washington, DC: American Farmland Trust.

American Society of Civil Engineers, National Association of Home Builders, and Urban Land Institute. 1990. *Residential Streets*, 2nd ed. Washington, DC: American Society of Civil Engineers, National Association of Home Builders, and Urban Land Institute.

Anderson, Damaan L. et al. 1984. *Technology Assessment of Intermittent Sand Filters*. Cincinnati: U.S. Environmental Protection Agency Municipal Environmental Research Laboratory, Office of Research and Development.

Anderson, Judith. 1992. *A Conservation Point System: A Method to Encourage the Balance Between Growth and the Preservation of Rural Character*. Ann Arbor: University of Michigan.

Anderson, Judith. 1992. "A Conservation Point System to Protect Open Space." *Planning & Zoning News*, Vol. 10, No. 6, April. Lansing, MI: The Planning and Zoning Center.

Ann Arbor Area Creek Management Project. 1991. *Protecting Creeks in a Changing Landscape*. Ann Arbor: University of Michigan School of Natural Resources.

Arendt, Randall. 1989. "Commercial Kudzu and the Townless Highway: Theory and Practice of New England Roadside Planning." *Journal of the New England Landscape*, Vol. I. Amherst, MA: Center for Rural Massachusetts, University of Massachusetts.

Arendt, Randall. 1989. "Patterns in the Rural Landscape." *Orion Nature Quarterly*, Vol. 8, No. 4, Autumn, pp. 22–27.

Arendt, Randall et al. 1989. *Land Use Management Report for the Blackstone River Valley National Heritage Corridor*. Uxbridge, MA: BRVNHC Commission.

Arendt, Randall. 1987. "Retaining Natural Landscapes Along the River's Edge." In Conference Proceedings for *Planning for the Changing Rural Landscape of New England: Blending Theory and Practice*. Durham, NH: New England Center, University of New Hampshire.

Arendt, Randall. 1982. "Manufactured Housing: An Innovative Approach to Municipal Siting Standards." *Maine Townsman*, Vol. 44, No. 7, July.

Arnold, Henry. 1992. "Planning for Trees: Viewing Trees as an Integral Part of the Infrastructure." *Planning Commissioners' Journal*, Vol. 1, No. 1, January–February, pp. 1–8.

Avin, Uri et al. 1991. *Develop or Preserve? An Integrated Approach to Agricultural Protection in a Metropolitan County*. Ellicott City, MD: Howard County Planning Department.

Babize, Molly, and Walter Cudnohufsky. 1991. *Designing Your Corner of Vermont: Protecting Your Property Investment Through Good Site Design*. Montpelier, VT: Vermont Council on the Arts.

Baker, Jeffrey, and Bruno Funaro. 1952. *Shopping Centers: Design and Operation*. New York: Reinhold.

Barnard, Ellsworth. 1988. *A Land Ethic for Massachusetts*. Amherst, MA: published by the author.

Barylski, Michael. 1989. "Scenic Roads: Getting There Can be Half the Fun." *The Conservationist*, September–October. Albany, NY: New York Department of Environmental Conservation.

Bentsen, Lief, and Charles Burrow. 1992. *The Village Lane: A New Concept in Kitsap County Road Design*. Indianola, WA: Indianola Land Trust Greenway.

Bergman, David. 1991. "Does Development Really Pay for Itself?" *Newsreporter*, September–October. Warrenton, VA: Piedmont Environmental Council.

Bobrowski, Mark. 1990. "Acton: TDR As a Tool in Commercial Planning." *Land Use Forum*, August–September.

Bookout, Lloyd W., Jr. et al. 1990. *Residential Development Handbook*, 2nd ed. Washington, DC: Urban Land Institute.

Bosselman, Fred et al. 1973. *The Taking Issue*. Washington, DC: Council on Environmental Quality.

Bosselman, Fred, and David Callies. 1971. *The Quiet Revolution in Land Use Control*. Washington, DC: U.S. Council on Environmental Quality, U.S. Government Printing Office.

Bowers, Deborah. 1991a. "Agricultural Zoning in Maryland Offers Developer Options." *Farmland Preservation Report*, May, pp. 1–3.

Bowers, Deborah. 1991b. "Local Zoning Could Jeopardize Delaware's Fledgling PDR." *Farmland Preservation Report*, September, pp. 1–4.

Bowers, Deborah. 1991c. "Cigarette Tax Hike to Support Farmland Preservation in PA." *Farmland Preservation Report*, September, p. 8.

Bowers, Deborah. 1991d. "Prescribed Buffers in Ag Elements." *Farmland Preservation Report*, September, p. 2.

Boyle, K., and Bishop, R. 1984. "Economic Benefits Associated with Boating and Canoeing on the Lower Wisconsin River." *Economic Issues*, No. 84. Madison, WI: University of Wisconsin.

Bozeman and Gallatin County City-County Planning Board. 1990. *1990 Bozeman Area Master Plan Update*. Bozeman, MT: Bozeman and Gallatin County City-County Planning Board.

Brandywine Conservancy Environmental Management Center. 1990. *The Lexington-Frankfort Scenic Corridor: Protecting a World Class Landscape*. Lexington, KY: Lexington-Frankfort Scenic Corridor, Inc.

Breckenfeld, Gurney. 1971. *Columbia and the New Cities*. New York: Ives Washburn.

Brown, M. T. et al. 1990. *Buffer Zones for Water, Wetlands and Wildlife in East Central Florida*. Gainesville, FL: Center for Wetlands, University of Florida, CFW Publication 89–07.

Bucks County Planning Commission. 1989. *Village Planning Handbook*. Doylestown, PA: Bucks County Planning Commission.

Bucks County Planning Commission. 1980. *Performance Streets: A Concept and Model Standards for Residential Streets*. Doylestown, PA: Bucks County Planning Commission.

Bunker Stimson Solien Jacob. 1988. *Site Planning for Affordable Housing: Four Case Studies in Falmouth, MA*. Falmouth, MA: Bunker Stimson Solien Jacob.

Burchell, R. W., and David Listokin. 1980. *Practitioner's Guide to Fiscal Impact Analysis*. New Brunswick, NJ: Rutgers University Center for Urban Policy Research.

Burlington Community Land Trust. 1990. *A Citizens' Guide to Conserving Land and Creating Affordable Housing*. Burlington, VT: Burlington Community Land Trust and the Vermont Land Trust.

Cahners. 1991. "Affordable Plans." *Professional Builder and Remodeler*. Des Plaines, IL: Cahners Publishing Co.

Calderon, Richard. 1989. *Planning Approaches for Growth in Rural Areas*. Leesburg, VA: Loudoun County Planning Dept.

Caputo, Darryl F. 1979. *Open Space Pays: The Socioenvironomics of Open Preservation*. Morristown, NJ: New Jersey Conservation Foundation.

Carroll County Commissioners and Westminster Common Council. 1985. *Comprehensive Plan of Westminster and Environs*. Westminster, MD: Carroll County Commissioners and Westminster Common Council.

Carter, Jennifer. 1992. *Productive Uses for Conserved Land: A Case Study of the Economic Benefits of Land Conservation*. Stonington, ME: Island Heritage Institute.

Center for Governmental Studies. 1979. *A Guidebook for Fiscal Impact Analysis of Residential Developments Proposed for Unincorporated Areas of DeKalb County*. DeKalb, IL: Northern Illinois University.

Center for Public Interest Polling. 1987. *Housing Preferences of New Jerseyans*. New Brunswick, NJ: Rutgers University Eagleton Institute of Politics.

Chellman, Chester E. 1989. *A Discussion of Street Geometry and Design Criteria for "Traditional Neighborhood Development."* Ossipee, NH: White Mountain Survey.

Chester County Planning Commission. 1986. *Sliding Scale Zoning*. West Chester, PA: Planning Bulletin No. 29.

Chester County Planning Commission. 1984. *Scenic Roads Handbook*. West Chester, PA: Local Government Handbook No. 3.

Chester County Planning Department. 1990. *Utilization of Irrigation in Wastewater Treatment*. West Chester, PA: Planning Bulletin No. 40.

Churn, Virginia. 1990. "Urban Land Institute Names Woodlake Best U.S. Community." Richmond *Times-Dispatch*, November 3.

Clarke, Michael G. 1992. *The Community Land Stewardship Program*. Media, PA: Natural Lands Trust.

Clarke, Michael G. 1992. "Community Land Stewardship: A Future Direction for Land Trusts." *Land Trust Exchange*, Vol. 11, No. 2, pp. 1–9.

Clarke, Michael G. et al. 1985. *A Growth Management Plan for the Borough of West Chester*. West Chester, PA: West Chester Borough Planning Commission.

Community Vision Inc. and Center for Rural Massachusetts. 1992. *A Design Guideline Manual for Sustainable Development on Cape Cod*. Barnstable, MA: Cape Cod Commission.

Convery, Patricia. 1987. "Dunham Lake: Not Spoiled by Shoreline Development." *The Michigan Riparian*, November.

Cooper-Marcus, Clare. 1986. "Design As If People Mattered." In Peter Calthorpe and Sim Van der Ryn (eds) *Sustainable Communities: A New Design Synthesis for Cities, Suburbs, and Towns*. San Francisco: Sierra Club.

Corbett, Michael N. 1981. *A Better Place to Live: New Designs for Tomorrow's Communities*. Emmaus, PA: The Rodale Press.

Correll, D. L., and W. T. Peterjohn. 1984. "Nutrient Dynamics in an Agricultural Watershed: Observations on the Role of a Riparian Forest." *Ecology,* Vol. 65, pp. 1466–1475.

Correll, Mark R., Jane H. Lillydahl, and Larry D. Singell. 1978. "The Effects of Greenbelts on Residential Property Values: Some Findings on the Political Economy of Open Space." *Land Economics,* Vol. 54, No. 2.

Corser, Susan Ernst, and Willis and Ratliff Bucher. 1992. *Preserving Rural Character Through Cluster Housing.* Steamboat Springs, CO: unpublished paper.

Coughlin, Robert E. 1993. *The Adoption and Stability of Agricultural Zoning in Lancaster County, Pennsylvania.* Philadelphia: University of Pennsylvania Department of City and Regional Planning, Research Report Series No. 15.

Coughlin, Robert E. 1991. "Formulating and Evaluating Agricultural Zoning Programs." *Journal of the American Planning Association,* pp. 183–192.

Coughlin, Robert E. 1988. "Information Needs for Formulating and Evaluating Agricultural Zoning Programs." *Land Use in Urbanizing Areas.* USDA Economic Research Service, pp. 183–194.

Coughlin, Robert E. 1984. *The Effects of Agricultural Zoning on the Ability of Farmers to Borrow Money.* Philadelphia: University of Pennsylvania Department of City and Regional Planning, Research Report Series No. 8.

Coughlin, Robert E., Joanne R. Denworth, John C. Keene, and John W. Rogers. 1991. *Guiding Growth: Building Better Communities and Protecting Our Countryside.* Philadelphia: Pennsylvania Environmental Council, Inc.

Courtney, Elizabeth. 1992. *Vermont's Scenic Landscapes: A Guide for Growth and Protection.* Waterbury, VT: Vermont Agency of Natural Resources.

Craighead, Paula M. 1991. *The Hidden Design in Land Use Ordinances: Assessing the Visual Impact of Dimensions Used for Town Planning in Maine Landscapes.* Portland, ME: University of Southern Maine New England Studies Program.

Cudnohufsky, Walter, and Molly Babize. 1990. *Town of Wendell: Community Vision of the Future.* Conway, MA: Conway Design Associates.

Cullen, Gordon. 1964. *Townscape.* New York: Reinhold.

Daniels, Thomas L., and Arthur C. Nelson. 1986. "Is Oregon's Farmland Preservation Program Working?" *Journal of the American Planning Association,* Vol. 52, No. 1, pp. 22–32.

Darling, Arthur H. 1973. "Measuring Benefits Generated by Urban Water Parks." *Land Economics,* Vol. 49, pp. 22–34.

Davidson-Schuster, Mark et al. 1988. *Housing Design and Regional Character: A Primer for New England Towns.*

Cambridge, MA: MIT Department of Urban Studies and Planning.

Davis, Hugh C. 1988. "The Challenge of Scenic Roads." In *Planning for the Changing Rural Landscape of New England: Blending Theory and Practice,* pp. 126–134. Durham, NH: New England Center, University of New Hampshire.

Davis, Norah Deakins. 1991. "Developers Can Wear White Hats" *American Forests,* May/June.

Diamond, Douglas B., Jr. 1980. "The Relationship Between Amenities and Urban Land Prices." *Land Economics,* Vol. 56, pp. 21–32.

Doble, Cheryl et al. 1992. *Managing Change: A Pilot Study in Rural Design and Planning.* Watertown, NY: Tug Hill Commission.

Dodson, Harry et al. 1989. *Combining Land Conservation With Affordable Housing.* Amherst, MA: Center for Rural Massachusetts, University of Massachusetts.

Doucette, Robert, Sterling Dow III, and Janet Milne. 1977. *The Comparative Economics of Residential Development and Open Space Conservation: A Manual for Municipal Officials and Other Townspeople.* Portland, ME: University of Maine, Center for Research and Advanced Study.

Dover, Victor et al. 1990. *Davie Settlement.* Coral Gables, FL: Urban Design Inc. (Report to the Davie, Florida, Redevelopment Agency).

Downey, Kirstin. 1991. "Study Finds Fewer Can Buy Homes." *Washington Post,* June 14.

Duany, Andres, and Elizabeth Plater-Zyberk. 1992. "Zoning for Traditional Neighborhoods." *Land Development* (National Association of Home Builders, Washington, DC), Vol. 5, No. 2, Fall, pp. 20–26.

Duany, Andres, and Elizabeth Plater-Zyberk. 1990. *Sandy Spring: A Village for Montgomery County, MD.* Miami, FL: DPZ Architects and Town Planners.

Duerksen, Christopher J. 1986. *Aesthetics and Land Use Controls: Beyond Ecology and Economics.* Chicago: American Planning Association, Planning Advisory Service Report No. 399.

Dunham-Jones, Ellen. 1989. *Of Time and Place: Regionalism and Critical Regionalism.* Paper presented at Landscape Architecture Symposium on Regionalism, School of Architecture, University of Virginia, Charlottesville.

Dunlop, Beth. 1991. "Plan Would Reshape Davie's Center." *Miami Herald,* March 17.

duPont, Elizabeth N. 1978. *Landscaping with Native Plants in the Middle-Atlantic Region.* Chadds Ford, PA: Brandywine Conservancy.

Easley, V. Gail. 1992. *Staying Inside the Lines: Urban Growth Boundaries.* Chicago: American Planning Association, Planning Advisory Service Report No. 440.

Ebenreck, Sara. 1988. "Measuring the Value of Trees." *American Forests,* Vol. 94, No. 7 & 8, p. 31.

Emergency Fleet Corporation. 1920. *Housing the Shipbuilders.* Philadelphia: U.S. Shipping Board.

Enferadi, K. M. et al. 1986. *Field Investigation of Biological Toilet Systems and Grey Water Treatment.* Cincinnati: USEPA Water Engineering Research Laboratory, EPA/600/S2-86/069.

Ensor, Joan and John Mitchell. 1985. *The Book of Trails, II.* Redding, CT: Redding Conservation Commission, Redding Land Trust and Redding Open Lands, Inc.

Fabel, John. 1989. "Guidelines for Design in Keeping with the Character of Wellfleet Village." In *Eastham/Wellfleet Rt. 6 Corridor Study.* Amherst, MA: Department of Landscape Architecture and Regional Planning and the Center for Rural Massachusetts, University of Massachusetts.

Federal Highway Administration. 1988. *Scenic Byways.* Washington, DC: U.S. Department of Transportation, Publication No. FHWA-DF-88-004.

Fluornoy, William L., Jr. 1972. *Capital City Greenway: A Report to the Council on the Benefits, Potential and Methodology of Establishing a Greenway System in Raleigh.* Raleigh, NC: University of North Carolina, unpublished master's thesis.

Foruseth, Owen J., and Robert E. Altman. 1990. "Greenway Use and Users: An Examination of Raleigh and Charlotte Greenways." *Carolina Planning,* Vol. 16, No. 2, Fall, pp. 37–43.

Fox, Tom. 1990. *Urban Open Space: An Investment That Pays.* New York: Neighborhood Open Space Coalition.

Frank, James E. 1989. *The Costs of Alternative Development Patterns: A Review of the Literature.* Washington, DC: Urban Land Institute.

Franklin County Planning Department et al. 1989. *Affordable Limited Development: A Model for Housing in Rural Communities.* Greenfield, MA: Franklin County Planning Department.

Freed, Kent, Nat Goodhue, and Robert Speth. 1991. *The Flexible Development Amendment to Grafton's Zoning Bylaw: A Comparative Study of Conventional and Flexible Subdivision Zoning Applied to Two Sites for the Town of Grafton.* Conway, MA: The Conway School of Landscape Design.

Gaadt, John. 1989. "The Red Clay Valley Scenic River and Highway Study." *Environmental Currents,* Vol. 14, No. 3, Winter Issue. Chadds Ford, PA: Brandywine Conservancy Environmental Management Center.

Ganem, Barbara. 1989. *Greenways: How Wide?* Unpublished paper. Fitchburg, MA: Nashua River Watershed Association.

Gellen, Martin. 1985. *Accessory Apartments in Single-Family Housing.* New Brunswick, NJ: Center for Urban Policy Research, Rutgers University.

Gerdom, Joseph L. 1988. *Image Processing in Planning and Design.* Chicago: American Planning Association, Planning Advisory Service Memo.

Gerhold, Henry D. et al. 1989. *Street Tree Factsheets.* University Park, PA: Pennsylvania State University School of Forest Resources.

Giese, Jo. 1990. "A Communal Type of Life, and Dinner's for Everyone." *New York Times,* September 27.

Glassford, Peggy. 1983. *Appearance Codes for Small Communities.* APA PAS Report No. 379.

Gloucester County Planning Commission. 1989. *Gloucester County Comprehensive Plan.* Gloucester, VA: Gloucester County Planning Commission and Redman-Johnston Associates.

Greenbie, Barrie. 1981. *Spaces: Dimensions of the Human Landscape.* New Haven, CT: Yale University Press.

Greer, Jack. 1991. "Shaping the Watershed: How Should We Manage Growth?" *Watershed,* Vol. 1, No. 1.

Hammer, T. R., R. E. Coughlin, and E. T. Horn. 1974. "The Effect of a Large Urban Park on Real Estate Values." *Journal of the American Planning Association,* Vol. 40, pp. 274–277.

Hanke, Byron R. 1973. *Planned Unit Development With a Homes Association.* Washington, DC: U.S. Department of Housing and Urban Development, Federal Housing Administration Land Planning Bulletin 6.

Hanke, Byron R. et al. 1974. *The Homes Association Handbook.* Washington, DC: Urban Land Institute, Technical Bulletin No. 50.

Hare, Patrick H. 1991. *Accessory Apartments: The State of the Art.* Washington, DC: Patrick Hare Planning and Design.

Hare, Patrick and Caroline Honig. 1989. *Bicycle Commuting and Better Housing, or Financing a Home With a Bike.* Washington, DC: Patrick Hare Planning and Design.

Harper, Catherine M. 1991. *Legal Issues Affecting Space.* Unpublished paper presented at the Open Space Planning and Management Seminar, Ambler, PA: Temple University Department of Horticulture and Landscape Architecture.

Hayes, Paul G. 1988. "Scorning a Glacial Gift." *Wisconsin Magazine,* August 21, pp. 10–19.

Heimlich, Ralph E. 1989. "Metropolitan Agriculture: Farming in the City's Shadow." *Journal of the American Planning Association,* Autumn.

Heimlich, Ralph E., and Charles H. Barnard. 1990. *Agricultural Adaptation to Urbanization: Farm Types in Northeast Metropolitan Areas.* Truro, Nova Scotia: Northeast Agricultural and Resource Economics Association.

Heimlich, Ralph, and Douglas H. Brooks. 1989. *Metropolitan Growth and Agriculture; Farming in the City's Shadow.* Rockville, MD: U.S. Department of Agriculture, Economic Research Service, Agricultural Economic Report 619.

Heinrich, Helen et al. 1991. *The Agricultural Enterprise District: Incentives for Open Space and Farming Viability for Cumberland County.* Bridgeton, NJ: Cumberland County Agricultural Development Board.

Herr, Philip B. 1991. *Saving Place: A Guide and Report Card for Protecting Community Character.* Boston: National Trust for Historic Preservation.

Hinshaw, Mark L. 1992. *Design Objectives Plan: Entryway Corridors.* Bozeman, MT: City-County Planning Board.

H.R.H. The Prince of Wales. 1989. *A Vision of Britain: A Personal View of Architecture.* London: Doubleday.

Hiss, Tony. 1990. *The Experience of Place.* New York: Alfred M. Knopf.

Holman, Jean. 1991. "Ice Age Trail Runs Beside Hawksnest Homes." *Waukesha County Freeman,* July 3, p. 4D.

Houstoun, Lawrence, Jr. 1988. "Living Villages: Thoughts on the Future of the Village Form." *Small Town,* November–December, pp. 14–25.

Howard County Department of Planning and Zoning. 1991. *Develop or Preserve? An Integrated Approach to Agricultural Protection in a Metropolitan County.* Ellicott City, MD: Howard County Department of Planning and Zoning.

Howard County Department of Planning and Zoning. 1990. *General Plan for the County.* Ellicott City, MD: Howard County Department of Planning and Zoning.

Hoxie, Donald, and Albert Frick. 1984. *Sub-Surface Wastewater Disposal Systems Designed in Maine, The Site Evaluation Method: System Design, Land Use Trends, and Failure Rates.* Augusta, ME: Maine Department of Human Services, Division of Health Engineering.

Hronek, Bruce. 1989. *Managing Risk on the Ranger District: Understanding and Reducing Legal Liability.* Bloomington, IN: Indiana University Department of Recreation and Park Administration.

Hubka, Thomas. 1984. *Big House, Little House, Back House, Barn.* Hanover, NH: University Press of New England.

Humbach, John R. 1992. "Existing-Use Zoning." *Zoning News,* American Planning Association, December.

Humbach, John R. 1989. "Law and a New Land Ethic." *Minnesota Law Review,* Vol. 74, No. 2, December, pp. 339–370.

Humstone, Beth. 1992. "Turning Planners Into Designers." *Monadnock Perspectives,* Vol. 13, No. 4, pp. 1–3.

Hylton, Thomas. 1991. "Six Ways Trees Enrich Our Lives and Protect Our Earth." Pottstown (PA) *Mercury,* April 26.

Image Network. 1991. *Davie Settlement.* Coral Gables, FL: Image Network.

Isle of Wight County Planning Commission. 1991. *Isle of Wight Comprehensive Plan.* Isle of Wight, VA: Isle of Wight Planning Commission and Redman-Johnston Associates.

Johnson, Warren A. 1971. *Public Parks on Private Land in England and Wales.* Baltimore: Johns Hopkins Press.

Kendig, Lane et al. 1980. *Performance Zoning.* Chicago: Planners' Press.

Kendig, Lane, and Hammer Siler George Associates. 1990. *Economic Development Potential: An Analysis of the Boston Post Road Rt. 1 Corridor in Guilford, CT.* Mundelein, IL: Lane Kendig Associates.

Kennedy, Carolyn. 1992. "Accessory Units: The Back-Door Approach to Affordable Housing." *Zoning News,* American Planning Association, April.

Kennedy, Carolyn. 1992. "New Tack on Land Trusts." *Environment and Development,* American Planning Association, Vol. 1., No. 2, February.

Kenyon, James B. 1989. "From Central Business District to Central Social District: The Revitalization of the Small Georgia City." *Small Town,* Vol. 19, No. 5, pp. 4–17.

Kimmel, Margaret M. 1985. *Parks and Property Values: An Empirical Study in Dayton and Columbus, Ohio.* Thesis. Oxford, OH: Miami University, Institute of Environmental Studies.

Knack, Ruth. 1988. "Rules Made To Be Broken." *Planning,* November, pp. 16–21.

Knack, Ruth, and R. Searns. 1990. "The Paths Less Travelled." *Planning,* Vol. 56, pp. 6–10.

Kopkowski, Claudia. 1989. *Wenham's Landscape: Guiding Growth for Tomorrow.* Wenham, MA: Wenham Open Space and Housing Study Committee.

Kreager, William H. 1992. "Building Small-Lot Homes in Your Community." *Land Development,* Vol. 4, No. 3, pp. 22–26.

Kreissl, James F. 1986. "North American and European Experience with Biological Toilets." *Water Science Technology,* Vol. 18, pp. 95–102.

Kreissl, James F. 1984. *Alternative Sewer Systems in the United States.* Cincinnati: USEPA Municipal Environmental Research Laboratory.

Krohn, Alison. 1992. *Madison County Development Primer.* Watkinsville, GA: Oconee River Resource Conservation and Development Council.

Kunstler, James Howard. 1993. *The Geography of Nowhere: The Rise and Decline of America's Man-Made Landscape*. New York: Simon and Schuster.

Labaree, Jonathan M. 1992. *How Greenways Work: A Handbook on Ecology*. Ipswich, MA: National Park Service and the Atlantic Center for the Environment.

Lacy, Jeff. 1991. *Manual of Build-Out Analysis*. Amherst, MA: Center for Rural Massachusetts, University of Massachusetts.

Lacy, Jeff. 1990. *An Examination of Market Appreciation for Clustered Housing with Permanently Protected Open Space*. Amherst, MA: Center for Rural Massachusetts, University of Massachusetts.

Lamb, Linda. 1992. *Greenways: The Natural Connection*. Chicago: American Planning Association, Planning Advisory Service Memo, May.

Lamb, Richard F. 1989. *Subdividing the Catskills: The Environmental and Fiscal Impacts*. Arkville, NY: The Catskill Center for Conservation and Development, Inc.

Lancaster County Planning Department. 1990. *Livable Communities Forum: Community Design Guidelines*. Lancaster, PA: Lancaster County Planning Department.

Lancaster County Planning Department. 1990a. *Comprehensive Plan-Policy Plan*. Revised draft. Lancaster, PA: Lancaster County Planning Department.

Langdon, Philip. 1991. "In Pursuit of Affordability." *Landscape Architecture*, April, pp. 42–47.

Lapping, Mark, and N. Leutwiler. 1989. "Agriculture in Conflict: Right-to-Farm Laws and the Peri-Urban Milieu for Farming." In W. Lockeretz, ed., *Sustaining Agriculture Near Cities*. Cantley, IA: Soil Conservation Society of America.

Leccese, Michael. 1990. "Front Porch Society." *Architecture*, July.

Leedy, D. L. et al. 1978. *Planning for Wildlife in Cities and Suburbs*. Ellicott City, MD: Urban Wildlife Research Center.

Legg, Mason. No date. *Real Estate Report on Cluster Developments in Howard County, MD*. Unpublished.

Lehrer, Phyllis. 1991. "Ren's Mobil to Stay Full-Service Station." *Amherst Bulletin*, October 18, p. 1.

Lessinger, Jack. 1991. *Penturbia; Where Real Estate Will Boom After the Crash of Suburbia*. Seattle: Socio-Economics, Inc.

Lewes Long Range Planning Committee. 1988. *Proposed Long Range Plan for Lewes*. Lewes, DE: Lewes Long Range Planning Committee.

Libby, Steve, and Sam Wear. 1988. "Preserving a Vermont Viewshed: A Strategy for Local Action." In *Planning for the Changing Rural Landscape of New England: Blending Theory and Practice*. Durham, NH:

New England Center, University of New Hampshire.

Liberman, Ellen. 1991. "Westerly Consultant Welcomes Role as Promoter of Downtown Interests." *The Day*, September 15.

Liebs, Chester. 1989. *What Might Your Community Look Like?* Burlington, VT: University of Vermont Historic Preservation Program Visual Laboratory.

Listokin, David, and Carole Walker. 1989. *The Subdivision and Site Plan Handbook*. New Brunswick, NJ: Rutgers University Center for Urban Policy Research.

Little, Charles E. 1992. *Hope for the Land*. New Brunswick, NJ: Rutgers University Press.

Little, Charles E. 1990. *Greenways for America*. Baltimore: Johns Hopkins Press.

Little, Charles E. 1968. *Challenge of the Land*. Open Space Action Institute, Inc.

Livingston County Planning Department. 1991. *PEARL: Protecting the Environment, Agriculture, and the Rural Landscape: An Open Space Zoning Technique*. Howell, MI: Livingston County Planning Department.

Livingston County Planning Department. 1990. *Brighton Area Population and Household Projections Using Build-out and Small Area Forecast Methodologies*. Howell, MI: Livingston County Planning Department.

Longfield, Robert F., Jr. 1978. *The Vermont Backroad: A Guide for the Protection, Conservation, and Enhancement of Its Scenic Quality*. Woodstock, VT: Ottauquechee Regional Planning and Development Commission.

Loomis, J., and C. Unke. 1988. "Economic Contribution of Wildlife Viewers." *Outdoor California*, p. 84.

Loudoun County Board of Supervisors 1988. *A Vision for Rural Loudoun*. Leesburg, VA: Loudoun County Government.

Lynch, Kevin. 1971. *Site Planning*. Cambridge, MA: MIT Press.

MacKaye, Benton. 1930. *Cornerstones of the Townless Highway*. Unpublished typescript. Hanover, NH: Dartmouth College Library, File No. ML5-184-46.

MacKaye, Benton. 1930. "The Townless Highway." *The New Republic*, Vol. 62, pp. 93–95.

MacKaye, Benton. 1928. *Zone the State Highways: The Lesson of the Mohawk Trail*. Boston: Massachusetts Forestry Association.

McCamant, Kathryn, and Charles Durrett. 1988. *Cohousing: A Contemporary Approach to Housing Ourselves*. Berkeley, CA: Ten Speed Press.

McHarg, Ian. 1971. *Design With Nature*. Reissued 1992. Garden City, NY: Doubleday/Natural History Press.

McKenzie, Ricki et al. 1980. *The Pinelands Scenic Study*. Philadelphia: U.S. Department of the Interior, Heritage Conservation and Recreation Service.

McMahon, Edward T. 1991. "Saving Our Sense of Place." *Historic Preservation Forum*, January–February.

Madden, John, and John Thomas. 1987. *Washington Valley Space Park Plan*. Bridgewater Township, NJ.

Mariemont Company. 1925. *Mariemont: The New Town—"A National Examplar."* Cincinnati: The Mariemont Company.

Maryland Department of Economic and Employment Development. 1989. *Economic Importance of the Chesapeake Bay*. Baltimore: Office of Research, Maryland Department of Economic and Employment Development.

Maryland Greenways Commission. 1990. *Maryland Greenways: A Naturally Better Idea*. Annapolis, MD: Maryland Greenways Commission.

Massachusetts Housing Partnership. 1989. *Opening Doors: Housing Innovations in Massachusetts*. Boston: Massachusetts Executive Office of Communities and Development.

Massachusetts Office of Executive Affairs et al. 1990. *Final Generic Environmental Impact Report on Privately Owned Sewage Treatment Facilities*. Boston: Massachusetts Office of Executive Affairs.

Mastran, Shelley S. 1992. *The Protection of America's Scenic Byways*. Washington, DC: National Trust for Historic Preservation, Information Series No. 68.

Metzger, John. 1990. "Visual Solutions Through System Integration." *Landscape Architecture*, April.

Miles, L. B. 1987. *The Economic Impact of Recreational Use of the St. Croix Waterway*. Thesis. Orono, ME: University of Maine.

Montgomery County Planning Commission. 1991. *The Land Preservation District: Model Zoning Provisions*. Norristown, PA: Montgomery County Planning Commission.

Montgomery County Planning Commission. 1990. *The Land Preservation District: The "New" Cluster*. Norristown, PA: Montgomery County Planning Commission.

Moore, Albert C., and John P. Sullivan. 1988. "Putting the Old Neighborhood in the New." *New York Times*, June 26.

Moore, Roger L. et al. 1992. *Benefits of Rail Trails: A Study of the Users and Nearby Property Owners from Three Trails*. Washington, DC: National Park Service.

More, Thomea, T. Stevens, and P. Allen. 1982, "The Economics of Urban Parks: A Benefit-Cost Analysis." *Parks and Recreation*, August, pp. 31–33.

Mullin, John R. et al. 1990. *The Mall*. Unpublished research paper. Amherst, MA: Department of Landscape Architecture and Regional Planning, University of Massachusetts.

National Association of Home Builders. 1986. *Cost Effective Site Planning: Single Family Development*. Washington, DC: NAHB.

National Park Service. 1990. *The Economic Impacts of Protecting Rivers, Trails, and Greenway Corridors: A Resource Book*. Washington, DC: Rivers and Trails Conservation Assistance Division, National Park Service.

Nelessen, Anton. 1990. *Community Image Preferences: A Guide to Future Development in Chesterfield Township, NJ*. Princeton, NJ: Anton Nelessen Associates.

Nelessen, Anton. 1989. *Village and Hamlet Development*. Princeton, NJ: Anton Nelessen Associates.

Nelson, Arthur C. 1986. "Using Land Markets to Evaluate Urban Containment Programs." *Journal of the American Planning Association*, Vol. 55, No. 2, pp. 156–171.

Nelson, Arthur C. 1985. "A Unifying View of Greenbelt Influences on Regional Land Values and Implications for Regional Planning." *Policy, Growth and Change*, Vol. 16, No. 2, pp. 43–48.

New Castle County Planning Department. 1989. *The Red Valley Scenic River and Highway Study*. New Castle, DE: New Castle County Planning Department and Brandywine Conservancy Environmental Management Center.

New York State Department of Environmental Conservation. No date. *Preserving New York State Scenic Roads*. Albany, NY: New York State Department of Environmental Conservation.

Nigrelli, Gale E. 1990. *Design in the Commercial Corridor: Route 6 in Eastham and Wellfleet, MA*. Master's project. Amherst, MA: Department of Landscape Architecture and Regional Planning, University of Massachusetts.

Nisbet, Briggs. 1990. "Of Flowers, Floods, and Farmland." *American Farmland*, Winter 1990–91, pp. 8–10.

Oldenburg, Ray. 1989. *The Great Good Place*. New York: Paragon House.

Oregon Department of Land Conservation and Development. *Analysis and Recommendations of the Results and Conclusions of the Farm and Forest Research Project*. Salem, OR: Oregon Department of Land Conservation and Development.

Otis, Richard J. 1983. *Small Diameter Gravity Sewers: An Alternative Wastewater Collection System for Unsewered Communities*. Cincinnati: USEPA Center for Environmental Research Information.

Parsekian, Penny. 1992. "Shelter Politics: Who Needs Affordable Housing?" *Westerly Sun*, October 9, p. S1.

Pask, David. 1989. *On-Site Sewage Disposal in Nova Scotia: The Contour Disposal Field and Related Techniques*. Halifax: Nova Scotia Department of Health and Fitness.

Peterson, Pat, and Roger Sternberg. 1990. *A Citizens' Guide to Conserving Land and Creating Affordable Housing*. Burlington, VT: Burlington Community Land Trust.

Pivo, Gary, and Russell Lidman. 1990. *Growth in Washington: A Chartbook*. Olympia, WA: Washington State Institute for Public Policy.

President's Commission of Americans Outdoors. 1987. *Americans Outdoors: The Legacy, The Challenge*. Washington, DC: Island Press.

Ragan, Francis, J. 1979. *Homeowner Associations: Issues in Their Operation and Formation* West Chester, PA: Chester County Planning Commission, Planning Bulletin No. 3.

Reagan, Judith H. 1991. *Governance of Planned Communities*. Boca Raton, FL: Community Consultants, Inc.

Real Estate Research Corporation 1974. *The Costs of Sprawl: Executive Summary and Detailed Cost Analysis*. Washington, DC: U.S. Government Printing Office.

Reckord, Terrence. 1991. *Indianola Greenway*. Indianola, WA: Indianola Land Trust.

Regional Plan Association. 1991. *Where We Stand: Principles for the Regional Plan*. New York: Regional Plan Association.

Regional Planning Federation. 1932. *The Regional Plan of the Philadelphia Tri-State District*. Philadelphia: Regional Planning Federation.

Reps, John W. 1965. *The Making of Urban America*. Princeton, NJ: Princeton University Press.

Robinson, Charles Mulford. 1901. *The Improvement of Towns and Cities, or the Practical Basis of Civic Aesthetics*. Detroit: Bay View Reading Club.

Roddewig, Richard and Christopher Duerksen. 1989. *Takings: Responding to the Takings Challenge*. Chicago: American Planning Association, Planning Advisory Service Report No. 416.

Rodrigues, Carlos Macedo. 1992. "Warren Town Center Plan: Retrofitting the Suburbs." In *AICP Planners' Casebook*. Chicago: American Planning Association, Spring.

Rohling, Jane. 1988. "Corridors of Green." *Wildlife in North Carolina*, May, pp. 22–27.

Rourke, Bryan. 1991. "The Malling of a Small Town." *Mondanock Perspectives*, Vol. 12, No. 1.

Rubenstein, Lynn, ed. 1989. *Affordable Limited Development: A Model for Housing in Rural Communities*. Greenfield, MA: Franklin County Planning Department.

Sanders, Welford et al. 1984. *Affordable Single-Family Housing: A Review of Development Standards*. Chicago: American Planning Association, Planning Advisory Service Report No. 385.

Scarfo, Robert A. 1990. *Cultivating Agriculture: A Report of Current Trends and Future Viability of Farming in Maryland's Metropolitan Fringe*. Baltimore: Maryland Office of Planning.

Schaefer, William et al. 1989. *Eastham/Wellfleet Route 6 Corridor Management Study*. Amherst, MA: Department of Landscape Architecture and Regional Planning, University of Massachusetts.

Schmidt, Curtis J., William C. Boyle et al. 1980. *Design Manual: Onsite Wastewater Treatment and Disposal Systems*. Cincinnati: USEPA Municipal Environmental Research Laboratory, EPA 625/1-80-012.

Schutz, Franklin R. 1992. "TVA's New Design Guidelines for Constructed Wetlands Alter Size, Shape Design Process." *Small Flows*, Vol. 6, No. 1, January.

Schwecke, T., D. Sprnen, S. Hamilton, and J. Gray. 1989. *A Look at Visitors on Wisconsin's Elroy-Sparta Bike Trail*. Madison, WI: University of Wisconsin-Extension, Recreation Research Center.

Sharp, Thomas. 1946. *The Anatomy of a Village*. Harmondsworth, Middlesex, England: Penguin Books.

Sheaffer, John R. 1987. *Land Treatment: An Opportunity in Illinois*. Paper presented to the Illinois Pollution Control Board, October 7.

Sheaffer, John R. 1979. "Land Application of Waste: An Important Alternative." *Ground Water*, January–February, pp. 62–68.

Sheaffer, John R., and William Sellers. 1994. *Wastewater Reclamation and Reuse Systems*. Unpublished draft. Chadds Ford, PA: Brandywine Conservancy.

Siewers, Alf. 1989. "Preservationists Land a Big One: Lake Forest Preserves Open Space." *Chicago Sun-Times*, December 31, p. 4.

Smart, Eric et al. 1985. *Making Infill Projects Work*. Washington, DC: Urban Land Institute and Lincoln Institute of Land Policy.

Smith, Barton A. 1978, "Measuring the Value of Urban Amenities." *Journal of Urban Economics*, Vol. 5, p. 370–387.

Smith, Kathleen, and Karl Kehde. 1991. *The Land Use Forum Guide*. Mendham, NJ: Association of New Jersey Environmental Commissions.

Stein, Clarence S. 1957. *Toward New Towns for America*. Cambridge, MA: MIT Press.

Steiner, Frederick et al. 1991. *Agricultural Land Evaluation and Site Assessment: Status of State and Local Programs*. Washington, DC: USDA Soil Conservation Service.

Sterling Forest Corporation. 1991. *Comprehensive Plan for the Preservation and Development of the Sterling Forest Community*. Tuxedo, NY: Secway Cooke Associates.

Stern, Robert A., and John M. Massengale. 1981. *The Anglo-American Suburb*. London: Architectural Design.

Stilgoe, John R. 1988. *Borderland*. New Haven, CT: Yale University Press.

Sussman, Carl, ed. 1976. *Planning the Fourth Migration: The Neglected Vision of the Regional Planning Association of America*. Cambridge, MA: MIT Press.

Sutro, Susanne. 1991. *Re-Inventing the Village: Planning Zoning and Design Strategies*. Chicago: American Planning Association, Planning Advisory Report No. 430.

Tate, Anne, Chester E. Chellman, and Joel S. Russell. 1992. *Proposed Rural Siting Guidelines for the Town of Hillsdale*. Columbia County, NY.

Tatman and Lee Engineers. 1992. *Facts About Spray Irrigation*. New Castle: New Castle County Department of Public Works.

Thomas, Holly. 1991. *The Economic Benefits of Land Conservation*. Poughkeepsie, NY: Dutchess County Planning Department.

Thomas, Richard E. 1984. *Overland Flow: A Decade of Progress*. Washington, DC: U.S. Environmental Protection Agency, Municipal Technology Branch.

Tondro, Terry L. 1992. *Connecticut Land Use Regulation*. Wethersfield, CT: Atlantic Law Book Company.

Toner, William. 1984. "Ag Zoning Gets Serious." *Planning*, December, pp. 19–24.

Tunnard, Christopher and Boris Pushkarev. 1963. *Man-Made America: Chaos or Control?* New Haven, CT: Yale University Press.

UDA Architects. 1991. *Route 208 Corridor Study for Spotsylvania County*. Spotsylvania Courthouse, VA: Spotsylvania County Planning Department.

U.S. Environmental Protection Agency. 1986. *Large Soil Absorption Systems: Design Suggestions for Success*. Washington, DC: USEPA.

U.S. Environmental Protection Agency. 1984. *Management of Small Waste Flows*. Cincinnati: Municipal Environmental Research Laboratory, EPA-600-2/78-173.

U.S. Environmental Protection Agency et al. 1981. *Process Design Manual: Land Treatment of Municipal Wastewater*. Cincinnati: USEPA Center for Environmental Research Information, EPA 625/1-81-013.

U.S. Fish and Wildlife Service. 1985. *1985 National Survey of Fishing, Hunting and Wildlife Associated Recreation*.

Unwin, Raymond. 1909. *Town Planning in Practice: An Introduction to the Art of Designing Cities and Suburbs*. London: T. Fisher Unwin Publishers.

Valley 2000. 1988. *Valley Futures*. Amherst, MA: University of Massachusetts, Department of Landscape Architecture and Regional Planning, Valley 2000 Interim Report.

Vance, Tamara A., and Arthur B. Larson. 1988. *Fiscal Impact of Land Uses in Culpeper County, VA*. Warrenton, VA: Piedmont Environmental Council.

Vermont Housing and Conservation Board. 1990. *Report to the General Assembly*. Montpelier, VT: Vermont Housing and Conservation Board.

Vermont Local Roads Program. 1987. *When to Pave a Gravel Road*. Fact Sheet T-110. Winooski, VT: St. Michael's College.

Vermont Scenery Preservation Council and the Vermont Transportation Board. 1979. *Designating Scenic Roads: A Vermont Field Guide*. Montpelier, VT: Vermont Scenery Preservation Council and the Vermont Transportation Board.

Wake County Parks and Recreation Commission. 1987. *Status of the Wake County Greenway Program*. Raleigh, NC: Wake County Parks and Recreation Commission.

Wallace-McHarg Associates. 1963. *Plan for the Valleys*. Green Spring and Worthington Planning Council, Inc.

Weicker, John C. and Robert H. Zerbst. 1973. "The Externalities of Neighborhood Parks: An Empirical Investigation." *Land Economics*, Vol. 49, pp. 99–105.

White, S. Mark. 1993. *Affordable Housing: Proactive and Reactive Planning Strategies*. Chicago: American Planning Association, Planning Advisory Service Report No. 441.

Whyte, William H. 1968. *The Last Landscape*. Garden City, NY: Doubleday and Company.

Williams, Harold S. 1991. "Of Settlements and Subdivisions . . ." *Small Town*, March–April.

Williams, Norman, Jr., Edmund H. Kellogg, and Peter M. Lavigne. 1987. *The Vermont Townscape*. New Brunswick, NJ: Center for Urban and Policy Research, Rutgers University.

World Wildlife Fund. 1992. *Local Land Acquisition for Conservation*.

Yaro, Robert, Randall Arendt, Harry Dodson, and Elizabeth Brabec. 1988. *Dealing With Change in the Connecticut River Valley: A Design Manual for Conservation and Development*. Cambridge, MA: Lincoln Institute of Land Policy.

Zenick, Mark. 1988. "Limited Development and Affordable Housing: Complements of Farmland Preservation." *Exchange: The Journal of the Land Trust Alliance*, Fall, pp. 9–10.